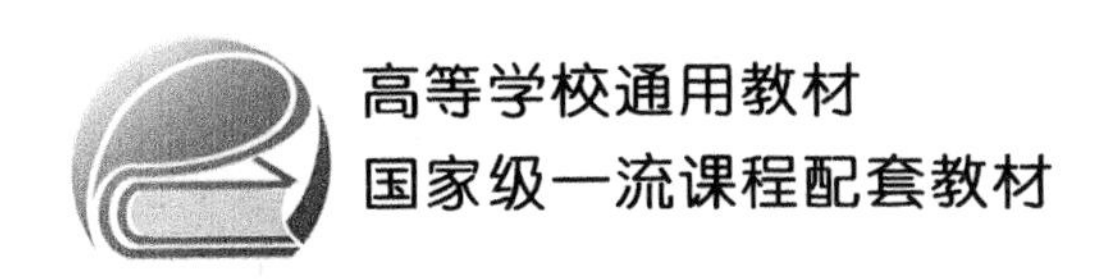

数字信号处理学习指导与习题解析

主　编　高　飞
副主编　王　俊　雷　鹏
参　编　张玉玺　孙国良

北京航空航天大学出版社

内容简介

本书是"国家级一流课程"、工业和信息化部"十四五"规划教材《数字信号处理》第2版的配套辅助用书，覆盖了基本概念、重要公式、重难点提示和典型习题。章节安排与《数字信号处理》对应，每一章包括"内容提要与重要公式""重难点提示"和"习题详解"三部分："内容提要与重要公式"给出了相应章节的基本概念、基本方法和相应的公式；"重难点提示"突出了需要掌握的重要知识点和核心内容；"习题详解"包括选择题、填空题、计算证明题和仿真综合题，引导学生深入思考，可用于全面评估读者对知识点的掌握情况和学习情况。

本书目标明确、重点突出、概念清晰、内容丰富、题型多样、理论与工程相结合，便于读者更好地理解和掌握数字信号处理学科的原理和方法，可作为平时测试、期末考试、考研的参考资料，也可以供从事通信工程、电子信息、电磁场与微波和集成电路等相关领域的工程技术人员和科研工作人员参考。

图书在版编目(CIP)数据

数字信号处理学习指导与习题解析 / 高飞主编. 北京：北京航空航天大学出版社，2025. 3 -- ISBN 978-7-5124-4599-4

Ⅰ. TN911. 72

中国国家版本馆CIP数据核字第20253M6F81号

版权所有，侵权必究。

数字信号处理学习指导与习题解析

主　编　高　飞

副主编　王　俊　雷　鹏

参　编　张玉玺　孙国良

策划编辑　冯维娜　　责任编辑　冯维娜

*

北京航空航天大学出版社出版发行

北京市海淀区学院路37号(邮编100191)　http://www.buaapress.com.cn

发行部电话:(010)82317024　传真:(010)82328026

读者信箱:goodtextbook@126.com　邮购电话:(010)82316936

北京九州迅驰传媒文化有限公司印装　各地书店经销

*

开本:787×1 092　1/16　印张:19.25　字数:493千字

2025年3月第1版　2025年3月第1次印刷　印数:500册

ISBN 978-7-5124-4599-4　定价:59.00元

若本书有倒页、脱页、缺页等印装质量问题，请与本社发行部联系调换。联系电话:(010)82317024

前　言

随着通信技术、人工智能、集成电路、仪器仪表和网络安全等信息技术的发展，数字信号处理的理论与技术日益精进，数字信号处理不仅可以作为一门单独的学科，还可广泛应用于几乎所有工程技术领域，故大学的信息类专业都为本科生或研究生开设了数字信号处理相关课程。

“数字信号处理”课程具有理论艰深、实践性强、应用面广的显著特点，大部分学生在学习过程中感觉理论学习吃力、实践应用困难。为适应新工科的发展、国家级一流课程的持续建设和广大学生学习的迫切要求，作者在最新出版教材的基础上，结合北京航空航天大学课程教学团队近二三十年科学研究和教学实践的经验，精选了一定数量的典型习题，且为所选习题提供了详细的题解过程，并对核心知识点的习题提供伪代码与结果演示，旨在鼓励学生主动思考，提高学生的自主学习热情，让读者通过实践提高解决问题的能力。习题涵盖了数字信号处理的主要概念、技术和应用，习题类型多样化，难度由浅至深，可满足不同层次学生的需求。

本书优点是：

(1) 目的明确。面向首批“国家级一流课程”和工业和信息化部“十四五”规划教材《数字信号处理》设置的。

(2) 工程导向。结合我国通信、导航、雷达、人工智能及消费电子等领域的工业信息化发展，融合教材编写团队数字信号处理领域的科研成果，将课程知识点与国家科技前沿、工程科研项目结合。

(3) 学以致用。突出重点与难点，部分习题一题多解，给出多个思路，让学生深刻理解、学有所用，培养学生解决实际工程问题的能力。

(4) 夯实基础。紧密配合课程教学及考核，提升教材的易学性，提高学生学习兴趣，增强学生对知识点的理解和掌握。

本书可直接作为电子信息、通信工程、交通运输、电子科学与技术、电磁场与微波技术等相关专业“数字信号处理”复习备考的辅助用书，也可作为信息类工程技术人员的参考用书。

作者在本书编写过程中与航天工程大学吴涛主任、中国传媒大学牛力丕教授等做过深入讨论与交流；在文字录入、代码调试、图形绘制和实例制作等具体工作上，罗鑫、马巍孺、樊陈、李明阳和陈孟川等研究生提供了帮助，这里一并表示感谢。

由于作者水平有限，书中难免存在错漏，敬请广大读者批评指正。

编　者

2024.9

目　　录

第 1 章　绪　论 …… 1

1.1　内容提要与重要公式 …… 1
1.2　重难点提示 …… 2
1.3　习题详解 …… 3

第 2 章　离散时间信号与系统 …… 9

2.1　内容提要与重要公式 …… 9
2.2　重难点提示 …… 13
2.3　习题详解 …… 14

第 3 章　DTFT、DFS、*z* 变换 …… 32

3.1　内容提要与重要公式 …… 32
3.2　重难点提示 …… 39
3.3　习题详解 …… 39

第 4 章　离散系统变换域分析 …… 73

4.1　内容提要与重要公式 …… 73
4.2　重难点提示 …… 78
4.3　习题详解 …… 78

第 5 章　信号的采样与重建 …… 113

5.1　内容提要与重要公式 …… 113
5.2　重难点提示 …… 116
5.3　习题详解 …… 116

第 6 章　离散傅里叶变换(DFT) …… 136

6.1　内容提要与重要公式 …… 136
6.2　重难点提示 …… 141
6.3　习题详解 …… 141

第 7 章　快速傅里叶变换 …… 168

7.1　内容提要与重要公式 …… 168
7.2　重难点提示 …… 173

7.3 习题详解 …… 173

第 8 章 信号的频域分析方法 …… 192

8.1 内容提要与重要公式 …… 192
8.2 重难点提示 …… 194
8.3 习题详解 …… 195

第 9 章 数字滤波器设计方法 …… 211

9.1 内容提要与重要公式 …… 211
9.2 重难点提示 …… 214
9.3 习题详解 …… 214

第 10 章 数字滤波器实现方法 …… 241

10.1 内容提要与重要公式 …… 241
10.2 重难点提示 …… 247
10.3 习题详解 …… 247

第 11 章 多速率信号处理方法 …… 270

11.1 内容提要与重要公式 …… 270
11.2 重难点提示 …… 273
11.3 习题详解 …… 273

期末模拟考题及参考答案 …… 285

期末模拟考题 1 及参考答案 …… 285
期末模拟考题 2 及参考答案 …… 291
期末模拟考题 3 及参考答案 …… 295

参考文献 …… 301

第1章　绪　论

1.1　内容提要与重要公式

数字信号处理(digital signal processing,DSP)涉及的内容非常丰富,其经典内容是信号的频谱分析和滤波处理。DSP技术广泛应用于通信、雷达、导航、生物医学、地质勘探和故障检测等诸多专业领域,以及音乐播放器、传真机和视频播放器等日常生活中的消费电子领域,有效推动了众多工程技术的升级和学科发展。

1. 数字信号处理的基本概念及组成

数字信号处理是指用数字序列或符号序列表示信号并用数值计算的方法完成信号的分析和处理的理论技术和方法。信号分析包括信号的频谱分析、特征提取和参数估计,信号处理包括滤波、变换、合成和压缩等,目的是消除或降低噪声和干扰,保留或提取出信号中的有用信息。

由于自然界中的信号是模拟信号,为了进行数字处理,第一步,需要加预防频谱混叠失真的前置抗混叠滤波器;第二步,采用A/D转换器将模拟信号转换为数字信号,A/D过程又分为采样、量化和编码,其中采样频率须满足无失真恢复信号的条件,量化限幅电平须与输入模拟信号的动态范围相适应,量化字长即比特数应满足振幅的精度要求,最后将其信号转化为二进制表示的数值;第三步,按照预设的指标要求设计出合适的数字信号处理系统,经过乘法、加法和延迟三种基本运算,加工出满足要求的输出序列;第四步,用D/A转换器将处理的结果恢复为模拟信号,其中的零阶保持电路把相邻脉冲之间的空隙用恒定的脉冲振幅填充起来(也可以是非恒定值外推,如一阶保持电路作线性外推),这样就将二进制数值序列转换为振幅离散或有跳变的连续时间信号;最后,经过后置平滑作用的模拟滤波器得到期望的模拟信号。实际系统不一定包括上述所有步骤,有时候给定的输入是人为产生的,如股票价格、天气预报等已经是数字信号,就无须抗混叠滤波和A/D转换,有时候得到的数字信号可以直接利用,也无须D/A转换和后置的平滑滤波。

2. 数字信号处理的特点

数字信号处理采用数字系统完成信号处理,与模拟技术相比,其优点是:(1) 精度高,模拟元器件受限于制造精度,误差较大,而数字系统只要采样频率足够大、字长足够大,如17位字长则可以达到10^{-5}的精度。(2) 可靠性高,数字信号大多采用二进制,0和1用脉冲的有无或脉冲的正负表示,在传输和处理过程中,噪声和干扰对其影响小,还可以采用纠错编码技术进一步提高其可靠性,在硬盘、光盘中存储的数据易于长期保存,而传统录像带、磁带存储的模拟信号在高温潮湿等恶劣环境下受到污损后无法恢复。(3) 灵活性强,数字系统只要修改代码或系数就可以改变系统特性,便于调试、修改、保存、复制、传送和移植,而模拟系统需要更换元器件。(4) 时分复用,一套数字设备“分时”处理多个通道的信号,经济性好。例如电话质量的语音信号占据频带宽度约为 3.4 kHz,典型的采样频率为 8 kHz,量化字长为 8 b,码率为 64 kb/s。若某设备每秒可处理 2 100 kb 的信号,则一套该设备和一根电话线可以处理和传送 32 路语音信号。(5) 易于集成,数字信号处理算法由序列的一些基本运算组成,可以在通用计算机或专用芯片上完成,数字信号处理器芯片和其他专用集成电路(application specific integrated circuits,ASIC)芯片一般都采用大规模集成电路技术制造,因此其具有体积小、重量轻、性能稳定等优点。(6) 容易获得严格的线性相位、实现多速率信号处理、处理很低频信号等优点。

但是,采用数字技术也存在着一定的缺点,主要表现在:(1) 系统复杂度增加,需要抗混叠滤波器、A/D 转换器、D/A 转换器和平滑滤波器等模拟接口;(2) 处理速度受限,取决于算法速度以及 A/D 转换和 D/A 转换的速度和精度;(3) 功率消耗较大,大规模集成电路芯片上集成了几十万乃至数以亿计的晶体管,功耗较大,大功率模拟器件如发射机,不采用数字技术。

3. 数字信号处理的学科发展及应用领域

关于 DSP 学科的起源尚无定论,但值得肯定的是,它始终离不开数学中的数值计算,因此可以认为 DSP 是从数学发展起来的一门古老学科,但更重要的是,其完整体系在 20 世纪 40～50 年代逐渐建立,60 年代得到高速发展。IBM 的 Cooley 和普林斯顿大学的 Tukey 于 1965 年发表了计算离散傅里叶变换的高效算法快速傅里叶变换(Fast Fourier Transform,FFT),Bell 实验室的 Kaiser 于 1966 年提出了数字滤波器的早期设计方法,由于 FFT 算法和数字滤波器理论的完善,使得 DSP 从理论走向实用、从实验室走向工程实践,开辟了新时代,这在 DSP 学科史上具有里程碑意义,因此,DSP 又是一门新兴学科。

早期的数字滤波理论在语音、声呐、地球物理勘探和生物医学等信号处理中发挥过巨大作用,但受限于当时计算机运算能力和高昂的价格,数字滤波器难以推广应用。直到 20 世纪 70 年代之后,随着大规模和超大规模集成电路技术、CPU(central processing unit)、高速大容量存储器件的飞速发展,DSP 已逐渐应用于现代通信信源编码、信道编码、调制、信道均衡以及多用户检测,雷达目标的检测、跟踪、识别,军事导航制导、电子对抗、卫星遥感以及战场侦察,语音编码、识别、合成,图像压缩、传输、增强以及理解,医学心脑电图分析、层析成像等许多领域,也必将在人工智能、集成电路、无人驾驶和网络安全等新技术和蓬勃发展的领域发挥更大的作用。

1.2 重难点提示

本章重点

(1) 数字信号处理系统的基本组成;

(2) 数字信号处理的优点。

本章难点

结合日常生活或通信、雷达和导航等专业领域,理解数字信号处理基本概念。

1.3 习题详解

1-1 录制一段时长为60 s,采样频率为44.1 kHz,采样AD为16位、双声道立体声的WAV格式音频文件,需要的存储容量大约为(C)

(A) 10 KB　　(B) 100 KB　　(C) 10 MB　　(D) 100 MB

【解】 WAV是一种常见的数字音频格式,是微软公司专门为Windows开发,该文件能记录各种单声道或立体声的声音信息,并能保证声音不失真。但WAV文件有一个缺点,就是它所占用的磁盘空间太大。1 min WAV格式的音频文件占用的存储空间约为$44.1\times1\,000\times16\times2/8\times60=10\,584\,000$ B$\approx10\,584\,000/1\,024$ KB$=10\,335.9$ KB$\approx10\,584\,000/(1\,024\times1\,024)MB\approx$10 MB,其中KB表示$2^{10}$ B(字节),MB表示2^{20} B(字节)。

故选(C)。

1-2 某导弹测试时,产生的几个较强的异常声音信号为$x(t)=\cos(10\,000\pi t)+\cos(30\,000\pi t)+\cos(50\,000\pi t)+\cos(60\,000\pi t)$,该信号由________的频率分量组成(以kHz为单位描述),其中________的频率分量是可以人耳听到的。

【解】 模拟角频率Ω(rad/s)与以Hz为单位的频率f之间的关系为$\Omega=2\pi f$,因此信号$x(t)$包含四个频率分量,分别是$10\,000\pi$、$30\,000\pi$、$50\,000\pi$和$60\,000\pi$ rad/s,换算为kHz为单位的频率分别为5 kHz、15 kHz、25 kHz和30 kHz。一般来说,人耳能感受到的频率范围是20 Hz~20 kHz,因此可以听到的两个信号的频率分别是5 kHz和15 kHz。

1-3 某大学研制的某型信号采集记录设备在我国各个测控站大量配备,完成了航天测控、卫星通信、空间态势感知等领域信号处理任务。该设备有2项关键功能,一是对模拟信号采样数字化并抽取,并将抽取的数字信号存储于硬盘,若卫星信号采样前,模拟信号的中心频率为70 MHz,带宽最大为20 MHz,设备的采样频率为56 MHz,则采样过程采用了________(A.低通,B.带通)采样原理;二是对存储的数字信号进行FFT运算,直接目的是________,观测卫星信号频谱特征,辅助诊断卫星链路状态。

【解】 由于模拟信号的频率范围是$[70-10,70+10]=[60,80]$ MHz,最高频率是80 MHz,如果采用低通采样,则采样频率应大于等于$2\times80=160$ MHz,当前的采样频率56 MHz大于带宽20 MHz,因此为带通采样。FFT是DFT(discrete fourier transform)的快速计算方法,二者的直接目的都是为了频谱分析。

1-4 若系统具有非线性相频特性,则不同频率分量通过该系统的延时不同,输入信号通过该系统会发生波形失真,因此无失真传输对系统相位的要求是________________。

【解】 在通信系统中,调幅信号在包络中携带信息,不允许包络波形在通过滤波器后发生失真;非线性相位使得视频图像的边缘变得模糊;滤波器的非线性相位使得脉冲信号的陡峭上升边缘变得平缓,导致雷达的探测定位和测距精度下降,因此,在许多诸如保持立体声效果和临场感的高保真语音处理、高清晰度的图像处理以及高可靠的数据传输等应用中都希望滤波器具有线性相位特性。

1-5 在通信或软件无线电中,经常要用到希尔伯特变换器(Hilbert transformer),该系统的单位冲激响应为 $h(t)=\dfrac{1}{\pi t}$，频率响应记为 $H(\mathrm{j}\Omega)=-\mathrm{j}\,\mathrm{sgn}\,\Omega$，该系统的选频特性为________（选填低通、高通、带通、全通）。其逆系统的频率响应为 $H_i(\mathrm{j}\Omega)=$____________，其逆系统的单位冲激响应为 $h_i(t)=$________。信号 $\cos(\Omega t+\theta)$ 的希尔伯特变换是____________，信号 $\sin(\Omega t+\theta)$ 的希尔伯特变换是____________。

【解】 希尔伯特变换可以把一个实信号表示成其频谱仅在正频率域的复信号，即解析信号的实部与虚部之间存在着希尔伯特变换关系。这样，只依靠傅里叶变换的实部或虚部就能够恢复原序列。因此，如果只传输解析信号，就能够使传输频带减半。

希尔伯特变换相当于一个 90°的移相器，对所有正频率分量（包括零频率分量）相移－90°，而对所有负频率分量相移＋90°，它是一种正交滤波器。由于它对所有频率分量的幅度响应恒为 1，因此希尔伯特变换器是一个全通滤波器。其逆系统使 $H(\mathrm{j}\Omega)H_i(\mathrm{j}\Omega)=1$ 或 $h(t)*h_i(t)=\delta(t)$ 成立，因此其逆系统的频率响应为 $H_i(\mathrm{j}\Omega)=\dfrac{1}{H(\mathrm{j}\Omega)}=\mathrm{j}\,\mathrm{sgn}\,\Omega$，其逆系统的单位冲激响应为 $h_i(t)=-\dfrac{1}{\pi t}$。余弦信号 $\cos(\Omega t+\theta)$ 的希尔伯特变换是 $\sin(\Omega t+\theta)$，正弦信号 $\sin(\Omega t+\theta)$ 的希尔伯特变换是 $-\cos(\Omega t+\theta)$。

1-6 线性调频（linear frequency modulation，LFM）信号是雷达领域中常用的信号。某幅度为 A，线性调频起始频率为 f_0，连续调频斜率为 K 的线性调频信号可以表示为 $s(t)=A\sin(2\pi f_0 t+\pi K t^2)$，其瞬时频率 $f(t)=$________，当 $K>0$ 时，信号的瞬时频率随时间变化逐渐________（选填变大、变小），当 $K<0$ 时，信号的瞬时频率随时间变化逐渐________（选填变大、变小）。某 LFMCW（continous wave）雷达的测距原理为：发射线性调频信号 $s_t(t)=A_t\sin(2\pi f_0 t+\pi K t^2)$，对于距离雷达 d 的目标，回波信号具有一定的时间延迟 τ，假设回波信号表达式为 $s_r(t)=A_r\times\sin[2\pi f_0(t-\tau)+\pi K(t-\tau)^2]$，其中 $\tau=$____（用距离 d 和光速 c 表示）。将发射信号和回波信号进行混频 $s_{\mathrm{mix}}(t)=s_r(t)\cdot s_t(t)$，混频后信号中的和频项的瞬时频率 $f(t)=$____________，差频项的瞬时频率 $f(t)=$________。对信号进行低通滤波得到中频信号（差频项），做傅里叶变换得到其峰值频率 f_{IF}，则可求出目标到雷达的距离 $d=$________（用 f_{IF}、光速 c、连续调频斜率 K 表示）。在数字系统中，需要对中频信号（差频项）以采样频率 f_s 进行采样后做 N 点 FFT，找到频谱峰值位置，假设频谱峰值位于第 k 根谱线，则目标到雷达的距离 $d=$________（用采样频率 f_s、FFT 点数 N、频谱峰值位置 k、光速 c、连续调频斜率 K 表示）。

【解】 线性调频信号 $s(t)=A\sin(2\pi f_0 t+\pi K t^2)$，其相位 $\varphi(t)=2\pi f_0 t+\pi K t^2$，故瞬时频率为 $f(t)=\dfrac{1}{2\pi}\dfrac{\mathrm{d}\varphi(t)}{\mathrm{d}t}=f_0+Kt$。可见该信号的瞬时频率 $f(t)$ 与时间 t 具有一次函数关系。当 $K>0$ 时，信号的瞬时频率随时间的变化逐渐变大；当 $K<0$ 时，信号的瞬时频率随时间的变化逐渐变小。

雷达与目标间的距离为 d，信号传播近似为光速 c，考虑到信号双程传播，故时延 $\tau=2d/c$。根据三角函数积化和差公式，混频后信号为

$$
\begin{aligned}
s_{\mathrm{mix}}(t)&=A_t\sin(2\pi f_0 t+\pi K t^2)A_r\sin[2\pi f_0(t-\tau)+\pi K(t-\tau)^2]\\
&=A_tA_r\cos[2\pi f_0(2t-\tau)+\pi K(2t^2-2t\tau+\tau^2)]-A_tA_r\cos(2\pi f_0\tau+2\pi K\tau t-\pi K\tau^2)
\end{aligned}
$$

其中第一项(和频项)的瞬时频率 $f(t)=\dfrac{1}{2\pi}\dfrac{\mathrm{d}\varphi(t)}{\mathrm{d}t}=2Kt+2f_0-K\tau$,与时间 t 成一次函数关系,且斜率为 $2K$;第二项(差频项)的瞬时频率为 $f(t)=\dfrac{1}{2\pi}\dfrac{\mathrm{d}\varphi(t)}{\mathrm{d}t}=K\tau$,与连续调频斜率 K 和延迟 τ 有关。所以 $f_{\mathrm{IF}}=K\tau$,而 $\tau=2d/c$,故 $d=\dfrac{cf_{\mathrm{IF}}}{2K}$。当使用数字系统实现时,若频谱峰值位于第 k 根谱线,则 f_{IF} 约为 $f_{\mathrm{s}}k/N$,故 $d=\dfrac{ckf_{\mathrm{s}}}{2KN}$。

本题结合傅里叶变换的计算与雷达测距原理,强调了 FFT 的应用。

1-7　正交频分复用(orthogonal frequency division multiplexing,OFDM)是随着数字信号处理和芯片技术而发展起来的,广泛应用于现代宽带高速无线通信系统。作为一种特殊的多载波传输方式,将一个高速的数据流分成多个子数据流,用多个正交的子载波并行传输。OFDM 的简化框图如图 P1-7(a)所示,设需要传输的数字信号为 $d[k]$,在发射机中,首先进行串并变换,然后与各子载波相乘,各子载波频率 $f_{\mathrm{k}}=f_0+k/T_{\mathrm{s}}(k=0,1,\cdots,N-1)$,式中,$f_0$ 为最小的载频,T_{s} 为并行符号周期,$T_{\mathrm{s}}=NT$,N 为子载波的个数,T 为串行符号周期,$1/T_{\mathrm{s}}$ 为子载波间隔。发射的信号为

$$D(t)=d[0]\mathrm{e}^{\mathrm{j}2\pi f_0 t}+d[1]\mathrm{e}^{\mathrm{j}2\pi(f_0+1/T_{\mathrm{s}})t}+\cdots+d[N-1]\mathrm{e}^{\mathrm{j}2\pi[f_0+(N-1)/T_{\mathrm{s}}]t}=\sum_{k=0}^{N-1}d[k]\mathrm{e}^{\mathrm{j}2\pi(f_0+k/T_{\mathrm{s}})t}$$

其等效基带信号为

$$D_{\mathrm{L}}(t)=\sum_{k=0}^{N-1}d[k]\mathrm{e}^{\mathrm{j}2\pi\frac{k}{T_{\mathrm{s}}}t}$$

对其采样可得

$$D[n]=D_{\mathrm{L}}(t)\mid_{t=nT_{\mathrm{s}}/N}=\sum_{k=0}^{N-1}d[k]\mathrm{e}^{\mathrm{j}2\pi kn/N}\ (n=0,1,\cdots,N-1)$$

即 $D_{\mathrm{L}}(t)$为 $d[k]$的 IDFT(inverse discrete fourier transform)公式,因此发射机可以用 IFFT(inverse fast fourier transform)实现,如图 P1-7(b)所示,这种实现方式由于使用了 IFFT,具有复杂度低的优点。同理,参考图 P1-7(a)的框图,为了在接收机中恢复出原始信号 $d[k]$,可以利用信号的正交性将信号 $D(t)$乘以子载波并进行积分求得相应的 $d[k]$,也可以对 $D[n]$进行如下变换得到$d[k]$:$d[k]=\sum\limits_{n=0}^{N-1}D[n]\mathrm{e}^{-\mathrm{j}2\pi nk/N}\ (k=0,1,\cdots,N-1)$,即 $d[k]$为 $D[n]$的 DFT 公式,试参考图 P1-7(b)的发射机处理框图绘制出接收机的信号处理框图(提示:本题的侧重点为理解通信中的信号处理过程,故均省略了信号在信道中受噪声等因素的影响及接收端的误码等实际问题)。

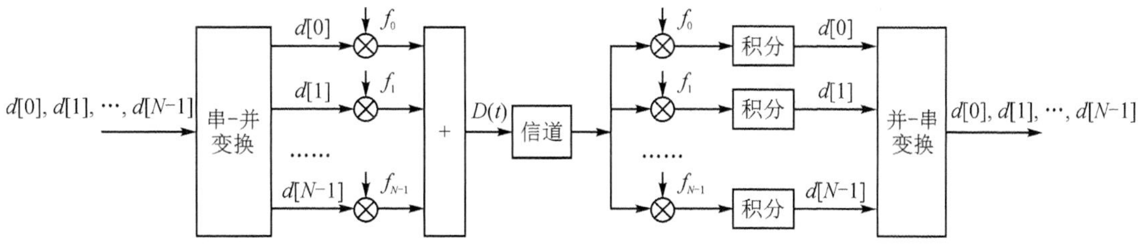

图 P1-7(a)　OFDM 的简化框图

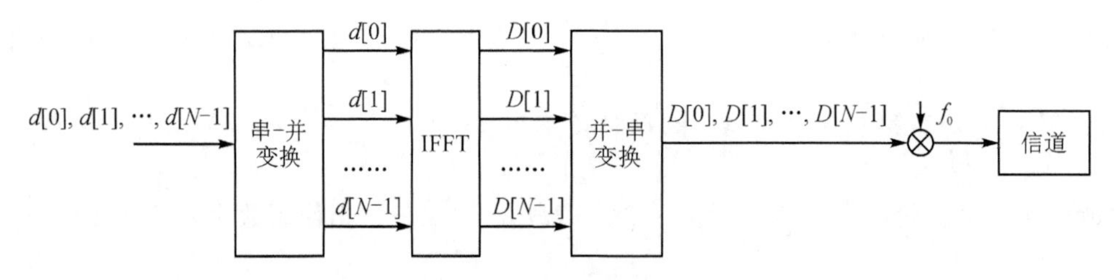

图 P1-7(b) OFDM 发射机的实现框图

【解】 接收机中，首先需要对接收信号去载频，然后通过 A/D 转换得到 $D[n]$，并对$D[n]$做 FFT(代替 DFT)运算得到 $d[k]$，简化的接收机实现框图如图 P1-7(c)所示。整体思路是利用 FFT 完成信号解调过程。

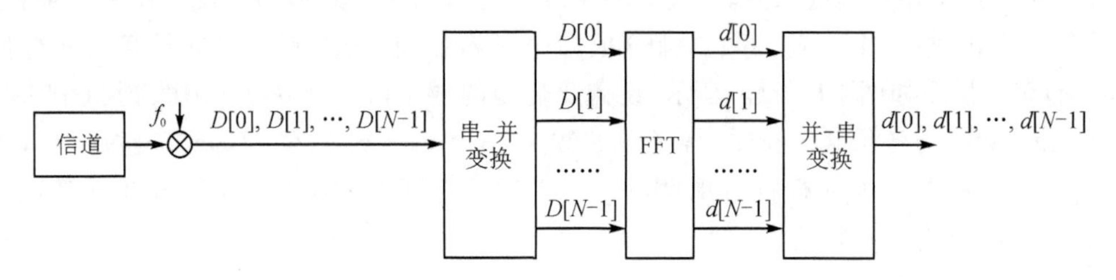

图 P1-7(c) OFDM 接收机的实现框图

1-8 卫星导航接收机基带信号处理主要是对中频数字信号的处理，其中的捕获和跟踪过程都需要进行部分信号的相干累加操作，这里使用的累加器的幅频特征与________(A. 低通，B. 带通，C. 高通)滤波器类似。

【解】 累加器对应连续系统的积分器。累加器的单位脉冲响应是 $h'[n]=\sum_{k=0}^{+\infty}\delta[n-k]$，若仅对当前的时刻和前面 M 个时刻的部分信号进行累加，则其单位脉冲响应是

$$h[n]=\sum_{k=0}^{M}\delta[n-k]$$

对其求离散时间傅里叶变换，可得该系统的频率响应为

$$H(\mathrm{e}^{\mathrm{j}\omega})=\mathrm{e}^{-\mathrm{j}\frac{\omega}{2}(M-1)}\cdot\frac{\sin\left(\frac{\omega}{2}M\right)}{\sin\frac{\omega}{2}}$$

由频率响应表达式可知累加器的幅频特征与低通滤波器类似，本质上是滑动平均。离散系统的单位脉冲响应和频率响应在后续章节(第 2 章和第 3 章)介绍。

1-9 在导航和定位系统中，常使用数字中频调制与模拟信号上变频的方式生成导航信号，其实现框图如图 P1-9(a)所示。其中数字中频调制使用了数字上变频的方式，在对基带生成信号进行数字上变频之前，为防止变频之后信号产生失真，需对基带信号进行插值操作，在插值过程所使用的数字滤波器是________(A. 低通，B. 带通，C. 高通)滤波器。

【解】 数字上变频的原理图如图 P1-9(b)所示。

图中插值操作的目的是提升基带信号的采样频率，使其与载频信号的采样频率保持一致。基带信号 $x[n]$与以 L 为因子插零之后信号 $x_e[n]$的时域关系式为

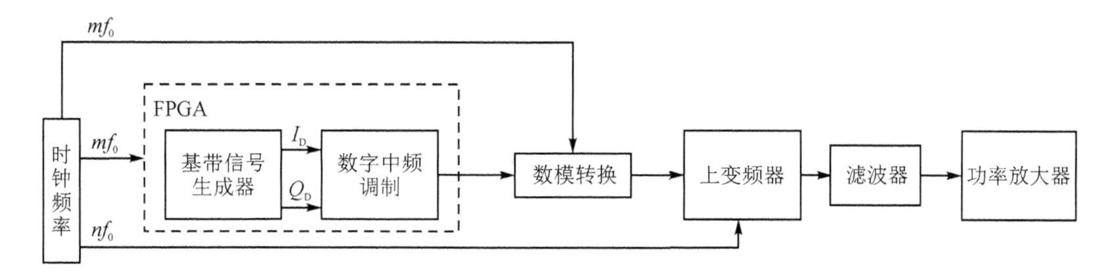

图 P1-9(a) 导航信号生成原理图

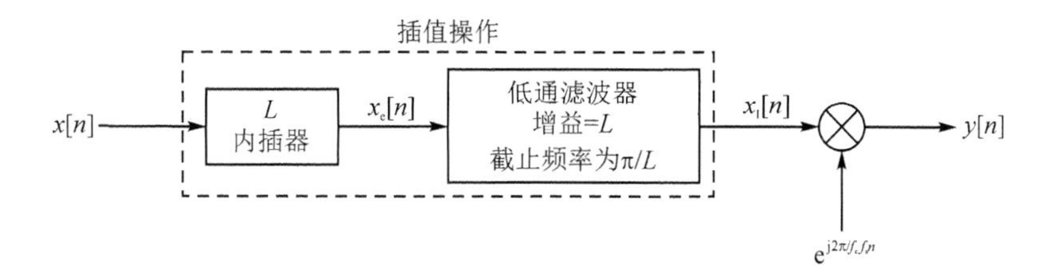

图 P1-9(b) 数字上变频原理图

$$x_e[n]=\begin{cases}x[n/L], & n=0,\pm L,\pm 2L,\cdots \\ 0, & \text{其他}\end{cases}$$

二者的频域关系为

$$X_e(e^{j\omega})=X(e^{j\omega L})$$

式中,$X_e(e^{j\omega})$和 $X(e^{j\omega})$分别为 $x_e[n]$和 $x[n]$的离散时间傅里叶变换。假设基带信号 $x[n]$的频谱 $X(e^{j\omega})$如图 P1-9(c)所示,则以 L 为因子插零之后信号 $x_e[n]$的频谱如图 P1-9(d)所示。

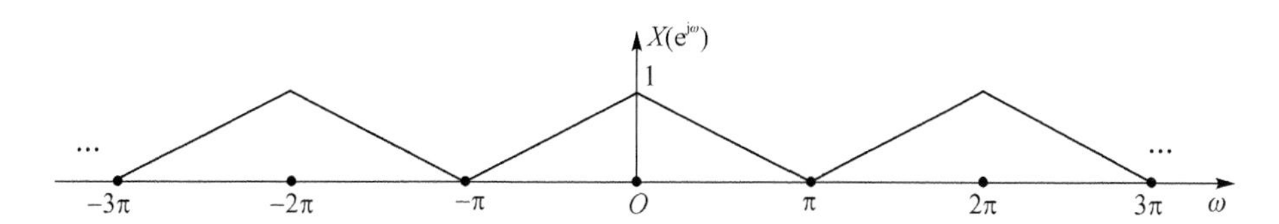

图 P1-9(c) 基带信号的频谱图

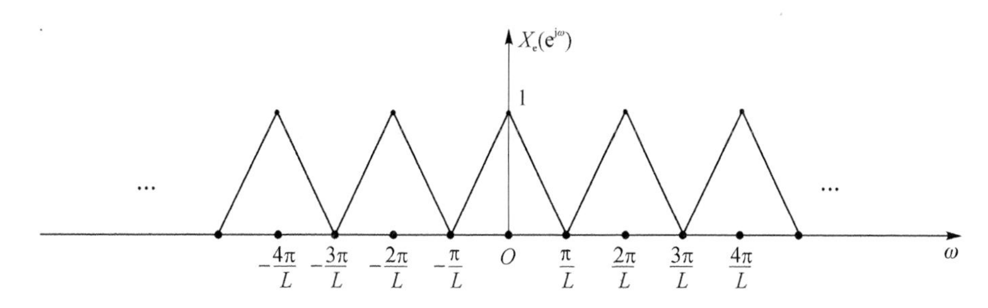

图 P1-9(d) 零值内插信号的频谱图

再经低通滤波处理后 $x_I[n]$的频谱图如图 P1-9(e)所示。

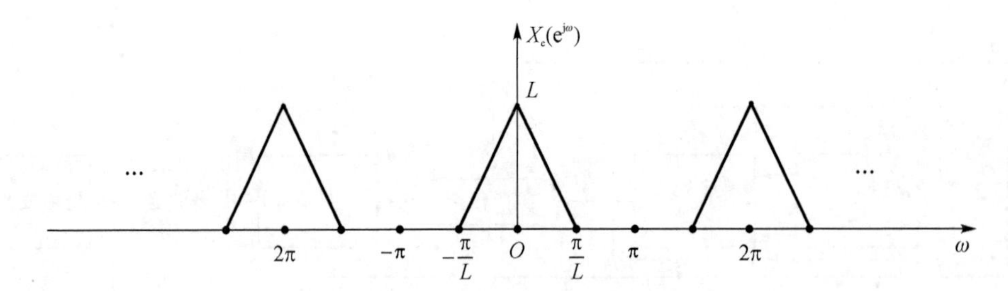

图 P1-9(e)　低通滤波后信号的频谱图

比较 $x_1[n]$与 $x_e[n]$的频谱可知，插值过程中需使用低通滤波器滤除多余的频谱形状。相关原理在后续章节(第 11 章)详细解释。

第 2 章　离散时间信号与系统

2.1　内容提要与重要公式

离散时间信号与系统的基本理论是数字信号处理的基础，掌握了这些基础才可以深入讨论数字信号处理的其他内容。

离散时间信号主要涉及序列的定义，常用序列如单位脉冲序列、单位阶跃序列、矩形序列、实指数序列、复指数序列和正余弦序列等的表示方法，以及离散时间信号在周期性、对称性及振荡频率等方面与连续时间信号的区别。

离散时间系统将输入序列变换为输出序列，可以从记忆性、线性、时不变性、因果性和稳定性的角度对系统进行分类。其中最重要的是线性定常（linear time-invariant，LTI）系统，LTI 系统可以通过描述输入输出关系的差分方程来表示，也可以通过单位脉冲响应（unit impulse response）即时域卷积和来描述。

1. 离散时间信号

一个离散时间信号就是一组时间有序的序列值的集合，因此离散时间信号也称作离散时间序列，时间序号 n 仅在整数值上有意义。序列 $x[n]$的表示方法有集合表示法、解析表达式和图形表示法。

可以从不同角度对序列进行分类：假设 N_1 和 N_2 为任意有限整数，如果序列 $x[n]$仅在区间 $n\in[N_1,N_2]$内取值且不全为零，则 $x[n]$为有限长序列，否则为无限长序列；如果无限长序列 $x[n]$的非零值位于区间 $n\in(-\infty,+\infty)$，则称 $x[n]$为双边序列；若无限长序列 $x[n]$的非零值位于区间 $n\in(-\infty,N_1]$，则称 $x[n]$为左边序列；若仅存在无限长序列 $x[n]$的非零值位于区间 $n\in[N_1,+\infty)$，则称 $x[n]$为右边序列；如果右边序列 $x[n]$的非零值位于区间 $n\in[0,+\infty)$，称 $x[n]$为因果序列；若存在非零整数 N，使得 $x[n]=x[n+N]$，则 $x[n]$为周期序列，否则为非周期序列；若信号的能量 $E=\sum_{n=-\infty}^{+\infty}|x[n]|^2<+\infty$，且平均功率为零，则 $x[n]$称为能量信号（energy signal）；若序列的能量无限，但功率 $P=\lim_{N\to+\infty}\frac{1}{2N+1}\sum_{n=-\infty}^{+\infty}|x[n]|^2<+\infty$，则称 $x[n]$为功率信号（power signal）；例如：周期序列是无限长序列，能量无限，但平均功率有限，因此是功率信号。

典型的时域序列包括单位脉冲序列、单位阶跃序列、矩形序列、实指数序列、正余弦序列和复指数序列，它们是构成复杂序列的基础。单位脉冲序列 $\delta[n]$也称为单位抽样序列，定义式为

$$\delta[n]=\begin{cases}1, & n=0\\ 0, & n\neq 0\end{cases} \tag{2.1}$$

单位阶跃序列

$$\mathrm{u}[n]=\begin{cases}1, & n\geqslant 0\\ 0, & n<0\end{cases} \tag{2.2}$$

$\delta[n]$可表示为 $\mathrm{u}[n]$的一阶后向差分,即

$$\delta[n]=\nabla\mathrm{u}[n]=\mathrm{u}[n]-\mathrm{u}[n-1] \tag{2.3}$$

$\mathrm{u}[n]$可表示为 $\delta[n]$的延迟累加和,即

$$\mathrm{u}[n]=\sum_{k=0}^{+\infty}\delta[n-k] \tag{2.4}$$

或

$$\mathrm{u}[n]=\sum_{m=-\infty}^{n}\delta[m] \tag{2.5}$$

矩形序列 $R_N[n]$记为

$$R_N[n]=\begin{cases}1, & 0\leqslant n\leqslant N-1\\ 0, & \text{其他}\end{cases} \tag{2.6}$$

矩形序列也可以表示为 $\mathrm{u}[n]$的差分或 $\delta[n]$的延迟累加和,即

$$R_N[n]=\mathrm{u}[n]-\mathrm{u}[n-N]=\sum_{k=0}^{N-1}\delta[n-k] \tag{2.7}$$

实指数序列为

$$x[n]=\alpha^n\mathrm{u}[n] \tag{2.8}$$

式中,α 为实数,当 $\alpha>1$ 时,序列值随 n 的增加而增加,序列发散;当 $0<\alpha<1$ 时,序列值随 n 的增加而减小;当 $-1<\alpha<0$ 时,序列值出现正负交替,其模随 n 的增加而减少;当 $\alpha<-1$ 时,序列值也正负交替,但其模随 n 的增加而增加。

复指数序列:若 A 和 α 为复数,将二者写为极坐标形式 $A=|A|\mathrm{e}^{\mathrm{j}\varphi}$,$\alpha=|\alpha|\mathrm{e}^{\mathrm{j}\omega}=\mathrm{e}^{\sigma+\mathrm{j}\omega}$,则序列 $x[n]=A\alpha^n$ 可写为

$$x[n]=|A|\mathrm{e}^{\mathrm{j}\varphi}(\mathrm{e}^{\sigma+\mathrm{j}\omega})^n=|A|\mathrm{e}^{\sigma n}\mathrm{e}^{\mathrm{j}(\omega n+\varphi)} \tag{2.9}$$

式中,σ 影响序列幅度的衰减快慢,称其为衰减因子,复振幅的幅角 φ 是初相。当 $\sigma<0$ 时,序列模值随 n 的增加而指数衰减;当 $\sigma>0$ 时,序列模值随 n 的增加而发散。特殊地,当 $\sigma=0$ 时,序列模值不变,序列变为 $x[n]=|A|\mathrm{e}^{\mathrm{j}(\omega n+\varphi)}$。进一步借助欧拉公式将式(2.9)写为

$$x[n]=|A|\mathrm{e}^{\mathrm{j}(\omega n+\varphi)}=|A|\cos(\omega n+\varphi)+\mathrm{j}|A|\sin(\omega n+\varphi) \tag{2.10}$$

该复数序列可用复平面上的向量表示,向量随着 n 的变化在复平面内旋转,向量的半径为常数,初始相位为 φ,幅角为 $\omega n+\varphi$。频率 ω 表示序列变化的快慢或周期性振荡的快慢,当 ω 从 0 增加到 π 时信号振荡越来越快,ω 从 π 增加到 2π 时信号振荡越来越慢,频率为 $2k\pi+\omega$ 的信号与频率为 ω 的信号相同,即复指数序列的数字频率以 2π 为周期。

取复指数序列的实部或虚部就得到正余弦序列。以 $x[n]=\cos(\omega n+\varphi)$为例来说明余弦序列的周期性,为了使 $x[n]$为周期序列,需要满足 $x[n]=x[n+N]=\cos(\omega(n+N)+\varphi)$,即 $\omega N=2\pi m$,其中 $m\in\mathbf{Z}$,所以,当$\dfrac{2\pi}{\omega}$为整数时,余弦序列是以该整数为周期的周期序列;当$\dfrac{2\pi}{\omega}$为有理数,且记为$\dfrac{2\pi}{\omega}=\dfrac{P}{Q}$,其中 P 和 Q 是互质的整数时,$x[n]$的周期是 P;当$\dfrac{2\pi}{\omega}$为无理数时,$x[n]$是非周期的。

在复指数序列和正余弦序列中都使用了数字频率 ω,ω 的单位是弧度(rad),其含义是序

列相邻两个样点之间的相位差。区别起见，通常将 Ω 称为模拟角频率，单位是 rad/s。二者的关系是 $\omega=\Omega T$。由于 ω 具有周期性，数字频率不同的两个正余弦序列在时域上的波形可以完全相同。

2. 离散时间信号的表示

任意离散时间序列 $x[n]$ 都能表示为单位脉冲序列的移位加权和，即

$$x[n]=\sum_{k=-\infty}^{+\infty}x[k]\delta[n-k]=\cdots+x[-1]\delta[n+1]+x[0]\delta[n]+x[1]\delta[n-1]+\cdots \tag{2.11}$$

或记为 $x[n]=x[n]*\delta[n]$，表示任意序列与单位脉冲序列 $\delta[n]$ 的卷积和就等于该序列。

离散时间序列 $x[n]$ 还可以表示为无穷多个离散时间序列 $\frac{1}{2\pi}\mathrm{e}^{\mathrm{j}\omega n}\mathrm{d}\omega$ 的线性组合，每个序列的加权值为 $X(\mathrm{e}^{\mathrm{j}\omega})$，即 $x[n]=\frac{1}{2\pi}\int_{-\pi}^{\pi}X(\mathrm{e}^{\mathrm{j}\omega})\mathrm{e}^{\mathrm{j}\omega n}\mathrm{d}\omega$，称其为离散时间傅里叶逆变换，这将在第 3 章详细介绍。

任何离散时间序列可以表示为一个共轭对称序列和一个共轭反对称序列之和，即 $x[n]=x_{\mathrm{e}}[n]+x_{\mathrm{o}}[n]$，其中共轭对称序列为

$$x_{\mathrm{e}}[n]=\frac{1}{2}(x[n]+x^{*}[-n]) \tag{2.12}$$

共轭反对称序列为

$$x_{\mathrm{o}}[n]=\frac{1}{2}(x[n]-x^{*}[-n]) \tag{2.13}$$

$x_{\mathrm{e}}[n]$ 满足 $x_{\mathrm{e}}[n]=x_{\mathrm{e}}^{*}[-n]$，其实部是 n 的偶函数，其虚部是 n 的奇函数；$x_{\mathrm{o}}[n]$ 满足 $x_{\mathrm{o}}[n]=-x_{\mathrm{o}}^{*}[-n]$，其实部是 n 的奇函数，其虚部是 n 的偶函数。特殊地，当 $x[n]$ 为实序列时，$x[n]$ 可以表示为一个偶对称序列和奇对称序列之和。

3. 离散时间系统

离散时间系统可以定义为某种变换或算子，将输入序列 $x[n]$ 映射为输出序列 $y[n]$，用算子 $\mathrm{T}[\cdot]$ 表示这种运算，即输出和输入之间的关系表示为 $y[n]=\mathrm{T}[x[n]]$。对该变换 $\mathrm{T}[\cdot]$ 施加各种约束条件，就可以定义出各种离散时间系统（为方便起见，将“离散时间系统”简称为“系统”）。系统响应分为由初始状态引起的响应（即零输入响应）和由激励引起的响应（即零状态响应）两个部分。现实系统多数是初始松弛（initial rest）的，若不做特殊说明，即在输入作用之前假设系统相对静止，即初始条件为零。

按照某种属性（如记忆性、线性、时不变性、因果性和稳定性）可将系统分为不同的类别。

① 无记忆系统：系统在任意时刻 n_0 的输出 $y[n_0]$ 只与当前时刻 n_0 的输入 $x[n_0]$ 有关，则称该系统为无记忆（memoryless）系统。

② 线性系统：满足叠加原理，即齐次性和可加性的系统称为线性系统，即若 $y_1[n]=\mathrm{T}[x_1[n]]$，$y_2[n]=\mathrm{T}[x_2[n]]$，且满足

$$\mathrm{T}[ax_1[n]+bx_2[n]]=ay_1[n]+by_2[n] \tag{2.14}$$

的系统是线性系统，其中 a，b 为任意常数。若系统是线性的，则在所有时间上零输入一定产生零输出。但零输入产生零输出是线性系统的必要条件，而非充分条件。

③ 时不变系统:系统响应与激励作用的时刻无关,即若 $y[n]=\mathrm{T}[x[n]]$,则 $y[n-n_0]=\mathrm{T}[x[n-n_0]]$。即系统参数和特性、输入输出关系不随时间改变,输出序列随输入序列的移位而作相同的移位,保持输出的形状不变。由于 n 不仅可以表示离散时间,还可以是量纲 1 的序号、标号或位移等离散变量,把时不变(time invariant)系统更具一般意义地称为移不变(shift invariant)系统。若系统有一个时变的增益,则系统一定是时变系统;若系统在时间轴上有压缩或扩展,则系统也一定是时变系统。

④ 因果系统:指输出变化不会发生在输入变化之前的系统,即系统在 n_0 时刻的输出 $y[n_0]$只取决于 n_0 和 n_0 时刻以前的输入 $x[n_0]$,$x[n_0-1]$,$x[n_0-2]$,…,而与 n_0 时刻以后的输入 $x[n_0+1]$,$x[n_0+2]$,…无关,则称该系统是因果系统。因果性是指系统物理上的可实现性。如果当前输出与未来的输入有关,时间上就违背了因果关系,这样的系统在物理上无法实现,称为非因果系统。考查系统的因果性时,只看输入 $x[n]$和输出 $y[n]$的关系,不必讨论其他以 n 为变量的函数的影响。

⑤ 稳定系统:是指对任意有界输入都产生有界输出的系统。这里的稳定性简称有界输入、有界输出(bounded input bounded output,BIBO)稳定性,是系统正常工作的先决条件。

⑥ 线性时不变系统:既满足叠加原理也满足时不变性质的系统,称为线性时不变(linear time-invariant, LTI)系统。LTI 系统在数学上易于表征,并且其在系统分析和设计中发挥着重要作用。

LTI 系统的表示方法包括单位脉冲响应、差分方程、频域响应和系统函数。其中单位脉冲响应是指输入为单位脉冲序列 $\delta[n]$时,LTI 系统的输出序列,记为 $h[n]=\mathrm{T}[\delta[n]]$。由于任意序列 $x[n]$都能表示为 $\delta[n]$的移位加权和,将 $x[n]$作用于 LTI 系统得到系统的输出为

$$\begin{aligned} y[n] &= \mathrm{T}\Big[\sum_{k=-\infty}^{+\infty} x[k]\delta[n-k]\Big] = \sum_{k=-\infty}^{+\infty} \mathrm{T}\Big[x[k]\delta[n-k]\Big] \\ &= \sum_{k=-\infty}^{+\infty} x[k]\cdot \mathrm{T}\Big[\delta[n-k]\Big] = \sum_{k=-\infty}^{+\infty} x[k]h[n-k] \end{aligned} \tag{2.15}$$

这里分别用到了系统的线性和时不变性质,LTI 系统的输出序列等于输入序列和系统单位脉冲响应的卷积和,记为

$$y[n]=\sum_{k=-\infty}^{+\infty} x[k]h[n-k]=x[n]*h[n] \tag{2.16}$$

卷积和也称为线性卷积,在数字信号处理中起着举足轻重的作用,用来计算一定输入序列作用下的输出序列。线性卷积的计算过程分为翻转、移位、相乘和求和四个步骤,计算方法有图解法、列表法、解析法和软硬件求解的方法。

LTI 系统卷积和运算的性质包括交换率、结合率和分配率,用公式分别表示为

$$x[n]*h[n]=h[n]*x[n] \tag{2.17}$$

$$\{x[n]*h_1[n]\}*h_2[n]=x[n]*\{h_1[n]*h_2[n]\} \tag{2.18}$$

$$x[n]*\{h_1[n]+h_2[n]\}=x[n]*h_1[n]+x[n]*h_2[n] \tag{2.19}$$

单位脉冲响应 $h[n]$是描述 LTI 系统时域特性的重要数学工具,根据 $h[n]$可以判断系统的因果性和稳定性等属性。LTI 系统是因果系统的充要条件为其单位脉冲响应 $h[n]$是因果序列,即

$$h[n]=0,n<0 \tag{2.20}$$

LTI 系统通稳定的充要条件是其单位脉冲响应 $h[n]$绝对可和，即

$$\sum_{n=-\infty}^{+\infty} |h[n]| < +\infty \tag{2.21}$$

LTI 系统通常用常系数线性差分方程表示，即

$$\sum_{k=0}^{N} a_k y[n-k] = \sum_{k=0}^{M} b_k x[n-k] \tag{2.22}$$

式中，a_k 和 b_k 为常数，差分方程的阶数用 $y[n-k]$中序号 k 的最大值与最小值之差确定，这里表示 N 阶差分方程。可以用常系数线性差分方程表示的系统，只是构成 LTI 系统的必要条件，当 N 个限制性的边界条件不同时，则某个输入不能得到唯一的输出，因此它不一定代表是线性系统。如果边界条件是使系统的初始状态为零，即初始松弛，则该系统是 LTI 系统，并且为因果系统，也就是说，对于 N 阶差分方程描述的系统，输入信号在 $n=0$ 时刻作用于系统，且边界条件为 $y[-1]=y[-2]=\cdots=y[-N]=0$ 时，该系统一定是 LTI 的因果系统。对状态非初始松弛的系统，其线性、时不变和因果性需要具体分析。但在大多数情况下，若不作特殊说明，认为系统的初始状态为零，则将常系数线性差分方程描述的系统视为 LTI 系统，因而单位脉冲响应可以完整地表示系统特性。

采用差分方程描述系统，则系统简单、直观，易于计算机处理，容易得到运算结构，方便求响应，线性常系数差分方程的求解方法有：

① 时域经典法：先根据特征方程求特征根得到齐次解表达式，再根据输入确定特解形式，二者相加后代入差分方程，利用给定的边界条件求得待定系数，最后由零状态响应和零输入响应两部分组成全解，因此经典法的优点是物理概念比较清楚，缺点是过程较为繁琐，工程上很少采用。

② 递推迭代法：比较简单，适合用计算机处理得到数值解，但通常很难得到解析表达式，无闭合解。

③ 卷积和计算法：在数字信号处理中一般只关注因果稳定系统达到稳定状态后的输出，对于稳定系统，当进入稳定状态后由初始储能引起的零输入响应部分会衰减为零，因此零状态响应具有实际意义。此时，如果已知单位脉冲响应，则任意输入下的输出就可以用卷积法求出。

此外，还有变换域法即利用 z 变换求解差分方程，实际应用中简便有效。

最后需要指出的是，不是所有的 LTI 系统都可以用差分方程来表示，比如经常讨论的理想选频滤波器就不可用该方程表示。

2.2 重难点提示

本章重点

(1) 基本序列的定义与性质；

(2) 任意序列的分解表示方法，如单位脉冲序列的移位加权和，共轭对称和共轭反对称序列之和；

(3) 离散系统的记忆性、线性、时不变性、因果性和稳定性的概念及判据；

(4) 离散 LTI 系统单位脉冲响应的概念，线性卷积的计算；

(5) 离散 LTI 系统的因果性与稳定性。

本章难点

复指数序列与连续复指数信号的区别与联系，数字频率和周期性的概念，序列的移位、翻转和尺度变换等运算，线性常系数差分方程的求解方法，零输入响应和零状态响应的物理含义及其与系统的单位脉冲响应之间的关系。

2.3 习题详解

选择、填空题(2-1 题～2-16 题)

2-1 序列 $x[n]=3\cos\left(\frac{7}{6}\pi n+\frac{9}{4}\pi\right)$的周期是(A)。

(A) 12 (B) 11 (C) 12/7 (D) 6

【解】 $\frac{2\pi}{\omega_0}=\frac{2\pi}{\frac{7\pi}{6}}=\frac{12}{7}$是一个有理数，并且 $P=12$ 和 $Q=7$ 为互质的整数，所以 $x[n]$的周期为 $P=12$，经验算 $x[n+12]=3\cos\left(\frac{7}{6}\pi(n+12)+\frac{9}{4}\pi\right)=3\cos\left(\frac{7}{6}\pi n+7\pi\times 2+\frac{9}{4}\pi\right)=x[n]$。

故选(A)。

2-2 序列 $x[n]=\cos\frac{\pi n}{2}+\cos\frac{2\pi n}{3}$的周期是(A)。

(A) 12 (B) 11 (C) 12/7 (D) 6

【解】 $\cos\frac{\pi n}{2}$的周期 $T_1=\frac{2\pi}{\omega_1}=\frac{2\pi}{\frac{\pi}{2}}=4$，$\cos\frac{2\pi n}{3}$的周期 $T_2=\frac{2\pi}{\omega_2}=\frac{2\pi}{\frac{2\pi}{3}}=3$，$x[n]$的周期为 4 和 3 的最小公倍数 12。

故选(A)。

2-3 离散时间系统 $y[n]=2^n x[n]$是一个(B)系统。

(A) 因果稳定 (B) 因果不稳定 (C) 非因果稳定 (D) 非因果不稳定

【解】 因果性是指系统当前时刻的输出仅取决于当前时刻和以前时刻的输入，与未来时刻无关，因此是因果系统；当 $x[n]$有界时，$y[n]=g[n]\cdot x[n]$是否有界与 $g[n]$直接相关，因为 $g[n]=2^n$ 无界，因此系统不稳定。

故选(B)。

2-4 离散时间系统 $\mathrm{T}(x[n])=x[3n]$是一个(D)系统。

(A) 非线性时不变 (B) 非线性时变 (C) 线性时不变 (D) 线性时变

【解】 由线性系统的定义 $\forall\alpha,\beta\in\mathbf{R}$，由于 $\mathrm{T}(\alpha x_1[n]+\beta x_2[n])=\alpha x_1[3n]+\beta x_2[3n]$，显然与 $\alpha y_1[n]+\beta y_2[n]=\alpha(x_1[3n])+\beta(x_2[3n])$相同，所以系统是线性的；

在讨论时变性时，由于 $\mathrm{T}(x[n-m])=x[3n-m]$，与 $y[n-m]=x[3(n-m)]$并不相同，该系统是时变的。实际上，若系统在时间轴上有翻转、压缩或扩展，则该系统一定是时变的。

故选(D)。

2-5　序列 $x[2n]$ 是将序列 $x[n]$(C)。

(A) 幅度值除以 2　　　　(B) 幅度值乘以 2

(C) 每隔一个采样点抽取一点　　　　(D) 每两个采样点中增加一个点 0

【解】　$x[2n]$ 是对 $x[n]$ 进行横坐标时间轴的尺度变换或伸缩变换，将 $x[n]$ 每隔一个采样点取一点，也将其称为抽取器，是一个非因果系统。

故选(C)。

2-6　某系统的单位脉冲响应记为 $h[n]=\delta[n+2]$，则该系统是(B)。

(A) 因果的　　　　(B) 非因果的

【解】　系统因果的充要条件是系统的单位脉冲响应在 $n<0$ 时，$h[n]=0$。

故选(B)。

2-7　离散时间序列 $x[n]=\cos(\omega n)$，当 ω 的值为(A)时，$x[n]$ 是一个周期序列。

(A) $\frac{5\pi}{6}$　　　　(B) $\frac{\sqrt{2}\pi}{3}$　　　　(C) $\frac{1}{2}$　　　　(D) 1

【解】　$x[n]=\cos(\omega n)$ 是周期序列的充要条件是 $\frac{2\pi}{\omega}$ 为有理数。(A) $\frac{2\pi}{\omega}=\frac{12}{5}=\frac{P}{Q}$，$x[n]$ 周期是 $P=12$；(B) $\frac{2\pi}{\omega}=3\sqrt{2}$ 不是有理数，非周期；(C) $\frac{2\pi}{\omega}=4\pi$ 不是有理数，非周期；(D) $\frac{2\pi}{\omega}=2\pi$ 不是有理数，非周期。

故选(A)。

2-8　一个系统可以用常系数线性差分方程描述，且满足初始松弛条件，则该系统为(A)。

(A) 因果的线性时不变系统　　　　(B) 非因果的线性时不变系统

(C) 因果的线性时变系统　　　　(D) 非因果的线性时变系统

【解】　常系数线性差分方程表示的系统，只是构成线性时不变系统的必要条件，若边界条件不合适，则它不一定能代表线性系统。若边界条件满足初始松弛条件，即初始状态为零，则该系统也是因果的。一个线性系统的因果性就等效于初始松弛条件，即输入序列作用于系统前，系统的初始储能为零。

故选(A)。

2-9　数字域频率 ω 是模拟角频率 Ω 被采样频率 f_s(或 $\Omega_s=2\pi f_s$)归一化后的结果，________(能，不能)表示频率的绝对大小。

【解】　数字域频率 ω 是归一化的值，只能表示与采样频率之间的相对大小，不能表示频率的绝对大小。

2-10　用 $\delta[n]$ 的移位加权和表示图 P2-10 所示序列 $x[n]=$____________。

【解】　用 $\delta[n]$ 的移位加权和表示序列的方法是将 $\delta[n-n_0]$ 进行累加，$\delta[n-n_0]$ 的系数大小为 $n=n_0$ 时 $x[n_0]$ 的大小，所以 $x[n]=-\delta[n]+3\delta[n-1]+\delta[n-2]$。

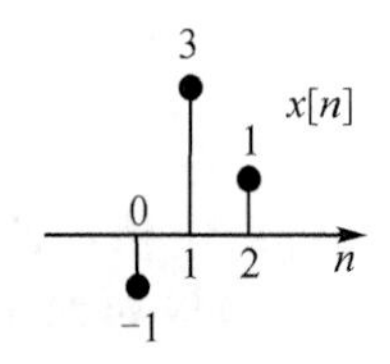

图 P2-10 某离散时间序列

2-11 设 $y[n]=x[n]*h[n]$，则 $x[n-1]*h[n-7]=$ ________（用 $y[n]$表示）。

【解】 由线性卷积的定义 $y[n]=x[n]*h[n]=\sum_{m=-\infty}^{+\infty}x[m]h[n-m]$

$$x[n-n_1]*h[n-n_2]=\sum_{m=-\infty}^{+\infty}x[m-n_1]h[n-n_2-m]$$

$$\xlongequal{m-n_1=m'}\sum_{m'=-\infty}^{+\infty}x[m']h[n-n_2-m'-n_1]$$

$$=\sum_{m'=-\infty}^{+\infty}x[m']h[n-(n_2+n_1)-m']$$

$$=y[n-(n_1+n_2)]$$

$$=y[n-8]$$

2-12 有限长序列 $x[n]$的非零区间是 $3\leqslant n\leqslant 8$，$h[n]$的非零区间是 $2\leqslant n\leqslant 13$，则 $y[n]=x[n]*h[n]$的非零区间是________。

【解】 根据卷积的定义 $y[n]=x[n]*h[n]=\sum_{m=-\infty}^{+\infty}x[m]h[n-m]$

若有限长序列 $x[n]$在区间 $N_0\leqslant n\leqslant N_1$ 外均为零，则求和式中有 $N_0\leqslant m\leqslant N_1$；有限长序列 $h[n]$在区间 $N_2\leqslant n\leqslant N_3$ 外均为零，即求和式中有 $N_2\leqslant n-m\leqslant N_3$。两个不等式求和可得，$N_0+N_2\leqslant n\leqslant N_1+N_3$，此即两者卷积结果 $y[n]=x[n]*h[n]$取值的有效范围，本习题中 $5\leqslant n\leqslant 21$。

2-13 若某系统在 $n\geqslant n_0$ 时刻输出响应 $y[n]$仅由 $n\geqslant n_0$ 的输入序列 $x[n]$引起，则称该系统满足________条件。

【解】 初始松弛是指系统的初始条件（或储能）为 0，系统的输出响应仅由某个时刻 n_0 开始外加的输入引起，在满足初始松弛的条件下，线性定常系统的输入和输出之间可以推导出卷积和的关系式。若对所有 $n<n_0$ 时输入 $x[n]=0$，限制边界条件 $y[n]=0$，则系统初始松弛。需要注意的是，如果初始条件不能确定，那么输出就不能由输入唯一确定，换句话说，对同一个线性常系数差分方程，即便给定输入，在不同的初始条件下，得到的输出也不尽相同。

2-14 通常情况下，线性常系数差分方程的全解由________和________两部分组成。当系统初始状态为零时，由输入信号引起的响应为________；当输入为零时，由系统状态引起的响应为________。

【解】 任一线性时不变系统的响应，均可分解为零状态响应和零输入响应，且可以分开研究，二者之和即为全响应。差分方程的全解由零状态响应和零输入响应两部分组成。零状态响应是指初始松弛情况下，响应只由输入决定；而零输入响应是输入为零时，输出完全由系统的初始状态即初始储能决定。由于线性系统要求全部输入为零时全部输出也为零,即零输入响应为零,这就意味着线性定常系统差分方程的全解只能包含零状态响应。

2-15　已知线性时不变系统的输入输出关系 $y[n]=x[n]+ax[n-n_0]$,则系统的单位脉冲响应 $h[n]=$________,单位阶跃响应 $s[n]=$________。

【解】　直接根据定义写出,单位脉冲响应 $h[n]=\delta[n]+a\delta[n-n_0]$,单位阶跃响应 $s[n]=\mathrm{u}[n]+a\mathrm{u}[n-n_0]$。

2-16　线性常系数差分方程为 $y[n]-y[n-1]+\frac{1}{4}y[n-2]=x[n]$。设初始条件是当 $n<0$ 时,$y[n]=0$,则当输入是 $x[n]=\delta[n]$时,$y[2]=$________。

【解】　利用迭代法,$y[0]=y[-1]-\frac{1}{4}y[-2]+x[0]=1$,$y[1]=y[0]-\frac{1}{4}y[-1]+x[1]=1$,$y[2]=y[1]-\frac{1}{4}y[0]+x[2]=\frac{3}{4}$。

计算、证明与作图题(2-17 题～2-31 题)

2-17　请判断以下序列的周期性,并计算周期序列的周期。

(a) $x[n]=\mathrm{e}^{\mathrm{j}\left(\frac{\pi n}{6}\right)}$　　(b) $x[n]=\dfrac{\sin\frac{\pi n}{5}}{\pi n}$　　(c) $x[n]=\mathrm{e}^{\mathrm{j}\left(\frac{\pi n}{\sqrt{2}}\right)}$

【解】　(a) $x[n]$为复指数序列,且 $\omega_0=\frac{\pi}{6}$。计算得$\frac{2\pi}{\omega_0}=12$,是有理数,所以 $x[n]$为周期序列,周期 $T=12$。

(b) 由于 $\sin\frac{\pi n}{5}$是周期的,$\frac{1}{\pi n}$是非周期的,所以 $x[n]=\sin\frac{\pi n}{5}\times\frac{1}{\pi n}$是非周期的。

(c) $x[n]$为复指数序列,且 $\omega_0=\frac{\pi}{\sqrt{2}}$。由于$\frac{2\pi}{\omega_0}=2\sqrt{2}$是无理数,所以 $x[n]$为非周期序列。

2-18　试判断以下系统的稳定性、因果性、线性性、时不变性和记忆性。

(a) $\mathrm{T}(x[n])=g[n]x[n]$($g[n]$已知且有界)

(b) $\mathrm{T}(x[n])=\sum_{k=n_0}^{n}x[k]$

(c) $\mathrm{T}(x[n])=\sum_{k=n_0}^{n+n_0}x[k]$

(d) $\mathrm{T}(x[n])=x[n-n_0]$

(e) $\mathrm{T}(x[n])=\mathrm{e}^{x[n]}$

(f) $\mathrm{T}(x[n])=ax[n]+b$

(g) $\mathrm{T}(x[n])=x[n]+3\mathrm{u}[n+1]$

【解】　(a) $\mathrm{T}(x[n])=g[n]x[n]$

(1) 稳定性:若 $x[n]$是有界输入序列,因为 $g[n]$已知且有界,所以二者的乘积也有界,即系统在有界输入有界输出(BIBO)意义下是稳定的。

(2) 因果性:$y[n_0]=\mathrm{T}(x[n_0])=g[n_0]x[n_0]$,输出序列在 $n=n_0$ 的值仅取决于输入序列在 $n\leqslant n_0$ 的值,所以系统是因果的。

(3) 线性性:因为 $\mathrm{T}(\alpha x_1[n]+\beta x_2[n])=g[n](\alpha x_1[n]+\beta x_2[n])=\alpha\mathrm{T}(x_1[n])+\beta\mathrm{T}(x_2[n])$对 $\forall\alpha,\beta\in\mathbf{R}$ 均成立,所以系统是线性的。

(4) 时不变性:因为 $\mathrm{T}(x[n-m])=g[n]\cdot x[n-m]$,而 $y[n-m]=g[n-m]\cdot x[n-m]$,二者并不相同,所以系统是时变的。

(5) 记忆性:因为每一个时刻 n 上的输出 $y[n]$只决定于同一时刻 n 上的输入 $x[n]$,所以该系统是无记忆的。

(b) $\mathrm{T}(x[n])=\sum\limits_{k=n_0}^{n}x[k]$

(1) 稳定性:设输入有界 $|x[n]|\leqslant M<+\infty$,则 $\left|\mathrm{T}(x[n])\right|\leqslant\sum\limits_{k=n_0}^{n}|x[k]|\leqslant(n-n_0+1)M$,当 $n\to+\infty$时,$\left|\mathrm{T}(x[n])\right|\to+\infty$,所以系统不稳定。例如,设 $n_0=0$,输入为阶跃序列时,输出为斜坡序列,随时间 $n\to+\infty$时发散。

(2) 因果性:系统的输出只由 $[n_0,n]$时刻的输入序列值决定,所以系统是因果的。

(3) 线性性:

因为 $\mathrm{T}(\alpha x_1[n]+\beta x_2[n])=\sum\limits_{k=n_0}^{n}(\alpha x_1[k]+\beta x_2[k])=\alpha\sum\limits_{k=n_0}^{n}x_1[k]+\beta\sum\limits_{k=n_0}^{n}x_2[k]$

$=\alpha\mathrm{T}(x_1[n])+\beta\mathrm{T}(x_2[n])$,所以系统是线性的。

(4) 时不变性:因为 $\mathrm{T}(x[n-m])=\sum\limits_{k=n_0}^{n}x[k-m]=\sum\limits_{k=n_0-m}^{n-m}x[k]$,而 $y[n-m]=\sum\limits_{k=n_0}^{n-m}x[k]$,二者并不相同,所以系统是时变的。

(5) 记忆性:$\mathrm{T}(x[n])=\sum\limits_{k=n_0}^{n}x[k]$,该系统实现了从以前某时刻 n_0 到 n 的序列求和,显然是有记忆的。

(c) $\mathrm{T}(x[n])=\sum\limits_{k=n_0}^{n+n_0}x[k]$

(1) 稳定性:设输入有界$|x[n]|\leqslant M<+\infty$,则$\left|\mathrm{T}(x[n])\right|\leqslant\sum\limits_{k=n_0}^{n+n_0}|x[k]|\leqslant|n+1|M$,当 $n\to+\infty$ 时,$\left|\mathrm{T}(x[n])\right|\to+\infty$,所以系统不稳定。注意:$\mathrm{T}'(x[n])=\sum\limits_{k=n-n_0}^{n+n_0}x[k]$ 是稳定的。

(2) 因果性:系统的输出不仅由 n 时刻及以前时刻的输入序列值决定,还与未来时刻如 $n+n_0$ 的输入序列值有关,所以系统非因果。

(3) 线性性:

因为 $\mathrm{T}(\alpha x_1[n]+\beta x_2[n])=\sum_{k=n_0}^{n+n_0}(\alpha x_1[k]+\beta x_2[k])=\alpha\sum_{k=n_0}^{n}x_1[k]+\beta\sum_{k=n_0}^{n}x_2[k]$ $=\alpha\mathrm{T}(x_1[n])+\beta\mathrm{T}(x_2[n])$，所以系统是线性的。

(4) 时不变性：

因为 $\mathrm{T}(x[n-m])=\sum_{k=n_0}^{n+n_0}x[k-m]=\sum_{k=n_0-m}^{n+n_0-m}x[k]$，而 $y[n-m]=\sum_{k=n_0}^{n-m+n_0}x[k]$，二者并不相同，所以系统是时变的。

(5) 记忆性：$\mathrm{T}(x[n])=\sum_{k=n_0}^{n+n_0}x[k]$，该系统实现了从以前某时刻 n_0 到 $n+n_0$ 的序列求和，显然是有记忆的。

(d) $\mathrm{T}(x[n])=x[n-n_0]$

(1) 稳定性：设输入有界 $|x[n]|\leqslant M<+\infty$，则 $|\mathrm{T}(x[n])|=|x[n-n_0]|\leqslant M$ 有界，所以系统稳定。

(2) 因果性：若 $n_0\geqslant 0$，则理想延迟系统是因果的(若 $n_0<0$，则系统非因果)。

(3) 线性性：

因为 $\mathrm{T}(\alpha x_1[n]+\beta x_2[n])=\alpha x_1[n-n_0]+\beta x_2[n-n_0]=\alpha\mathrm{T}(x_1[n])+\beta\mathrm{T}(x_2[n])$，所以系统是线性的。

(4) 时不变性：因为 $\mathrm{T}(x[n-m])=x[n-n_0-m]$，而 $y[n-m]=x[n-m-n_0]$，二者相同，所以系统是时不变的。

(5) 记忆性：$\mathrm{T}(x[n])=x[n-n_0]$，该系统实现了从以前某时刻 $n-n_0$ 输入序列的取值，显然是有记忆的(除非 $n_0=0$ 时才是无记忆系统)。

(e) $\mathrm{T}(x[n])=\mathrm{e}^{x[n]}$

(1) 稳定性：设输入有界 $|x[n]|\leqslant M<+\infty$，则 $|\mathrm{T}(x[n])|=|\mathrm{e}^{x[n]}|\leqslant \mathrm{e}^{M}$ 有界，所以系统稳定。

(2) 因果性：n 时刻的输出只取决于 n 时刻的输入，所以系统因果。

(3) 线性性：

$\forall\alpha,\beta\in\mathbf{R}$，$\mathrm{T}(\alpha x_1[n]+\beta x_2[n])=\mathrm{e}^{\alpha x_1[n]+\beta x_2[n]}=\mathrm{e}^{\alpha x_1[n]}\mathrm{e}^{\beta x_2[n]}$，而 $\alpha\mathrm{T}(x_1[n])+\beta\mathrm{T}(x_2[n])=\alpha\mathrm{e}^{x_1[n]}+\beta\mathrm{e}^{x_2[n]}$ 二者并不相同，所以系统非线性。

(4) 时不变性：$\mathrm{T}(x[n-m])=\mathrm{e}^{x[n-m]}$，而 $y[n-m]=\mathrm{e}^{x[n-m]}$，二者相同，所以系统是时不变的。

(5) 记忆性：$\mathrm{T}(x[n])=\mathrm{e}^{x[n]}$，每一个 n 时刻上的输出 $y[n]$ 只取决于 n 时刻上的输入 $x[n]$，所以系统是无记忆的。

(f) $\mathrm{T}(x[n])=ax[n]+b$

(1) 稳定性：设输入有界 $|x[n]|\leqslant M<+\infty$，则对有限取值的 a 和 b，$|\mathrm{T}(x[n])|=|ax[n]+b|\leqslant|a|\cdot M+|b|$ 有界，所以系统稳定。

(2) 因果性：n 时刻的输出只取决于 n 时刻的输入，所以系统因果。

(3) 线性性：

$\forall\alpha,\beta\in\mathbf{R}$，$\mathrm{T}(\alpha x_1[n]+\beta x_2[n])=a(\alpha x_1[n]+\beta x_2[n])+b$，而 $\alpha\mathrm{T}(x_1[n])+\beta\mathrm{T}(x_2[n])=$

$\alpha(ax_1[n]+b)+\beta(ax_2[n]+b)$，二者并不相同，所以系统非线性。

(4) 时不变性：

$T(x[n-m])=ax[n-m]+b$，而 $y[n-m]=ax[n-m]+b$，二者相同，所以系统是时不变的。

(5) 记忆性：$T(x[n])=ax[n]+b$，每一个 n 时刻上的输出 $y[n]$ 只取决于同一 n 时刻上的输入 $x[n]$，所以系统是无记忆的。

(g) $T(x[n])=x[n]+3u[n+1]$

(1) 稳定性：设输入有界 $|x[n]|\leqslant M<+\infty$，则 $|T(x[n])|=|x[n]+3u[n+1]|\leqslant M+3$ 有界，所以系统稳定。

(2) 因果性：n 时刻的输出不依赖于未来时刻的输入，所以系统因果。

(3) 线性性：

$\forall\alpha,\beta\in\mathbf{R}$，$T(\alpha x_1[n]+\beta x_2[n])=\alpha x_1[n]+\beta x_2[n]+3u[n+1]$，而 $\alpha T(x_1[n])+\beta T(x_2[n])=\alpha(x_1[n]+3u[n+1])+\beta(x_2[n]+3u[n+1])$，二者并不相同，所以系统非线性。也可以利用“零输入产生零输出”这一“线性性”的必要条件，即该系统输入、输出不满足，因此系统是非线性的。

(4) 时不变性：$T(x[n-m])=x[n-m]+3u[n+1]$，而 $y[n-m]=x[n-m]+3u[n-m+1]$，二者不相同，所以系统是时变的。

(5) 记忆性：$T(x[n])=x[n]+3u[n+1]$，每一个 n 时刻上的输出 $y[n]$ 只取决于 n 时刻上的输入 $x[n]$，所以系统是无记忆的。

2-19 如果某离散时间 LTI 系统的单位脉冲响应 $h[n]=a^{-n}u[-n]\ (0<a<1)$，试计算该系统的阶跃响应。

【解】 根据卷积和公式，系统的阶跃响应

$$
\begin{aligned}
y[n]=u[n]*h[n]&=\sum_{m=-\infty}^{+\infty}h[m]\cdot u[n-m]\\
&=\sum_{m=-\infty}^{+\infty}a^{-m}\cdot u[-m]\cdot u[n-m]\qquad(\text{考虑到 } m\leqslant 0,\text{且 } m\leqslant n)\\
&=\sum_{m=-\infty}^{n}a^{-m}\cdot u[-m]\cdot u[n-m]\\
&=\begin{cases}\displaystyle\sum_{m=-\infty}^{0}a^{-m}=\sum_{k=0}^{+\infty}a^{k}=\frac{1}{1-a} & n>0\\ \displaystyle\sum_{m=-\infty}^{n}a^{-m}=\sum_{k=-n}^{+\infty}a^{k}=a^{-n}+a^{-n+1}+\cdots+a^{+\infty}=\frac{a^{-n}}{1-a} & n\leqslant 0\end{cases}
\end{aligned}
$$

2-20 如果某线性系统的输入序列为 $x[n]$、输出序列为 $y[n]$，试证明：如果 $x[n]=0$，$n\in\mathbf{Z}$，则 $y[n]=0$，$n\in\mathbf{Z}$。

【证明】 设 $y[n]=T(x[n])$，若对于所有 n，$x[n]=0$，则输入为 $x[n]-x[n]=0$ 时，因为线性系统满足叠加原理，所以输出 $y[n]=T(0)=T(x[n]-x[n])=T(x[n])-T(x[n])=0$。

2-21　试证明：一个线性时不变系统是因果系统的充要条件是系统的单位脉冲响应满足：当 $n<0$ 时，$h[n]=0$。

【证明】　对于 LTI 系统，有卷积和公式 $y[n]=\sum\limits_{n=-\infty}^{+\infty}x[n-k]h[k]=\sum\limits_{n=-\infty}^{+\infty}x[k]h[n-k]$。

(1) 必要性：利用 $y[n]=\sum\limits_{n=-\infty}^{+\infty}x[n-k]h[k]$。若系统因果，则必然有 $x[n-k]$在时间上超前或同步于 $y[n]$，即 $n-k\leqslant n$，所以 $k\geqslant 0$ 时才能取值。所以当 $k<0$ 时，必有 $h[n]=0$，必要性得证。

(2) 充分性：利用 $y[n]=\sum\limits_{n=-\infty}^{+\infty}x[k]h[n-k]$。当 $n-k<0$ 时 $h[n-k]=0$，即 $k\leqslant n$ 时取值。所以 $y[n]$可以视为在 n 时刻点之前的 $x[n]$的线性叠加，充分性得证。

2-22　两个离散时间 LTI 系统的输入序列 $x[n]$和单位脉冲响应 $h[n]$分别如图 P2-22(a)和(b)所示，试求系统的响应。

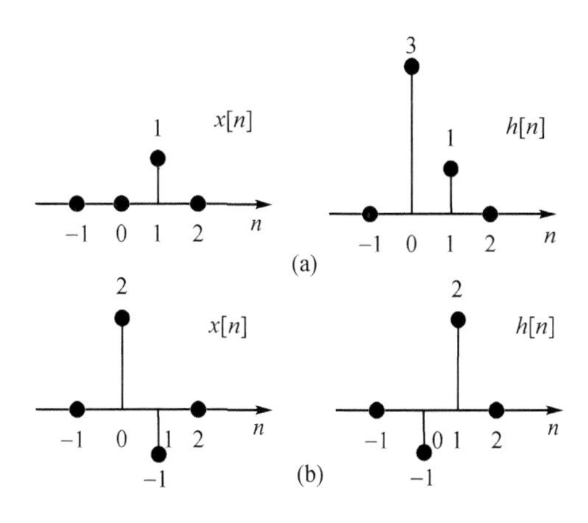

图 P2-22　输入及系统单位脉冲响应

【解】　对于图 P2-22(a)：

$$y[n]=x[n]*y[n]=\sum_{k=-\infty}^{+\infty}x[k]h[n-k]$$

$$y[1]=\sum_{k=-\infty}^{+\infty}x[k]h[1-k]=x[1]\times h[0]=3$$

$$y[2]=\sum_{k=-\infty}^{+\infty}x[k]h[2-k]=x[1]\times h[1]=1$$

$$y[n]=0,n\neq 1,2$$

结果为

$$y[n]=\begin{cases}3, & n=1\\1, & n=2\\0, & 其他\end{cases}$$

对于图 P2-22(b)：

$$y[n]=x[n]*y[n]=\sum_{k=-\infty}^{+\infty}x[k]h[n-k]$$

方法 1:公式计算。

$$y[0]=\sum_{k=-\infty}^{+\infty}x[k]h[-k]=x[0]\times h[0]+x[1]\times h[-1]=2\times(-1)+(-1)\times 0=-2$$

$$y[1]=\sum_{k=-\infty}^{+\infty}x[k]h[1-k]=x[0]\times h[1]+x[1]\times h[0]=2\times 2+(-1)\times(-1)=5$$

$$y[2]=\sum_{k=-\infty}^{+\infty}x[k]h[2-k]=x[0]\times h[2]+x[1]\times h[1]=2\times 0+(-1)\times 2=-2$$

$$y[n]=0,n\neq 0,1,2$$

结果为

$$y[n]=\begin{cases}-2, & n=0\\ 5, & n=1\\ -2, & n=2\\ 0, & \text{其他}\end{cases}$$

方法 2:对位相乘相加法。

$$\begin{array}{rrr} & 2 & -1\\ & -1 & 2\\ \hline & 4 & -2\\ -2 & 1 & \\ \hline -2 & 5 & -2\end{array}$$

因为 $x[n]$ 的取值区间是 $n=0\sim1$，$h[n]$ 的取值区间是 $n=0\sim1$，所以 $y[n]$ 的取值区间是 $n=0\sim2$，即有 $y[n]=\{\underline{-2},5,-2\}$。

方法 3:列表法，如表 P2 - 22 所列。

表 P2 - 22　列表法

m	-1	0	1	2	$y[n]$
$x[m]$		2	-1		
$h[m]$		-1	2		
$h[-m]$	2	-1			$y[0]=-2$
$h[1-m]$		2	-1		$y[1]=5$
$h[2-m]$			2	-1	$y[2]=-2$

2 - 23　某 LTI 系统的单位脉冲响应 $h[n]$ 如图 P2 - 23(a)所示，求输入序列为 $x[n]=u[n-4]$ 时系统的响应，并作图。

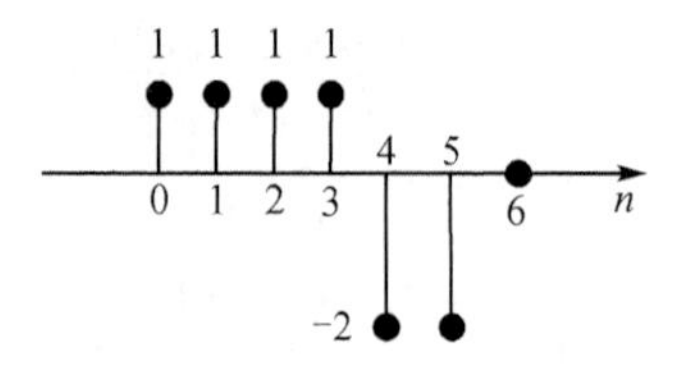

图 P2 - 23(a)　某 LTI 系统的单位脉冲响应

【解】 根据卷积和公式，有

$$y[n]=x[n]*h[n]=\sum_{m=-\infty}^{+\infty}h[m]x[n-m]=\sum_{m=-\infty}^{+\infty}h[m]\mathrm{u}[n-m-4]$$

$$\xlongequal{n-m-4\geqslant 0}\sum_{m=-\infty}^{n-4}h[m]=\cdots+h[n-3]+h[n-4]$$

所以当 $n<4$ 时，$y[n]=0$。

当 $n=4$ 时，$y[4]=h[0]=1$；

当 $n=5$ 时，$y[5]=h[0]+h[1]=2$；

当 $n=6$ 时，$y[6]=h[0]+h[1]+h[2]=3$；

当 $n=7$ 时，$y[7]=h[0]+h[1]+h[2]+h[3]=4$；

当 $n=8$ 时，$y[8]=h[0]+h[1]+h[2]+h[3]+h[4]=2$；

当 $n\geqslant 9$ 时，$y[8]=h[0]+h[1]+h[2]+h[3]+h[4]+h[5]=0$。

输出序列 $y[n]$如图 P2－23(b)所示。

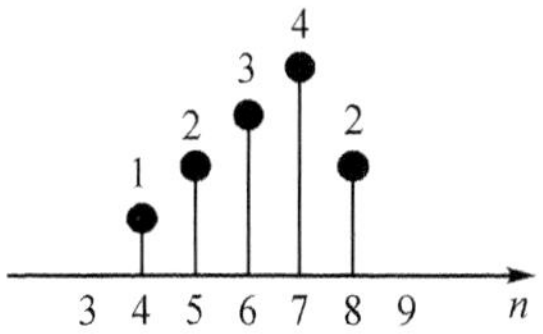

图 P2－23(b)　输出序列

2－24　若系统 L 为线性系统，当输入序列分别为 $x_1[n]$，$x_2[n]$，$x_3[n]$时，对应的系统响应分别为 $y_1[n]$，$y_2[n]$，$y_3[n]$，如图 $P2-24$ 所示。

(1) 试确定该系统 L 是否为时不变系统。

(2) 试求输入序列 $x[n]=\delta[n]$时，系统 L 的输出 $y[n]$。

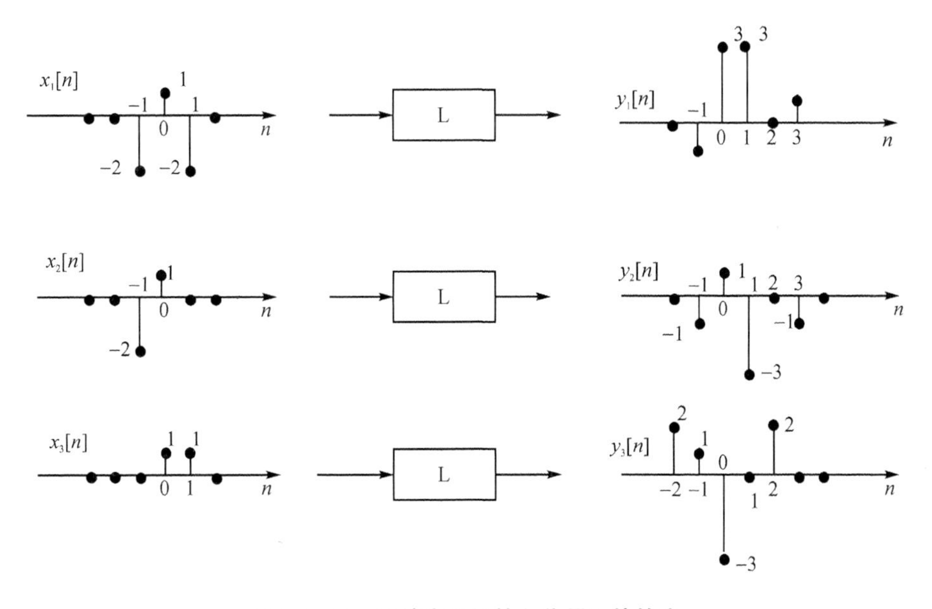

图 P2－24　系统在不同输入作用下的输出

【解】 (1) 根据系统的线性性质，对输入 $x[n]$和相应输出 $y[n]$进行线性组合，当输入为 $\dfrac{x_2[n]-x_1[n]}{2}=\delta[n-1]$ 和 $x_3[n]-\dfrac{x_2[n]-x_1[n]}{2}=\delta[n]$时，相应的输出分别为 $\dfrac{y_2[n]-y_1[n]}{2}=[\underline{-1},-3,0,-1]$ 和 $y_3[n]-\dfrac{y_2[n]-y_1[n]}{2}=[2,1,\underline{-2},3,2,1]$。显然，输入是移位关系，但输出并不是移位关系，所以 L 不是时不变系统。

(2) 根据上一问，输入 $x[n]=\delta[n]=x_3[n]-\dfrac{x_2[n]-x_1[n]}{2}$ 时，相应的输出 $y[n]=y_3[n]-\dfrac{y_2[n]-y_1[n]}{2}=[2,1,\underline{-2},3,2,1]$。

2-25 试证明滑动平均系统为线性系统。

【证明】 滑动平均系统的输入输出关系为

$$y[n]=\mathrm{T}(x[n])=\frac{1}{M_1+M_2+1}\sum_{k=-M_1}^{M_2}x[n-k]$$

$$=\frac{1}{M_1+M_2+1}(x[n+M_1]+\cdots+x[n-M_2])$$

其中 M_1 和 M_2 是正整数，输出序列中的第 n 个样本是第 n 个输入样本及其前后共 M_1+M_2+1 个输入样本的平均。其差分方程表达式为

$$y[n]-y[n-1]=\frac{1}{M_1+M_2+1}(x[n+M_1]-x[n-M_2-1])$$

若 $\forall x_1[n],x_2[n]$ 使 $y_1[n]=\mathrm{T}(x_1[n])=\dfrac{1}{M_1+M_2+1}\sum\limits_{k=-M_1}^{M_1}x_1[n-k]$，$y_2[n]=\mathrm{T}(x_2[n])=\dfrac{1}{M_1+M_2+1}\sum\limits_{k=-M_1}^{M_1}x_2[n-k]$。

$$\forall\alpha,\beta\in\mathbf{R},\mathrm{T}(\alpha x_1[n]+\beta x_2[n])=\frac{1}{M_1+M_2+1}\sum_{k=-M_1}^{M_2}(\alpha x_1[n-k]+\beta x_2[n-k])$$

$$=\frac{\alpha}{M_1+M_2+1}\sum_{k=-M_1}^{M_2}x_1[n-k]+\frac{\beta}{M_1+M_2+1}\sum_{k=-M_1}^{M_2}x_2[n-k]=\alpha y_1[n]+\beta y_2[n]。$$

所以滑动平均系统是线性系统。

2-26 某 LTI 系统的单位脉冲响应为 $h[n]=\mathrm{u}[n]$，求输入 $x[n]$ 时系统的响应。已知序列 $x[n]$ 如图 P2-26 所示，用公式可描述为 $x[n]=\begin{cases}0, & n<0\\ a^n, & 0\leqslant n\leqslant N_1\\ 0, & N_1<n<N_2\\ a^{n-N_2}, & N_2\leqslant n\leqslant N_2+N_1\\ 0, & n>N_1+N_2\end{cases}$，$0<a<1$。

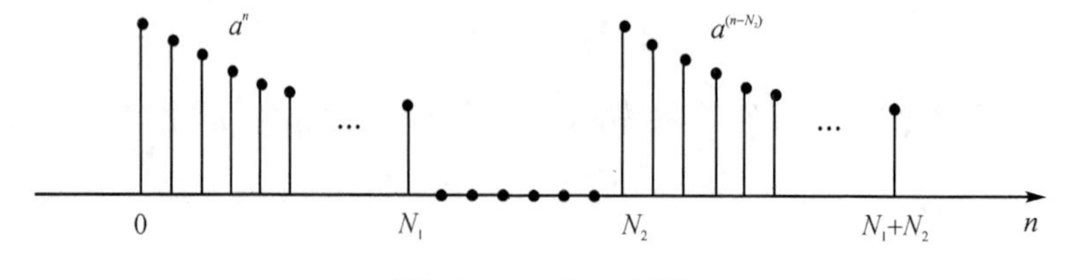

图 P2-26 输入序列

【解】 根据输入序列与 $h[n]$ 翻转并移位后的重叠情况，卷积结果关于 n 在区间上可以分为 5 个。最简单的情况，当 $n<0$ 时，$h[n]=0$，$x[n]=0$，所以 $y[n]=0$；

当 $0\leqslant n\leqslant N_1$ 时，$y[n]=\sum_{k=-\infty}^{+\infty}x[k]\mathrm{u}[n-k]=\sum_{k=0}^{n}a^k=\frac{1-a^{n+1}}{1-a}$；

当 $N_1<n\leqslant N_2$ 时，$x[k]=0$，所以 $y[n]=\sum_{K=0}^{N_1}a^k=\frac{1-a^{N_1+1}}{1-a}$；

当 $N_2\leqslant n\leqslant N_1+N_2$ 时，

$$y[n]=\sum_{k=0}^{N_1}a^k+\sum_{k=N_2}^{n}a^{n-N_2}=\frac{1-a^{N_1+1}}{1-a}+a^{-N_2}\cdot\frac{a^{N_2}-a^{n+1}}{1-a}$$

$$=\frac{1-a^{N_1+1}+1-a^{n+1-N_2}}{1-a}=\frac{2-a^{N_1+1}-a^{n+1-N_2}}{1-a}$$

当 $n>N_1+N_2$ 时，

$$y[n]=\sum_{k=0}^{N_1}a^k+\sum_{k=N_2}^{N_1+N_2}a^{n-N_2}=\frac{1-a^{N_1+1}}{1-a}+a^{-N_2}\cdot\frac{a^{N_2}-a^{N_1+N_2+1}}{1-a}=\frac{2(1-a^{N_1+1})}{1-a}$$

得到结果为

$$y[n]=\begin{cases}0, & n<0;\\ \dfrac{1-a^{n+1}}{1-a}, & 0\leqslant n<N_1;\\ \dfrac{1-a^{N_1+1}}{1-a}, & N_1\leqslant n\leqslant N_2;\\ \dfrac{2-a^{N_1+1}-a^{n-N_1+1}}{1-a}, & N_2\leqslant n\leqslant N_1+N_2;\\ \dfrac{2(1-a^{N_1+1})}{1-a}, & n>N_1+N_2。\end{cases}$$

2－27　某离散时间 LTI 系统的单位脉冲响应为 $h[n]$，若输入序列 $x[n]$ 为一个周期为 N 的周期序列，即 $x[n]=x[n+N]$，试证明输出序列 $y[n]$ 也是一个周期为 N 的周期序列，即 $y[n]=y[n+N]$。

【证明】　LTI 系统有卷积和公式 $y[n]=\sum_{m=-\infty}^{+\infty}x[n-m]h[m]$。

直接计算 $y[n+N]=\sum_{m=-\infty}^{+\infty}x[n+N-m]h[m]$，考虑到 $x[n]$ 的周期性，$x[n+N-m]=x[n-m]$，则 $y[n+N]=\sum_{m=-\infty}^{+\infty}x[n-m]h[m]=y[n]$，结论得证。

2－28　某离散时间线性系统的输入为延迟的阶跃信号 $x[n]=\mathrm{u}[n-k]$ 时，对应的输出为 $y_k[n]=k\cdot\delta[n-k]$，k 为任意整数。

(a) 求该系统对输入 $x'[n]=\delta[n-k]$ 的响应 $y'_k[n]$；

(b) 判断该系统的时不变性、稳定性和因果性。

【解】　(a) 根据系统的线性性质以及对输入信号进行组合，其输出也是相应的组合，即

$$x'[n]=\delta[n-k]=\mathrm{u}[n-k]-\mathrm{u}[n-k-1]$$

则
$$y'_k[n]=y_k[n]-y_{k+1}[n]=k\cdot\delta[n-k]-(k+1)\cdot\delta[n-k-1]$$

式中，$y'_k[n]$ 如图 P2－28 所示。

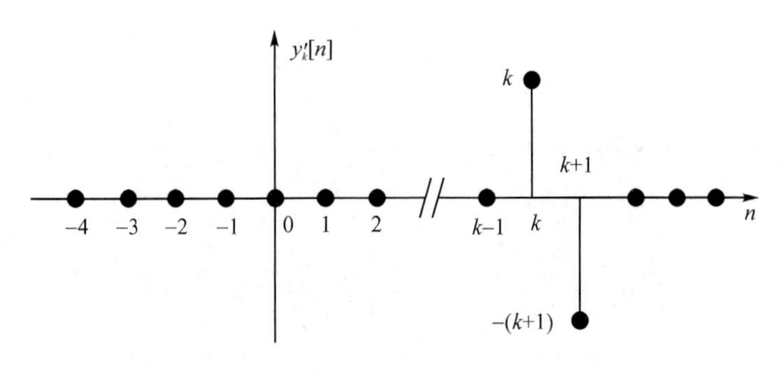

图 P2-28 输出序列

(b) 从图中可以看出，系统对单位脉冲响应的幅度随脉冲的超前或滞后变化，因此该系统是时变系统；当 $n<k$ 时，$y'_k[n]=0$，所以系统是因果的；随着 $n\to+\infty$，$y'_k[n]\to+\infty$，因此系统不稳定。

2-29 描述某离散时间系统输入和输出关系的差分方程是 $y[n]-ay[n-1]=x[n]$，其中边界条件是 $y[0]=1$。

(a) 判断系统是否为时不变系统；

(b) 判断系统是否为线性系统；

(c) 当边界条件是 $y[0]=0$ 时，判断系统的时变性和线性性质。

【解】 (a) 已知边界条件 $y[0]=1$，用递推法求差分方程在 $n>0$ 时的解，即

$$y[1]=ay[0]+x[1]=a+x[1]$$

$$y[2]=ay[1]+x[2]=a^2+ax[1]+x[2]$$

$$y[3]=ay[2]+x[3]=a^3+a^2x[1]+ax[2]+x[3]$$

$$\vdots$$

$$y[n]=ay[n-1]+x[n]=a^n+a^{n-1}x[1]+\cdots+ax[n-1]+x[n]$$

为了讨论时变性，计算

$$\mathrm{T}(x[n-m])=a^n+a^{n-1}x[1-m]+\cdots+ax[n-1-m]+x[n-m]$$

而

$$y[n-m]=a^{n-m}+a^{n-m-1}x[1-m]+\cdots+ax[n-m-1]+x[n-m]$$

显然二者并不相同，故该系统时变。

简单起见，也可以考虑特殊情况，如

输入 $x_1[n]=\delta[n]$时，用递推法求得差分方程在 $n>0$ 时的解 $y_1[n]=a^n\mathrm{u}[n]$，

输入 $x_2[n]=\delta[n-1]$时，用递推法求得差分方程在 $n>0$ 时的解

$$y_2[n]=a^n+a^{n-1}x[1]=\{a+1,a^2+a,a^3+a^2,\cdots\}$$

因为 $y_2[n]\neq y_1[n-1]$，所以系统时变。

(b) 为了讨论线性性，计算

$$\begin{aligned}\mathrm{T}(\alpha x_1[n]+\beta x_2[n])&=a^n+a^{n-1}(\alpha x_1[1]+\beta x_2[1])+\cdots+\\&\quad a(\alpha x_1[n-1]+\beta x_2[n-1])+(\alpha x_1[n]+\beta x_2[n])\alpha y_1[n]+\beta y_2[n]\\&=\alpha T(x_1)+\beta T(x_2)\\&=\alpha\{a^n+a^{n-1}x_1[1]+\cdots+ax_1[n-1]+x_1[n]\}+\\&\quad\beta\{a^n+a^{n-1}x_1[1]+\cdots+ax_1[n-1]+x_1[n]\}\end{aligned}$$

$$=(\alpha+\beta)a^n+a^{n-1}(\alpha x_1[1]+\beta x_2[1])+\cdots+$$
$$a(\alpha x_1[n-1]+\beta x_2[n-1])+(\alpha x_1[n]+\beta x_2[n])$$

显然 $T(\alpha x_1[n]+\beta x_2[n])\neq\alpha y_1[n]+\beta y_2[n]$，故系统非线性。

简单起见，也可以根据“任意线性系统对所有 n 输入为零，则对所有 n 输出也为零”这一条件直接得出，该系统是非线性的。

(c) 当边界条件变为 $y[0]=0$ 时，仍用递推法求差分方程在 $n>0$ 时的解，即

$$y[1]=x[1]$$
$$y[2]=ay[1]+x[2]=ax[1]+x[2]$$
$$y[3]=ay[2]+x[3]=a^2x[1]+ax[2]+x[3]$$
$$\vdots$$
$$y[n]=ay[n-1]+x[n]=a^{n-1}x[1]+\cdots+ax[n-1]+x[n]$$

为了讨论时变性，计算

$$T(x[n-m])=a^{n-1}x[1-m]+\cdots+ax[n-1-m]+x[n-m]$$

而
$$y[n-m]=a^{n-m-1}x[1]+\cdots+ax[n-m-1]+x[n-m]$$

显然 $T(x[n-m])\neq y[n-m]$，故该系统仍然是时变的。

为了讨论线性性，计算

$$T(\alpha x_1[n]+\beta x_2[n])=a^{n-1}(\alpha x_1[1]+\beta x_2[1])+\cdots+$$
$$a(\alpha x_1[n-1]+\beta x_2[n-1])+(\alpha x_1[n]+\beta x_2[n])$$

而
$$\alpha y_1[n]+\beta y_2[n]=\alpha T(x_1)+\beta T(x_2)$$
$$=\alpha\{a^{n-1}x_1[1]+\cdots+ax_1[n-1]+x_1[n]\}+$$
$$\beta\{a^{n-1}x_1[1]+\cdots+ax_1[n-1]+x_1[n]\}$$
$$=a^{n-1}(\alpha x_1[1]+\beta x_2[1])+\cdots+a(\alpha x_1[n-1]+\beta x_2[n-1])+$$
$$(\alpha x_1[n]+\beta x_2[n])$$

此时，$T(\alpha x_1[n]+\beta x_2[n])=\alpha y_1[n]+\beta y_2[n]$，即系统是线性的。

2-30　离散时间 LTI 系统的单位阶跃响应记为 $s[n]$，试用

(a) $s[n]$表示系统的单位脉冲响应 $h[n]$；

(b) $s[n]$表示系统对任意输入 $x[n]$的响应。

【解】　(a) $h[n]=\delta[n]*h[n]=(u[n]-u[n-1])*h[n]=s[n]-s[n-1]$

也可以利用后向差分符号将其写为 $h[n]=s[n]-s[n-1]=\nabla s[n]$。

(b) 方法一：根据(a)的结果，输入为 $x[n]$时

$$y[n]=x[n]*h[n]=x[n]*(s[n]-s[n-1])$$

方法二：由于后向差分系统与累加器的级联等价于一个全通系统，这是因为后向差分系统的单位脉冲响应为

$$h_1[n]=\nabla\delta[n]=\delta[n]-\delta[n-1]$$

累加器系统的单位脉冲响应为

$$h_2[n]=\sum_{k=-\infty}^{n}\delta[n]=\begin{cases}0, & n<0\\1, & n\geqslant 0\end{cases}=u[n]$$

级联系统的单位脉冲响应为

$$h_1[n]*h_2[n]=(\delta[n]-\delta[n-1])*u[n]=u[n]-u[n-1]=\delta[n]$$

所以 $y[n]=x[n]*h[n]=x[n]*\nabla\delta[n]*u[n]*h[n]=(x[n]-x[n-1])*s[n]$

或进一步展开卷积和公式写为

$$y[n]=\sum_{m=-\infty}^{+\infty}(x[m]-x[m-1])s[n-m]$$

2-31 单位脉冲响应分别为 $h_1[n]$ 和 $h_2[n]$ 的两个因果 LTI 系统级联，其等效系统的单位脉冲响应是 $h[n]=u[n]$，已知 $h_1[n]=u[n]-u[n-2]$，求 $h_2[n]$。

【解】 方法一：

$$h[n]=h_1[n]*h_2[n]=(\delta[n]+\delta[n-1])*h_2[n]=h_2[n]+h_2[n-1]$$

将 $h[n]=u[n]=h_2[n]+h_2[n-1]$，即 $h_2[n]=u[n]-h_2[n-1]$ 视为差分方程并进行递推求解，即

$$h_2[0]=u[0]-h_2[-1]=1, h_2[1]=u[1]-h_2[0]=0, h_2[2]=u[2]-h_2[1]=1, \cdots$$

写为解析表达式 $$h_2[n]=\frac{1+(-1)^n}{2}u[n]$$

方法二：对 $h[n]=u[n]=h_2[n]+h_2[n-1]$ 两边求 z 变换可得 $\frac{1}{1-z^{-1}}=(1+z^{-1})H_2(z)$，所以 $H_2(z)=\frac{1}{(1-z^{-1})(1+z^{-1})}=\frac{\frac{1}{2}}{1-z^{-1}}+\frac{\frac{1}{2}}{1+z^{-1}}$，$h_2[n]=\frac{1+(-1)^n}{2}u[n]$。

仿真综合题(2-32 题～2-35 题)

2-32 试绘制出序列 $x[n]=n\sin(0.5\pi n+0.8\pi)$，$0\leqslant n\leqslant 20$ 及其偶对称和奇对称分量。

【解】 计算序列的偶对称和奇对称分量，并绘制波形的伪代码为

输入：序列 $x[n]=n\sin(0.5\pi n+0.8\pi)$，$0\leqslant n\leqslant 20$；

输出：序列的偶对称和奇对称分量

(1) 设置参数 $n=-20:20$；

(2) 计算偶对称分量 $x_e[n]=\frac{x[n]+x[-n]}{2}$；

(3) 计算奇对称分量 $x_o[n]=\frac{x[n]-x[-n]}{2}$；

(4) 分别绘制 $x[n]$，$x_e[n]$，$x_o[n]$。

程序运行结果如图 P2-32 所示。

2-33 已知一个因果离散时间 LTI 系统的差分方程为

$$y[n]-0.5y[n-1]-0.45y[n-2]=0.45x[n]+0.4x[n-1]-x[n-2]$$

(a) 求系统零状态时的阶跃响应；

(b) 求系统在初始条件为 $y[-1]=0$，$y[-2]=2$；$x[-1]=x[-2]=2$，输入为 $x[n]=2+(0.4)^n u[n]$ 时的输出。

【解】 (a)利用科学计算工具的阶跃响应计算函数求零状态时的阶跃响应，程序运行结果如图 P2-33(a)所示。

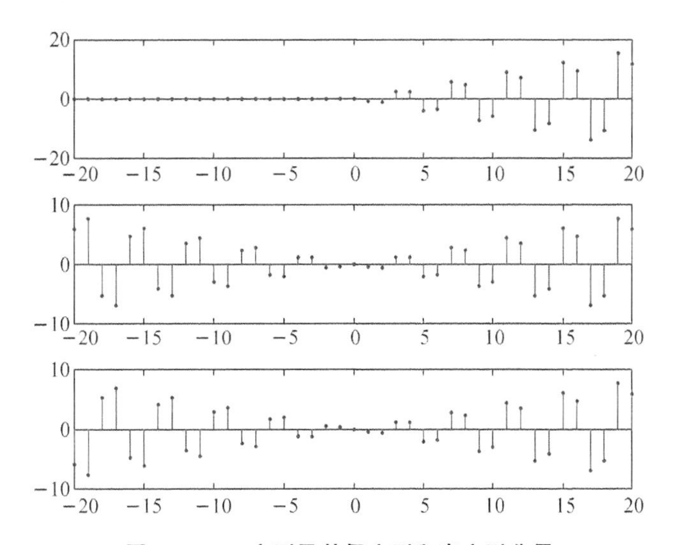

图 P2-32　序列及其偶序列和奇序列分量

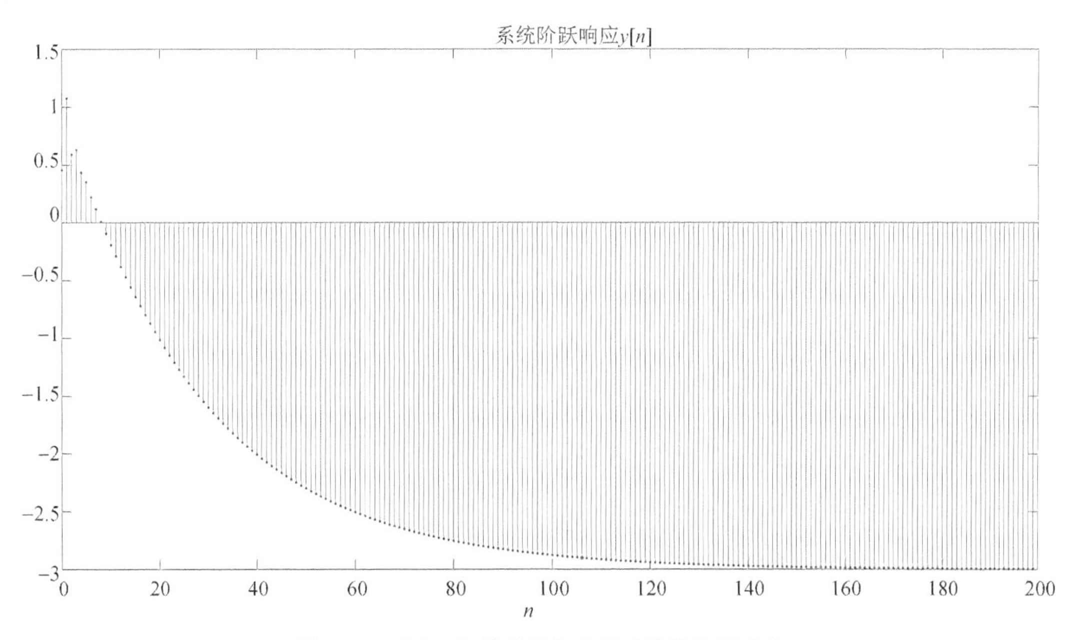

图 P2-33(a)　初始松弛条件下系统的阶跃响应

(b) 当输入为 $x[n]$时，系统输入、输出信号波形如图 P2-33(b)所示。

求因果离散时间 LTI 系统的阶跃响应及非零初始状态时的响应的伪代码为

输入：系统的差分方程 $y[n]-0.5y[n-1]-0.45y[n-2]=0.45x[n]+0.4x[n-1]-x[n-2]$；

初始条件 $y[-1]=0, y[-2]=2$；$x[-1]=x[-2]=2, x[n]=2+(0.4)^n u[n]$；

输出：系统零状态时的阶跃响应与特定初始条件的输出

(1) 设置参数 $b=[0.45, 0.4, -1]$，$a=[1, -0.5, -0.45]$，$N_1=200$；

(2) 将参数 b, a, N_1 输入阶跃响应计算子程序并生成阶跃响应并绘图；

(3) 设置参数 $N_2=41, n=0:40$；

(4) 设置初始条件参数 $Y=[0,2]$，$X=[2,2]$；

(5) 将 b,a,Y,X 输入初始条件子程序并生成 xic；

(6) 将 $b,a,x[n]$，xic 输入求系统响应子程序并生成 $y[n]$；

(7) 绘制 $x[n]$，$y[n]$前 40 点。

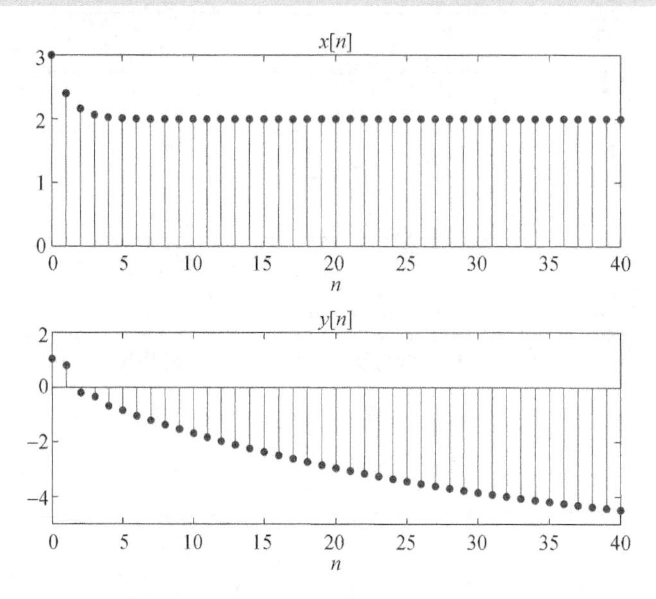

图 P2-33(b)　系统输入、输出信号波形

2-34　一个因果 LTI 系统的差分方程为 $y[n]-0.3y[n-1]+0.4y[n-2]=x[n]+3x[n-1]+2x[n-2]$。

(1) 试绘制系统的单位脉冲响应在区间 $0\leqslant n\leqslant 50$ 内的取值，并判断系统的稳定性；

(2) 如果此系统的输入为 $x[n]=[3+\cos(0.3\pi n)+2\sin(0.2\pi n)]\mathrm{u}[n]$。试绘制 $y[n]$在区间 $0\leqslant n\leqslant 50$ 内的取值。

【解】 计算单位脉冲响应及零初始状态特定输入作用下响应的伪代码为

输入：系统的差分方程 $y[n]-0.3y[n-1]+0.4y[n-2]=x[n]+3x[n-1]+2x[n-2]$；$x[n]=[3+\cos(0.3\pi n)+2\sin(0.2\pi n)]\mathrm{u}[n]$；

输出：系统的单位脉冲响应与特定输入的输出

(1) 设置参数 $b=[1,3,2]$，$a=[1,-0.3,0.4]$，$N=50$；

(2) 将参数 b,a,N 输入单位脉冲响应计算子程序，生成单位脉冲响应并绘图；

(3) 设置参数 $n=0:50$；

(4) 将 $b,a,x[n]$输入并求系统响应子程序，生成 $y[n]$；

(5) 绘制 $y[n]$前 50 点。

程序运行结果如图 P2-34 所示。

2-35　一个 11 阶滑动平均系统的输入、输出关系为 $y[n]=\dfrac{1}{11}\sum_{k=0}^{10}x[n-k]$，输入信号为 $x[n]=10\cos(0.08\pi n)+w[n]$，其中 $w[n]$是一个在 $[-5,5]$之间均匀分布的随机序列，试绘制出区间 $0\leqslant n\leqslant 200$ 内的输入信号 $x[n]$和输出信号 $y[n]$，并分析滑动平均系统的特点。

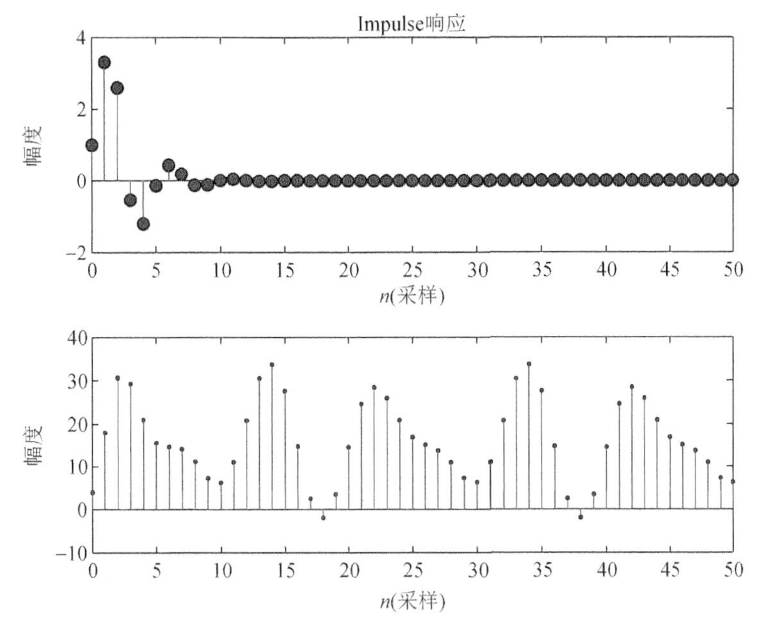

图 P2-34　系统的单位脉冲响应及特定输入下的响应

【解】 计算 11 阶滑动平均系统输入输出的伪代码为

输入：系统的差分方程 $y[n]=\frac{1}{11}\sum_{k=0}^{10}x[n-k]$，$x[n]=10\cos(0.08\pi n)+w[n]$；

输出：输出信号 $y[n]$

(1) 设置参数 $n=0:200$，$b=\left[\frac{1}{11},\frac{1}{11},\frac{1}{11},\frac{1}{11},\frac{1}{11},\frac{1}{11},\frac{1}{11},\frac{1}{11},\frac{1}{11},\frac{1}{11},\frac{1}{11}\right]$；

(2) 将 b，$x[n]$传入求系统输出函数，生成 $y[n]$；

(3) 绘制 $x[n]$，$y[n]$前 200 点。

程序运行结果如图 P2-35 所示。

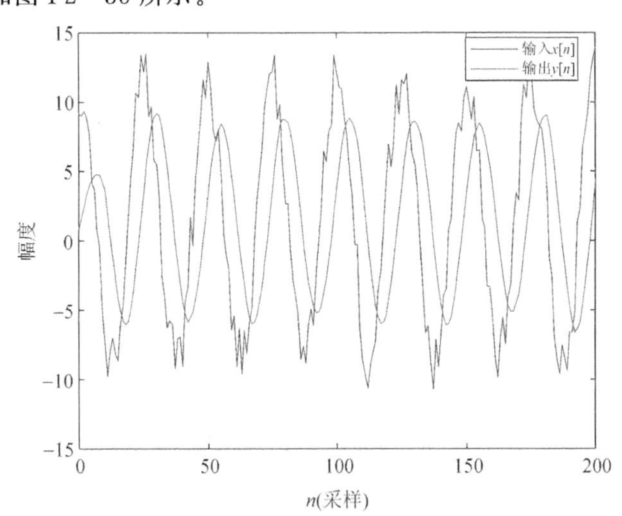

图 P2-35　滑动平均系统的输入和输出

由图可知，滑动平均系统是低通滤波器，能滤除高频噪声。

第3章　DTFT、DFS、z 变换

3.1　内容提要与重要公式

离散时间信号与系统的频域分析是在傅里叶变换(含傅里叶级数)域或 z 变换域上进行的。这里的傅里叶变换是指序列的傅里叶变换或离散时间傅里叶变换(Discrete Time Fourier Transform,DTFT),与模拟域中的连续时间傅里叶变换相对应。周期序列的 DTFT 不收敛,通过引入冲激函数 $\delta(\omega)$才可以得到其傅里叶变换表示,$\delta(\omega)$的强度是通过离散傅里叶级数(Discrete Fourier Series,DFS)得到,DFS 是以 k 为变量的离散周期序列。将傅里叶变换推广到整个复平面即 z 变换,z 变换将多项式和有理函数理论引入离散序列和系统的研究中,这带来诸多方便。

1. 离散时间傅里叶变换

离散时间傅里叶变换(DTFT)用来计算离散时间信号的频谱特性和离散时间系统的频率特性,是频域分析的重要工具。离散时间序列 $x[n]$ 的 DTFT 定义为

$$X(\mathrm{e}^{\mathrm{j}\omega})=\sum_{n=-\infty}^{+\infty}x[n]\,\mathrm{e}^{-\mathrm{j}\omega n} \tag{3.1}$$

它表示序列的频谱,即序列 $x[n]$ 中不同频率的正余弦信号所占比重的相对大小,ω 是数字域频率。$X(\mathrm{e}^{\mathrm{j}\omega})$是以 2π 为周期的 ω 的连续函数。$X(\mathrm{e}^{\mathrm{j}\omega})$的定义式是幂级数展开式,只有当等式右端的无穷级数收敛时,序列的 DTFT 存在且唯一。DTFT 存在的两种充分而非必要条件是:在一致收敛意义下,如果序列 $x[n]$ 绝对可和(absolutely summable),即 $\sum_{n=-\infty}^{+\infty}|x[n]|<+\infty$,则 $|X(\mathrm{e}^{\mathrm{j}\omega})|<+\infty$,即该序列的 DTFT $X(\mathrm{e}^{\mathrm{j}\omega})$ 存在;在均方收敛意义下,如果序列 $x[n]$ 能量有限或平方可和(square-summable),即 $\sum_{n=-\infty}^{+\infty}|x[n]|^2<+\infty$,则对于任意 $\omega\in(-\infty,+\infty)$,都有 $\lim_{M\to+\infty}\frac{1}{2\pi}\int_{-\pi}^{\pi}|X(\mathrm{e}^{\mathrm{j}\omega})-X_M(\mathrm{e}^{\mathrm{j}\omega})|^2\mathrm{d}\omega=0$,即该序列的 DTFT $X(\mathrm{e}^{\mathrm{j}\omega})$ 存在。

离散时间傅里叶逆变换(Inverse Discrete Time Fourier Transform,IDTFT)定义为

$$x[n]=\frac{1}{2\pi}\int_{-\pi}^{\pi}X(\mathrm{e}^{\mathrm{j}\omega})\,\mathrm{e}^{\mathrm{j}\omega n}\,\mathrm{d}\omega \tag{3.2}$$

也就是说,序列 $x[n]$可表示为无穷多个离散时间序列$\frac{1}{2\pi}\mathrm{e}^{\mathrm{j}\omega n}\mathrm{d}\omega$ 的线性组合,每个序列的加权值是 $X(\mathrm{e}^{\mathrm{j}\omega})$;换言之,$X(\mathrm{e}^{\mathrm{j}\omega})$表示单位宽度 $\mathrm{d}\omega$ 内频率分量$\frac{1}{2\pi}\mathrm{e}^{\mathrm{j}\omega n}\mathrm{d}\omega$ 的相对大小,因此称其为频谱密度函数(简称频谱函数)。$X(\mathrm{e}^{\mathrm{j}\omega})$一般为如下复数(如下极坐标形式):

$$X(\mathrm{e}^{\mathrm{j}\omega})=|X(\mathrm{e}^{\mathrm{j}\omega})|\,\mathrm{e}^{\mathrm{j}\angle X(\mathrm{e}^{\mathrm{j}\omega})}$$

式中，$|X(e^{j\omega})|$ 称为序列 $x[n]$ 的幅度谱或者幅度，反映序列的幅频特性；$\angle X(e^{j\omega})$ 称为序列 $x[n]$ 的相位谱或者相位，反映序列的相频特性。

DTFT 的性质主要包括线性、时移、频移、时间倒置、频域微分和对称性质等，若某序列 $x[n]$ 的 DTFT 和逆变换 IDTFT 之间的关系记为 $x[n]\underset{\text{IDTFT}}{\overset{\text{DTFT}}{\rightleftharpoons}}X(e^{j\omega})$，$y[n]$ 的 DTFT 和逆变换 IDTFT 之间的关系记为 $y[n]\underset{\text{IDTFT}}{\overset{\text{DTFT}}{\rightleftharpoons}}Y(e^{j\omega})$，则有

① 线性性质：$ax[n]+by[n]\underset{\text{IDTFT}}{\overset{\text{DTFT}}{\rightleftharpoons}}aX(e^{j\omega})+bY(e^{j\omega})$，其中 a,b 为常数；

② 时移性质：$x[n-n_d]\underset{\text{IDTFT}}{\overset{\text{DTFT}}{\rightleftharpoons}}e^{-j\omega n_d}X(e^{j\omega})$；

③ 频移性质：$e^{j\omega_0 n}x[n]\underset{\text{IDTFT}}{\overset{\text{DTFT}}{\rightleftharpoons}}X(e^{j(\omega-\omega_0)})$；

④ 时间倒置性质：$x[-n]\underset{\text{IDTFT}}{\overset{\text{DTFT}}{\rightleftharpoons}}X(e^{-j\omega})$；

⑤ 频域微分性质：$nx[n]\underset{\text{IDTFT}}{\overset{\text{DTFT}}{\rightleftharpoons}}j\dfrac{dX(e^{j\omega})}{d\omega}$；

⑥ 复共轭 $x^*[n]\underset{\text{IDTFT}}{\overset{\text{DTFT}}{\rightleftharpoons}}X^*(e^{-j\omega})$；

⑦ 时间倒置复共轭 $x^*[-n]\underset{\text{IDTFT}}{\overset{\text{DTFT}}{\rightleftharpoons}}X^*(e^{j\omega})$；

⑧ 共轭对称分量 $x_e[n]=\dfrac{1}{2}(x[n]+x^*[-n])\underset{\text{IDTFT}}{\overset{\text{DTFT}}{\rightleftharpoons}}\text{Re}[X(e^{j\omega})]$，其中 $x_e[n]=x_e^*[-n]$，实部是 n 的偶函数，虚部是 n 的奇函数；

⑨ 共轭反对称分量 $x_o[n]=\dfrac{1}{2}(x[n]-x^*[-n])\underset{\text{IDTFT}}{\overset{\text{DTFT}}{\rightleftharpoons}}j\text{Im}[X(e^{j\omega})]$，其中 $x_o[n]=-x_o^*[-n]$，实部是 n 的奇函数，虚部是 n 的偶函数；

⑩ 序列实部 $\text{Re}[x[n]]\underset{\text{IDTFT}}{\overset{\text{DTFT}}{\rightleftharpoons}}X_e(e^{j\omega})=\dfrac{X(e^{j\omega})+X^*(e^{-j\omega})}{2}$，$X_e(e^{j\omega})$ 是序列傅里叶变换 $X(e^{j\omega})$ 的共轭对称分量，实部是 ω 的偶函数，虚部是 ω 的奇函数；

⑪ 序列虚部乘以 j 后，有 $j\text{Im}[x[n]]\underset{\text{IDTFT}}{\overset{\text{DTFT}}{\rightleftharpoons}}X_o(e^{j\omega})=\dfrac{X(e^{j\omega})-X^*(e^{-j\omega})}{2}$，$X_o(e^{j\omega})$ 是序列傅里叶变换 $X(e^{j\omega})$ 的共轭反对称分量，实部是 ω 的奇函数，虚部是 ω 的偶函数；

⑫ 实序列 $x[n]\underset{\text{IDTFT}}{\overset{\text{DTFT}}{\rightleftharpoons}}X(e^{j\omega})=X^*(e^{-j\omega})$，称之为满足共轭对称性，等价的描述是 $\text{Re}[X(e^{j\omega})]=\text{Re}[X(e^{-j\omega})]$ 即实部为 ω 的偶函数，$\text{Im}[X(e^{j\omega})]=-\text{Im}[X(e^{-j\omega})]$ 即虚部为 ω 的奇函数，$|X(e^{j\omega})|=|X(e^{-j\omega})|$ 幅度谱为 ω 的偶函数，$\angle X(e^{j\omega})=-\angle X(e^{-j\omega})$ 相位谱为 ω 的奇函数；

⑬ 更进一步，实序列 $x[n]$ 的偶部 $x_e[n]=\dfrac{1}{2}(x[n]+x[-n])\underset{\text{IDTFT}}{\overset{\text{DTFT}}{\rightleftharpoons}}\text{Re}[X(e^{j\omega})]$，且为 ω 的偶函数；实序列 $x[n]$ 的奇部 $x_o[n]=\dfrac{1}{2}(x[n]-x[-n])\underset{\text{IDTFT}}{\overset{\text{DTFT}}{\rightleftharpoons}}j\text{Im}[X(e^{j\omega})]$，且为 ω 的奇函数。

DTFT 满足时域卷积、频域卷积和帕斯瓦尔 3 条基本定理，若某序列 $h[n]$ 的 DTFT 和逆变换 IDTFT 之间的关系记为 $h[n] \underset{\text{IDTFT}}{\overset{\text{DTFT}}{\rightleftharpoons}} H(\mathrm{e}^{\mathrm{j}\omega})$，则有

① 时域卷积定理：$x[n] * h[n] \underset{\text{IDTFT}}{\overset{\text{DTFT}}{\rightleftharpoons}} X(\mathrm{e}^{\mathrm{j}\omega})H(\mathrm{e}^{\mathrm{j}\omega})$，其中 $*$ 表示卷积运算；

② 频域卷积定理：$x[n] * h[n] \underset{\text{IDTFT}}{\overset{\text{DTFT}}{\rightleftharpoons}} \dfrac{1}{2\pi}\displaystyle\int_{-\pi}^{\pi} X(\mathrm{e}^{\mathrm{j}\theta})H(\mathrm{e}^{\mathrm{j}(\omega-\theta)})\,\mathrm{d}\theta$；

③ 帕斯瓦尔(Parseval) 定理 $\displaystyle\sum_{n=-\infty}^{+\infty} |x[n]|^2 = \frac{1}{2\pi}\int_{-\pi}^{\pi} |X(\mathrm{e}^{\mathrm{j}\omega})|^2 \mathrm{d}\omega$，表明信号在时域的总能量与频域的总能量相同，也称为能量守恒定理。频域总能量等于 $|X(\mathrm{e}^{\mathrm{j}\omega})|^2$ 在一个周期内的积分，所以 $|X(\mathrm{e}^{\mathrm{j}\omega})|^2$ 代表能谱密度，$|X(\mathrm{e}^{\mathrm{j}\omega})|^2 \mathrm{d}\omega$ 是信号在 $\mathrm{d}\omega$ 这一很小频带内的能量。更一般意义上的帕斯瓦尔定理可表示为 $\displaystyle\sum_{n=-\infty}^{+\infty} x[n] \cdot y^*[n] = \frac{1}{2\pi}\int_{-\pi}^{\pi} X(\mathrm{e}^{\mathrm{j}\omega})Y^*(\mathrm{e}^{\mathrm{j}\omega})\,\mathrm{d}\omega$。

2. 离散傅里叶级数

上述傅里叶变换通常是针对非周期序列定义的，若序列 $\tilde{x}[n]$ 是周期为 N 的周期序列，它在$(-\infty,+\infty)$内重复变化，既不满足绝对可和也不满足平方可和的条件，一般意义上并不存在傅里叶变换 DTFT。与连续时间周期信号可以用傅里叶级数表示类似，离散周期序列 $\tilde{x}[n]$ 也可以通过离散傅里叶级数 DFS 表示为

$$\tilde{x}[n] = \frac{1}{N}\sum_{k=0}^{N-1} \tilde{X}[k]\,\mathrm{e}^{\mathrm{j}\frac{2\pi}{N}kn} \tag{3.3}$$

式中，$\mathrm{e}^{\mathrm{j}\frac{2\pi}{N}kn}$ 表示复指数序列中的 k 次谐波序列，记为 $e_k[n] = \mathrm{e}^{\mathrm{j}\frac{2\pi}{N}kn}$，对应的基频序列为 $e_1[n] = \mathrm{e}^{\mathrm{j}\frac{2\pi}{N}n}$。由于 $\mathrm{e}^{\mathrm{j}\frac{2\pi}{N}kn} = \mathrm{e}^{\mathrm{j}\frac{2\pi}{N}(k+rN)n}$，因此谐波成分中只有 N 个是独立的，在将 $\tilde{x}[n]$ 展成离散傅里叶级数时，只能取 N 个独立的谐波分量，方便起见，式中 k 为 $0\sim N-1$。$\tilde{X}[k]$ 是 k 次谐波的系数，即周期序列 $\tilde{x}[n]$ 的 DFS 定义为

$$\tilde{X}[k] = \sum_{n=0}^{N-1} \tilde{x}[n]\,\mathrm{e}^{-\mathrm{j}\frac{2\pi}{N}kn} \tag{3.4}$$

同样可以说明，$\tilde{X}[k]$ 在频域仍然是以 N 为周期的。式(3.4)表示 DFS 正变换，式(3.3)表示 DFS 逆变换(inverse discrete fourier series，IDFS)。

DFS 是为了描述离散周期序列的频谱特征而引入的，DFS 的性质主要包括线性、时移与频移、时间倒置、对称性质和对偶性质等，若周期为 N 的序列 $\tilde{x}[n]$ 的 DFS 和逆变换 IDFS 之间的关系记为 $\tilde{x}[n] \underset{\text{IDFS}}{\overset{\text{DFS}}{\rightleftharpoons}} \tilde{X}[k]$，周期为 N 的序列 $\tilde{y}[n]$ 的 DFS 和逆变换 IDFS 之间的关系记为 $\tilde{y}[n] \underset{\text{IDFS}}{\overset{\text{DFS}}{\rightleftharpoons}} \tilde{Y}[k]$，则有

① 线性性质：$a\tilde{x}[n] + b\tilde{y}[n] \underset{\text{IDFS}}{\overset{\text{DFS}}{\rightleftharpoons}} a\tilde{X}[k] + b\tilde{Y}[k]$，其中 a，b 为常数；

② 时移性质：$\tilde{x}[n-n_\mathrm{d}] \underset{\text{IDFS}}{\overset{\text{DFS}}{\rightleftharpoons}} \mathrm{e}^{-\mathrm{j}\frac{2\pi}{N}kn_\mathrm{d}}\tilde{X}[k]$；

③ 频移性质：$\mathrm{e}^{\mathrm{j}\frac{2\pi}{N}ln}\tilde{x}[n] \underset{\text{IDFS}}{\overset{\text{DFS}}{\rightleftharpoons}} \tilde{X}[k-l]$；

④ 时间倒置性质：$\tilde{x}[-n]\xrightleftharpoons[\text{IDFS}]{\text{DFS}}\tilde{X}[-k]$；

⑤ 复共轭 $\tilde{x}^*[n]\xrightleftharpoons[\text{IDFS}]{\text{DFS}}\tilde{X}^*[-k]$；

⑥ 周期序列实部 $\text{Re}[\tilde{x}[n]]\xrightleftharpoons[\text{IDFS}]{\text{DFS}}\tilde{X}_e[k]=\dfrac{\tilde{X}[k]+\tilde{X}^*[N-k]}{2}$，$\tilde{X}_e[k]$ 是 $\tilde{x}[n]$ 的 DFS $\tilde{X}[k]$ 的共轭对称分量，实部是 k 的偶函数，虚部是 k 的奇函数；

⑦ 周期序列虚部乘以 j 后有 $\text{jIm}[\tilde{x}[n]]\xrightleftharpoons[\text{IDFS}]{\text{DFS}}\tilde{X}_o[k]=\dfrac{\tilde{X}[k]-\tilde{X}^*[N-k]}{2}$，$\tilde{X}_o[k]$ 是 $\tilde{x}[n]$ 的 DFS $\tilde{X}[k]$ 的共轭反对称分量，实部是 k 的奇函数，虚部是 k 的偶函数；

⑧ 共轭对称分量 $\tilde{x}_e[n]=\dfrac{1}{2}(\tilde{x}[n]+\tilde{x}^*[-n])\xrightleftharpoons[\text{IDFS}]{\text{DFS}}\text{Re}[\tilde{X}[k]]$，其中 $\tilde{x}_e[n]=\tilde{x}_e^*[-n]$，实部是 n 的偶函数，虚部是 n 的奇函数；

⑨ 共轭反对称分量 $\tilde{x}_o[n]=\dfrac{1}{2}(\tilde{x}[n]-\tilde{x}^*[-n])\xrightleftharpoons[\text{IDFS}]{\text{DFS}}\text{jIm}[\tilde{X}[k]]$，其中 $\tilde{x}_o[n]=-\tilde{x}_o^*[-n]$，实部是 n 的奇函数，虚部是 n 的偶函数；

⑩ 实周期序列 $\tilde{x}[n]\xrightleftharpoons[\text{IDFS}]{\text{DFS}}\tilde{X}[k]=\tilde{X}^*[-k]$，称之为满足共轭对称性，等价的描述是 $\text{Re}[\tilde{X}[k]]=\text{Re}[\tilde{X}[-k]]$ 即实部为 k 的偶函数，$\text{Im}[\tilde{X}[k]]=-\text{Im}[\tilde{X}[-k]]$ 即虚部为 k 的奇函数，$|\tilde{X}[k]|=|\tilde{X}[-k]|$ 幅度谱为 k 的偶函数，$\angle\tilde{X}[k]=-\angle\tilde{X}[-k]$ 相位谱为 k 的奇函数；考虑到 DFS 是以 N 为周期的，周期序列的 DFS 在关于 $k=0$ 共轭对称的同时，也关于 $k=\dfrac{N}{2}$ 共轭对称。

⑪ 对偶性质：$\tilde{X}[n]\xrightleftharpoons[\text{IDFS}]{\text{DFS}}N\tilde{x}[-k]$。

DFS 同样满足时域卷积、频域卷积和帕斯瓦尔 3 条基本定理，若周期为 N 的序列 $\tilde{h}[n]$ 的 DFS 和逆变换 IDFS 之间的关系记为 $\tilde{h}[n]\xrightleftharpoons[\text{IDFS}]{\text{DFS}}\tilde{H}[k]$，则有

① 时域周期卷积定理：$\tilde{x}[n]*\tilde{h}[n]\xrightleftharpoons[\text{IDFS}]{\text{DFS}}\tilde{X}[k]\tilde{H}[k]$，这里的 $*$ 表示周期卷积运算，$\tilde{x}[n]*\tilde{h}[n]=\sum\limits_{m=0}^{N-1}\tilde{x}[m]\tilde{h}[n-m]$，$\tilde{x}[m]$ 和 $\tilde{h}[n-m]$ 都是变量 m 的周期函数，其周期为 N。卷积过程也是在一个周期内进行，因此称为周期卷积。

② 频域周期卷积定理：$\tilde{x}[n]\times\tilde{h}[n]\xrightleftharpoons[\text{IDFS}]{\text{DFS}}\dfrac{1}{N}\sum\limits_{l=0}^{N-1}\tilde{X}[l]\tilde{H}[k-l]$。

③ 帕斯瓦尔定理：$\sum\limits_{n=0}^{N-1}\tilde{x}[n]\tilde{y}^*[n]=\dfrac{1}{N}\sum\limits_{n=0}^{N-1}\tilde{X}[k]\tilde{Y}^*[k]$，或特殊地 $\sum\limits_{n=0}^{N-1}|\tilde{x}[n]|^2=\dfrac{1}{N}\sum\limits_{n=0}^{N-1}|\tilde{X}[k]|^2$。

引入冲激函数可以将周期序列的 DFS 也并入傅里叶变换的框架，周期序列的 DTFT 可以表示为

$$\widetilde{X}(e^{j\omega})=\frac{2\pi}{N}X(e^{j\omega})\sum_{k=-\infty}^{+\infty}\delta\left(\omega-\frac{2\pi}{N}k\right)=\sum_{k=0}^{N-1}\frac{\widetilde{X}[k]}{N}\left[\sum_{r=-\infty}^{+\infty}2\pi\delta\left(\omega-2\pi r-\frac{2\pi}{N}k\right)\right]$$

$$=\frac{2\pi}{N}\sum_{k=-\infty}^{+\infty}\widetilde{X}[k]\delta\left(\omega-\frac{2\pi}{N}k\right) \tag{3.5}$$

即 DFS 系数为 $\widetilde{X}[k]$ 的周期序列 $\tilde{x}[n]$，其傅里叶变换 $\widetilde{X}(e^{j\omega})$ 可看作是在频率 $\omega_k=\frac{2\pi}{N}k$ 处强度正比于 $\frac{2\pi}{N}\widetilde{X}[k]$ 的冲激串，$\widetilde{X}(e^{j\omega})$ 的周期为 2π。$\tilde{x}[n]$ 的 DFS 是频域 k 的周期函数，其周期为 N。$\widetilde{X}(e^{j\omega})$ 与 DFS 的形状相同，但幅度不同。

可以看出，非周期序列的傅里叶变换是连续且周期的，而周期为 N 的序列其傅里叶变换 DFS 是离散的，其中主值区间在 $\omega_k=\frac{2\pi}{N}k$，$k=0,1,\cdots,N-1$ 处有 N 个有效值。DTFT 表明，时域离散化导致频域的周期化；DFS 表明，时域的周期化导致频域的离散化。DTFT 和 DFS 的性质非常类似，DFS 在时域和频域均离散，所以增加了对偶性质。另外，周期序列的卷积称为周期卷积，卷积结果仍然是周期的。

3. z 变换

z 变换是傅里叶变换的一种推广，单位圆上的 z 变换就是序列的傅里叶变换。z 变换将序列变换为连续复变量的连续函数，采用 z 变换可以简化离散差分方程的分析，得到一般形式的解。相比傅里叶变换的频率域，z 域分析问题较为灵活和方便，通过 z 变换也可以得到系统的频率响应，从 z 变换的零点、极点和收敛域（region of convergence，ROC）分布可确定序列（和系统）的稳定性、因果性等。离散时间序列 $x[n]$ 的 z 变换定义为

$$X(z)=\sum_{n=-\infty}^{+\infty}x[n]z^{-n} \tag{3.6}$$

使式(3.6)级数收敛的所有 z 值集合称为 $X(z)$ 的收敛域。

收敛域都是以极点所在的圆为边界的，对于实数序列，ROC 通常表示为一个以收敛半径 R_- 和 R_+ 描述的两个圆所围成的环形区域，假设序列 $x[n]$ 的非零区间为 $N_1\leqslant n\leqslant N_2$，则关于该序列 z 变换的 ROC 有

① 当 $N_1<0, N_2>0$ 时，$x[n]$ 为有限长双边序列，ROC 为 $0<|z|<+\infty$；

② 当 $N_1\geqslant 0, N_2>0$ 时，$x[n]$ 为有限长因果序列，ROC 为 $0<|z|\leqslant+\infty$；

③ 当 $N_1<0, N_2\leqslant 0$ 时，$x[n]$ 为有限长非因果序列，ROC 为 $0\leqslant|z|<+\infty$；

④ 当 $N_1=0, N_2=0$ 时，$x[n]=\delta[n]$，ROC 为 $0\leqslant|z|\leqslant+\infty$；

⑤ 当 $N_1<0, N_2=+\infty$ 时，$x[n]$ 为包含非因果项的右边序列，ROC 为 $R_-<|z|<+\infty$；

⑥ 当 $N_1\geqslant 0, N_2=+\infty$ 时，$x[n]$ 为因果序列，ROC 为 $R_-<|z|\leqslant+\infty$；

⑦ 当 $N_1=-\infty, N_2\leqslant 0$ 时，$x[n]$ 为非因果、左边序列，ROC 为 $0\leqslant|z|<R_+$；

⑧ 当 $N_1=-\infty, N_2>0$ 时，$x[n]$ 为包含因果项的左边序列，ROC 为 $0<|z|<R_+$；

⑨ 当 $N_1=-\infty, N_2=+\infty$ 时，$x[n]$ 为无限长双边序列，记左边序列的收敛半径为 R_+，右边序列的收敛域为 R_-，若 $R_-<R_+$，则 ROC 为 $R_-<|z|<R_+$ 的圆环；若 $R_->R_+$，ROC 无交集，则 z 变换不收敛。

z 变换的性质主要包括线性、时移、乘以指数序列（z 域尺度变换）、时间倒置、线性加权

(z 域微分)和共轭性质等，若序列 $x[n]$ 的 z 变换和 z 反变换之间的关系记为 $x[n]\underset{z^{-1}}{\overset{z}{\rightleftharpoons}}X(z)$ (ROC$=R_x$)，序列 $y[n]$ 的 z 变换和 z 反变换之间的关系记为 $y[n]\underset{z^{-1}}{\overset{z}{\rightleftharpoons}}Y(z)$ (ROC$=R_y$)，则有

① 线性性质：$ax[n]+by[n]\underset{z^{-1}}{\overset{z}{\rightleftharpoons}}aX(z)+bY(z)$ (ROC 包含 $R_x\cap R_y$)，其中 a，b 为常数；

② 时移性质：$x[n-n_d]\underset{z^{-1}}{\overset{z}{\rightleftharpoons}}z^{-n_d}X(z)$ (ROC$=R_x$)(ROC 可能加上或除掉 $z=0$ 或 $z=+\infty$)；

③ 指数序列相乘，$a^nx[n]\underset{z^{-1}}{\overset{z}{\rightleftharpoons}}X\left(\frac{z}{a}\right)$ (ROC$=|a|R_x$)，其中 a 为任意常数；

④ 时间倒置性质：$x[-n]\underset{z^{-1}}{\overset{z}{\rightleftharpoons}}X\left(\frac{1}{z}\right)$ $\left(\text{ROC}=\frac{1}{R_x}\right)$，特别地 $x^*[-n]\underset{z^{-1}}{\overset{z}{\rightleftharpoons}}X^*\left(\frac{1}{z^*}\right)$ $\left(\text{ROC}=\frac{1}{R_x}\right)$；

⑤ 微分性质：$nx[n]\underset{z^{-1}}{\overset{z}{\rightleftharpoons}}-z\frac{\mathrm{d}X(z)}{\mathrm{d}z}$ (ROC$=R_x$)；

⑥ 共轭性质：$x^*[n]\underset{z^{-1}}{\overset{z}{\rightleftharpoons}}X^*(z^*)$ (ROC$=R_x$)；

⑦ 复序列的实部 $\text{Re}[x[n]]\underset{z^{-1}}{\overset{z}{\rightleftharpoons}}\frac{1}{2}[X(z)+X^*(z^*)]$ (ROC$=R_x$)；

⑧ 复序列的虚部 $\text{Im}[x[n]]\underset{z^{-1}}{\overset{z}{\rightleftharpoons}}\frac{1}{2\mathrm{j}}[X(z)-X^*(z^*)]$ (ROC$=R_x$)。

z 变换满足时域卷积、初值定理和终值定理等 3 条基本定理，若序列 $h[n]$ 的 z 变换和 z 反变换之间的关系记为 $h[n]\underset{z^{-1}}{\overset{z}{\rightleftharpoons}}H(z)$ (ROC$=R_h$)，则有

① 时域卷积定理：$x[n]*h[n]\underset{z^{-1}}{\overset{z}{\rightleftharpoons}}X(z)H(z)$ (ROC 包含 $R_x\cap R_h$)，当出现零点、极点抵消时，ROC 可能扩大；

② 初值定理：$x[0]=\lim\limits_{z\to+\infty}X(z)$，通常假设 $x[n]$ 因果，即当 $n<0$ 时，$x[n]=0$；

③ 终值定理：$\lim\limits_{n\to+\infty}x[n]=\lim\limits_{z\to1}[(z-1)X(z)]$，假设 $x[n]$ 因果且 $X(z)$ 的极点位于单位圆内，单位圆上最多在 $z=1$ 处有一阶极点。

从给定的 z 变换 $X(z)$ 及收敛域还原出原序列 $x[n]$ 的过程，称为 z 反变换，围线积分法是求 z 反变换的一种解析方法，通常采用留数定理求解，即

$$x[n]=\frac{1}{2\pi\mathrm{j}}\oint_c X(z)z^{n-1}\mathrm{d}z=\sum_k \text{Res}[X(z)z^{n-1}]_{z=z_k} \tag{3.7}$$

式中，函数 $F(z)=X(z)z^{n-1}$ 在围线 c 上连续，在 c 内有 k 个极点 z_k，而在 c 外有 m 个极点 z_m，$\text{Res}[X(z)z^{n-1}]_{z=z_k}$ 表示函数 $F(z)=X(z)z^{n-1}$ 在 c 内极点 $z=z_k$ 处的留数，$F(z)$ 沿围线 c 逆时针方向的积分等于 $F(z)$ 在围线 c 内各极点留数之和。当 $F(z)$ 的分母多项式阶次比

分子多项式阶次高二阶或二阶以上时，$x[n]=-\sum_{m}\text{Res}\left[X(z)z^{n-1}\right]_{z=z_m}$，为了便于简化运算，应尽量避开高阶极点。围线积分法的数学意义清楚但并不实用，求 z 反变换最常用的是部分分式展开法和长除法。

部分分式展开法是将复杂的、高阶的有理分式 $X(z)$，按照极点分布分解成低阶有理分式之和，再将各个简单分式求逆变换并相加得到 $x[n]$。假设有理分式 $X(z)$ 在 $z=q$ 处有一个 s 阶极点，其余极点都是单阶的。简单起见，假设在 $z=p$ 处有 1 阶极点，则 $X(z)=\dfrac{\sum_{k=0}^{M}b_k z^{-k}}{\sum_{k=0}^{N}a_k z^{-k}}$ 可写为

$$X(z)=\sum_{r=0}^{M-N}B_r z^{-r}+\frac{A}{1-pz^{-1}}+\sum_{m=1}^{s}\frac{C_m}{(1-qz^{-1})^m} \tag{3.8}$$

式中，假设 $M\geqslant N$，系数 B_r 可通过长除法得到，系数 A 可通过 $A=(z-p)X(z)|_{z=p}$ 得到，系数 C_m 的计算公式为

$$C_m=\frac{1}{(s-m)!\ (-q)^{s-m}}\left\{\frac{\mathrm{d}^{s-m}}{\mathrm{d}(z^{-1})^{s-m}}\left[(1-qz^{-1})^s X(z)\right]\right\}_{z=q}$$

或

$$C_m=\frac{1}{(s-m)!}\left\{\frac{\mathrm{d}^{s-m}}{\mathrm{d}z^{s-m}}\left[(z-q)^s\frac{X(z)}{z}\right]\right\}_{z=q} \tag{3.9}$$

式中，$X(z)$应表示为 z 的正幂次形式。

幂级数展开法将 $X(z)$展开成幂级数形式，则幂级数的系数所构成的序列便是 z 反变换 $x[n]$的结果。将 z 变换展开成幂级数可用展开公式法和长除法。使用长除法时，首先应根据收敛域确定 z 变换所对应的 $x[n]$是右边序列还是左边序列，若为右边序列，则应将 $X(z)$展开成 z^{-1} 的幂级数。

为便于计算，这里列出了几个最常用序列的 z 变换公式及部分序列的 DTFT。

$$\delta[n]\xrightleftharpoons[z^{-1}]{z}1\quad 0\leqslant|z|\leqslant+\infty,\quad \delta[n]\xrightleftharpoons[\text{IDTFT}]{\text{DTFT}}1;$$

$$\mathrm{u}[n]\xrightleftharpoons[z^{-1}]{z}\frac{1}{1-z^{-1}}\quad |z|>1,\quad \mathrm{u}[n]\xrightleftharpoons[\text{IDTFT}]{\text{DTFT}}\frac{1}{1-\mathrm{e}^{-\mathrm{j}\omega}}+\sum_{k=-\infty}^{+\infty}\pi\delta(\omega+2\pi k);$$

$$a^n\mathrm{u}[n]\xrightleftharpoons[z^{-1}]{z}\frac{1}{1-az^{-1}}\quad |z|>|a|,\quad a^n\mathrm{u}[n]\xrightleftharpoons[\text{IDTFT}]{\text{DTFT}}\frac{1}{1-a\mathrm{e}^{-\mathrm{j}\omega}}\quad |a|<1;$$

$$-a^n\mathrm{u}[-n-1]\xrightleftharpoons[z^{-1}]{z}\frac{1}{1-az^{-1}}\quad |z|<|a|;$$

$$R_N[n]\xrightleftharpoons[z^{-1}]{z}\frac{1-z^{-N}}{1-z^{-1}}=1+z^{-1}+\cdots+z^{-(N-1)}\quad |z|>0;$$

$$a^n R_N[n]\xrightleftharpoons[z^{-1}]{z}\frac{1-a^N z^{-N}}{1-az^{-1}}\quad |z|>0;$$

$$n\mathrm{u}[n]\xrightleftharpoons[z^{-1}]{z}\frac{z^{-1}}{(1-z^{-1})^2}\quad |z|>1。$$

3.2　重难点提示

本章重点

(1) 序列傅里叶变换 DTFT 及逆变换的定义及存在条件；

(2) DTFT 的性质和定理；

(3) 周期序列的离散傅里叶级数 DFS 定义、性质和定理；

(4) z 变换的定义、性质、定理、收敛域和序列特性之间的关系；

(5) DTFT、DFS 和 z 变换之间的关系；

(6) 常见序列的正变换及逆变换。

本章难点

DTFT 的物理意义，共轭对称性质，周期序列的傅里叶变换表示，围线积分法求 z 反变换，$z=0$ 和 $z=+\infty$ 处的零点和极点。

3.3　习题详解

选择、填空题(3-1 题～3-20 题)

3-1　序列 $x[n]$的 DTFT 记为 $X(e^{j\omega})$，且有 $y[n]=\sum_{k=0}^{4}0.8^k x[n-k]$，则 $y[n]$的 DTFT 可表示为(A)。

(A) $Y(e^{j\omega})=X(e^{j\omega})\dfrac{1-(0.8e^{-j\omega})^5}{1-0.8e^{-j\omega}}$　　(B) $Y(e^{j\omega})=\dfrac{X(e^{j\omega})}{1-0.8e^{-j\omega}}$

(C) $Y(e^{j\omega})=X(e^{j\omega})\dfrac{1+0.8e^{-j5\omega}}{1-0.8e^{-j\omega}}$　　(D) $Y(e^{j\omega})=\dfrac{X(e^{j\omega})}{1+0.8e^{-j5\omega}}$

【解】　解法一：根据 DTFT 定义和时域移位性质可知

$$Y(e^{j\omega})=\sum_{n=-\infty}^{+\infty}\left(\sum_{k=0}^{4}0.8^k x[n-k]\right)e^{-j\omega n}=\sum_{k=0}^{4}0.8^k\left(\sum_{n=-\infty}^{+\infty}x[n-k]e^{-j\omega n}\right)$$
$$=\sum_{k=0}^{4}0.8^k X(e^{j\omega})e^{-j\omega k}=X(e^{j\omega})\frac{1-(0.8e^{-j\omega})^5}{1-0.8e^{-j\omega}}$$

解法二：根据 DTFT 的时域卷积性质可知

$$y[n]=\sum_{k=0}^{4}0.8^k x[n-k]=x[n]*(0.8^n R_5[n])$$

所以

$$Y(e^{j\omega})=X(e^{j\omega})\frac{1-(0.8e^{-j\omega})^5}{1-0.8e^{-j\omega}}$$

故选(A)。

3-2　若序列 $x[n]$为实偶函数，其 DTFT 记为 $X(e^{j\omega})$，则下面说法正确的是(AC)。(多选)

(A) $X(e^{j\omega})$为共轭对称函数　　(B) $X(e^{j\omega})$为共轭反对称函数

(C) $X(e^{j\omega})$是实偶函数　　(D) $X(e^{j\omega})$是实奇函数

【解】 因为$X(e^{j\omega})=\sum_{n=-\infty}^{+\infty}x[n]e^{-j\omega n}$，对其两边取共轭可得

$$X^*(e^{j\omega})=\sum_{n=-\infty}^{+\infty}x[n]e^{j\omega n}=X(e^{-j\omega}),\quad X(e^{j\omega})=X^*(e^{-j\omega})$$

所以当$x[n]$为实序列时，$X(e^{j\omega})$具有共轭对称性质。

$$X(e^{j\omega})=\sum_{n=-\infty}^{+\infty}x[n]e^{-j\omega n}=\sum_{n=-\infty}^{+\infty}x[n][\cos(\omega n)-j\sin(\omega n)]$$

因为$x[n]$为偶函数，所以$x[n]\sin(\omega n)$是奇函数，$\sum_{n=-\infty}^{+\infty}x[n]\sin(\omega n)=0$，因此$X(e^{j\omega})=\sum_{n=-\infty}^{+\infty}x[n]\cos(\omega n)$，该式说明$X(e^{j\omega})$是实函数，且是$\omega$的偶函数。

故选(AC)。

3-3 若序列$x[n]$为实奇函数，其DTFT记为$X(e^{j\omega})$，则下列说法正确的是(ACD)。(多选)

(A) $X(e^{j\omega})$为共轭对称函数　　(B) $X(e^{j\omega})$为纯实数

(C) $X(e^{j\omega})$是纯虚数　　(D) $X(e^{j\omega})$是奇函数

【解】 因为$x[n]$为实序列，因此其具有共轭对称性质，即$X(e^{j\omega})=X^*(e^{-j\omega})$。

而
$$X(e^{j\omega})=\sum_{n=-\infty}^{+\infty}x[n]e^{-j\omega n}=\sum_{n=-\infty}^{+\infty}x[n][\cos(\omega n)-j\sin(\omega n)]$$

因为$x[n]$为奇函数，所以$x[n]\cos(\omega n)$是奇函数，$\sum_{n=-\infty}^{+\infty}x[n]\cos(\omega n)=0$，因此$X(e^{j\omega})=j\sum_{n=-\infty}^{+\infty}x[n]\sin(\omega n)$，该式说明$X(e^{j\omega})$是纯虚数，且是$\omega$的奇函数。

故选(ACD)。

3-4 若两个周期序列$\tilde{x}_1[n]$和$\tilde{x}_2[n]$的周期分别为N和M，且N和M互质，现定义$\tilde{y}[n]=\tilde{x}_1[n]+\tilde{x}_2[n]$，则下列说法正确的是(B)。

(A) $\tilde{y}[n]$是周期的，周期为$N+M$　　(B) $\tilde{y}[n]$是周期的，周期为NM

(C) $\tilde{y}[n]$是周期的，周期为$\max\{N,M\}$　　(D) $\tilde{y}[n]$不是周期

【解】 $\tilde{y}[n]$的周期为N和M的最小公倍数，因此为MN。可以证明$\tilde{y}[n+MN]=\tilde{x}_1[n+MN]+\tilde{x}_2[n+NM]=\tilde{x}_1[n]+\tilde{x}_2[n]=\tilde{y}[n]$。

故选(B)。

3-5 以下关于信号与频谱之间的关系，说法正确的是(A)。

(A) 连续非周期信号的频谱为非周期连续函数

(B) 连续周期信号的频谱为非周期连续函数

(C) 离散非周期信号的频谱为非周期连续函数

(D) 离散周期信号的频谱为非周期连续函数

【解】 时域和频域中的某个域连续，则另外一个域是非周期的；某个域离散，则另外一个域是周期的，反之亦然。

故选(A)。

3-6　若 $x[n]$为实序列,则其 z 变换 $X(z)$的零点、极点图可能为图 P3-6 中的(A)。

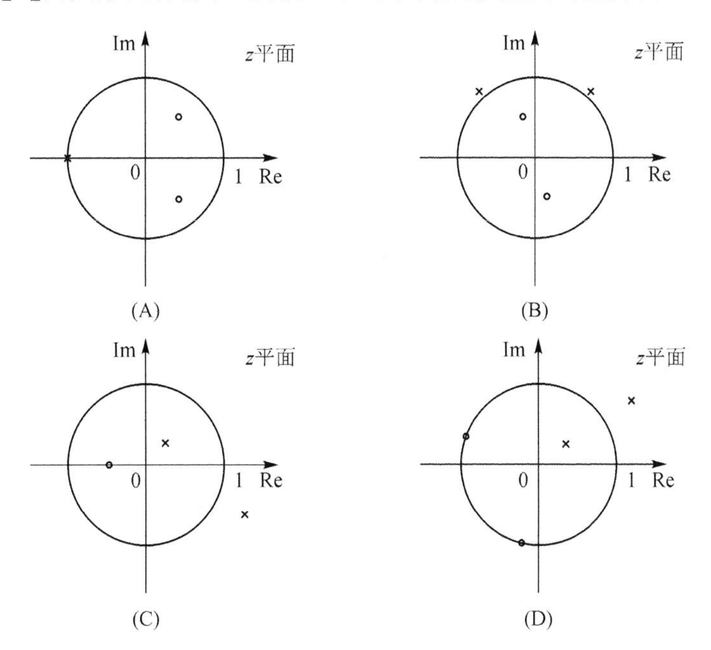

图 P3-6　序列 z 变换的零点、极点图

【解】　因为 $x[n]=x^*[n]$,所以 $X(z)=X^*(z^*)$。当 $X(z_0)=0$ 时,$X^*(z_0^*)=X(z_0)=0$;当 $X(z_0)=+\infty$时,$X^*(z_0^*)=X(z_0)=+\infty$,因此 z 变换的零点、极点关于实轴共轭对称。

故选(A)。

3-7　若 $x[n]$为共轭对称序列,则其 z 变换 $X(z)$的零点、极点图可能为图 P3-6 中的(D)。

【解】　由 z 变换的时间倒置性质可知 $Z\left[x^*[-n]\right]=X*\left(\frac{1}{z^*}\right)$,因为 $x[n]=x^*[-n]$,所以 $X(z)=X^*\left(\frac{1}{z^*}\right)$,当 $X(z_0)=0$ 时,$X^*\left(\frac{1}{z^*}\right)=X(z_0)=0$;当 $X(z_0)=+\infty$时,$X^*\left(\frac{1}{z^*}\right)=X(z_0)=+\infty$,所以 z 变换互为共轭倒数并且成对出现,但单位圆上的可以不成对。也可参见全通系统的零点、极点分布。

故选(D)。

3-8　某线性时不变系统的系统函数的收敛域为$|z|>3$,则该系统是(C)。

(A) 因果稳定系统　　　　(B) 非因果稳定系统

(C) 因果非稳定系统　　　(D) 非因果非稳定系统

【解】　ROC 在$|z|>r$ 的区域,包含$+\infty$,因此为因果系统;但收敛域不包括单位圆,因此该系统不稳定。

故选(C)。

3-9 某线性时不变系统稳定的充要条件是其系统函数的收敛域包含(B)。

(A) 原点　　(B) 单位圆　　(C) 实轴　　(D) 虚轴

【解】 LTI系统稳定的充要条件是该系统的单位脉冲响应 $h[n]$ 是绝对可和序列，令 $|z|=1$ 时

$$|H(z)|=\left|\sum_{n=-\infty}^{+\infty}h[n]z^{-n}\right|\leqslant\sum_{n=-\infty}^{+\infty}|h[n]||z|^{-n}=\sum_{n=-\infty}^{+\infty}|h[n]|$$

若 $h[n]$ 绝对可和(系统稳定)，则 $\sum_{n=-\infty}^{+\infty}|h[n]|=S<+\infty\rightarrow|H(z)|=S<+\infty$，所以稳定系统的系统函数ROC包含单位圆。

故选(B)。

3-10 若 $X(z)$ 为序列 $x[n]$ 的 z 变换，且 $x[n]$ 可以表示为 $x[n]=x_R[n]+jx_I[n]$，则下列说法正确的有(AB)。(多选)

(A) $x^*[n]\underset{z^{-1}}{\overset{z}{\rightleftharpoons}}X^*[z^*]$

(B) $x[-n]\underset{z^{-1}}{\overset{z}{\rightleftharpoons}}X[1/z]$

(C) $x_R[n]\underset{z^{-1}}{\overset{z}{\rightleftharpoons}}\frac{1}{2}[X[z]-X^*[z^*]]$

(D) $x_I[n]\underset{z^{-1}}{\overset{z}{\rightleftharpoons}}\frac{1}{2}[X[z]-X^*[z^*]]$

【解】 根据 z 变换的共轭、时间倒置等性质可知

(A) $Z[x^*[n]]=\sum_{n=-\infty}^{+\infty}x^*[n]z^{-n}=\left(\sum_{n=-\infty}^{+\infty}x[n](z^*)^{-n}\right)^*=X^*(z^*)$，所以A正确。

(B) $Z[x[-n]]=\sum_{n=-\infty}^{+\infty}x[-n]z^{-n}=\sum_{n=-\infty}^{+\infty}x[n](z^{-1})^{-n}=X(z^{-1})$，所以B正确。

(C) $Z[\mathrm{Re}\{x[n]\}]=Z\left[\frac{x[n]+x^*[n]}{2}\right]=\frac{1}{2}[X(z)+X^*(z^*)]$，所以C错误。

(D) $Z[\mathrm{Im}\{x[n]\}]=Z\left[\frac{x[n]-x^*[n]}{2j}\right]=\frac{1}{2j}[X(z)-X^*(z^*)]$，所以D错误。

故选(AB)。

3-11 已知序列 $x[n]=\{1,-2,1,0,4\}$，$n=0,1,\cdots,4$，其对应DTFT为 $X(e^{j\omega})$。请计算下列表达式的值。

(a) $X(e^{j\omega})|_{\omega=0}=$ ________；　　(b) $X(e^{j\omega})|_{\omega=\pi}=$ ________；

(c) $\int_{-\pi}^{\pi}X(e^{j\omega})d\omega=$ ________；　　(d) $\int_{-\pi}^{\pi}|X(e^{j\omega})|^2d\omega=$ ________；

(e) $\int_{-\pi}^{\pi}\left|\frac{dX(e^{j\omega})}{d\omega}\right|^2d\omega=$ ________；　　(f) $\int_{-\pi}^{\pi}X(e^{j\omega})X(e^{j\omega})d\omega=$ ________；

(g) $\int_{-\pi}^{\pi}X(e^{j\omega})X(e^{-j\omega})d\omega=$ ________。

【解】 (a) $X(e^{j\omega})|_{\omega=0}=\sum_{n=-\infty}^{+\infty}x[n]e^{-j\omega n}\Big|_{\omega=0}=\sum_{n=-\infty}^{+\infty}x[n]=4$。

(b) $X(e^{j\omega})\big|_{\omega=\pi}=\sum_{n=-\infty}^{+\infty}x[n]e^{-j\omega n}=\sum_{n=-\infty}^{+\infty}x[n](-1)^n=1+2+1+4=8$。

(c) 根据 DTFT 逆变换公式 $x[n]=\frac{1}{2\pi}\int_{-\pi}^{\pi}X(e^{j\omega})e^{j\omega n}d\omega$ 得

$$\int_{-\pi}^{\pi}X(e^{j\omega})d\omega=\int_{-\pi}^{\pi}X(e^{j\omega})e^{j\omega 0}d\omega=2\pi x[0]=2\pi$$

(d) 由帕塞瓦尔定理可得，$\int_{-\pi}^{\pi}|X(e^{j\omega})|^2d\omega=2\pi\sum_{n=-\infty}^{+\infty}|x[n]|^2=44\pi$。

(e) 因为 $X(e^{j\omega})=\sum_{n=-\infty}^{+\infty}x[n]e^{-j\omega n}$，对 ω 求导后得到$\frac{dX(e^{j\omega})}{d\omega}=\sum_{n=-\infty}^{+\infty}(-jn)x[n]e^{-j\omega n}$，所以 $\text{DTFT}\{(-jn)x[n]\}=\frac{dX(e^{j\omega})}{d\omega}$。由帕塞瓦尔定理可得

$$\int_{-\pi}^{\pi}\left|\frac{dX(e^{j\omega})}{d\omega}\right|^2d\omega=2\pi\sum_{n=-\infty}^{+\infty}|(-jn)x[n]|^2=2\pi[0+4+4+0+16]=48\pi$$

(f) 根据时域卷积定理可知

$$x[n]*x[n]=[1,-4,6,-4,9,-16,8,0,16]$$

所以 $$\int_{-\pi}^{\pi}X(e^{j\omega})X(e^{j\omega})d\omega=\int_{-\pi}^{\pi}X(e^{j\omega})X(e^{j\omega})e^{j\omega 0}d\omega=2\pi(x[n]*x[n])\big|_{n=0}=2\pi$$

(g) 根据频域卷积定理可知

$$\int_{-\pi}^{\pi}X(e^{j\omega})X(e^{-j\omega})d\omega=\int_{-\pi}^{\pi}X(e^{j\theta})X(e^{j(\omega-\theta)})d\theta\big|_{\omega=0}=2\pi\sum_{n=-\infty}^{+\infty}x[n]x[n]e^{j\omega n}\big|_{\omega=0}$$

$$=2\pi\sum_{n=-\infty}^{+\infty}x^2[n]=44\pi$$

事实上，序列 $x[n]$为实序列，其 DTFT 满足 $X(e^{j\omega})=X^*(e^{-j\omega})$，(g)的结果与(d)相同。

3-12　序列 $x[n]$的 DTFT 记为 $X(e^{j\omega})$，请用 $X(e^{j\omega})$表示以下序列的 DTFT。

(a) 若 $y[n]=x^2[n]$，则 $Y(e^{j\omega})$为________________；

(b) 若 $y[n]=\sum_{k=-\infty}^{n}x[k]$，则 $Y(e^{j\omega})$ 为________________；

(c) 若 $y[n]=x^*[n]$，则 $Y(e^{j\omega})$为________________；

(d) 若 $y[n]=x^*[-n]$，则 $Y(e^{j\omega})$为________________；

(e) 若 $y[n]=\sum_{k=-\infty}^{+\infty}x^*[k]x[n+k]$，则 $Y(e^{j\omega})$ 为________________；

(f) 若 $y[n]=x[1-n]+x[-1-n]$，则 $Y(e^{j\omega})$为________________；

(g) 若 $y[n]=\frac{1}{2}\{x^*[-n]+x[n]\}$，则 $Y(e^{j\omega})$为________________；

(h) 若 $y[n]=nx[n]$，则 $Y(e^{j\omega})$为________________；

(i) 若 $y[n]=x[n]R_4(n)$，则 $Y(e^{j\omega})$为________________；

(j) 若 $y[n]=\begin{cases}x\left[\frac{n}{2}\right], & n\text{ 为偶数}\\ 0, & n\text{ 为奇数}\end{cases}$，则 $Y(e^{j\omega})$为________________。

【解】 (a) 根据DTFT的频域卷积定理，$Y(e^{j\omega})=\frac{1}{2\pi}\int_{-\pi}^{\pi}X(e^{j\theta})X(e^{j(\omega-\theta)})d\theta$；

(b) 根据DTFT的时域卷积定理，$y[n]=\sum_{k=-\infty}^{n}x[k]=\sum_{k'=0}^{+\infty}x[n-k']u[k']=x[n]*u[n]$，所以 $Y(e^{j\omega})=X(e^{j\omega})\left[\frac{1}{1-e^{-j\omega}}+\sum_{k=-\infty}^{+\infty}\pi\delta(\omega+2\pi k)\right]$；

(c) 根据DTFT的对称性，$\sum_{n=-\infty}^{+\infty}y[n]e^{-j\omega n}=\sum_{n=-\infty}^{+\infty}x^*[n]e^{-j\omega n}=\left(\sum_{n=-\infty}^{+\infty}x[n]e^{j\omega n}\right)^*=X^*(e^{-j\omega})$；

(d) 根据DTFT的对称性，则

$$\sum_{n=-\infty}^{+\infty}y[n]e^{-j\omega n}=\sum_{n=-\infty}^{+\infty}x^*[-n]e^{-j\omega n}=\sum_{r=-\infty}^{+\infty}x^*[r]e^{j\omega r}=\left(\sum_{r=-\infty}^{+\infty}x[r]e^{-j\omega r}\right)^*=X^*(e^{j\omega})$$

(e) 根据DTFT的时域卷积定理，则

$$y[n]=\sum_{k=-\infty}^{+\infty}x^*[k]x[n+k]=\sum_{r=-\infty}^{+\infty}x^*[-r]x[n-r]=x^*[-n]*x[n]$$

又因为 $x^*[-n]$ 对应的DTFT为 $X^*(e^{j\omega})$，所以 $Y(e^{j\omega})=X^*(e^{j\omega})X(e^{j\omega})=|X(e^{j\omega})|^2$，($y[n]$ 其实是 $x[n]$ 的自相关序列)。

(f) 因为 $x[-n]$ 对应的DTFT为 $X(e^{-j\omega})$，再根据DTFT的线性和移位性质，$Y(e^{j\omega})=e^{-j\omega}X(e^{-j\omega})+e^{j\omega}X(e^{-j\omega})=2\cos\omega\cdot X(e^{-j\omega})$；

(g) 因为 $x^*[-n]$ 对应的DTFT为 $X^*(e^{j\omega})$，再根据DTFT的线性性质，$Y(e^{j\omega})=\frac{1}{2}[X^*(e^{j\omega})+X(e^{j\omega})]=\mathrm{Re}\{X(e^{j\omega})\}$；

(h) 根据DTFT的频域微分性质，则

$$Y(e^{j\omega})=\sum_{n=-\infty}^{+\infty}nx[n]e^{-j\omega n}=\sum_{n=-\infty}^{+\infty}-\frac{1}{j}\frac{dx[n]e^{-j\omega n}}{d\omega}=j\frac{d}{d\omega}\sum_{n=-\infty}^{+\infty}x[n]e^{-j\omega n}=j\frac{dX(e^{j\omega})}{d\omega};$$

(i) 因为 $\mathrm{DTFT}\{R_4(n)\}=\frac{1-e^{-j4\omega}}{1-e^{-j\omega}}$，根据DTFT的频域卷积定理，则

$$Y(e^{j\omega})=\mathrm{DTFT}\{x[n]R_4(n)\}=\frac{1}{2\pi}\int_{-\pi}^{\pi}X(e^{j\theta})\cdot\frac{1-e^{-j4(\omega-\theta)}}{1-e^{-j\omega\theta}}\cdot d\theta$$

(j) $Y(e^{j\omega})=\sum_{n=-\infty}^{+\infty}y[n]e^{-j\omega n}=\sum_{n\text{为偶数}}x\left[\frac{n}{2}\right]e^{-j\omega n}=\sum_{k=-\infty}^{+\infty}x[k]e^{-j\omega 2k}=X(e^{j2\omega})$。

3-13 根据DTFT的相关性质，可计算 $\sum_{n=-\infty}^{+\infty}\frac{\sin(\pi n/5)}{4\pi n}\cdot\frac{\sin(\pi n/3)}{6\pi n}=$________。

【解】 不妨令 $x[n]=\frac{\sin(\pi n/5)}{4\pi n}$，$y[-n]=\frac{\sin(\pi n/3)}{6\pi n}$，其中 $x[n]$，$y[-n]$ 分别对应的DTFT为 $X(e^{j\omega})=\begin{cases}1/4, & |\omega|<\pi/5\\ 0, & \pi/5\leqslant|\omega|<\pi\end{cases}$ 和 $Y(e^{-j\omega})=\begin{cases}1/6, & |\omega|<\pi/3\\ 0, & \pi/3\leqslant|\omega|<\pi\end{cases}$。根据DTFT的时域卷积定理，$x[n]*y[-n]=\sum_{k=-\infty}^{+\infty}x[k]y[k-n]=\frac{1}{2\pi}\int_{-\pi}^{\pi}X(e^{j\omega})Y(e^{-j\omega})e^{j\omega n}d\omega$，则有

$$\sum_{n=-\infty}^{+\infty} x[n] * y[-n] = \sum_{n=-\infty}^{+\infty}\sum_{k=-\infty}^{+\infty} x[k]y[k-n] = \sum_{n=-\infty}^{+\infty} \frac{1}{2\pi}\int_{-\pi}^{\pi} X(e^{j\omega})Y(e^{-j\omega})e^{j\omega n}d\omega$$

当 $n=0$ 时，有

$$\sum_{k=-\infty}^{+\infty} x[k]y[k] = \frac{1}{2\pi}\int_{-\pi}^{\pi} X(e^{j\omega})Y(e^{-j\omega})d\omega$$

所以

$$\sum_{k=-\infty}^{+\infty} x[k]y[k] = \sum_{n=-\infty}^{+\infty} \frac{\sin(\pi n/5)}{4\pi n}\cdot\frac{\sin(\pi n/3)}{6\pi n} = \frac{1}{2\pi}\int_{-\pi}^{\pi} X(e^{j\omega})Y(e^{-j\omega})d\omega$$

$$=\frac{1}{2\pi}\times\left(\frac{1}{4}\times\frac{1}{6}\times\frac{2\pi}{5}\right)=\frac{1}{120}$$

3-14　周期均为 8 的周期序列 $\tilde{x}_1[n]$，$\tilde{x}_2[n]$，$\tilde{x}_3[n]$对应的 DFS 分别记为 $\tilde{X}_1[k]$，$\tilde{X}_2[k]$，$\tilde{X}_3[k]$。已知序列 $\tilde{x}_2[n]=\{\underline{1},0,0,1,1,0,0,0\}$ 且 $\tilde{X}_3[k]=\tilde{X}_1[k]\tilde{X}_2[k]$，则 $\tilde{x}_3[n]$可用 $\tilde{x}_1[n]$表示为____________。

【解】　首先求 $\tilde{x}_2[n]$ 的 DFS 为 $\tilde{X}_2[k]=\sum_{n=0}^{7}\tilde{x}_2[n]W_8^{kn}=1+W_8^{3k}+W_8^{4k}$，再根据 DFS 的时域周期卷积定理和时域移位性质可知

$$\tilde{X}_3[k]=\tilde{X}_1[k]\tilde{X}_2[k]=\tilde{X}_1[k]+W_8^{3k}\tilde{X}_1[k]+W_8^{4k}\tilde{X}_1[k]$$

所以 $\tilde{x}_3[n]=\tilde{x}_1[n]+\tilde{x}_1[n-3]+\tilde{x}_1[n-4]$。

3-15　已知实序列 $\tilde{x}[n]$ 的周期为 8，其 DFS $\tilde{X}[k]$ 主值序列的前 5 点是 $\{j,1+7j,5+2j,0,4+6j\}$，则后 3 点是____________。

【解】　由于 $\tilde{x}[n]$为实序列，因此 $\tilde{X}[k]$具有共轭对称性质，即 $\tilde{X}[k]=\tilde{X}^*[-k]$，所以有 $\tilde{X}[5]=\tilde{X}[-3]=\tilde{X}^*[3]=0$，$\tilde{X}[6]=\tilde{X}[-2]=\tilde{X}^*[2]=5-2j$，$\tilde{X}[7]=\tilde{X}[-1]=\tilde{X}^*[1]=1-7j$。

3-16　序列 $x[n]$的 z 变换记为 $X(z)$，其收敛域为 $R_{x-}<|z|<R_{x+}$，请分别指出以下序列的收敛域(ROC)。

(a) $x_1[n]=x[n-5]$，ROC:________；　(b) $x_2[n]=2x[n+3]$，ROC:________；

(c) $x_3[n]=9x[-n]$，ROC:________；　(d) $x_4[n]=-5^n x[n]$，ROC:________；

(e) $x_5[n]=9nx[n]$，ROC:________；　(f) $x_6[n]=0.5x^*[-n]$，ROC:________。

【解】　(a) 根据 z 变换的移位性质，收敛域为 $R_{x-}<|z|<R_{x+}$，且 $z\neq 0$；

(b) 根据 z 变换的移位和线性性质，收敛域为 $R_{x-}<|z|<R_{x+}$，且 $z\neq+\infty$；

(c) 根据 z 变换的线性和翻转性质，收敛域为$(1/R_{x+})<|z|<(1/R_{x-})$；

(d) 根据 z 变换的指数序列相乘性质，收敛域为 $5R_{x-}<|z|<5R_{x+}$；

(e) 根据 z 变换的线性和微分性质，收敛域为 $R_{x-}<|z|<R_{x+}$；

(f) 根据 z 变换的时间倒置性质，收敛域为$(1/R_{x+})<|z|<(1/R_{x-})$。

3-17　已知序列 $x[n]$的 z 变换为 $X(z)=\dfrac{1-\frac{1}{4}z^{-2}}{\left(1+\frac{1}{4}z^{-2}\right)\left(1+\frac{11}{10}z^{-1}+\frac{3}{10}z^{-2}\right)}$，$X(z)$

对应的收敛域可能为__________。

【解】 对 $X(z)$进行因式分解得到

$$X(z)=\frac{1-\frac{1}{4}z^{-2}}{\left(1+\frac{1}{4}z^{-2}\right)\left(1+\frac{11}{10}z^{-1}+\frac{3}{10}z^{-2}\right)}=\frac{\left(1-\frac{1}{2}z^{-1}\right)\left(1+\frac{1}{2}z^{-1}\right)}{\left(1+\frac{1}{4}z^{-2}\right)\left(1+\frac{1}{2}z^{-1}\right)\left(1+\frac{3}{5}z^{-1}\right)}$$

$$=\frac{1-\frac{1}{2}z^{-1}}{\left(1+\frac{1}{2}\mathrm{j}z^{-1}\right)\left(1-\frac{1}{2}\mathrm{j}z^{-1}\right)\left(1+\frac{3}{5}z^{-1}\right)}$$

所以 $X(z)$的零点为$\frac{1}{2}$，极点为$\mathrm{j}\,\frac{1}{2}$，$-\mathrm{j}\,\frac{1}{2}$，$-\frac{3}{5}$，可能的收敛域为：(1)双边序列，$\frac{1}{2}<|z|<\frac{3}{5}$；(2) 右边序列，$|z|>\frac{3}{5}$；(3) 左边序列，$|z|<\frac{1}{2}$。

3-18 已知序列 $x[n]$的 z 变换为 $X(z)=\frac{z^2+2z+3}{(z-1)\left(z+\frac{1}{3}\right)}$，收敛域为$|z|>1$。则 $x[0]$的值为__________，$x[1]$的值为__________，$x[+\infty]$的值为__________。

【解】 初值定理针对因果序列，应用初值定理要求 $X(z)$中不包含 z 的正幂次项，或对有理分式 $X(z)$，其分子多项式阶次小于等于分母多项式的阶次。

终值定理首先要判断对应的序列 $x[n]$在 $n=+\infty$时存在极限，这就要求 $X(z)$的极点位于单位圆内。若单位圆上存在极点，也只能在 $z=1$ 处存在一个极点。

所以 $x[0]=\lim\limits_{z\to+\infty}\frac{z^2+2z+3}{(z-1)(z+\frac{1}{3})}=1$，根据 z 变换的定义，因果序列 $X(z)$可表示为

$$X(z)=\sum_{n=0}^{+\infty}x[n]z^{-n}=x[0]+x[1]z^{-1}+x[2]z^{-2}+x[3]z^{-3}+\cdots$$

所以 $x[1]=\lim\limits_{z\to+\infty}z\,[X(z)-x[0]]=\frac{8}{3}$，$x[+\infty]=\lim\limits_{z\to1}(z-1)X(z)=4.5$。

也可以用长除法，展 $X(z)=\frac{z^2+2z+3}{z^2-\frac{2}{3}z-\frac{1}{3}}$为 z 的降幂次形式 $X(z)=1+\frac{8}{3}z^{-1}+\frac{46}{9}z^{-2}+\cdots$，故 $x[1]=\frac{8}{3}$。

3-19 已知序列 $x[n]$为因果序列，其 z 变换记为 $X(z)$，收敛域为$|z|>R_{x-}$，且在 $z=1$处没有零点。若序列 $y[n]=\sum\limits_{m=0}^{n}x[m]$，则 $y[n]$的 z 变换 $Y(z)$可表示为__________，其收敛域为__________。

【解】 $y[n]=\sum\limits_{m=0}^{n}x[m]=\sum\limits_{m=0}^{+\infty}x[m]\mathrm{u}[n-m]=x[n]*\mathrm{u}[n]$，根据 z 变换的卷积性质，$Y(z)=\frac{z}{z-1}X(z)$，在 $z=1$ 的位置处增加了一个极点，因此收敛域为$|z|>\max(R_{x-},1)$。

3－20　已知因果序列 $x[n]$ 的 z 变换为 $X(z)=\left(2+\frac{2}{3}z^{-1}+\frac{4}{5}z^{-2}+z^{-3}\right)\cos(z^{-1})$，则 $x[10]$ 的值为__________。

【解】　根据 z 变换的定义和泰勒展开得到

$$X(z)=\sum_{n=0}^{+\infty}x[n]z^{-n}=\left(2+\frac{2}{3}z^{-1}+\frac{4}{5}z^{-2}+z^{-3}\right)\cos(z^{-1})$$

$$=\left(2+\frac{2}{3}z^{-1}+\frac{4}{5}z^{-2}+z^{-3}\right)\left(1-\frac{1}{2!}z^{-2}+\frac{1}{4!}z^{-4}-\frac{1}{6!}z^{-6}+\frac{1}{8!}z^{-8}-\frac{1}{10!}z^{-10}+\cdots\right)$$

观察得到 $x[10]=-\frac{2}{10!}+\frac{4}{5}\times\frac{1}{8!}$。

计算、证明与作图题(3－21 题～3－40 题)

3－21　用解析方法计算以下序列的 DTFT，并画出前三个序列的幅度谱和相位谱的概略曲线。

(a) $x[n]=3(0.9)^n\mathrm{u}[n]$；　　(b) $x[n]=n(0.5)^n\mathrm{u}[n]$；

(c) $x[n]=\delta[n-n_0]$；　　(d) $x[n]=\mathrm{e}^{-an}\sin(\omega_0 n)\mathrm{u}[n],a>0$

(e) $x[n]=\begin{cases}0.25-0.25\cos\left(\frac{2\pi n}{5}\right), & 0\leqslant n\leqslant 5\\ 0, & \text{其他}\end{cases}$

【解】　(a) $X(\mathrm{e}^{\mathrm{j}\omega})=\sum_{n=0}^{+\infty}3(0.9)^n\mathrm{e}^{-\mathrm{j}\omega n}=3\sum_{n=0}^{+\infty}(0.9\mathrm{e}^{-\mathrm{j}\omega})^n=\frac{3}{1-0.9\mathrm{e}^{-\mathrm{j}\omega}}$，幅度谱和相位谱分别如图 P3－21(a)和图 P3－21(b)所示。

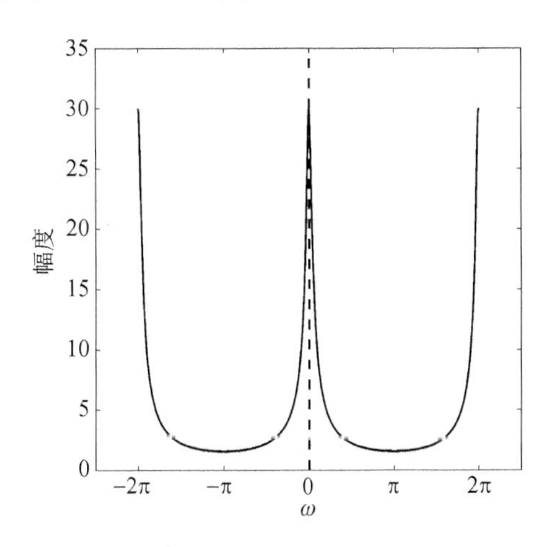

图 P3－21(a)　序列(a)的幅度谱

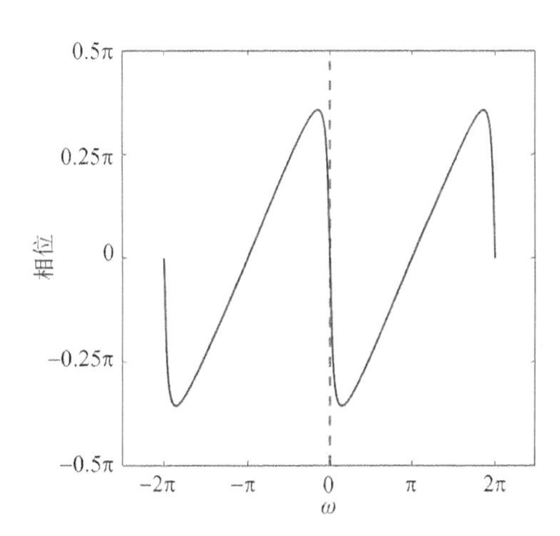

图 P3－21(b)　序列(a)的相位谱

(b) $x[n]=n(0.5)^n\mathrm{u}(n)$，令 $g[n]=(0.5)^n\mathrm{u}(n)$，则

$$G(\mathrm{e}^{\mathrm{j}\omega})=\sum_{n=0}^{+\infty}(0.5\mathrm{e}^{-\mathrm{j}\omega})^n=\frac{1}{1-0.5\mathrm{e}^{-\mathrm{j}\omega}}$$

所以 $X(e^{j\omega})=j\ \dfrac{dG(e^{j\omega})}{d\omega}=\dfrac{0.5e^{-j\omega}}{(1-0.5e^{-j\omega})^2}$，幅度谱和相位谱分别如图 P3-21(c)和图 P3-21(d)所示。

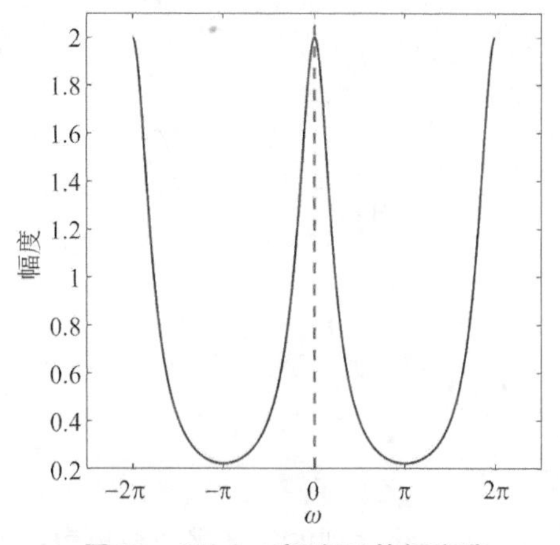

图 P3-21(c) 序列(b)的幅度谱

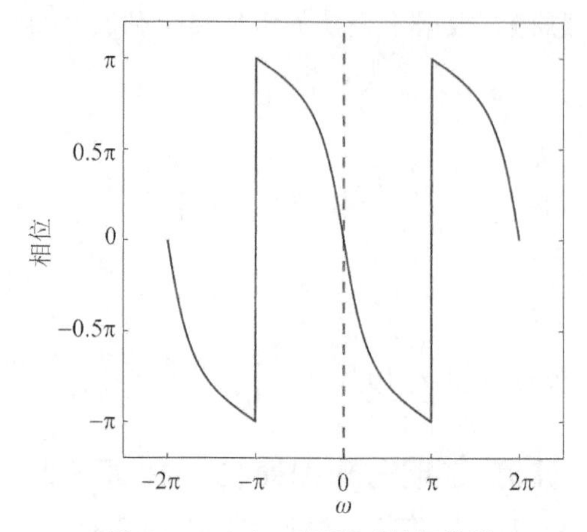

图 P3-21(d) 序列(b)的相位谱

(c) $x[n]=\delta[n-n_0]$，$X(e^{j\omega})=\sum\limits_{n=-\infty}^{+\infty}\delta(n-n_0)e^{-j\omega n}=e^{-jn_0\omega}$，幅度谱和相位谱分别如图 P3-21(e)和图 P3-21(f)所示。

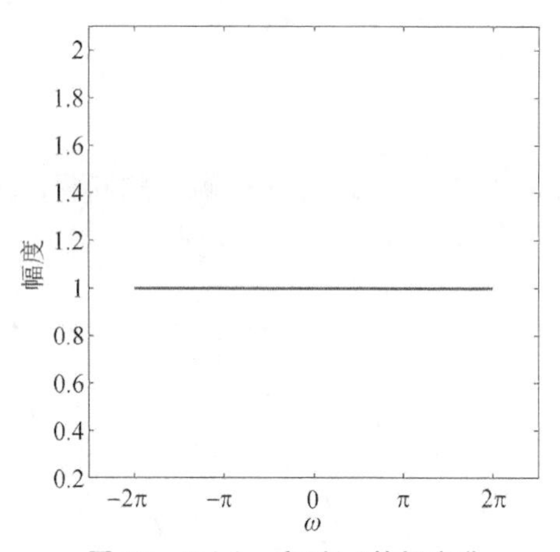

图 P3-21(e) 序列(c)的幅度谱

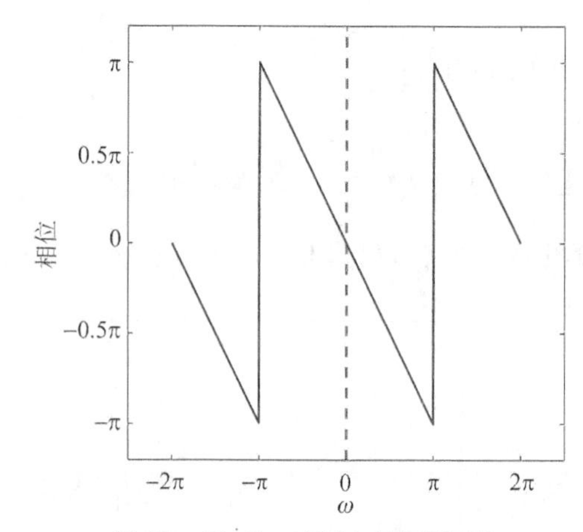

图 P3-21(f) 序列(c)的相位谱

(d) $x[n]=e^{-an}\sin(\omega_0 n)u[n]=\dfrac{1}{2j}e^{-an}[e^{j\omega_0 n}-e^{-j\omega_0 n}]u[n]$，根据 DTFT 的频域移位性质有

$$X(e^{j\omega})=\frac{1}{2j}\cdot\left[\frac{1}{1-e^{-a+j(\omega_0-\omega)}}-\frac{1}{1-e^{-a-j(\omega_0+\omega)}}\right]$$

(e) 根据 DTFT 的频域卷积定理，有

$$x[n]=R_6[n]\cdot\frac{1}{4}\left(1-\cos\frac{2\pi n}{5}\right)=R_6[n]\cdot\frac{1}{4}\left(1-\frac{e^{j\frac{2\pi n}{5}}+e^{-j\frac{2\pi n}{5}}}{2}\right)$$

可求得 $R_6[n]$的 DTFT 为

$$R(e^{j\omega})=\sum_{n=0}^{5}e^{-j\omega n}=\frac{1-e^{-j6\omega}}{1-e^{-j\omega}}=\frac{\sin(3\omega)}{\sin(0.5\omega)}e^{-j3\omega}$$

所以 $X(e^{j\omega})=\frac{1}{4}R(e^{j\omega})-\frac{1}{8}R\left(e^{j\left(\omega+\frac{2\pi}{5}\right)}\right)-\frac{1}{8}R\left(e^{j\left(\omega-\frac{2\pi}{5}\right)}\right)$

3-22　(a) 证明：因果实序列 $x[n]$，可由其偶部 $x_e[n]$ 恢复出 $x[n]$ 所有 $n\geqslant 0$ 的值，而由其奇部 $x_o[n]$ 仅能恢复出 $x[n]$ 中 $n>0$ 的值。

(b) 因果复序列 $y[n]$，是否能从其共轭反对称部分 $y_o[n]$ 恢复出 $y[n]$，是否能从其共轭对称部分 $y_e[n]$ 恢复出 $y[n]$，并证明。

【解】　(a) 任意序列都可以分解成奇序列和偶序列之和，即 $x[n]=x_e[n]+x_o[n]$，其中

$$x_e[n]=\frac{1}{2}(x[n]+x^*[-n]),\quad x_o[n]=\frac{1}{2}(x[n]-x^*[-n])$$

实序列时　$x_e[n]=\frac{1}{2}(x[n]+x[-n])$，　$x_o[n]=\frac{1}{2}(x[n]-x[-n])$

又因为 $x[n]$ 为因果序列，则

$$x[n]=0,\ n<0,\quad \text{或}\quad x[-n]=0,n>0$$

所以对于偶部，有

$$x[n]=\begin{cases}2x_e[n], & n>0\\ x_e[n], & n=0\\ 0, & n<0\end{cases}$$

对于奇部，有

$$x[n]=\begin{cases}2x_o[n], & n>0\\ 0, & n<0\end{cases}$$　（注：当 $n=0$ 时，无法用奇部表示 $x[n]$。）

可以看出实因果序列完全可以仅由其偶分量 $x_e[n]$ 恢复，而由其奇分量 $x_o[n]$ 恢复时，无法恢复 $n=0$ 时的值 $x[0]$。

(b) 复序列可以分解成奇序列和偶序列之和，即

$$y_e[n]=\frac{1}{2}(y[n]+y^*[-n]),\quad y_o[n]=\frac{1}{2}(y[n]-y^*[-n])$$

又因为 $y[n]$ 为因果序列，则

$$y[n]=0,\ n<0$$

所以 $y_e[n]=\begin{cases}\frac{1}{2}(y[0]+y^*[0]), & n=0\\ \frac{y[n]}{2}, & n>0\\ \frac{y^*[-n]}{2}, & n<0\end{cases}$，所以 $y[n]=\begin{cases}2y_e[n], & n>0\\ 0, & n<0\end{cases}$，而当 $n=0$ 时有 $\mathrm{Re}\{y[0]\}=y_e[0]$。

$$y_o[n]=\begin{cases}\frac{1}{2}(y[0]-y^*[0]), & n=0\\ \frac{y[n]}{2}, & n>0\\ \frac{-y^*[-n]}{2}, & n<0\end{cases}$$，所以 $y[n]=\begin{cases}2y_o[n], & n>0\\ 0, & n<0\end{cases}$，而当 $n=0$ 时有

$\text{Im}\{y[0]\}=y_o[0]$。

可以看出，都不能恢复复因果序列，要想恢复，需要补充 $n=0$ 时的值 $y[0]$。

3-23 若序列 $x[n]$是实因果序列，其傅里叶变换 $X(e^{j\omega})$的实部为 $X_R(e^{j\omega})=2+\cos\omega$，求序列 $x[n]$及其 DTFT $X(e^{j\omega})$。

【解】 $X_R(e^{j\omega})=2+\cos\omega=2+\frac{1}{2}e^{j\omega}+\frac{1}{2}e^{-j\omega}=\text{DTFT}(x_e[n])$。

所以
$$x_e[n]=\begin{cases}\frac{1}{2}, & n=-1\\ 2, & n=0\\ \frac{1}{2}, & n=1\end{cases}$$

因为 $x[n]$为实因果序列，所以 $x_e[n]=\frac{x[n]+x[-n]}{2}$，所以当 $n>0$ 时，$x_e[n]=\frac{x[n]}{2}$；当 $n=0$ 时，$x_e[n]\big|_{n=0}=\frac{x[0]+x[0]}{2}=x[n]\big|_{n=0}$；因此 $x[n]=\begin{cases}2x_e[n], & n>0\\ x_e[n], & n=0\\ 0, & n<0\end{cases}$，所以

$$x[n]=\begin{cases}1, & n=1\\ 2, & n=0\text{。}\\ 0, & \text{其他}\end{cases}$$

所以 $X(e^{j\omega})=\sum_{n=-\infty}^{+\infty}x[n]e^{-j\omega n}=2+e^{-j\omega}$。

3-24 序列 $x[n]$的 DTFT 为 $X(e^{j\omega})$，$x[n]$如图 P3-24(a)所示。试在不计算 $X(e^{j\omega})$的情况下，完成下列计算。

(a) 求 $X(e^{j\omega})\big|_{\omega=0}$；

(b) 求 $X(e^{j\omega})$的相频特性 $\varphi_X(\omega)$；

(c) 求 $\int_{-\pi}^{\pi}X(e^{j\omega})d\omega$；

(d) 求 DTFT 为 $\text{Re}\{X(e^{j\omega})\}$的序列并作图。

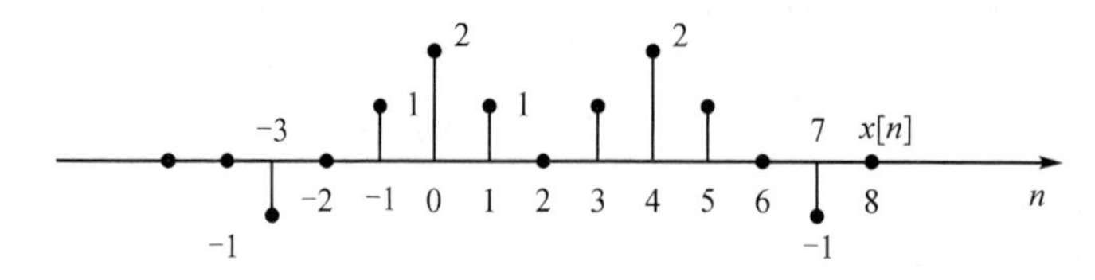

图 P3-24(a) 某时域序列

【解】 (a) $X(e^{j0})=\sum_{n=-\infty}^{+\infty}x[n]e^{-j\omega n}\bigg|_{\omega=0}=\sum_{n}x[n]=6$；

(b) $x[n]$可以看成是一个实偶序列 $y[n]$移位得到，$x[n]=y[n-2]$。

因为相频特性 $\phi_Y(\omega)=0$，所以相频特性 $\phi_X(\omega)=-2\omega$。

或根据广义线性相位系统的单位脉冲响应 $h[n]$的特点得出。

(c) 因为　$x[n]=\frac{1}{2\pi}\int_{-\pi}^{\pi}X(e^{j\omega})\cdot e^{j\omega n}d\omega$，所以 $x[0]=\frac{1}{2\pi}\int_{-\pi}^{\pi}X(e^{j\omega})d\omega$

所以 $\int_{-\pi}^{\pi}X(e^{j\omega})d\omega=2\pi x[0]=4\pi$；

(d)因为傅里叶变换的实部 $\mathrm{Re}\{X(e^{j\omega})\}$ 对应共轭偶对称序列，所以

$$x_e[n]=\frac{1}{2}\{x[n]+x^*[-n]\}=\frac{1}{2}\{x[n]+x[-n]\}$$

序列如图 P3-24(b)所示。

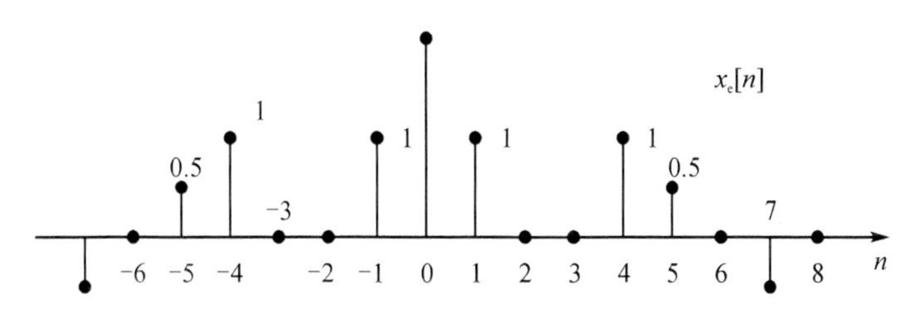

图 P3-24(b)　共轭偶对称序列

3-25　某序列 $x[n]$ 的离散时间傅里叶变换为 $X(e^{j\omega})=\frac{1-a^2}{(1-ae^{-j\omega})(1-ae^{j\omega})}$，$|a|<1$，试计算：

(a) $x[n]$；

(b) $\frac{1}{2\pi}\int_{-\pi}^{\pi}X(e^{j\omega})(\sin\omega+\cos\omega)d\omega$。

【解】 (a) 由部分分式展开，可得

$$X(e^{j\omega})=\frac{1-a^2}{(1-ae^{-j\omega})(1-ae^{j\omega})}=\frac{1}{1-ae^{-j\omega}}+\frac{ae^{j\omega}}{1-ae^{j\omega}}$$

考虑到 $a^n u[n]\leftrightarrow\frac{1}{1-ae^{-j\omega}}$，并且根据 DTFT 的时域翻转性质有 $x[-n]\leftrightarrow X(e^{-j\omega})$，$a^{-n}u[-n]\leftrightarrow\frac{1}{1-ae^{j\omega}}$，所以 $x[n]=a^n u[n]+a^{-n}u[-n-1]$ 或 $x[n]=a^{|n|}$。

(b) 由 DTFT 的线性性质和时域移位性质可知

$$\begin{aligned}\frac{1}{2\pi}\int_{-\pi}^{\pi}X(e^{j\omega})(\sin\omega+\cos\omega)d\omega&=\frac{1}{2\pi}\left(\int_{-\pi}^{\pi}X(e^{j\omega})\sin\omega d\omega+\int_{-\pi}^{\pi}X(e^{j\omega})\cos\omega d\omega\right)\\&=\frac{1}{2\pi}\int_{-\pi}^{\pi}X(e^{j\omega})\frac{e^{j\omega}-e^{-j\omega}}{2j}d\omega+\frac{1}{2\pi}\int_{-\pi}^{\pi}X(e^{j\omega})\frac{e^{j\omega}+e^{-j\omega}}{2}d\omega\\&=\frac{1}{2j}\times\frac{1}{2\pi}\left(\int_{-\pi}^{\pi}X(e^{j\omega})e^{j\omega}d\omega-\int_{-\pi}^{\pi}X(e^{j\omega})e^{-j\omega}d\omega\right)+\\&\quad\frac{1}{2}\times\frac{1}{2\pi}\left(\int_{-\pi}^{\pi}X(e^{j\omega})e^{j\omega}d\omega+\int_{-\pi}^{\pi}X(e^{j\omega})e^{-j\omega}d\omega\right)\\&=\frac{1}{2j}(x[1]-x[-1])+\frac{1}{2}(x[1]+x[-1])\\&=\frac{1}{2}(x[1]+x[-1])=\frac{1}{2}(a+a)=a\end{aligned}$$

3-26 周期序列 $\tilde{x}_p[n]$ 如图 P3-26 所示，其周期 $N=4$，试求其 DFS $\tilde{X}_p[k]$。

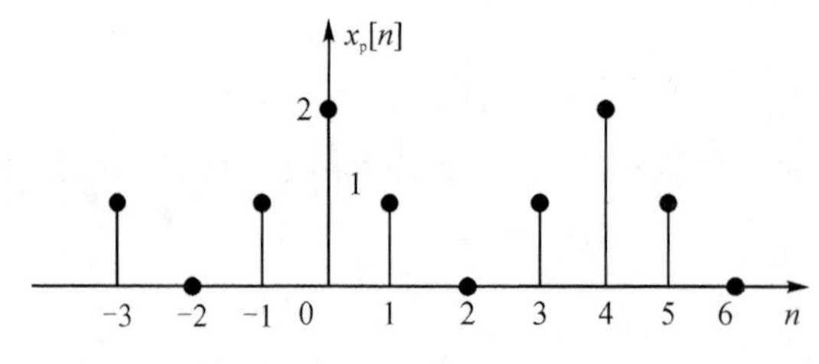

图 P3-26　周期为 4 的序列

【解】 由周期序列 DFS 定义式 $\tilde{X}[k]=\sum_{n=0}^{N-1}\tilde{x}[n]e^{-j\frac{2\pi kn}{N}}$ 可知

$$\tilde{X}_p[k]=\tilde{x}_p[0]+\tilde{x}_p[1]e^{\frac{-j2\pi k}{4}}+\tilde{x}_p[2]e^{\frac{-j4\pi k}{4}}+\tilde{x}_p[3]e^{\frac{-j6\pi k}{4}}$$

因为
$$x_p[0]=2,x_p[1]=1,x_p[2]=0,x_p[3]=1$$

所以
$$\tilde{X}_p[k]=2+e^{\frac{-j2\pi k}{4}}+e^{\frac{-j6\pi k}{4}}=2+e^{\frac{-j\pi k}{2}}+e^{\frac{-j3\pi k}{2}}$$

3-27 已知周期均为 $N=6$ 的三个序列为 $\tilde{x}_1[n]$、$\tilde{x}_2[n]$ 和 $\tilde{x}_3[n]$，其中 $\tilde{x}_1[n]=\{\cdots\underline{2},1,3,5,4,1,\cdots\}$，$\tilde{x}_2[n]=\{\cdots\underline{0},0,0,1,0,0,\cdots\}$，$\tilde{x}_3[n]=\{\cdots\underline{0},1,0,0,1,0,\cdots\}$，试求解下列问题。

(a) 计算序列 $\tilde{y}_1[n]$，使其 DFS $\tilde{Y}_1[k]$ 等于 $\tilde{x}_1[n]$ 的 DFS 和 $\tilde{x}_2[n]$ 的 DFS 的乘积，即 $\tilde{Y}_1[k]=\tilde{X}_1[k]\tilde{X}_2[k]$。

(b) 计算序列 $\tilde{y}_2[n]$，使其 DFS $\tilde{Y}_2[k]$ 等于 $\tilde{x}_1[n]$ 的 DFS 和 $\tilde{x}_3[n]$ 的 DFS 的乘积，即 $\tilde{Y}_2[k]=\tilde{X}_1[k]\tilde{X}_3[k]$。

【解】 (a) 解法一：根据 DFS 的定义，有

$$\tilde{X}_1[k]=\sum_{n=0}^{5}\tilde{x}_1[n]W_6^{kn}=2+W_6^{k}+3W_6^{2k}+5W_6^{3k}+4W_6^{4k}+W_6^{5k}$$

$$\tilde{X}_2[k]=\sum_{n=0}^{5}\tilde{x}_2[n]W_6^{kn}=W_6^{3k}$$

$$\tilde{Y}_1[k]=\tilde{X}_1[k]\tilde{X}_2[k]=5+4W_6^{k}+W_6^{2k}+2W_6^{3k}+W_6^{4k}+3W_6^{5k}$$

所以 $\tilde{y}_1[n]=\{\underline{5},4,1,2,1,3\}$。

解法二：根据 DFS 的时域周期卷积定理，$\tilde{y}_1[n]$ 等于 $\tilde{x}_1[n]$ 和 $\tilde{x}_2[n]$ 周期卷积的结果，即 $\tilde{y}_1[n]=\sum_{m=0}^{N-1}\tilde{x}_1[m]\tilde{x}_2[n-m]$。观察可知，序列 $\tilde{x}_2[n]$ 是单位脉冲信号延迟 3 个时间单元再进行周期化得到的周期序列，因此 $\tilde{y}_1[n]$ 的主值序列 $y_1[n]$ 等于 $\tilde{x}_1[n]$ 的主值序列 $x_1[n]$ 进行圆周移位 3 个单位后的序列，即 $\tilde{y}_1[n]=\{\cdots,\underline{5},4,1,2,1,3,\cdots\}$。

(b) 同理，$\tilde{x}_3[n]$ 可以看作两个不同延迟的脉冲信号之和再进行周期化得到的周期序列，$\tilde{y}_2[n]$ 的主值序列 $y_2[n]$ 等于 $\tilde{x}_1[n]$ 的主值序列 $x_1[n]$ 分别进行 1 个单位的圆周移位和 4 个单位的圆周移位后再求和，$y_2[n]$ 是 $\{1,2,1,3,5,4\}$ 和 $\{3,5,4,1,2,1\}$ 对应元素求和，即 $\tilde{y}_2[n]=\{\cdots,\underline{4},7,5,4,7,5,\cdots\}$。

3-28　图 P3-28 所示为三个不同周期的序列 $\tilde{x}[n]$，可用傅里叶级数将其表示为 $\tilde{x}[n]=\frac{1}{N}\sum_{k=0}^{N-1}\tilde{X}[k]e^{j\frac{2\pi}{N}kn}$，试问：

(a) 哪些序列能够通过选择时间起始点使 $\tilde{X}[k]$ 为实数？

(b) 哪些序列能够通过选择时间起始点使 $\tilde{X}[k]$ 都为虚数（k 为 N 的整数倍除外）？

(c) 哪些序列能够使得 $k=\pm2,\pm4,\pm6\cdots$ 时，$\tilde{X}[k]=0$？

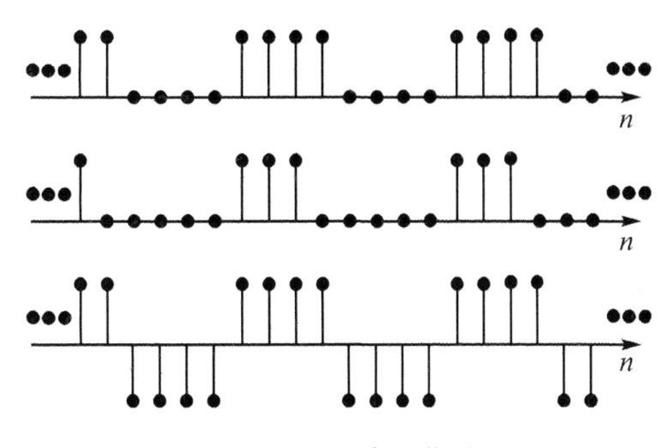

图 P3-28　三个周期序列

【解】　(a) 要使所有的 $\tilde{X}[k]$ 为实数，即 $\tilde{X}^*[k]=\tilde{X}[k]$，由 DFS 的对称性质可知，$\tilde{x}[n]$ 应为共轭对称序列，实部偶对称、虚部奇对称，即 $\tilde{x}[n]=\tilde{x}^*[-n]$。又因为 $\tilde{x}[n]$ 是实序列、其虚部为 0，即要求 $\tilde{x}[n]=\tilde{x}[-n]$（$n=0$ 为偶对称的序列），故图 P3-28 中的第二个序列通过选择时间原点可以使所有的 $\tilde{X}[k]$ 为实数。

(b) 要使所有的 $\tilde{X}[k]$ 为虚数，即 $\tilde{X}^*[k]=-\tilde{X}[k]$，由 DFS 的对称性质可知，$\tilde{x}[n]$ 应为实部奇对称、虚部偶对称，即 $\tilde{x}[n]=-\tilde{x}^*[-n]$。又因为 $\tilde{x}[n]$ 是实序列，即要求 $\tilde{x}[n]=-\tilde{x}[-n]$（$n=0$ 为奇对称的序列），故图中的三个序列都不能满足这个条件。

(c) 这三个序列的周期均为 8，以取值 1 为起始点，分别计算其傅里叶级数，可得

$$\tilde{X}_1[k]=\sum_{n=0}^{3}e^{-j\frac{2\pi}{8}nk}=\frac{1-e^{-j\pi k}}{1-e^{-j\frac{\pi}{4}k}}=\frac{1-(-1)^k}{1-e^{-j\frac{\pi}{4}k}}$$

显然当 $k=\pm2,\pm4,\pm6,\cdots$ 时，$\tilde{X}_1[k]=0$。

$$\tilde{X}_2[k]=\sum_{n=0}^{2}e^{-j\frac{2\pi}{8}nk}=\frac{1-e^{-j\frac{3\pi}{4}k}}{1-e^{-j\frac{\pi}{4}k}}$$

当 $k=\pm2,\pm4,\pm6,\cdots$ 时，$\tilde{X}_2[k]\neq0$。

第三个序列 $\tilde{x}_3[n]=\tilde{x}_1[n]-\tilde{x}_1[n+4]$，根据移位性质，有

$$\tilde{X}_3[k]=\tilde{X}_1[k]-e^{-j\pi k}\tilde{X}_1[k]=(1-e^{jk\pi})\frac{1-(-1)^k}{1-e^{-j\frac{\pi}{4}k}}$$

当 $k=\pm2,\pm4,\pm6,\cdots$ 时，$\tilde{X}_3[k]=0$。

因此，第一个和第三个序列满足 $\tilde{X}[k]=0,k=\pm2,\pm4,\pm6,\cdots$。

3-29　设 $\tilde{x}[n]$ 是一周期为 N 的周期序列，则 $\tilde{x}[n]$ 也是周期为 $3N$ 的周期序列。如果

周期为 N 的 $\tilde{x}[n]$的 DFS 为 $\tilde{X}[k]$、周期为 $3N$ 的 $\tilde{x}[n]$的 DFS 为 $\tilde{X}_3[k]$。

(a) 请用 $\tilde{X}[k]$表示 $\tilde{X}_3[k]$。

(b) 当 $\tilde{x}[n]$为图 P3-29 所示时，验证(a)中得到的结论。

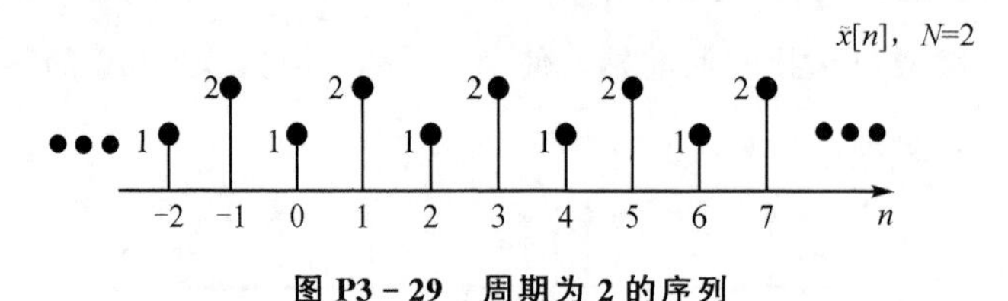

图 P3-29　周期为 2 的序列

【解】 (a) 由 DFS 定义可知

$$\tilde{X}[k]=\sum_{n=0}^{N-1}\tilde{x}[n]W_N^{nk},\quad \tilde{X}_3[k]=\sum_{n=0}^{3N-1}\tilde{x}[n]W_{3N}^{nk}$$

$$\tilde{X}_3[k]=\sum_{n=0}^{3N-1}\tilde{x}[n]W_{3N}^{nk}=\sum_{n=0}^{N-1}\tilde{x}[n]e^{-j\frac{2\pi}{N}\cdot\frac{k}{3}n}+\sum_{n=N}^{2N-1}\tilde{x}[n]e^{-j\frac{2\pi}{N}\cdot\frac{k}{3}n}+\sum_{n=2N}^{3N-1}\tilde{x}[n]e^{-j\frac{2\pi}{N}\cdot\frac{k}{3}n}$$

令 $n_1=n-N,n_2=n-2N$，则有

$$\tilde{X}_3[k]=\sum_{n=0}^{N-1}\tilde{x}[n]e^{-j\frac{2\pi}{N}\cdot\frac{k}{3}n}+\sum_{n_1=0}^{N-1}\tilde{x}[n_1+N]e^{-j\frac{2\pi}{N}\cdot\frac{k}{3}(n_1+N)}+\sum_{n_2=0}^{N-1}\tilde{x}[n_2+2N]e^{-j\frac{2\pi}{N}\cdot\frac{k}{3}(n_2+2N)}$$

$$=\left(1+e^{-j\frac{2\pi}{N}\cdot\frac{k}{3}N}+e^{-j\frac{2\pi}{N}\cdot\frac{2k}{3}N}\right)\sum_{n=0}^{N-1}\tilde{x}[n]e^{-j\frac{2\pi}{N}\cdot\frac{k}{3}n}$$

$$=\left(1+e^{-j\frac{2\pi k}{3}}+e^{-j\frac{2\pi k2}{3}}\right)\sum_{n=0}^{N-1}\tilde{x}[n]e^{-j\frac{2\pi}{N}\cdot\frac{k}{3}n}$$

其中
$$1+e^{-j\frac{2k\pi}{3}}+e^{-j\frac{4k\pi}{3}}=\sum_{n=0}^{2}e^{-j\frac{2\pi kn}{3}}=\begin{cases}3, & k=3m,m=0,\pm1,\cdots\\0, & \text{其他}\end{cases}$$

所以
$$\tilde{X}_3[k]=\begin{cases}3\tilde{X}\left[\dfrac{k}{3}\right], & k=3m,m=0,\pm1,\cdots\\0, & \text{其他}\end{cases}$$

(b)

$$\tilde{X}[k]=\sum_{n=0}^{N-1}\tilde{x}[n]e^{-j\frac{2\pi}{N}\cdot nk}=\sum_{n=0}^{1}\tilde{x}[n]e^{-j\pi nk}=x[0]+x[1]e^{-j\pi k}$$

$$=1+2(-1)^k=\{\cdots,\underline{3},-1,\cdots\},k=\{\cdots,\underline{0},1,\cdots\}$$

考虑到 $\tilde{x}[n]$也是周期为 $3N=6$ 的周期序列，利用(a)的结果，以 $3N=6$ 为周期进行计算时

$$\tilde{X}_3[k]=\begin{cases}3\tilde{X}\left[\dfrac{k}{3}\right], & k=3m,m=0,\pm1,\cdots\\0, & \text{其他}\end{cases}$$

$$=\{\cdots,\underline{9},0,0,-3,0,0,\cdots\},k=\{\cdots,\underline{0},1,2,3,4,5,\cdots\}$$

可以看到，对周期信号而言，多计算 L(该例中 $L=3$)个周期并不能带来更多信息，仅是幅度变为 L 倍、中间插入 $L-1$ 个 0，或简要描述为，时域多镜像、频域内插 0。

3-30　假设有两个周期序列 $\tilde{x}_1[n]$和 $\tilde{x}_2[n]$，$\tilde{x}_1[n]$的周期为 N，$\tilde{x}_2[n]$的周期为 M，且 N 和 M 互质。若定义序列 $\tilde{y}[n]=\tilde{x}_1[n]+\tilde{x}_2[n]$，请用 $\tilde{x}_1[n]$和 $\tilde{x}_2[n]$的 DFS $\tilde{X}_1[k]$和

$\widetilde{X}_2[k]$表示 $\widetilde{y}[n]$的 DFS $\widetilde{Y}[k]$。

【解】 $\widetilde{y}[n]$的周期为 N 和 M 的最小公倍数，即 MN。

所以 $$\widetilde{Y}[k]=\sum_{n=0}^{MN-1}\widetilde{y}[n]W_{MN}^{kn}=\sum_{n=0}^{MN-1}\widetilde{x}_1[n]W_{MN}^{kn}+\sum_{n=0}^{MN-1}\widetilde{x}_2[n]W_{MN}^{kn}$$

其中

$$\sum_{n=0}^{MN-1}\widetilde{x}_1[n]W_{MN}^{kn}=\sum_{r=0}^{M-1}\sum_{n=rN}^{(r+1)N-1}\widetilde{x}_1[n]W_{MN}^{kn}=\sum_{r=0}^{M-1}\sum_{s=0}^{N-1}\widetilde{x}_1[s+rN]W_{MN}^{k(s+rN)}$$
$$=\sum_{r=0}^{M-1}W_{MN}^{krN}\sum_{s=0}^{N-1}\widetilde{x}_1[s]W_N^{s\frac{k}{M}}=\sum_{r=0}^{M-1}W_M^{kr}\sum_{n=0}^{N-1}\widetilde{x}_1[n]W_N^{\frac{k}{M}n}$$
$$=\begin{cases}M\cdot\sum_{n=0}^{N-1}\widetilde{x}_1[n]W_N^{\frac{k}{M}n}, & k=lM\\ 0, & k\neq lM\end{cases}\quad(l\text{ 为整数})$$
$$=\begin{cases}M\cdot\widetilde{X}_1\left[\dfrac{k}{M}\right], & k=lM\\ 0, & k\neq lM\end{cases}\quad(l\text{ 为整数})$$

同理

$$\sum_{n=0}^{MN-1}\widetilde{x}_2[n]W_{MN}^{kn}=\sum_{r=0}^{N-1}W_N^{rk}\sum_{n=0}^{M-1}\widetilde{x}_2[n]W_M^{\frac{k}{N}n}$$
$$=\begin{cases}N\cdot\sum_{n=0}^{M-1}\widetilde{x}_2[n]W_M^{\frac{k}{N}n}, & k=lN\\ 0, & k\neq lN\end{cases}\quad(l\text{ 为整数})$$
$$=\begin{cases}N\cdot\widetilde{X}_2\left[\dfrac{k}{N}\right], & k=lN\\ 0, & k\neq lN\end{cases}\quad(l\text{ 为整数})$$

综上，有

$$\widetilde{Y}[k]=\begin{cases}M\cdot\widetilde{X}_1\left[\dfrac{k}{M}\right]+N\cdot\widetilde{X}_2\left[\dfrac{k}{N}\right], & k=lMN\\ M\cdot\widetilde{X}_1\left[\dfrac{k}{M}\right], & k=lM\text{ 且 }k\neq mN\\ N\cdot\widetilde{X}_2\left[\dfrac{k}{N}\right], & k\neq lM\text{ 且 }k=mN\\ 0, & k\neq lM\text{ 且 }k\neq mN\end{cases}\quad(l,m\text{ 均为整数})$$

3-31 求下列序列的 z 变换及其收敛域。

(a) $\left(\dfrac{1}{2}\right)^n\mathrm{u}[n]$；　(b) $-\left(\dfrac{1}{2}\right)^n\mathrm{u}[-n-1]$；

(c) $\left(\dfrac{1}{2}\right)^n\mathrm{u}[-n]$；　(d) $\delta[n]$；

(e) $\delta[n-1]$；　(f) $\delta[n+1]$；

(g) $\left(\frac{1}{2}\right)^n(\mathrm{u}[n]-\mathrm{u}[n-10])$；　　(h) $Ar^n\cos(\omega_0 n+\phi)\mathrm{u}[n], 0<r<1$；

(i) $n\sin(\omega_0 n)\mathrm{u}[n]$；　　(j) $|n|\left(\frac{1}{3}\right)^{|n|}$。

【解】 (a) 设 $x[n]=\left(\frac{1}{2}\right)^n\mathrm{u}[n]$，则 $X(z)=\sum_{n=0}^{+\infty}\left(\frac{1}{2}\right)^n\cdot z^{-n}=\dfrac{1}{1-\frac{1}{2}z^{-1}}$，收敛域为 $|z|>\frac{1}{2}$；

(b) 设 $x[n]=-\left(\frac{1}{2}\right)^n\mathrm{u}[-n-1]$，则 $X(z)=\sum_{n=-\infty}^{-1}-\left(\frac{1}{2}\right)^n\cdot z^{-n}=\sum_{n=1}^{+\infty}-\left(\frac{1}{2}\right)^{-n}\cdot z^n=-\dfrac{2z}{1-2z}=\dfrac{1}{1-\frac{1}{2}z^{-1}}$，收敛域为 $|z|<\frac{1}{2}$；

(c) 设 $x[n]=\left(\frac{1}{2}\right)^n\mathrm{u}[-n]$，则 $X(z)=\sum_{n=-\infty}^{0}\left(\frac{1}{2}\right)^n\cdot z^{-n}=\sum_{n=0}^{+\infty}\left(\frac{1}{2}\right)^{-n}\cdot z^n=\dfrac{1}{1-2z}=\dfrac{-\frac{1}{2}z^{-1}}{1-\frac{1}{2}z^{-1}}$，收敛域为 $|z|<\frac{1}{2}$；

(d) 设 $x[n]=\delta[n]$，则 $X(z)=\sum_{n=-\infty}^{+\infty}\delta[n]\cdot z^{-n}=1$，收敛域为整个 z 平面；

(e) 设 $x[n]=\delta[n-1]$，则 $X(z)=\sum_{n=-\infty}^{+\infty}\delta[n-1]\cdot z^{-n}=z^{-1}$，收敛域为 $|z|>0$；

(f) 设 $x[n]=\delta[n+1]$，则 $X(z)=\sum_{n=-\infty}^{+\infty}\delta[n+1]\cdot z^{-n}=z$，收敛域为 $0\leqslant|z|<+\infty$；

(g) 设 $x[n]=\left(\frac{1}{2}\right)^n(\mathrm{u}[n]-u[n-10])$，则 $X(z)=\sum_{n=0}^{9}\left(\frac{1}{2}\right)^n\cdot z^{-n}=\dfrac{1-(2z)^{-10}}{1-(2z)^{-1}}$，收敛域为 $|z|>0$；

(h) 设 $x[n]=Ar^n\cos(\omega_0 n+\phi)\mathrm{u}[n]=Ar^n\dfrac{e^{j(\omega_0 n+\phi)}+e^{-j(\omega_0 n+\phi)}}{2}\mathrm{u}[n]$

$$
\begin{aligned}
X(z)&=\sum_{n=0}^{+\infty}(Ar^n\cos(\omega_0 n+\phi)\mathrm{u}[n])z^{-n}\\
&=A\sum_{n=0}^{+\infty}\left(r^n\frac{e^{j(\omega_0 n+\phi)}+e^{-j(\omega_0 n+\phi)}}{2}\right)z^{-n}\\
&=\frac{A}{2}\left\{\sum_{n=0}^{+\infty}e^{j\phi}(re^{j\omega_0}z^{-1})^n+\sum_{n=0}^{+\infty}e^{-j\phi}(re^{-j\omega_0}z^{-1})^n\right\}\\
&=\frac{A}{2}\left\{e^{j\phi}\frac{1}{1-re^{j\omega_0}z^{-1}}+e^{-j\phi}\frac{1}{1-re^{-j\omega_0}z^{-1}}\right\}\\
&=\frac{A(\cos\phi-rz^{-1}\cos(\omega_0-\phi))}{(1-2rz^{-1}\cos\omega_0+r^2z^{-2})}
\end{aligned}
$$

，收敛域为 $|z|>r$；

(i) 设 $x[n]=\sin(\omega_0 n)\mathrm{u}[n]$，则 $X(z)=\sum_{n=0}^{+\infty}\sin(\omega_0 n)z^{-n}=\dfrac{z^{-1}\sin\omega_0}{1-2z^{-1}\cos\omega_0+z^{-2}}$，收敛

域为 $|z|>1$；

设 $y[n]=nx[n]$，根据 z 变换的微分性质，有

$$Y(z)=-z\frac{\mathrm{d}X(z)}{\mathrm{d}z}=\frac{z^{-1}\sin\omega_0-z^{-3}\sin\omega_0}{(1-2z^{-1}\cos\omega_0+z^{-2})^2}$$，收敛域为 $|z|>1$；

(j) 设 $x[n]=|n|\left(\frac{1}{3}\right)^{|n|}=n\left(\frac{1}{3}\right)^n\mathrm{u}[n]-n\cdot 3^n\mathrm{u}[-n-1]$，其中 $\left(\frac{1}{3}\right)^n\mathrm{u}[n]$ 对应的 z 变换及其收敛域为 $\dfrac{1}{1-\frac{1}{3}z^{-1}}$，$|z|>\frac{1}{3}$，$-n\cdot 3^n\mathrm{u}[-n-1]$ 对应的 z 变换及其收敛域为 $\dfrac{1}{1-3z^{-1}}$，$|z|<3$，根据 z 变换的线性性质和微分性质，有

$$\begin{aligned}X(z)&=-z\frac{\mathrm{d}}{\mathrm{d}z}\left(\frac{1}{1-\frac{1}{3}z^{-1}}\right)-z\frac{\mathrm{d}}{\mathrm{d}z}\left(\frac{1}{1-3z^{-1}}\right)\\&=\frac{\frac{1}{3}z^{-1}}{\left(1-\frac{1}{3}z^{-1}\right)^2}+\frac{3z^{-1}}{(1-3z^{-1})^2}\\&=\frac{z^{-1}\left(\frac{10}{3}-4z^{-1}+\frac{10}{3}z^{-2}\right)}{\left(1-\frac{1}{3}z^{-1}\right)^2(1-3z^{-1})^2},\quad\frac{1}{3}<|z|<3\end{aligned}$$

3-32　求以下序列的 z 变换及其收敛域，并画出零点、极点图。

(a) $x_a[n]=\alpha^{|n|}$，$0<\alpha<1$

(b) $x_b[n]=\begin{cases}1, & 0\leqslant n\leqslant N-1\\0, & n\geqslant N\\0, & n<0\end{cases}$

(c) $x_c[n]=\begin{cases}n, & 0\leqslant n\leqslant N\\2N-n, & N+1\leqslant n\leqslant 2N\\0, & 2N<n\\0, & n<0\end{cases}$

【解】　(a)

$$\begin{aligned}Z\{x_a[n]\}&=\sum_{n=-\infty}^{+\infty}\alpha^{|n|}\cdot z^{-n}=\sum_{n=-\infty}^{-1}(\alpha z)^{-n}+\sum_{n=0}^{+\infty}\alpha^n z^{-n}=\sum_{n=1}^{+\infty}(\alpha z)^n+\sum_{n=0}^{+\infty}\left(\frac{\alpha}{z}\right)^n\\&=\frac{\alpha z}{1-\alpha z}+\frac{1}{1-\frac{\alpha}{z}}=\frac{z(1-\alpha^2)}{(1-\alpha z)(z-\alpha)},\left(\alpha<|z|<\frac{1}{\alpha}\right)\end{aligned}$$

零点为 $z=0,+\infty$，极点为 $z=\alpha,\frac{1}{\alpha}$。零点、极点图如图 P3-32(a)所示。

(b) $Z\{x_b[n]\}=\sum\limits_{n=-\infty}^{+\infty}x_b[n]\cdot z^{-n}=\sum\limits_{n=0}^{N-1}z^{-n}=\dfrac{1-z^{-N}}{1-z^{-1}}=\dfrac{z^N-1}{z^{N-1}(z-1)}$，$|z|>0$，零点、

极点图如图 P3-32(b) 所示，这里以 $N=16$ 为例来说明，在 $z=1$ 处出现零点、极点对消。

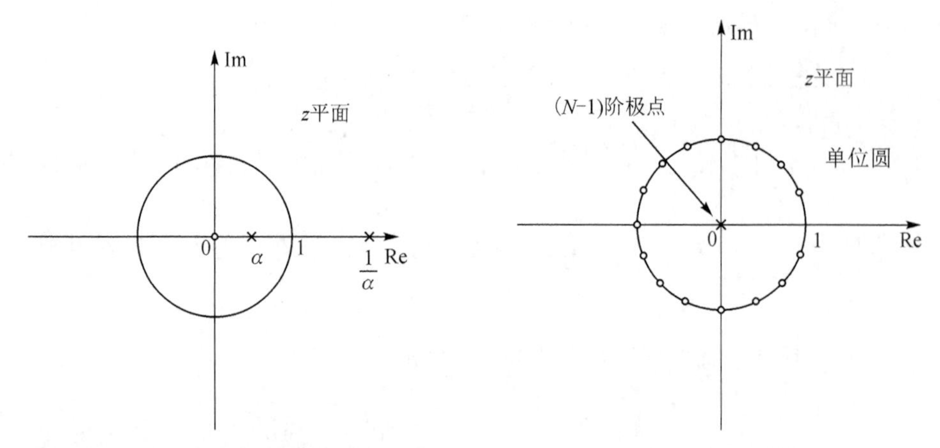

图 P3-32(a)　序列(a)的零点、极点图　　**图 P3-32(b)　序列(b)的零点、极点图**

(c) 解法一：因为 $x_c[n]$是一个三角序列，可以写为 $x_b[n]$的线性组合，其中 $x_b[n]$是(b)中的矩形序列，所以 $x_c[n]=nx_b[n]+(2N-n)x_b[n-N]$。根据 z 变换的线性性质、微分性质和时域移位性质可得

$$\begin{aligned}
Z\{x_c[n]\} &= -z\cdot\frac{\mathrm{d}}{\mathrm{d}z}[X_b(z)]+2N\cdot X_b(z)\cdot z^{-N}+z\cdot\frac{\mathrm{d}}{\mathrm{d}z}[X_b(z)\cdot z^{-N}] \\
&= -z\,\frac{Nz^{-N-1}+(1-N)z^{-N-2}-z^{-2}}{(1-z^{-1})^2}+2N\cdot\frac{1-z^{-N}}{1-z^{-1}}\cdot z^{-N}+ \\
&\quad z\,\frac{(1-2N)z^{-2N-2}+2Nz^{-2N-1}+(N-1)z^{-N-2}-Nz^{-N-1}}{(1-z^{-1})^2} \\
&= \frac{-2z^{-N-1}+z^{-2N-1}+z^{-1}}{(1-z^{-1})^2} \\
&= \frac{(z^N-1)^2}{z^{2N-1}(z-1)^2},\ |z|>0
\end{aligned}$$

在 $z=0$ 处有一$(2N-1)$阶极点，二阶零点为 $z=\mathrm{e}^{\mathrm{j}2\pi k/N}$，$k=1,2,\cdots,N-1$，在 $z=1$ 处出现零点、极点对消。零点、极点图如图 P3-32(c)所示。

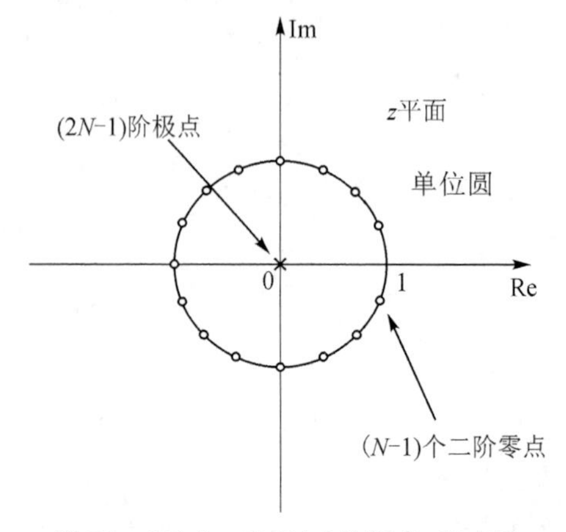

图 P3-32(c)　序列(c)的零点、极点图

解法二：$x_c[n]$是一个三角序列，可以写为两个矩形序列的卷积，即 $x_c[n]=x_b[n-1]*x_b[n]$，其中 $x_b[n]$是(b)中的矩形序列。根据 z 变换的时域移位和卷积性质，可以得到

$$Z\{x_c[n]\}=z^{-1}X_b(z)\cdot X_b(z)=z^{-1}\left(\frac{z^N-1}{z^{N-1}(z-1)}\right)^2=\frac{1}{z^{2N-1}}\left(\frac{z^N-1}{z-1}\right)^2,\quad |z|>0$$

在 $z=0$ 处有一$(2N-1)$阶极点，二阶零点为 $z=\mathrm{e}^{\mathrm{j}2\pi k/N}$，$k=1,2,\cdots,N-1$，在 $z=1$ 处出现零点、极点对消。

3-33　按给定方法求(a)，(b)，(c)的 z 反变换，(d)可采用任意方法求解。

(a) 长除法：$X(z)=\dfrac{1-\frac{1}{3}z^{-1}}{1+\frac{1}{3}z^{-1}}$，$x[n]$为右边序列；

(b) 部分分式法：$X(z)=\dfrac{3}{z-\frac{1}{4}-\frac{1}{8}z^{-1}}$，$x[n]$为稳定序列；

(c) 幂级数法：$X(z)=\ln(1-4z)$，$|z|<\dfrac{1}{4}$；

(d) $X(z)=\dfrac{1}{1-\frac{1}{3}z^{-3}}$，$|z|>(3)^{-1/3}$。

【解】　(a) 由于 $x[n]$是右边序列，可采用长除法幂级数展开，分母降幂排列为

$$\begin{array}{r|l}
 & 1-\frac{2}{3}z^{-1}+\frac{2}{9}z^{-2}-\frac{2}{27}z^{-3}+\cdots \\ \hline
1+\frac{1}{3}z^{-1} & 1-\frac{1}{3}z^{-1} \\
 & 1+\frac{1}{3}z^{-1} \\ \cline{2-2}
 & -\frac{2}{3}z^{-1} \\
 & -\frac{2}{3}z^{-1}-\frac{2}{9}z^{-2} \\ \cline{2-2}
 & \frac{2}{9}z^{-2} \\
 & \frac{2}{9}z^{-2}+\frac{2}{27}z^{-3} \\ \cline{2-2}
 & -\frac{2}{27}z^{-3} \\
 & \vdots
\end{array}$$

得到

$$X(z)=\frac{1-\frac{1}{3}z^{-1}}{1+\frac{1}{3}z^{-1}}=2\times\left(1-\frac{1}{3}z^{-1}+\frac{1}{9}z^{-2}-\frac{1}{27}z^{-3}+\cdots+\left(-\frac{1}{3}\right)^n z^{-n}\right)-1,|z|>\frac{1}{3}$$

即 $x[n]=2(-\frac{1}{3})^n\mathrm{u}[n]-\delta[n]$。

若采用解析方法，则

$$X(z)=\frac{1-\frac{1}{3}z^{-1}}{1+\frac{1}{3}z^{-1}}=\frac{1+\frac{1}{3}z^{-1}-\frac{2}{3}z^{-1}}{1+\frac{1}{3}z^{-1}}=1-\frac{\frac{2}{3}z^{-1}}{1+\frac{1}{3}z^{-1}}$$

所以 $x[n]=\delta[n]+2\left(-\frac{1}{3}\right)^n\mathrm{u}[n-1]$，利用 $\mathrm{u}[n-1]=\mathrm{u}[n-1]-\delta[n]$，也可以表示为

$$\begin{aligned}x[n]&=\delta[n]+2\left(-\frac{1}{3}\right)^n\mathrm{u}[n]-2\left(-\frac{1}{3}\right)^n\delta[n]\\&=\delta[n]+2\left(-\frac{1}{3}\right)^n\mathrm{u}[n]-2\delta[n]\\&=2\left(-\frac{1}{3}\right)^n\mathrm{u}[n]-\delta[n]\end{aligned}$$

(b) $X(z)=\dfrac{3}{z-\frac{1}{4}-\frac{1}{8}z^{-1}}=\dfrac{3z^{-1}}{\left(1-\frac{1}{2}z^{-1}\right)\left(1+\frac{1}{4}z^{-1}\right)}=\dfrac{4}{1-\frac{1}{2}z^{-1}}-\dfrac{4}{1+\frac{1}{4}z^{-1}}$

极点在 $z=\frac{1}{2}$ 和 $z=-\frac{1}{4}$ 处，因为 $x[n]$ 稳定，所以收敛域为 $|z|>\frac{1}{2}$，$x[n]$ 为因果序列，

所以 $x[n]=4\left(\frac{1}{2}\right)^n\mathrm{u}[n]-4\left(-\frac{1}{4}\right)^n\mathrm{u}[n]$。

(c) 利用幂级数展开公式有

$$\ln(1+x)=\sum_{n=0}^{+\infty}\frac{(-1)^n x^{n+1}}{n+1},|x|<1$$

当 $|z|<\frac{1}{4}$ 时，$|-4z|<1$。

所以
$$\begin{aligned}X(z)&=\ln(1-4z)=\sum_{n=0}^{+\infty}\frac{(-1)^n(-4z)^{n+1}}{n+1}\\&=-\sum_{n=1}^{+\infty}\frac{(4z)^n}{n}=-\sum_{l=-\infty}^{-1}\frac{(4z)^{-l}}{l}=-\sum_{n=-\infty}^{-1}\frac{4^{-n}}{n}z^{-n}\end{aligned}$$

所以 $x[n]=\frac{4^{-n}}{n}\mathrm{u}[-n-1]$。

(d) 方法一：若设 $X_0(z)=\dfrac{1}{1-\frac{1}{3}z^{-1}}$，当收敛域 $|z|>\frac{1}{3}$ 时 $x_0[n]=\left(\frac{1}{3}\right)^n\mathrm{u}[n]$。则

$X(z)=\dfrac{1}{1-\frac{1}{3}z^{-3}}=X_0(z^3)$，相应收敛域应满足 $|z|^3>\frac{1}{3}$，即收敛域为 $|z|>\left(\frac{1}{3}\right)^{\frac{1}{3}}=3^{-\frac{1}{3}}$，

满足题意。

根据 $X_0(z)=\sum\limits_{n=0}^{+\infty}x[n]z^{-n}$ 可写出

$$X_0(z^3)=\sum_{n=0}^{+\infty}\left(\frac{1}{3}\right)^n(z^3)^{-n}$$

$$X(z)=\sum_{n=0}^{+\infty}\left(\frac{1}{3}\right)^n(z^3)^{-n}=1+\frac{1}{3}z^{-3}+\frac{1}{9}z^{-6}+\frac{1}{27}z^{-9}+\cdots$$

所以 $x[n]=\left\{1,0,0,\frac{1}{3},0,0,\frac{1}{9},0,0,\frac{1}{27},0,0,\cdots\right\}$，或解析记为 $x[n]=\begin{cases}\left(\frac{1}{3}\right)^{\frac{n}{3}}, & n=0,3,6,9,\cdots\\ 0, & 其他\end{cases}$。

方法二：考虑到收敛域 $|z|>(3)^{-1/3}$，$x[n]$ 为因果序列，采用长除法

$$\begin{array}{r|l} & 1+\frac{1}{3}z^{-3}+\frac{1}{9}z^{-6}+\cdots \\ \hline 1-\frac{1}{3}z^{-3} & 1 \\ & 1-\frac{1}{3}z^{-3} \\ \hline & \frac{1}{3}z^{-3} \\ & \frac{1}{3}z^{-3}-\frac{1}{9}z^{-6} \\ \hline & \frac{1}{9}z^{-6} \\ & \vdots \end{array}$$

因此 $x[n]=\begin{cases}\left(\frac{1}{3}\right)^{\frac{n}{3}}, & n=0,3,6,\cdots\\ 0, & 其他\end{cases}$

3-34　如果某系统的单位脉冲响应为 $h[n]=A_1\alpha_1^n u[n]+A_2\alpha_2^n u[n]$，其系统函数为 $H(z)=\dfrac{1}{1-\frac{1}{4}z^{-2}}$，试确定 A_1,A_2,α_1 和 α_2 的值。

【解】　将 $H(z)$ 写为部分分式和的形式，有

$$H(z)=\frac{1}{1-\frac{1}{4}z^{-2}}=\frac{1}{2}\left(\frac{1}{1-\frac{1}{2}z^{-1}}+\frac{1}{1+\frac{1}{2}z^{-1}}\right)$$

由于 $h[n]$ 为右边序列，故收敛域为 $|z|>\frac{1}{2}$，则 $h[n]=\frac{1}{2}\times\left(\frac{1}{2}\right)^n u[n]+\frac{1}{2}\times\left(-\frac{1}{2}\right)^n u[n]$，故 $A_1=A_2=\frac{1}{2}$；$\alpha_1=\frac{1}{2}$，$\alpha_2=-\frac{1}{2}$ 或 $\alpha_1=-\frac{1}{2}$，$\alpha_2=\frac{1}{2}$。

3-35　设 $X(z)$ 是因果序列 $x[n]$ 的 z 变换，计算相应序列的初值 $x[0]$ 和终值 $x[+\infty]$。

(a) $X(z)=\dfrac{5z-1}{z-1}$；　　　(b) $X(z)=\dfrac{3z^{-1}}{1+0.2z^{-1}-0.48z^{-2}}$；

(c) $X(z)=\dfrac{1-z^{-1}-2z^{-2}}{1-7z^{-1}+12z^{-2}}$；　(d) $X(z)=\dfrac{(2\mathrm{e}^{-aT}-1)z}{z^2-(1+\mathrm{e}^{-aT})z+\mathrm{e}^{-aT}}$，$a$，$T$ 均为整数。

【解】 (a) 由初值定理 $x[0]=\lim\limits_{z\to+\infty}X(z)=\lim\limits_{z\to+\infty}\dfrac{5-z^{-1}}{1-z^{-1}}=5$，因为 $X(z)$ 在 $z=1$ 处只有一阶极点，因此可以用终值定理，即 $x(+\infty)=\lim\limits_{z\to1}[(z-1)X(z)]=(5z-1)\big|_{z=1}=4$。

(b) 由初值定理 $x[0]=\lim\limits_{z\to+\infty}X(z)=\lim\limits_{z\to+\infty}\dfrac{3z^{-1}}{1+0.2z^{-1}-0.48z^{-2}}=0$，因为 $X(z)$ 的两个极点 $z=0.6$ 和 $z=-0.8$ 都在单位圆内，因此可以用终值定理，即

$$x[+\infty]=\lim_{z\to1}[(z-1)X(z)]=\frac{3z^{-1}(z-1)}{1+0.2z^{-1}-0.48z^{-2}}\bigg|_{z=1}=0$$

(c) 由初值定理 $x[0]=\lim\limits_{z\to+\infty}X(z)=\lim\limits_{z\to+\infty}\dfrac{1-z^{-1}-2z^{-2}}{(1-3z^{-1})(1-4z^{-1})}=1$，因为 $X(z)$ 的两个一阶极点 $z=4$ 和 $z=3$ 都在单位圆外，因此不能用终值定理，需要先求出对应的序列表达式 $x[n]$，利用部分分式法展开可得

$$\frac{X(z)}{z}=\frac{1-z^{-1}-2z^{-2}}{z(1-3z^{-1})(1-4z^{-1})}=\frac{z^2-z-2}{z(z-3)(z-4)}=\frac{A}{z}+\frac{B}{z-3}+\frac{C}{z-4}$$

计算得

$$A=\frac{X(z)}{z}\cdot z\,\Big|_{z=0}=-\frac{1}{6};B=\frac{X(z)}{z}\cdot(z-3)\bigg|_{z=3}=-\frac{4}{3};C=\frac{X(z)}{z}\cdot(z-4)\bigg|_{z=4}=\frac{5}{2}$$

因此 $X(z)=-\dfrac{1}{6}-\dfrac{4}{3}\times\dfrac{z}{z-3}+\dfrac{5}{2}\times\dfrac{z}{z-4}$，所以 $x[n]=-\dfrac{1}{6}\delta[n]-\dfrac{4}{3}\cdot3^n\mathrm{u}[n]+\dfrac{5}{2}\cdot4^n\mathrm{u}[n]$，即 $x(+\infty)=+\infty$。

(d) 由初值定理，有

$$x[0]=\lim_{z\to+\infty}X(z)=\lim_{z\to+\infty}\frac{(2\mathrm{e}^{-aT}-1)z^{-1}}{1-(1+\mathrm{e}^{-aT})z^{-1}+\mathrm{e}^{-aT}z^{-2}}=0$$

$$X(z)=\frac{(2\mathrm{e}^{-aT}-1)z}{z^2-(1+\mathrm{e}^{-aT})z+\mathrm{e}^{-aT}}=\frac{(2\mathrm{e}^{-aT}-1)z}{(z-1)(z-\mathrm{e}^{-aT})}$$

因为 $X(z)$ 的一阶极点 $z=1$ 在单位圆上，一阶极点 $z=\mathrm{e}^{-aT}<1$ 在单位圆内，所以 $x[+\infty]=\lim\limits_{z\to1}[(z-1)X(z)]=\dfrac{(2\mathrm{e}^{-aT}-1)z}{z-\mathrm{e}^{-aT}}\bigg|_{z=1}=\dfrac{2\mathrm{e}^{-aT}-1}{1-\mathrm{e}^{-aT}}$。

3-36 某序列 $x[n]$ 的 z 变换记为 $X(z)$，其零点、极点图如图 P3-36 所示。

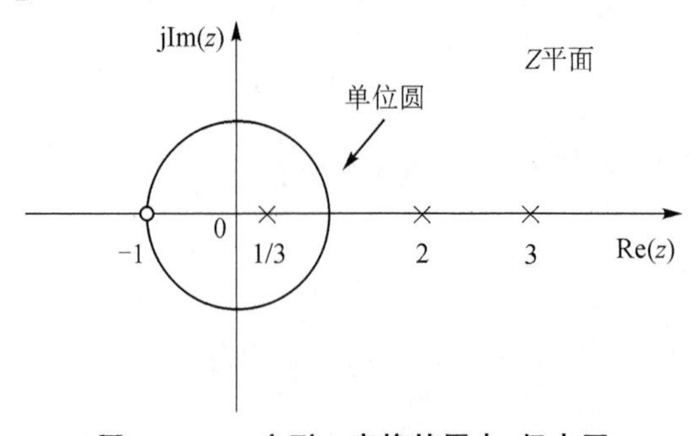

图 P3-36　序列 z 变换的零点、极点图

(a) 如果 $x[n]$的傅里叶变换存在，试确定 $X(z)$的收敛域，并确定 $x[n]$是右边、左边还是双边序列？

(b) 有多少种双边序列的零点、极点如图 P3－36 所示？

(c) 是否存在既稳定又因果的序列 $x[n]$，其零点、极点如图 P3－36 所示？如果有，请给出该序列的收敛域。

【解】 (a) $x[n]$的傅里叶变换存在，所以收敛域包含单位圆，则 $X(z)$的收敛域只能为 $\frac{1}{3}<|z|<2$。由于收敛域是一个圆环，所以序列为双边序列。

(b) 由零点、极点图可知

$$X(z)=\frac{z+1}{\left(z-\frac{1}{3}\right)(z-2)(z-3)}=\frac{\frac{3}{10}}{z-\frac{1}{3}}+\frac{-\frac{9}{5}}{z-2}+\frac{\frac{3}{2}}{z-3}$$

根据收敛域不同可能有 4 种序列：

(1) $|z|<\frac{1}{3}$，此时 $x[n]$为左边序列；

(2) $\frac{1}{3}<|z|<2$，则

$$\begin{aligned}x[n]&=\frac{3}{10}\times\frac{1}{3^n}\mathrm{u}[n]-\frac{9}{5}(-2^n\mathrm{u}[-n-1])+\frac{3}{2}(-3^n\mathrm{u}[-n-1])\\&=\frac{3^{1-n}}{10}\mathrm{u}[n]+\left[\frac{9}{5}\times 2^n-\frac{3^{n+1}}{2}\right]\mathrm{u}[-n-1]\end{aligned}$$

(3) $2<|z|<3$，则

$$\begin{aligned}x[n]&=\frac{3}{10}\times\frac{1}{3^n}\mathrm{u}[n]-\frac{9}{5}\times 2^n\mathrm{u}[n]+\frac{3}{2}\times(-3^n\mathrm{u}[-n-1])\\&=\left[\frac{3^{1-n}}{10}-\frac{9}{5}\times 2^n\right]\mathrm{u}[n]-\frac{3^{n+1}}{2}\mathrm{u}[-n-1]\end{aligned}$$

(4) $|z|>3$，$x[n]$为右边序列。

因此，只有(2)，(3)两种可能的双边序列。

(c) 若 $x[n]$为因果序列，则 $x[n]=0, n<0$，即 $x[n]$为右边序列。此时只可能取 $|z|>3$ 这个收敛域，$x[n]=\left[\frac{3}{10}\times\frac{1}{3^n}-\frac{9}{5}\times 2^n+\frac{3}{2}\times 3^n\right]\mathrm{u}[n]$，则

$$\begin{aligned}\lim_{n\to+\infty}x[n]&=\lim_{n\to+\infty}\left[\frac{3}{10}\times\frac{1}{3^n}-\frac{9}{5}\times 2^n+\frac{3}{2}\times 3^n\right]\\&=\lim_{n\to+\infty}\left[\frac{3}{10}\times\frac{1}{3^{2n}}-\frac{9}{5}\times\left(\frac{2}{3}\right)^n+\left(\frac{3}{2}\right)\right]\times 3^n\\&=\lim_{n\to+\infty}\frac{3}{2}\times 3^n=+\infty\end{aligned}$$

所以 $\sum_{n=-\infty}^{+\infty}|x[n]|=+\infty$，因此 $x[n]$并非绝对可和，不可能有一个既因果又稳定的序列与其对应。也可以根据稳定性要求收敛域为 $\frac{1}{3}<|z|<2$，而因果性要求 $|z|>3$，二者无交集，直接

得出结论。

3-37 请用部分分式展开法或长除法计算下式的 z 反变换，并判断对应序列的傅里叶变换是否存在。

(a) $X(z)=\dfrac{1}{1+\frac{1}{2}z^{-1}},|z|>\dfrac{1}{2}$，

(b) $X(z)=\dfrac{1}{1+\frac{1}{2}z^{-1}},|z|<\dfrac{1}{2}$。

【解】 (a) z 反变换对应最基本的指数序列，因为 $x[n]$ 为右边序列，$x[n]=\left(-\frac{1}{2}\right)^n\mathrm{u}[n]$。若采用长除法对 $X(z)$ 展开时，分子和分母按 z 的降幂（或 z^{-1} 的升幂）排列，所以

$$
\begin{array}{r|llll}
 & 1 & -\frac{1}{2}z^{-1} & +\frac{1}{4}z^{-2} & +\cdots \\
\hline
1+\frac{1}{2}z^{-1} & 1 & & & \\
 & 1+\frac{1}{2}z^{-1} & & & \\
\cline{2-4}
 & -\frac{1}{2}z^{-1} & & & \\
 & -\frac{1}{2}z^{-1} & -\frac{1}{4}z^{-2} & & \\
 & & \vdots & &
\end{array}
$$

可得 $x[n]=\left(-\frac{1}{2}\right)^n\mathrm{u}[n]$。

因为收敛域包含单位圆，所以对应的序列傅里叶变换存在。

(b) 因为 $x[n]$ 为左边序列，$x[n]=-\left(-\frac{1}{2}\right)^n\mathrm{u}[-n-1]$。若采用长除法对 $X(z)$ 展开时，分子和分母按 z 的升幂（或 z^{-1} 的降幂）排列，所以

$$
\begin{array}{r|llll}
 & 2z & -4z^2 & +8z^3 & +\cdots \\
\hline
\frac{1}{2}z^{-1}+1 & 1 & & & \\
 & 1+2z & & & \\
\cline{2-4}
 & -2z & & & \\
 & -2z & -4z^2 & & \\
 & & \vdots & &
\end{array}
$$

可得 $x[n]=-\left(-\frac{1}{2}\right)^n\mathrm{u}[-n-1]$。

因为收敛域不包含单位圆，所以对应的序列傅里叶变换不存在。

3-38 在不计算 $X(z)$ 的情况下，指出以下序列 z 变换的收敛域，并判断傅里叶变换是否存在。

(a) $x[n]=\left[\left(\frac{1}{2}\right)^n+\left(\frac{3}{4}\right)^n\right]\mathrm{u}[n-10]$；(b) $x[n]=\begin{cases}1, & -10\leqslant n\leqslant 10\\ 0, & \text{其他}\end{cases}$；

(c) $x[n]=2^n\mathrm{u}[-n]$；　　(d) $x[n]=\left[\left(\frac{1}{4}\right)^{n+4}-(\mathrm{e}^{\mathrm{j}\pi/3})^n\right]\mathrm{u}[n-1]$；

(e) $x[n]=\mathrm{u}[n+10]-\mathrm{u}[n+5]$；　　(f) $x[n]=\left(\frac{1}{3}\right)^{n-1}\mathrm{u}[n]+(1+2\mathrm{j})^{n-2}\mathrm{u}[-n-1]$。

【解】 (a) $x[n]=\left(\frac{1}{2}\right)^n\mathrm{u}[n-10]+\left(\frac{3}{4}\right)^n\mathrm{u}[n-10]$

$$=\left(\frac{1}{2}\right)^n\mathrm{u}[n]+\left(\frac{3}{4}\right)^n\mathrm{u}[n]-\left\{\left[\left(\frac{1}{2}\right)^n+\left(\frac{3}{4}\right)^n\right](\mathrm{u}[n]-\mathrm{u}[n-10])\right\}$$

该式的第三项为有限长，在 z 平面除 $z=0$ 这点外的任意位置均收敛，因此 $X(z)$ 的收敛域取决于前两项，在最大极点半径之外，$|z|>\frac{3}{4}$，因为收敛域包含单位圆，所以傅里叶变换存在。

(b) 该序列为有限长，其 z 变换 $X(z)$ 包含负幂次项和正幂次项，因此收敛域为 $0<|z|<+\infty$，因为收敛域包含单位圆，所以傅里叶变换存在。

(c) $x[n]=2^n\mathrm{u}[-n]=\left(\frac{1}{2}\right)^{-n}\mathrm{u}[-n]$，设 $x'[n]=\left(\frac{1}{2}\right)^n\mathrm{u}[n]$，$X'(z)$ 的收敛域为 $|z|>\frac{1}{2}$，根据 z 变换性质 $x[-n]\leftrightarrow X\left(\frac{1}{z}\right)$，且收敛域边界为倒数关系，可得 $x[n]$ 的收敛域为 $|z|<2$，因为收敛域包含单位圆，所以傅里叶变换存在。

(d) $x[n]$ 为右边序列，其收敛域从最大极点 $\mathrm{e}^{\mathrm{j}\pi/3}$ 向外延伸，因此收敛域为 $|z|>1$，因为收敛域不包含单位圆，所以傅里叶变换不存在。

(e) $x[n]=\mathrm{u}[n+10]-\mathrm{u}[n+5]=\begin{cases}1, & -10\leqslant n\leqslant -6\\ 0, & \text{其他}\end{cases}$，$x[n]$ 有限长且 n 取负值，其 z 变换 $X(z)$ 仅包含正幂次项，所以收敛域 $|z|<+\infty$，因为收敛域包含单位圆，所以傅里叶变换存在。

(f) $x[n]$ 是双边序列，有两个极点，收敛域为两个极点模值之间的圆环，即 $\frac{1}{3}<|z|<\sqrt{5}$，因为收敛域包含单位圆，所以傅里叶变换存在。

3-39 以下给出四个序列的 z 变换，试着不求 z 反变换，仅凭观察法确定哪些可能对应因果序列，并简述理由。

(a) $\dfrac{(1-z^{-1})^2}{\left(1-\frac{1}{2}z^{-1}\right)}$　　(b) $\dfrac{(z-1)^2}{\left(z-\frac{1}{2}\right)}$　　(c) $\dfrac{\left(z-\frac{1}{4}\right)^5}{\left(z-\frac{1}{2}\right)^6}$　　(d) $\dfrac{\left(z-\frac{1}{4}\right)^6}{\left(z-\frac{1}{2}\right)^5}$

【解】 若要求序列因果，则当 $n<0$ 时，$x[n]=0$，$X(z)$ 在 $z=+\infty$ 处必收敛，即 $\lim\limits_{z\to+\infty}X(z)\neq+\infty$。

(a) 因为 $\lim\limits_{z\to+\infty}\dfrac{(1-z^{-1})^2}{1-\frac{1}{2}z^{-1}}=1$，所以序列可能是因果的。

(b) 因为 $\lim\limits_{z\to+\infty}\dfrac{(z-1)^2}{z-\frac{1}{2}}\to+\infty$，所以序列不可能是因果的。

(c) 因为 $\lim\limits_{z\to+\infty}\dfrac{\left(z-\frac{1}{4}\right)^5}{\left(z-\frac{1}{2}\right)^6}=0$,所以序列可能是因果的。

(d) 因为 $\lim\limits_{z\to+\infty}\dfrac{\left(z-\frac{1}{4}\right)^6}{\left(z-\frac{1}{2}\right)^5}\to+\infty$,所以序列不可能是因果的。

3-40 如果序列 $x[n]$是一个因果有界序列,即 $x[n]=0,n<0$,另假定 $x[0]\neq0$,且 $x[n]$的 z 变换 $X(z)$为有理函数,证明以下命题。

(a) $X(z)$在 $z=+\infty$处不存在零点或极点。

(b) $X(z)$在有限 z 平面上极点数等于零点数(有限 z 平面不包括 $z=+\infty$处)。

【解】 (a) 因果序列的 z 变换在 $z\to+\infty$时 $X(+\infty)=\lim\limits_{z\to+\infty}\sum\limits_{n=0}^{+\infty}x[n]z^{-n}=x[0]$,由题意可知 $X(+\infty)=x[0]\neq0$,且为有限值,因此 $X(z)$在 $z=+\infty$处不存在零点或极点。

(b) 假设 $X(z)$在有限 z 平面上拥有有限个极点和零点,则有理函数 $X(z)$可以记为一般形式

$$X(z)=\sum_{n=0}^{+\infty}x[n]z^{-n}=Kz^L\frac{\prod\limits_{k=1}^{M}(z-c_k)}{\prod\limits_{K=1}^{N}(z-d_k)}$$

其中 K 为常数,M 和 N 为正整数,L 为整数,当 $L>0$ 时表示 $X(z)$在 $z=0$ 处具有 L 阶的零点,当 $L<0$ 时表示在 $z=0$ 处 $X(z)$具有 L 阶的极点。由(a) 可知 $X(+\infty)=x[0]\neq0$ 且 $X(+\infty)<+\infty$,$0<|X(+\infty)|<+\infty$,则必有 $L+M=N$,即 $X(z)$在有限 z 平面上极点数等于零点数。

仿真综合题(3-41 题~3-43 题)

3-41 (a) 若 $x_1[n]=(0.8)^n+\cos\left(\dfrac{2\pi}{5}n\right)$,$-10\leqslant n\leqslant10$,$y_1[n]=e^{j\pi n/5}x_1[n]$,试分析离散时间傅里叶变换的共轭对称性质和频域移位性质。

(b) 若 $x_2[n]=2\times(0.8)^n\left[\cos\left(\dfrac{2\pi}{7}n\right)+j\sin\left(\dfrac{2\pi}{5}n\right)\right]$,$0\leqslant n\leqslant10$,试分析离散时间傅里叶变换的周期性和时间倒置性质。

【解】 (a) 对于无限长的序列,不能用科学计算工具直接从 $x[n]$计算 $X(e^{j\omega})$,需要先利用 DTFT 的定义计算出 $X(e^{j\omega})$的解析表达式,然后在一个周期内进行采样,画出其幅度和相位。

对于有限长的序列,可以用科学计算工具在任意频率 ω 对 $X(e^{j\omega})$进行数值计算。假设要在$[0,\pi]$之间的等分频率点 $\omega_k=\dfrac{\pi}{M}k$,$k=0,1,\cdots,M$ 上对长度为 N 的序列 $x[n]$,$n_1\leqslant n\leqslant n_2$ 的 DTFT 进行计算,可写作 $X(e^{j\omega})=\sum\limits_{n=-\infty}^{+\infty}x[n]e^{-j\omega n}\to X(e^{j\omega k})=\sum\limits_{l=1}^{N}e^{-j\frac{\pi}{M}kn_l}x[n_l]$,$k=0$,

$1,\cdots,M$。为了利用矩阵向量乘法运算来实现，不妨设 $\boldsymbol{X}=\boldsymbol{W}\boldsymbol{x}$，其中 $\boldsymbol{X}=X(e^{j\omega k})$、$\boldsymbol{x}=x[\boldsymbol{n}_l]$均为列向量，$\boldsymbol{W}=e^{-j\frac{\pi}{M}\boldsymbol{k}^{T}\boldsymbol{n}_l}$ 是$(M+1)\times N$ 的矩阵，式中 $\boldsymbol{k}$ 和 $\boldsymbol{n}_l$ 都为行向量。考虑到科学计算工具中序列及其下标都是行向量的形式，因此取转置，即 $\boldsymbol{X}^{T}=\boldsymbol{x}^{T}\left[\exp\left(-j\dfrac{\pi}{M}\boldsymbol{n}_l^{T}\boldsymbol{k}\right)\right]$。

图 P3-41(a)中第一行示出了 $X_1(e^{j\omega})$在$[-2\pi,2\pi]$区间内的幅度谱和相位谱，可以看出实值序列的幅度谱偶对称$|X(e^{-j\omega})|=|X(e^{j\omega})|$，相位谱奇对称$\angle X(e^{-j\omega})=-\angle X(e^{j\omega})$，其DTFT 是共轭对称的 $X(e^{-j\omega})=X^{*}(e^{j\omega})$，在$[0,\pi]$的区间就能够观察到 $X_1(e^{j\omega})$的所有细节。

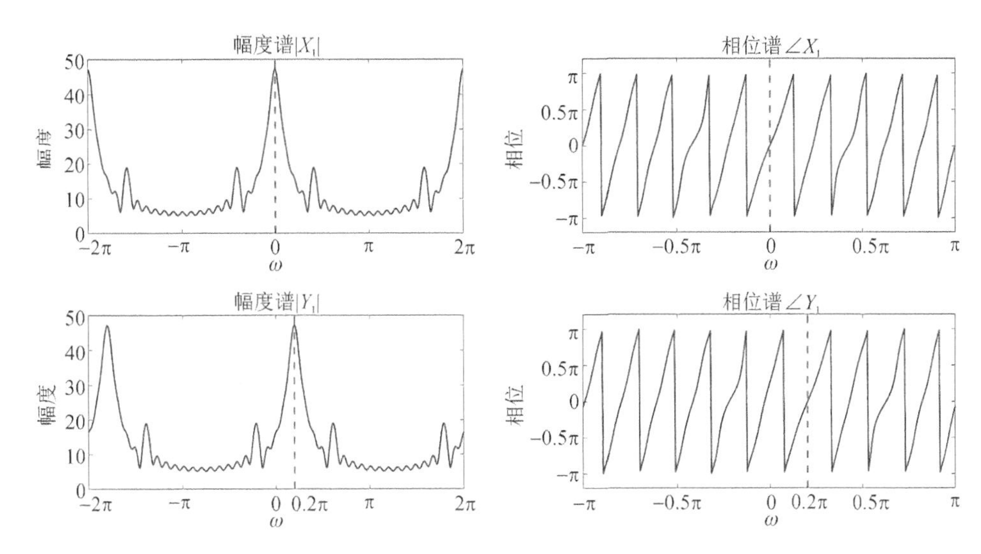

图 P3-41(a)　共轭对称性质及频移性质示意图

为了验证 DTFT 的频域移位特性，图 P3-41(a)第二行示出了 $Y_1(e^{j\omega})$的幅度谱和相位谱，可以看出 $X_1(e^{j\omega})$在幅度和相位上确实有 $\pi/5$ 的频移，伪代码如下：

输入：序列 $x_1[n]=(0.8)^n+\cos\left(\dfrac{2\pi}{5}n\right)$，$-10\leqslant n\leqslant 10$ 与 $y_1[n]=e^{j\pi n/5}x_1[n]$；

输出：序列 $x_1[n]$与 $y_1[n]$的 DTFT 结果

(1) 设置参数值 $n=[-10:10]$，$k=[-400:400]$；

(2) 输入序列 $x_1[n]=(0.8)^n+\cos\left(\dfrac{2\pi}{5}n\right)$，$-10\leqslant n\leqslant 10$ 与 $y_1[n]=e^{j\pi n/5}x_1[n]$；

(3) 计算 $x_1[n]$与 $y_1[n]$的 DTFT $X_1(e^{j\omega})=\sum\limits_{n=-\infty}^{+\infty}x_1[n]e^{-j\omega n}$，$Y_1(e^{j\omega})=\sum\limits_{n=-\infty}^{+\infty}y_1[n]e^{-j\omega n}$结果并取模值与相位；

(4) 以 ω 为横坐标，$|X_1(e^{j\omega})|$，$|Y_1(e^{j\omega})|$为纵坐标绘制幅度谱；

(5) 以 ω 为横坐标，$\angle X_1(e^{j\omega})$，$\angle Y_1(e^{j\omega})$为纵坐标绘制相位谱。

(b) 图 P3-41(b)第一行示出了 $x_2[n]$对应 DTFT $X_2(e^{j\omega})$的幅度谱和相位谱，可知$X_2(e^{j\omega})$是以 2π 为周期的函数，但不是共轭对称的。

设 $y_2[n]=x_2[-n]$，其对应的 DTFT 为 $Y_2(e^{j\omega})$，由图 P3-41(b)的第二行子图可以验证$Y_2(e^{j\omega})=X(e^{-j\omega})$，伪代码如下：

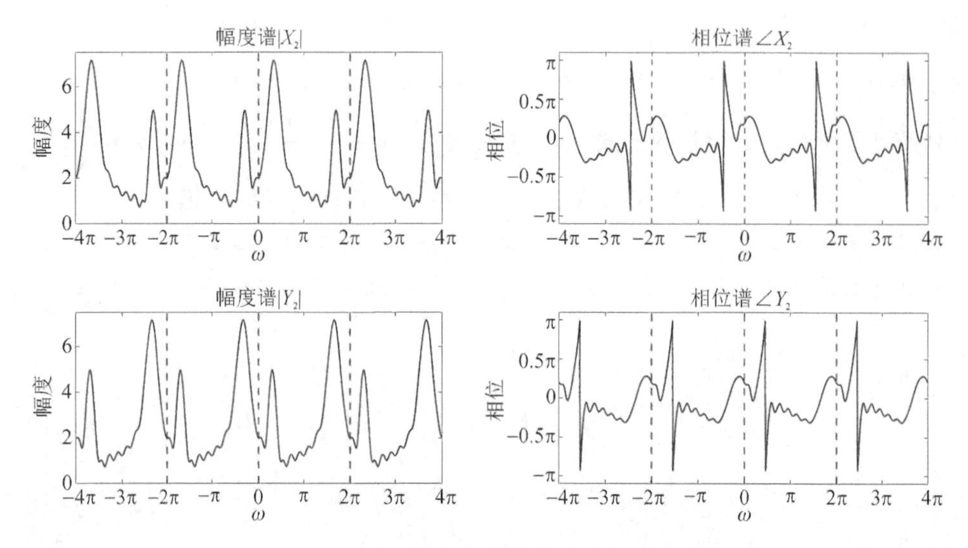

图 P3-41(b)　周期性和时间倒置性质示意图

输入：序列 $x_2[n]=2\times(0.8)^n\left[\cos\left(\dfrac{2\pi}{7}n\right)+\mathrm{j}\sin\left(\dfrac{2\pi}{5}n\right)\right]$，$0\leqslant n\leqslant 10$ 与 $y_2[n]=x_2[-n]$；

输出：序列 $x_2[n]$ 与 $y_2[n]$ 的 DTFT 结果

(1) 设置参数值 $n=[0:10]$，$k=[-400:400]$；

(2) 输入序列 $x_2[n]=2\times(0.8)^n\left[\cos\left(\dfrac{2\pi}{7}n\right)+\mathrm{j}\sin\left(\dfrac{2\pi}{5}n\right)\right]$，$0\leqslant n\leqslant 10$ 与 $y_2[n]=x_2[-n]$；

(3) 计算 $x_2[n]$ 与 $y_2[n]$ 的 DTFT $X_2(\mathrm{e}^{\mathrm{j}\omega})=\sum\limits_{n=-\infty}^{+\infty}x_2[n]\mathrm{e}^{-\mathrm{j}\omega n}$，$Y_2(\mathrm{e}^{\mathrm{j}\omega})=\sum\limits_{n=-\infty}^{+\infty}y_2[n]\mathrm{e}^{-\mathrm{j}\omega n}$ 结果并取模值与相位；

(4) 以 ω 为横坐标，$|X_2(\mathrm{e}^{\mathrm{j}\omega})|$，$|Y_2(\mathrm{e}^{\mathrm{j}\omega})|$ 为纵坐标绘制幅度谱；

(5) 以 ω 为横坐标，$\angle X_2(\mathrm{e}^{\mathrm{j}\omega})$，$\angle Y_2(\mathrm{e}^{\mathrm{j}\omega})$ 为纵坐标绘制相位谱。

3-42　求下面几个 z 变换的零点和极点，并用科学计算工具绘制其零点、极点分布图。

(a) $X(z)=\dfrac{1-\dfrac{1}{4}z^{-1}}{1+3z^{-1}}$；

(b) $X(z)=\dfrac{1-\dfrac{1}{4}z^{-1}+\dfrac{1}{3}z^{-2}}{1-\dfrac{1}{2}z^{-1}+\dfrac{1}{3}z^{-2}+\dfrac{1}{5}z^{-3}}$；

(c) $X(z)=\dfrac{1-z^{-1}-4z^{-2}+4z^{-3}}{1-\dfrac{11}{4}z^{-1}+\dfrac{13}{8}z^{-2}-\dfrac{1}{4}z^{-3}}$。

【解】　(a) 零点、极点图如图 P3-42(a)所示。

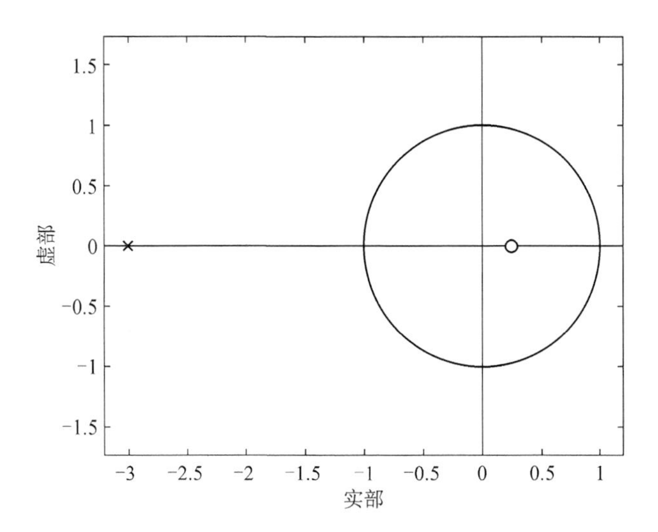

图 P3-42(a) 序列(a)z 变换的零点、极点图

极点位于 $p=-3$ 处，零点位于 $z=0.25$ 处，零点、极点图绘制的伪代码如下：

输入：z 变换 $X(z)=\dfrac{1-\dfrac{1}{4}z^{-1}}{1+3z^{-1}}$；

输出：$X(z)$的零点、极点图

(1) 设置 $X(z)$分子与分母的参数值 $B=\left[1,-\dfrac{1}{4}\right]$，$A=[1,3]$；

(2) 将参数 A，B 传入零点、极点计算函数并计算零点、极点；

(3) 利用绘图函数画零点、极点分布图。

(b) 零点、极点图如图 P3-42(b)所示。

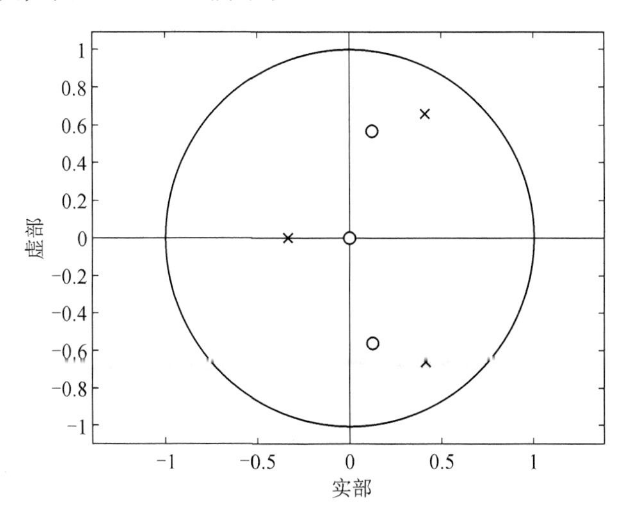

图 P3-42(b) 序列(b)z 变换的零点、极点图

极点位于 $p=0.4148+0.6593\mathrm{i}$，$0.4148-0.6593\mathrm{i}$，$-0.3296$ 处，零点位于 $z=0.1250+$

0.563 7i,0.125 0−0.563 7i 处。可以发现零点、极点成对出现,且互为共轭,零点、极点图绘制的伪代码如下:

输入:z 变换 $X(z)=\dfrac{1-\frac{1}{4}z^{-1}+\frac{1}{3}z^{-2}}{1-\frac{1}{2}z^{-1}+\frac{1}{3}z^{-2}+\frac{1}{5}z^{-3}}$;

输出:$X(z)$的零点、极点图

(1) 设置 $X(z)$分子与分母的参数值 $B=\left[1,-\frac{1}{4},\frac{1}{3}\right]$,$A=\left[1,-\frac{1}{2},\frac{1}{3},\frac{1}{5}\right]$;

(2) 将参数 A、B 传入零点、极点计算函数并计算零点、极点;

(3) 利用绘图函数画零点、极点分布图。

(c) 零点、极点图如图 P3-42(c)所示。

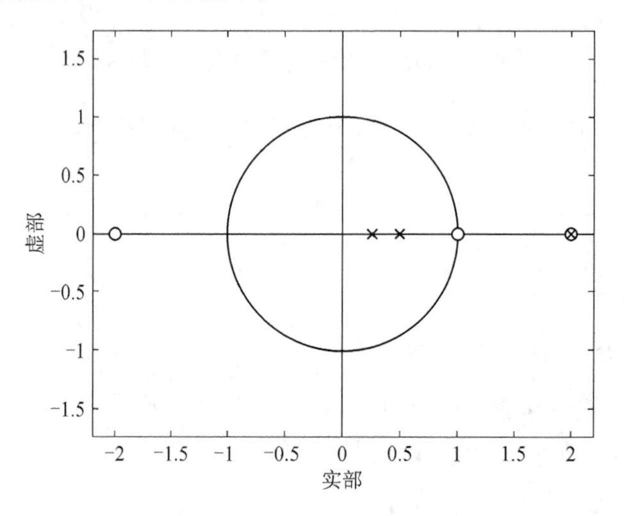

图 P3-42(c) 序列(c)z 变换的零点、极点图

极点位于 $p=2,0.5,0.25$ 处,零点位于 $z=-2,2,1$ 处,零点、极点图绘制的伪代码如下:

输入:z 变换 $X(z)=\dfrac{1-z^{-1}-4z^{-2}+4z^{-3}}{1-\frac{11}{4}z^{-1}+\frac{13}{8}z^{-2}-\frac{1}{4}z^{-3}}$;

输出:$X(z)$的零点、极点图

(1) 设置 $X(z)$分子与分母的参数值 $B=[1,-1,-4,4]$,$A=\left[1,-\frac{11}{4},\frac{13}{8},-\frac{1}{4}\right]$;

(2) 将参数 A,B 传入零点、极点计算函数并计算零点、极点;

(3) 利用绘图函数画零点、极点分布图。

3-43 已知 $h[n]$ 是因果序列,利用科学计算工具计算 $H(z)=\dfrac{2+0.4\sqrt{3}z^{-1}}{1-0.9\sqrt{3}z^{-1}+0.81z^{-2}}$的 z 反变换。

【解】 科学计算工具的多项式分解函数,能将变换域多项式分式形式表示的离散时间系统函数转换为包含留数和极点的部分分式和形式,还能将部分分数展开转换成原始多项式系数，计算 z 反变换的伪代码如下：

输入：z 变换 $H(z)=\dfrac{2+0.4\sqrt{3}z^{-1}}{1-0.9\sqrt{3}z^{-1}+0.81z^{-2}}$；

输出：$H(z)$的反变换 $h[n]$

(1) 设置 $H(z)$分子与分母的参数值 $B=[2\quad 0.4\sqrt{3}]$，$A=[1\quad -0.9\sqrt{3}\quad 0.81]$；

(2) 将参数 A，B 传入 $H(z)$多项式分解函数，生成分解系数 R，P；

(3) 计算由 P 得到的极点的幅值和相位；

(4) 根据分解系数将 $H(z)$表示为 $H(z)=\dfrac{1-2.5019\text{j}}{1-0.9\text{e}^{\text{j}0.1667\pi}z^{-1}}+\dfrac{1+2.5019\text{j}}{1-0.9\text{e}^{-\text{j}0.1667\pi}z^{-1}}$，$|z|>0.9$；

(5) 根据常用 z 变换公式得到 $h[n]=(1-2.5019\text{j})(0.9)^n\text{e}^{\text{j}\frac{\pi}{6}n}\text{u}[n]+(1+2.5019\text{j})\times(0.9)^n\text{e}^{-\text{j}\frac{\pi}{6}n}\text{u}[n]$。

计算得到 $$R=\begin{cases}1.0000-2.5019\text{i}\\1.0000+2.5019\text{i}\end{cases},P=\begin{cases}0.7794+0.4500\text{i}\\0.7794-0.4500\text{i}\end{cases}$$

所以 $H(z)=\dfrac{1-2.5019\text{j}}{1-0.9\text{e}^{\text{j}0.1667\pi}z^{-1}}+\dfrac{1+2.5019\text{j}}{1-0.9\text{e}^{-\text{j}0.1667\pi}z^{-1}}$，$|z|>0.9$，即

$$\begin{aligned}h[n]&=(1-2.5019\text{j})(0.9)^n\text{e}^{\text{j}\frac{\pi}{6}n}\text{u}[n]+(1+2.5019\text{j})(0.9)^n\text{e}^{-\text{j}\frac{\pi}{6}n}\text{u}[n]\\&=(0.9)^n\left[\left(\text{e}^{-\text{j}\frac{\pi}{6}n}+\text{e}^{\text{j}\frac{\pi}{6}n}\right)+2.5019\text{j}\left\{\text{e}^{-\text{j}\frac{\pi}{6}n}-\text{e}^{\text{j}\frac{\pi}{6}n}\right)\right]\text{u}[n]\\&=(0.9)^n\left(2\cos\frac{\pi n}{6}+5.0038\sin\frac{\pi n}{6}\right)\text{u}[n]\end{aligned}$$

此外利用科学计算工具逆 z 变换函数可以直接计算线性时不变系统的冲激响应 $h[n]$，图 P3-43 绘制出了两种方法计算出 $h[n]$的前 30 个点，可以验证留数法计算出的 $h[n]$是正确的。

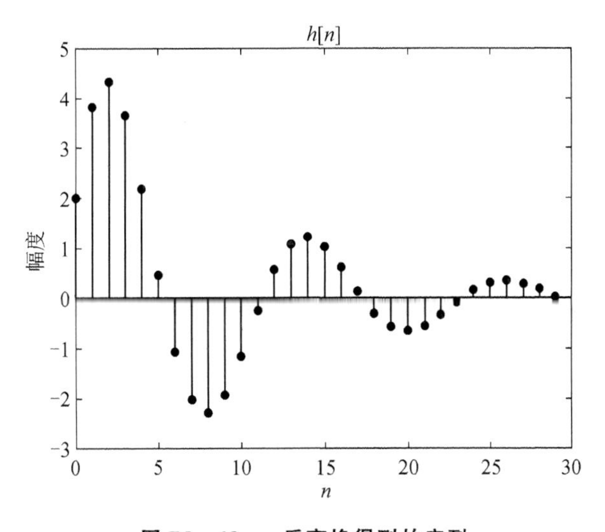

图 P3-43 z 反变换得到的序列

逆 z 变换函数计算线性时不变系统的冲激响应 $h[n]$ 的伪代码如下：

输入：z 变换 $H(z)=\dfrac{2+0.4\sqrt{3}z^{-1}}{1-0.9\sqrt{3}z^{-1}+0.81z^{-2}}$；

输出：$H(z)$ 的反变换 $h[n]$

(1) 设置 $H(z)$ 分子与分母的参数值 $B=[2,0.4\sqrt{3}]$，$A=[1,-0.9\sqrt{3},0.81]$，序列点数 $N=30$；

(2) 将参数 A，B，N 传入逆 z 变换函数，生成序列 n 与幅值 x；

(3) 以序列 n 为横坐标，幅值 x 为纵坐标绘制 $h[n]$ 前 30 点序列图。

此外，也可以通过符号计算函数来计算 z 变换或其逆变换。求解本例的 z 逆反变换伪代码为

输入：z 变换 $H(z)=\dfrac{2+0.4\sqrt{3}z^{-1}}{1-0.9\sqrt{3}z^{-1}+0.81z^{-2}}$；

输出：$H(z)$ 的反变换 $h[n]$

(1) 设置 $H(z)$ 中的 z 为符号变量，保存为符号函数 H；

(2) 对符号函数 H 做 z 反变换；

(3) 返回 $h[n]$。

第4章　离散系统变换域分析

4.1　内容提要与重要公式

将 z 变换和傅里叶变换分别应用于LTI系统的单位脉冲响应，可得到系统函数和频率响应，从而得出系统的 z 域和频域分析方法。

1. 系统的 z 变换分析

LTI系统的系统函数等于输出 z 变换与输入 z 变换之比，也定义为

$$H(z)=\sum_{n=-\infty}^{+\infty} h[n] z^{-n} \tag{4.1}$$

其中 $h[n]$ 是系统的单位脉冲响应，只有给出 $H(z)$ 的ROC，系统函数才能唯一地确定 $h[n]$。因果系统的 $h[n]$ 是有限长序列或右边序列，所以 $H(z)$ 的ROC包括 $+\infty$，或因果系统在 $z=+\infty$ 处无极点；由于LTI系统稳定的充要条件是 $h[n]$ 绝对可和，且系统函数在单位圆上收敛，因此对于稳定的LTI系统，系统函数的ROC必定包含单位圆 $|z|=1$，或稳定系统在单位圆上无极点；因果稳定系统既要满足ROC在某个圆外且包括 $+\infty$ 的区域，又要满足其包括单位圆的区域，因此 $H(z)$ 的极点必须都在单位圆内。

当 $h[n]$ 有限长时，这样的系统称为FIR(finite impulse response)系统，相应系统函数 $H(z)$ 至少在 $0<|z|<+\infty$ 区间上收敛，则ROC包括单位圆系统一定是稳定的，但ROC是否包括 $z=0$ 和 $z=+\infty$ 应单独讨论。由于FIR系统除了在 $z=0$ 和 $z=+\infty$ 处可能有极点外没有其他极点，所以FIR系统也称为全零点系统。

当 $h[n]$ 无限长时，这样的系统称为IIR(infinite impulse response)系统，IIR系统的 $h[n]$ 可以是左边序列、右边序列或双边序列，相应系统函数 $H(z)$ 的ROC可以是一个圆的内部、外部或一个圆环，除有限极点 $p(0<p<+\infty)$ 外，这三种情况下极点还分别包括 $z=+\infty$、$z=0$ 以及 $z=0$ 和 $z=+\infty$，当ROC不包含单位圆时，系统不稳定。

若 $h_i[n]$ 是另一LTI系统的单位脉冲响应，相应系统函数记为 $H_i(z)$。两个系统的单位脉冲响应满足

$$h_i[n] * h[n]=\delta[n] \tag{4.2}$$

或这两个系统的系统函数ROC有交集，且满足

$$H(z) H_i(z)=1 \tag{4.3}$$

则二者互为逆系统。不是所有系统都存在逆系统，系统函数 $H(z)$ 是有理函数时逆系统一定存在，由于收敛域可以不同，某系统的逆系统也可能不唯一。

给定一个因果稳定的系统，为了使其逆系统因果稳定，$H(z)$ 的零点和极点都应在单位圆内，这样的系统称为最小相位系统，系统函数用 $H_{\min}(z)$ 表示，相应的单位脉冲响应 $h_{\min}[n]$ 称为最小相位序列；另一方面，一个极点均在单位圆内、零点均在单位圆外的系统称为最大相位系统，相应的单位脉冲响应 $h_{\max}[n]$ 称为最大相位序列。

2. 系统的频率响应

LTI系统单位脉冲响应 $h[n]$ 的傅里叶变换为

$$H(e^{j\omega})=\sum_{n=-\infty}^{+\infty}h[n]e^{-j\omega n} \tag{4.4}$$

称其为系统的频率响应。与序列的傅里叶变换相同，$H(e^{j\omega})$ 也是以 2π 为周期的 ω 的连续函数。幅度谱（或幅频响应）$|H(e^{j\omega})|$ 也可以用幅度平方函数 $|H(e^{j\omega})|^2$ 和以分贝为单位的对数幅度 $20\lg|H(e^{j\omega})|$ 来表示，其中对数幅度可以表示更大的动态范围，便于分析级联系统。相位谱（或相频响应）$\angle H(e^{j\omega})$ 的连续相位记作 $\arg[H(e^{j\omega})]$，主值相位记作 $-\pi<\mathrm{ARG}[H(e^{j\omega})]\leqslant\pi$，$\angle H(e^{j\omega})$ 可能是 ω 的不连续函数。连续相位函数关于 ω 求导的负值定义为群延迟，记为

$$\mathrm{grd}[H(e^{j\omega})]=-\frac{d}{d\omega}\{\arg[H(e^{j\omega})]\} \tag{4.5}$$

LTI系统对复指数序列的响应仍然是同频率的复指数序列，幅度和相位的改变分别由系统的幅频响应和相频响应在该频率处的取值决定，所以任意频率的复指数序列 $e^{j\omega_0 n}$ 都被称为LTI系统的特征函数，系统的频率响应在 ω_0 处的取值 $H(e^{j\omega_0})$ 是相应的特征值。群延迟在某个频率点处的取值表示系统对该频率复指数序列延迟的点数，若相频响应是 ω 的线性函数，则群延迟是常数，表明这样的系统对所有频率成分都延迟相同的点数，即线性相位对信号的作用只是将信号在时域整体搬移，因此，群延迟描述了系统相位特性的线性度。正是由于幅频响应、相频响应和群延迟特性具有明确的物理意义，故采用傅里叶变换研究信号与系统具有重要意义。

由于 $H(z)$ 在单位圆上的 z 变换即系统的频率响应，即

$$H(e^{j\omega})=H(z)\big|_{z=e^{j\omega}} \tag{4.6}$$

因此系统的频率响应完全可以通过 $H(z)$ 的零点、极点确定，频率响应的几何确定法就是利用 $H(z)$ 在 z 平面上的零点、极点，采用几何方法直观、定性地求出系统的频率响应。幅频响应的形状等于各零点矢量的模值乘积除以各极点矢量的模值乘积；相频响应等于各零点矢量的相角之和减去各极点矢量的相角之和，如果分子、分母多项式的次数不等，还要加上线性相位 $(N-M)\omega$，这里 N 表示分母次数，M 表示分子次数。根据零点、极点的矢量特性，容易得出如下结论：

① 原点处的零点、极点不影响幅频响应，仅在相频响应中引入一个线性分量。

② 当 ω 在某个零点位置附近时，幅频响应 $|H(e^{j\omega})|$ 在该频点 ω 处可能出现极小值（或谷点），单位圆附近的零点对幅频响应极小值位置和凹陷深度有较大影响，零点越靠近单位圆，凹陷的波谷越低，当零点在单位圆上时，在相应的频点处 $|H(e^{j\omega})|$ 为0。

③ 当 ω 在某个极点位置附近时，$|H(e^{j\omega})|$ 在该频点 ω 处可能出现极大值（或波峰）；极点越靠近单位圆，波峰越尖锐，当极点在单位圆上时，在相应的频点处 $|H(e^{j\omega})|$ 为 $+\infty$，相当于出现谐振，系统为临界稳定，通常并不采用。

总之，对一些零点、极点分布简单或低阶的 $H(z)$，可方便通过零点、极点位置定性讨论 $|H(e^{j\omega})|$ 的形状。

3. 几种特殊系统的频率响应

零相位系统是指在整个 $-\pi\leqslant\omega<\pi$ 区间内相频响应恒为零的系统。理想选频滤波器是指

在通带内幅频响应为 1、阻带内幅频响应为 0 的零相位系统。理想低通滤波器的频率响应为

$$H_{\mathrm{lp}}(e^{j\omega})=\begin{cases}1, & |\omega|<\omega_c\\ 0, & \omega_c<|\omega|\leqslant\pi\end{cases}\tag{4.7}$$

其中，ω_c 表示通带截止频率，$H_{\mathrm{lp}}(e^{j\omega})$ 的傅里叶反变换即为理想低通滤波器的单位脉冲响应，即

$$h_{\mathrm{lp}}[n]=\frac{\sin(\omega_c n)}{\pi n},\quad -\infty<n<+\infty\tag{4.8}$$

同理可写出理想高通滤波器、带通滤波器和带阻滤波器的单位脉冲响应，即

$$h_{\mathrm{hp}}[n]=\delta[n]-\frac{\sin(\omega_c n)}{\pi n},\quad -\infty<n<+\infty\tag{4.9}$$

$$h_{\mathrm{bp}}[n]=\frac{\sin(\omega_2 n)}{\pi n}-\frac{\sin(\omega_1 n)}{\pi n},\quad -\infty<n<+\infty\tag{4.10}$$

$$h_{\mathrm{bs}}[n]=\delta[n]-\frac{\sin(\omega_2 n)}{\pi n}+\frac{\sin(\omega_1 n)}{\pi n},\quad -\infty<n<+\infty\tag{4.11}$$

其中，ω_1 和 ω_2 分别表示下截止频率和上截止频率。这四种滤波器的单位脉冲响应都是非因果的双边序列，其 z 变换不收敛，不能通过递推或非递推实现滤波。

全通系统(allpass filter)是指在整个 $-\pi\leqslant\omega<\pi$(或 $0\leqslant\omega<2\pi$)区间内幅频响应为 1(或常数)的系统，通常考虑因果稳定的全通系统，即所有极点均在单位圆内，其系统函数的一种表达式为

$$H_{\mathrm{ap}}(z)=\prod_{k=1}^{K_1}\frac{z^{-1}-d_k}{1-d_k z^{-1}}\prod_{k=1}^{K_2}\frac{(z^{-1}-e_k^*)(z^{-1}-e_k)}{(1-e_k z^{-1})(1-e_k^* z^{-1})}\tag{4.12}$$

其中，K_1 和 K_2 分别表示经因式分解后 $H_{\mathrm{ap}}(z)$ 包含的 1 阶全通因子和 2 阶全通因子的个数，1 阶全通因子的实极点为 d_k，零点 $\dfrac{1}{d_k}$ 与实极点以倒数形式成对出现，2 阶全通因子的一对共轭极点为 e_k 和 e_k^*，零点 $\dfrac{1}{e_k^*}$ 和 $\dfrac{1}{e_k}$ 与极点以共轭倒数的形式成对出现，称为零点、极点以单位圆呈镜像对称分布。若将 $H_{\mathrm{ap}}(z)$ 的分子和分母展开，全通系统的系统函数也可表示为

$$H_{\mathrm{ap}}(z)=\frac{a_N+a_{N-1}z^{-1}+\cdots+a_1 z^{-(N-1)}+z^{-N}}{1+a_1 z^{-1}+\cdots+a_{N-1}z^{-(N-1)}+a_N z^{-N}}=z^{-N}\frac{\sum_{k=0}^{N}a_k z^k}{\sum_{k=0}^{N}a_k z^{-k}}=z^{-N}\frac{D(z)}{D(z^{-1})}\tag{4.13}$$

这里的系数 a_k 均假设为实数。可以看到，$H_{\mathrm{ap}}(z)$ 的分子和分母多项式的系数相同但排列次序相反，称为反射对称(reflective symmetry)。推导说明，全通系统的相频响应在 ω 从 $0\sim\pi$ 变化时单调衰减，且 N 阶全通系统的相位变化量为 $N\pi$，群延迟总为正。

全通系统的一个主要用途是进行相位补偿或相位均衡。由于 IIR 滤波器不能实现线性相位，在设计好 IIR 滤波器之后级联一个全通系统，以调节相位响应，从而得到近似的线性相位。因此，有时候也把全通系统称为相位均衡器(phase equalizer)。此外，结合全通系统与最小相位系统的特点，可以补偿 $H(z)$ 造成的幅度失真，这涉及到有理系统函数的一种分解方法。

任意一个因果、稳定、非最小相位系统的有理系统函数记为 $H(z)$，则一定可以将 $H(z)$

表示为一个全通系统和最小相位系统的级联，即

$$H(z)=H_{\mathrm{ap}}(z)H_{\min}(z) \tag{4.14}$$

由于 $H(z)$因果稳定且非最小相位，则 $H(z)$有零点在单位圆外，不能直接通过$\dfrac{1}{H(z)}$对其补偿。不失一般性，假设 $H(z)$仅有一个零点 $z=\dfrac{1}{c^*}$在单位圆外（$|c|<1$），其他零点、极点都在单位圆内，则有

$$H(z)=H_1(z)(z^{-1}-c^*) \tag{4.15}$$

这里 $H_1(z)$的零点、极点都在单位圆内。进一步将 $H(z)$恒等表示为

$$H(z)=H_1(z)(1-cz^{-1})\frac{z^{-1}-c^*}{1-cz^{-1}} \tag{4.16}$$

其中，最小相位系统和全通系统的系统函数分别为 $H_{\min}(z)=H_1(z)(1-cz^{-1})$和 $H_{\mathrm{ap}}(z)=\dfrac{z^{-1}-c^*}{1-cz^{-1}}$。此时，可选取补偿系统的系统函数为

$$H_{\mathrm{c}}(z)=\frac{1}{H_{\min}(z)}=\frac{1}{H_1(z)(1-cz^{-1})} \tag{4.17}$$

则原系统 $H(z)$串联补偿系统的整个系统可表示为

$$H(z)H_{\mathrm{c}}(z)=H_1(z)(z^{-1}-c^*)\frac{1}{H_1(z)(1-cz^{-1})}=\frac{z^{-1}-c^*}{1-cz^{-1}}=H_{\mathrm{ap}}(z) \tag{4.18}$$

整个系统相当于一个全通系统，完全补偿了 $H(z)$造成的幅频响应的失真，但是需要注意相频响应衰减或群延迟会增大。

根据上述分析，$H(z)$的群延迟是最小相位系统 $H_{\min}(z)$与全通系统 $H_{\mathrm{ap}}(z)$群延迟之和，而因果稳定全通系统的群延迟总为正，因此，在具有相同幅频响应的同阶系统中，最小相位系统的群延迟最小；$H(z)$的连续相位相比 $H_{\min}(z)$的连续相位是减小的，故 $H_{\min}(z)$系统的相位滞后最小；此外，最小相位系统的单位脉冲响应 $h_{\min}[n]$具有最小的能量延迟，即能量更集中在 $n=0$ 附近。

一般情况下，输入信号是包含多个频率分量的复杂信号，如果系统的相频响应是非线性的，则信号中的不同频率分量通过系统后时间延迟不同，即相位非线性将引起频率的色散(dispersion)，这种输出信号相对于输入信号产生波形包络变化的现象，原因在于系统的“相位失真”。为了使信号通过系统后不产生相位失真，要求系统具有线性相位特性。

线性相位(linear phase)系统是指相频响应是 ω 的线性函数的系统，或群延迟 α 为常数的系统，即相频响应满足

$$\angle H(\mathrm{e}^{\mathrm{j}\omega})=-\omega\alpha,\ -\pi\leqslant\omega<\pi \tag{4.19}$$

线性函数加上常数项，仍满足群延迟为常数 α 的条件，因此广义线性相位的相频响应满足

$$\angle H(\mathrm{e}^{\mathrm{j}\omega})=-\omega\alpha+\beta,\ -\pi\leqslant\omega<\pi \tag{4.20}$$

为了便于描述线性相位特性，使相频响应表达式保持不变，系统的频率响应有时也通过振幅响应表示，即

$$H(\mathrm{e}^{\mathrm{j}\omega})=A(\omega)\mathrm{e}^{\mathrm{j}\angle H(\mathrm{e}^{\mathrm{j}\omega})} \tag{4.21}$$

其中 $A(\omega)$称为振幅响应(amplitude response)，是可正可负的实函数。振幅响应与幅度响应

(magnitude response)满足 $A(\omega)=|H(e^{j\omega})|$。广义线性相位系统对 $h[n]$,α,β 加以约束的一个必要条件是

$$\sum_{n=-\infty}^{+\infty} h[n]\sin(\omega(n-\alpha)+\beta)=0 \tag{4.22}$$

该方程不是充分条件,方程的解不唯一,但可以求出两组特殊解,即

$$\beta=0 \text{ 或 } \pi \quad 2\alpha=M=\text{整数} \quad h[2\alpha-n]=h[n] \tag{4.23}$$

$$\beta=\pi/2 \text{ 或 } 3\pi/2 \quad 2\alpha=M=\text{整数} \quad h[2\alpha-n]=-h[n] \tag{4.24}$$

这两个条件只是广义线性相位系统的充分条件,而不是必要条件。

如果要使因果系统($h[n]=0,n<0$)满足广义线性相位条件,则

$$h[n]=\begin{cases}\pm h[M-n], & 0\leqslant n\leqslant M\\ 0, & \text{其他}\end{cases} \tag{4.25}$$

所以因果广义线性相位系统是 FIR 系统,$h[n]$的长度是 $M+1$,对称中心是$\frac{M}{2}$。满足偶对称 $h[n]=h[M-n]$的系统属于第一大类,满足奇对称 $h[n]=-h[M-n]$的系统属于第二大类。根据 $h[n]$的对称性和长度参数 M 的奇偶性,可将因果广义线性相位 FIR 系统细分为以下 4 类。

第Ⅰ类,当 $h[n]$为偶对称、M 为偶数时,相频响应是斜率为$-\frac{M}{2}$、经过原点的直线,振幅响应 $A(\omega)$关于 $\omega=0,\pi,2\pi$ 偶对称,可构成低通滤波器、高通滤波器、带通滤波器和带阻滤波器;

第Ⅱ类,当 $h[n]$为偶对称、M 为奇数时,相频响应为经过原点的直线,振幅响应 $A(\omega)$关于 $\omega=0,2\pi$ 偶对称、关于 $\omega=\pi$ 奇对称,不能构成高通滤波器和带阻滤波器;

第Ⅲ类,当 $h[n]$为奇对称、M 为偶数时,相频响应是截距为$\frac{\pi}{2}$、斜率为$-\frac{M}{2}$的直线,振幅响应 $A(\omega)$关于 $\omega=0,\pi,2\pi$ 奇对称,不能构成低通滤波器、高通滤波器和带阻滤波器;

第Ⅳ类,当 $h[n]$为奇对称、M 为奇数时,相频响应是截距为$\frac{\pi}{2}$、斜率为$-\frac{M}{2}$的直线,振幅响应 $A(\omega)$关于 $\omega=0,2\pi$ 奇对称、关于 $\omega=\pi$ 偶对称,不能构成低通滤波器和带阻滤波器。

线性相位 FIR 滤波器的系统函数满足

$$H(z)=\pm z^{-M}H(z^{-1}) \tag{4.26}$$

因此,若 z_i 是 $H(z)$的零点,则其倒数$\frac{1}{z_i}$也一定是 $H(z)$的零点,考虑到 $h[n]$为实数,$H(z)$的零点一定共轭成对出现,所以 z_i^* 和$\frac{1}{z_i^*}$也是 $H(z)$的零点,即线性相位 FIR 系统的零点是以共轭、倒数的形式 4 个成组出现。这种互为倒数的共轭对有 4 种可能:① z_i 既不在实轴上也不在单位圆上,则零点是互为倒数的两组共轭对;② z_i 不在实轴上但在单位圆上,则共轭对的倒数是它们本身,此时 z_i 和零点 z_i^* 是一组共轭对;③ z_i 在实轴上,但不在单位圆上,则零点只有倒数部分$\frac{1}{z_i}$,无复共轭部分;④ z_i 既在实轴上又在单位圆上,只有单个零点 $z_i=1$ 或 $z_i=-1$。

对于最常用的4类线性相位FIR系统来说，第Ⅱ类的$H(e^{j\omega})|_{\omega=\pi}=0$，必有单个零点$z=-1$；第Ⅲ类的$H(e^{j\omega})|_{\omega=0}=H(e^{j\omega})|_{\omega=\pi}=0$，必有零点$z=1$和$z=-1$；第Ⅳ类的$H(e^{j\omega})|_{\omega=0}=0$，必有零点$z=1$；而第Ⅰ类在$z=\pm1$处没有特殊约束。

4.2 重难点提示

✍ 本章重点

(1) 系统函数、频率响应、特征函数的概念及系统特性的关系；

(2) 逆系统和最小相位系统；

(3) 全通系统及相位补偿；

(4) 有理系统函数的最小相位和全通分解；

(5) 广义线性相位FIR系统的时域条件；

(6) 4类线性相位FIR系统的振幅函数特点；

(7) 线性相位FIR系统的零点分布。

✍ 本章难点

利用几何法确定系统的频率响应，理解线性相位的物理意义，掌握幅度响应和相位响应的补偿方法，根据系统函数或频率响应求系统响应，根据选频特性选择合适的IIR或FIR系统。

4.3 习题详解

选择、填空题(4-1题～4-25题)

4-1 以下说法正确的是(AD)。(多选题)

(A) 离散时间信号$e^{j2\omega n}$可作为任何稳定的LTI系统的特征函数

(B) 若某LTI系统函数存在单位圆外的极点，则该系统一定不是稳定系统

(C) 若某LTI系统函数存在单位圆外的极点，则该系统一定不是因果系统

(D) 最小相位系统的逆系统仍为最小相位系统

【解】 LTI系统对复指数序列的响应仍然是同频率的复指数序列，幅度和相位的改变分别由系统的幅度响应和相位响应在该频率处的取值决定。所以任意频率的复指数序列$e^{j\omega n}$都被称为LTI系统的特征函数，系统的频率响应在ω_0处的取值$H(e^{j\omega})$是其对应的特征值，A正确；假设某LTI系统函数所有极点均在单位圆外，但收敛域包含单位圆，此时该系统的单位脉冲响应为左边序列，系统非因果但稳定，B错误；假设某LTI系统函数所有极点均在单位圆外，但收敛域在模值最大的极点之外(不包含单位圆)，此时该系统的单位脉冲响应为右边序列，系统因果但不稳定，C错误；当且仅当系统函数的零点和极点都在单位圆内时，一个因果稳定的LTI系统存在着一个因果稳定的逆系统，这样的系统是最小相位系统，D正确。

故选(AD)。

4-2 以下几个单位脉冲响应所代表的离散时间LTI系统中因果稳定的是(C)。

(A) $h[n]=u[n]$　　(B) $h[n]=u[n+1]$

(C) $h[n]=R_4[n]$　　(D) $h[n]=R_4[n+2]$

【解】 A 是右边序列，对应的系统因果，但系统函数的极点在单位圆上，系统不稳定；

B 是右边序列，但在 $n=-1$ 时取值，对应的系统非因果，$h[n]$并非绝对可和，系统不稳定；

C 是有限长序列，且 $n<0$ 时不取值，对应的系统因果，$h[n]$绝对可和，系统稳定；

D 是有限长序列，但在 $n=-1,-2$ 时取值，对应的系统非因果，$h[n]$绝对可和，系统稳定。

故选(C)。

4-3 某因果离散时间 LTI 系统的零点、极点如图 P4-3 所示，其中零点、极点个数相同，则对其逆系统的描述正确的是(C)。

(A) 因果稳定　　(B) 因果非稳定

(C) 非因果稳定　　(D) 非因果非稳定

【解】 系统函数在 $z=+\infty$处存在一个零点，因此其逆系统在 $z=+\infty$处有一个极点，即逆系统的收敛域不包括 $z=+\infty$，所以其逆系统非因果。原系统因果，收敛域在三个极点之外，包含单位圆。为了使逆系统与原系统有公共的收敛域，其逆系统的收敛域也应包含单位圆，所以其逆系统稳定。

故选(C)。

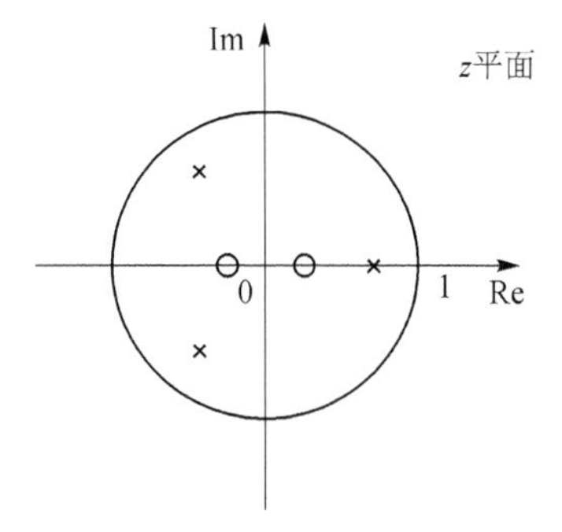

图 P4-3　某 LTI 系统的零点、极点图

4-4 某离散时间 LTI 系统的差分方程为 $y[n]=x[n-n_0]$，其中 $n_0<0$，$y[n]$表示输出，$x[n]$表示输入，则该系统是(A)。

(A) 非因果稳定系统　　(B) 因果稳定系统

(C) 因果不稳定系统　　(D) 非因果不稳定系统

【解】 因为 $y[n]=x[n]*h[n]$，所以系统的单位脉冲响应为 $h[n]=\delta[n-n_0]$，在 $n_0<0$ 处取值，所以该系统非因果，$h[n]$稳定绝对可和，所以系统稳定。

故选(A)。

4-5 已知某离散时间 LTI 系统的系统函数和输入信号的 z 变换分别为 $H(z)=\dfrac{1+5z^{-1}}{1+0.25z^{-1}}$，$|z|>0.25$ 和 $X(z)=\dfrac{2}{(1-0.2z^{-1})(1+5z^{-1})}$，$0.2<|z|<5$，则对应输出信号 $y[n]$的 z 变换的收敛域为(D)。

(A) $0.25<|z|<5$　　(B) $0.2<|z|<5$

(C) $|z|>0.2$　　(D) $|z|>0.25$

【解】 $Y(z)=X(z)H(z)=\dfrac{2}{(1-0.2z^{-1})(1+0.25z^{-1})}$，$|z|>0.25$，在 $z=-5$ 处出现零点、极点对消，所以 $Y(z)$的收敛域不再是 $X(z)$和 $H(z)$收敛域的交集，收敛域扩大为 $|z|>0.25$ 。

故选(D)。

4-6 图 P4-6 所示为 4 个不同的离散时间 LTI 系统的零点、极点图，其中属于全通系统的是(ACD)。

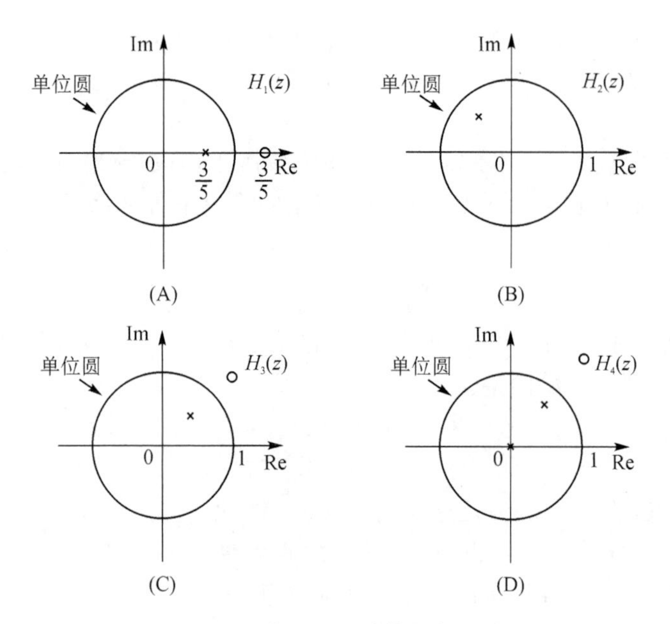

图 P4-6　4 个 LTI 系统的零点、极点图

【解】 全通系统的零点和极点以共轭倒数对形式出现，所以 A 和 C 是全通系统；B 的零点、极点不是共轭倒数关系，所以系统 B 不是全通系统；D 是在 C 的基础上级联一个极点为 0 的系统，坐标原点处的极点只会带来时延，不会改变幅频响应。

故选(ACD)。

4-7　给定以下几个离散时间 LTI 系统的系统函数，其中属于最小相位系统的是(BC)。

(A) $H_1(z)=\dfrac{(1-3z^{-1})\left(1+\dfrac{1}{4}z^{-1}\right)}{\left(1-\dfrac{1}{5}z^{-1}\right)\left(1+\dfrac{1}{5}z^{-1}\right)}$　　(B) $H_2(z)=\dfrac{1-\dfrac{1}{3}z^{-1}}{\left(1-\dfrac{\mathrm{j}}{4}z^{-1}\right)\left(1+\dfrac{\mathrm{j}}{4}z^{-1}\right)}$

(C) $H_3(z)=\dfrac{\left(1+\dfrac{1}{6}z^{-1}\right)\left(1-\dfrac{1}{6}z^{-1}\right)}{\left(1-\dfrac{1}{3}z^{-1}\right)\left(1+\dfrac{1}{3}z^{-1}\right)}$　　(D) $H_4(z)=\dfrac{z^{-1}\left(1-\dfrac{1}{3}z^{-1}\right)}{\left(1-\dfrac{\mathrm{j}}{2}z^{-1}\right)\left(1+\dfrac{\mathrm{j}}{2}z^{-1}\right)}$

【解】 最小相位系统的零点、极点都在单位圆内，且原系统和其逆系统都是因果稳定的。

$H_1(z)$有一个零点为 $z=3$，在单位圆外，所以该系统不是最小相位系统；$H_2(z)$和 $H_3(z)$的零点、极点皆在单位圆内，因此该系统是最小相位系统；$H_4(z)$在单位圆外有一个特殊的零点 $z=+\infty$，因此该系统不是最小相位系统，且其逆系统在 $z=+\infty$ 处有一个极点，所以非因果。

故选(BC)。

4-8　已知离散时间 LTI 系统 1 的差分方程是 $y[n]-0.6y[n-1]=x[n]$，其频率响应记为 $H_1(\mathrm{e}^{\mathrm{j}\omega})$，离散时间 LTI 系统 2 的频率响应可表示为 $H_2(\mathrm{e}^{\mathrm{j}\omega})=H_1(-\mathrm{e}^{\mathrm{j}\omega})$，则系统 2 是(B)。

(A) 低通滤波器　　(B) 高通滤波器

(C) 带通滤波器　　　　　　　　　　　　(D) 带阻滤波器

【解】 因为 $H_1(e^{j\omega})=\dfrac{1}{1-0.6e^{-j\omega}}$ 具有低通特性，而 $H_2(e^{j\omega})=H_1(-e^{j\omega})=H_1(e^{j(\omega+\pi)})$，或 $H_2(e^{j\omega})=\dfrac{1}{1+0.6e^{-j\omega}}$，由频移性质可以确定系统2具有高通特性。

故选(B)。

4-9 以下哪种选频滤波器可以采用四类广义线性相位滤波器中的任意一种实现(D)。

(A) 低通　　　(B) 高通　　　(C) 带阻　　　(D) 带通

【解】 Ⅰ类广义线性相位系统应用最广泛，可用于低通、高通、带通和带阻等滤波器的设计；Ⅱ类广义线性相位系统在 $z=-1$ 处有零点，不能用于设计高通滤波器和带阻滤波器，可用于低通滤波器和带通滤波器的设计；Ⅲ类广义线性相位系统在 $z=\pm1$ 处有零点，不能用于设计低通滤波器、高通滤波器和带阻滤波器，可用于带通滤波器；Ⅳ类广义线性相位系统在 $z=1$ 处有零点，不能用于设计低通滤波器和带阻滤波器，可用于高通滤波器和带通滤波器。综合以上，带通滤波器可采用这四类中的任意一种来实现。

故选(D)。

4-10 以下关于全通系统的描述正确的是(B)。

(A) 对任意相位的信号都能通过的系统

(B) 对信号的任意频率分量具有相同的幅度衰减的系统

(C) 任意信号通过后都不失真的系统

(D) 对任意时间信号都能通过的系统

【解】 全通系统定义为系统频率响应的幅度在所有频率处皆为常数的稳定系统。

故选(B)。

4-11 以下说法错误的是(C)。

(A) 最小相位系统的逆系统是最小相位系统

(B) 最小相位系统的级联是最小相位系统

(C) 最小相位系统的并联是最小相位系统

(D) 零相位系统是特殊的线性相位系统，两个相同线性相位的系统并联是线性相位系统

【解】 最小相位系统是指系统函数的零点、极点均在单位圆内的因果、稳定系统，因此其逆系统的零点、极点也在单位圆内，系统也是最小相位的，A正确；

两个最小相位系统级联形成的系统，其零点、极点仍在单位圆内，系统仍是最小相位的，B正确；两个最小相位系统并联形成的系统，极点仍在单位圆内，但零点可能发生变化，导致系统未必是最小相位的，C错误；零相位系统是特殊的线性相位系统，两个相同线性相位的系统并联形成的系统，其幅度响应叠加，而相位响应相同可合并，因此仍是线性相位系统。D正确。

故选(C)。

4-12 图P4-12所示为某离散时间LTI系统的系统函数 $H(z)$ 的零点、极点图，4个零点均匀分布在单位圆上，该系统是________(因果/非因果)、________(是/否)广义线性相位系统，________(是/否)存在稳定的逆系统；这样的零点分布________(能/否)作为某个幅度平方函数的零点，________(能/否)作为某个最小相位系统的零点。

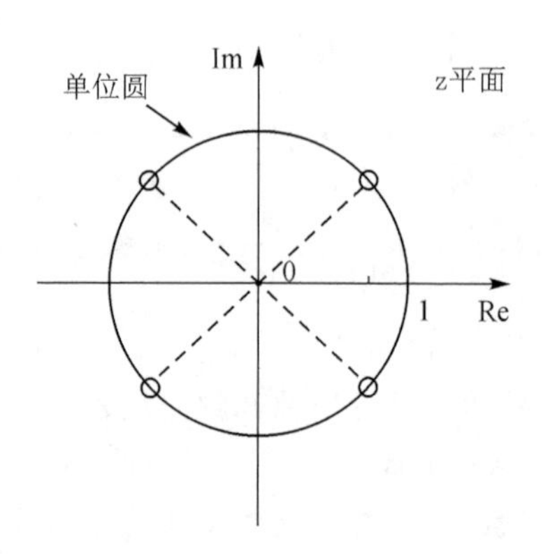

图 P4-12 系统函数的零点、极点图

【解】 假设图中零点均匀分布在单位圆上，则 4 个零点分别是 $e=\frac{\sqrt{2}}{2}+\mathrm{j}\frac{\sqrt{2}}{2}$，$e^*=\frac{\sqrt{2}}{2}-\mathrm{j}\frac{\sqrt{2}}{2}$，$f=-\frac{\sqrt{2}}{2}+\mathrm{j}\frac{\sqrt{2}}{2}$，$f^*=-\frac{\sqrt{2}}{2}-\mathrm{j}\frac{\sqrt{2}}{2}$，则系统函数可表示为 $H(z)=(z-e)(z-e^*)(z-f)(z-f^*)=(z^2-(e+e^*)z+ee^*)(z^2-(f+f^*)z+ff^*)=z^4+1$，对应的单位脉冲响应为 $h[n]=\delta[n+4]+\delta[n]$ 或 $\{1,0,0,0,\underline{1}\}$，所以系统非因果。

因为 $h[n]$ 关于 $n=-2$ 对称，所以系统是广义线性相位。

若存在逆系统，则逆系统的极点在单位圆上，收敛域不包含单位圆，所以不存在稳定逆系统。

因为平方幅度函数的零点或极点都是以共轭倒数的形式成对出现，所以该图的零点分布可以作为某个平方幅度函数的零点。因为最小相位系统的零点和极点都应在单位圆内，图中的零点在单位圆上，所以不能是某个最小相位系统的零点。

4-13 某离散时间 LTI 系统是因果系统，系统函数为 $H(z)=\frac{8(z^2-z-1)}{2z^2+7z+3}$，则系统的极点为________；系统________（是/否）稳定；系统单位脉冲响应 $h[n]$ 的初值 $h[0]=$________，终值 $h[+\infty]=$________。

【解】 因式分解得 $H(z)=\frac{8(z^2-z-1)}{(2z+1)(z+3)}$，所以极点：$z_1=-\frac{1}{2}$，$z_2=-3$，又因为系统因果，收敛域为 $|z|>3$，不包含单位圆，所以系统不稳定；对因果序列 $h[n]$，可应用初值定理 $h[0]=\lim\limits_{z\to+\infty}H(z)=4$；$h[n]$ 在 $n=+\infty$ 时存在极限，要求 $H(z)$ 的极点位于单位圆内，或倘若单位圆上存在极点，也只能在 $z=1$ 处存在一个极点。在不满足上述条件时，$h[+\infty]=+\infty$。或由部分分式展开得到

$$H(z)=\frac{8(z^2-z-1)}{2z^2+7z+3}=-\frac{8}{3}+\frac{1}{5}\times\frac{z}{z+1/2}+\frac{88}{15}\times\frac{z}{z+3}$$

所以 $h[n]=-\frac{8}{3}\delta[n]+\frac{1}{5}\left(-\frac{1}{2}\right)^n\mathrm{u}[n]+\frac{88}{15}(-3)^n\mathrm{u}[n]$，所以 $h[+\infty]=+\infty$。

4-14 某稳定离散时间 LTI 系统的差分方程为 $y[n]-\frac{1}{3}y[n-1]=x[n]+3x[n-1]$，则其频率响应为________，单位脉冲响应为________。

【解】 因为系统稳定，所以系统函数 $H(z)=\frac{Y(z)}{X(z)}=\frac{1+3z^{-1}}{1-\frac{1}{3}z^{-1}}$ 的收敛域包含单位圆，即 $|z|>\frac{1}{3}$，所以该系统为因果系统，频率响应为 $H(\mathrm{e}^{\mathrm{j}\omega})=H(z)\big|_{z=\mathrm{e}^{\mathrm{j}\omega}}=\frac{1+3\mathrm{e}^{-\mathrm{j}\omega}}{1-\frac{1}{3}\mathrm{e}^{-\mathrm{j}\omega}}$，对 $H(z)=\frac{1+3z^{-1}}{1-\frac{1}{3}z^{-1}}=-9+\frac{10}{1-\frac{1}{3}z^{-1}}$ 或 $H(z)=1+\frac{\frac{10}{3}z^{-1}}{1-\frac{1}{3}z^{-1}}$ 进行 z 反变换，得到 $h[n]=$

$-9\delta[n]+10\left(\frac{1}{3}\right)^{n}u[n]$或$h[n]=\delta[n]+\frac{10}{3}\left(\frac{1}{3}\right)^{n-1}u[n-1]$。

4-15　某离散时间 LTI 系统的输入和输出对应的 z 变换分别为 $X(z)=\frac{2}{\left(1+\frac{1}{6}z^{-1}\right)\left(1-\frac{1}{5}z^{-1}\right)}$，$\frac{1}{6}<|z|<\frac{1}{5}$ 和 $Y(z)=\frac{1}{\left(1-\frac{1}{5}z^{-1}\right)\left(1+\frac{1}{4}z^{-1}\right)}$，$\frac{1}{5}<|z|<\frac{1}{4}$，则系统函数 $H(z)$ 的收敛域为________。

【解】　因为 $H(z)=\frac{Y(z)}{X(z)}=\frac{\left(1+\frac{1}{6}z^{-1}\right)}{2\left(1+\frac{1}{4}z^{-1}\right)}$，所以收敛域以半径为 $\frac{1}{4}$ 的圆为界，且要与 $Y(z)$ 和 $X(z)$ 的收敛域有交集，所以 $|z|<\frac{1}{4}$。

4-16　某离散时间 LTI 系统的系统函数为 $H(z)=\frac{0.25-z^{-1}}{1-0.3z^{-1}}$，则与之具有相同幅频响应的最小相位系统 $H_{\min}(z)$ 的零点是________，极点是________。

【解】　任意一个因果稳定的非最小相位系统 $H(z)$ 都可以分解为全通系统与最小相位系统的级联 $H(z)=H_{\mathrm{ap}}(z)H_{\min}(z)$，即全通分解为

$$H(z)=\frac{0.25-z^{-1}}{1-0.3z^{-1}}=-\left(\frac{z^{-1}-0.25}{1-0.3z^{-1}}\right)\left(\frac{1-0.25z^{-1}}{1-0.25z^{-1}}\right)=-\left(\frac{z^{-1}-0.25}{1-0.25z^{-1}}\right)\left(\frac{1-0.25z^{-1}}{1-0.3z^{-1}}\right)$$

其中最小相位系统 $H_{\min}(z)=-\left(\frac{1-0.25z^{-1}}{1-0.3z^{-1}}\right)$，所以零点 $z=0.25$，极点 $z=0.3$。

4-17　某 IIR 滤波器的系统函数是 $H(z)=\frac{0.8+z^{-1}}{1+0.8z^{-1}}$，则该滤波器的选频特性为__________，若 $H(z)=\frac{1}{1+0.8z^{-1}}$，则该滤波器的选频特性为__________（低通、带通、高通、全通）。

【解】　当 $H(z)=\frac{0.8+z^{-1}}{1+0.8z^{-1}}$ 时，幅频响应 $|H(e^{j\omega})|=\left|\frac{0.8+e^{-j\omega}}{1+0.8e^{-j\omega}}\right|=1$，所以系统是全通特性；当 $H(z)=\frac{1}{1+0.8z^{-1}}$ 时，极点为 $z=-0.8$，幅频响应在高频处放大或由几何法可知系统是高通特性。

4-18　某离散时间 LTI 系统的频率响应为 $H(e^{j\omega})=e^{-j3\omega}$，$-\pi<\omega\leqslant\pi$，则 $h[n]=$________；当输入 $x[n]=\cos\frac{\pi n}{3}$ 时，输入信号对应的 DTFT $X(e^{j\omega})=$________，输出 $y[n]=$________；输出信号的 DTFT $Y(e^{j\omega})=$________。

【解】　理想延迟系统 $h[n]=\delta[n-3]$，$\cos\frac{\pi n}{3}$ 的 DTFT 是 $X(e^{j\omega})=\pi\sum_{k=-\infty}^{+\infty}\left[\delta\left(\omega-\frac{\pi}{3}+2\pi k\right)+\delta\left(\omega+\frac{\pi}{3}+2\pi k\right)\right]$，$y[n]=x[n]*h[n]=x[n-3]=\cos\left[\frac{\pi}{3}(n-3)\right]$，

$$Y(e^{j\omega})=X(e^{j\omega})H(e^{j\omega})=e^{-j3\omega}\cdot\pi\sum_{k=-\infty}^{+\infty}\left[\delta(\omega-\frac{\pi}{3}+2\pi k)+\delta(\omega+\frac{\pi}{3}+2\pi k)\right]。$$

4-19 某离散时间 LTI 系统的频率响应为 $H(e^{j\omega})=\begin{cases}1, & |\omega|<0.4\pi\\0, & 0.4\pi\leqslant|\omega|<\pi\end{cases}$，试写出以下输入信号 $x[n]$ 经过该系统后的输出信号 $y[n]$。

(a) 若 $x[n]=\delta[n]+\delta[n-2]$，则 $y[n]=$__________。

(b) 若 $x[n]=\cos(0.5\pi n)+\sin(0.2\pi n)$，则 $y[n]=$__________。

(c) 若 $x[n]=\frac{1}{3}+\cos(0.7\pi n)+\delta[n-1]$，则 $y[n]=$__________。

(d) 若 $x[n]=\frac{\sin(0.3\pi n)}{\pi n}+5e^{j0.3\pi n}$，则 $y[n]=$__________。

【解】 (a) 解法一：频域法，$y[n]=\mathrm{IDTFT}\{Y(e^{j\omega})\}=\mathrm{IDTFT}\{X(e^{j\omega})H(e^{j\omega})\}$，$X(e^{j\omega})=1+e^{-j2\omega}$，又因为 $\frac{\sin(\omega_c n)}{\pi n}\xrightleftharpoons[\text{IDTFT}]{\text{DTFT}}H(e^{j\omega})=\begin{cases}1, & |\omega|<\omega_c\\0, & \omega_c<|\omega|\leqslant\pi\end{cases}$，所以根据 DTFT 的时域移位性质和线性性质可知，$y[n]=\frac{\sin(0.4\pi n)}{\pi n}+\frac{\sin[0.4\pi(n-2)]}{\pi(n-2)}$。

解法二：时域卷积，$y[n]=h[n]*x[n]=h[n]*\delta[n]+h[n]*\delta[n-2]=\frac{\sin(0.4\pi n)}{\pi n}+\frac{\sin(0.4\pi(n-2))}{\pi(n-2)}$。

(b) 输入信号包含两个频率分量 0.5π 和 0.2π，该系统是截止频率为 0.4π 的低通滤波器，所以 $y[n]=\sin(0.2\pi n)$。

(c) 同(b)中的方法，该信号包含三个信号分量，其中一个为直流信号，0.7π 的高频分量被滤除，所以 $y[n]=\frac{1}{3}+\delta[n-1]*h[n]=\frac{1}{3}+\frac{\sin[0.4\pi(n-1)]}{\pi(n-1)}$。

(d) $\frac{\sin(0.3\pi n)}{\pi n}$ 是一个最高频率分量为 0.3π 的带限低频信号，$5e^{j0.3\pi n}$ 是频率为 0.3π 的单频信号，二者均在系统的通带范围内，所以 $y[n]=\frac{\sin(0.3\pi n)}{\pi n}+5e^{j0.3\pi n}$。

4-20 某离散时间 LTI 系统的单位脉冲响应如图 P4-20 所示，则该系统________(是/否)线性相位系统，群延迟为________。

【解】 因为 $h[n]$ 关于 $n=1.5$ 呈偶对称，所以该系统是线性相位系统，群延迟为对称中心 1.5。

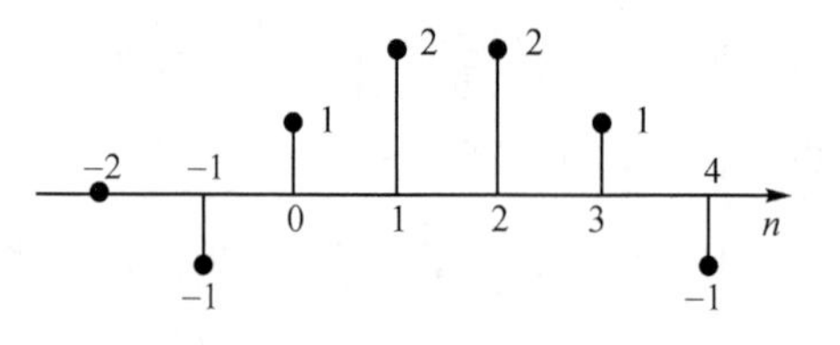

图 P4-20 某系统的单位脉冲响应

4-21 某离散时间 LTI 系统的系统函数为 $H(z)=1+0.9z^{-1}+2.1z^{-2}+0.9z^{-3}+z^{-4}$，则其单位脉冲响应 $h[n]=$________；其幅频响应关于 0 和 π 是________(奇，偶)对称的，其群延迟为________。

【解】 因为 $H(z)=\sum_{n=-\infty}^{+\infty}h[n]z^{-n}$，所以 $h[n]=\{\underline{1},0.9,2.1,0.9,1\}$，且关于 $n=2$ 偶对

称，是第Ⅰ类广义线性相位系统，其幅频响应关于 0 和 π 偶对称，群延迟为对称中心 2。

4-22　某离散时间 LTI 系统的系统函数为 $H(z)=1+\alpha_1 z^{-1}+\alpha_2 z^{-2}+5z^{-3}-z^{-4}$，若满足线性相位条件，则 $\alpha_1=$________，$\alpha_2=$________。

【解】　为了满足线性相位条件，系统的单位脉冲响应关于 $n=2$ 奇对称或偶对称，由于 $h[0]=1$ 且 $h[4]=-1$，即 $h[n]$ 奇对称，所以 $\alpha_1=h[1]=-h[3]=-5$，对称中心位置处 $\alpha_2=h[1]=0$。

4-23　已知某因果广义线性相位 FIR 滤波器的一个零点为 $2-2\mathrm{j}$，则必定存在的其他零点为________、________、________。

【解】　对于 4 类广义线性相位系统，若 $z_0=r\mathrm{e}^{\mathrm{j}\theta}$ 是其零点，则 $z_0^{-1}=\frac{1}{r}\mathrm{e}^{-\mathrm{j}\theta}$，$z_0{}^*=r\mathrm{e}^{-\mathrm{j}\theta}$，$(z_0{}^*)^{-1}=\frac{1}{r}\mathrm{e}^{\mathrm{j}\theta}$ 也是系统的零点，因为 $z_0=2-2\mathrm{j}$，所以必然存在的零点有 $2+\mathrm{j}2$，$\frac{1}{4}+\mathrm{j}\frac{1}{4}$，$\frac{1}{4}-\mathrm{j}\frac{1}{4}$。

4-24　已知序列 $x_1[n]=\alpha^n\mathrm{u}[n]$的 z 变换的收敛域为$|z|>|\alpha|$，序列 $x_2[n]=\alpha^n\mathrm{u}[n-M]$的 z 变换的收敛域为$|z|>|\alpha|$，则序列 $x_1[n]-x_2[n]$的 z 变换的收敛域为________。

【解】　因为 $x_1[n]-x_2[n]$是有限长的因果序列，所以该序列在除原点之外的 z 平面上均收敛，$|z|>0$。

4-25　设 $H_1(z)=1+3z^{-1}+2z^{-2}$ 是线性相位 FIR 系统函数 $H(z)$的一个因子，则可以确定满足条件的最低阶次的 $H(z)=$________。

【解】　线性相位 FIR 系统的零点互为倒数，可以通过求零点的方法求出满足要求的 $H(z)$。利用零点满足的一般表达式 $H(z)=\pm z^{-M}H(z^{-1})$这一条件，若 $H_1(z)$是 z^{-1} 的 M 阶多项式，则零点为其倒数的 M 阶多项式，即 $H_2(z)=z^{-M}H_1(z^{-1})$，所以 $H_2(z)=z^{-2}(1+3z+2z^2)$，所以通常情况下 $H(z)=H_1(z)H_2(z)=(1+3z^{-1}+2z^{-2})\times z^{-2}(1+3z+2z^2)=2+9z^{-1}+14z^{-2}+9z^{-3}+2z^{-4}$，但需要注意的是，零点既在实轴上又在单位圆上，即在 1 或 -1 处可以允许只有单个零点。为了得到最低阶次的线性相位系统函数，对 $H_1(z)$进行因式分解，有 $H_1(z)=1+3z^{-1}+2z^{-2}=(1+z^{-1})(1+2z^{-1})$，只需求$(1+2z^{-1})$对应零点倒数的多项式 $z^{-1}(1+2z)=2+z^{-1}$ 即可。所以 $H(z)=H_1(z)\times(2+z^{-1})=(1+z^{-1})(1+2z^{-1})(2+z^{-1})=2+7z^{-1}+7z^{-2}+2z^{-3}$ 是线性相位的系统函数。

计算、证明题（4-26 题～4-53 题）

4-26　指出下列离散时间序列中哪些是稳定离散时间 LTI 系统的特征函数。

(a) $\mathrm{e}^{\mathrm{j}2\pi n/3}$；　　(b) $\cos(\omega_0 n)$；

(c) $(1/4)^n$；　　(d) $(1/4)^n\mathrm{u}[n]+4^n\mathrm{u}[-n-1]$；

(e) 5^n；　　(f) $5^n\mathrm{u}[n]$；

(g) $5^n\mathrm{u}[-n-1]$；　　(h) $5^n\mathrm{e}^{\mathrm{j}2\omega n}$。

【解】　LTI 系统的一个重要性质是：对某特定的输入序列，其输出序列为输入序列与某个复常数的乘积。该特定的输入序列称作系统的特征函数，复常数称作系统的特征值。通常情况下，LTI 系统的特征函数具有 α^n 的形式。

(a) $y[n]=x[n]*h[n]=\sum_{k=-\infty}^{+\infty}\mathrm{e}^{\mathrm{j}\frac{2\pi(n-k)}{3}}h[k]=\mathrm{e}^{\mathrm{j}\frac{2\pi n}{3}}\sum_{k=-\infty}^{+\infty}\mathrm{e}^{-\mathrm{j}\frac{2\pi k}{3}}h[k]$，$y[n]$可表示为输入序

列 $e^{j2\pi n/3}$ 与复常数的乘积，所以 $e^{j2\pi n/3}$ 是特征函数。

(b) $y[n]=\sum_{k=-\infty}^{+\infty}\cos[\omega_0(n-k)]h[k]=\frac{1}{2}e^{j\omega_0 n}\sum_{k=-\infty}^{+\infty}e^{-j\omega_0 k}h[k]+\frac{1}{2}e^{-j\omega_0 n}\sum_{k=-\infty}^{+\infty}e^{j\omega_0 k}h[k]$，仅当 $h[k]$ 偶对称时，其可以化简为 $y[n]=\cos(\omega_0 n)\sum_{k=-\infty}^{+\infty}e^{-j\omega_0 k}h[k]$，所以 $\cos(\omega_0 n)$ 是 $h[k]$ 满足偶对称条件时的 LTI 系统的特征函数。

(c) $y[n]=x[n]*h[n]=\sum_{k=-\infty}^{+\infty}\left(\frac{1}{4}\right)^{n-k}h[k]=\left(\frac{1}{4}\right)^{n}\sum_{k=-\infty}^{+\infty}\left(\frac{1}{4}\right)^{-k}h[k]$，$y[n]$ 可表示为输入序列 $(1/4)^n$ 与复常数的乘积，所以 $(1/4)^n$ 是特征函数。

(d) $y[n]=x[n]*h[n]=\sum_{k=-\infty}^{+\infty}\left[\left(\frac{1}{4}\right)^{n-k}u[n-k]+(4)^{n-k}u[-n+k-1]\right]h[k]=\left(\frac{1}{4}\right)^{n}\sum_{k=-\infty}^{n}\left(\frac{1}{4}\right)^{-k}h[k]+(4)^n\sum_{k=n+1}^{+\infty}(4)^{-k}h[k]$，所以 $(1/4)^n u[n]+4^n u[-n-1]$ 不是特征函数。

(e) $y[n]=\sum_{k=-\infty}^{+\infty}5^{n-k}h[k]=5^n\sum_{k=-\infty}^{+\infty}5^{-k}h[k]$，所以 5^n 是特征函数。

(f) $y[n]=\sum_{k=-\infty}^{+\infty}5^{n-k}u[n-k]h[k]=5^n\sum_{k=-\infty}^{n}5^{-k}h[k]$，所以 $5^n u[n]$ 不是特征函数。

(g) $y[n]=\sum_{k=-\infty}^{+\infty}5^{n-k}u[-n+k-1]h[k]=5^n\sum_{k=n+1}^{+\infty}5^{-k}h[k]$，所以 $5^n u[-n-1]$ 不是特征函数。

(h) $y[n]=\sum_{k=-\infty}^{+\infty}5^{n-k}e^{j2\omega(n-k)}h[k]=5^n e^{j2\omega n}\sum_{k=-\infty}^{+\infty}5^{-k}e^{-j2\omega k}h[k]$，所以 $5^n e^{j2\omega n}$ 是特征函数。

4-27 某离散时间 LTI 系统的频率响应为 $H(e^{j\omega})=\frac{1-e^{-j2\omega}}{1+\frac{1}{2}e^{-j4\omega}}$，$-\pi<\omega\leqslant\pi$，试求输入为 $x[n]=\sin\frac{\pi n}{4}$ 时系统的输出 $y[n]$。

【解】 方法一：输入 $x[n]=\sin\frac{\pi n}{4}=\frac{e^{j\frac{\pi n}{4}}-e^{-j\frac{\pi n}{4}}}{2j}$，其中 $e^{j\frac{\pi n}{4}}$，$e^{-j\frac{\pi n}{4}}$ 是特征函数，当输入为特征函数 $e^{j\omega n}$ 时，输出可以表示为特征函数与特征值 $H(e^{j\omega})$ 的乘积。所以 $y[n]=\frac{1}{2j}\left[e^{j\frac{\pi n}{4}}H\left(e^{j\frac{\pi}{4}}\right)-e^{-j\frac{\pi n}{4}}H\left(e^{-j\frac{\pi}{4}}\right)\right]=\frac{1}{2j}\left[e^{j\frac{\pi n}{4}}(2+2j)-e^{-j\frac{\pi n}{4}}(2-2j)\right]=2\sin\frac{\pi n}{4}+2\cos\frac{\pi n}{4}$，或进一步根据三角函数和差化积公式 $\sin\alpha+\sin\beta=2\sin\frac{\alpha+\beta}{2}\cos\frac{\alpha-\beta}{2}$，$y[n]$ 可写为 $y[n]=2\sqrt{2}\sin\left(\frac{\pi n}{4}+\frac{\pi}{4}\right)$。

方法二：根据频率响应的物理意义，当输入为 $x[n]=\sin\frac{\pi n}{4}$ 时输出为同频率的正弦信号，幅度和相位的改变取决于 $H(e^{j\omega})$ 在 $\omega=\frac{\pi}{4}$ 处的值，即

$$H(e^{j\omega})\Big|_{\omega=\frac{\pi}{4}}=\frac{1-e^{-j2\omega}}{1+\frac{1}{2}e^{-j4\omega}}\Bigg|_{\omega=\frac{\pi}{4}}=\frac{1-e^{-j\frac{\pi}{2}}}{1+\frac{1}{2}e^{-j\pi}}=2(1+j)=2\sqrt{2}\,e^{j\frac{\pi}{4}}$$

所以 $y[n]=2\sqrt{2}\sin\left(\frac{\pi n}{4}+\frac{\pi}{4}\right)$。

4-28　某离散时间 LTI 系统的单位脉冲响应为 $h[n]=\begin{cases}4^{-n}, & n\geqslant 0\\ 0, & n<0\end{cases}$，输入信号为 $x[n]=\begin{cases}5^{-n}, & n\geqslant 0\\ 4^{n}, & n<0\end{cases}$，试用多种方法求该系统的输出信号 $y[n]$。

【解】　方法一：利用线性卷积求解。

$$y[n]=h[n]*x[n]=\sum_{k=0}^{+\infty}4^{-k}x[n-k]$$

当 $n<0$ 时，因为 $k\geqslant 0$，所以 $n-k<0$，所以 $x[n-k]=4^{n-k}$，所以 $y[n]=\sum\limits_{k=0}^{+\infty}4^{-k}4^{n-k}=4^{n}\sum\limits_{k=0}^{+\infty}4^{-2k}=4^{n}\frac{1}{1-4^{-2}}=\frac{16}{15}\times 4^{n}=\frac{4^{n+2}}{15}$；当 $n\geqslant 0$ 时，根据 $n-k\geqslant 0$ 或 $n-k<0$，$x[n-k]$的取值不同，即

$$\begin{aligned}y[n]&=\sum_{k=0}^{n}4^{-k}5^{-(n-k)}+\sum_{k=n+1}^{+\infty}4^{-k}4^{n-k}=5^{-n}\sum_{k=0}^{n}\left(\frac{5}{4}\right)^{k}+4^{n}\sum_{k=n+1}^{+\infty}4^{-2k}\\&=5^{-n}\,\frac{1-5^{n+1}4^{-(n+1)}}{1-(5/4)}+4^{n}\,\frac{4^{-2(n+1)}}{1-(1/16)}=5^{-n}(-4)\left[1-5^{n+1}4^{-(n+1)}\right]+\frac{1}{15}4^{-n}\\&=-4\times 5^{-n}+\frac{76}{15}\times 4^{-n}\end{aligned}$$

综上，$y[n]=\left(-4\times 5^{-n}+\frac{76}{15}\times 4^{-n}\right)u[n]+\frac{4^{n+2}}{15}u[-n-1]$。

方法二：利用 z 变换求解。

$$\begin{aligned}X(z)&=\sum_{n=-\infty}^{+\infty}x[n]z^{-n}=\sum_{n=-\infty}^{-1}4^{n}z^{-n}+\sum_{n=0}^{+\infty}5^{-n}z^{-n}=\sum_{n=1}^{+\infty}4^{-n}z^{n}+\sum_{n=0}^{+\infty}(z^{-1}5^{-1})^{n}\\&=-1+\sum_{n=0}^{+\infty}(z/4)^{n}+\frac{1}{1-z^{-1}5^{-1}}=-1+\frac{1}{1-z/4}+\frac{5z}{5z-1}\\&=\frac{19z}{(4-z)(5z-1)}\end{aligned}$$

根据幂级数的收敛条件可知，$X(z)$的收敛域为$\frac{1}{5}<|z|<4$。

$$H(z)=\sum_{n=-\infty}^{+\infty}h[n]z^{-n}=\sum_{n=0}^{+\infty}4^{-n}z^{-n}=\frac{1}{1-4^{-1}z^{-1}}=\frac{4z}{4z-1}$$

根据幂级数的收敛条件可知 $H(z)$的收敛域为$|z|>\frac{1}{4}$。

所以 $Y(z)=X(z)H(z)=\frac{76z^{2}}{(4-z)(5z-1)(4z-1)}$，收敛域 ROC 为$\frac{1}{4}<|z|<4$。

由部分分式展开法和 z 反变换得到

$$Y(z)=\frac{76z^2}{(4-z)(5z-1)(4z-1)}$$
$$=-\frac{76}{20}\left(\frac{16}{57}\times\frac{z}{z-4}+\frac{20}{19}\times\frac{z}{z-1/5}-\frac{4}{3}\times\frac{z}{z-1/4}\right)$$

所以 $y[n]=\left(\frac{76}{15}\times 4^{-n}-4\times 5^{-n}\right)\mathrm{u}[n]+\frac{4^{n+2}}{15}\mathrm{u}[-n-1]$。

4-29 某离散时间系统的输入序列 $x[n]$ 和输出序列 $y[n]$ 满足差分方程 $y[n]=ny[n-1]+x[n]$，且系统是满足初始松弛条件的因果系统，即如果 $n<n_0$ 时，$x[n]=0$，则 $n<n_0$ 时 $y[n]=0$。

(a) 若 $x[n]=\delta[n]$，求 $y[n]$；

(b) 试判断系统的线性性质；

(c) 试判断系统的时不变性质。

【解】 (a) 若 $x[n]=\delta[n]$，根据系统因果且松弛的条件，$x[-1]=0$ 则 $y[-1]=0$。当 $n<0$ 时，$y[n]=0$，而 $y[0]=\delta[0]=1$，递推法代入 $y[n]=ny[n-1]+x[n]$ 可得

$$y[n]=\begin{cases}0 & n<0\\ 1 & n=0\\ n! & n\geqslant 1\end{cases}$$

(b) 令 $\mathrm{T}(x_1[n])=y_1[n]=ny_1[n-1]+x_1[n]$，$\mathrm{T}(x_2[n])=y_2[n]=ny_2[n-1]+x_2[n]$，$\forall\alpha,\beta\in\mathbf{R}$，因为

$$\begin{aligned}\mathrm{T}(\alpha x_1[n]+\beta x_2[n])&=n(\alpha y_1[n-1]+\beta y_2[n-1])+\alpha x_1[n]+\beta x_2[n]\\&=\alpha(ny_1[n-1]+x_1[n])+\beta(ny_2[n-1]+x_2[n])\\&=\alpha y_1[n]+\beta y_2[n]=\alpha\mathrm{T}(x_1[n])+\beta\mathrm{T}(x_2[n])\end{aligned}$$

所以系统是线性的。

(c) 差分方程 $y[n]=ny[n-1]+x[n]$ 中，输入为 $x[n-m]$ 时，相应的输出可表示为

$$y'[n]=ny[n-1]+x[n-m]$$

而对差分方程直接延迟 m，则有

$$y[n-m]=(n-m)y[n-m-1]+x[n-m]$$

二者显然并不相同，故系统是时变的。

4-30 某离散时间 LTI 系统的输入为序列 $x[n]=\left(\frac{1}{4}\right)^n\mathrm{u}[n]$ 时，系统的响应为 $y[n]=\left(\frac{1}{2}\right)^n$，试求该系统的单位脉冲响应 $h[n]$。

【解】 方法一：为了使用离散时间 LTI 系统的线性和时不变性，需要组合得出单位脉冲信号 $\delta[n]$。

因为 $x[n]=\left(\frac{1}{4}\right)^n\mathrm{u}[n]$，所以 $x[n-1]=\left(\frac{1}{4}\right)^{n-1}\mathrm{u}[n-1]$，所以 $x[n]-\frac{1}{4}x[n-1]=\left(\frac{1}{4}\right)^n\delta[n]=\delta[n]$，所以 $h[n]=\mathrm{T}(\delta[n])=\mathrm{T}\left(x[n]-\frac{1}{4}x[n-1]\right)=\left(\frac{1}{2}\right)^n-\frac{1}{4}\left(\frac{1}{2}\right)^{n-1}=\left(\frac{1}{2}\right)^{n+1}$。

方法二：令 $y_1[n]=\left(\frac{1}{2}\right)^n u[n], y_2[n]=\left(\frac{1}{2}\right)^n u[-n-1]$，则

$$\begin{aligned} y[n] &= y_1[n]+y_2[n]=x[n]*h_1[n]+x[n]*h_2[n] \\ &= x[n]*\{h_1[n]+h_2[n]\}=x[n]*h[n] \end{aligned}$$

将 $h[n]$ 视为两个子系统 $h_1[n]$ 和 $h_2[n]$ 的并联，分别求 $x[n], y_1[n], y_2[n]$ 的 z 变换，可得

$$X(z)=\frac{1}{1-\frac{1}{4}z^{-1}},\quad Y_1(z)=\frac{1}{1-\frac{1}{2}z^{-1}},\quad Y_2(z)=\frac{-1}{1-\frac{1}{2}z^{-1}}$$

所以 $H_1(z)=\frac{Y_1(z)}{X(z)}=\frac{1-\frac{1}{4}z^{-1}}{1-\frac{1}{2}z^{-1}} \Rightarrow h_1[n]=\left(\frac{1}{2}\right)^n u[n]-\frac{1}{4}\left(\frac{1}{2}\right)^{n-1} u[n-1]$，为右边序列；

$$H_2(z)=\frac{Y_2(z)}{X(z)}=\frac{\frac{1}{4}z^{-1}-1}{1-\frac{1}{2}z^{-1}} \Rightarrow h_2[n]=\left(\frac{1}{2}\right)^n u[-n-1]-\frac{1}{4}\left(\frac{1}{2}\right)^{n-1} u[-n]$$，为左边序列；

所以 $h[n]=h_1[n]+h_2[n]=\left(\frac{1}{2}\right)^n-\frac{1}{4}\left(\frac{1}{2}\right)^{n-1}=\left(\frac{1}{2}\right)^{n+1}$。

4-31　某因果离散时间 LTI 系统的输入序列 $x[n]$ 和输出序列 $y[n]$ 满足差分方程 $y[n]-\frac{1}{2}y[n-1]=x[n]+2x[n-1]+x[n-2]$，求该系统的频率响应 $H(e^{j\omega})$。

【解】　初始状态为零时，对差分方程求 z 变换得到

$$Y(z)-\frac{1}{2}z^{-1}Y(z)=X(z)+2z^{-1}X(z)+z^{-2}X(z)$$

化简得到

$$\left(1-\frac{1}{2}z^{-1}\right)Y(z)=(1+2z^{-1}+z^{-2})X(z)$$

所以 $H(z)=\frac{Y(z)}{X(z)}=\frac{1+2z^{-1}+z^{-2}}{1-\frac{1}{2}z^{-1}}$。

因为系统因果，收敛域为 $|z|>\frac{1}{2}$，包含单位圆所以 $H(e^{j\omega})=H(z)\big|_{z=e^{j\omega}}=\frac{1+2e^{-j\omega}+e^{-j2\omega}}{1-\frac{1}{2}e^{-j\omega}}$。

4-32　某因果离散时间 LTI 系统的单位脉冲响应为 $h[n]$，其系统函数为 $H(z)=\frac{1+z^{-1}}{\left(1-\frac{1}{2}z^{-1}\right)\left(1+\frac{1}{4}z^{-1}\right)}$，试求：

(a) 确定 $H(z)$ 的收敛域；

(b) 判断系统的稳定性,简述理由;

(c) 求系统的单位脉冲响应 $h[n]$。

【解】 (a) $H(z)=\dfrac{1+z^{-1}}{(1-0.5z^{-1})(1+0.25z^{-1})}=\dfrac{2}{1-0.5z^{-1}}+\dfrac{-1}{1+0.25z^{-1}}$,系统因果,所以收敛域 $|z|>0.5$。

(b) 收敛域包括单位圆,$h[n]$绝对可和,所以系统稳定。

(c) 对 $H(z)$求反变换可得 $h[n]=(2(0.5)^n-(-0.25)^n)\cdot \mathrm{u}[n]$。

4-33 离散时间理想低通滤波器的频率响应记为 $H(e^{j\omega})$,图 P4-33 所示为 $H(e^{j\omega})$、输入 $x[n]$和输出 $y[n]$之间的关系。为了使输出序列 $y[n]=\begin{cases}1, & 0\leqslant n\leqslant 10\\ 0, & \text{其他}\end{cases}$,试确定此时的输入 $x[n]$和滤波器的截止频率 ω_c。

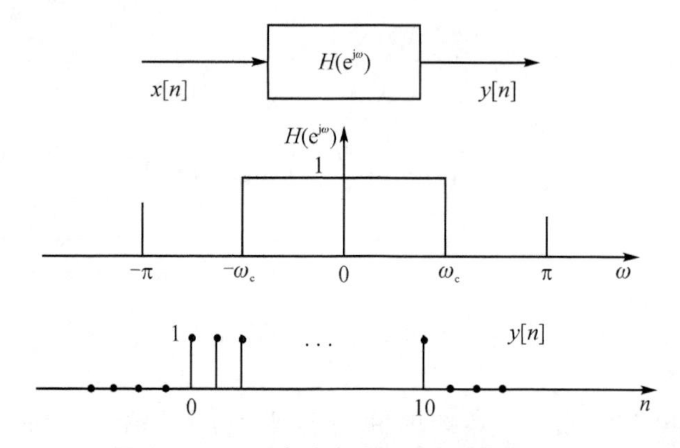

图 P4-33 系统对输入低通滤波得到输出

【解】 因为 $y[n]=\begin{cases}1, & 0\leqslant n\leqslant 10\\ 0, & \text{其他}\end{cases}$,所以$Y(e^{j\omega})=\sum\limits_{n=-\infty}^{+\infty}y[n]e^{-j\omega n}=\dfrac{1-e^{-j11\omega}}{1-e^{-j\omega}}=e^{-j5\omega}\dfrac{\sin(5.5\omega)}{\sin(0.5\omega)}$,

$Y(e^{j\omega})$除了在个别频率点等于 0 之外,在$[-\pi,\pi]$区间都是非零值,又因为$Y(e^{j\omega})=X(e^{j\omega})H(e^{j\omega})$,且 $H(e^{j\omega})=\begin{cases}1, & |\omega|<\omega_c\\ 0, & \omega_c\leqslant|\omega|<\pi\end{cases}$,所以 $Y(e^{j\omega})=X(e^{j\omega})$,即 $x[n]=y[n]$,此时系统的截止频率 $\omega_c=\pi$,此时低通等效于全通。

4-34 某离散时间系统的输入信号为 $x[n]=\begin{cases}x[n], & n=0,\pm L,\pm 2L,\cdots\\ 0, & \text{其他}\end{cases}$ 时,输出信号 $y[n]$是 $x[n]$的每一个非零值重复 L 次得到的,即

$$y[n]=\begin{cases}x[0], & n=0,1,\cdots,L-1\\ x[L], & n=L,L+1,\cdots,2L-1\\ x[2L], & n=2L,2L+1,\cdots,3L-1\\ \quad\vdots\end{cases}$$

试:(a) 求出该系统的单位脉冲响应并绘制系统的幅频响应曲线;(b) 判断该系统的选频特性。

【解】 (a) 输出信号 $y[n]$是对输入信号 $x[n]$的离散零阶保持内插。输入、输出的关

系为

$$y[n]=x[n]+x[n-1]+\cdots+x[n-(L-1)]$$

所以 $h[n]=\delta[n]+\delta[n-1]+\cdots+\delta[n-(L-1)]=R_L[n]$，所以 $H(e^{j\omega})=e^{-j\omega(L-1)/2}\dfrac{\sin(\omega L/2)}{\sin(\omega/2)}$，系统的幅频响应如图 P4－34 所示。

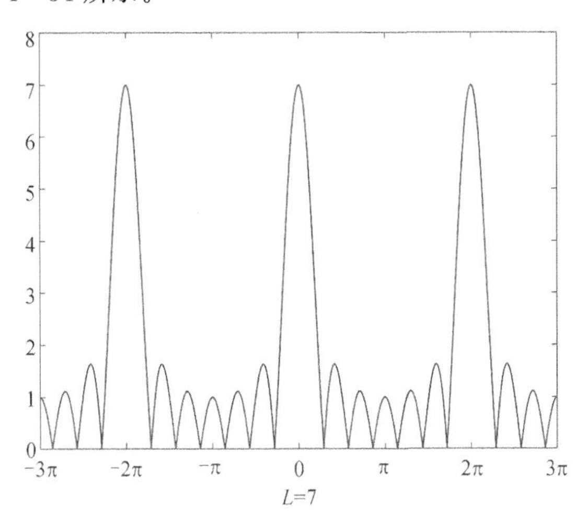

图 P4－34　系统的幅频响应

(b) 根据绘制的幅频响应可知该系统具有低通特性。

4－35　某因果离散时间 LTI 系统的单位脉冲响应 $h[n]$为实函数，系统函数为 $H(z)$，系统的对数幅频响应 $20\lg|H(e^{j\omega})|$如图 P4－35(a)所示，试：

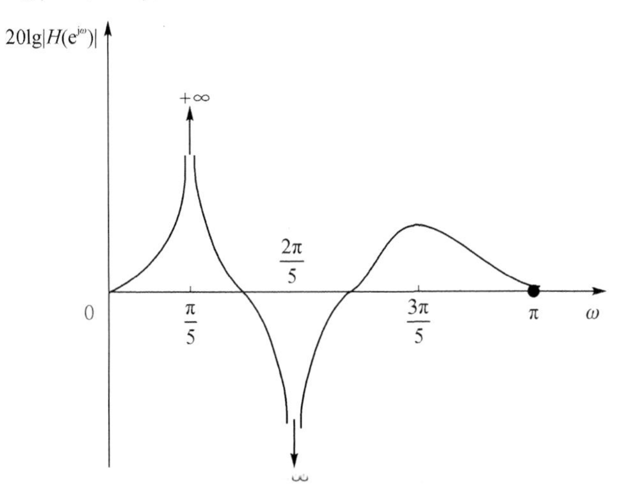

图 P4－35(a)　某系统的对数幅频响应

(a) 确定零点、极点的个数和位置，并画出 $H(z)$零点、极点图；

(b) 确定该系统的单位脉冲响应长度；

(c) 判断该系统是否为线性相位系统；

(d) 判断系统的稳定性。

【解】　(a)在图中所示的对数幅频响应曲线上，对数幅频响应趋于$+\infty$时，相应的 ω 处对应为极点；对数幅频响应趋于$-\infty$时，相应的ω处对应为零点；对数幅频响应表现为有限极大值时，相应的ω对应单位圆内的极点$e^{j\omega}$。同时，$h[n]$为实函数，系统函数的零点、极点均共轭成对出现。系统的因果性决定了零点、极点个数相同，因此，系统函数的零点、极点形式为

$$H(z)=\frac{k\left(1-e^{j\frac{2\pi}{5}}z^{-1}\right)\left(1-e^{-j\frac{2\pi}{5}}z^{-1}\right)}{\left(1-e^{j\frac{\pi}{5}}z^{-1}\right)\left(1-e^{-j\frac{\pi}{5}}z^{-1}\right)\left(1-re^{j\frac{3\pi}{5}}z^{-1}\right)\left(1-re^{-j\frac{3\pi}{5}}z^{-1}\right)},r<1$$

所以零点是单位圆上的$e^{j\frac{2\pi}{5}}$和$e^{-j\frac{2\pi}{5}}$和坐标原点处的二重零点，极点是单位圆上的$e^{j\frac{\pi}{5}}$和$e^{-j\frac{\pi}{5}}$以及单位圆内的$re^{j\frac{3\pi}{5}}$和$re^{-j\frac{3\pi}{5}}$。$H(z)$的零点、极点图如图 P4-35(b)所示；

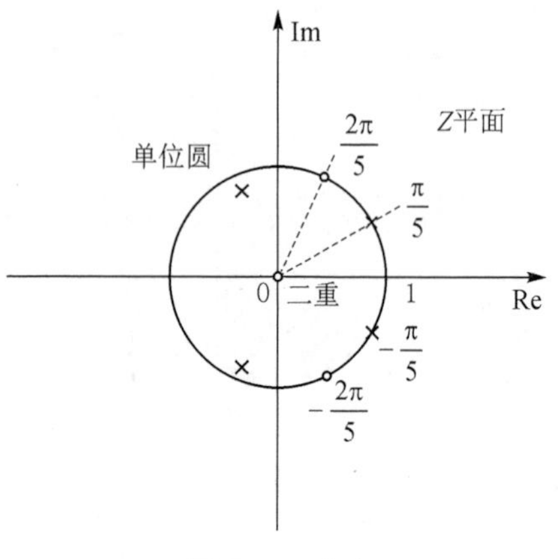

图 P4-35(b)

(b) 因为$H(z)$存在非零点、极点，所以单位脉冲响应$h[n]$为无限长；

(c) 无限长脉冲响应（IIR 系统）不具有线性相位特性；

(d) 因为$H(z)$在单位圆上有极点，所以系统不稳定（或是临界稳定）。

4-36 某离散时间 LTI 系统输入为$x[n]=\left(\frac{1}{2}\right)^n u[n]+2^n u[-n-1]$时，系统的响应为$y[n]=6\left(\frac{1}{2}\right)^n u[n]-6\left(\frac{3}{4}\right)^n u[n]$。

(a) 求该系统的系统函数$H(z)$，并画出$H(z)$的零点、极点图并指出其收敛域。

(b) 求该系统的单位脉冲响应$h[n]$。

(c) 写出表征该系统的差分方程。

(d) 判断系统稳定性及因果性。

【解】 对输入输出分别进行z变换，得

$$X(z)=\frac{1}{1-\frac{1}{2}z^{-1}}+\frac{-1}{1-2z^{-1}},\quad \frac{1}{2}<|z|<2$$

$$Y(z)=6\cdot\frac{1}{1-\frac{1}{2}z^{-1}}-6\cdot\frac{1}{1-\frac{3}{4}z^{-1}},\quad |z|>\frac{3}{4}$$

(a)

$$H(z)=\frac{Y(z)}{X(z)}=\frac{\dfrac{1-2z^{-1}-1+\frac{1}{2}z^{-1}}{\left(1-\frac{1}{2}z^{-1}\right)(1-2z^{-1})}}{6\dfrac{1-\frac{3}{4}z^{-1}-1+\frac{1}{2}z^{-1}}{\left(1-\frac{1}{2}z^{-1}\right)\left(1-\frac{3}{4}z^{-1}\right)}}=\frac{1-2z^{-1}}{1-\frac{3}{4}z^{-1}}=\frac{1}{1-\frac{3}{4}z^{-1}}-2\frac{z^{-1}}{1-\frac{3}{4}z^{-1}}=$$

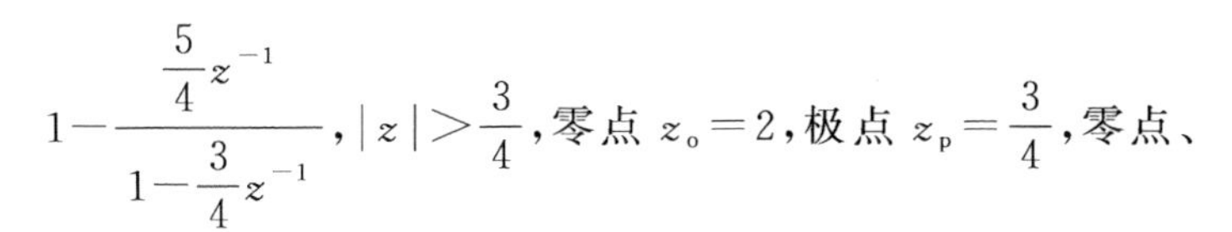

$1-\dfrac{\frac{5}{4}z^{-1}}{1-\frac{3}{4}z^{-1}}$，$|z|>\dfrac{3}{4}$，零点 $z_o=2$，极点 $z_p=\dfrac{3}{4}$，零点、极点图和收敛域如图 P4－36 所示。

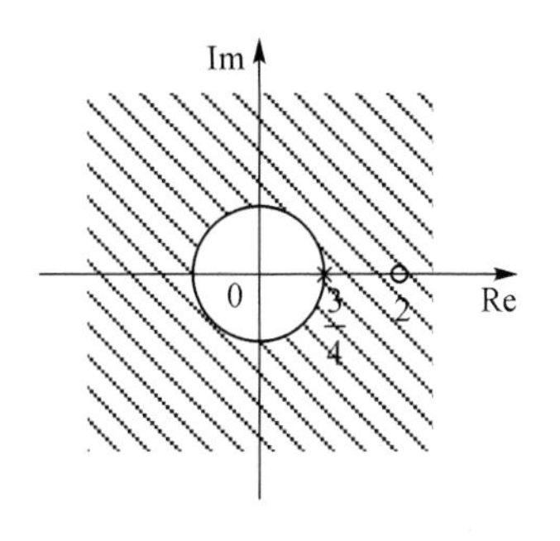

图 P4－36　零点、极点图及收敛域

(b) 根据(a)中 $H(z)$的表达式，求得

表达式一：$h[n]=\left(\dfrac{3}{4}\right)^n u[n]-2\left(\dfrac{3}{4}\right)^{n-1}u[n-1]$。

表达式二：$h[n]=\delta[n]-\dfrac{5}{4}\left(\dfrac{3}{4}\right)^{n-1}u[n-1]$。

或化简 $H(z)=\dfrac{\frac{8}{3}-2z^{-1}-\frac{5}{3}}{1-\frac{3}{4}z^{-1}}=\dfrac{\frac{8}{3}\left(1-\frac{3}{4}z^{-1}\right)-\frac{5}{3}}{1-\frac{3}{4}z^{-1}}=\dfrac{8}{3}-\dfrac{5}{3}\cdot\dfrac{1}{1-\frac{3}{4}z^{-1}}$求得。

表达式三：

$$h[n]=\frac{8}{3}\delta[n]-\frac{5}{3}\cdot\left(\frac{3}{4}\right)^n u[n]$$

(c) 因为 $\dfrac{Y(z)}{X(z)}=\dfrac{1-2z^{-1}}{1-\frac{3}{4}z^{-1}}$，所以 $Y(z)\left(1-\dfrac{3}{4}z^{-1}\right)=X(z)(1-2z^{-1})$。所以差分方程为

$$y[n]-\frac{3}{4}y[n-1]=x[n]-2x[n-1]$$

(d) $H(z)$的收敛域为 $|z|>\dfrac{3}{4}$，包含单位圆，所以稳定，包含$+\infty$，所以系统因果。

4－37　某稳定的离散时间 LTI 系统的差分方程为 $y[n]-0.25y[n-2]=-0.25x[n]+x[n-2]$，试求：

(a) 系统函数 $H(z)$；

(b) 求系统的零点、极点，并说明该系统具有何种选频特性；

(c) 若 $\sum\limits_{n=-\infty}^{+\infty}|x(n)|^2=100$，求 $\sum\limits_{n=-\infty}^{+\infty}|y(n)|^2$ 的值。

【解】　(a) $H(z)=\dfrac{Y(z)}{X(z)}=\dfrac{-0.25+z^{-2}}{1-0.25z^{-2}}$，$|z|>\dfrac{1}{2}$。

(b) 零点：$z=\pm2$，极点：$z=\pm\dfrac{1}{2}$，零点、极点互为共轭倒数复数对，所以该系统为全通系统。

(c) 由于为全通系统，所以 $|Y(e^{j\omega})|=|X(e^{j\omega})||H(e^{j\omega})|=|X(e^{j\omega})|$，所以

$$\frac{1}{2\pi}\int_{-\pi}^{\pi}|Y(e^{j\omega})|^2 d\omega=\frac{1}{2\pi}\int_{-\pi}^{\pi}|X(e^{j\omega})|^2 d\omega，即\sum_{n=-\infty}^{+\infty}\left|y[n]\right|^2=\sum_{n=-\infty}^{+\infty}\left|x[n]\right|^2=100$$

4－38　由线性常系数差分方程描述的系统满足初始松弛条件，如果该系统的单位阶跃响应为 $y[n]=\left[\left(\dfrac{1}{3}\right)^n+\left(\dfrac{1}{4}\right)^n+1\right]u[n]$，试：

(a) 确定该系统的差分方程；
(b) 求系统的单位脉冲响应；
(c) 判断系统的稳定性。

【解】 单位阶跃信号的 z 变换为 $X(z)=\dfrac{z}{z-1}$。假设系统函数为 $H(z)$，则根据 $y[n]$的 z 变换有

$$Y(z)=\frac{1}{1-\frac{1}{3}z^{-1}}+\frac{1}{1-\frac{1}{4}z^{-1}}+\frac{1}{1-z^{-1}}=H(z)X(z)=H(z)\cdot\frac{z}{z-1},\quad |z|>1$$

可求得 $H(z)=\dfrac{z-1}{z-\frac{1}{3}}+\dfrac{z-1}{z-\frac{1}{4}}+1=\dfrac{3-\frac{19}{6}z^{-1}+\frac{2}{3}z^{-2}}{1-\frac{7}{12}z^{-1}+\frac{1}{12}z^{-2}}=\dfrac{Y(z)}{X(z)},|z|>\dfrac{1}{3}$。

(a) 上式交叉相乘，并考虑到 z^{-1} 对应时域的单位延迟，可以写出该系统的差分方程为

$$y[n]-\frac{7}{12}y[n-1]+\frac{1}{12}y[n-2]=3x[n]-\frac{19}{6}x[n-1]+\frac{2}{3}x[n-2]$$

(b) 对 $H(z)$部分分式展开，得

$$H(z)=\frac{1}{1-\frac{1}{3}z^{-1}}-\frac{z^{-1}}{1-\frac{1}{3}z^{-1}}+\frac{1}{1-\frac{1}{4}z^{-1}}-\frac{z^{-1}}{1-\frac{1}{4}z^{-1}}+1,\quad |z|>\frac{1}{3}$$

所以系统的单位脉冲响应为

$$h[n]=\left(\frac{1}{3}\right)^{n}\mathrm{u}[n]-\left(\frac{1}{3}\right)^{n-1}\mathrm{u}[n-1]+\left(\frac{1}{4}\right)^{n}\mathrm{u}[n]-\left(\frac{1}{4}\right)^{n-1}\mathrm{u}[n-1]+\delta[n]$$

(c) 因为系统收敛域包括单位圆，所以系统稳定。

4-39 某因果离散时间 LTI 系统的输入为 $x[n]=-\dfrac{1}{3}\left(\dfrac{1}{2}\right)^{n}\mathrm{u}[n]-\dfrac{4}{3}(2)^{n}\mathrm{u}[-n-1]$ 时，系统响应的 z 变换为 $Y(z)=\dfrac{1-z^{-2}}{\left(1-\frac{1}{2}z^{-1}\right)(1-2z^{-1})}$，试求：

(a) 求 $x[n]$的 z 变换；
(b) 指出 $Y(z)$的收敛域；
(c) 求系统的单位脉冲响。

【解】 (a) $X(z)=-\dfrac{1}{3}\cdot\dfrac{1}{1-\frac{1}{2}z^{-1}}+\dfrac{4}{3}\cdot\dfrac{1}{1-2z^{-1}}=\dfrac{1}{\left(1-\frac{1}{2}z^{-1}\right)\cdot(1-2z^{-1})}$，$\dfrac{1}{2}<|z|<2$；

(b) 因为 $Y(z)$的极点与 $X(z)$的相同，二者有公共的收敛域才能运算，所以收敛域相同，即$\dfrac{1}{2}<|z|<2$；

(c) 因为 $H(z)=\dfrac{Y(z)}{X(z)}=1-z^{-2}$，所以 $h[n]=\delta[n]-\delta[n-2]$。

4-40　某因果离散时间 LTI 系统的系统函数为 $H(z)=\dfrac{z^{-3}}{\left(1-\frac{1}{2}z^{-1}\right)\left(1-\frac{1}{4}z^{-1}\right)}$，$|z|>\dfrac{1}{2}$，当输入为单位阶跃信号 $u[n]$时，试求 $y[4]$。

【解】　方法一：时域递推法。

因为该系统是因果系统，所以 $y[n]=0,n<0$，即 $y[-1]=y[-2]=0$。

系统函数 $H(z)=\dfrac{Y(z)}{X(z)}=\dfrac{z^{-3}}{\left(1-\frac{1}{2}z^{-1}\right)\left(1-\frac{1}{4}z^{-1}\right)}=\dfrac{z^{-3}}{1-\frac{3}{4}z^{-1}+\frac{1}{8}z^{-2}}$对应的差分方程为

$$y[n]=x[n-3]+\frac{3}{4}y[n-1]-\frac{1}{8}y[n-2]$$

当 $x[n]=u[n]$时，$y[0]=0,y[1]=0,y[2]=0,y[3]=x[0]=1,y[4]=x[1]+\dfrac{3}{4}y[3]=1+\dfrac{3}{4}=\dfrac{7}{4}$。

方法二：z 变换法。

$$Y(z)=X(z)H(z)=\frac{z^{-3}}{\left(1-\frac{1}{2}z^{-1}\right)\left(1-\frac{1}{4}z^{-1}\right)(1-z^{-1})}$$

$$=-8-\frac{16}{1-\frac{1}{2}z^{-1}}+\frac{64/3}{1-\frac{1}{4}z^{-1}}+\frac{8/3}{1-z^{-1}}$$

所以 $y[n]=-8\delta[n]-16\left(\dfrac{1}{2}\right)^n u[n]+\dfrac{64}{3}\left(\dfrac{1}{4}\right)^n u[n]+\dfrac{8}{3}u[n]$，即 $y[4]=\dfrac{7}{4}$。

或将 $Y(z)=\dfrac{z^{-3}}{\left(1-\frac{1}{2}z^{-1}\right)\left(1-\frac{1}{4}z^{-1}\right)(1-z^{-1})}=\dfrac{z^{-3}}{-\frac{1}{8}z^{-3}+\frac{7}{8}z^{-2}-\frac{7}{4}z^{-1}+1}$分子、分母按 z^{-1} 升幂次排列再用长除法，即

$$\begin{array}{r|l}
 & z^{-3}+\frac{7}{4}z^{-4}+\cdots \\
\hline
1-\frac{7}{4}z^{-1}+\frac{7}{8}z^{-2}-\frac{1}{8}z^{-3} & z^{-3} \\
 & z^{-3}-\frac{7}{4}z^{-4}+\frac{7}{8}z^{-5}-\frac{1}{8}z^{-6} \\
\cline{2-2}
 & \frac{7}{4}z^{-4}-\frac{7}{8}z^{-5}+\frac{1}{8}z^{-6} \\
 & \vdots
\end{array}$$

故 $y[4]=\dfrac{7}{4}$。

4-41　图 P4-41(a)所示为某离散时间 LTI 系统的系统函数零点、极点图，试判断以下陈述是否正确。

(a) 系统是稳定的；

(b) 系统是因果的；

(c) 如果系统因果，则一定稳定；

(d) 如果系统稳定，则一定存在一个双边的单位脉冲响应。

【解】 (a) 错误，收敛域不能确定，可能包含也可能不包含单位圆；

(b) 错误，收敛域不能确定，可能包含也可能不包含 $z=+\infty$；

(c) 错误，系统因果说明收敛域包含 $z=+\infty$，收敛域在模值最大极点之外，不包含单位圆，则系统不稳定；

(d) 正确，如果系统稳定，则收敛域包含单位圆，又因为收敛域为圆 a 和圆 b 之间的圆环，如图 P4-41(b)所示，所以该系统对应的单位脉冲响应是双边的。

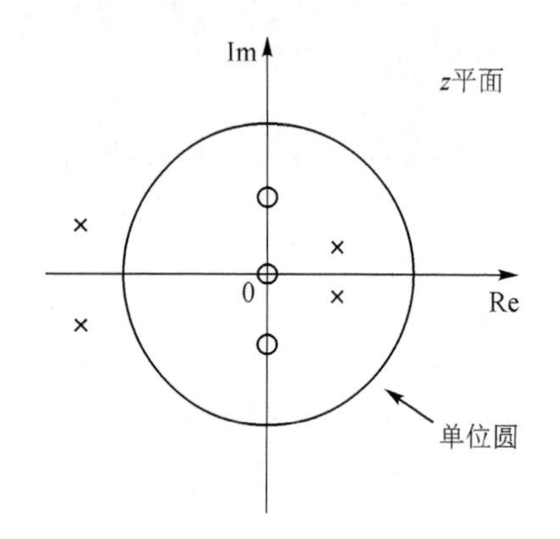

图 P4-41(a) 系统函数的零点、极点图

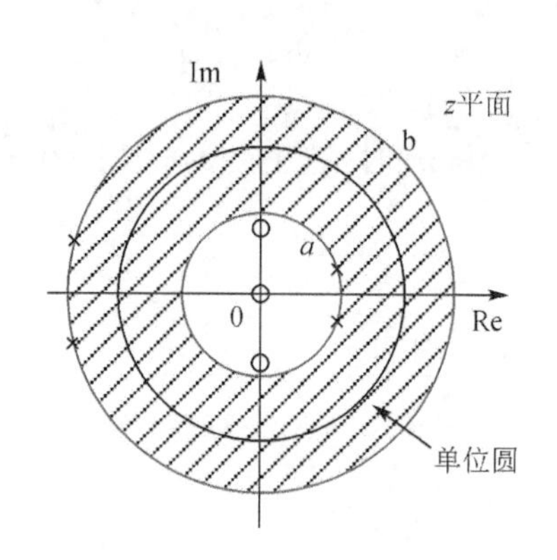

图 P4-41(b) 环状收敛域

4-42 某因果离散时间系统的系统函数为 $H(z)=\dfrac{(1+0.2z^{-1})(1-9z^{-2})}{(1+0.81z^{-2})}$，试：

(a) 判断系统的稳定性；

(b) 求一个最小相位系统 $H_{\min}(z)$ 和一个全通系统 $H_{\text{ap}}(z)$ 使 $H(z)=H_{\min}(z)H_{\text{ap}}(z)$。

【解】 (a) $H(z)=\dfrac{(1+0.2z^{-1})(1+3z^{-1})(1-3z^{-1})}{(1-\text{j}0.9z^{-1})(1+\text{j}0.9z^{-1})}$，零点为 $-0.2,3,-3$，极点为 $0.9\text{j},-0.9\text{j},0$。因为系统因果，收敛域包含 $z=+\infty$，所以收敛域为 $|z|>0.9$，包含单位圆，所以系统稳定。

(b) 由(a)可知，两个零点 3 和 -3 在单位圆外，因此该系统不是最小相位系统。可以将 $H(z)$分解为两部分，第一部分为零点、极点都在单位圆内的最小相位系统，第二部分为零点、极点以共轭倒数形式成对出现的全通系统。

$$H(z)=\frac{1+0.2z^{-1}}{1+0.81z^{-2}}(1-9z^{-2})=\frac{(1+0.2z^{-1})(z^{-2}-9)}{1+0.81z^{-2}}\cdot\frac{1-9z^{-2}}{z^{-2}-9}=H_{\min}(z)H_{\text{ap}}(z)$$

其中，$H_{\min}(z)=\dfrac{(1+0.2z^{-1})(z^{-2}-9)}{1+0.81z^{-2}}$是最小相位系统，$H_{\text{ap}}(z)=\dfrac{1-9z^{-2}}{z^{-2}-9}$是全通系统。

4-43 某因果离散时间 LTI 系统的输入序列 $x[n]$和输出序列 $y[n]$满足差分方程 $y[n]=p_0x[n]+p_1x[n-1]-d_1y[n-1]$，假设其逆系统存在，试求描述逆系统的差分方程。

【解】 对原系统的差分方程式求 z 变换可得

$$Y(z)=p_0X(z)+p_1z^{-1}X(z)-d_1z^{-1}Y(z)$$

则系统函数为

$$H(z)=\frac{Y(z)}{X(z)}=\frac{p_0+p_1z^{-1}}{1+d_1z^{-1}}$$

其逆系统的系统函数是为

$$H_{\text{inv}}(z)=\frac{1}{H(z)}=\frac{1+d_1z^{-1}}{p_0+p_1z^{-1}}$$

记 $H_{\text{inv}}(z)=\dfrac{1+d_1z^{-1}}{p_0+p_1z^{-1}}=\dfrac{Y(z)}{X(z)}$,交叉相乘并求 z 逆变换可得

$$p_0y[n]+p_1y[n-1]=x[n]+d_1x[n-1]$$

或写为

$$y[n]=\frac{1}{p_0}x[n]+\frac{d_1}{p_0}x[n-1]-\frac{p_1}{p_0}y[n-1]$$

4－44　图 P4－44 所示为 4 个离散时间 LTI 系统的单位脉冲响应,试分别确定这些系统的群延迟。

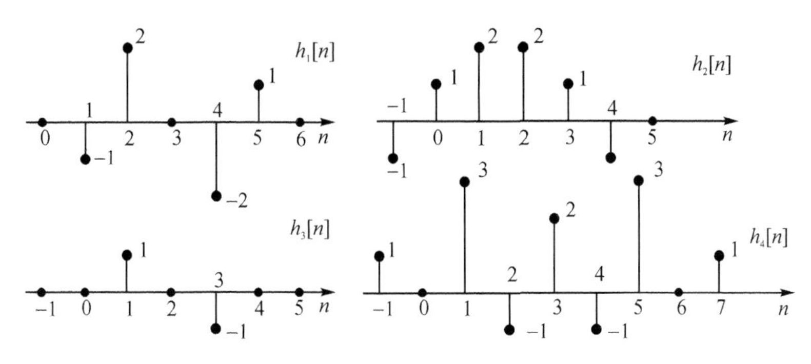

图 P4－44　4 个系统的单位脉冲响应

【解】　因为各个系统的单位脉冲响应均对称,所以各系统均为广义线性相位系统,其相频特性的表达式为 $\beta-\alpha\omega$,群延迟为 $\text{grd}\,[H(\mathrm{e}^{\mathrm{j}\omega})]=-\dfrac{\mathrm{d}}{\mathrm{d}\omega}\angle H(\mathrm{e}^{\mathrm{j}\omega})=\alpha$,即找到各系统单位脉冲响应的奇/偶对称中心点即可,所以 $\text{grd}\,[H_1(\mathrm{e}^{\mathrm{j}\omega})]=3$, $\text{grd}\,[H_2(\mathrm{e}^{\mathrm{j}\omega})]=1.5$, $\text{grd}\,[H_3(\mathrm{e}^{\mathrm{j}\omega})]=2$, $\text{grd}\,[H_4(\mathrm{e}^{\mathrm{j}\omega})]=3$。

4－45　某因果离散时间 LIT 系统的系统函数为 $H(z)$,系统零点、极点如图 P4－45 所示,当 $z=1$ 时系统函数 $H(z)=6$,试:

(a) 确定系统函数 $H(z)$;

(b) 求输入 $x[n]=\mathrm{u}[n]-0.5\mathrm{u}[n-1]$ 时系统的响应;

(c) 求输入 $x[n]=50+30\cos(\pi n)$ 时系统的响应。

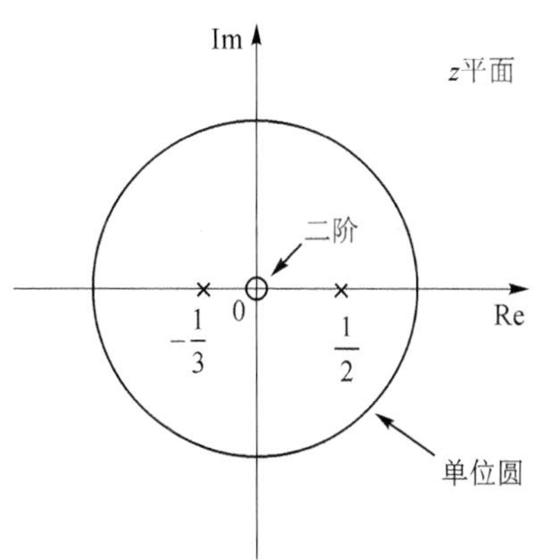

图 P4－45　二阶系统的零点、极点图

【解】　(a)由零点、极点的定义可知,$H(z)$有如下的形式:

$$H(z)=\frac{Kz^2}{\left(z+\frac{1}{3}\right)\left(z-\frac{1}{2}\right)}$$

因为 $H(1)=\dfrac{K}{\frac{4}{3}\cdot\frac{1}{2}}=6$，所以 $K=4$，因为系统因果，收敛域 $|z|>0.5$，所以

$$H(z)=\frac{4z^2}{\left(z+\frac{1}{3}\right)\left(z-\frac{1}{2}\right)} \text{ 或 } H(z)=\frac{4}{\left(1+\frac{1}{3}z^{-1}\right)\left(1-\frac{1}{2}z^{-1}\right)}$$

(b) 当 $x[n]=\mathrm{u}[n]-0.5\mathrm{u}[n-1]$ 时，

$$X(z)=\frac{1}{1-z^{-1}}-\frac{0.5z^{-1}}{1-z^{-1}}=\frac{1-0.5z^{-1}}{1-z^{-1}},\ |z|>1$$

所以 $$Y(z)=H(z)X(z)=\frac{4}{(1-z^{-1})\left(1+\frac{1}{3}z^{-1}\right)}=\frac{3}{1-z^{-1}}+\frac{1}{1+\frac{1}{3}z^{-1}},\ |z|>1$$

所以 $$y[n]=3\mathrm{u}[n]+\left(-\frac{1}{3}\right)^n\mathrm{u}[n]$$

(c) $x[n]=50+30\cos(\pi n)=50+15\mathrm{e}^{\mathrm{j}\pi n}+15\mathrm{e}^{-\mathrm{j}\pi n}$，$x[n]$ 可以看作多个特征函数的加权和，为此表示出系统的频率响应，即

$$H(\mathrm{e}^{\mathrm{j}\omega})=\frac{4}{\left(1+\frac{1}{3}\mathrm{e}^{-\mathrm{j}\omega}\right)\left(1-\frac{1}{2}\mathrm{e}^{-\mathrm{j}\omega}\right)}$$

其中 $H(\mathrm{e}^{\mathrm{j}0})=\dfrac{4}{\left(1+\frac{1}{3}\right)\left(1-\frac{1}{2}\right)}=6$，$H(\mathrm{e}^{\mathrm{j}\pi})=\dfrac{4}{\left(1-\frac{1}{3}\right)\left(1+\frac{1}{2}\right)}=4$，因此根据系统 LTI 的性质和特征函数的性质，得到

$$\begin{aligned}y[n]&=50H(\mathrm{e}^{\mathrm{j}0})+15\mathrm{e}^{\mathrm{j}\pi n}H(\mathrm{e}^{\mathrm{j}\pi})+15\mathrm{e}^{-\mathrm{j}\pi n}H(\mathrm{e}^{-\mathrm{j}\pi})\\&=300+60\mathrm{e}^{\mathrm{j}\pi n}+60\mathrm{e}^{-\mathrm{j}\pi n}=300+120\cos(\pi n)\end{aligned}$$

4-46 某离散时间 LTI 系统的频率响应为 $H(\mathrm{e}^{\mathrm{j}\omega})=\begin{cases}\mathrm{j}, & -\pi<\omega<0\\ -\mathrm{j}, & 0\leqslant\omega<\pi\end{cases}$。

(a) 计算该系统的单位脉冲响应 $h[n]$，并判断系统是否为广义线性相位；

(b) 计算 $\sum\limits_{n=-\infty}^{+\infty}|h[n]|^2$ 的值；

(c) 当输入为 $x[n]=s[n]\cos(\omega_c n)$ 时，求系统的输出响应 $y[n]$，其中 $0<\omega_c<\pi/2$，$S(\mathrm{e}^{\mathrm{j}\omega})=0,\omega_c/3\leqslant|\omega|\leqslant\pi$。

【解】 该系统称为 90°移相器或希尔伯特变换器，常用用产生解析信号。

(a) 对 $H(\mathrm{e}^{\mathrm{j}\omega})=\begin{cases}\mathrm{e}^{\mathrm{j}\pi/2}, & -\pi<\omega<0\\ \mathrm{e}^{-\mathrm{j}\pi/2}, & 0<\omega<\pi\end{cases}$ 进行傅里叶逆变换，得

$$h[n]=\frac{1}{2\pi}\int_{-\pi}^{\pi}H(\mathrm{e}^{\mathrm{j}\omega})\mathrm{e}^{\mathrm{j}\omega n}\mathrm{d}\omega=\frac{1}{2\pi}\int_{-\pi}^{0}\mathrm{j}\mathrm{e}^{\mathrm{j}\omega n}\mathrm{d}\omega-\frac{1}{2\pi}\int_{0}^{\pi}\mathrm{j}\mathrm{e}^{\mathrm{j}\omega n}\mathrm{d}\omega=\frac{1}{\pi n}[1-(-1)^n]$$

或用欧拉公式化简为

$$h[n]=\begin{cases}\dfrac{2}{\pi n}\sin^2\dfrac{\pi n}{2}\\0\end{cases}=\begin{cases}\dfrac{1-\cos(\pi n)}{\pi n}, & n\neq 0\\0, & n=0\end{cases}$$

或写为

$$h[n]=\left\{\cdots,-\frac{2}{3\pi},0,-\frac{2}{\pi},\underline{0},\frac{2}{\pi},0,\frac{2}{3\pi},\cdots\right\}$$

因为 $h[n]$ 的取值为奇对称，所以系统是为广义线性相位，当然也可以从 $H(e^{j\omega})$ 的表达式直接看出。

(b) 根据帕塞瓦尔定理，$\sum_{n=-\infty}^{+\infty}|h[n]|^2=\frac{1}{2\pi}\int_{-\pi}^{\pi}|H(e^{j\omega})|^2 d\omega=1$。

(c) 由题意可知，$s[n]$ 是低频且带宽很窄的信号，因此 $X(e^{j\omega})$ 可以看作是 $\pm\omega_c$ 附近的窄带信号。因为 $x[n]=s[n]\cos(\omega_c n)=\frac{1}{2}s[n]e^{j\omega_c n}+\frac{1}{2}s[n]e^{-j\omega_c n}$，所以 $X(e^{j\omega})=\frac{1}{2}S\left(e^{j(\omega-\omega_c)}\right)+\frac{1}{2}S\left(e^{j(\omega+\omega_c)}\right)$。又因为

$$Y(e^{j\omega})=X(e^{j\omega})H(e^{j\omega})=\frac{1}{2}e^{-j\pi/2}S\left(e^{j(\omega-\omega_c)}\right)+\frac{1}{2}e^{j\pi/2}\cdot S\left(e^{j(\omega+\omega_c)}\right)$$

根据 DTFT 的时域移位性质可知，$y[n]=\frac{1}{2}s[n]e^{j(\omega_c n-\pi/2)}+\frac{1}{2}s[n]e^{-j(\omega_c n-\pi/2)}=s[n]\cos\left(\omega_c n-\frac{\pi}{2}\right)$。

4-47　图 P4-47 所示为 3 个离散时间 LTI 系统的系统函数零点、极点图及收敛域。试判断各系统：是否为零相位或广义线性相位、是否存在稳定的逆系统，并简述理由。

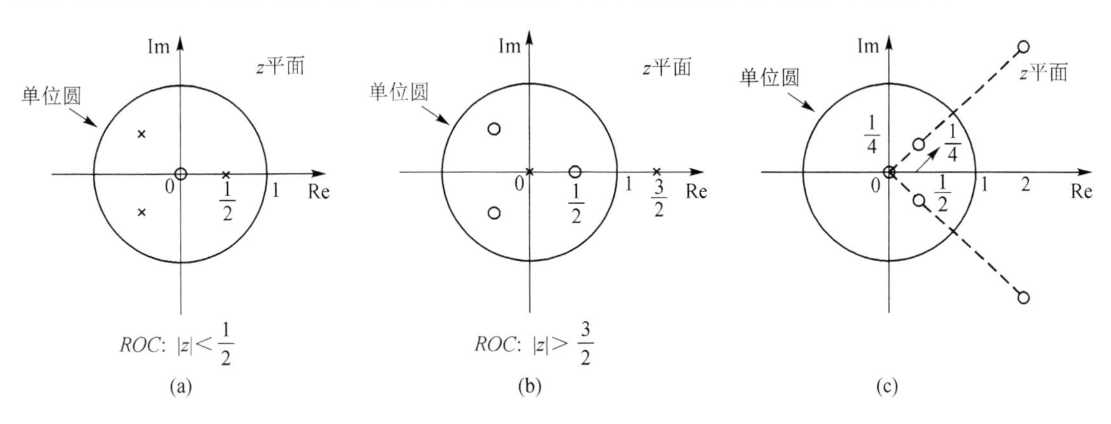

图 P4-47　3 个离散时间 LTI 系统的系统函数零点、极点图及收敛域

【解】　通常情况下广义线性相位系统的极点只能在 $z=0$ 或 $+\infty$ 处，而零点是以共轭倒数的形式 4 个一组出现，即包含因式 $(1-re^{j\theta}z^{-1})(1-re^{-j\theta}z^{-1})(1-r^{-1}e^{j\theta}z^{-1})\times(1-r^{-1}e^{-j\theta}z^{-1})$，该因式也保证了展开式的对称性和因果性；若该因式乘以超前因子或滞后因子，改变对应序列的对称中心至 0，则可以使序列成为零相位这种特殊的广义线性相位系统。另外，尽管无限长脉冲响应也可以具有广义线性相位的傅里叶变换，但相应的系统函数是非有理数函数，差分方程实现不了，故一般不考虑这种情况。

逆系统存在的必要条件是原系统和逆系统的收敛域有交集，为了使逆系统稳定，则逆系统的收敛域还应包含单位圆。

(a) 系统包含非 0 或 $+\infty$ 处的极点，为无限长脉冲响应系统，所以(a)系统不是零相位或广义线性相位系统。其逆系统零点、极点是原系统的极点、零点，原系统收敛域 $|z|<\frac{1}{2}$，其逆系统仅有极点 $z=0$，收敛域为 $|z|>0$，此时收敛域与原系统有交集且包含单位圆，所以该系统存在稳定的逆系统。

(b) 系统包含非 0 或 $+\infty$ 处的极点，为无限长脉冲响应系统，所以(b)系统不是零相位或广义线性相位系统。其逆系统的零点、极点是原系统的极点、零点，原系统收敛域 $|z|>\frac{3}{2}$，其逆系统极点的模值是 $\frac{1}{2}$，当其逆系统的收敛域为 $|z|>\frac{1}{2}$ 时，与原系统有交集且包含单位圆，所以该系统存在稳定的逆系统。

(c) 系统不包含有限极点，有 4 个零点以共轭倒数的形式出现，且额外增加一个坐标原点 $z=0$ 处的零点，令 $e=\frac{1}{4}+\mathrm{j}\,\frac{1}{4}$，系统函数可写为 $z(z-e)(z-e^{*})(z-e^{-1})(z-(e^{*})^{-1})$，展开后得到 $z(z^4-4.5z^3+10.125z^2-4.5z+1)$，所以该系统是广义线性相位系统，但 $h[n]$ 的对称中心在 $n=-3$ 处，所以该系统不是零相位系统。其逆系统的极点在 $z=0$ 以及成共轭倒数关系的 $\frac{1}{4}\pm\mathrm{j}\,\frac{1}{4}$ 和 $2\pm\mathrm{j}2$ 处，原系统收敛域 $0\leqslant|z|<+\infty$，当其逆系统收敛域为 $\frac{1}{4}<|z|<2$ 时，与原系统有交集且包含单位圆，所以该系统存在稳定的逆系统。

4-48 已知 $H(z)=z-\frac{1}{a}$，其中 $0<a<1$，试

(a) 绘制 $H(z)$ 的零点、极点图，指出在 $z=+\infty$ 处的零点、极点情况，并求相频响应函数 $\angle H(\mathrm{e}^{\mathrm{j}\omega})$；

(b) 绘制 $G(z)$ 的零点、极点图，并证明相位函数 $\angle G(\mathrm{e}^{\mathrm{j}\omega})=\angle H(\mathrm{e}^{\mathrm{j}\omega})$。其中 $G(z)$ 的极点和零点分别是 $H(z)$ 的零点和极点的共轭倒数，注意那些在 $z=0$ 和 $z=+\infty$ 处的零点、极点。

【解】 (a) $H(z)=z-\frac{1}{a}=\frac{az-1}{a}=\frac{1-\frac{1}{a}z^{-1}}{z^{-1}}$，零点、极点如图 P4-48(a)所示。$H(z)$ 的频率响应为 $H(\mathrm{e}^{\mathrm{j}\omega})=H(z)\big|_{z=\mathrm{e}^{\mathrm{j}\omega}}=\mathrm{e}^{\mathrm{j}\omega}-\frac{1}{a}=\cos\omega+\mathrm{j}\sin\omega-\frac{1}{a}$，相频响应是 $\angle H(\mathrm{e}^{\mathrm{j}\omega})=\arctan\frac{\sin\omega}{\cos\omega-\frac{1}{a}}$。

(b) 依题意，$G(z)$ 的零点为 $z=0$，极点为 $z=a$，所以 $G(z)=\frac{z}{z-a}=\frac{1}{1-az^{-1}}$，零点、极点如图 P4-48(b)所示。

$G(z)$ 的频率响应为

$$G(\mathrm{e}^{\mathrm{j}\omega})=G(z)\big|_{z=\mathrm{e}^{\mathrm{j}\omega}}=\frac{1}{1-a\mathrm{e}^{-\mathrm{j}\omega}}=\frac{1}{1-a\cos\omega+\mathrm{j}a\sin\omega}$$

可以证明

$$\angle G(e^{j\omega}) = -\arctan\frac{a\sin\omega}{1-a\cos\omega} = \arctan\frac{a\sin\omega}{a\cos\omega-1} = \angle H(e^{j\omega})$$

因此，可以得出这样的结论，因子 $z-z_0$ 和因子 $\frac{z}{z-1/z_0^*}$ 对相位具有相同的贡献。

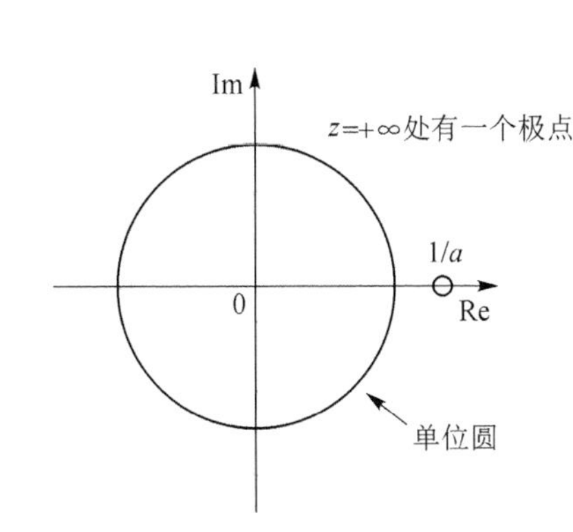

图 P4-48(a)　一阶系统的零点、极点图

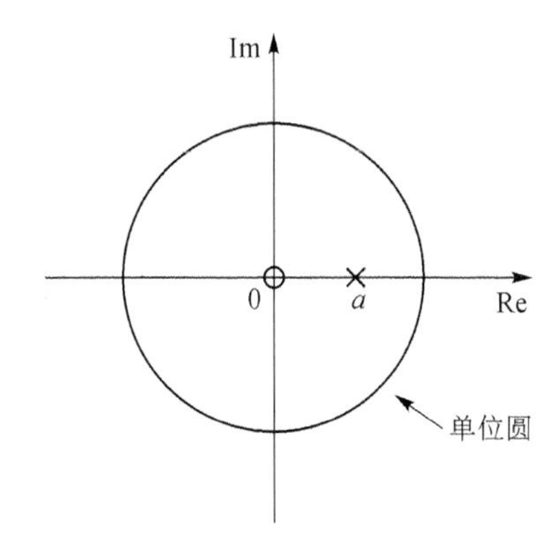

图 P4-48(b)　共轭倒数之后的零点、极点图

4-49　考虑如图 P4-49 所示的离散时间系统，试

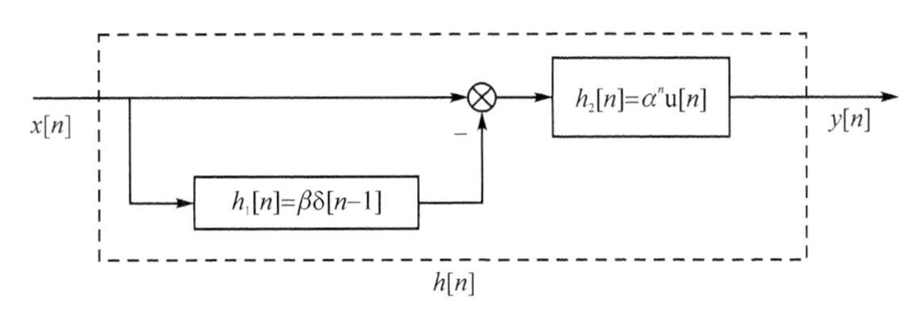

图 P4-49　先并联再级联的组合系统方框图

(a) 求系统的单位脉冲响应 $h[n]$；

(b) 求系统的频率响应 $H(e^{j\omega})$；

(c) 给出描述系统的差分方程；

(d) 判断系统的因果性，并说明在什么条件下该系统是稳定的。

【解】　(a) $h[n]=(\delta[n]-h_1[n]) * h_2[n]=(\delta[n]-\beta\delta[n-1]) * \alpha^n u[n]=\alpha^n u[n]-\beta\alpha^{n-1}u[n-1]$。

(b) 因为 $H(z)=\frac{1}{1-\alpha z^{-1}}-\frac{\beta z^{-1}}{1-\alpha z^{-1}}$，$|\alpha|<|z|$，所以

$$H(e^{j\omega})=H(z)\big|_{z=e^{j\omega}}=\frac{1}{1-\alpha e^{-j\omega}}-\frac{\beta e^{-j\omega}}{1-\alpha e^{-j\omega}}=\frac{1-\beta e^{-j\omega}}{1-\alpha e^{-j\omega}},\ |\alpha|<1$$

(c) 因为 $H(z)=\frac{1-\beta z^{-1}}{1-\alpha z^{-1}}=\frac{Y(z)}{X(z)}$，所以交叉相乘后再化简可得差分方程形式为

$$y[n]-\alpha y[n-1]=x[n]-\beta x[n-1]$$

(d) 因为当 $n<0$ 时，$h[n]=0$，或根据收敛域 $|\alpha|<|z|$，包括 $+\infty$ 所以系统因果。

由(a)可知为了使 $\sum_{k=-\infty}^{+\infty}|h[k]|<+\infty$，或由(b)可知为了使频率响应存在，收敛域包括单

位圆,要求$|\alpha|<1$,所以当$|\alpha|<1$时,系统稳定。

4-50 某离散时间 LTI 系统与其逆系统的级联结构如图 P4-50 所示,其中原系统的单位脉冲响应记为$h[n]$,逆系统的单位脉冲响应记为$h_i[n]$。

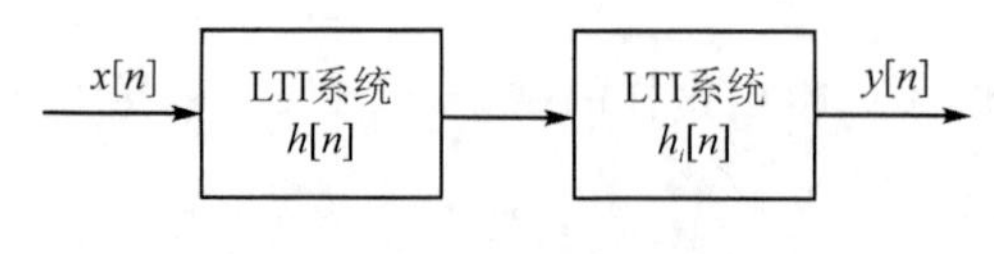

图 P4-50 系统的级联

(a) 若$h[n]=\delta[n]+2\delta[n-1]$,对应的逆系统稳定,试求$h_i[n]$,并判断逆系统的因果性;

(b) 若$h[n]=\delta[n]+\alpha\delta[n-1]$,则$\alpha$满足何种条件时,存在一个因果稳定的逆系统。

【解】 (a) 根据逆系统的定义$H(z)H_i(z)=1$,可求得$H_i(z)=\dfrac{1}{H(z)}=\dfrac{1}{1+2z^{-1}}$,为使逆系统稳定,其收敛域须包含单位圆,即$|z|<2$,所以$h_i[n]=-(-2)^n\mathrm{u}[-n-1]$,逆系统非因果。

(b) $H_i(z)=\dfrac{1}{H(z)}=\dfrac{1}{1+\alpha z^{-1}}$,为使逆系统因果稳定,收敛域包含单位圆和$z=+\infty$,即$|z|>|\alpha|$且$|\alpha|<1$,此时逆系统的单位脉冲响应为$h_i[n]=(-\alpha)^n\mathrm{u}[n]$。

4-51 某离散时间 LTI 系统的单位脉冲响应记为$h[n]$,其频率响应记为$H(\mathrm{e}^{\mathrm{j}\omega})$。试证明:

(a) 单位脉冲响应为$h^*[n]$的系统,其频率响应为$H^*(\mathrm{e}^{-\mathrm{j}\omega})$;

(b) 若$h[n]$为实数,则其频率响应满足共轭对称性质,即$H(\mathrm{e}^{-\mathrm{j}\omega})=H^*(\mathrm{e}^{\mathrm{j}\omega})$。

【解】 (a) 证明:由 DTFT 定义可得

$$H(\mathrm{e}^{\mathrm{j}\omega})=\sum_{n=-\infty}^{+\infty}h[n]\mathrm{e}^{-\mathrm{j}\omega n},H(\mathrm{e}^{-\mathrm{j}\omega})=\sum_{n=-\infty}^{+\infty}h[n]\mathrm{e}^{\mathrm{j}\omega n}$$

所以$H^*(\mathrm{e}^{-\mathrm{j}\omega})=\sum\limits_{n=-\infty}^{+\infty}h^*[n]\mathrm{e}^{-\mathrm{j}\omega n}$,$H^*(\mathrm{e}^{-\mathrm{j}\omega})$是单位脉冲响应为$h^*[n]$的频率响应,证毕。

(b) 由$H(\mathrm{e}^{\mathrm{j}\omega})=\sum\limits_{n=-\infty}^{+\infty}h[n]\mathrm{e}^{-\mathrm{j}\omega n}$可得$H^*(\mathrm{e}^{\mathrm{j}\omega})=\sum\limits_{n=-\infty}^{+\infty}h^*[n]\mathrm{e}^{\mathrm{j}\omega n}$,因为$h[n]$为实数,所以$h[n]=h^*[n]$,所以$H^*(\mathrm{e}^{\mathrm{j}\omega})=\sum\limits_{n=-\infty}^{+\infty}h[n]\mathrm{e}^{\mathrm{j}\omega n}$,而$H(\mathrm{e}^{-\mathrm{j}\omega})=\sum\limits_{n=-\infty}^{+\infty}h[n]\mathrm{e}^{\mathrm{j}\omega n}$,所以$H^*(\mathrm{e}^{\mathrm{j}\omega})=H(\mathrm{e}^{-\mathrm{j}\omega})$,证毕。

4-52 若某一因果非最小相位序列$h[n]$的z变换为$H(z)$,最小相位序列$h_{\min}[n]$的z变换为$H_{\min}(z)$,二者傅里叶变换的幅度相同,即$H(\mathrm{e}^{\mathrm{j}\omega})=H_{\min}(\mathrm{e}^{\mathrm{j}\omega})$。试证明:$|h[0]|<|h_{\min}[0]|$。

【解】 证明:有理系统函数$H(z)$可分解为最小相位系统$H_{\min}(z)$和全通系统$H_{\mathrm{ap}}(z)$的级联,先以一阶全通因子的分解为例来说明,即

$$H(z)=H_{\min}(z)\frac{z^{-1}-a}{1-az^{-1}},\quad |a|<1$$

其中$|a|<1$是为了保证全通系统的因果性和稳定性。$h[n]$是因果序列,由初值定理可知

$$h_{\min}[0]=\lim_{z\to+\infty}H_{\min}(z)=\lim_{z\to+\infty}\frac{1-az^{-1}}{z^{-1}-a}H(z)=-\frac{1}{a}h[0]$$

又因为$|a|<1$,所以$|h_{\min}[0]|>|h[0]|$。若$H(z)$包含多个全通因子,则重复上述过程即可,结论得证。

4-53　图 P4-53(a)所示为 3 个离散时间 LTI 系统的单位脉冲响应$h_1[n]$,$h_2[n]$,$h_3[n]$,由这 3 个 LTI 系统可组成如图 P4-53(b)所示的系统 A 和 B。试判断系统 A 和 B 是否具有广义线性相位特性。

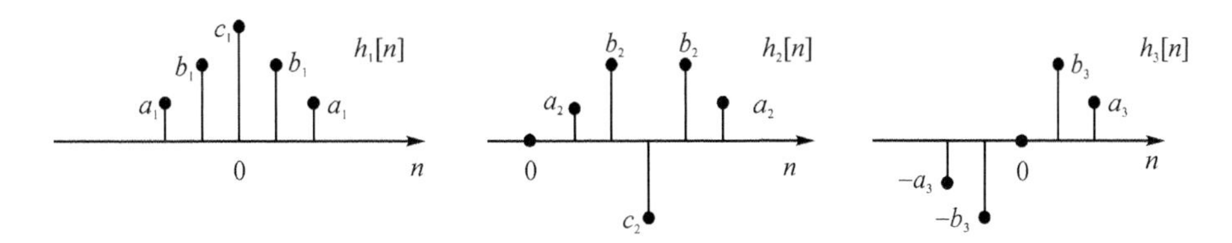

图 P4-53(a)　3 个离散时间系统的单位脉冲响应

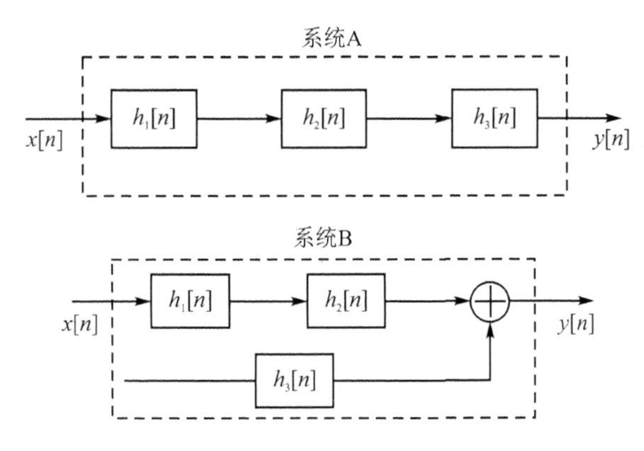

图 P4-53(b)　系统的级联和并联

【解】　方法一:频域法。

根据单位脉冲响应的对称性可将 3 个系统的频率响应分别化简为

$$H_1(e^{j\omega})=\sum_{n=-\infty}^{+\infty}h_1[n]e^{-j\omega n}=a_1e^{j2\omega}+b_1e^{j\omega}+c_1+b_1e^{-j\omega}+a_1e^{-j2\omega}$$

$$=c_1+2b_1\cos\omega+2a_1\cos(2\omega)=A_1(\omega)$$

$$H_2(e^{j\omega})=\sum_{n=-\infty}^{+\infty}h_2[n]e^{-j\omega n}=a_2(e^{-j\omega}+e^{-j5\omega})+b_2(e^{-j2\omega}+e^{-j4\omega})+c_2e^{-j3\omega}$$

$$=[2a_2\cos(2\omega)+2b_2\cos\omega+c_2]\,e^{-j3\omega}=A_2(\omega)\cdot e^{-j3\omega}$$

$$H_3(e^{j\omega})=\sum_{n=-\infty}^{+\infty}h_3[n]e^{-j\omega n}=a_3(e^{-j2\omega}-e^{j2\omega})+b_3(e^{-j\omega}-e^{j\omega})$$

$$=-2j\,[a_3\sin(2\omega)+b_3\sin\omega]=A_3(\omega)e^{-j\frac{\pi}{2}}$$

对于这 3 个系统级联的系统 A,频率响应函数可写为

$$H_A(e^{j\omega})=H_1(e^{j\omega})H_2(e^{j\omega})H_3(e^{j\omega})=A_1(\omega)A_2(\omega)A_3(\omega)e^{-j3\omega-j\frac{\pi}{2}}$$

所以 A 是广义线性相位系统。

对于两个系统级联后与第三个系统并联的系统 B,频率响应函数可写为

$$H_B(e^{j\omega})=H_1(e^{j\omega})H_2(e^{j\omega})+H_3(e^{j\omega})=A_1(\omega)A_2(\omega)e^{-j3\omega}+A_3(\omega)e^{-j\frac{\pi}{2}}$$

所以 B 不是广义线性相位系统。

方法二:时域法。

由于图中 $h_1[n]$和 $h_2[n]$是偶对称序列,$h_3[n]$是关于原点奇对称的序列。两个偶对称序列卷积的结果为偶对称序列,一个偶对称序列与一个奇对称序列卷积的结果为奇对称序列,两个奇对称序列的卷积结果为偶对称序列。

系统 A 中 $h_1[n]*h_2[n]$得到偶对称序列,再与 $h_3[n]$卷积得到奇对称序列,仍具有对称性,所以系统 A 是广义线性相位系统。

系统 B 中 $h_1[n]*h_2[n]$得到偶对称序列,再与 $h_3[n]$相加后丢失了对称性,所以系统 B 不是广义线性相位系统。

仿真综合题(4-54 题～4-57 题)

4-54 某三阶低通滤波器的差分方程描述为

$$y[n]=0.0165x[n]+0.0493x[n-1]+0.0493x[n-2]+0.0175x[n-3]+ 1.763y[n-1]-1.1839y[n-2]+0.2861y[n-3]$$

试绘制该系统的幅频响应$|H(e^{j\omega})|$和相频响应$\angle H(e^{j\omega})$,并验证其选频特性是低通。

【解】 系统的幅频响应和相频响应如图 P4-54 所示,可以看出其确实为低通滤波器。

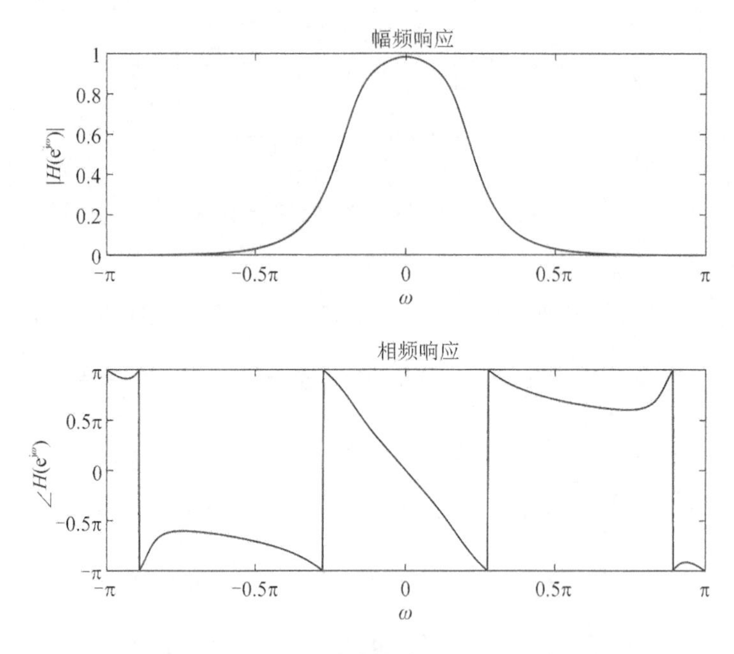

图 P4-54 三阶低通滤波器的幅频响应和相频响应

绘制三阶低通滤波器的幅频响应和相频响应的伪代码如下:

```
输入:三阶低通滤波器的差分方程
y[n]=0.016 5x[n]+0.049 3x[n-1]+0.049 3x[n-2]+0.017 5x[n-3]+
     1.763y[n-1]-1.183 9y[n-2]+0.286 1y[n-3];
```

输出：系统的幅频响应和相频响应

(1) 设置参数 $b=[0.0165, 0.0493, 0.0493, 0.0175]$，$a=[1.0000, -1.7630, 1.1839, -0.2861]$，$m=0:3$，$l=0:3$；

(2) 设置 $K=1000$，$k=-500:500$，计算 $\omega=\dfrac{2\pi k}{K}$；

(3) 计算频率响应的分子 $\mathrm{num}=b\mathrm{e}^{-\mathrm{j}m^{\mathrm{T}}\omega}$、频率响应的分母 $\mathrm{den}=b\mathrm{e}^{-\mathrm{j}l^{\mathrm{T}}\omega}$；

(4) 计算系统的频率响应 $H(\mathrm{e}^{\mathrm{j}\omega})=\mathrm{num}/\mathrm{den}$；

(5) 计算幅频响应 $|H(\mathrm{e}^{\mathrm{j}\omega})|$ 和相频响应 $\angle H(\mathrm{e}^{\mathrm{j}\omega})$ 并绘图。

4-55　描述某因果离散时间 LTI 系统的差分方程为

$$0.9y[n]=0.49y[n-2]+x[n]-x[n-2]$$

借助利用科学计算工具，试求

(a) 系统函数 $H(z)$；

(b) 单位脉冲响应 $h[n]$；

(c) 单位阶跃响应 $w[n]$；

(d) 系统频率响应函数 $H(\mathrm{e}^{\mathrm{j}\omega})$，并绘制其幅频响应 $|H(\mathrm{e}^{\mathrm{j}\omega})|$ 和相频响应 $\angle H(\mathrm{e}^{\mathrm{j}\omega})$。

【解】　(a) 系统函数为 $H(z)=\dfrac{Y(z)}{X(z)}=\dfrac{1-z^{-2}}{0.9-0.49z^{-2}}$；

(b) 利用科学计算工具的部分分式展开函数可以求出离散时间系统函数的留数、极点和直接项，并进一步写出部分分式展开形式。令

$$H(z)=\frac{b_0+b_1z^{-1}+\cdots+b_Mz^{-M}}{a_0+a_1z^{-1}+\cdots+a_Nz^{-N}}=\frac{B(z)}{A(z)}=\sum_{k=1}^{N}\frac{R_k}{1-P_kz^{-1}}+\underbrace{\sum_{k=0}^{M-N}C_kz^{-k}}_{M\geqslant N}$$

$H(z)$ 为分子、分母均以 z^{-1} 的升幂排列的有理函数，则两个多项式 $B(z)$ 和 $A(z)$ 分别用两个向量 $\boldsymbol{b}$ 和 $\boldsymbol{a}$ 给出时，可通过部分分式展开函数求出 $H(z)$ 的留数、极点和直接项。得到的列向量 $\boldsymbol{R}$ 是留数，列向量 $\boldsymbol{P}$ 是极点，而行向量 $\boldsymbol{C}$ 则包含直接项。如果 $\boldsymbol{P}(k)=\cdots=\boldsymbol{P}(k+r-1)$ 是 r 重极点，则展开式中包含的重极点项是

$$\frac{\boldsymbol{R}_k}{1-\boldsymbol{P}_kz^{-1}}+\frac{\boldsymbol{R}_{k+1}}{(1-\boldsymbol{P}_kz^{-1})^2}+\cdots+\frac{\boldsymbol{R}_{k+r-1}}{(1-\boldsymbol{P}_kz^{-1})^r}$$

代入具体数值进行部分分式展开，得到

$$\boldsymbol{R}=[-0.4649, -0.4649]^{\mathrm{T}}, \boldsymbol{P}=[0.7379, -0.7379]^{\mathrm{T}}, C=2.0408$$

所以 $H(z)=\dfrac{1-z^{-2}}{0.9-0.49z^{-2}}=2.0408-0.4649\dfrac{1}{1+0.7379z^{-1}}-0.4649\dfrac{1}{1-0.7379z^{-1}}$，$|z|>0.7379$，因此

$$h[n]=2.0408\delta[n]-0.4649[1+(-1)^n](0.7379)^n\mathrm{u}[n]$$

(c) 当输入为单位阶跃信号 $\mathrm{u}[n]$ 时，$W(z)=H(z)Z\{\mathrm{u}[n]\}=H(z)\dfrac{1}{1-z^{-1}}=\dfrac{1+z^{-1}}{0.9-0.49z^{-2}}$，利代入具体数值进行部分分式展开，得到

$$\boldsymbol{R}=[1.3085, -0.1974]^{\mathrm{T}}, \boldsymbol{P}=[0.7379, -0.7379]^{\mathrm{T}}$$

所以 $W(z)=H(z)\dfrac{1}{1-z^{-1}}=1.308\,5\dfrac{1}{1-0.737\,9z^{-1}}-0.197\,4\dfrac{1}{1+0.737\,9z^{-1}}$

可以发现 $W(z)$ 在 $z=1$ 处发生零点、极点对消，所以 $W(z)$ 的收敛域仍然是 $|z|>0.737\,9$，而不是 $\{|z|>0.737\,9\cap|z|>1=|z|>1\}$，所以

$$w[n]=[1.308\,5(0.737\,9)^n-0.197\,4(-0.737\,9)^n]\mathrm{u}[n]$$

(d) 系统的频率响应为 $H(\mathrm{e}^{\mathrm{j}\omega})=H(z)\big|_{z=\mathrm{e}^{\mathrm{j}\omega}}\dfrac{1-\mathrm{e}^{-\mathrm{j}2\omega}}{0.9-0.49\mathrm{e}^{-\mathrm{j}2\omega}}$，幅频响应和相频响应如图 P4-55 所示。

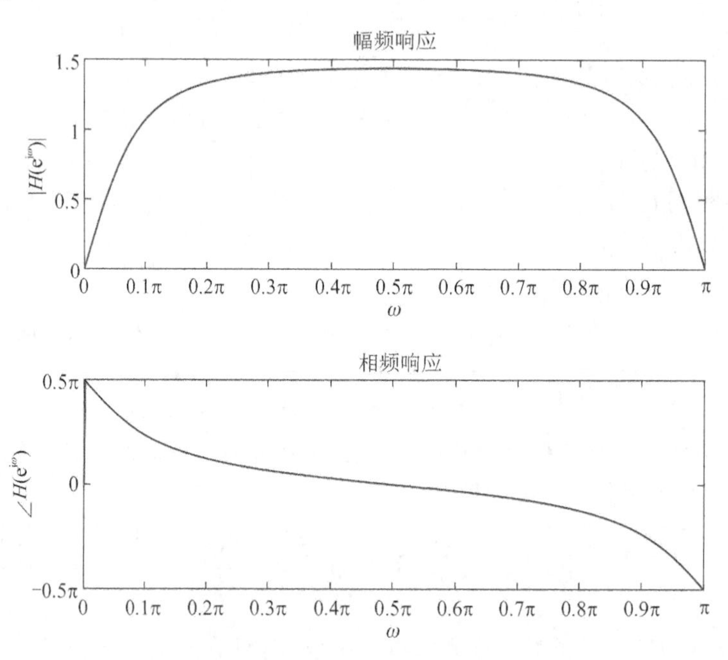

图 P4-55　二阶系统的幅频响应和相频响应

绘制因果离散时间系统的幅频响应和相频响应的伪代码如下：

输入：因果离散时间 LTI 系统的差分方程 $0.9y[n]=0.49y[n-2]+x[n]-x[n-2]$；
输出：系统的幅频响应和相频响应
(1) 设置参数 $b=[1,0,-1]$，$a=[0.9,0,-0.49]$；
(2) 设置 $K=500$，$k=0:500$，计算 $\omega=\dfrac{2\pi k}{K}$；
(3) 将 b,a,ω 传入频率响应函数并计算 $H(\mathrm{e}^{\mathrm{j}\omega})$；
(4) 计算幅频响应 $|H(\mathrm{e}^{\mathrm{j}\omega})|$ 和相频响应 $\angle H(\mathrm{e}^{\mathrm{j}\omega})$ 并绘图。

4-56　对下述给定系统函数的几个离散时间 LTI 系统，分别求系统的差分方程、零极点图、频率响应以及当输入为 $x[n]=3\sin\dfrac{\pi}{4}n\mathrm{u}[n]$ 时系统的输出 $y[n]$。

(a) $H(z)=0.9\dfrac{(1+z^{-1})}{(1-0.7z^{-1})}$，$|z|>0.7$；

(b) $H(z)=\dfrac{(1-z^{-1}+z^{-2})}{(2+0.75z^{-1}-0.81z^{-2})}$，稳定系统；

(c) $H(z)=\dfrac{(z^2-1)}{(z-4)^2}$，$|z|<4$。

【解】 (a) 因为系统收敛域 $|z|>0.7$，所以该系统因果。根据 $H(z)=\dfrac{Y(z)}{X(z)}=\dfrac{0.9(1+z^{-1})}{(1-0.7z^{-1})}$可得描述系统的差分方程为

$$y[n]=0.9x[n]+0.9x[n-1]+0.7y[n-1]$$

由系统函数表达式可知，系统零点为 $z=-1$，极点为 $z=0.7$。频率响应和零点、极点图分别如图 P4-56(a)所示。

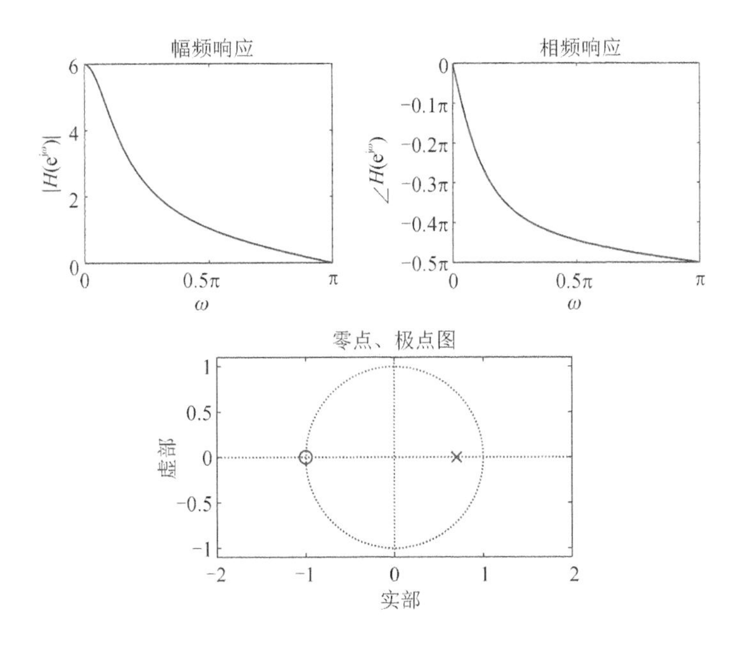

图 P4-56(a)　系统 1 的频率响应和零点、极点图

求系统的零点、极点图和频率响应的伪代码如下：

输入：$H(z)=0.9\dfrac{(1+z^{-1})}{(1-0.7z^{-1})}$，$|z|>0.7$；

输出：系统的零点、极点图和频率响应

(1) 设置参数 $a=[1,-0.7]$，$b=[0.9,0.9]$；

(2) 将参数 a，b 传入频率响应函数，生成 $H(e^{j\omega})$；

(3) 计算幅频响应 $|H(e^{j\omega})|$ 和相频响应 $\angle H(e^{j\omega})$，绘图；

(4) 将参数 b，a 传入零点、极点分布函数，绘制系统的零点、极点图。

当输入为 $x[n]=3\sin\dfrac{\pi}{4}u[n]$时，可利用计算系统响应函数求系统输出 $y[n]$。图 P4-56(b)绘制出了 $x[n]$和 $y[n]$的前 20 个点。

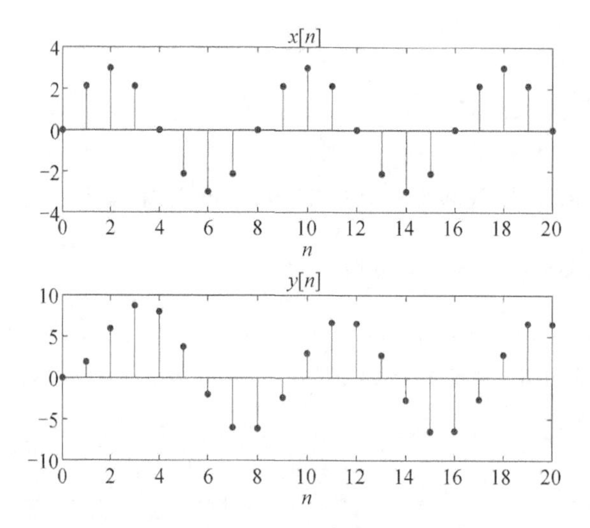

图 P4-56(b) 系统 1 的输入和输出

求系统特定输入时的输出 $y[n]$的伪代码如下：

输入：$H(z)=0.9\dfrac{(1+z^{-1})}{(1-0.7z^{-1})}$，$|z|>0.7$，输入 $x[n]=3\sin\left(\dfrac{\pi}{4}n\right)u[n]$；

输出：系统的输出 $y[n]$

(1) 设置参数 $a=[1,-0.7]$，$b=[0.9,0.9]$；

(2) 将参数 a，b，$x[n]$传入计算系统响应函数，生成 $y[n]$；

(3) 设置参数 $n=0:20$；

(4) 绘制系统特定输入时的输出 $y[n]$的前 20 个点。

(b) 根据 $H(z)=\dfrac{Y(z)}{X(z)}=\dfrac{(1-z^{-1}+z^{-2})}{(2+0.75z^{-1}-0.81z^{-2})}$可得描述系统的差分方程为

$$2y[n]=x[n]-x[n-1]+x[n-2]-0.75y[n-1]+0.81y[n-2]$$

同样由科学计算工具的部分分式展开函数计算得到 $H(z)$的极点为 $z_1=-0.850\,9$，$z_2=0.475\,9$，因为系统稳定，收敛域包含单位圆，所以系统的收敛域为$|z|>0.850\,9$，因此该系统也是因果的。频率响应和零点、极点图分别如图 P4-56(c)所示。其伪代码与(a)的大致相同，区别在于 $b=[1,-1,1]$，$a=[2,0.75,-0.81]$。

当输入为 $x[n]=3\sin\left(\dfrac{\pi}{4}n\right)u[n]$时，图 P4-56(d)绘制出了 $x[n]$和 $y[n]$的前 20 个点。

(c) 根据 $H(z)=\dfrac{z^2-1}{(z-4)^2}=\dfrac{1-z^{-2}}{1-8z^{-1}+16z^{-2}}=\dfrac{Y(z)}{X(z)}$可得描述系统的差分方程为

$$y[n]=x[n]-x[n-2]+8y[n-1]-16y[n-2]$$

由系统函数表达式可知，系统零点为 $z=\pm1$，极点为二重极点 $z=4$。收敛域为$|z|<4$，系统稳定但非因果。首先利用科学计算工具的部分分式展开函数对系统函数 $H(z)$进行部分分式展开，即

$$H(z)=\frac{z^2-1}{(z-4)^2}=-\frac{1}{16}+\frac{1}{8}\times\frac{1}{1-4z^{-1}}+\frac{15}{16}\times\frac{1}{(1-4z^{-1})^2}$$

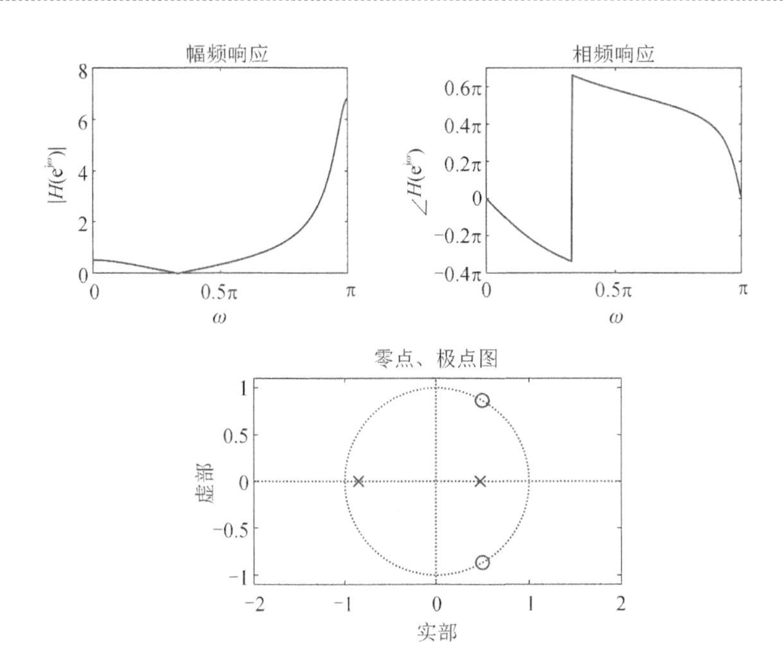

图 P4-56(c)　系统 2 的零点、极点图和频率响应

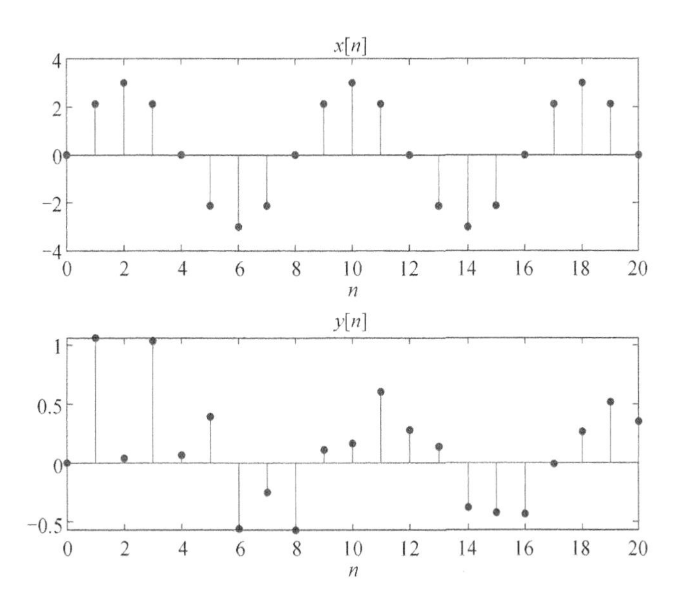

图 P4-56(d)　系统 2 的输入和输出

$$=-\frac{1}{16}+\frac{17}{16}\times\frac{1}{1-4z^{-1}}+\frac{15}{16}\times\frac{4z^{-1}}{(1-4z^{-1})^{2}}$$

因为系统非因果，且考虑到 $-a^{n}\mathrm{u}[-n-1]\overset{z}{\underset{z^{-1}}{\rightleftharpoons}}\frac{1}{1-az^{-1}}$ 和 $-na^{n}\mathrm{u}[-n-1]\overset{z}{\underset{z^{-1}}{\rightleftharpoons}}\frac{az^{-1}}{(1-az^{-1})^{2}}$，所以该系统的单位脉冲响应为

$$h[n]=-\frac{1}{16}\delta[n]-\left(\frac{17}{16}\times4^{n}+\frac{15}{16}\times n\times4^{n}\right)\mathrm{u}[-n-1]$$

$$= -\frac{1}{16}\delta[n] - [(17+15n)\,4^{n-2}]\,\mathrm{u}[-n-1]$$

频率响应和零点、极点图分别如图 P4-56(e)所示。其伪代码与(a)的大致相同,区别在于这里的 $b=[1,0,-1]$,$a=[1,-8,16]$。

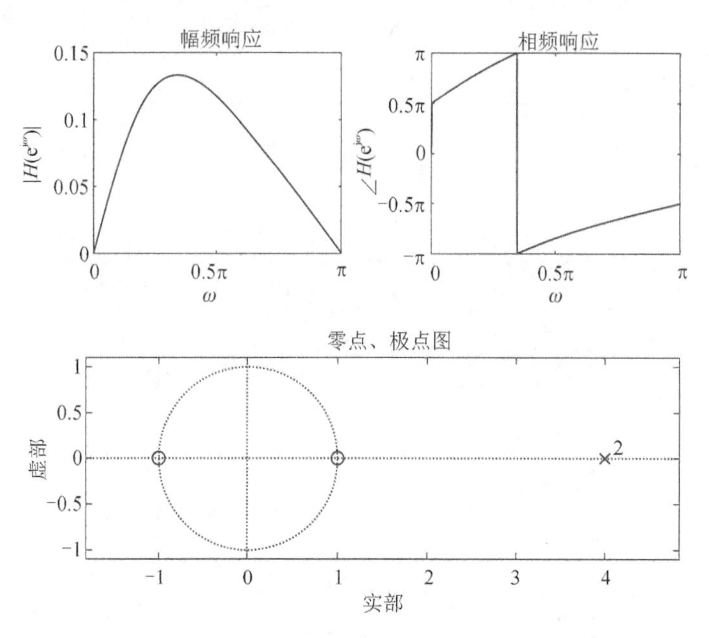

图 P4-56(e)　系统 3 的零点、极点图和频率响应

由于科学计算工具的计算系统响应函数是针对因果系统进行滤波处理的,因此该函数不适用于该系统。这里可以先求出 $h[n]$,然后再利用线性卷积 $y[n]=x[n]*h[n]$计算系统的输出。当输入为 $x[n]=3\sin\frac{\pi}{4}\mathrm{u}[n]$时,图 P4-56(f)绘制出了 $x[n]$和 $y[n]$。

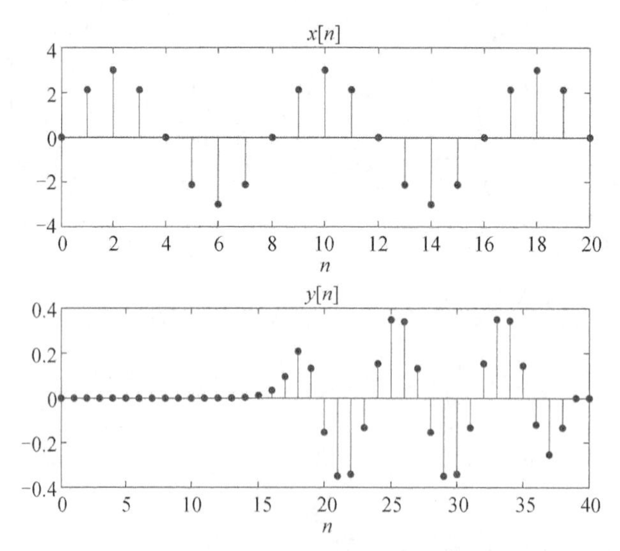

图 P4-56(f)　系统 3 的输入和输出

求系统特定输入时的输出 $y[n]$的伪代码如下:

输入：$H(z)=\dfrac{(z^2-1)}{(z-4)^2}$，$|z|<4$，输入 $x[n]=3\sin(\frac{\pi}{4}n)\mathrm{u}[n]$；

输出：系统的输出 $y[n]$

(1) 设置参数 $x=0:20$，$h=-20:0$；

(2) 设置 $h[i]=0$，$i=1,\cdots,19$，$h[20]=-\dfrac{1}{16}$；

(3) 遍历 $i=1:19$，$h[i]=-[15(i-20)+17]*4^{i-18}$，结束遍历；

(4) 调用卷积函数计算 $x[n]$ 与 $h[n]$ 的卷积，得到 $y[n]$；

(5) 绘制 $y[n]$ 前 20 个点图。

4-57　描述某离散时间 LTI 系统的差分方程为 $y[n]=x[n]+x[n-1]+0.8y[n-1]-0.64y[n-2]$。

(a) 试绘制该系统的幅频响应 $|H(\mathrm{e}^{\mathrm{j}\omega})|$ 和相频响应 $\angle H(\mathrm{e}^{\mathrm{j}\omega})$；

(b) 当输入信号分别为 $x_1[n]=\cos\left(\dfrac{\pi}{3}n\right)+5\sin(\pi n)$ 和 $x_2[n]=\cos\left(\dfrac{\pi}{10}n\right)+5\sin(\pi n)$，$0\leqslant n<1\,000$ 时，试绘制相应的输出信号 $y_1[n]$ 和 $y_2[n]$，并与输入信号进行对比分析。

【解】　(a) 该系统的幅频响应和相频响应分别如图 P4-57 中第一行子图所示，该系统对不同频率的信号具有不同的选频特性。

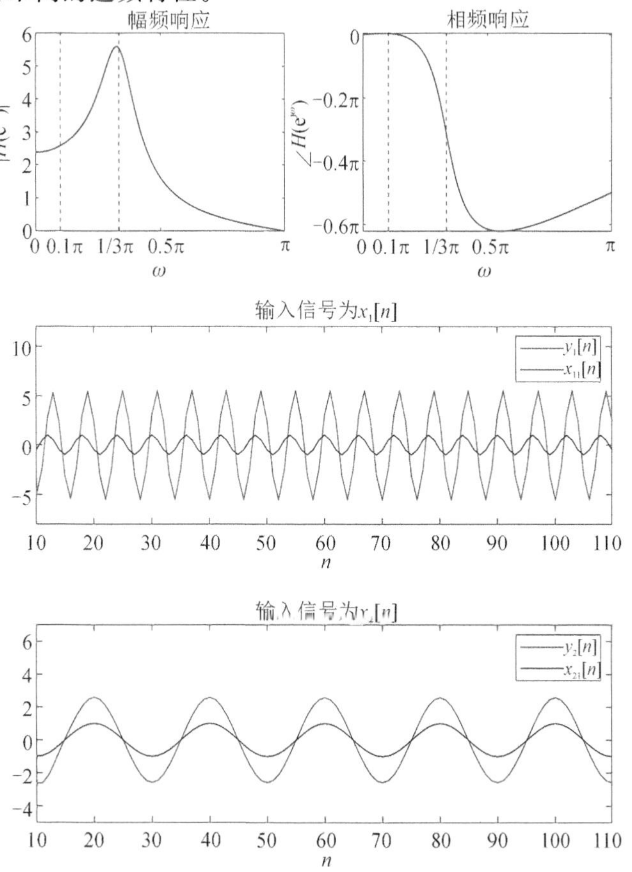

图 P4-57　系统频率响应以及输入输出关系

(b) 当系统的输入为 $x_1[n]$时，该信号包含两个频率分量，经过该系统后，$\omega=\pi$ 的信号分量被滤除，只剩下 $\omega=\pi/3$ 的信号分量。从图 P4－57 中第二行子图可以看出输出信号 $y_1[n]$ 的频率为 $\pi/3$，相比于输入信号分量 $x_{11}[n]=\cos(\pi n/3)$，其幅值由于受滤波器幅频响应的影响增大了许多且伴随有附加相移，这是因为滤波器对 $\omega=\pi/3$ 的信号分量的相移不为 0。

当系统输入为 $x_2[n]$时，输入、输出信号的关系如图 P4－57 中第三行子图所示，经过该系统后只剩下 $\omega=\pi/10$ 的信号分量，且输入信号与输出信号之间的相移很小，这一点也可以从第一行子图中的相频响应观察出来。

伪代码如下：

输入：离散时间 LTI 系统的差分方程 $y[n]=x[n]+x[n-1]+0.8y[n-1]-0.64y[n-2]$，输入 $x_1[n]=\cos\left(\frac{\pi}{3}n\right)+5\sin(\pi n)$和 $x_2[n]=\cos\left(\frac{\pi}{10}n\right)+5\sin(\pi n)$，$0\leqslant n<1\ 000$；

输出：系统的频率响应和系统的输出 $y_1[n]$和 $y_2[n]$

(1) 设置参数 $b=[1,1]$，$a=[1,-0.8,0.64]$；

(2) 将参数 a，b 传入频率响应函数，生成 $H(e^{j\omega})$；

(3) 计算幅频响应 $|H(e^{j\omega})|$ 和相频响应 $\angle H(e^{j\omega})$，绘图；

(4) 设置参数 $n=0:1\ 000$；

(5) 将参数 a，b，$x_1[n]$传入计算系统响应函数，生成 $y_1[n]$；

(6) 将参数 a，b，$x_2[n]$传入计算系统响应函数，生成 $y_2[n]$；

(7) 绘制系统特定输入时的输出 $y_1[n]$和 $y_2[n]$的前 1 000 个点。

第5章　信号的采样与重建

5.1　内容提要与重要公式

数字信号处理主要针对的还是模拟信号，对连续时间信号的滤波和谱分析，可以通过抗混叠滤波、采样保持、A/D转换、数字系统处理、D/A转换和平滑滤波等环节来实现。其中抗混叠滤波、采样保持和A/D转换将模拟信号转换为数字信号，这三个步骤均会带来误差，为便于分析将它们理想化，合在一起称为理想采样；D/A转换和平滑滤波将数字系统处理后的信号重新转换为模拟信号，将二者理想化后合称为理想重建。

1. 理想采样

为了便于推导和理解，将理想采样过程分为两步。第一步，用连续时间信号 $x_c(t)$ 调制采样冲激序列 $s(t)$，得到采样信号 $x_s(t)$，即

$$x_s(t)=x_c(t)s(t) \tag{5.1}$$

其中 $s(t)$ 可表示为

$$s(t)=\delta_T(t)=\sum_{n=-\infty}^{+\infty}\delta(t-nT) \tag{5.2}$$

其中 T 为采样周期，$\delta(t)$ 为单位冲激函数，根据冲激函数的“筛选性质”，时间连续的采样信号 $x_s(t)$ 表示为

$$x_s(t)=x_c(t)\sum_{n=-\infty}^{+\infty}\delta(t-nT)=\sum_{n=-\infty}^{+\infty}x_c(nT)\delta(t-nT) \tag{5.3}$$

第二步，将冲激串组成的连续时间信号仅在采样开关接通时刻的值赋予离散时间信号 $x[n]$，引入时间归一化，样本值为各冲激的强度，即

$$x[n]=x_c(t)\big|_{t=nT}=x_c(nT) \tag{5.4}$$

为了讨论理想采样后信号频谱发生的变化，首先利用连续时间信号的傅里叶级数写出 $s(t)$ 的傅里叶变换，即

$$S(\mathrm{j}\Omega)=\frac{2\pi}{T}\sum_{k=-\infty}^{+\infty}\delta(\Omega-k\Omega_s) \tag{5.5}$$

其中 Ω 为连续时间信号的角频率，$\Omega_s=\frac{2\pi}{T}$ 是以 rad/s 为单位的采样频率，再根据傅里叶变换的频域卷积性质，得到 $x_s(t)$ 的傅里叶变换，即

$$X_s(\mathrm{j}\Omega)=\frac{1}{2\pi}X_c(\mathrm{j}\Omega)*S(\mathrm{j}\Omega)=\frac{1}{T}\sum_{k=-\infty}^{+\infty}X_c(\mathrm{j}\Omega-\mathrm{j}k\Omega_s) \tag{5.6}$$

其中 $X_c(\mathrm{j}\Omega)$ 是 $x_c(t)$ 的傅里叶变换，可以看出 $x_s(t)$ 的傅里叶变换是原信号频谱 $X_c(\mathrm{j}\Omega)$ 的周期延拓函数，附加幅度变换因子为 $\frac{1}{T}$，延拓的周期为 $\Omega_s=\frac{2\pi}{T}$。

对(5.3)式两边求傅里叶变换并代入式(5.4)，考虑到离散时间傅里叶变换 $X(e^{j\omega})$ 的定义式，可得

$$X_s(j\Omega)=X(e^{j\omega})\big|_{\omega=\Omega T} \tag{5.7}$$

其中离散时间信号的数字频率 $\omega=\Omega T$，单位是 rad。此时，离散时间序列 $x[n]$ 与连续时间信号 $x_c(t)$ 的傅里叶变换之间的关系可表示为

$$X(e^{j\omega})=\frac{1}{T}\sum_{k=-\infty}^{+\infty}X_c\left(j\frac{\omega}{T}-jk\frac{2\pi}{T}\right) \tag{5.8}$$

相当于对频率轴进行了归一化，采样频率 Ω_s 被归一化为 2π，即采样后的离散时间序列 $x[n]$ 的傅里叶变换是以 2π 为周期，这与 DTFT 的周期性质相吻合，可见时域离散化对应频域周期化。

2. 采样定理

正是由于采样信号的频谱是原信号频谱的周期延拓，为了保证延拓叠加过程中原信号的频谱形状不被破坏，首先要求 $x_c(t)$ 是一个带限信号，信号的最高频率记为 Ω_N，即 $|\Omega|>\Omega_N$ 时，$X_c(j\Omega)=0$，其次要求采样频率 Ω_s 和信号最高频率 Ω_N 满足

$$\Omega_s=\frac{2\pi}{T}\geqslant 2\Omega_N \tag{5.9}$$

此即奈奎斯特采样定理：为使采样后能不失真地还原出原信号，采样频率必须大于等于信号最高频率的两倍。若已知 Ω_N，则将信号最高频率的两倍 $2\Omega_N$ 称为奈奎斯特速率，即能够恢复出原始信号的最低采样频率；若确定了采样频率 Ω_s，则将采样频率的一半 $\frac{\Omega_s}{2}$ 称为奈奎斯特频率，由于信号中包含的频率分量超过该值，采样后信号的频谱是以该频率为中心折叠回来的，故造成频谱的混叠(aliasing)，因此 $\frac{\Omega_s}{2}$ 也称为折叠频率。需要注意的是，对于原连续时间信号是频率为 Ω_0 单频信号时，需要满足 $\Omega_s>2\Omega_0$。

实际系统中连续时间信号不是严格带限的，采样频率总是选的比信号中感兴趣频率分量的最高频率的两倍还更大一些，同时在选定 Ω_s 后，为了避免高于折叠频率 $\frac{\Omega_s}{2}$ 的频谱成分周期延拓而造成混叠，在采样之前通常加一个保护性的模拟低通滤波器，称为抗混叠(anti-aliasing)滤波器，理想抗混叠滤波器的截止频率为 $\frac{\Omega_s}{2}=\frac{\pi}{T}$，频率响应为

$$H_{aa}(j\Omega)=\begin{cases}1, & |\Omega|\leqslant\dfrac{\pi}{T}\\[2mm] 0, & |\Omega|>\dfrac{\pi}{T}\end{cases} \tag{5.10}$$

此外，如果模拟信号的有效频率分量在频率范围 $\Omega_1\leqslant|\Omega|\leqslant\Omega_2$ 内，即有效带宽 $\Delta\Omega=\Omega_2-\Omega_1$，使用 $\Omega_s\geqslant 2\Omega_2$ 的采样频率会造成资源的浪费。在合适的条件下，例如信号的最高频率 Ω_2 是带宽的整数倍时，选择 $\Omega_s=2\Delta\Omega$ 作为采样频率也不会产生混叠失真。倘若不满足最高频率是带宽整数倍的条件时，可以向左或向右延伸，使其满足。这种采样频率低于奈奎斯特速率的情况称为“欠采样”。

3. 理想重建

在信号最高频率不超过折叠频率的条件下，可以恢复出原模拟信号。这个过程也分为两步。第一步，将离散时间序列 $x[n]$ 表示为冲激串的组合，写为连续时间信号 $x_s(t)$，即

$$x_s(t)=\sum_{n=-\infty}^{+\infty}x[n]\delta(t-nT) \tag{5.11}$$

第二步，将 $x_s(t)$ 通过一个频率响应为式(5.12)的理想低通滤波器，其中截止频率 Ω_c 的取值范围 $\Omega_N<\Omega_c<\Omega_s-\Omega_N$，统一起见，通常取 $\Omega_c=\frac{\Omega_s}{2}=\frac{\pi}{T}$，该滤波器称为理想重构滤波器。重构滤波器输出信号 $x_r(t)$ 的傅里叶变换可表示为

$$H_r(\mathrm{j}\Omega)=\begin{cases}T, & |\Omega|\leqslant\Omega_c\\ 0, & |\Omega|>\Omega_c\end{cases} \tag{5.12}$$

$$X_r(\mathrm{j}\Omega)=H_r(\mathrm{j}\Omega)X_s(\mathrm{j}\Omega)=X_c(\mathrm{j}\Omega) \tag{5.13}$$

对 $H_r(\mathrm{j}\Omega)$ 求傅里叶反变换，得到理想重构滤波器的单位冲激响应为

$$h_r(t)=\frac{\sin(\pi t/T)}{\pi t/T} \tag{5.14}$$

利用傅里叶变换的时域卷积性质，输出重构信号 $x_r(t)$ 为

$$\begin{aligned}x_r(t)&=x_s(t)*h_r(t)=\int_{-\infty}^{+\infty}x_s(\tau)h_r(t-\tau)\mathrm{d}\tau\\&=\int_{-\infty}^{+\infty}\sum_{n=-\infty}^{+\infty}x_c(nT)\,\delta(\tau-nT)h_r(t-\tau)\mathrm{d}\tau\\&=\sum_{n=-\infty}^{+\infty}x[n]h_r(t-nT)\end{aligned} \tag{5.15}$$

其中 $h_r(t-nT)=\frac{\sin[\pi(t-nT)/T]}{\pi(t-nT)/T}$ 称为内插函数，采样内插公式表明连续时间信号 $x_c(t)$ 等于其采样值 $x[n]$ 乘以对应内插函数的总和。内插结果使得信号在采样点上的值等于 $x[n]=x_c(nT)$，采样点之间的信号是由各采样值内插函数的波形延伸叠加而成。频域的理想低通滤波相当于时域的理想内插，所以重建滤波器也称为理想内插器。只要满足采样定理，则整个连续信号就完全可以用它的采样值来代表而不丢失任何信息。

由于 $X_s(\mathrm{j}\Omega)$ 是 $X_c(\mathrm{j}\Omega)$ 的周期延拓函数，$x_c(t)$ 的频谱出现了很多个镜像，而重构滤波器只取了原频谱函数，因此有时也把重构滤波器称为抗镜像低通滤波器。

4. 连续时间信号的离散时间处理

由于数字技术的优势，希望用离散时间信号处理的方法实现对连续时间信号的处理，将整个系统等效为一个连续时间系统，但其中的核心处理是通过一个离散时间系统完成的。为了对输入的连续时间信号 $x_c(t)$ 进行离散时间处理，首先需要对其采样以得到 $x[n]$，经过离散系统处理以得到 $y[n]$，最后将 $y[n]$ 重构，以得到整个系统的输出 $y_r(t)$。关于采样和重构的过程不再赘述，这里主要说明等效的连续系统与离散系统之间的关系。

假设离散时间系统的频率响应为 $H(\mathrm{e}^{\mathrm{j}\omega})$，则离散系统的输入 $x[n]$ 和输出 $y[n]$ 的频谱关系为 $Y(\mathrm{e}^{\mathrm{j}\omega})=H(\mathrm{e}^{\mathrm{j}\omega})X(\mathrm{e}^{\mathrm{j}\omega})$，通过对 $y[n]$ 处理后进行重构得到 $y_r(t)$，$y_r(t)$ 的频谱可表示为

$$Y_r(\mathrm{j}\Omega)=H_r(\mathrm{j}\Omega)Y_s(\mathrm{j}\Omega)=H_r(\mathrm{j}\Omega)Y(\mathrm{e}^{\mathrm{j}\omega})\big|_{\omega=\Omega T}=H_r(\mathrm{j}\Omega)H(\mathrm{e}^{\mathrm{j}\omega})X(\mathrm{e}^{\mathrm{j}\omega})\big|_{\omega=\Omega T} \tag{5.16}$$

考虑到重构滤波器的带限特性

$$Y_r(j\Omega)=H(e^{j\omega})\big|_{\omega=\Omega T}\times\begin{cases}X_c(j\Omega), & |\Omega|\leqslant\dfrac{\pi}{T}\\ 0, & |\Omega|>\dfrac{\pi}{T}\end{cases}=X_c(j\Omega)\times\begin{cases}H(e^{j\omega})\big|_{\omega=\Omega T}, & |\Omega|\leqslant\dfrac{\pi}{T}\\ 0, & |\Omega|>\dfrac{\pi}{T}\end{cases} \tag{5.17}$$

因此整个等效连续时间系统的频率响应为

$$H_{\text{eff}}(j\Omega)=\begin{cases}H(e^{j\omega})\big|_{\omega=\Omega T}, & |\Omega|\leqslant\dfrac{\pi}{T}\\ 0, & |\Omega|>\dfrac{\pi}{T}\end{cases} \tag{5.18}$$

该响应的主周期等于离散时间系统频率响应的主周期，并且频率轴的关系是 $\omega=\Omega T$。另一方面，如果已知模拟系统的频率响应 $H_c(j\Omega)$，在 $H_c(j\Omega)$具有带限特性，系统参数(如 T)满足采样定理的条件下，模拟系统完全可由离散时间系统代替，并且离散时间系统频率响应是模拟系统频率响应的周期延拓函数，用公式表示为

$$H(e^{j\omega})=H_c(j\Omega)\big|_{\Omega=\frac{\omega}{T}}=H_c\left(j\frac{\omega}{T}\right),\quad |\omega|\leqslant\pi \tag{5.18}$$

需要强调的是，若连续时间系统可以用离散时间等效需要满足两个条件：离散时间系统是线性时不变的，输入信号带限且满足采样定理，即频谱无混叠失真或混叠发生在离散时间系统的通带之外。

5.2 重难点提示

✍ 本章重点

(1) 理想采样的时域和频域表示方法；

(2) 奈奎斯特采样定理；

(3) 理想重构的时域和频域表示方法；

(4) 连续时间信号频谱与离散信号频谱之间的关系；

(5) 抗混叠和抗镜像滤波的概念及系统参数选择；

(6) 用离散时间系统对连续时间信号进行处理。

✍ 本章难点

了解实际的 A/D 转换和 D/A 转换过程，结合实际工程应用确定采样频率，低通采样推广至带通采样。

5.3 习题详解

选择、填空题(5-1 题～5-10 题)

5-1 给定一连续时间带限(非单频)信号 $x_a(t)$，当其频谱函数 $|f|>f_0$ 时，$X_a(j\Omega)=X_a(j2\pi f)=0$。为了对该信号的平方 $x_a^2(t)$进行有效的采样，最低采样频率应为(C)。

(A) f_0　　(B) $2f_0$　　(C) $4f_0$　　(D) $8f_0$

【解】 假设带限信号中包含信号 $e^{j2\pi f_0 t}$，则信号的平方包含信号 $e^{j2\pi 2f_0 t}$，为了使得该分量在频域不与其他信号混叠，则最低采样频率应为 $f_s \geqslant 2(2f_0)$。

故选(C)。

5-2 模拟信号中包含的最高频率分量 $f_{max}=2\ 000$ Hz，则能够恢复出原始信号的最大采样间隔为(C)。

(A) 2×10^{-3} s　　(B) 5×10^{-4} s　　(C) 2.5×10^{-4} s　　(D) 4×10^{-3} s

【解】 $f_s=\dfrac{1}{T}\geqslant 2f_{max}$，$T\leqslant\dfrac{1}{2f_{max}}=2.5\times10^{-4}$ s。

故选(C)。

5-3 用采样周期 T 对连续时间信号 $x_c(t)=\cos(200\pi t)$ 采样并得到一离散时间序列 $x[n]=\sin\left(\dfrac{\pi}{3}n\right)$，那么 T 的取值(A)。

(A) 不唯一　　(B) 只能是$\dfrac{1}{600}$ s　　(C) 只能是$\dfrac{7}{600}$ s

【解】 利用关系式 $\omega=\Omega T$ 及正弦序列的周期性，因为 $\Omega_0 T=\omega_0+2\pi k$ 即 $200\pi T=\dfrac{\pi}{3}+2\pi k$，可得 $T=\dfrac{1}{200\pi}\left(\dfrac{\pi}{3}+2\pi k\right)$。若 $k=0$，则 $T=\dfrac{1}{600}$；若 $k=1$，则 $T=\dfrac{7}{600}$；…

故选(A)。

5-4 序列 $x[n]=\cos\left(\dfrac{\pi}{4}n\right)$，$-\infty<n<+\infty$是对模拟信号 $x_c(t)=\cos(\Omega_0 t)$，$-\infty<t<+\infty$采样而得到的，采样频率取为 1 000 Hz。那么 Ω_0 的取值不可能是(C)。

(A) 250π　　(B) $1\ 750\pi$　　(C) $2\ 200\pi$　　(D) $2\ 250\pi$

【解】 序列 $x[n]$是周期的余弦序列，当 ω_0 取 $\pm\omega_0+2\pi k$（k 为整数时）可得到相同的序列，根据 ω_0 与 Ω_0 的关系，即

$$\Omega_0 T=\begin{cases}\omega_0+2\pi k\\ -\omega_0+2\pi k\end{cases},\quad \Omega_0=\begin{cases}(\omega_0+2\pi k)f_s\\ (-\omega_0+2\pi k)f_s\end{cases}$$

所以

$$\Omega_0=\left(\frac{\pi}{4}+2\pi k\right)1\ 000=\cdots-1\ 750\pi,250\pi,2\ 250\pi,\cdots$$

$$\Omega_0=\left(-\frac{\pi}{4}+2\pi k\right)1\ 000=\cdots-2\ 250\pi,-250\pi,1\ 750\pi,\cdots$$

故选(C)。

提示：也可根据采样频率的取值及 Ω_0 的选项直接计算 $\omega_0=\Omega_0 T=\dfrac{\Omega_0}{f}$，$\omega_1=\dfrac{250\pi}{1\ 000}=\dfrac{\pi}{4}$，$\omega_2=\dfrac{1\ 750\pi}{1\ 000}=\dfrac{7\pi}{4}\left(等价-\dfrac{\pi}{4}\right)$，$\omega_3=\dfrac{2\ 200\pi}{1\ 000}=\dfrac{11\pi}{5}\left(等价\dfrac{\pi}{5}\right)$，$\omega_3=\dfrac{2\ 250\pi}{1\ 000}=\dfrac{9\pi}{4}\left(等价\dfrac{\pi}{4}\right)$。

5-5 图 P5-5 所示的理想采样一重构处理框图中，已知 $x_c(t)=\cos(2\pi\times3t)$，$T=\dfrac{1}{4}$ s

则 $x_r(t)$等于(B)。

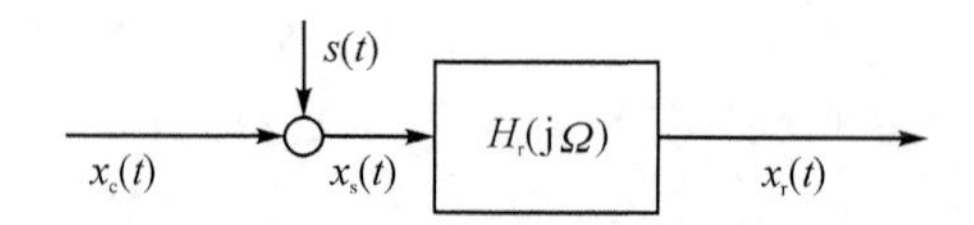

图 P5－5 理想采样-重构方框图

(A) $\cos(2\pi\times3t)$　　(B) $\cos(2\pi t)$　　(C) $\cos(2\pi\times2t)$　　(D) $\cos(2\pi\times4t)$

【解】 信号频率 $f_0=3$ Hz 采样频率 $f_s=4$ Hz 低于 $2f_0=6$ Hz,所以采样存在混叠,采样过程为

$$x[n]=x_c(t)\big|_{t=nT}=\cos\left(2\pi\times3n\,\frac{1}{4}\right)=\cos\left(\frac{3}{2}\pi n\right)=\cos\left(\left(\frac{3}{2}\pi-2\pi\right)n\right)=\cos\left(\frac{\pi}{2}n\right)$$

重构过程为

$$x_r(t)=\cos\left(\frac{\pi}{2}n\right)\Big|_{n=\frac{t}{T}}=\cos\left(\frac{\pi}{2}\times\frac{t}{T}\right)=\cos(2\pi t)$$

故选(B)。

5－6 图 P5－6 所示的系统,并期望实现截止频率为 $\Omega_c=4\,000\pi$ rad/s 的低通滤波作用,其中离散时间系统的截止频率记为 ω_c,采样周期为 T,则不能实现该功能的组合是(B)。

图 P5－6 离散时间系统代替模拟滤波器

(A) $T=0.05$ ms,$\omega_c=\frac{\pi}{5}$　　(B) $T=\frac{1}{30}$ ms,$\omega_c=\frac{\pi}{3}$

(C) $T=0.025$ ms,$\omega_c=\frac{\pi}{10}$　　(D) $T=0.1$ ms,$\omega_c=\frac{2\pi}{5}$

【解】 利用关系式 $\omega=\Omega T$,$\Omega_c=\frac{\omega_c}{T}=4\,000\pi$,而

(A) $\frac{\omega_c}{T}=\frac{\frac{\pi}{5}}{0.05\times10^{-3}}=4\,000\pi$;　　(B) $\frac{\omega_c}{T}=\frac{\frac{\pi}{3}}{\frac{1}{30}\times10^{-3}}=10\,000\pi$;

(C) $\frac{\omega_c}{T}=\frac{\frac{\pi}{10}}{0.025\times10^{-3}}=4\,000\pi$;　　(D) $\frac{\omega_c}{T}=\frac{\frac{2\pi}{5}}{0.1\times10^{-3}}=4\,000\pi$。

5－7 用采样频率 $f_s=40$ Hz 对连续时间信号 $x(t)=\cos(2\pi\times10t)+\cos(2\pi\times25t)$进行理想采样,得到 $x_s(t)$,则 $x_s(t)$的表达式为________,$x_s(t)$的傅里叶变换表达式为________,若希望用理想低通滤波器仅将 $\cos(2\pi\times10t)$保留,则可确定滤波器的以 rad/s 为单位的截止频率,其取值范围是________。

【解】 $x_s(t)=x(t)s(t)=x(t)\sum_{n=-\infty}^{+\infty}\delta(t-nT)=\sum_{n=-\infty}^{+\infty}x(nT)\delta(t-nT)$

$$=\sum_{n=-\infty}^{+\infty}\left[\cos\left(2\pi\times 10n\times\frac{1}{40}\right)+\cos\left(2\pi\times 25n\times\frac{1}{40}\right)\right]\delta\left(t-n\times\frac{1}{40}\right)$$

$$=\sum_{n=-\infty}^{+\infty}\left[\cos\left(\frac{\pi}{2}n\right)+\cos\left(\frac{5}{4}\pi n\right)\right]\delta\left(t-\frac{1}{40}n\right)$$

根据余弦信号傅里叶变换 $\cos\Omega_0 t\rightarrow\pi[\delta(\Omega-\Omega_0)+\delta(\Omega-\Omega_0)]$，其频谱如图 P5－7 所示。

$$X_s(j\Omega)=\frac{1}{T}\sum_{k=-\infty}^{+\infty}X(j\Omega-jk2\pi 40)$$

$$=\frac{\pi}{T}\sum_{k=-\infty}^{+\infty}[\delta(\Omega-\Omega_1-k\Omega_s)+\delta(\Omega+\Omega_1-k\Omega_s)+\delta(\Omega-\Omega_2-k\Omega_s)+\delta(\Omega+\Omega_2-k\Omega_s)]$$

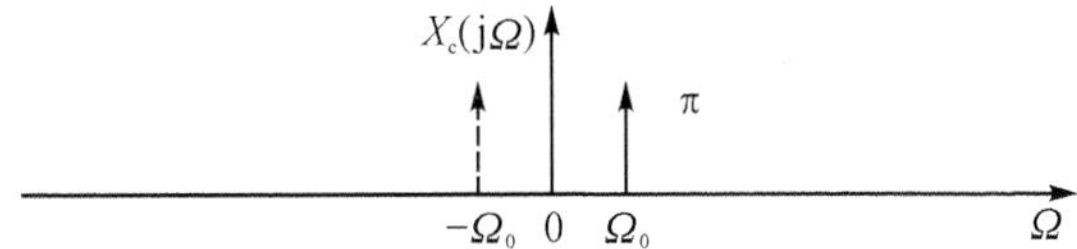

图 P5－7　余弦信号的频谱图

如果直接对模拟信号 $x(t)=\cos(2\pi f_1 t)+\cos(2\pi f_2 t)$进行滤波，模拟理想低通滤波器的截止频率选在 2π×10 和 2π×25 之间，可以把 2π×10 的信号滤出来，由于采样信号是将模拟频谱按照采样频率周期性地进行了延拓，使频谱发生变化，因此对理想低通滤波器的截止频率要求不同。理想低通滤波器的截止频率 Ω_c 应选在(2π×10，2π×15) 之间。

5－8　对模拟信号 $x_c(t)=\cos(2\pi\times 40t)\cdot\cos(2\pi\times 120t)$进行采样，为了使频谱没有混叠，采样点的时间间隔应该小于________ s。

【解】 由三角函数积化和差公式，有

$$x_c(t)=\frac{1}{2}[\cos(2\pi\times 160t)+\cos(2\pi\times 80t)]$$

根据时域采样定理，当满足 $f_s\geqslant 2f_{\max}$ 时采样信号不会产生混叠失真，对于正余弦信号还应满足 $f_s>2f_{\max}$，即 $f_s=\frac{1}{T}>2\times 160$。

所以 $T<\frac{1}{320}$。

5－9　在图 P5－9 所示系统中，输入 $x_c(t)=\cos(2\pi\times 5t)$，采样间隔 $T=\frac{1}{8}$ s，$H(e^{j\omega})$为理想全通系统，则采样过程________(有、无混叠)，输出 $y_c(t)=$________________；若采样间隔 $T=\frac{1}{16}$ s，则采样过程________(有、无混叠)，输出 $y_c(t)=$________________。

【解】 $f_s=8<2f_{\max}=10$，故有混叠，输出为 $y_c(t)=\cos(2\pi\times 3t)$；$f_s=16>2f_{\max}=10$，无混叠，输出为 $y_c(t)=\cos(2\pi\times 5t)$。

5－10　某次实验中发现几个较强的异常声音信号为

$x(t)=a\cos(2\pi\times 5\,000t)+b\cos(2\pi\times 15\,000t)+c\cos(2\pi\times 25\,000t)+d\cos(2\pi\times 30\,000t)$
其中人类可以听到的频率为______________ kHz,如果采样前的抗混叠滤波器是截止频率为20 kHz 的理想低通滤波器,采样频率为100 kHz,则采样信号的表达式为 $x[n]=$________。

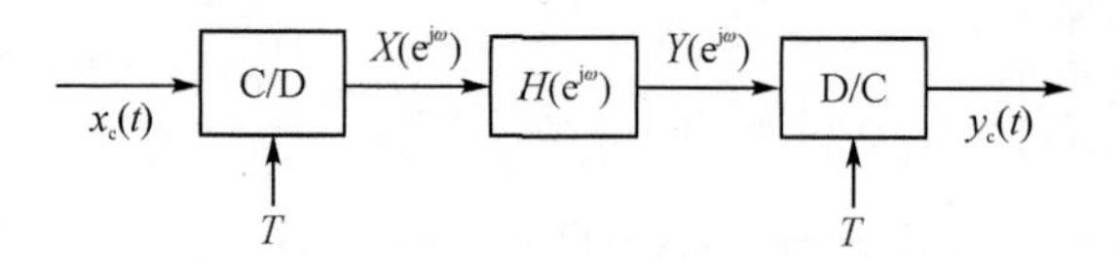

图 P5-9 连续时间信号的离散时间处理

【解】 通常认为,正常人耳能听到的声音频率范围是 20 Hz~20 kHz,但由于个体差异、实际情况的不同,人耳可听到的声音频率也有所不同,应填 5 kHz、15 kHz。

抗混叠滤波器滤除两个高频分量后接着采样,即

$$\begin{aligned} x[n] &= a\cos(2\pi\times 5\,000t)+b\cos(2\pi\times 15\,000t)\Big|_{t=nT=\frac{n}{f_s}} \\ &= a\cos\left(2\pi\times\frac{5\,000}{100\times 10^3}t\right)+b\cos\left(2\pi\times\frac{15\,000}{100\times 10^3}t\right) \\ &= a\cos(0.1\pi n)+b\cos(0.3\pi n) \end{aligned}$$

计算、证明与作图题(5-11 题~5-21 题)

5-11 图 P5-11(a)所示为一种多径信道的简化模型,假设输入 $s_c(t)$ 是带限信号,其傅里叶变换记为 $S_c(j\Omega)$,当 $|\Omega|\geqslant\frac{\pi}{T}$ 时 $S_c(j\Omega)=0$。对模型的输出 $x_c(t)$ 以采样周期 T 采样得到序列 $x[n]=x_c(nT)$。

(a) 试用 $S_c(j\Omega)$ 表示 $x_c(t)$ 的傅里叶变换 $X_c(j\Omega)$ 以及 $x[n]$ 的傅里叶变换 $X(e^{j\omega})$;

(b) 为了用一个离散时间系统来仿真代替该模型,求离散时间系统的 $H(e^{j\omega})$,使得当系统输入为 $s[n]=s_c(nT)$ 时,输出为 $r[n]=x_c(nT)$,系统框图如图 P5-11(b)所示(假设图中 T 和 τ_d 已知);

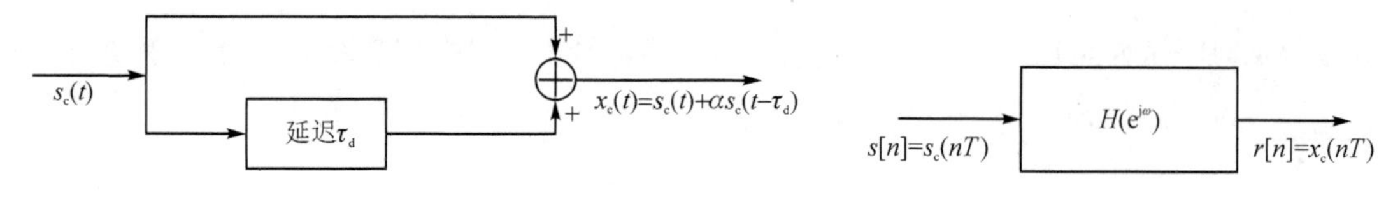

图 P5-11(a) 多径信道的简化模型　　图 P5-11(b) 离散时间系统模型

(c) 当 τ_d 分别取值 T 和 $\frac{T}{2}$ 时,求系统的单位脉冲响应 $h[n]$。

【解】 (a) 对 $x_c(t)=s_c(t)+\alpha s_c(t-\tau_d)$ 进行傅里叶变换,可得

$$X_c(j\Omega)=S_c(j\Omega)+\alpha S_c(j\Omega)e^{-j\Omega\tau_d}=(1+\alpha e^{-j\Omega\tau_d})S_c(j\Omega)$$

考虑到 $S_c(j\Omega)$ 是带限的,$X_c(j\Omega)$ 也带限,根据采样可得到序列的傅里叶变换表达式,即

$$X(e^{j\omega})=\frac{1}{T}\sum_{k=-\infty}^{+\infty}S_c\left(j\frac{\omega}{T}-j\frac{2\pi k}{T}\right)\left(1+\alpha e^{-\left(j\frac{\omega}{T}-j\frac{2\pi k}{T}\right)\tau_d}\right)$$

(b)由(a)可知,期望的模拟系统频率响应为

$$H_c(j\Omega)=\frac{X_c(j\Omega)}{S_c(j\Omega)}=\left(1+\alpha e^{-j\Omega\tau_d}\right),\quad |\Omega|\leqslant\frac{\pi}{T}$$

由于 $\omega=\Omega T$，能够仿真代替模拟系统的离散时间系统频率响应为

$$H(e^{j\omega})=1+\alpha e^{-j\frac{\omega}{T}\tau_d},\quad |\omega|\leqslant\pi$$

(c) 当 $\tau_d=T$ 时，$H(e^{j\omega})=1+\alpha e^{-j\omega}$，对其取傅里叶逆变换有 $h[n]=\delta[n]+\delta[n-1]$；当 $\tau_d=\frac{T}{2}$ 时，$H(e^{j\omega})=1+\alpha e^{-j\omega\frac{1}{2}}$，非整数延迟部分取傅里叶逆变换为

$$\frac{1}{2\pi}\int_{-\pi}^{\pi}\alpha e^{-j\frac{\omega}{2}}\cdot e^{j\omega n}d\omega=\alpha\frac{\sin\left[\pi\left(n-\frac{1}{2}\right)\right]}{\pi\left(n-\frac{1}{2}\right)}$$

所以

$$h[n]=\delta[n]+\alpha\frac{\sin\left[\pi\left(n-\frac{1}{2}\right)\right]}{\pi\left(n-\frac{1}{2}\right)}$$

5-12　图 P5-12(a)所示的处理流程，输入信号 $x_c(t)$ 的傅里叶变换记为 $X_c(j\Omega)$，当 $|\Omega|\geqslant\pi/T$ 时 $X_c(j\Omega)=0$，一般情况下 $T_1\neq T_2$，试用 $x_c(t)$ 来表示 $y_c(t)$。

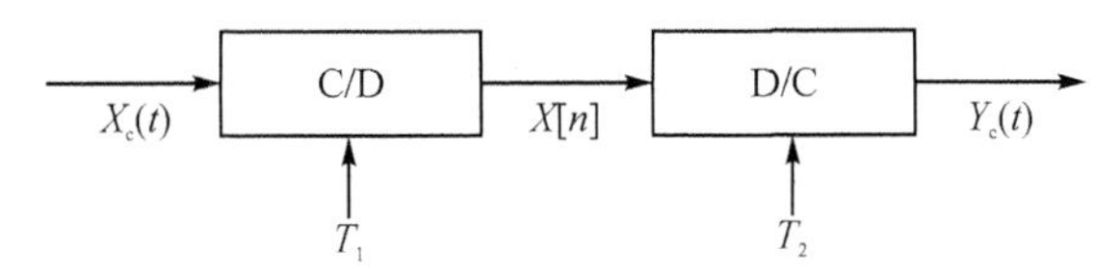

图 P5-12(a)　采样、重构处理流程图

【解】　方法一：对输入 $x_c(t)$ 进行采样得到的序列为 $x[n]=x_c(nT_1)$，该序列的傅里叶变换为

$$X(e^{j\omega})=\frac{1}{T_1}\sum_{k=-\infty}^{+\infty}X_c\left(j\frac{\omega}{T_1}-j\frac{2\pi k}{T_1}\right)$$

理想重构滤波器 $H_r(j\Omega)$ 的增益为 T_2，截止频率为 $\frac{\pi}{T_2}$，则输出 $y_c(t)$ 的傅里叶变换为

$$Y_c(j\Omega)=H_r(j\Omega)X(e^{j\Omega T_2})=H_r(j\Omega)\frac{1}{T_1}\sum_{k=-\infty}^{+\infty}X_c\left(j\frac{\Omega T_2}{T_1}-j\frac{2\pi k}{T_1}\right)=\frac{T_2}{T_1}X_c\left(j\Omega\frac{T_2}{T_1}\right)$$

根据连续时间信号尺度变换的傅里叶变换公式 $f(at)=\frac{1}{|a|}F\left(j\frac{\Omega}{a}\right)$，有

$$y_c(t)=x_c\left(\frac{T_1}{T_2}t\right)$$

方法二：频域解法。图 P5-12(b)所示为流程图中 3 个信号的频谱图。

因为

$$Y_c(j\Omega)=\frac{T_2}{T_1}X_c\left(j\Omega\frac{T_2}{T_1}\right),\quad |\Omega|\leqslant\frac{\pi}{T_2}$$

所以

$$y_c(t)=\int_{-\frac{\pi}{T_2}}^{\frac{\pi}{T_2}}\frac{T_2}{T_1}X_c\left(j\Omega\frac{T_2}{T_1}\right)e^{j\Omega t}d\Omega$$

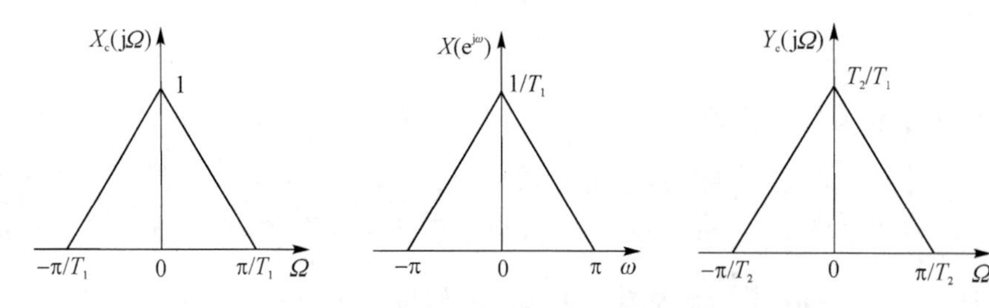

图 P5-12(b) 输入信号、序列、输出信号的频谱图

$$=\int_{-\frac{\pi}{T_2}}^{\frac{\pi}{T_2}} X_c\left(j\Omega\frac{T_2}{T_1}\right) e^{j\left(\Omega\frac{T_2}{T_1}\right)\left(t\frac{T_1}{T_2}\right)} d\left(\Omega\frac{T_2}{T_1}\right)$$

$$=\int_{-\frac{\pi}{T_1}}^{\frac{\pi}{T_1}} X_c(j\Omega') e^{j\Omega'\left(t\frac{T_1}{T_2}\right)} d\Omega' = x_c\left(\frac{T_1}{T_2}t\right)$$

5-13 图 P5-13(a)所示的处理流程中，输入信号 $x_c(t)$的傅里叶变换记为 $X_c(j\Omega)$，当 $|\Omega|\geqslant 2\pi\times 10^4$ 时 $X_c(j\Omega)=0$，$x[n]=x_c(nT)$，$y[n]=T\sum_{k=-\infty}^{n}x[k]$。

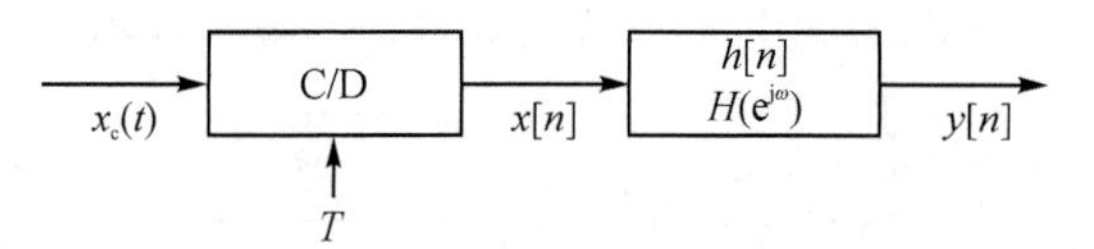

图 P5-13(a) 信号采样并经离散时间系统处理

(a) 如果要避免混叠，即 $x_c(t)$能从 $x[n]$中恢复，试求系统最大允许的 T 值；

(b) 求 $h[n]$；

(c) 利用 $X(e^{j\omega})$表示 $n=+\infty$时 $y[n]$的值；

(d) 确定使 $y[n]\Big|_{n=+\infty}=\int_{-\infty}^{+\infty}x_c(t)\mathrm{d}t$成立的最大允许 T 值。

【解】 (a) 根据采样定理 $\Omega_s\geqslant 2\Omega_N$，即$\frac{2\pi}{T}\geqslant 2\times 2\pi\times 10^4$，可得 $T\leqslant 5\times 10^{-5}$ s 或 $T\leqslant$ 50 μs。

(b) 方法一：$y[n]=T\sum_{k=-\infty}^{n}x[k]=T\cdot \mathrm{u}[n]*x[n]$，所以 $h[n]=T\cdot \mathrm{u}[n]$。

方法二：求 $y[n]=T\sum_{k=-\infty}^{n}x[k]=T\cdot[\cdots+x[n-2]+x[n-1]+x[n]]$ 的 z 变换，即

$$Y(z)=T\cdot[\cdots+z^{-2}+z^{-1}+1]X(z),$$

$$H(z)=\frac{Y(z)}{X(z)}=T\cdot[\cdots+z^{-2}+z^{-1}+1]=T\cdot\frac{1}{1-z^{-1}},|z|>1$$

所以
$$h[n]=T\cdot \mathrm{u}[n]$$

(c) $\lim_{n\to+\infty}y[n]=\lim_{n\to+\infty}\left\{T\sum_{k=-\infty}^{n}x[k]\right\}=T\sum_{k=-\infty}^{+\infty}x[k]$，因为 $X(e^{j\omega})=\sum_{k=-\infty}^{+\infty}x[k]e^{-j\omega k}$

所以
$$\lim_{n\to+\infty}y[n]=T\cdot X(e^{j\omega})\big|_{\omega=0}=T\cdot X(e^{j0})$$

(d) 根据(c)的提示，对连续信号进行傅里叶变换

$$\int_{-\infty}^{+\infty} x_c(t)\mathrm{e}^{-\mathrm{j}\Omega t}\,\mathrm{d}t = X_c(\mathrm{j}\Omega)$$

可得

$$\int_{-\infty}^{+\infty} x_c(t)\,\mathrm{d}t = X_c(\mathrm{j}0)$$

对序列进行傅里叶变换

$$X(\mathrm{e}^{\mathrm{j}\omega}) = \frac{1}{T}\sum_{k=-\infty}^{+\infty} X_c\left(\mathrm{j}\frac{\omega}{T} - \mathrm{j}\frac{2\pi}{T}k\right),\quad X(\mathrm{e}^{\mathrm{j}0}) = \frac{1}{T}\sum_{k=-\infty}^{+\infty} X_c\left(\mathrm{j}0 - \mathrm{j}\frac{2\pi}{T}k\right)$$

为了使得 $y[n]\big|_{n=+\infty} = \int_{-\infty}^{+\infty} x_c(t)\,\mathrm{d}t$ 成立，须满足 $y[n]\big|_{n=+\infty} = X_c(\mathrm{j}0)$

由(c)$y[n]\big|_{n=+\infty} = T\cdot X(\mathrm{e}^{\mathrm{j}0}) = \sum_{k=-\infty}^{+\infty} X_c\left(\mathrm{j}0 - \mathrm{j}\frac{2\pi}{T}k\right)$，只需要频谱周期延拓时，在 $\Omega=0$ 处不混叠。

图 P5－13(b)所示为连续时间信号频谱及不混叠、混叠但在 $\omega=0$ 处不失真情况下的频谱图。

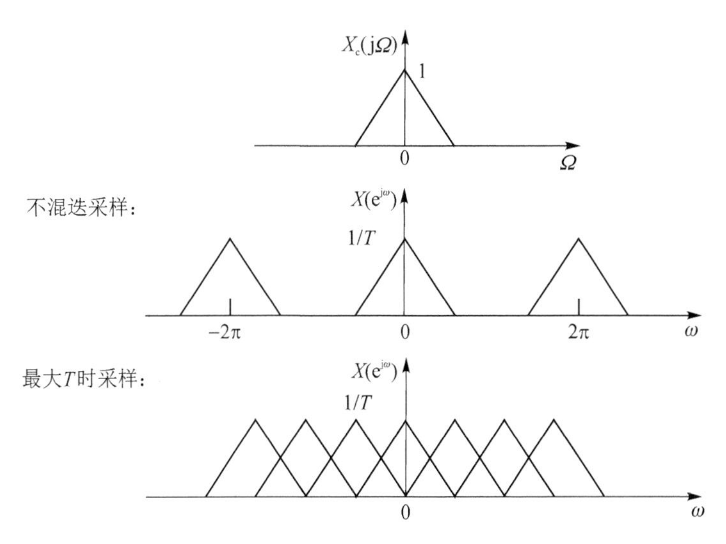

图 P5－13(b)　连续时间信号频谱及不同采样周期下的离散时间信号频谱

所以 $-\Omega_N + \frac{2\pi}{T} > 0$ 或 $\Omega_N - \frac{2\pi}{T} < 0$，可得

$$T < \frac{2\pi}{\Omega_N} = \frac{2\pi}{2\pi\times 10^4} = 10^{-4}\ \mathrm{s}$$

5－14　某复值带通模拟信号 $x_c(t)$ 的傅里叶变换如图 P5－14(a)所示，其中 $\Delta\Omega = \Omega_2 - \Omega_1$。以采样周期 T 对其采样并得到的序列为 $x[n] = x_c(nT)$。

(a) $x_c(t)$ 满足何种对称性质。

(b) 当 $T = \frac{\pi}{\Omega_2}$ 时，试绘制序列 $x[n]$ 的傅里叶变换 $X(\mathrm{e}^{\mathrm{j}\omega})$。

(c) 试给出不产生频谱混叠失真的最低采样频率(单位：rad/s)。

(d) 若采样频率≥由(c)确定的采样频率，假设可以采用复数理想选频滤波器，试绘制由

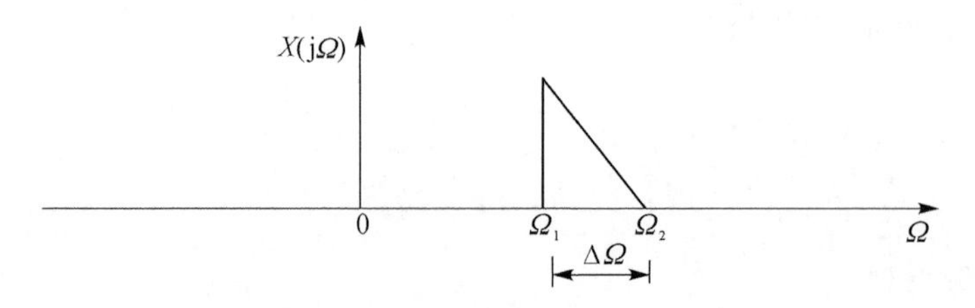

图 P5-14(a)　复值带通模拟信号的频谱

$x[n]$恢复 $x_c(t)$的系统框图以及相应理想重构带通滤波器的频率特性。

【解】 (a) 共轭(偶)对称,$x_c(t)=x_c^*(-t)$,或 $\mathrm{Re}[x_c(t)]=\mathrm{Re}[x_c(-t)]$,$\mathrm{Im}[x_c(t)]=\mathrm{Im}[x_c(-t)]$。

(b) 由于 $T=\dfrac{\pi}{\Omega_2}$,$\Omega_s=\dfrac{2\pi}{T}=2\Omega_2$,根据周期延拓绘制出的 $X(e^{j\omega})$如图 P5-14(b)所示。

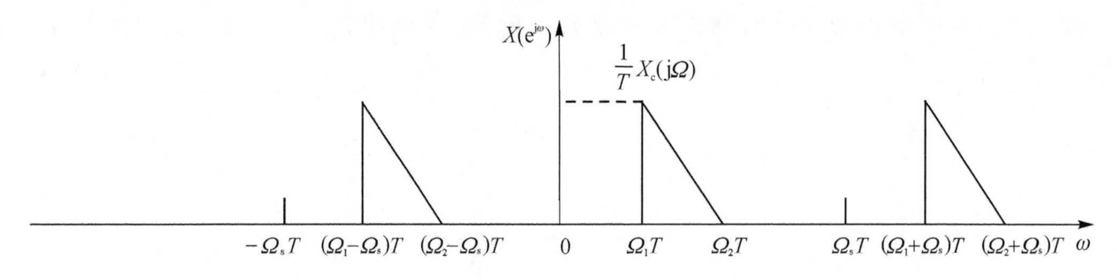

图 P5-14(b)　采样后序列的频谱图

(c) 可以看出,要不引起混叠失真须满足 $\Omega_1+\dfrac{2\pi}{T}\geqslant\Omega_2$ 或 $\Omega_2-\dfrac{2\pi}{T}\leqslant\Omega_1$,即

$$\frac{2\pi}{T}\geqslant\Delta\Omega$$

最低采样频率为 $\Delta\Omega$。若直接应用采样定理,Ω_s 须大于等于信号最高频率的两倍($2\Omega_2$),这会得到错误的结果。对带通信号只需要保证频谱不发生混叠。

(d) 恢复系统的框图如图 P5-14(c)所示。

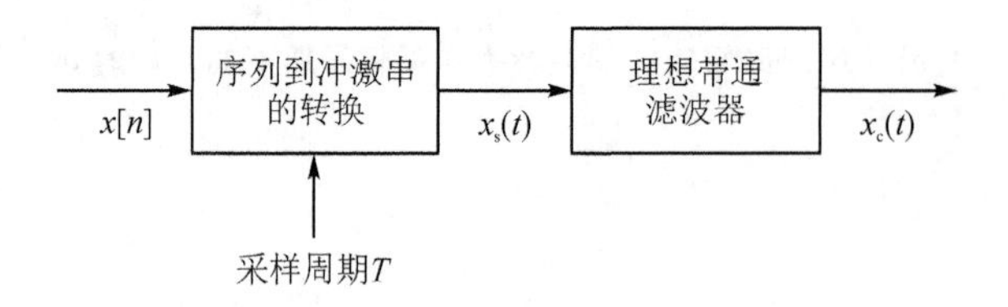

图 P5-14(c)　恢复连续信号的方框图

其中理想重构带通滤波器的频率响应为

$$H_r(j\Omega)=\begin{cases}T, & \Omega_1<\Omega<\Omega_2\\ 0, & \text{其他}\end{cases}$$

5-15　一个带通连续时间信号 $x_c(t)$的傅里叶变换 $X_c(j\Omega)$如图 P5-15(a)所示,以采样频率 $\Omega_s=\Omega_0$ 对该信号进行采样,得到序列 $x[n]=x_c(nT)$,记 $x[n]$的傅里叶变换为 $X(e^{j\omega})$。

(a) 试绘制 $|\omega|<\pi$ 区间的 $X(e^{j\omega})$；

(b) 期望由 $x[n]$ 恢复出连续时间信号 $x_c(t)$，假设可以采用理想选频滤波器，试绘制重构系统的框图，并写出其中理想带通滤波器的频率响应函数表达式；

(c) 求不会引起混叠失真的最低采样频率(用 Ω_0 表示)。

【解】 (a) 当 $\Omega_s=\Omega_0$ 时，图 P5-15(b)所示为冲激序列的频谱、采样信号的频谱和序列的频谱。

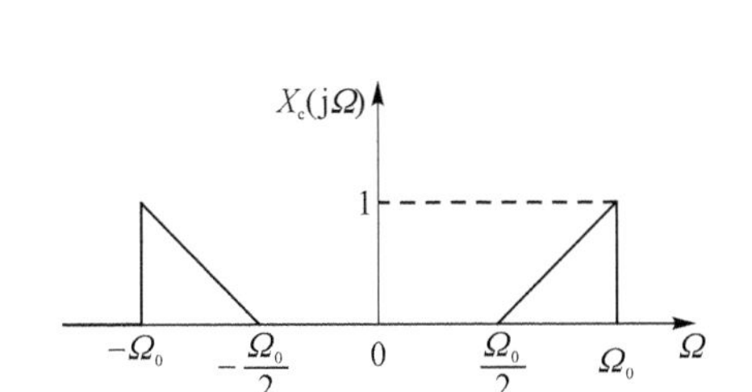

图 P5-15(a)　带通连续时间信号的频谱

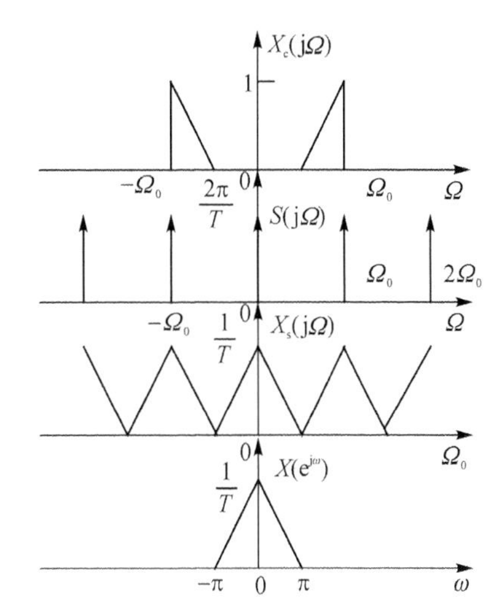

图 P5-15(b)　冲激序列的频谱、采样信号的频谱和序列的频谱

(b) 重构系统的框图如图 P5-15(c)所示。

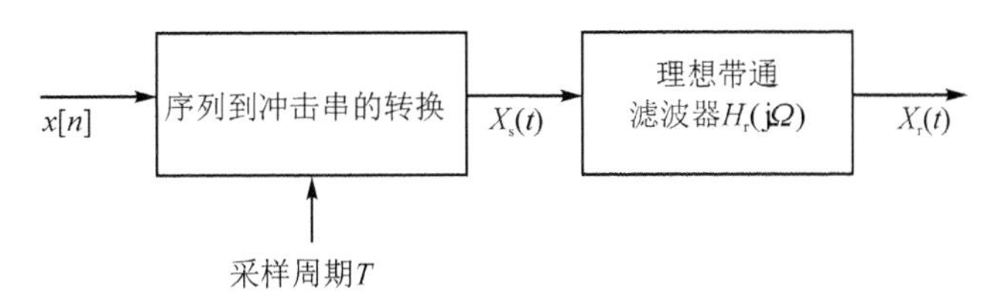

图 P5-15(c)　重构系统框图

其中理想带通滤波器的频率响应为

$$H_r(j\Omega)=\begin{cases}T=2\pi/\Omega_0, & \frac{\Omega_0}{2}<|\Omega|<\Omega_0\\0, & 其他\end{cases}$$

(c) 为了使得 $x_c(t)$ 可以从 $x[n]$ 恢复出来，且频谱不能有混叠失真，考虑频谱的 k 次周期延拓和 $k+1$ 次周期延拓，有

$$-\frac{\Omega_0}{2}+k\Omega_s\leqslant\frac{\Omega_0}{2}，所以\ k\Omega_s\leqslant\Omega_0\ 或\ -k\Omega_s\geqslant-\Omega_0$$

因为 $-\Omega_0+(k+1)\Omega_s\geqslant\Omega_0$，所以 $\Omega_s\geqslant2\Omega_0-k\Omega_s$，即 $\Omega_s\geqslant\Omega_0$，$\frac{2\pi}{T}\geqslant\Omega_0$，所以 $T\leqslant\frac{2\pi}{\Omega_0}$

由(a)和(b)可知，频谱不会引起混叠失真的最低采样频率为 Ω_0。

需要注意的是，带通信号采样时，$\Omega_s=\dfrac{2\pi}{T}\geqslant 2\Delta\Omega=2\left(\Omega_0-\dfrac{\Omega_0}{2}\right)=\Omega_0$ 仅是频谱不混叠的必要条件。例如该例中当 $\Omega_s=\dfrac{5\Omega_0}{4}$ 时，频谱混叠，并不能由 $x[n]$ 恢复出 $x_c(t)$；而当采样周期 $T=\pi/\Omega_0$ 时，即采样频率为 $2\Omega_0$，频谱不发生混叠，可以恢复出连续时间信号 $x_c(t)$。

5-16　图 P5-16(a)所示的系统中，其输入 $x_c(t)$ 的傅里叶变换 $X_c(j\Omega)$ 已知(见图 P5-16(b))，离散时间系统的频率响应为 $H(e^{j\omega})=\begin{cases}1, & |\omega|\leqslant\pi/2\\ 0, & |\omega|>\pi/2\end{cases}$，对如下两种情况分别绘制 $y_r(t)$ 的傅里叶变换 $Y_c(j\Omega)$。

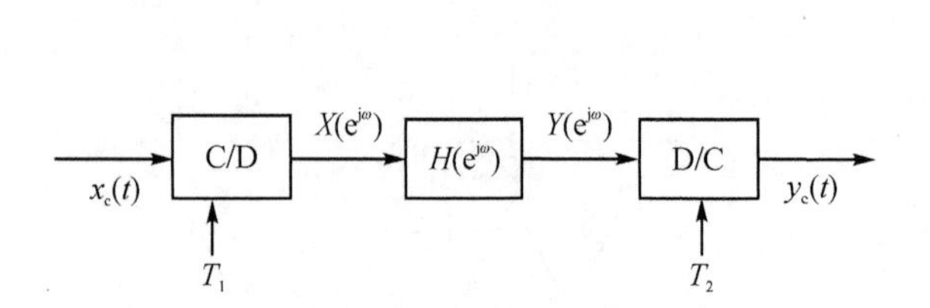

图 P5-16(a)　处理连续信号的系统框图

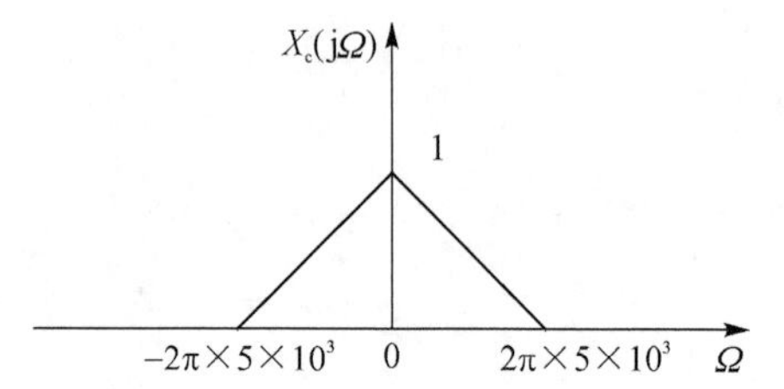

图 P5-16(b)　输入信号的频谱图

(a) $\dfrac{1}{T_1}=2\times10^4$，$\dfrac{1}{T_2}=10^4$；　　(b) $\dfrac{1}{T_1}=10^4$，$\dfrac{1}{T_2}=2\times10^4$。

【解】　通过图解法求得两种情况下输出的频谱图分别如图 P5-16(c)和图 P5-16(d)所示。

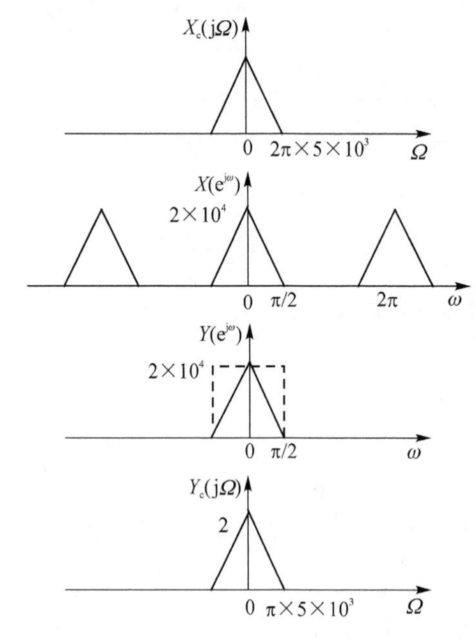

图 P5-16(c)　(a)情况下输出的频谱图

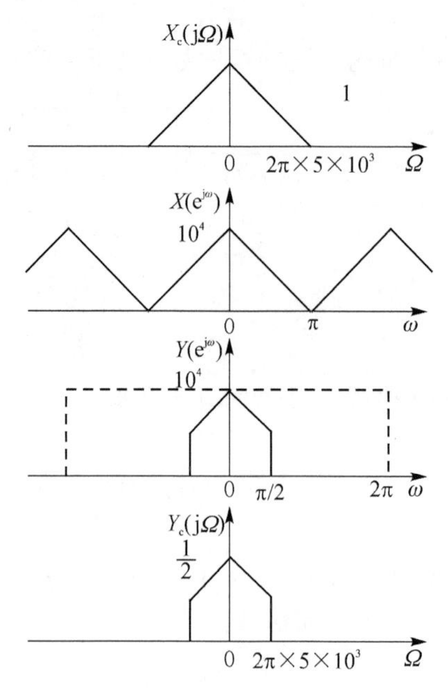

图 P5-16(d)　(b)情况下输出的频谱图

5-17　某处理连续时间信号的离散 LTI 系统结构如图 P5-17(a)所示，$X_c(j\Omega)$ 和 $H(e^{j\omega})$ 分别如图 P5-17(b)和 P5-17(c)所示，忽略信号幅度影响。

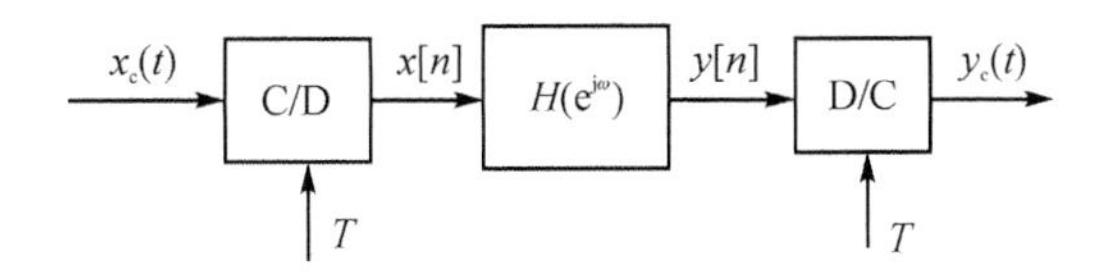

图 P5－17(a)　某处理连续时间信号的离散 LTI 系统的结构图

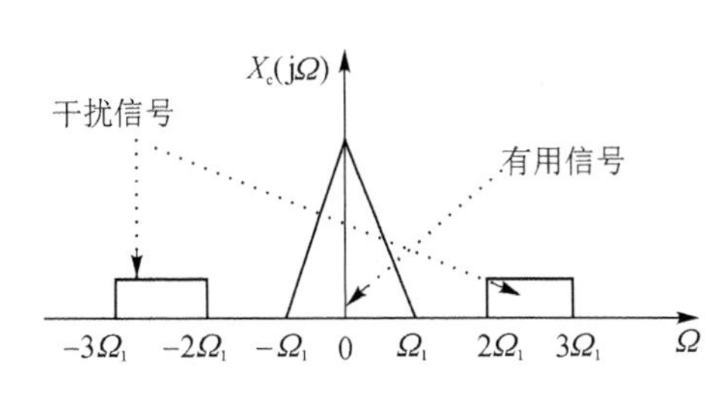

图 P5－17(b)　输入信号的频谱

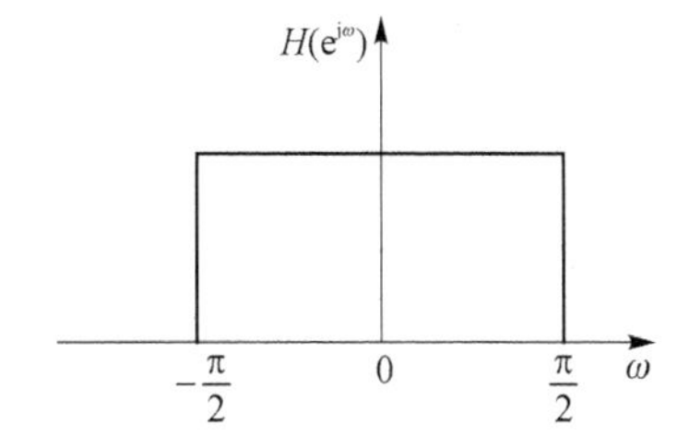

图 P5－17(c)　离散时间系统的频率响应

(a) 为避免有用信号在采样过程发生混叠，系统采样周期 T 最大可设计为多少？

(b) 若 $T=\dfrac{\pi}{\Omega_1}$，试绘制出 $x[n]$，$y[n]$，$y_c(t)$的频谱图。

【解】　(a) 为避免有用信号在采样过程中发生混叠，须满足$-3\Omega_1+\dfrac{2\pi}{T}\geqslant\Omega_1$，即$T\leqslant\dfrac{\pi}{2\Omega_1}$。

(b) $T=\dfrac{\pi}{\Omega_1}$时，$\Omega_s=\dfrac{2\pi}{T}=\dfrac{2\pi}{\dfrac{\pi}{\Omega_1}}=2\Omega_1$，$\omega_1=\Omega_1 T=\Omega_1\dfrac{\pi}{\Omega_1}=\pi$。$x[n]$，$y[n]$，$y_c(t)$的频谱图如图 P5－17(d)所示。

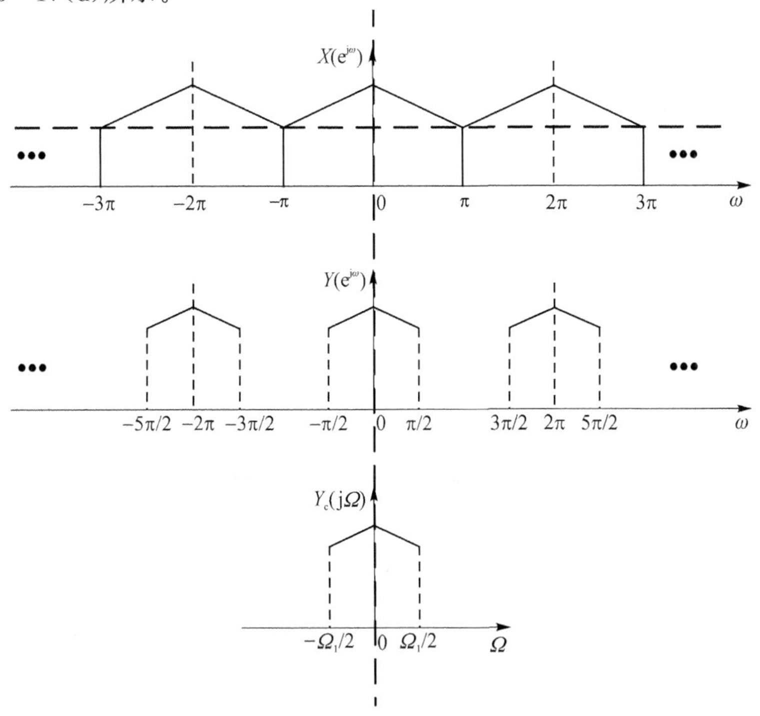

图 P5－17(d)　输入序列的频谱、输出序列的频谱和重构信号的频谱图

5－18 图 P5－18(a)所示系统的前端通常需要加入连续时间抗混叠滤波器 $H_a(j\Omega)$，已知最前端连续时间信号 $x_a(t)$ 的傅里叶变换如图 P5－18(b)所示，已知的采样周期为 T。

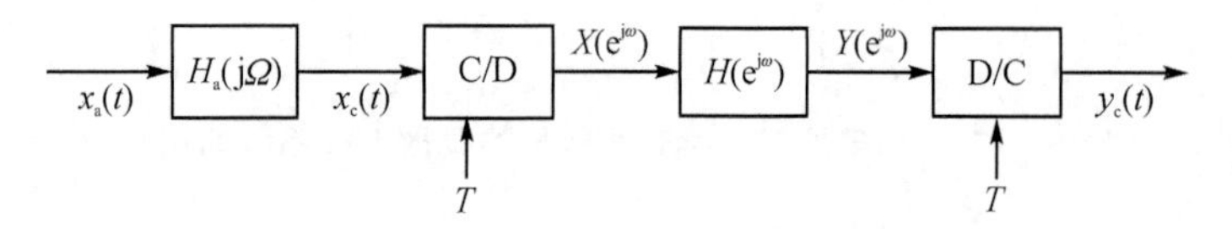

图 P5－18(a) 连续时间信号的离散时间处理

(a) 试绘制理想抗混叠滤波器 $H_a(j\Omega)$ 的幅频响应；

(b) 试绘制 $x_c(t)$ 和 $x[n]$ 的傅里叶变换 $X_c(j\Omega)$ 和 $X(e^{j\omega})$；

(c) 若系统中 $H(e^{j\omega})$ 如图 P5－18(c)所示，试绘制 $Y(e^{j\omega})$ 和 $Y_c(j\Omega)$。

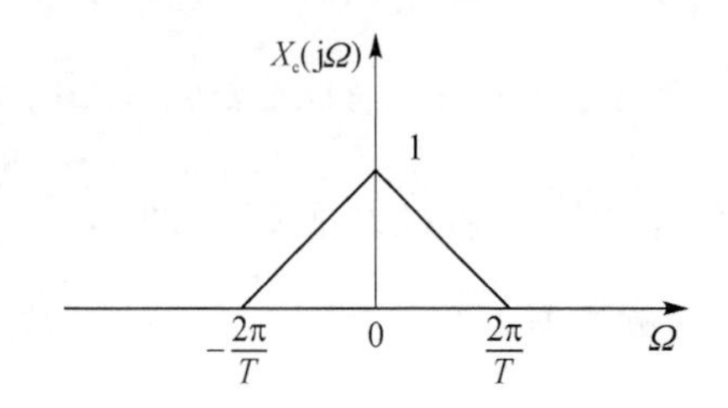

图 P5－18(b) 模拟信号的傅里叶变换

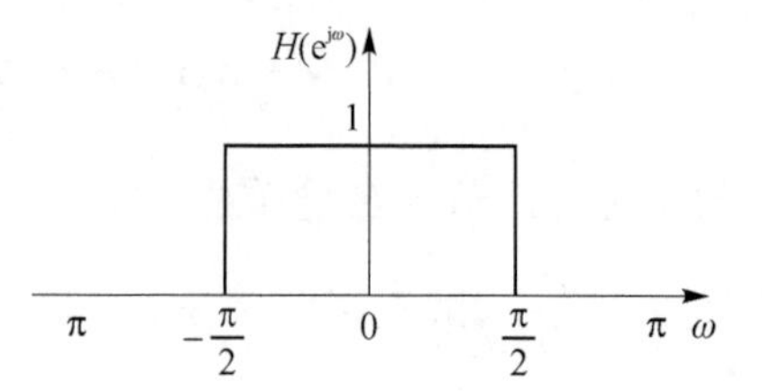

图 P5－18(c) 离散系统的频率响应

【解】 图解法。

(a) 理想抗混叠滤波器的频率响应如图 P5－18(d)所示。

(b) 输入连续时间信号的傅里叶变换如图 P5－18(e)所示，输入序列的傅里叶变换如图 P5－18(f)所示。

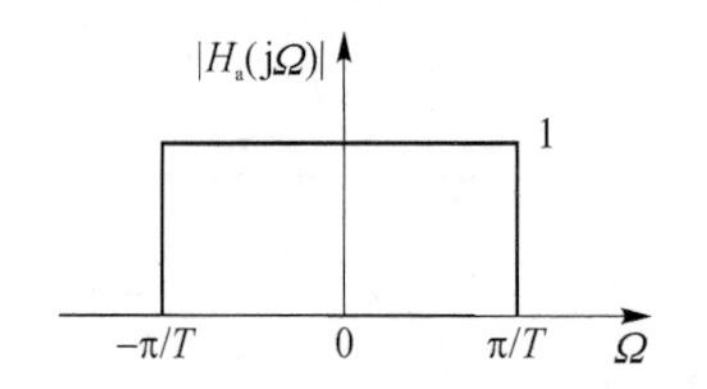

图 P5－18(d) 理想抗混叠滤波器的频率响应

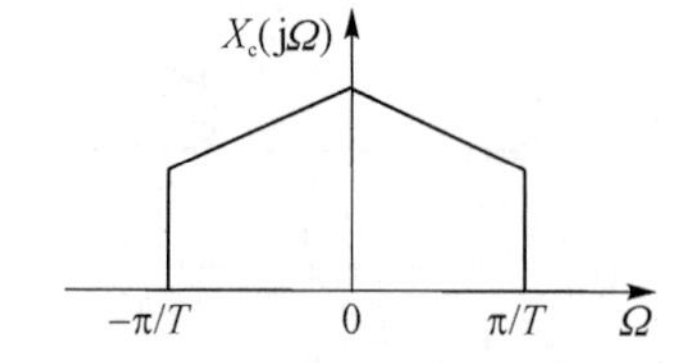

图 P5－18(e) 采样前连续时间信号的傅里叶变换

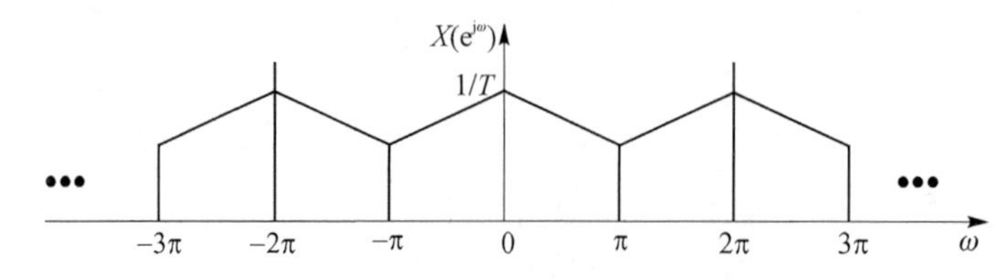

图 P5－18(f) 输入序列的傅里叶变换

(c) 输出序列的傅里叶变换如图 P5－18(g)所示，重构信号的傅里叶变换如图 P5－18(h)所示。

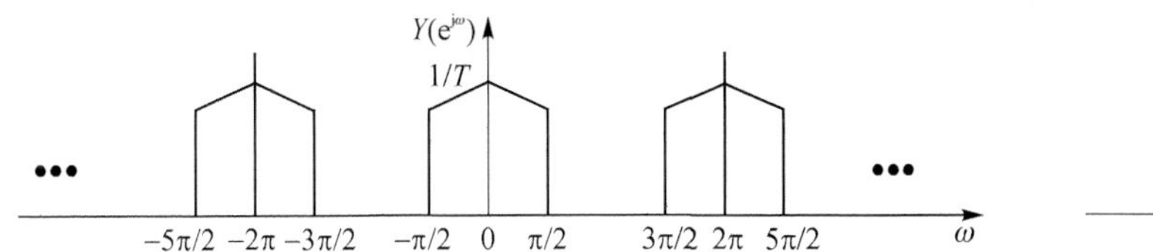

图 P5 - 18(g)　输出序列的傅里叶变换

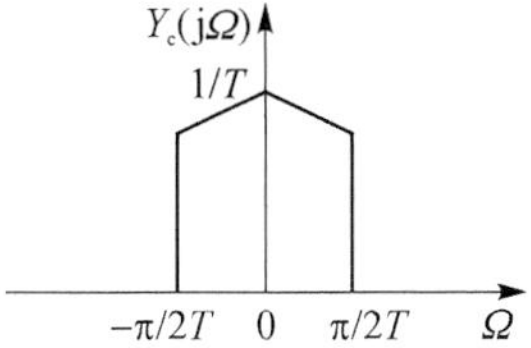

图 P5 - 18(h)　重构信号的傅里叶变换

5 - 19　在图 P5 - 19 所示系统中，输入连续信号 $x_c(t)$，其频谱 $X_c(j\Omega)$ 是带限的，即 $|\Omega|\geqslant\Omega_N$ 时 $X_c(j\Omega)=0$。离散时间系统 $H(e^{j\omega})=\begin{cases}1, & |\omega|\leqslant\omega_c \\ 0, & 其他\end{cases}$。

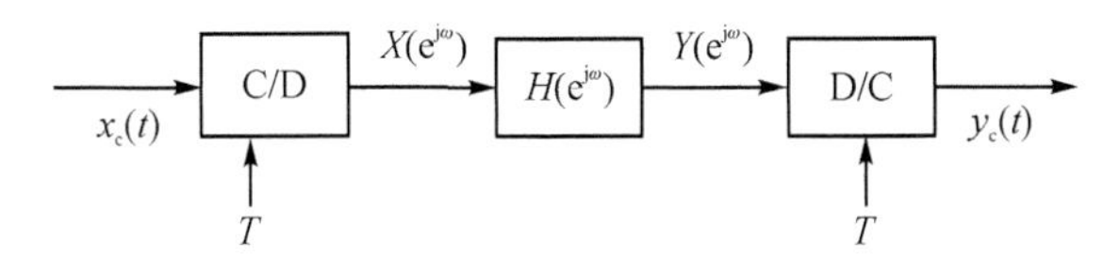

图 P5 - 19　连续时间信号的离散系统处理框图

(a) 为了使 $y_c(t)=x_c(t)$，采样周期 T 最大可以取多少？

(b) 要使整个系统等效为低通滤波器，试确定 T 的取值范围；

(c) 若给定采样频率 $\frac{1}{T}=20$ kHz，整个系统可等效为截止频率为 3 kHz 的理想低通滤波器，试确定 ω_c 及 Ω_N 的取值范围。

【解】 (a) 等效模拟滤波器具有低通特性，题目要求其全通，则数字频谱的最高频率限制在 ω_c 内即 $\omega_N=\Omega_N T\leqslant\omega_c$，所以 $T\leqslant\frac{\omega_c}{\Omega_N}$ 或 $\frac{\omega_c}{T}=\Omega_c\geqslant\Omega_N$。

(b) 要使等效模拟滤波器为低通，则数字频谱的最高频率大于 ω_c 且无混叠，或者有混叠但混叠大于 ω_c，即 $\omega_N=\Omega_N T\geqslant\omega_c$ 且 $2\pi-\Omega_N T\geqslant\omega_c$，化简得 $\frac{\omega_c}{\Omega_N}\leqslant T\leqslant\frac{2\pi-\omega_c}{\Omega_N}$。

(c) $\omega_c=\Omega_c T=2\pi\cdot 3\,000\cdot\frac{1}{20\times10^3}=0.3\pi$

Ω_N 的取值使系统采样后不混叠且高于 0.3π，或混叠部分在 0.3π 以上，故

$$\omega_N=\Omega_N T>0.3\pi,\left(\frac{2\pi}{T}-\Omega_N\right)T>0.3\pi$$

所以
$$0.3\pi<\Omega_N T<2\pi-0.3\pi$$

所以 $0.3\pi\times20\times10^3<\Omega_N<1.7\pi\times20\times10^3$，即 $6\,000\pi<\Omega_N<34\,000\pi$。

5 - 20　连续双频模拟信号 $x_c(t)$ 的离散处理结构如图 P5 - 20(a) 所示。

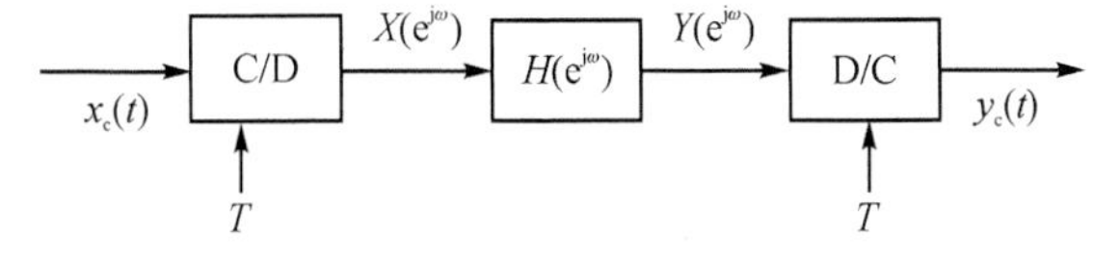

图 P5 - 20(a)　连续双频模拟信号的离散处理系统框图

(a) 当采样间隔为 $T=0.01$ s 时，采样满足低通采样定理条件，得到的序列为 $x[n]=\sin\frac{n\pi}{5}+\cos\frac{2n\pi}{5}$，试求模拟输入信号中包含的模拟频率分量？

(b) 若上述采样得到的双频信号中的低频分量为干扰信号，如果利用数字系统 $H(e^{j\omega})=\frac{\left[1-e^{-j(\omega-\omega_0)}\right]\left[1-e^{-j(\omega+\omega_0)}\right]}{\left[1-0.9e^{-j(\omega-\omega_0)}\right]\left[1-0.9e^{-j(\omega+\omega_0)}\right]}$ 对其进行滤波，则 ω_0 为何值时，可以消除低频干扰。

(c) 若图中数字系统的单位脉冲响应为 $h[n]=u[n]-u[n-5]$，试给出 $H(e^{j\omega})$ 的表达式并确定输出 $y[n]$。

【解】 (a) $\Omega_1=\frac{\omega_1}{T}$，$f_1=\frac{\Omega_1}{2\pi}=\frac{\pi}{5\times0.01\times2\pi}=10$ Hz，同理，$f_2=\frac{\Omega_2}{2\pi}=\frac{2\pi}{5\times0.01\times2\pi}=20$ Hz。

(b) 离散时间系统的零点、极点图和幅度响应图分别如图 P5-20(b)和图 P5-20(c)所示，其中 $\omega_0=\frac{\pi}{5}$。

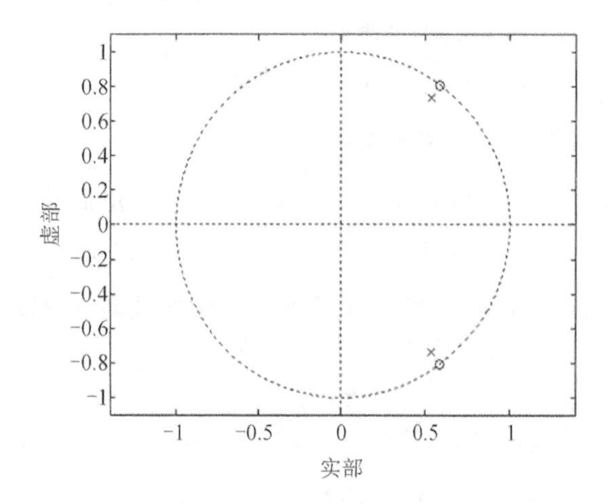

图 P5-20(b) 离散时间系统的零点、极点图

1
0.5
0
|H(e^jω)|
0
ω₀
ω/rad

图 P5-20(c) 幅度响应图

(c) 对 $h[n]=u[n]-u[n-5]$ 求傅里叶变换，得

$$H(e^{j\omega})=\frac{\sin\left(\frac{5}{2}\omega\right)}{\sin\frac{\omega}{2}}e^{-j2\omega}$$

当 $\omega=\frac{\pi}{5}$ 时

$$H(e^{j\omega})\Big|_{\omega=\frac{\pi}{5}}=\frac{1}{\sin(0.1\pi)}e^{-j\frac{2\pi}{5}}$$

当 $\omega=\frac{2\pi}{5}$ 时

$$H(e^{j\omega})\Big|_{\omega=\frac{2\pi}{5}}=0$$

所以 $y[n]=\frac{1}{\sin(0.1\pi)}\sin\left[\frac{\pi}{5}(n-2)\right]$。

5-21　某输入连续时间信号 $x_c(t)$ 的频谱函数 $X_c(\mathrm{j}\Omega)$ 如图 P5-21(a)所示。其中 $\Omega_0=2\pi\times10^5$ rad/s，$\Omega_1=\Omega_0-2\pi\times10^2$ rad/s，$\Omega_2=\Omega_0+2\pi\times10^2$ rad/s。以采样周期 $T=10^{-3}$ s 对其采样、滤波并重构，其处理流程如图 P5-21(b)所示，其中 $\omega\in[-\pi,\pi]$ 时 $H_1(\mathrm{e}^{\mathrm{j}\omega})=\begin{cases}1, & -\dfrac{\pi}{10}\leqslant\omega\leqslant\dfrac{\pi}{10}\\ 0, & 其他\end{cases}$。

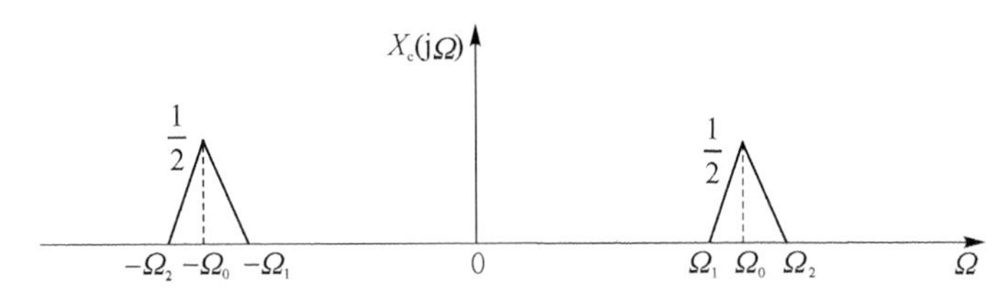

图 P5-21(a)　输入连续时间信号的频谱图

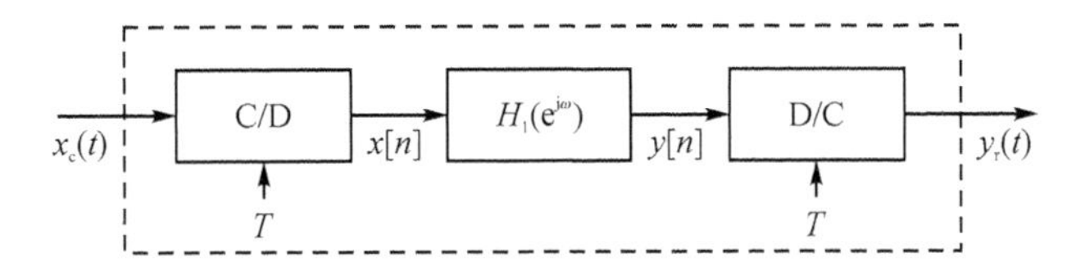

图 P5-21(b)　对连续时间信号低通滤波的处理框图

(a) 试绘制输出 $y_r(t)$ 的频谱函数 $Y_r(\mathrm{j}\Omega)$，其中 D/C 变换中重构滤波器为理想低通滤波器；

(b) 信号 $x_c(t)$ 通过如图 P5-21(c)所示的另一系统处理，采样周期仍取 $T=10^{-3}$ s，L 为整数。试绘制频谱函数 $H_2(\mathrm{e}^{\mathrm{j}\omega})$，并确定 L 和 T_1 的取值，使得其输出 $z_r(t)$ 的频谱函数为 $Z_r(\mathrm{j}\Omega)=X_c(\mathrm{j}\Omega)$；或设计一种由 $x[n]$ 恢复频谱函数为 $X_c(\mathrm{j}\Omega)$ 的连续时间信号 $x_c(t)$ 的方法，可采用理想带通滤波器。

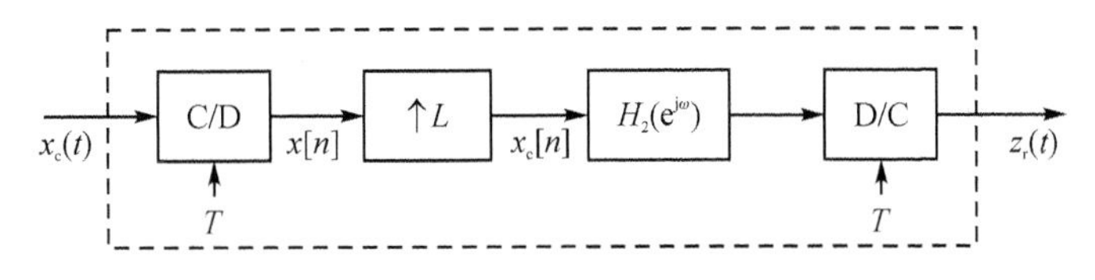

图 P5-21(c)　包含以 L 为因子内插的系统框图

【解】　(a) 以采样周期 $T=10^{-3}$ s 对信号进行采样，其中心频率 $\omega_0=\Omega_0T=100\times2\pi$，周期延拓至 0 频，最高频率 $\omega_1=\Delta\Omega T=100\times2\pi\times10^{-3}=\dfrac{\pi}{5}$，经 $H_1(\mathrm{e}^{\mathrm{j}\omega})$ 滤波后，其截止频率为 $\dfrac{\pi}{10}$，对应的模拟频率为 $\Omega'=\dfrac{\omega'}{T}=\dfrac{\pi}{10\times10^{-3}}=100\pi$。直接低通滤波时输出重构信号的频谱图如图 P5-21(d)所示。

(b) 方法一：L 倍内插后的 $x_e[n]$ 信号频谱如图 P5-21(e)所示。

假设每个频谱的中心频率位于 $\dfrac{2k\pi}{L}$ 处，$k=0,\pm1,\pm2,\cdots$，每个频谱的带宽为 $\Delta\Omega=\dfrac{2\pi}{5L}$。

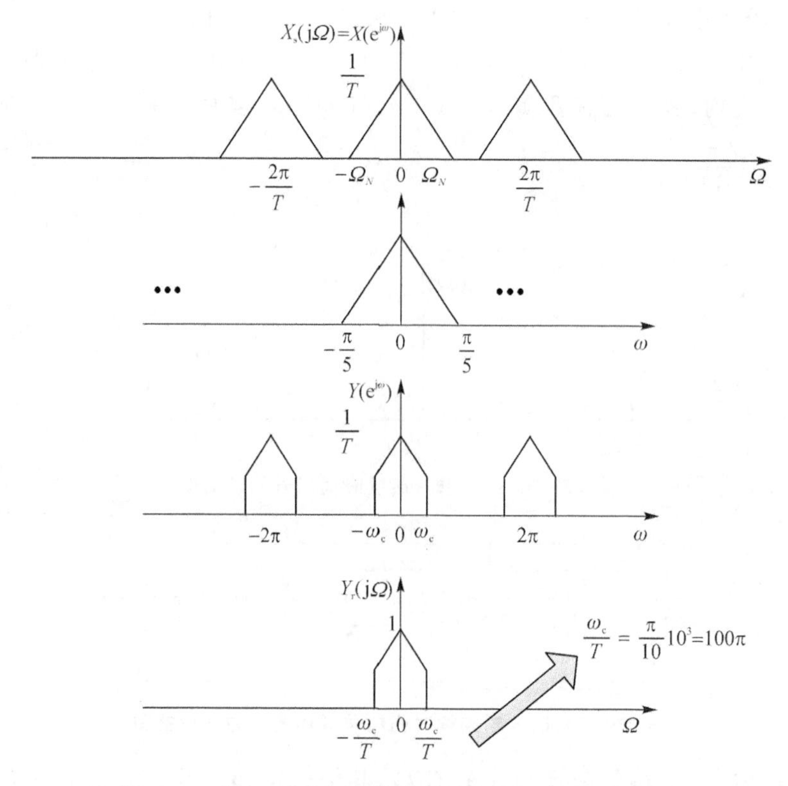

图 P5-21(d) 直接低通滤波时输出重构信号的频谱图

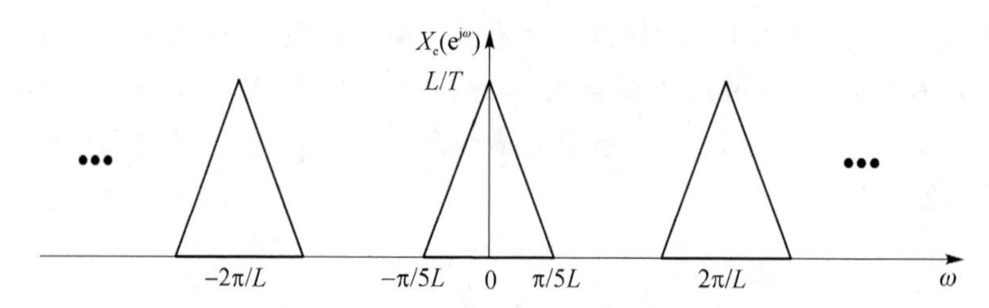

图 P5-21(e) 以 L 为因子内插后信号的频谱图

使用理想带通滤波器进行滤波再以 T_1 为采样周期进行重构，若恢复信号为 $x_c(t)$，则要求中心频率 ω_0' 与 Ω_0 对应，且频宽 $\Delta\omega$ 与 $\Delta\Omega$ 对应，即

$$\begin{cases} \dfrac{2k\pi}{L}\cdot\dfrac{1}{T_1}=2\pi\times10^5 \\ \dfrac{2\pi}{5L}\cdot\dfrac{1}{T_1}=2\pi\times200 \\ \dfrac{2k}{L}<1\rightarrow L>2k \end{cases}$$

解得
$$k=100, L\geqslant201,\ LT_1=10^{-3}$$

$H_2(e^{j\omega})$ 为理想带通滤波器，通带范围为 $\left[\dfrac{2k\pi}{L}-\dfrac{\pi}{5L},\dfrac{2k\pi}{L}+\dfrac{\pi}{5L}\right]$，代入 $k=100$，可得

$$\left[\frac{199.8\pi}{L},\frac{200.2\pi}{L}\right]$$

为保证输出信号的幅度与 $x_c(t)$ 的一致，理想带通滤波器 $H_2(e^{j\omega})$ 的通带增益应为 $A=\dfrac{T}{LT_1}$，故 L 可取大于 200 的所有整数，且 $T_1=\dfrac{1}{10^3 L}$。当前离散系统的频率响应为

$$H_2(e^{j\omega})=\begin{cases}\dfrac{T}{2LT_1}, & \dfrac{199.8\pi}{L}\leqslant|\omega|\leqslant\dfrac{200.2\pi}{L}\\ 0, & 其他\end{cases}$$

离散系统频率响应如图 P5－21(f)所示。

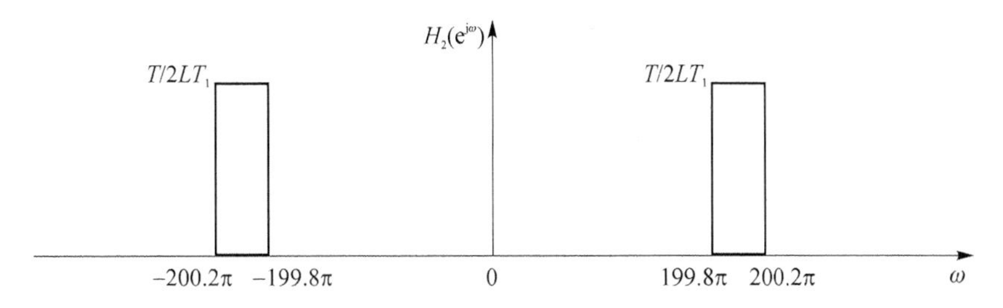

图 P5－21(f)　设计出离散系统的频率响应

方法二：根据方法一的分析步骤，直接使用等效的模拟理想带通滤波器进行重构。

因为 $\omega\in\left[\dfrac{199.8\pi}{L},\dfrac{200.2\pi}{L}\right]$，所以 $\Omega=\dfrac{\omega}{T_1}\in\left[\dfrac{199.8\pi}{L}10^3L,\dfrac{200.2\pi}{L}10^3L\right]=[199\,800\pi,200\,200\pi]$

重构滤波器频率响应为

$$H(j\Omega)=\begin{cases}\dfrac{T}{2}, & 199\,800\pi\leqslant|\Omega|\leqslant 200\,200\pi\\ 0, & 其他\end{cases}$$

系统频率响应如图 P5－21(g)所示。

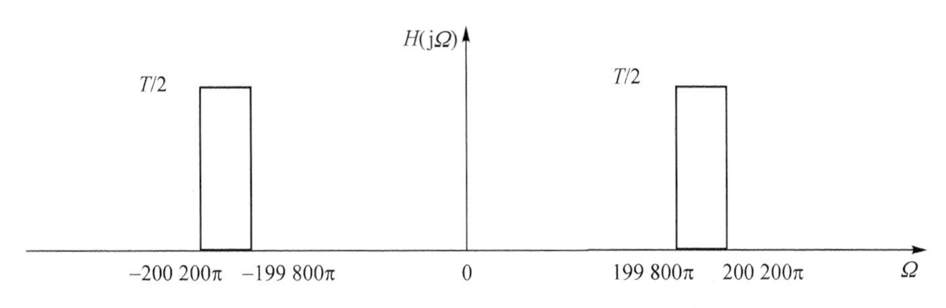

图 P5－21(g)　设计出模拟系统的频率响应

仿真综合题

5－22　对以下信号进行理想采样，即

$$x_a(t)=4\cos(\Omega_1 t)-2\cos(\Omega_2 t)+\cos(\Omega_3 t)+3\cos(\Omega_4 t)$$

其中 $\Omega_1=2\pi,\Omega_2=3\pi,\Omega_3=6\pi,\Omega_4=8\pi$，试

(a) 采用科学计算工具绘制 $x_a(t)$ 波形；

(b) 求此信号的奈奎斯特采样频率；若要采样序列仍为周期序列，采样频率应为多少？

(c) 绘制 $f_s=12$ Hz 与 $f_s=16$ Hz 的采样序列并讨论。

【解】 (a) $x_a(t)$波形见图 P5-22 的第一行。

(b) 对正弦信号进行采样，为确保采样后的序列仍为周期序列，需要满足如下两个条件：

① 采样频率应该大于等于正弦信号最高频率成分的两倍。这个条件可以通过奈奎斯特采样定理来描述，即 $f_s>2f_m$，其中 f_s 为采样频率，f_m 为正弦信号中的最高频率成分。

② 采样频率应为正弦信号频率的整数倍。也就是说，采样频率应该满足 $f_s=kf_{sin}$，其中 f_{sin} 为正弦信号的频率，k 为一个正整数。

满足以上两个条件后，采样后的序列就能够保持与原始正弦信号具有相同的周期性质。

信号 $x_a(t)$的奈奎斯特采样频率应为 $f_s\geqslant 2f_m$，而 $f_m=\Omega_m/2\pi=8\pi/2\pi=4$，故采样频率应为 $f_s\geqslant 8$ Hz，但是要保持采样后的信号仍为周期信号，则必须取采样频率 f_s 为 4 个单频信号频率的最小公倍数 12，即取 $f_s=12$ Hz。

(c) $f_s=12$ Hz 时的 $x_1[n]$以及 $f_s=16$ Hz 时的 $x_2[n]$采样序列如图 P5-22 的第二行和第三行所示。

绘制 $x_a(t)$波形以及不同采样频率下采样后的波形的伪代码如下：

输入：连续时间信号 $x_a(t)=4\cos(\Omega_1 t)-2\cos(\Omega_2 t)+\cos(\Omega_3 t)+3\cos(\Omega_4 t)$，其中 $\Omega_1=2\pi,\Omega_2=3\pi,\Omega_3=6\pi,\Omega_4=8\pi$；采样频率 $f_{s1}=12$ Hz 与 $f_{s2}=16$ Hz；

输出：$x_a(t)$波形与采样后的波形

(1) 设置参数 $t=0:0.01:4,n_1=0:1:48,n_2=0:1:80$；

(2) 计算 $x_1[n]=4\cos\left(\Omega_1 \dfrac{n_1}{f_{s1}}\right)-2\cos\left(\Omega_2 \dfrac{n_1}{f_{s1}}\right)+\cos\left(\Omega_3 \dfrac{n_1}{f_{s1}}\right)+3\cos\left(\Omega_4 \dfrac{n_1}{f_{s1}}\right)$与 $x_2[n]=4\cos\left(\Omega_1 \dfrac{n_2}{f_{s2}}\right)-2\cos\left(\Omega_2 \dfrac{n_2}{f_{s2}}\right)+\cos\left(\Omega_3 \dfrac{n_2}{f_{s2}}\right)+3\cos\left(\Omega_4 \dfrac{n_2}{f_{s2}}\right)$；

(3) 利用连续绘图函数绘制 $x_a(t)$曲线；

(4) 利用离散绘图函数绘制 $x_1[n]$与 $x_2[n]$曲线。

$x_a(t)=4\cos(\Omega_1 t)-2\cos(\Omega_2 t)+\cos(\Omega_3 t)+3\cos(\Omega_4 t)$中 4 个信号分量的周期分别是 1，2/3，1/3，1/4，所以 $x_a(t)$的周期为 2，由图 P5-22 中第一行虚线可以看出。

由于采样频率为 $f_s=12$ Hz 时，其采样间隔为 $T=\dfrac{1}{12}$ s，故

① 对 $\cos(2\pi t)$，其周期为 $T_1=1$ s，因而 $T_1=12T$，一个周期中有 12 个采样点，采样后得到的离散序列为 $\cos\left(2\pi \dfrac{1}{f_s}n\right)$，其中 $\omega_1=\dfrac{2\pi}{12}=\dfrac{\pi}{6}$，所以周期为$\dfrac{2\pi}{\omega_1}=12$；

② 对 $\cos(3\pi t)$，其周期为 $T_2=\dfrac{2}{3}$ s，因而 $T_2=8T$，一个周期中有 8 个采样点，采样后得到的离散序列为 $\cos\left(3\pi \dfrac{1}{f_s}n\right)$，其中 $\omega_2=\dfrac{3\pi}{12}=\dfrac{\pi}{4}$，所以周期为$\dfrac{2\pi}{\omega_2}=8$；

③ 对 $\cos(6\pi t)$，其周期为 $T_3=\dfrac{1}{3}$ s，因而 $T_3=4T$，一个周期中有 4 个采样点，采样后得到的离散序列为 $\cos\left(6\pi \dfrac{1}{f_s}n\right)$，其中 $\omega_3=\dfrac{6\pi}{12}=\dfrac{\pi}{2}$，所以周期为$\dfrac{2\pi}{\omega_3}=4$；

④ 对 $\cos(8\pi t)$，其周期为 $T_4=\dfrac{1}{4}$ s，因而 $T_4=3T$，一个周期中有 3 个采样点，采样后得

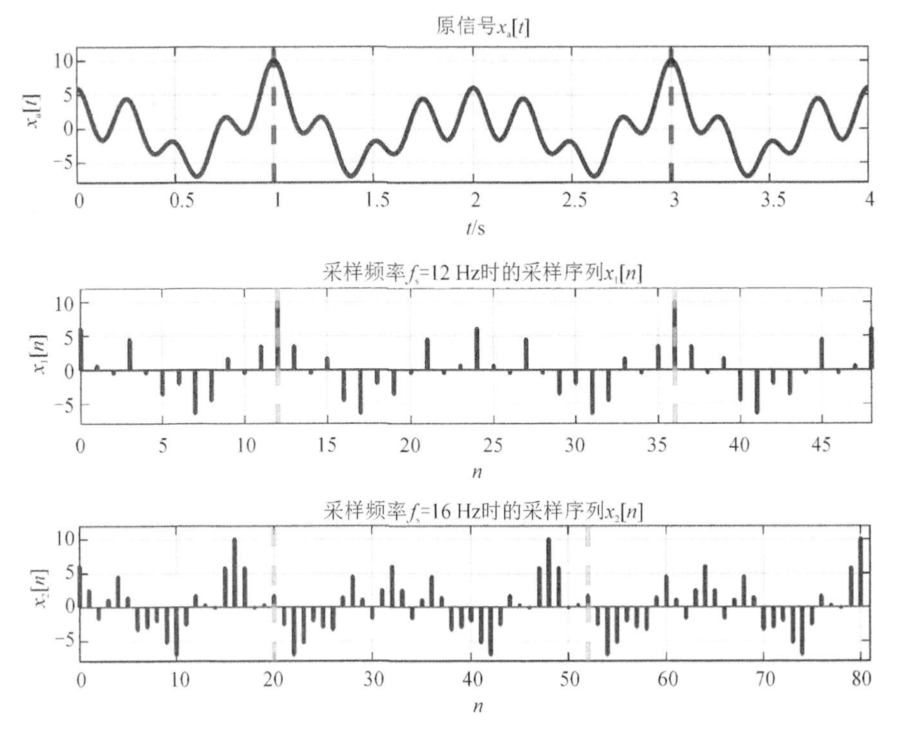

图 P5-22　连续时间信号及在不同采样频率下得到的序列

到的离散序列为 $\cos\left(8\pi\dfrac{1}{f_s}n\right)$，其中 $\omega_4=\dfrac{8\pi}{12}=\dfrac{2\pi}{3}$，所以周期为$\dfrac{2\pi}{\omega_4}=3$；

所以对 4 个正弦信号，保证每个信号都能整周期采样的最小采样数是 3，4，8，12 的最小公倍数，即 $N=24$，从时域采样图看出，$x_1[n]$的确是以 $N=24$ 为一个周期的。

当 $f_s=16$ Hz 时，4 个正弦信号分量采样后得到的离散序列的周期分别为 16，32(32/3)，16(16/3)，4，所以离散序列 $x_2[n]$的周期为 $N=32$。

可以发现，当采样频率设置为不同值时，所得到的离散序列的周期也会发生相应的改变。

第6章　离散傅里叶变换(DFT)

6.1　内容提要与重要公式

序列的傅里叶变换 DTFT 是研究离散时间信号与系统的重要理论工具，但由于频谱函数是数字频率 ω 的连续函数，需要在无限多个频点上计算 $X(e^{j\omega})$，这通常情况下是不切实际的。作为经典数字信号处理学科的一大支柱，离散傅里叶变换(Discrete Fourier Transform，DFT)是对 DTFT 进行离散化，为 DTFT 的数值计算提供一种方法。离散傅里叶变换只有在时域和频域对信号都进行离散化，才能使用计算机对其分析和处理，因此实际运算离不开 DFT。

不仅如此，DFT 存在快速算法，使其便于实际应用，在各种信号处理算法中均起到核心作用，因此掌握 DFT 的定义、性质及应用方法具有重要意义。

1. 离散傅里叶变换

在 $0\leqslant n\leqslant N-1$ 区间内取值的有限长因果序列 $x[n]$，其傅里叶变换 DTFT 为

$$X(e^{j\omega})=\sum_{n=0}^{N-1}x[n]e^{-j\omega n}\tag{6.1}$$

为了将连续的 ω 离散化，在 $0\leqslant\omega<2\pi$ 区间内从 $\omega=0$ 开始等间隔地取 N 个频点 $\omega_k=\frac{2\pi}{N}k$ $(0\leqslant k\leqslant N-1)$，再将 ω_k 代入 $X(e^{j\omega})$，得到

$$X(e^{j\omega_k})=X(e^{j\omega})\Big|_{\omega=\frac{2\pi}{N}k}=\sum_{n=0}^{N-1}x[n]e^{-j\frac{2\pi}{N}kn},\quad 0\leqslant k\leqslant N-1\tag{6.2}$$

令 $X[k]=X(e^{j\omega_k})$，$W_N=e^{-j\frac{2\pi}{N}}$，则式(6.2)变为

$$X[k]=\mathrm{DFT}[x[n]]=\sum_{n=0}^{N-1}x[n]W_N^{kn},\quad 0\leqslant k\leqslant N-1\tag{6.3}$$

式(6.3)是有限长序列 $x[n]$ 的 N 点离散傅里叶变换的定义式，DFT 的含义就是序列的傅里叶变换在 $0\leqslant\omega<2\pi$ 区间内的等间隔采样，用公式表示为

$$X[k]=X(e^{j\omega})\Big|_{\omega=\frac{2\pi}{N}k},0\leqslant k\leqslant N-1\tag{6.4}$$

容易推出离散傅里叶逆变换(Inverse Discrete Fourier Transform，IDFT)的定义式为

$$x[n]=\mathrm{IDFT}[X[k]]=\frac{1}{N}\sum_{k=0}^{N-1}X[k]W_N^{-kn},\quad 0\leqslant n\leqslant N-1\tag{6.5}$$

其含义是把 N 点有限长序列 $x[n]$ 表示成 N 个复指数序列 $e_k(n)$ 加权求和的形式，称其为综合式。而加权系数中 $X[k]$ 的值由 DFT 定义式决定，称其为分析式。上述第 k 个复指数序列 $e_k(n)$ 为

$$e_k(n)=W_N^{-kn}=e^{j\frac{2\pi}{N}kn},0\leqslant n\leqslant N-1,0\leqslant k\leqslant N-1\tag{6.6}$$

式中，$\frac{2\pi}{N}k$ 是第 k 个复指数序列的频率；n 是每个复指数序列中时域取样值的标号，每个复指

数序列都是长度为 N 的有限长序列。

有限长序列的 DFT 或 IDFT 都隐含着周期性，这就不得不提到 DFT 与 DFS 之间的关系。

2. DFT 与 DFS 的关系

DFS 是为了分析、计算周期序列 $\tilde{x}[n]$ 的频谱，其得到的结果 $\tilde{X}[k]$ 也是周期的。周期序列只有有限个序列值是独立的，设 $x[n]$ 是长度为 N 的有限长序列，可将其看成是周期序列 $\tilde{x}[n]$ 的一个周期，而把 $\tilde{x}[n]$ 看成是以 N 为周期的周期延拓，这样就建立了有限长序列 $x[n]$ 和周期序列 $\tilde{x}[n]$ 之间的联系，表示为

$$x[n]=\tilde{x}[n],\quad 0\leqslant n\leqslant N-1 \quad 或\ x[n]=\tilde{x}[n]R_N[n] \tag{6.7}$$

$$\tilde{x}[n]=\sum_{r=-\infty}^{+\infty}x[n+rN] \tag{6.8}$$

通常把 $\tilde{x}[n]$ 的第一个周期($0\leqslant n\leqslant N-1$)定义为“主值区间”，主值区间上的序列称为“主值序列”，所以 $x[n]$ 是 $\tilde{x}[n]$ 的主值序列。周期序列 $\tilde{x}[n]$ 也可以表示为

$$\tilde{x}[n]=x[((n))_N] \tag{6.9}$$

式中，$x[((n))_N]$ 是数学上的“n 对 N 取余数”或称“n 对 N 求模运算”。

同理，频域周期序列 $\tilde{X}[k]$ 也可以看成是对有限长频域序列 $X[k]$ 的周期延拓，有限长频域序列 $X[k]$ 看成频域周期序列 $\tilde{X}[k]$ 的主值，即

$$\tilde{X}[k]=X[((k))_N] \tag{6.10}$$

$$X[k]=\tilde{X}[k],\quad 0\leqslant k\leqslant N-1 \quad 或\ X[k]=\tilde{X}[k]R_N[k] \tag{6.11}$$

由 DFS 和 IDFS 的定义式 $\tilde{X}[k]=\sum\limits_{n=0}^{N-1}\tilde{x}[n]\mathrm{e}^{-\mathrm{j}\frac{2\pi}{N}kn}$ 和 $\tilde{x}[n]=\frac{1}{N}\sum\limits_{k=0}^{N-1}\tilde{X}[k]\mathrm{e}^{\mathrm{j}\frac{2\pi}{N}kn}$，并对比 DFT 和 IDFT 的定义式(6.3)和(6.5)，就会发现：有限长序列的 DFT 就是取与之对应的周期序列的 DFS 的主周期，IDFT 就是取 IDFS 的主周期。这也验证了将有限长序列延拓成周期序列时，其时域的周期性导致其频域的离散化，即周期序列的 DFS 是离散的。DFS 在一个主值区间 $0\leqslant k\leqslant N-1$ 上的值是有限长序列的 DFT，实现了对有限长序列 DTFT 在一个周期 $0\leqslant\omega<2\pi$ 区间上的离散化，DFT 点数(即频率采样点数)等于周期序列的周期 N。

3. 频域采样定理

既然有限长序列的 DFT 是该序列的傅里叶变换在 $0\leqslant\omega<2\pi$ 区间上的 N 等分采样，对比 z 变换的定义式和 DFT 的定义式，容易得到 DFT 与 z 变换的关系为

$$X[k]=X(z)\big|_{z=\mathrm{e}^{\mathrm{j}\frac{2\pi}{N}k}},\quad 0\leqslant k\leqslant N-1 \tag{6.12}$$

式中，$z=\mathrm{e}^{\mathrm{j}\frac{2\pi}{N}k}=W_N^{-k}$ 表明它是 z 平面单位圆上幅角为 $\omega=\frac{2\pi}{N}k$ 的点，也即将 z 平面单位圆 N 等分后的第 k 点，所以 $X[k]$ 是序列的 z 变换在单位圆上的 N 点等间隔采样。

再考虑到序列的傅里叶变换 $X(\mathrm{e}^{\mathrm{j}\omega})$ 是其在单位圆上的 z 变换，DFT 与序列傅里叶变换 $X(\mathrm{e}^{\mathrm{j}\omega})$ 的关系为

$$X[k]=X(\mathrm{e}^{\mathrm{j}\omega})\big|_{\omega=\frac{2\pi}{N}k},\quad 0\leqslant k\leqslant N-1 \tag{6.13}$$

式中，$X[k]$ 看作是序列的傅里叶变换 $X(\mathrm{e}^{\mathrm{j}\omega})$ 在 $0\leqslant\omega<2\pi$ 区间上的 N 点等间隔采样，采样间

隔为$\frac{2\pi}{N}$，总共 N 个点。

经过上述频域采样之后，$X[k]$的 IDFT 会得到一个 N 点有限长序列，记其为 $x_N[n]=\mathrm{IDFT}[X[k]]$。为了得到 $x_N[n]$与原序列 $x[n]$的关系，现假设 $x[n]$是有限长序列，但长度未必是 N，$x[n]$的 DTFT 记为 $X(\mathrm{e}^{\mathrm{j}\omega})=\sum\limits_{m=-\infty}^{+\infty}x[m]\mathrm{e}^{-\mathrm{j}\omega m}$。在频域对 $X(\mathrm{e}^{\mathrm{j}\omega})$以$\frac{2\pi}{N}$为间隔做等间隔采样，得到 DFS 系数 $\tilde{X}[k]=X\left(\mathrm{e}^{\mathrm{j}\frac{2\pi}{N}k}\right)=\sum\limits_{m=-\infty}^{+\infty}x[m]\mathrm{e}^{-\mathrm{j}\frac{2\pi}{N}km}$，再对其求 IDFS 得到

$$\tilde{x}[n]=\frac{1}{N}\sum_{k=0}^{N-1}\tilde{X}[k]\mathrm{e}^{\mathrm{j}\frac{2\pi}{N}kn}=\frac{1}{N}\sum_{k=0}^{N-1}\Big(\sum_{m=-\infty}^{+\infty}x[m]\mathrm{e}^{-\mathrm{j}\frac{2\pi}{N}km}\Big)\mathrm{e}^{\mathrm{j}\frac{2\pi}{N}kn} \tag{6.14}$$

交换求和顺序 $\tilde{x}[n]=\sum\limits_{m=-\infty}^{+\infty}x[m]\left(\frac{1}{N}\sum\limits_{k=0}^{N-1}\mathrm{e}^{\mathrm{j}\frac{2\pi}{N}k(n-m)}\right)$并考虑到复指数序列的正交性，即

$$\frac{1}{N}\sum_{k=0}^{N-1}\mathrm{e}^{\mathrm{j}\frac{2\pi}{N}k(n-m)}=\begin{cases}1, & n=m+rN\\0, & 其他\end{cases} \tag{6.15}$$

其中 r 为任意整数，所以

$$\begin{aligned}\tilde{x}[n]&=\sum_{m=-\infty}^{+\infty}x[m]\Big(\sum_{r=-\infty}^{+\infty}\delta[n-m-rN]\Big)\\&=\sum_{r=-\infty}^{+\infty}\sum_{m=-\infty}^{+\infty}x[m]\delta[n-m-rN]=\sum_{r=-\infty}^{+\infty}x[n-rN]\end{aligned} \tag{6.16}$$

即频域采样会带来时域（以 N 为周期）的周期延拓，频域采样的间隔是$\frac{2\pi}{N}$，或 N 是在 $0\leqslant\omega<2\pi$ 一个周期内频域采样点数。利用 IDFT 与 IDFS 的关系有

$$x_N[n]=\mathrm{IDFT}[X[k]]=\tilde{x}[n]R_N[n]=\sum_{r=-\infty}^{+\infty}x[n-rN]R_N[n] \tag{6.17}$$

假设有限长序列 $x[n]$的长度是 M，当对 $x[n]$的傅里叶变换 $X(\mathrm{e}^{\mathrm{j}\omega})$采样不够密，即在 $0\leqslant\omega<2\pi$ 区间上的等间隔采样点数为 N，且 $N<M$ 时，其对应的时域序列 $x_N[n]$是 $x[n]$（以 N 为周期）进行周期延拓后再取主值，此时时域延拓叠加存在混叠，导致 $x_N[n]\neq x[n]$。因此，频域采样定理指出：对于长度为 M 的有限长序列 $x[n]$，只有当频域采样点数 $N\geqslant M$ 时，才能由频域采样 $X[k]$无失真地重构出原始时域序列（否则产生时域混叠），也才能够通过理想内插由频域采样 $X[k]$得到无失真的连续傅里叶变换函数 $X(\mathrm{e}^{\mathrm{j}\omega})$。

为了通过 N 个采样值 $X[k]$完整地表达 z 变换函数 $X(z)$及频谱函数 $X(\mathrm{e}^{\mathrm{j}\omega})$，在满足频域采样定理的条件下，先对 $X[k]$求 IDFT 得到有限长序列 $x[n]=\frac{1}{N}\sum\limits_{k=0}^{N-1}X(k)\mathrm{e}^{\mathrm{j}\frac{2\pi}{N}kn}$，再将其代入 z 变换的定义式，得到

$$\begin{aligned}X(z)&=\sum_{n=-\infty}^{+\infty}x(n)z^{-n}=\sum_{k=0}^{N-1}X(k)\frac{1}{N}\sum_{n=0}^{N-1}\left(\mathrm{e}^{\mathrm{j}\frac{2\pi}{N}k}z^{-1}\right)^n\\&=\sum_{k=0}^{N-1}X(k)\frac{1}{N}\frac{1-z^{-N}}{1-\mathrm{e}^{\mathrm{j}\frac{2\pi}{N}k}z^{-1}}=\frac{1-z^{-N}}{N}\sum_{k=0}^{N-1}\frac{X(k)}{1-\mathrm{e}^{\mathrm{j}\frac{2\pi}{N}k}z^{-1}}\end{aligned} \tag{6.18}$$

此即为用 N 个频域采样恢复 $X(z)$的内插公式，令 $z=\mathrm{e}^{\mathrm{j}\omega}$ 得到用 $X[k]$恢复频谱函数的表达式，即

$$X(e^{j\omega}) = \frac{1-e^{-j\omega N}}{N}\sum_{k=0}^{N-1}\frac{X(k)}{1-e^{j\frac{2\pi}{N}k}e^{-j\omega}} \tag{6.19}$$

频率采样理论为 FIR 滤波器系统函数的逼近以及 FIR 滤波器的结构设计提供了理论依据。

4. DFT 的性质

DFT 是为了解决频谱的计算问题而引入的，由于 DFT 的有限长序列看作是 DFS 主值序列，因此 DFT 隐含着周期性，并且其很多性质与 DFS 的非常类似。DFT 的性质主要包括线性、循环移位、圆周翻转、对称性质和对偶性质等。以下讨论的序列都假设为 N 点有限长序列，且如果序列长度不同则通过补零的方式使得长度相同，有限长序列 $x[n]$ 的 N 点 DFT 和 N 点逆变换 IDFT 之间的关系记为 $x[n]\underset{\text{IDFT}}{\overset{\text{DFT}}{\rightleftharpoons}}X[k]$，有限长序列 $y[n]$ 的 N 点 DFT 和 N 点逆变换 IDFT 之间的关系记为 $y[n]\underset{\text{IDFT}}{\overset{\text{DFT}}{\rightleftharpoons}}Y[k]$，则有

① 线性性质：$ax[n]+by[n]\underset{\text{IDFT}}{\overset{\text{DFT}}{\rightleftharpoons}}aX[k]+bY[k]$，其中 a，b 为常数；

② 时域循环移位(圆周移位)性质：$x[((n-m))_N]R_N(n)\underset{\text{IDFT}}{\overset{\text{DFT}}{\rightleftharpoons}}e^{-j\frac{2\pi}{N}km}X[k]$；

③ 频域循环移位(圆周移位)性质：$e^{j\frac{2\pi}{N}ln}x[n]\underset{\text{IDFT}}{\overset{\text{DFT}}{\rightleftharpoons}}X[((k-l))_N]R_N[k]$；

④ 圆周翻转性质：$x[((-n))_N]R_N(n)\underset{\text{IDFT}}{\overset{\text{DFT}}{\rightleftharpoons}}X[((-k))_N]R_N[k]$，即将 $X[k]$ 周期延拓后相对原点翻转，再取主周期；

⑤ 复共轭 $x^*[n]\underset{\text{IDFT}}{\overset{\text{DFT}}{\rightleftharpoons}}X^*[((-k))_N]R_N[k]=X^*[N-k]$；

⑥ 频域复共轭 $x^*[((-n))_N]R_N[k]=x^*[N-n]\underset{\text{IDFT}}{\overset{\text{DFT}}{\rightleftharpoons}}X^*[k]$；

需要注意的是，由于 DFT 隐含着周期性，但定义的时域和频域的主值区间是 $0\leqslant n\leqslant N-1$ 和 $0\leqslant k\leqslant N-1$，所以在讨论序列对称性质时，只要在 $n=N$(或 $k=N$)处补上 $n=0$(或 $k=0$)处的序列值，就可以将 $n=\frac{N}{2}\left(或\ k=\frac{N}{2}\right)$视为圆周对称中心或圆周反对称中心。

⑦ 实部 $\text{Re}[x[n]]\underset{\text{IDFT}}{\overset{\text{DFT}}{\rightleftharpoons}}X_{ep}[k]=\frac{X[k]+X^*[N-k]}{2}$，$X_{ep}[k]$ 是 $x[n]$ 的 DFT$X[k]$ 的圆周共轭对称(conjugate-symmetric sequence)分量，其实部关于 $k=\frac{N}{2}$ 偶对称，虚部关于 $k=\frac{N}{2}$ 奇对称(在 $k=N$ 处补上 $k=0$ 处的序列值，下同)；

⑧ 序列虚部乘以 j 后有 $j\text{Im}[x[n]]\underset{\text{IDFT}}{\overset{\text{DFT}}{\rightleftharpoons}}X_{op}[k]=\frac{X[k]-X^*[N-k]}{2}$，$X_{op}[k]$ 是 $x[n]$ 的 DFT$X[k]$ 的圆周共轭反对称(conjugate-antisymmetric sequence)分量，其实部关于 $k=\frac{N}{2}$ 奇对称，虚部关于 $k=\frac{N}{2}$ 偶对称；

⑨ 圆周共轭对称分量 $x_{ep}[n]=\frac{1}{2}(x[n]+x^*[N-n])\underset{\text{IDFT}}{\overset{\text{DFT}}{\rightleftharpoons}}\text{Re}[X[k]]$，其中 $x_{ep}[n]=$

$x_{ep}^{*}[N-n]=x_{ep}^{*}[((-n))_N]R_N[n]$，其实部关于 $n=\frac{N}{2}$ 偶对称，虚部关于 $n=\frac{N}{2}$ 奇对称（在 $n=N$ 处补上 $n=0$ 处的序列值，下同）；

⑩ 圆周共轭反对称分量 $x_{op}[n]=\frac{1}{2}(x[n]-x^{*}[-n])\underset{\text{IDFT}}{\overset{\text{DFT}}{\rightleftharpoons}}\text{jIm}[X[k]]$，其中 $x_{op}[n]=-x_{op}^{*}[N-n]=-x_{op}^{*}[((-n))_N]R_N[n]$，其实部关于 $n=\frac{N}{2}$ 奇对称，虚部关于 $n=\frac{N}{2}$ 偶对称；

⑪ 实序列 $x[n]\underset{\text{IDFT}}{\overset{\text{DFT}}{\rightleftharpoons}}X[k]=X^{*}[N-k]$，称之为满足圆周共轭对称性，等价的描述是 $\text{Re}[X[k]]=\text{Re}[X[N-k]]$，即实部满足圆周偶对称关系，实部关于 $k=\frac{N}{2}$ 偶对称，$\text{Im}[X[k]]=-\text{Im}[X[N-k]]$，即虚部满足圆周奇对称关系，虚部关于 $k=\frac{N}{2}$ 奇对称，$|X[k]|=|X[N-k]|$，即幅度满足圆周偶对称关系，关于 $k=\frac{N}{2}$ 偶对称，$\angle X[k]=-\angle X[N-k]$，即相位满足圆周奇对称关系，关于 $k=\frac{N}{2}$ 奇对称；$k=\frac{N}{2}$ 对应于频率 $f=\frac{f_s}{2}\left(\omega=\frac{\omega_s}{2}\right)$，即为折叠频率。

⑫ 对偶性质：$X[n]\underset{\text{IDFT}}{\overset{\text{DFT}}{\rightleftharpoons}}Nx[((-k))_N]R_N[k]=Nx[((N-k))_N]R_N[k]$。

利用 DFT 的共轭对称性，可以减少实序列 DFT 的运算量，一般只需要知道一半 $X[k]$ 就可以，另一半可用圆周共轭对称性求得；此外，利用一个复序列的 N 点 DFT 可以求得两个实序列的 N 点 DFT，或利用一个复序列的 N 点 DFT 求得一个 $2N$ 点实序列的 DFT。

DFT 满足时域卷积、频域卷积和帕斯瓦尔 3 条基本定理，若长度是 N 的序列 $h[n]$ 的 DFT 和逆变换 IDFT 之间的关系记为 $h[n]\underset{\text{IDFT}}{\overset{\text{DFT}}{\rightleftharpoons}}H[k]$，则有：

① 时域循环卷积定理：$x[n]\,Ⓝ\,h[n]\underset{\text{IDFT}}{\overset{\text{DFT}}{\rightleftharpoons}}X[k]H[k]$，这里的Ⓝ表示 N 点循环卷积运算，$x[n]\,Ⓝ\,h[n]=(\tilde{x}[n]\circledast\tilde{h}[n])R_N[n]=\left(\sum_{m=0}^{N-1}x[m]h[((n-m))_N]\right)R_N[n]=h[n]\,Ⓝ\,x[n]$；

② 频域循环卷积定理：$x[n]\circledast h[n]\underset{\text{IDFT}}{\overset{\text{DFT}}{\rightleftharpoons}}\frac{1}{N}X[k]\,Ⓝ\,H[k]$；

③ 帕斯瓦尔定理：$\sum_{n=0}^{N-1}x[n]y^{*}[n]=\frac{1}{N}\sum_{n=0}^{N-1}X[k]Y^{*}[k]$，或特殊地 $\sum_{n=0}^{N-1}|x[n]|^2=\frac{1}{N}\sum_{n=0}^{N-1}|X[k]|^2$。

5. DFT 计算线性卷积

在大多数应用中，如 FIR 滤波器求响应，人们往往关心的是计算两个序列的线性卷积，为了借助 DFT 用循环卷积实现线性卷积，必须保证循环卷积与线性卷积的结果相同。假设有长度为 L 的序列 $x[n]$ $(0\leqslant n\leqslant L-1)$ 和长度为 P 的序列 $h[n]$ $(0\leqslant n\leqslant P-1)$，二者的线性卷积为 $y[n]=x[n]*h[n]$ $(0\leqslant n\leqslant L+P-2)$，线性卷积的长度是 $L+P-1$。$x[n]$ 和 $h[n]$ 的 N 点 DFT 分别记为 $X[k]$ 和 $H[k]$，则利用 DFT 的循环卷积性质可得到

$$x[n] \circledN h[n]=\left(\sum_{r=-\infty}^{+\infty} y[n-rN]\right)R_N[n] \tag{6.20}$$

即 N 点循环卷积等于线性卷积以 N 为周期延拓的后取主周期。因此当循环卷积点数大于等于线性卷积的长度($N\geqslant L+P-1$)时，循环卷积等于线性卷积，否则，循环卷积是线性卷积混叠的结果。

借助 DFT 用循环卷积计算线性卷积，首先要确定 DFT 的点数，点数选取必须足够大。具体步骤是：(1) 确定 DFT 点数 $N\geqslant L+P-1$；(2) $x[n]$ 和 $h[n]$ 分别补零到长度为 N，并分别求 N 点 DFT 得到 $X[k]$ 和 $H[k]$；(3) 求 $Y[k]=X[k]H[k]$；(4) 求 $Y[k]$ 的 IDFT 得到 N 点循环卷积，其结果等于线性卷积 $y[n]=x[n]*h[n]$。

6.2　重难点提示

✍ 本章重点

(1) DFT 的数学定义及物理概念；

(2) DFT 与 DTFT，DFS，z 变换之间的关系；

(3) 复指数序列的正交性；

(4) 频域采样定理；

(5) DFT 的性质和定理；

(6) 通过循环卷积计算线性卷积的方法。

✍ 本章难点

理解 DFT 隐含的周期性，DFT 点数小于原信号长度时其反变换得到的信号是原信号的混叠截断，根据 DFT 重构(理想内插)、z 变换及 DTFT，分析不同点数情况下循环卷积与线性卷积的关系。

6.3　习题详解

选择、填空题(6-1 题～6-17 题)

6-1　N 点实序列 $x[n]$ 的 DFT 满足 $X[k]=X^*[N-1-k]$　(B)。

(A) 正确；　　　　(B) 错误

【解】　实序列的 DFT 满足圆周共轭对称性质，即 $X[k]=X^*[N-k]$，其代数表示式为 $X_{\text{Re}}[k]+\text{j}X_{\text{Im}}[k]=X_{\text{Re}}[N-k]-\text{j}X_{\text{Im}}[N-k]$。

故选(B)。

6-2　有“时间”和“频率”两个自变量的连续或离散的组合，可以构成傅里叶变换的四种可能形式。两个自变量是连续时间和连续频率构成的是(A)。

(A) 傅里叶变换　　(B) 傅里叶级数

(C) 序列的傅里叶变换　　(D) 离散傅里叶级数。

【解】 傅里叶级数 FS 针对连续时间周期信号，其频域是离散的；序列的傅里叶变换 DTFT 针对时间上离散，其频域是连续的；离散傅里叶级数 DFS 针对离散时间周期序列，其频域是离散的。

故选(A)。

6-3 以下关于频域采样错误的是(D)。

(A) 如果频域采样点数大于序列长度，则可以通过频域采样重构时域信号

(B) 如果频域采样点数小于序列长度，则无法通过频域采样重构时域信号

(C) 当频域采样点数小于序列长度，也可以通过 DFT 计算频域取样

(D) 如果序列的频域采样是实序列，则其傅里叶变换一定是实函数

【解】 如果满足频域采样定理，即频域采样点数大于或等于时域点数 N 时，则可由频域采样恢复原序列，一个长度为 N 的有限长序列可用其 N 个频域的采样值唯一地确定。DFT 是频域 DTFT 在一个周期内的采样，或是序列 z 变换在单位圆上等间隔采样一周。

故选(D)。

6-4 一个序列的 N 点 DFT $X[k]$均取实值，则该序列一定满足(B)。

(A) $x[n]=x[N-n], 1\leqslant n\leqslant N-1$　　(B) $x[n]=x^*[N-n], 1\leqslant n\leqslant N-1$

(C) $x[n]=x[N-1-n], 0\leqslant n\leqslant N-1$　　(D) $x[n]=x^*[N-1-n], 0\leqslant n\leqslant N-1$

【解】 根据时域与频域的对偶关系，有限长序列 $x[n]$的圆周共轭对称分量 $x_{ep}[n]$的 DFT 为 $X[k]$的实部。

故选(B)。

6-5 满足 $x[n]=-x^*[N-n](n=1,\cdots,N-1)$的复数序列，其 N 点 DFT $X[k]$的取值是(D)。

(A) 圆周共轭对称的　　(B) 圆周共轭反对称的

(C) 实值　　(D) 纯虚的

【解】 $x[n]$的圆周共轭反对称分量的 DFT 为 j 乘以 $X[k]$的虚部。

故选(D)。

6-6 两个有限长序列 $x[n]$和 $x_1[n]$的 6 点 DFT 分别记为 $X[k]$和 $X_1[k]$，二者的关系为 $X_1[k]=X[k]W_6^k$，则以下表达式错误的是(D)。

(A) $x_1[n]=x[((n-1))_6]R_6[n]$　　(B) $x_1[n]=x[((n-7))_6]R_6[n]$

(C) $x_1[n]=x[((n+5))_6]R_6[n]$　　(D) $x_1[n]=x[((n+7))_6]R_6[n]$

【解】 频域 $X[k]W_8^k=X[k]e^{-j\frac{2\pi}{N}k\times 1}$ 对应时域循环右移 1 位，DFT 隐含着周期性，其周期为 $N=6$。

故选(D)。

6-7 图 P6-7 中所示序列是圆周偶对称即满足 $x[n]=x[N-n](n=1,\cdots,N-1)$的是(C)。

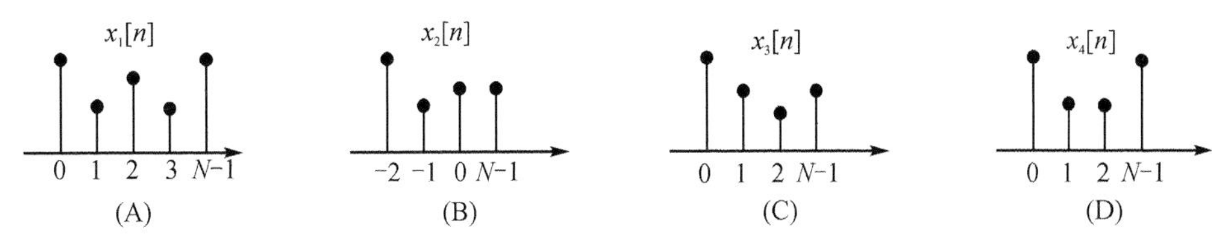

图 P6-7　四个某种意义上的对称序列

【解】 (A) 满足 $x[n]=x[N-1-n]$的序列关于$\frac{N-1}{2}=2$偶对称,且具有线性相位特性;(B) 不是因果序列,且周期延拓后不是关于原点偶对称;(C) 满足 $x[n]=x[N-n]$的序列关于$\frac{N}{2}=2$偶对称,且要注意隐周期性 $n=0$ 与 $n=N$ 是混叠的;(D) 不满足 $x[n]=x[N-n]$,满足 $x[n]=x[N-1-n]$,且具有线性相位特性。

故选(C)。

6-8　已知某系统的单位脉冲响应 $h[n]$在 $0\leqslant n\leqslant P-1$ 内取值,输入信号 $x[n]$的取值有效范围是 $0\leqslant n\leqslant L-1$,其中 $L>P$,为了采用 DFT 方法求输出信号 $y[n]=x[n]*h[n]$在 $P-1\leqslant n\leqslant L-1$ 的值,则 DFT 的最少点数是(C)。

(A) $L+P-1$　　(B) P　　(C) L　　(D) $L-1$

【解】 循环卷积是线性卷积的周期延拓再取主值区间的序列。只需线性卷积的中间段,允许部分混叠,只须求 L 点的循环卷积,其中间 $P-1$ 到 $L-1$ 点是没有混叠的线性卷积,详细分析可参考教材中的重叠保留法。

故选(C)。

6-9　序列 $x[n]=R_5[n]$的傅里叶变换和 5 点 DFT 分别记为 $X(e^{j\omega})$和 $X[k]$,则错误的陈述是(A)。

(A) $X(e^{j\omega})=e^{-j2.5\omega}A(e^{j\omega})$,其中 $A(e^{j\omega})$是实函数

(B) $X[k]=e^{-j4\pi k/5}A[k]$,其中 $A[k]$是实序列

(C) $X[k]$是实序列

(D) $X[k]=X[((N-k))_N]R_N[n]$

【解】 (A) 序列的群延迟或对称中心是 $\alpha=2$,所以相位响应表达式为 $-j2\omega$,是线性相位;(B) DFT 是 DTFT 的采样,$X[k]==e^{-j2\omega}A(e^{j\omega})\big|_{\omega=\frac{2\pi}{5}k}=e^{-j4\pi k/5}A[k]$;(C) $x[n]$为时域圆周偶对称,所以频域 DFT 是实序列;(D)与(C)类似,为时域实序列且圆周偶对称,则 DFT 圆周对称且是实序列。

故选(A)。

6-10　有限长序列 $x_1[n]$在 $0\leqslant n\leqslant 3$ 区间内取值,$x_2[n]$在 $1\leqslant n\leqslant 5$ 区间内取值,使得 $x_1[n]$和 $x_2[n]$的 N 点循环卷积等于这两个序列的线性卷积的最小 N 值是________。

【解】 线性卷积的有效取值范围是 $1\leqslant n\leqslant 8$,长度为 8,但若取 $N=8$ 点的循环卷积,它是线性卷积以 8 为周期进行延拓,范围是 $0\leqslant n\leqslant 7$,所以应取 $N=9$。

6-11　一个长度为 8 的序列 $x[n]$在 $0\leqslant n\leqslant 7$ 之外为零,其 8 点 DFT 为 $X[k]=1+2\sin\frac{\pi k}{4}$,则 $x[n]=$________。

【解】 将正余弦序列写为复指数序列，并且考虑到 DFT 正变换指数部分 $e^{-j\frac{2\pi}{N}kn}$ 或 W_N^{kn}，前面的系数表示序列的取值，故

$$\begin{aligned}X[k]&=1+2\sin\frac{\pi k}{4}=1+2\sin\frac{2\pi k}{8}\\&=1+\frac{1}{j}\left(e^{j\frac{2\pi k}{8}}-e^{-j\frac{2\pi k}{8}}\right)=1+\frac{1}{j}\left(e^{-j\frac{2\pi k}{8}(-1)}-e^{j\frac{2\pi k}{8}}\right)\\&=1+\frac{1}{j}\left(e^{-j\frac{2\pi}{8}k7}-e^{j\frac{2\pi}{8}k}\right)=1+\frac{1}{j}(W_8^{k7}-W_8^{k1})\\&=1-\frac{1}{j}W_8^k+\frac{1}{j}W_8^{7k}\end{aligned}$$

所以 $x[n]=\delta[n]-\frac{1}{j}\delta[n-1]+\frac{1}{j}\delta[n-7]$。

6-12 一个长度为 64 的有限长序列 $x[n]$，其傅里叶变换记为 $X(e^{j\omega})$，现希望用一个 N 点的 DFT 求出 $\omega=\frac{\pi}{2},\frac{\pi}{3},\frac{\pi}{5}$处的 $X(e^{j\omega})$，则 DFT 点数 N 最小可能的取值为__________。

【解】 N 点 DFT 频域采样间隔为$\frac{2\pi}{N}$，根据$\frac{2\pi}{N}k_1=\frac{\pi}{2}$，$\frac{2\pi}{N}k_2=\frac{\pi}{3}$，$\frac{2\pi}{N}k_3=\frac{\pi}{5}$，可得 N 为满足 $N=4k_1$，$N=6k_2$，$N=10k_3$ 的最小整数，即 4，6，10 的最小公倍数，故 N 最小值取 60。需要注意的是，原序列以 60 为周期混叠取长度为 60 的主值，然后再作 60 点 DFT。

6-13 一个长度为 N 的有限长序列 $x[n]$在 $0\leqslant n\leqslant N-1$ 之外为零，其 N 点 DFT 记为 $X[k]$，这里 N 为偶数。若 $x[n]=x[N-1-n]$ $(n=0,1,\cdots,N-1)$，则 $X\left[\frac{N}{2}\right]=$__________；若 $x[n]=-x[N-1-n]$，则__________。

【解】 方法一：

$k=\frac{N}{2}$ 代入 DFT 的定义式 $X[k]=\sum_{n=0}^{N-1}x[n]W_N^{kn}$，有

$$\begin{aligned}X\left[\frac{N}{2}\right]&=\sum_{n=0}^{N-1}x[n]W_N^{\frac{N}{2}n}=\sum_{n=0}^{N-1}x[n]e^{j\pi n}=\sum_{n=0}^{N-1}x[n](-1)^n\\&=\sum_{n=0}^{N-1}x[0]-x[1]+x[2]-x[3]+\cdots-x[N-1]\end{aligned}$$

或

$$\begin{aligned}X\left[\frac{N}{2}\right]&=\sum_{n=0}^{N/2-1}x[n](-1)^n+\sum_{n=N/2}^{N}x[n](-1)^n\\&=\sum_{n=0}^{N/2-1}x[n](-1)^n+\sum_{n=N/2}^{N}x[N-1-n](-1)^n\\&\xlongequal{m=N-1-n}\sum_{n=0}^{N/2-1}x[n](-1)^n+\sum_{m=0}^{N/2-1}x[m](-1)^{N-1-m}\\&=\sum_{n=0}^{N/2-1}x[n](-1)^n\,[1+(-1)^{N-1-2n}]=0\end{aligned}$$

方法二：

将 $x[n]$看作 FIR 系统的 $h[n]$，且 $h[n]$偶对称，其长度为偶数，对应第Ⅱ类线性相位系统，$X(z)\big|_{z=-1}=0$ 或 $X(e^{j\omega})\big|_{\omega=\pi}=0$，根据 DFT 的含义，$X\left[\frac{N}{2}\right]=X(e^{j\omega})\big|_{\omega=\frac{2\pi}{N}\frac{N}{2}}=X(e^{j\pi})=0$。将 $k=0$ 代入 DFT 的定义式 $X[0]=\sum_{n=0}^{N-1}x[n]W_N^{kn}=\sum_{n=0}^{N-1}x[n]$，且 $x[n]$ 奇对称，故 $X[0]=0$。

同理，将 $x[n]$看作 *FIR* 系统的 $h[n]$，且 $h[n]$奇对称，其长度为偶数，对应第Ⅳ类线性相位系统，$X(z)\big|_{z=1}=0$ 或 $X(e^{j\omega})\big|_{\omega=0}=0$，根据 DFT 的含义，$X[0]=X(e^{j\omega})\big|_{\omega=\frac{2\pi}{N}0}=X(e^{j0})=0$。

6-14　一个长度为 N 的有限长序列 $x[n]$在 $0\leqslant n\leqslant N-1$ 之外为零，其傅里叶变换记为 $X(e^{j\omega})$，另一长度为 M 的序列 $y[n]=\left[\sum_{m=-\infty}^{+\infty}x[n+mM]\right]R_M[n]$，其 M 点 DFT 记为 $Y[k]$，则 $Y[k]$ 可用 $X(e^{j\omega})$表示为 $Y[k]=$＿＿＿＿＿＿。

【解】　时域以 M 为周期作周期延拓，对应频域一个周期内 M 点采样，故 $Y[k]=X(e^{j\omega})\big|_{\omega=2\pi k/M}$，$k=0,1,\cdots,M-1$。

6-15　图 P6-15 所示为两个 8 点长的序列 $x_1[n]$和 $x_2[n]$，其 DFT 分别记为 $X_1[k]$和 $X_2[k]$，用 $x_1[n]$表示 $x_2[n]$，则有 $x_2[n]=$＿＿＿＿＿＿，用 $X_1[k]$表示 $X_2[k]$，则有 $X_2[k]=$＿＿＿＿＿＿。

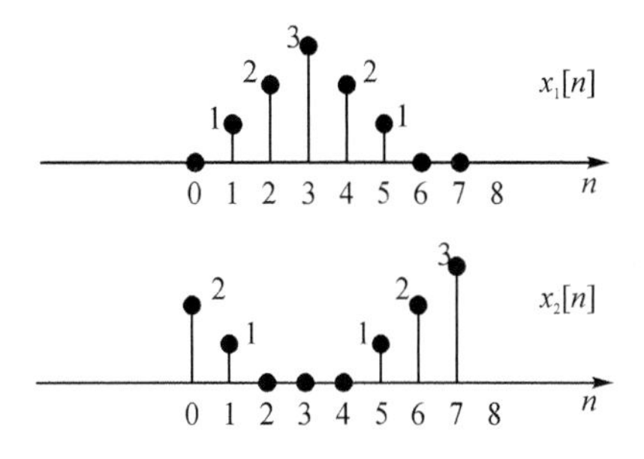

图 P6-15　两个 8 点长序列

【解】　序列 $x_2[n]$是 $x_1[n]$的循环右移 4 位的结果，故

$$x_2[n]=x_1[((n-4))_8]\ (0\leqslant n\leqslant 7)\ \text{或}\ x_2[n]=x_1[((n-4))_8]R_8[n]$$

所以 $X_2[k]=W_8^{k4}X_1[k]=e^{-j\frac{2\pi}{8}\times k4}X_1[k]=(-1)^kX_1[k]$。

6-16　某 4 点长序列 $x[n]=\{1,2,3,4\}$，$0\leqslant n\leqslant 3$ 的 4 点 DFT 记为 $X[k]$，不直接计算 DFT，确定以下表达式的值：$X[0]=$＿＿＿＿＿＿，$X[2]=$＿＿＿＿＿＿，$\sum_{k=0}^{3}X[k]=$＿＿＿＿＿＿，$\sum_{k=0}^{3}e^{-j2\pi k/4}X[k]=$＿＿＿＿＿＿，$\sum_{k=0}^{3}(X[k])^2=$＿＿＿＿＿＿，$\sum_{k=0}^{3}|X[k]|^2=$＿＿＿＿＿＿。

【解】　利用 DFT，IDFT 定义式 $X[k]=\sum_{k=0}^{N-1}x[n]W_N^{kn}$ 和 $x[n]=\frac{1}{N}\sum_{k=0}^{N-1}X[k]W_N^{-kn}$，以及循环卷积定理和 Parseval 定理，有

$$X[0]=\sum_{n=0}^{3}x[n]W_4^{n0}=\sum_{n=0}^{3}x[n]=1+2+3+4=10;$$

$$X[2]=\sum_{n=0}^{3}x[n]W_4^{n2}=\sum_{n=0}^{3}x[n](-1)^n=1-2+3-4=-2;$$

$$\sum_{k=0}^{3}X[k]=\sum_{k=0}^{3}X[k]W_N^{0k}=4x[0]=4;$$

$$\sum_{k=0}^{3}e^{-j2\pi k/4}X[k]=\sum_{k=0}^{3}X[k]W_4^{1k}=\sum_{k=0}^{3}X[k]W_4^{-3k}=4x[3]=16;$$

$x_1[n]$ 与 $x_2[n]$ 的时域 N 点循环卷积对应频率 DFT 的乘积 $\frac{1}{N}\sum_{k=0}^{N-1}X_1[k]X_2[k]e^{j\frac{2\pi}{N}kn}$，在 $n=0$ 时将 $\frac{1}{N}\sum_{k=0}^{N-1}X_1[k]X_2[k]$ 与 N 点循环卷积在 $n=0$ 时的值建立联系，而循环卷积可通过线性卷积的混叠间接求得，即

$$x[n]*x[n]=\{1,4,10,20,25,24,16\},\quad x[n]④x[n]=\{26,28,26,20\};$$

$\sum_{k=0}^{3}(X[k])^2=\sum_{k=0}^{3}(X[k])^2W_4^{-0k}=4x[n]④x[n]\big|_{n=0}=4(x[n]*x[n]\big|_{n=0}+x[n]*x[n]\big|_{n=4})=4\times 26=104$；

$$\sum_{k=0}^{3}|X[k]|^2=4\sum_{k=0}^{3}|x[n]|^2=120。$$

6-17 12 点长序列 $x[n]$ 的 12 点 DFT 记为 $X[k]$，$X[k]$ 的前 7 个点取值分别为 $X[0]=10$，$X[1]=-5-j4$，$X[2]=3-j2$，$X[3]=1+j3$，$X[4]=2+j5$，$X[5]=6-j2$，$X[6]=12$。不直接计算 IDFT，确定以下表达式的值：$x[0]=$________，$x[6]=$________，$\sum_{n=0}^{11}x[n]=$________，$\sum_{n=0}^{11}e^{j(2\pi k/3)}x[n]=$________，$\sum_{n=0}^{11}|x[n]|^2=$________。

【解】 首先需要确定 $X[k]$ 在剩余点上的值，根据实序列 DFT 的共轭对称性质 $X[N-k]=X^*[k]$，所以 $X[11]=X^*[12-11]=-5+j4$，$X[10]=X^*[12-10]=3+j2$，$X[9]=X^*[12-9]=1-j3$，$X[8]=X^*[12-8]=2-j5$，$X[7]=X^*[12-7]=6-j2$，接着参考 DFT 正变换 $X[k]=\sum_{k=0}^{N-1}x[n]W_N^{kn}$ 和逆变换 $x[n]=\frac{1}{N}\sum_{k=0}^{N-1}X[k]W_N^{-kn}$ 的表达式，有

$$x[0]=\frac{1}{N}\sum_{k=0}^{N-1}X[k]=3;$$

$$x[6]=\frac{1}{N}\sum_{k=0}^{N-1}X[k]e^{j\frac{2\pi}{12}k6}=\frac{1}{N}\sum_{k=0}^{N-1}X[k](-1)^k=\frac{1}{12}[10-(-5-j4)+3-j2+\cdots-(-5+j4)]=\frac{7}{3};$$

$$\sum_{n=0}^{11}x[n]=\sum_{n=0}^{N-1}x[n]W_N^{0n}=X[0]=10;$$

$$\sum_{n=0}^{11}e^{j\frac{2\pi}{3}n}x[n]=\sum_{n=0}^{11}x[n]e^{j\frac{2\pi}{12}4n}=\sum_{n=0}^{11}x[n]e^{-j\frac{2\pi}{12}(-4)n}=\sum_{n=0}^{11}x[n]e^{-j\frac{2\pi}{12}(12-4)n}=X[8]=2-j5;$$

$$\sum_{n=0}^{11}|x[n]|^2=\frac{1}{N}\sum_{n=0}^{11}|X[k]|^2=\frac{1}{N}[10^2+(5^2+4^2)+\cdots+(5^2+4^2)]=42.5。$$

计算、证明与作图题(6-18 题～6-34 题)

6-18 求以下长度为 N 的有限长序列的 N 点 DFT，其中 N 为偶数。

(a) $x[n]=\delta[n-n_0]$，$0\leqslant n_0\leqslant N-1$；

(b) $x[n]=\begin{cases}1, & n\text{ 为偶数}\\ 0, & n\text{ 为奇数}\end{cases}$，$0\leqslant n\leqslant N-1$；

(c) $x[n]=\begin{cases}1, & 0\leqslant n\leqslant \frac{N}{2}-1\\ 0, & \frac{N}{2}\leqslant n\leqslant N-1\end{cases}$；

(d) $x[n]=\begin{cases}a^n, & 0\leqslant n\leqslant N-1\\ 0, & \text{其他}\end{cases}$；

(e) $x[n]=\mathrm{e}^{\mathrm{j}\frac{2\pi}{N}mn}, 0<m<N$。

【解】 (a) $X[k]=\sum\limits_{n=0}^{N-1}\delta[n-n_0]W_N^{kn}=\mathrm{e}^{-\mathrm{j}\frac{2\pi}{N}kn_0}$ 或 $W_N^{kn_0}, 0\leqslant k\leqslant N-1$。也可以根据DTFT的移位性质 $\mathrm{e}^{-\mathrm{j}\omega n_0}\big|_{\omega=\frac{2\pi}{N}k}=\mathrm{e}^{-\mathrm{j}\frac{2\pi}{N}kn_0}$ 求得。

(b)

$$X[k]=\sum_{n=0}^{N-1}x[n]W_N^{kn}=W_N^{k0}+W_N^{k2}+\cdots+W_N^{k(N-2)}=\sum_{n=0}^{\frac{N}{2}-1}W_N^{2kn}$$

$$=\frac{1-(W_N^{2k})^{\frac{N}{2}}}{1-W_N^{2k}}=\frac{1-\mathrm{e}^{-\mathrm{j}2\pi k}}{1-\mathrm{e}^{-\mathrm{j}(4\pi k/N)}}=\frac{\mathrm{e}^{-\mathrm{j}\pi k}\left(\mathrm{e}^{\mathrm{j}\pi k}-\mathrm{e}^{-\mathrm{j}\pi k}\right)}{\mathrm{e}^{-\mathrm{j}(2\pi k/N)}\left[\mathrm{e}^{\mathrm{j}(2\pi k/N)}-\mathrm{e}^{-\mathrm{j}(2\pi k/N)}\right]}$$

$$=\mathrm{e}^{-\mathrm{j}\pi k\left(1-\frac{2}{N}\right)}\frac{\sin\pi k}{\sin\dfrac{2\pi k}{N}}=\begin{cases}\dfrac{N}{2}, & k=0\\ \dfrac{N}{2}, & k=\dfrac{N}{2}\\ 0, & \text{其他}\end{cases}。$$

(c)

$$X[k]=\sum_{n=0}^{N-1}x[n]W_N^{kn}=\sum_{n=0}^{\frac{N}{2}-1}W_N^{kn}=\frac{1-(W_N^k)^{\frac{N}{2}}}{1-W_N^k}$$

$$=\frac{1-\mathrm{e}^{-\mathrm{j}\frac{2\pi}{N}k\frac{N}{2}}}{1-\mathrm{e}^{-\mathrm{j}\frac{2\pi}{N}k}}=\frac{1-(-1)^k}{1-\mathrm{e}^{-\mathrm{j}\frac{2\pi}{N}k}}=\begin{cases}\dfrac{N}{2}, & k=0\\ \dfrac{2}{1-\mathrm{e}^{-\mathrm{j}\frac{2\pi}{N}k}}, & k\text{ 为奇数}\\ 0, & k\text{ 为偶数}\end{cases}, 0\leqslant k\leqslant N-1。$$

(d)

$$X[k]=\sum_{n=0}^{N-1}a^nW_N^{kn}=\frac{1-a^N\mathrm{e}^{-\mathrm{j}2\pi k}}{1-a\mathrm{e}^{-\mathrm{j}(2\pi k)/N}}=\frac{1-a^N}{1-a\mathrm{e}^{-\mathrm{j}(2\pi k)/N}},\quad 0\leqslant k\leqslant N-1$$

(e)

$$X[k]=\sum_{n=0}^{N-1}\mathrm{e}^{\mathrm{j}\frac{2\pi}{N}mn}W_N^{kn}=\sum_{n=0}^{N-1}\mathrm{e}^{\mathrm{j}\frac{2\pi}{N}(m-k)n}=\frac{1-\mathrm{e}^{-\mathrm{j}\frac{2\pi}{N}(m-k)N}}{1-\mathrm{e}^{-\mathrm{j}\frac{2\pi}{N}(m-k)}}=\begin{cases}N, & k=m\\ 0, & k\neq m\end{cases}, 0\leqslant k\leqslant N-1$$

6-19　离散时间序列 $x[n]=a^n\mathrm{u}[n]$，由 $\tilde{x}[n]=\sum\limits_{r=-\infty}^{+\infty}x[n+rN]$ 可构造周期序列 $\tilde{x}[n]$，试

(a) 求 $x[n]$ 的傅里叶变换 $X(\mathrm{e}^{\mathrm{j}\omega})$；

(b) 求 $\tilde{x}[n]$ 的离散傅里叶级数 $\tilde{X}[k]$；

(c) 说明 $\tilde{X}[k]$ 与 $X(\mathrm{e}^{\mathrm{j}\omega})$ 之间的关系；

(d) 若 $X_1[k]=\dfrac{1}{1-a\mathrm{e}^{-\mathrm{j}\frac{2\pi}{N}k}}(0\leqslant k\leqslant N-1)$，求有限长序列 $x_1[n]=\mathrm{IDFT}[X_1[k]]$。

【解】 (a) $x[n]$ 的傅里叶变换 $X(\mathrm{e}^{\mathrm{j}\omega})$。

$$X(\mathrm{e}^{\mathrm{j}\omega})=\sum_{n=-\infty}^{+\infty}x[n]\mathrm{e}^{-\mathrm{j}\omega n}=\sum_{n=-\infty}^{+\infty}a^n\mathrm{u}[n]\mathrm{e}^{-\mathrm{j}\omega n}=\sum_{n=0}^{+\infty}a^n\mathrm{e}^{-\mathrm{j}\omega n}=\frac{1}{1-a\mathrm{e}^{-\mathrm{j}\omega}},\quad |a|<1$$

(b) 因为 $\tilde{x}[n]=\sum_{r=-\infty}^{+\infty}x[n+rN]$，所以

$$\tilde{X}[k]=\sum_{n=0}^{N-1}\tilde{x}[n]W_N^{kn}=\sum_{n=0}^{N-1}\sum_{r=-\infty}^{+\infty}x[n+rN]\mathrm{e}^{-\mathrm{j}\frac{2\pi}{N}kn}=\sum_{n=0}^{N-1}\sum_{r=-\infty}^{+\infty}a^{n+rN}\mathrm{u}[n+rN]\mathrm{e}^{-\mathrm{j}\frac{2\pi}{N}kn}$$

$$=\sum_{n=0}^{N-1}\sum_{r=0}^{+\infty}a^{n+rN}\mathrm{e}^{-\mathrm{j}\frac{2\pi}{N}kn}=\sum_{r=0}^{+\infty}a^{rN}\sum_{n=0}^{N-1}a^{n}\mathrm{e}^{-\mathrm{j}\frac{2\pi}{N}kn}=\sum_{r=0}^{+\infty}a^{rN}\ \frac{1-a^{N}\mathrm{e}^{-\mathrm{j}\frac{2\pi}{N}kN}}{1-a\mathrm{e}^{-\mathrm{j}\frac{2\pi}{N}k}}$$

$$=\frac{1}{1-a^{N}}\ \frac{1-a^{N}}{1-a\mathrm{e}^{-\mathrm{j}\frac{2\pi}{N}k}},|a|<1$$

$$=\frac{1}{1-a\mathrm{e}^{-\mathrm{j}\frac{2\pi}{N}k}},|a|<1$$

需要注意的是，$\tilde{x}[n]$ 是以 N 为周期对 $x[n]=a^{n}\mathrm{u}[n]$ 进行周期延拓的函数，其时域上有混叠，在一个周期内 $0\leqslant n\leqslant N-1$ 时 $\tilde{x}[n]\neq x[n]$。

(c) 对比(a)和(b)可知 $\tilde{X}[k]=X(\mathrm{e}^{\mathrm{j}\omega})\big|_{\omega=\frac{2\pi}{N}k}$。

(d) 方法一，频域采样对应时域周期延拓的主值序列，所以

$$x_1[n]=\mathrm{IDFT}[X_1[k]]=\tilde{x}[n]R_N[n]=\sum_{r=-\infty}^{+\infty}x[n+rN]R_N[n]$$

$$=\Big[\sum_{r=-\infty}^{+\infty}a^{n+rN}\mathrm{u}[n+rN]\Big]R_N[n]$$

因为 $0\leqslant n\leqslant N-1, n+rN\geqslant 0$，所以 $r\geqslant 0$。所以

$$x_1[n]=\Big[\sum_{r=0}^{+\infty}a^{n+rN}\Big]R_N[n]=\Big[a^{n}\sum_{r=0}^{+\infty}a^{rN}\Big]R_N[n]=\frac{a^{n}}{1-a^{N}}R_N[n]$$

方法二，令 $q=a\mathrm{e}^{-\mathrm{j}\frac{2\pi}{N}k}$，化简

$$X_1[k]=\frac{1}{1-a\mathrm{e}^{-\mathrm{j}\frac{2\pi}{N}k}}=\frac{1}{1-q^{N}}\ \frac{1-q^{N}}{1-a\mathrm{e}^{-\mathrm{j}\frac{2\pi}{N}k}}$$

$$=\frac{1}{1-a^{N}}\sum_{n=0}^{N-1}(a\mathrm{e}^{-\mathrm{j}\frac{2\pi}{N}k})^{n}=\sum_{n=0}^{N-1}\frac{a^{n}}{1-a^{N}}\mathrm{e}^{-\mathrm{j}\frac{2\pi}{N}kn}$$

所以 $x_1[n]=\dfrac{a^{n}}{1-a^{N}},0\leqslant n\leqslant N-1$。

6-20 $x[n]$ 是一个长度为 N 的有限长序列，即在 $0\leqslant n\leqslant N-1$ 之外 $x[n]=0$，记 $x[n]$ 的傅里叶变换为 $X(\mathrm{e}^{\mathrm{j}\omega})$。由 $X(\mathrm{e}^{\mathrm{j}\omega})$ 的 64 个等间隔样本构成频域序列 $\tilde{X}[k]$，即 $\tilde{X}[k]=X(\mathrm{e}^{\mathrm{j}\omega})\big|_{\omega=\frac{2\pi k}{64}}$。已知在 $0\leqslant k\leqslant 63$ 范围内，仅 $\tilde{X}[32]=1$，而其余 $\tilde{X}[k]$ 值均为零。

(a) 如果序列 $x[n]$ 的长度 $N=64$，按照给定的信息求序列 $x[n]$。试问这样的序列 $x[n]$ 唯一吗？如果唯一，请说明原因；如果不唯一，请给出另一种可能的结果。

(b) 如果序列 $x[n]$ 的长度 $N=192$，请重复以上问题。

【解】 (a) $X(\mathrm{e}^{\mathrm{j}\omega})$ 的频域采样点数 64 等于 $x[n]$ 的时域长度，因此该序列不会产生时域混叠。根据 DFT 逆变换公式 $x[n]=\frac{1}{N}\sum_{k=0}^{N-1}X[k]\mathrm{e}^{\mathrm{j}\frac{2\pi}{N}kn},0\leqslant n\leqslant N-1$，所以

$$x[n]=\frac{1}{64}\sum_{k=0}^{63}\widetilde{X}[k]\,e^{j\frac{2\pi}{64}nk}=\frac{1}{64}X[32]\,e^{j\frac{2\pi}{64}n32}=\frac{(-1)^n}{64},0\leqslant n\leqslant 63$$

因为该序列没有发生时域混叠,所以答案唯一。

(b) $X(e^{j\omega})$的频域采样点数 64 小于 $x[n]$的时域长度 192,因此该序列会产生时域混叠。根据(a)的结果,只需要使长度 $N=192$ 的序列 $x[n]$混叠后的结果为

$$\tilde{x}[n]R_{64}[n]=\frac{(-1)^n}{64},\quad 0\leqslant n\leqslant 63$$

即

$$\left[\sum_{r=0}^{2}x[n+r64]\right]R_{64}[n]=\frac{(-1)^n}{64},0\leqslant n\leqslant 63$$

所以答案不唯一,一种直接的结果为

$$x[n]=\begin{cases}\dfrac{(-1)^n}{64}, & 0\leqslant n\leqslant 63\\ 0, & 64\leqslant n\leqslant 191\end{cases}$$

另一种结果可以为

$$x[n]=\frac{1}{3}\,\frac{(-1)^n}{64},\quad 0\leqslant n\leqslant 127$$

其推导过程为

$$\begin{aligned}\widetilde{X}[k]&=X(e^{j\omega})\Big|_{\omega=\frac{2\pi k}{64}}=\sum_{n=0}^{191}x[n]\,e^{-j\frac{2\pi}{64}kn}\\&=\sum_{n=0}^{63}x[n]\,e^{-j\frac{2\pi}{64}kn}+\sum_{n=64}^{127}x[n]\,e^{-j\frac{2\pi}{64}kn}+\sum_{n=128}^{191}x[n]\,e^{-j\frac{2\pi}{64}kn}\\&=\sum_{n=0}^{63}x[n]\,e^{-j\frac{2\pi}{64}kn}+\sum_{m=0}^{63}x[m+64]\,e^{-j\frac{2\pi}{64}k(m+64)}+\sum_{m=0}^{63}x[m+128]\,e^{-j\frac{2\pi}{64}k(m+128)}\\&=\sum_{n=0}^{63}\{x[n]+x[n+64]+x[n+128]\}\,e^{-j\frac{2\pi}{64}kn}\end{aligned}$$

所以只须 $x[n]+x[n+64]+x[n+128]=\dfrac{(-1)^n}{64},0\leqslant n\leqslant 63$。

6-21　一个有限长序列的 DFT 对应于其 z 变换在单位圆上的样本。例如,一个 10 点长序列 $x[n]$的 10 点 DFT 记为 $X[k]$,$x[n]$的 z 变换为$X(z)$,则 $X[k]$为$X(z)$在单位圆上的 10 个等间隔点样本,如图 P6-21(a)所示。如果要计算如图 P6-21(b)所示围线上的等间隔样本,即 $X[k]=X[z]\Big|_{z=0.5e^{j\left(\frac{2\pi k}{10}+\frac{\pi}{10}\right)}}$。请问如何对 $x[n]$修正得到一个新序列 $x_1[n]$,使 $x_1[n]$的 DFT $X_1[k]$为所希望的样本 $X[k]$。

【**解**】　根据 z 变换的定义式$X(z)=\sum\limits_{n=-\infty}^{+\infty}x[n]z^{-n}=\sum\limits_{n=0}^{10}x[n]z^{-n}$,代入特定围线上的等间隔采样要求,即

$$X(z)\Big|_{z=0.5e^{j\left(\frac{2\pi k}{10}+\frac{\pi}{10}\right)}}=\sum_{n=0}^{9}x[n]\left[0.5e^{j\left(\frac{2\pi}{10}+\frac{\pi}{10}\right)}\right]^{-n}=\sum_{n=0}^{9}x[n]\,0.5^{-n}e^{-j\frac{n\pi}{10}}e^{-j\frac{2\pi}{10}kn}$$

对照离散傅里叶变换的定义式,可以看出,当 $x_1[n]=x[n]0.5^{-n}e^{-j\frac{n\pi}{10}}$时,其 10 点离散傅里叶变换就相当于在特定围线上的等间隔采样 $X_1[k]=\sum\limits_{k=0}^{N-1}x_1[n]\,e^{-j\frac{2\pi}{N}kn}$,$0\leqslant n\leqslant 9$。

即$\sum_{n=0}^{9} x_1[n]\mathrm{e}^{-\mathrm{j}\frac{2\pi}{10}kn}=X_1(z)\big|_{z=\mathrm{e}^{\mathrm{j}\frac{2\pi}{10}k}}$。

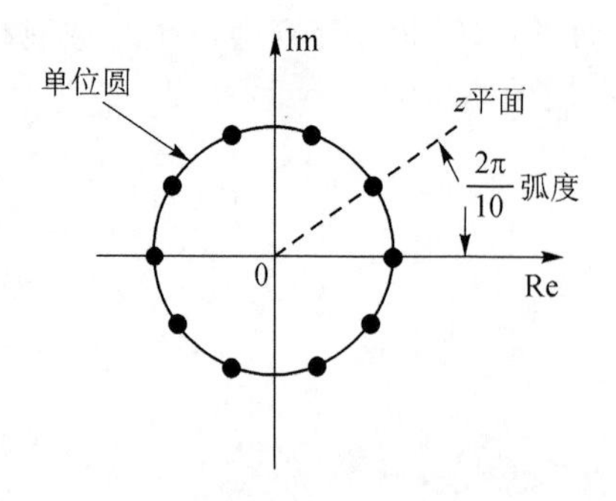

图 P6-21(a)　单位圆上的等间隔采样

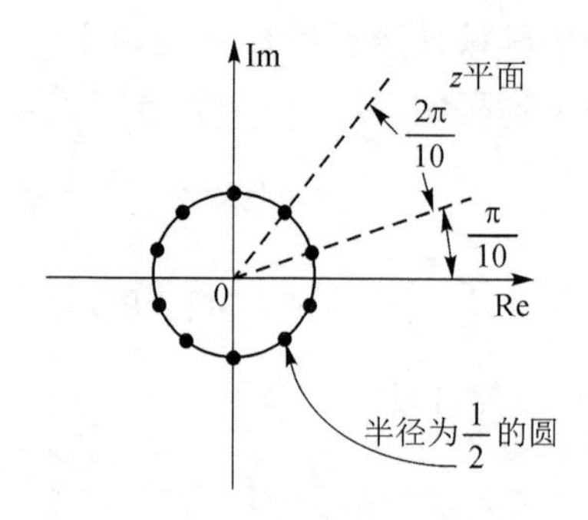

图 P6-21(b)　特殊围线上的采样

6-22　图 P6-22(a)所示为有限长序列 $x[n]$，其 z 变换记为 $X(z)$。如果在 $z=\mathrm{e}^{\mathrm{j}\frac{2\pi}{4}k}$ $(k=0,1,2,3)$处对 $X(z)$进行采样，得到 $X_1[k]=X(z)\big|_{z=\mathrm{e}^{\mathrm{j}\frac{2\pi}{4}k}}$，$k=0,1,2,3$。试求$X_1[k]$的 IDFT 得到的离散时间序列 $x_1[n]$。

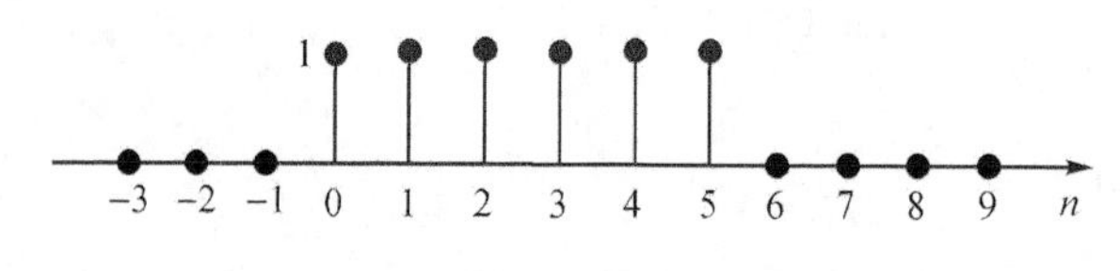

图 P6-22(a)　6 点长序列

【解】　方法一：6 点长序列 $x[n]$的 z 变换为 $X(z)=\sum_{n=0}^{5}x[n]z^{-n}=\sum_{n=0}^{5}z^{-n}$，在单位圆上对其 4 点均匀采样，即频域采样，即

$$X_1[k]=X(z)\big|_{z=\mathrm{e}^{\mathrm{j}\frac{2\pi}{4}k}}=\sum_{n=0}^{5}\mathrm{e}^{-\mathrm{j}\frac{2\pi}{4}kn}=W_4^{k0}+W_4^{k}+W_4^{k2}+W_4^{k3}+W_4^{k4}+W_4^{k5},k=0,1,2,3$$

其中 $W_4^{k4}=W_4^{k0}$，$W_4^{k5}=W_4^{k}$，所以

$$X_1[k]=2W_4^{k0}+2W_4^{k}+W_4^{k2}+W_4^{k3},\quad k=0,1,2,3$$

对照 DFT 的定义式 $X_1[k]=\sum_{n=0}^{N-1}x_1[n]W_N^{kn}$，有

$$x_1[n]=\delta[n]+\delta[n-1]+\delta[n-2]+\delta[n-3]$$

序列如图 P6-22(b)所示。

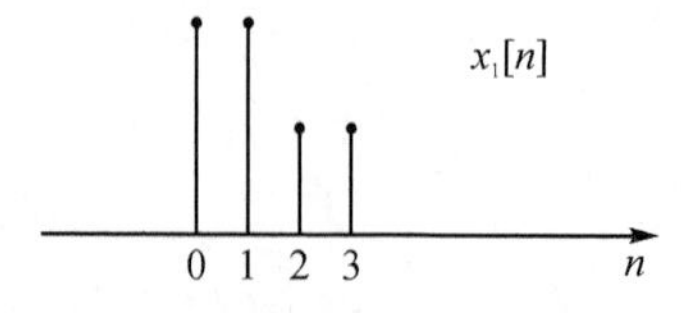

图 P6-22(b)　序列 $x_1[n]$

方法二:直接计算。

$$X_1[k]=X(z)\Big|_{z=e^{j\left(\frac{2\pi}{4}\right)k}}=\begin{cases}6, & k=0\\1-j, & k=1\\0, & k=2\\1+j, & k=3\end{cases}$$

对 $X_1[k]$进行 IDFT 运算,可得

$$x_1[n]=\frac{1}{4}\sum_{k=0}^{3}X[k]e^{j\frac{2\pi}{4}kn}=\frac{1}{4}[6+(1-j)e^{j\frac{\pi}{2}n}+(1+j)e^{j\frac{\pi}{2}3n}]=\begin{cases}2, & n=0\\2, & n=1\\1, & n=2\\1, & n=3\end{cases}$$

序列如图 P6 - 22(b)所示。

6 - 23　已知复序列 $y[n]=x_1[n]+jx_2[n]$的 8 点 DFT 为

$$Y[k]=\{1-3j,-2+4j,3+7j,-4-5j,2+5j,-1-2j,4-8j,6j\}$$

试确定实序列 $x_1[n]$和 $x_2[n]$的 8 点 DFT $X_1[k]$和 $X_2[k]$。

【解】　DFT 共轭对称性质的一个用途就是减少运算量。将两个 N 点实序列 $x_1[n]$和 $x_2[n]$分别作为实部和虚部构成复序列,则实部的 DFT 是共轭偶对称分量,虚部的 DFT 是共轭反对称分量,即

$$X_1[k]=Y_{ep}[k]=\begin{cases}Y_{Re}[0], & k=0\\\frac{1}{2}(Y[k]+Y^*[N-k]), & 0<k\leqslant N-1\end{cases}$$

$$X_1[k]=\begin{cases}\frac{1}{2}\{1-3j+1+3j\}=1, & k=0\\\frac{1}{2}\{-2+4j-6j\}=-1-j, & k=1\\\frac{1}{2}\{3+7j+4+8j\}=\frac{7}{2}+\frac{15}{2}j, & k=2\\\frac{1}{2}\{-4-5j-1+2j\}=-\frac{5}{2}-\frac{3}{2}j, & k=3\\\frac{1}{2}\{2+5j+2-5j\}=2, & k=4\\\frac{1}{2}\{-1-2j-4+5j\}=-\frac{5}{2}+\frac{3}{2}j, & k=5\\\frac{1}{2}\{4-8j+3-7j\}=\frac{7}{2}-\frac{15}{2}j, & k=6\\\frac{1}{2}\{6j-2-4j\}=-1+j, & k=7\end{cases}$$

$$jX_2[k]=Y_{op}[k]=\begin{cases}Y_{Im}[0], & k=0\\\frac{1}{2}(Y[k]-Y^*[N-k]), & 0<k\leqslant N-1\end{cases}$$

所以 $$X_2[k]=\frac{1}{\mathrm{j}}Y_{\mathrm{op}}[k]=\begin{cases}\frac{1}{\mathrm{j}}Y_{\mathrm{Im}}[0], & k=0\\ \frac{-\mathrm{j}}{2}(Y[k]-Y^*[N-k]), & 0<k\leqslant N-1\end{cases}$$

$$X_2[k]=\begin{cases}\frac{-\mathrm{j}}{2}\{1-3\mathrm{j}-1-3\mathrm{j}\}=3, & k=0\\ \frac{-\mathrm{j}}{2}\{-2+4\mathrm{j}+6\mathrm{j}\}=5+\mathrm{j}, & k=1\\ \frac{-\mathrm{j}}{2}\{3+7\mathrm{j}-4-8\mathrm{j}\}=-\frac{1}{2}+\frac{1}{2}\mathrm{j}, & k=2\\ \frac{-\mathrm{j}}{2}\{-4-5\mathrm{j}+1-2\mathrm{j}\}=-\frac{7}{2}+\frac{3}{2}\mathrm{j}, & k=3\\ \frac{-\mathrm{j}}{2}\{2+5\mathrm{j}-2+5\mathrm{j}\}=5, & k=4\\ \frac{-\mathrm{j}}{2}\{-1-2\mathrm{j}+4-5\mathrm{j}\}=-\frac{7}{2}-\frac{3}{2}\mathrm{j}, & k=5\\ \frac{-\mathrm{j}}{2}\{4-8\mathrm{j}-3+7\mathrm{j}\}=-\frac{1}{2}-\frac{1}{2}\mathrm{j}, & k=6\\ \frac{-\mathrm{j}}{2}\{6\mathrm{j}+2+4\mathrm{j}\}=5-\mathrm{j}, & k=7\end{cases}$$

6-24 设 $x[n]$ 和 $y[n]$ 的 DTFT 分别是 $X(\mathrm{e}^{\mathrm{j}\omega})$ 和 $Y(\mathrm{e}^{\mathrm{j}\omega})$，试证明

$$\sum_{n=-\infty}^{+\infty}x(n)y^*(n)=\frac{1}{2\pi}\int_{-\pi}^{\pi}X(\mathrm{e}^{\mathrm{j}\omega})Y^*(\mathrm{e}^{\mathrm{j}\omega})\,\mathrm{d}\omega$$

这一关系称为两个序列的 Parseval 定理。若 N 点序列 $x[n]$ 和 $y[n]$ 的 DFT 分别是 $X[k]$ 和 $Y[k]$，试推导出 DFT 的 Parseval 关系式。

【解】 证明：根据 DTFT 的逆变换和正变换公式

$$\begin{aligned}\sum_{n=-\infty}^{+\infty}x(n)y^*(n)&=\sum_{n=-\infty}^{+\infty}y^*(n)\left[\frac{1}{2\pi}\int_{-\pi}^{\pi}X(\mathrm{e}^{\mathrm{j}\omega})\mathrm{e}^{\mathrm{j}\omega n}\,\mathrm{d}\omega\right]\\&=\frac{1}{2\pi}\int_{-\pi}^{\pi}X(\mathrm{e}^{\mathrm{j}\omega})\left[\sum_{n=-\infty}^{+\infty}y^*(n)\mathrm{e}^{\mathrm{j}\omega n}\right]\mathrm{d}\omega\\&=\frac{1}{2\pi}\int_{-\pi}^{\pi}X(\mathrm{e}^{\mathrm{j}\omega})\left[\sum_{n=-\infty}^{+\infty}y(n)\mathrm{e}^{-\mathrm{j}\omega n}\right]^*\mathrm{d}\omega\\&=\frac{1}{2\pi}\int_{-\pi}^{\pi}X(\mathrm{e}^{\mathrm{j}\omega})Y^*(\mathrm{e}^{\mathrm{j}\omega})\,\mathrm{d}\omega\end{aligned}$$

类似地，对 N 点序列 $x[n]$ 和 $y[n]$，根据 DFT 的逆变换和正变换公式，有

$$\begin{aligned}\sum_{n=0}^{N-1}x[n]y^*[n]&=\sum_{n=0}^{N-1}y^*[n]\left[\frac{1}{N}\sum_{k=0}^{N-1}X[k]W_N^{-nk}\right]\\&=\frac{1}{N}\sum_{k=0}^{N-1}X[k]\left[\sum_{n=0}^{N-1}y^*[n]W_N^{-nk}\right]\end{aligned}$$

$$=\frac{1}{N}\sum_{k=0}^{N-1}X[k]\left[\sum_{n=0}^{N-1}y[n]W_N^{-nk}\right]^*$$

$$=\frac{1}{N}\sum_{k=0}^{N-1}X[k]Y^*[k]$$

特殊地，

$$\frac{1}{N}\sum_{k=0}^{N-1}|X[k]|^2=\frac{1}{N}\sum_{k=0}^{N-1}X[k]X^*[k]$$

$$=\frac{1}{N}\sum_{k=0}^{N-1}X^*[k]\left(\sum_{n=0}^{N-1}x[n]W_N^{kn}\right)^*$$

$$=\sum_{n=0}^{N-1}x^*[n]\frac{1}{N}\sum_{k=0}^{N-1}X[k]W_N^{-kn}$$

$$=\sum_{n=0}^{N-1}x^*[n]x[n]=\sum_{n=0}^{N-1}|x[n]|^2$$

6-25　现有两个 4 点长序列 $x[n]=\cos\frac{\pi n}{2}(n=0,1,2,3)$，$h[n]=2^n(n=0,1,2,3)$。试计算

(a) 序列 $x[n]$ 的 4 点 DFT $X[k]$；

(b) 序列 $h[n]$ 的 4 点 DFT $H[k]$；

(c) 卷积 $y[n]=x[n]*h[n]$；

(d) 给出利用将 $X[k]$ 和 $H[k]$ 相乘，然后求其 IDFT 计算 4 点循环卷积 $y_1[n]=x[n]④h[n]$ 的方法。

【解】 (a) 方法一：定义法

因为
$$x[n]=\cos\left(\frac{\pi n}{2}\right)_{n=0,1,2,3}=\{1,0,-1,0\}$$

所以
$$X[k]=\sum_{n=0}^{3}x[n]e^{-j\frac{2\pi}{4}nk}=1-(-1)^k=\{0,2,0,2\}$$

方法二：矩阵表示法，$W_4=e^{-j\frac{2\pi}{4}}=-j$，有

$$X[k]=\begin{bmatrix}W_4^0 & W_4^0 & W_4^0 & W_4^0\\ W_4^0 & W_4^1 & W_4^2 & W_4^3\\ W_4^0 & W_4^2 & W_4^4 & W_4^6\\ W_4^0 & W_4^3 & W_4^6 & W_4^9\end{bmatrix}\begin{bmatrix}1\\0\\-1\\0\end{bmatrix}=\begin{bmatrix}W_4^0 & W_4^0 & W_4^0 & W_4^0\\ W_4^0 & W_4^1 & W_4^2 & W_4^3\\ W_4^0 & W_4^2 & W_4^0 & W_4^2\\ W_4^0 & W_4^3 & W_4^2 & W_4^1\end{bmatrix}\begin{bmatrix}1\\0\\-1\\0\end{bmatrix}$$

$$=\begin{bmatrix}1 & 1 & 1 & 1\\ 1 & -j & -1 & j\\ 1 & -1 & 1 & -1\\ 1 & j & -1 & -j\end{bmatrix}\begin{bmatrix}1\\0\\-1\\0\end{bmatrix}=\begin{bmatrix}0\\2\\0\\2\end{bmatrix}$$

(b) $h[n]=2^n\big|_{n=0,1,2,3}=\{1,2,4,8\}$

$$H[k]=\sum_{n=0}^{3}h[n]e^{-j\frac{2\pi}{4}nk}=1+2(-j)^k+4(-1)^k+8(j)^k=\{15,-3+j6,-5,-3-j6\}$$

(c) 列表法求卷积,如表 P6-25 所列,$y[n]=x[n]*h[n]=\{1,2,3,6,-4,-8,0\}$。

表 P6-25 列表法

m	-3	-2	-1	0	1	2	3	4	5	6	$y[n]$
$x[m]$				1	0	-1	0				
$h[m]$				1	2	4	8				
$h[-m]$	8	4	2	1							$y[0]=1$
$h[1-m]$		8	4	2	1						$y[1]=2$
$h[2-m]$			8	4	2	1					$y[2]=3$
$h[3-m]$				8	4	2	1				$y[3]=6$
$h[4-m]$					8	4	2	1			$y[4]=-4$
$h[5-m]$						8	4	2	1		$y[5]=-8$
$h[6-m]$							8	4	2	1	$y[6]=0$

(d) 循环卷积数值计算方法的详细步骤为

$$\begin{aligned}Y_1[k]&=X[k]\cdot H[k]=\{0\times 15,2\times(-3+\mathrm{j}6),0\times(-5),2\times(-3-\mathrm{j}6)\}\\&=\{0,-6+12\mathrm{j},0,-6-12\mathrm{j}\}\end{aligned}$$

所以 4 点循环卷积为

$$\begin{aligned}y_1[n]&=\frac{1}{4}\sum_{k=0}^{3}Y[k]\mathrm{e}^{\mathrm{j}\frac{2\pi}{4}kn}=\frac{1}{4}[0+(-6+\mathrm{j}12)\mathrm{j}^n+0+(-6-\mathrm{j}12)(-\mathrm{j})^n]\\&=-3\delta[n]-6\delta[n-1]+3\delta[n-2]+6\delta[n-3]\end{aligned}$$

或

$$y_1[n]=\{-3,-6,3,6\}$$

频域计算循环卷积的通用方法有

$$X[k]=\sum_{n=0}^{N-1}x[n]W_N^{kn}=1-(-1)^k=1-W_4^{2k},\ H[k]=\sum_{n=0}^{N-1}2^nW_N^{kn}=1+2W_4^k+4W_4^{2k}+8W_4^{3k}$$

则

$$\begin{aligned}Y_1[k]&=X[k]\cdot H[k]=1+2W_4^k+4W_4^{2k}+8W_4^{3k}-W_4^{2k}-2W_4^{3k}-4W_4^{4k}-8W_4^{5k}\\&=-3-6W_4^k+3W_4^{2k}+6W_4^{3k}\end{aligned}$$

根据 DFT 反变换公式,有

$$y_1[n]=-3\delta[n]-6\delta[n-1]+3\delta[n-2]+6\delta[n-3]$$

方法二:利用线性卷积和循环卷积之间的关系求得。以上已经求出了两个序列线性卷积的结果 $y[n]=x[n]*h[n]=\{1,2,3,6,-4,-8,0\}$,为了求 $N=4$ 点的循环卷积,将线性卷积以 4 为周期进行周期延拓,再取 4 点的主值序列,表示为

$$y_1[n]=\mathrm{IDFT}[X(k)H(k)]=\tilde{y}_N[n]R_N[n]=\sum_{r=-\infty}^{+\infty}y[n+rN]R_N[n]$$

最后根据混叠的结果得到 $y_1[n]$,与频域方法计算的结果相同,即

$$y_1[n]=-3\delta[n]-6\delta[n-1]+3\delta[n-2]+6\delta[n-3]$$

6-26　长度为 P 的有限长序列 $x[n]$，在 $n<0$ 和 $n\geqslant P$ 时 $x[n]=0$。如果要计算 $x[n]$ 的 DTFT $X(e^{j\omega})N$ 个等间隔频率 $\omega_k=\frac{2\pi k}{N}(k=0,1,\cdots,N-1)$ 的样本。试给出如下两种情况下，如何通过只计算一个 N 点 DFT 就能得到 N 个样本的步骤。

(a) $N>P$；

(b) $N<P$。

【解】　(a) 当 $N>P$ 时，可将 $x[n]$ 补零到 N 点，需要注意的是，时域补零，对应的频谱采样更密，但这不能提高频率分辨率。构造序列

$$x_0[n]=\begin{cases}x[n], & 0\leqslant n\leqslant P-1\\ 0, & P\leqslant n\leqslant N-1\end{cases}$$

计算其 N 点 DFT，由于 $N>P$，则

$$X_0[k]=\sum_{n=0}^{N-1}x_0[n]e^{-j\frac{2\pi kn}{N}}=\sum_{n=0}^{P-1}x[n]e^{-j\frac{2\pi kn}{N}}=X\left(e^{j\frac{2\pi k}{N}}\right),\quad 0\leqslant k\leqslant N-1$$

(b) 当 $N<P$ 时，DFT 点数即频域采样点数 N 小于序列长度 P，时域混叠。假设有一长度为 N 的序列 $y[n]$ 在 $0\leqslant n<N-1$ 范围内取值，其 N 点 DFT 是 $X(e^{j\omega})$ 在 $\omega_k=\frac{2\pi k}{N}$ 处的采样，即

$$Y[k]=\sum_{n=0}^{N-1}y[n]e^{-j\frac{2\pi kn}{N}}=X(e^{j\omega})\Big|_{\omega=\frac{2\pi}{N}k}=\sum_{n=-\infty}^{+\infty}x[n]e^{-j\omega n}\Big|_{\omega=\frac{2\pi}{N}k}=\sum_{n=0}^{P-1}x[n]e^{-j\frac{2\pi kn}{N}}$$

对 $Y[k]$ 求 N 点 DFT 逆变换，即

$$y[n]=\frac{1}{N}\sum_{k=0}^{N-1}Y[k]e^{j\frac{2\pi kn}{N}}=\frac{1}{N}\sum_{k=0}^{N-1}\sum_{m=0}^{P-1}x[m]e^{-j\frac{2\pi km}{N}}e^{j\frac{2\pi kn}{N}}=\sum_{m=0}^{P-1}x[m]\cdot\frac{1}{N}\sum_{k=0}^{N-1}e^{-j\frac{2\pi k}{N}(m-n)}$$

根据复指数序列的正交性，有

$$\frac{1}{N}\sum_{k=0}^{N-1}e^{-j\frac{2\pi k}{N}(m-n)}=\begin{cases}1, & m-n=rN,r\text{ 为整数}\\ 0, & \text{其他}\end{cases}=\sum_{r=-\infty}^{+\infty}\delta(m-n+rN)$$

所以

$$\begin{aligned}y[n]&=\sum_{m=0}^{P-1}x[m]\cdot\sum_{r=-\infty}^{+\infty}\delta(m-n+rN)\\&=\sum_{r=-\infty}^{+\infty}\sum_{m=0}^{P-1}x[m]\delta(m-n+rN)=\sum_{r=-\infty}^{+\infty}x[n-rN]\end{aligned}$$

只须构造 $y[n]=\sum_{r=-\infty}^{+\infty}x[n-rN]R_N[n]$ 即可。

由此可见，对于 $N<P$ 时，可先对 $x[n]$ 进行周期延拓后取 N 点的主值序列，然后对它求一次 N 点 DFT，即可计算 $x[n]$ 在 N 个等间隔频率 $\omega_k=\frac{2\pi k}{N}(k=0,1,\cdots,N-1)$ 处的傅里叶变换样本。

6-27　长度为 N 的有限长序列 $x[n]$，在 $0\leqslant n\leqslant N-1$ 区间内取值，其 N 点 DFT 记为 $X[k]$。(a) 若长度为 $2N$ 的序列 $y_1[n]=\begin{cases}x[n],n=0,\cdots,N-1\\ x[n-N],n=N,\cdots,2N-1\end{cases}$，其 $2N$ 点 DFT 记为 $Y_1[k]$，试用 $X[k]$ 表示 $Y_1[k]$。

(b) 若 $y_1[n]$再以 $x[n]$延拓一个周期得到 $y_2[n]=\begin{cases}x[n], n=0,\cdots,N-1\\x[n-N], n=N,\cdots,2N-1\\x[n-2N], n=2N,\cdots,3N-1\end{cases}$，其 $3N$ 点 DFT 记为 $Y_2[k]$，试用 $X[k]$表示 $Y_2[k]$。

【解】 (a)

$$Y_1[k]=\sum_{n=0}^{2N-1}y_1[n]\mathrm{e}^{-\mathrm{j}\frac{2\pi kn}{2N}}=\sum_{n=0}^{N-1}x[n]W_{2N}^{kn}+\sum_{n=N}^{2N-1}x[n-N]W_{2N}^{kn}$$

$$=\sum_{n=0}^{N-1}x[n]W_{2N}^{kn}+\sum_{m=0}^{N-1}x[m]W_{2N}^{k(m+N)}$$

$$=\sum_{n=0}^{N-1}x[n](1+(-1)^k)W_N^{kn/2}=\begin{cases}2X\left[\frac{k}{2}\right], & k\text{ 为偶数}\\0, & k\text{ 为奇数}\end{cases},k=0,\cdots,2N-1$$

(b)

$$Y_2[k]=\sum_{n=0}^{3N-1}y_2[n]W_{3N}^{kn}=\sum_{n=0}^{N-1}x[n]W_{3N}^{kn}+\sum_{n=N}^{2N-1}x[n-N]W_{3N}^{kn}+\sum_{n=2N}^{3N-1}x[n-2N]W_{3N}^{kn}$$

$$=\sum_{n=0}^{N-1}x[n]W_N^{kn/3}+\sum_{m=0}^{N-1}x[m]W_{3N}^{k(m+N)}+\sum_{m=0}^{N-1}x[m]W_{3N}^{k(m+2N)}$$

$$=[1+\mathrm{e}^{-\mathrm{j}2\pi k/3}+\mathrm{e}^{-\mathrm{j}4\pi k/3}]\sum_{n=0}^{N-1}x[n]W_N^{kn/3}$$

化简后得到

$$Y_2[k]=\begin{cases}3X\left[\frac{k}{3}\right], & k=3r\\0, & \text{其他}\end{cases},k=0,1,\cdots,3N-1$$

可以看出，时域延拓一个周期时，得到的 $y_1[n]$的 DFT $Y_1[k]$是将 $X[k]$的样点幅度值放大两倍，并在相邻采样值之间插入一个零值；类似地，$Y_2[k]$是将 $X[k]$的样点幅度值放大三倍，相邻采样值之间插入两个零值，并没有带来更多的频域信息。

6-28 长度为 N 的有限长序列 $x[n]$，在 $0\leqslant n\leqslant N-1$ 区间内取值，其 N 点 DFT 记为 $X[k]$。另一长度为 $2N$ 的序列 $y[n]=\begin{cases}x\left[\frac{n}{2}\right], & n\text{ 为偶数}\\0, & n\text{ 为奇数}\end{cases}$，其 $2N$ 点 DFT 记为 $Y[k]$，试用 $X[k]$表示 $Y[k]$。

【解】

$$Y[k]=\sum_{n=0}^{2N-1}y[n]\mathrm{e}^{-\mathrm{j}\frac{2\pi kn}{2N}}\xlongequal{n=2m}\sum_{m=0}^{N-1}y[2m]\mathrm{e}^{-\mathrm{j}\frac{2\pi k2m}{2N}}=\sum_{n=0}^{N-1}x[n]\mathrm{e}^{-\mathrm{j}\frac{2\pi kn}{N}},\quad k=0,\cdots,2N-1$$

当 $0\leqslant k\leqslant N-1$ 时，$Y[k]=X[k]$；

当 $N\leqslant k\leqslant 2N-1$ 时，利用隐周期性 $Y[k]=\sum_{n=0}^{N-1}x[n]\mathrm{e}^{-\mathrm{j}\frac{2\pi(k-N)n}{N}}=X[k-N]$，所以

$$Y[k]=\begin{cases}X[k], & 0\leqslant k\leqslant N-1\\X[k-N], & N\leqslant k\leqslant 2N-1\end{cases}。$$

或
$$Y[k]=X[((k))_N]R_{2N}[k]。$$

也可以从连续频谱的角度解释，序列 $x[n]$ 的傅里叶变换记为 $X(\mathrm{e}^{\mathrm{j}\omega})$，时域插 0 得到的序列是 $y[n]$，其频谱压缩为原来的 $\frac{1}{2}$，即 $Y(\mathrm{e}^{\mathrm{j}\omega})=X(\mathrm{e}^{\mathrm{j}2\omega})$。$X[k]$ 在区间 $[0,2\pi)$ 内对 $X(\mathrm{e}^{\mathrm{j}\omega})$ 采样 N 个点，$Y[k]$ 在区间 $[0,2\pi)$ 内对 $Y(\mathrm{e}^{\mathrm{j}\omega})$ 采样 $2N$ 个点，二者具有上述关系。

时域相邻点插 0，频域重复计算 1 个周期。例如：长度为 $N=8$ 的 $x[n]$，其 N 点 DFT $X[k]$ 如图 P6－28(a)所示，则长度为 $2N=16$ 的序列 $y[n]=\begin{cases}x\left[\dfrac{n}{2}\right], & n \text{ 为偶数}\\ 0, & n \text{ 为奇数}\end{cases}$ 的 $2N$ 点 DFT $Y[k]$ 如图 P6－28(b)所示。

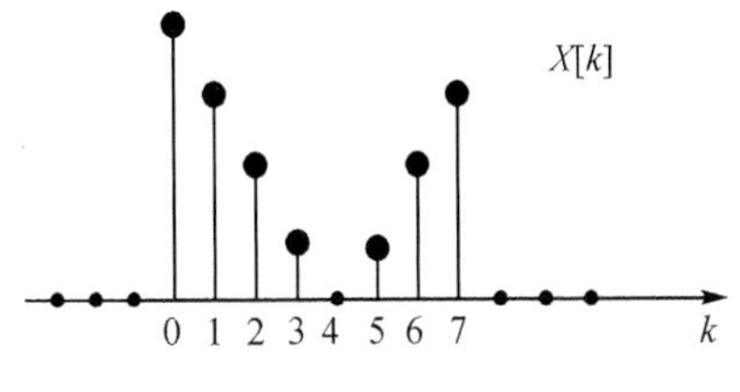

图 P6－28(a)　长度为 8 的序列

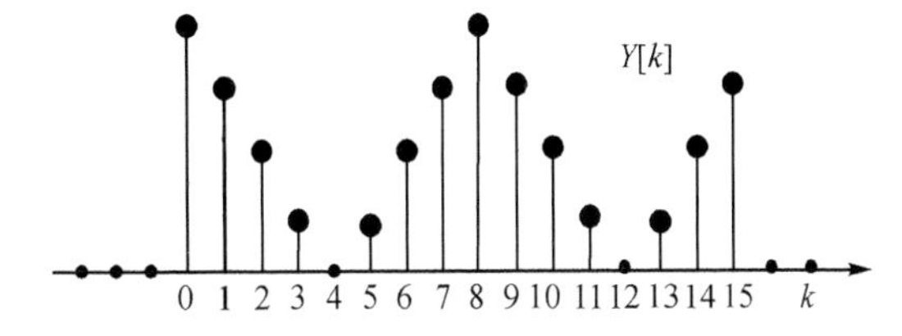

图 P6－28(b)　长度为 16 的序列

6－29　长度为 N 的有限长序列 $x[n]$，在 $0\leqslant n\leqslant N-1$ 区间内取值，其 N 点 DFT 记为 $X[k]$。另一长度为 $2N$ 的序列 $y[n]=\begin{cases}x[n], n=0,\cdots,N-1\\ 0, n=N,\cdots,2N-1\end{cases}$，其 $2N$ 点 DFT 记为 $Y[k]$，试用 $X[k]$ 表示 $Y[k]$。

【解】　$Y[k]=\sum\limits_{n=0}^{2N-1}y[n]W_{2N}^{kn}=\sum\limits_{n=0}^{N-1}x[n]\mathrm{e}^{-\mathrm{j}\frac{2\pi kn}{2N}}$，$0\leqslant k\leqslant 2N-1$，仅当 k 为偶数时
$$Y[k]=X\left[\frac{k}{2}\right]$$
或
$$X[k]=Y[2k], 0\leqslant k\leqslant N-1$$

DFT 是对傅里叶变换的采样 $X[k]=X(\mathrm{e}^{\mathrm{j}\omega})\big|_{\omega=\frac{2\pi}{N}k}$，$k=0,1,\cdots,N-1(0\leqslant k\leqslant N-1)$所以
$$Y[k]=X(\mathrm{e}^{\mathrm{j}\omega})\big|_{\omega=\frac{2\pi}{2N}k}, 0\leqslant k\leqslant 2N-1$$
序列时域补 0，增加 DFT 点数，谱线间隔变小，频域采样更密，减少栅栏效应。

6－30　试分析以下序列的 16 点 DFT 对应的最大幅度分别出现在 k 的什么位置。

(a) $x_1[n]=\cos\dfrac{\pi n}{5}$；

(b) $x_2[n]=\sin\dfrac{4\pi n}{7}$；

(c) $x_3[n]=\sin\dfrac{5\pi n}{8}$；

(d) $x_4[n]=\sin\dfrac{\pi n}{8}+\cos\dfrac{5\pi n}{6}$。

【解】　由题意可知，频率分析的间隔 $\Delta\omega=\dfrac{2\pi}{N}=\dfrac{2\pi}{16}=\dfrac{\pi}{8}$。

(a) 由于 $\omega_1=\frac{\pi}{5}$，根据 $(k_1-1)\frac{\pi}{8}<\omega_1<(k_1+1)\frac{\pi}{8}$，可得 $(k_1-1)<\frac{8}{5}<(k_1+1)$，此时，$k_1$ 可能取 1 或 2 两个值。为此，令 $k_1=\left[\frac{\frac{\pi}{5}}{\frac{\pi}{8}}\right]=\left[\frac{8}{5}\right]=[1.6]=2$，最近的整数是 2，所以最大幅度出现的位置为 $k_1=2$，此外根据实信号 DFT 的圆周共轭对称性质，在 $N-k_1=16-2=14$ 处序列也有最大幅度。

(b) 令 $k_2=\left[\frac{\frac{4\pi}{7}}{\frac{\pi}{8}}\right]=\left[\frac{32}{7}\right]=[4.57]=5$，最近的整数是 5，所以序列最大幅度出现的位置为 $k_2=5$ 以及 $N-k_2=11$ 处。

(c) 令 $k_3=\left[\frac{\frac{5\pi}{8}}{\frac{\pi}{8}}\right]=[5]=5$，所以序列最大幅度出现的位置为 $k_3=5$ 以及 $N-k_3=11$ 处。

(d) 令 $k_{41}=\left[\frac{\frac{\pi}{8}}{\frac{\pi}{8}}\right]=[1]=1$，所以序列最大幅度出现的位置为 $k_{41}=1$ 以及 $N-k_{41}=15$ 处。令 $k_{42}=\left[\frac{\frac{5\pi}{6}}{\frac{\pi}{8}}\right]=\left[\frac{20}{3}\right]=[6.66]=7$，所以最大幅度出现的位置为 $k_{42}=7$ 以及 $N-k_{42}=9$ 处。

利用科学计算工具绘制出这四个序列的 DFT 幅度 $|X_1[k]|$，$|X_2[k]|$，$|X_3[k]|$，$|X_4[k]|$ 分别如图 P6-30 所示，可以验证以上结果的正确性。

6-31 任意序列 $x[n]$ 的共轭对称和共轭反对称分量分别定义为

$$x_e[n]=\frac{1}{2}(x[n]+x^*[-n])$$

$$x_o[n]=\frac{1}{2}(x[n]-x^*[-n])$$

对在 $0\leqslant n\leqslant N-1$ 取值的有限长序列 $x[n]$，其圆周共轭对称分量和圆周共轭反对称分量分别定义为

$$x_{ep}[n]=\frac{1}{2}\{x[((n))_N]+x^*[((-n))_N]\},\quad 0\leqslant n\leqslant N-1$$

$$x_{op}[n]=\frac{1}{2}\{x[((n))_N]-x^*[((-n))_N]\},\quad 0\leqslant n\leqslant N-1$$

试证明：

(a) $x_{ep}[n]$ 与 $x_e[n]$，$x_{op}[n]$ 与 $x_o[n]$ 之间的关系为

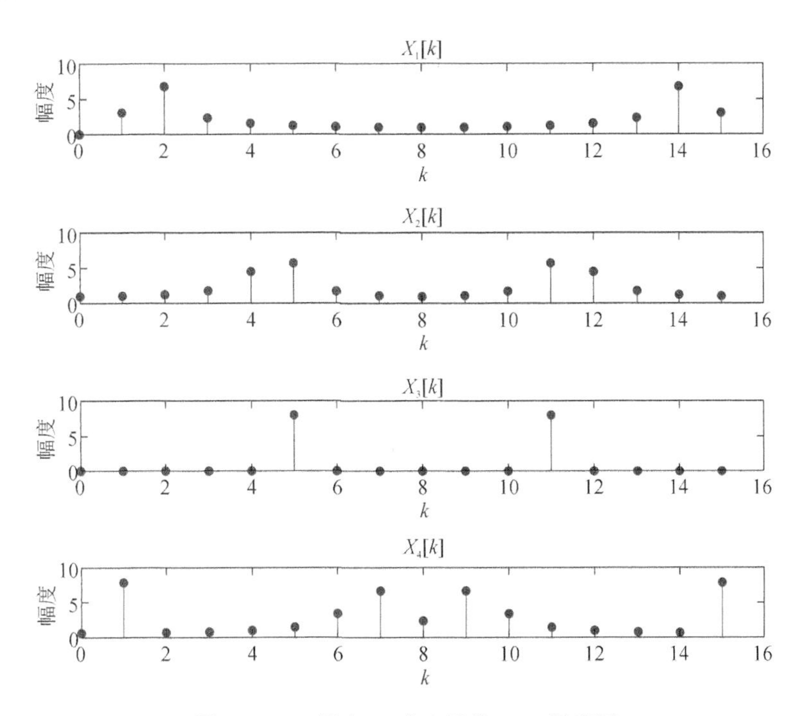

图 P6-30　四个 16 点序列的 DFT 幅度图

$$x_{ep}[n]=(x_e[n]+x_e[n-N]),\quad 0\leqslant n\leqslant N-1;$$

$$x_{op}[n]=(x_o[n]+x_o[n-N]),\quad 0\leqslant n\leqslant N-1;$$

(b) 当长度为 N 的序列 $x[n]$ 满足 $x[n]=\begin{cases}x_1[n], & 0\leqslant n\leqslant N/2\\ 0, & N/2<n\leqslant N-1\end{cases}$(即后一半为 0)时，$x_e[n]$ 和 $x_o[n]$ 可以分别由 $x_{ep}[n]$ 和 $x_{op}[n]$ 表示。

【解】 (a) 圆周共轭对称分量为 $x_{ep}[n]=\dfrac{1}{2}\{x[((n))_N]+x^*[((-n))_N]\}(0\leqslant n\leqslant N-1)$，其中

$$x[((n))_N]=x[n],0\leqslant n\leqslant N-1$$

$$x^*[((-n))_N]=\begin{cases}x^*[-n+N], & 1\leqslant n<N\\ x^*[0], & n=0\end{cases}$$

$$=x^*[-n+N]+x^*[0]\delta[n],0\leqslant n\leqslant N-1$$

将 $x[((n))_N]$ 和 $x^*[((-n))_N]$ 代入 $x_{ep}[n]$ 中可以得到

$$x_{ep}[n]=\frac{1}{2}[x[n]+x^*[-n+N]+x^*[0]\delta[n]],0\leqslant n\leqslant(N-1)$$

在 $0\leqslant n\leqslant N-1$ 取值的有限长序列 $x[n]$，其共轭对称分量为 $x_e[n]=\dfrac{1}{2}(x[n]+x^*[-n])$，所以当 $0\leqslant n\leqslant N-1$(即 $-N\leqslant n-N\leqslant -1,1\leqslant N-n\leqslant N$)时

$$x_e[n]=\frac{1}{2}(x[n]+x^*[-n])=\frac{1}{2}(x[n]+x^*[0]\delta[n])$$

所以　　$x_e[n-N]=\dfrac{1}{2}(x[n-N]+x^*[N-n])=\dfrac{1}{2}(0+x^*[N-n])$

$x_e[n]$与$x_e[n-N]$求和，得到$x_{ep}[n]=(x_e[n]+x_e[n-N])$，$0\leqslant n\leqslant N-1$，得证。

同理，圆周共轭反对称分量为$x_{op}[n]=\dfrac{1}{2}\{x[((n))_N]-x^*[((-n))_N]\}(0\leqslant n\leqslant N-1)$，再将$x[((n))_N]$和$x^*[((-n))_N]$的表达式代入$x_{op}[n]$中可以得到

$$x_{op}[n]=\frac{1}{2}[x[n]-x^*[-n+N]-x^*[0]\delta[n]],0\leqslant n\leqslant(N-1)$$

有限长序列$x[n]$的共轭反对称分量为$x_o[n]=\dfrac{1}{2}(x[n]-x^*[-n])$，所以当$0\leqslant n\leqslant N-1$（即$-N\leqslant n-N\leqslant -1,1\leqslant N-n\leqslant N$）时

$$x_o[n]=\frac{1}{2}(x[n]-x^*[-n])=\frac{1}{2}(x[n]-x^*[0]\delta[n])$$

所以 $$x_o[n-N]=\frac{1}{2}(x[n-N]-x^*[N-n])=\frac{1}{2}(-x^*[N-n])$$

$x_o[n]$与$x_o[n-N]$求和，得到$x_{op}[n]=(x_o[n]+x_o[n-N])$，$0\leqslant n\leqslant N-1$得证。

(b) 由题意知N为偶数，则$x[n]$的共轭对称分量可以表示为

$$x_e[n]=\begin{cases}\dfrac{x[n]}{2}+\dfrac{x^*[0]\delta[n]}{2}, & 0\leqslant n\leqslant N/2\\ \dfrac{x^*[-n]}{2}, & -N/2\leqslant n\leqslant -1\\ 0, & \text{其他}\end{cases}$$

由(a)可知 $$x_{ep}[n]=(x_e[n]+x_e[n-N])(0\leqslant n\leqslant(N-1))$$

因为$x[n]=0,|n|\geqslant N/2$，所以$x_{ep}[n]=x_e[n]$，$0\leqslant n\leqslant(N/2-1)$。又因为$x_e[n]=x_e{}^*[-n]$，所以$x_e[n]=x_{ep}{}^*[-n]$，$-N/2\leqslant n\leqslant -1$，因而得到

$$x_e[n]=\begin{cases}x_{ep}[n], & 0\leqslant n\leqslant N/2\\ \dfrac{x_{ep}[n]}{2}, & n=N/2\\ x_{ep}^*[-n], & -N/2<n\leqslant -1\\ \dfrac{x_{ep}^*[-n]}{2}, & n=-N/2\end{cases}$$

同理可知$x_o[n]$可以由$x_{op}[n]$表示。

6-32 长度为M的有限长序列$x[n]$（$0\leqslant n\leqslant M-1$范围内取值），其DTFT记为$X(e^{j\omega})$，若$X[k]=X(e^{j\omega})\big|_{\omega=\frac{2\pi k}{N}}(k=0,\cdots N-1)$，试证明：当$N\geqslant M$时有

$$X(e^{j\omega})=\frac{1}{N}\sum_{k=0}^{N-1}X[k]\frac{\sin\dfrac{\omega N-2\pi k}{2}}{\sin\left[\dfrac{1}{2}\left(\omega-\dfrac{2\pi k}{N}\right)\right]}e^{-j\frac{N-1}{2}\left(\omega-\frac{2\pi k}{N}\right)}$$

【解】 证明：长度为M的序列$x[n]$，在单位圆上$\omega=0$开始对$X(z)$进行间隔为$\dfrac{2\pi}{N}$的等间隔采样，得到N个频率采样点且$N\geqslant M$，在满足频域采样定理的条件下，将$x[n]=\dfrac{1}{N}\sum\limits_{k=0}^{N-1}X[k]e^{j\frac{2\pi kn}{N}}$代入$X(z)=\sum\limits_{n=-\infty}^{+\infty}x[n]z^{-n}$化简可得

$$X(z)=\sum_{n=0}^{N-1}\frac{1}{N}\sum_{k=0}^{N-1}X[k]\,e^{j\frac{2\pi kn}{N}}z^{-n}$$

$$=\frac{1}{N}\sum_{k=0}^{N-1}X[k]\sum_{n=0}^{N-1}e^{j\frac{2\pi kn}{N}}z^{-n}=\frac{1}{N}\sum_{k=0}^{N-1}X[k]\sum_{n=0}^{N-1}\left(e^{j\frac{2\pi k}{N}}z^{-1}\right)^{n}$$

$$=\frac{1}{N}\sum_{k=0}^{N-1}X[k]\frac{1-e^{j\frac{2\pi Nk}{N}}z^{-N}}{1-e^{j\frac{2\pi k}{N}}z^{-1}}=\frac{1-z^{-N}}{N}\sum_{k=0}^{N-1}\frac{X[k]}{1-e^{j\frac{2\pi k}{N}}z^{-1}}$$

令 $z=e^{j\omega}$ 可得

$$X(e^{j\omega})=\frac{1-e^{-jN\omega}}{N}\sum_{k=0}^{N-1}\frac{X[k]}{1-e^{j\frac{2\pi k}{N}}e^{-j\omega}}=\frac{1}{N}\sum_{k=0}^{N-1}\frac{1-e^{-jN\omega}}{1-e^{j\frac{2\pi k}{N}}e^{-j\omega}}X[k]$$

$$=\frac{1}{N}\sum_{k=0}^{N-1}X[k]\frac{\sin\frac{\omega N-2\pi k}{2}}{\sin\left[\frac{1}{2}\left(\omega-\frac{2\pi k}{N}\right)\right]}e^{-j\frac{N-1}{2}\left(\omega-\frac{2\pi k}{N}\right)}$$

该式也称为频域内插公式。

6-33　设 $x[n]$ 是长度为 $N=1\,000$ 点的序列，$X[k]$ 表示 $x[n]$ 的 1 000 点 DFT，$X[k]=X(e^{j\omega})\big|_{\omega=\frac{2\pi k}{N}}(k=0,1,\cdots,999)$，设

$$W[k]=\begin{cases}X[k], & 0\leqslant k\leqslant 250\\ 0, & 251\leqslant k\leqslant 749\\ X[k], & 750\leqslant k\leqslant 999\end{cases}$$

可求得 $W[k]$ 的 1 000 点 IDFT，$w[n]=\mathrm{IDFT}\{W[k]\}$，现构造

$$y[n]=\begin{cases}w[2n], & 0\leqslant n\leqslant 499\\ 0, & 500\leqslant n\leqslant 999\end{cases}$$

对 $y[n]$ 做 1 000 点 DFT 可得到 $Y[k]$，试分析 $Y[k]$ 与 $X(e^{j\omega})$ 之间的关系。

【解】　方法一：图解法。

设 $x[n]$ 来自于连续限带信号 $x_c(t)$ 的采样，其采样间隔为 T，根据题意，$X(e^{j\omega})$ 与 $W(e^{j\omega})$ 的关系如图 P6-33(a)所示。

若 $w[n]$ 看成是对 $w_c(t)$ 的采样，其采样间隔为 T，则其频谱 $W_c(j\Omega)$ 形状如图 P6-33(b)所示，又因为 $y[n]$ 为对 $w_c(t)$ 的采样，其采样间隔为 $2T$，则其频谱 $Y(e^{j\omega})$ 形状如图 P6-33(c)所示，所以

$$Y(e^{j\omega})=\frac{1}{2}\left[X\left(e^{j\frac{\omega}{2}}\right)+X\left(e^{j\frac{\omega-2\pi}{2}}\right)\right]$$

所以 $Y[k]=\frac{1}{2}\left[X\left(e^{j\frac{\omega}{2}}\right)+X\left(e^{j\frac{\omega-2\pi}{2}}\right)\right]\Big|_{\omega=\frac{2\pi k}{N}}$，其中 $N=1\,000$，$k=0,1,\cdots,999$。

方法二：根据 $X[k]=X(e^{j\omega})\big|_{\omega=\frac{2\pi k}{N}}$，$k=0,1,\cdots,999$，则

$$W[k]=X[k]H[k]=W(e^{j\omega})\big|_{\omega=\frac{2\pi k}{N}}，其中\ W(e^{j\omega})=X(e^{j\omega})H(e^{j\omega})$$

在一个周期 $-\pi\leqslant\omega<\pi$ 内，有

$$H(e^{j\omega})=\begin{cases}1, & -\frac{\pi}{2}\leqslant\omega\leqslant\frac{\pi}{2}\\ 0, & 其他\end{cases}$$

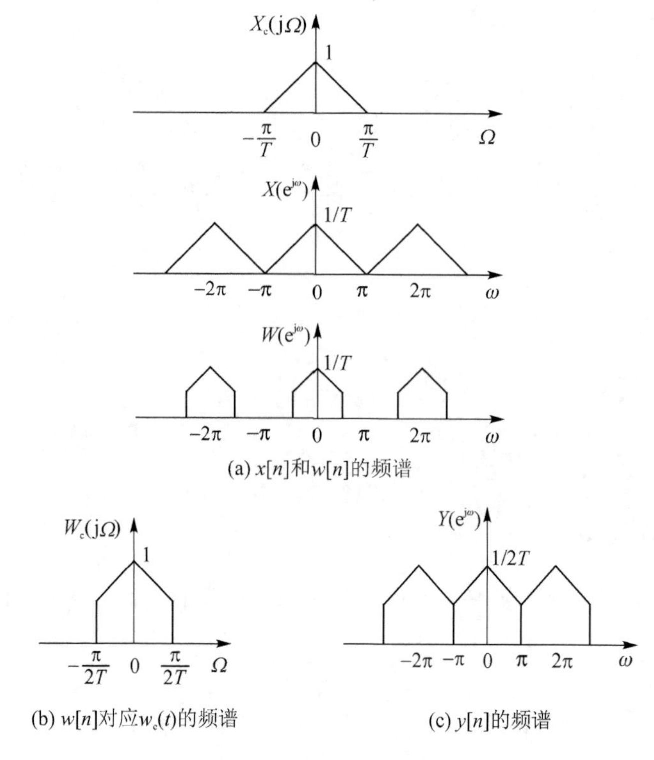

图 P6-33　各信号的频谱图

所以在一个周期 $-\pi\leqslant\omega<\pi$ 内，$W(e^{j\omega})=\begin{cases}X(e^{j\omega}), & -\frac{\pi}{2}\leqslant\omega\leqslant\frac{\pi}{2}\\ 0, & 其他\end{cases}$ 相当于对 $x[n]$ 进行低通滤波。而 $y[n]$ 与 $w[n]$ 的时域关系为 $y[n]=\begin{cases}w[2n], & 0\leqslant n\leqslant 499\\ 0, & 500\leqslant n\leqslant 999\end{cases}$，即抽取，所以对应频谱关系为

$$Y(e^{j\omega})=\frac{1}{2}\left[X\left(e^{j\frac{\omega}{2}}\right)+X\left(e^{j\frac{\omega-2\pi}{2}}\right)\right]$$

所以 $Y[k]=\frac{1}{2}\left[X\left(e^{j\frac{\omega}{2}}\right)+X\left(e^{j\frac{\omega-2\pi}{2}}\right)\right]\Bigg|_{\omega=\frac{2\pi k}{N}}$，其中 $N=1\,000$，$k=0,1,\cdots,999$。

6-34　某复值有限长序列 $f[n]$ 是由两个实值有限长序列 $x[n]$ 和 $y[n]$ 组成，且 $f[n]=x[n]+jy[n]$（$0\leqslant n\leqslant N-1$），已知 $F[k]=\mathrm{DFT}(f[n])=\frac{1-2^N}{1-2W_N^k}+j\frac{1-3^N}{1-3W_N^k}$，试求 $x[n]$ 和 $y[n]$ 及其 N 点 DFT $X[k]$ 和 $Y[k]$。

【解】　方法一：根据 DFT 的线性和圆周共轭对称性质 $F[k]=X[k]+jY[k]$

$$\begin{aligned}X[k]&=\mathrm{DFT}\{x[n]\}=\mathrm{DFT}\{\mathrm{Re}(f[n])\}\\&=F_{ep}[k]=\frac{1}{2}[F[k]+F^*[((N-k))_N]]R_N[k]\\&=\frac{1}{2}\left[\frac{1-2^N}{1-2W_N^k}+j\frac{1-3^N}{1-3W_N^k}+\left(\frac{1-2^N}{1-2W_N^{N-k}}+j\frac{1-3^N}{1-3W_N^{N-k}}\right)^*\right]R_N[k]\end{aligned}$$

$$=\frac{1}{2}\left[\frac{1-2^N}{1-2W_N^k}+\mathrm{j}\frac{1-3^N}{1-3W_N^k}+\frac{1-2^N}{1-2(W_N^{-k})^*}-\mathrm{j}\frac{1-3^N}{1-3(W_N^{-k})^*}\right]R_N[k]$$

$$=\frac{1-2^N}{1-2W_N^k}R_N[k]=\frac{1-(2W_N^k)^N}{1-2W_N^k}R_N[k]=\sum_{n=0}^{N-1}2^nW_N^{kn}R_N[k]$$

所以 $x[n]=2^nR_N[n]$。

$$Y[k]=\mathrm{DFT}\{y[n]\}=\mathrm{DFT}\{\mathrm{Im}(f[n])\}$$

$$=\frac{1}{\mathrm{j}}F_{\mathrm{op}}[k]=\frac{1}{2\mathrm{j}}[F[k]-F^*[((N-k))_N]]R_N[k]$$

$$=\frac{1}{2\mathrm{j}}\left[\frac{1-2^N}{1-2W_N^k}+\mathrm{j}\frac{1-3^N}{1-3W_N^k}-\left(\frac{1-2^N}{1-2W_N^{N-k}}+\mathrm{j}\frac{1-3^N}{1-3W_N^{N-k}}\right)^*\right]R_N[k]$$

$$=\frac{1}{2\mathrm{j}}\left[\frac{1-2^N}{1-2W_N^k}+\mathrm{j}\frac{1-3^N}{1-3W_N^k}-\frac{1-2^N}{1-2(W_N^{-k})^*}+\mathrm{j}\frac{1-3^N}{1-3(W_N^{-k})^*}\right]R_N[k]$$

$$=\frac{1-3^N}{1-3W_N^k}R_N[k]=\frac{1-(3W_N^k)^N}{1-3W_N^k}R_N[k]=\sum_{n=0}^{N-1}3^nW_N^{kn}R_N[k]$$

所以 $y[n]=3^nR_N[n]$。

方法二：

$$f[n]=\frac{1}{N}\sum_{k=0}^{N-1}\left(\frac{1-2^N}{1-2W_N^k}+\mathrm{j}\frac{1-3^N}{1-3W_N^k}\right)W_N^{-kn}=\frac{1}{N}\sum_{k=0}^{N-1}\left(\sum_{m=0}^{N-1}2^mW_N^{km}+\mathrm{j}3^mW_N^{km}\right)W_N^{-kn}$$

$$=\frac{1}{N}\sum_{m=0}^{N-1}(2^m+\mathrm{j}3^m)\sum_{k=0}^{N-1}W_N^{km}W_N^{-kn}=\frac{1}{N}\sum_{m=0}^{N-1}(2^m+\mathrm{j}3^m)\sum_{k=0}^{N-1}W_N^{k(m-n)}$$

因为

$$\sum_{k=0}^{N-1}W_N^{k(m-n)}=\begin{cases}N, & m=n\\0, & m\neq n\end{cases}$$

所以以上求和式中只有 $m=n$ 这一项。

所以

$$f[n]=(2^n+\mathrm{j}3^n)R_N[n]=x[n]+\mathrm{j}y[n]$$

所以

$$x[n]=2^nR_N[n],y[n]=3^nR_N[n]$$

仿真综合题(6-35 题～6-37 题)

6-35　已知两个有限长实序列分别为 $x_1[n]=\cos\dfrac{2\pi n}{3}(0\leqslant n\leqslant 3)$和 $x_2[n]=n+1$ $(0\leqslant n\leqslant 3)$，试

(a) 计算上述两个序列的线性卷积 $h[n]$；

(b) 分别计算 7 点循环卷积 $y_1[n]$、6 点循环卷积 $y_2[n]$以及 4 点循环卷积 $y_3[n]$，并与线性卷积的结果进行对比。

【解】 (a) 由题干可知 $x_1[n]=\left\{1,-\dfrac{1}{2},-\dfrac{1}{2},1\right\}$，$x_2[n]=\{1,2,3,4\}$，线性卷积 $h[n]$的长度为 4+4−1=7。利用科学计算工具计算出序列的线性卷积 $h[n]=\{1,1.5,1.5,2.5,-1.5,1,4\}$结果如图 P6-35 第一行所示。

(b) 计算得到序列的 7 点、6 点和 4 点循环卷积的结果分别如图 P6-35 第二、三、四行所示，具体数值分别为

$$y_1[n]=\{1,1.5,1.5,2.5,-1.5,1,4\}$$
$$y_2[n]=\{5,1.5,1.5,2.5,-1.5,1\}$$
$$y_3[n]=\{-0.5,2.5,5.5,2.5\}$$

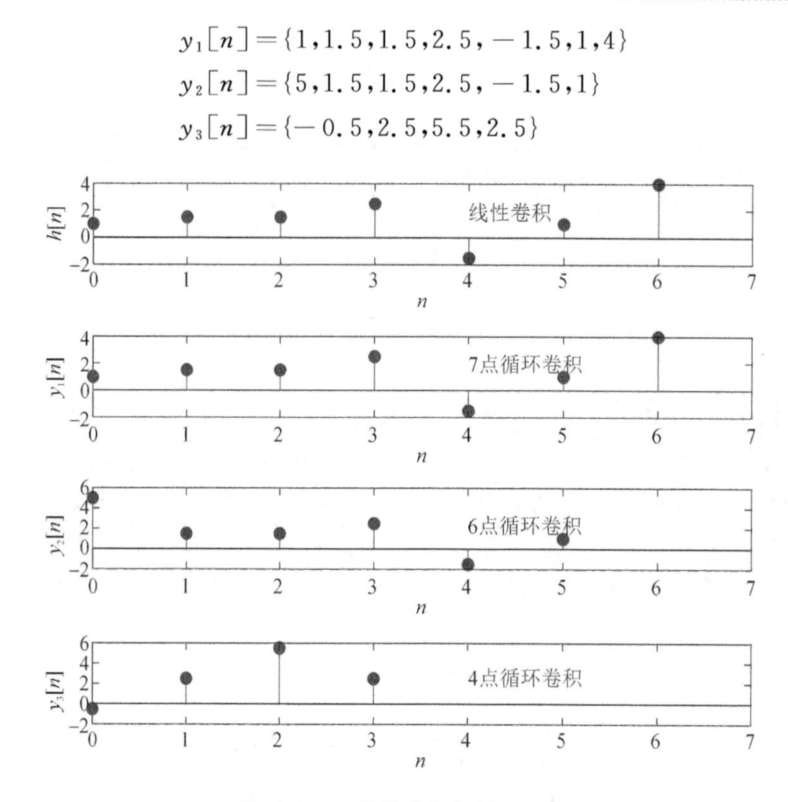

图 P6-35　线性卷积与循环卷积

可以看出当循环卷积的长度满足 $N \geqslant L+P-1$ 时，N 点循环卷积的结果与线性卷积的结果相等。当 $N<L+P-1$ 时，序列的线性卷积 $h[n]$ 以 N 为周期进行周期延拓时会产生时域混叠现象。分析图 P6-35 中的结果，当计算 6 点循环卷积时，$y_2[n]$ 对 $h[n]$ 以 6 为周期进行延拓，取延拓后的 6 点主值序列，会在其首尾出现混叠现象，4 点循环卷积与之类似。

求线性卷积与循环卷积的伪代码如下：

输入：$x_1[n]=\cos(2\pi n/3), 0\leqslant n\leqslant 3$ 和 $x_2[n]=n+1, 0\leqslant n\leqslant 3$；
输出：线性卷积 $h[n]$ 与不同长度的循环卷积 $y[n]$
1. 设置参数 $n=0:3, N_1=7$；
2. 利用卷积函数计算 $x_1[n]$ 和 $x_2[n]$ 的线性卷积；
3. 将 $x_1[n]$ 与 N_1 传入离散傅里叶变换函数，得到 $X_1[k]$；
4. 将 $x_2[n]$ 与 N_1 传入离散傅里叶变换函数，得到 $X_2[k]$；
5. 将 $X_1[k], X_2[k], N_1$ 传入离散傅里叶逆变换函数，得到 7 点循环卷积；
6. 设置 $N_2=6, N_3=4$ 并重复 3～5 步骤并分别得到 6 点与 4 点循环卷积；
7. 绘制 $x_1[n]$ 和 $x_2[n]$ 的线性卷积、7 点、6 点与 4 点循环卷积图像。

6-36　已知某模拟信号 $x(t)$ 被噪声污染，以 $f_s=8$ kHz 的采样频率对该模拟信号进行采样，截断后得到长度为 256 的有限长序列，即

$$x[n]=\sin(2\pi f_1 n/f_s)+0.8\cos(2\pi f_2 n/f_s+\pi/4)+v(n), \quad 0\leqslant n\leqslant 255$$

式中，$f_1=500$ Hz，$f_2=2$ kHz，$v[n]$ 是在[0,1]内均匀分布的噪声，试

(a) 绘制 $x[n]$的时域波形；

(b) 计算 $x[n]$的 256 点 DFT，绘制其幅度谱 $|X[k]|$ 和相位谱 $\phi[k]$；

(c) 确定 DFT 幅度谱的峰值出现的位置和相应的实际频率，并与信号中的频率成分进行对比分析。

【解】 绘制信号的时域波形、幅度谱和相位谱的伪代码如下：

输入：$x[n]=\sin(2\pi f_1 n/f_s)+0.8\cos(2\pi f_2 n/f_s+\pi/4)+v(n)$，$0\leqslant v\leqslant 255$，$f_1=500$ Hz，$f_2=2$ kHz；

输出：$x[n]$的时域波形与频谱

1. 设置参数 $N=256$，$n=0:255$，$f_s=8\,000$，$f_1=500$，$f_2=2\,000$；
2. 将 $x[n]$与 N 传入离散傅里叶变换函数，得到 $X[k]$；
3. 分别取 $X[k]$的模值与相位，可得到 $|X[k]|$与$\angle X[k]$；
4. 绘制 $x[n]$的时域波形、幅度谱和相位谱。

程序运行结果如图 P6-36 所示。(a)中的 $x[n]$时域波形如图 P6-36 第一行所示，(b)幅度谱 $|X[k]|$ 和相位谱 $\varphi[k]$分别如图 P6-36 中第二行和第三行所示。由于 $x[n]$为实序列，所以幅度谱 $|X[k]|$ 关于 $N/2$ 偶对称，相位谱 $\phi[k]$关于 $N/2$ 奇对称。

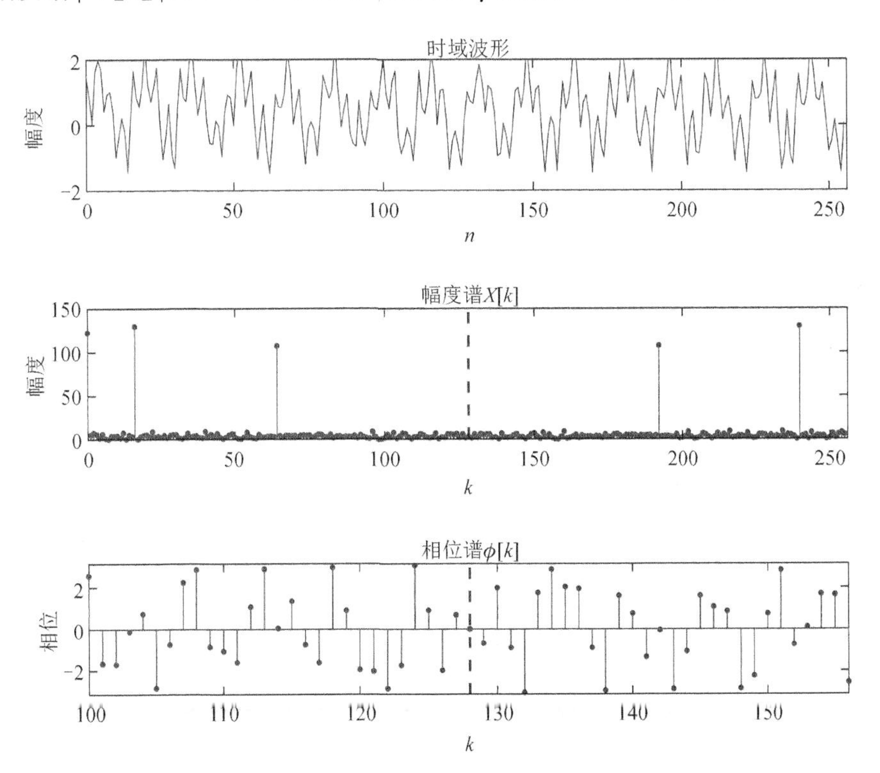

图 P6-36　信号时域波形及幅度谱和相位谱

(c) 频率间隔 $\Delta f=f_s/N=8\,000/256=125/4$ Hz，因此频率成分 $f_1=500$ Hz 使得幅度谱在 $k_1=f_1/\Delta f=16$ 和 $N-k_1=256-16=240$ 的位置处有峰值，同样，$f_2=2\,000$ Hz 的频率成分使得幅度谱在 $k_2=f_2/\Delta f=64$ 和 $N-k_2=256-64=192$ 的位置处有峰值。两个频率成分的 DFT 的幅度等于真实幅度 $N/2=128$ 倍，即 $|X[1]|=128$，$A_1=128$，$|X[2]|=128$，

$A_2=0.8\cdot|X[2]|=102.4$，其值与实验值一致。此外在 $k=0$ 处存在直流成分，其幅度值为 128，代表了白噪声分量。

6-37 已知模拟信号 $x(t)$ 为

$$x(t)=\cos(160\pi t)+1.3\sin(240\pi t+\pi/4)+1.6\cos(640\pi t+\pi/5)$$

以 $f_{s1}=500$ Hz 和 $f_{s2}=1\,000$ Hz 的采样频率分别对 $x(t)$ 进行采样，截断后得到长度为 $N=64$ 的离散序列 $x[n]$，试

(a) 计算采样频率为 $f_{s1}=500$ Hz 时 $x[n]$ 的 64 点 DFT，并绘制其幅度谱 $|X[k]|$ 和相位谱 $\varphi[k]$；

(b) 分析 $|X[k]|$ 中各个幅度峰值与 $x(t)$ 中不同频率分量之间的关系，并选择合适的采样频率 f_s 和截断长度 N。

【解】 (a) 采样频率为 $f_{s1}=500$ Hz，$N=64$ 时，$x[n]$ 的幅度谱 $|X[k]|$ 和相位谱 $\phi[k]$ 如图 $P6-37$ 第一行所示。

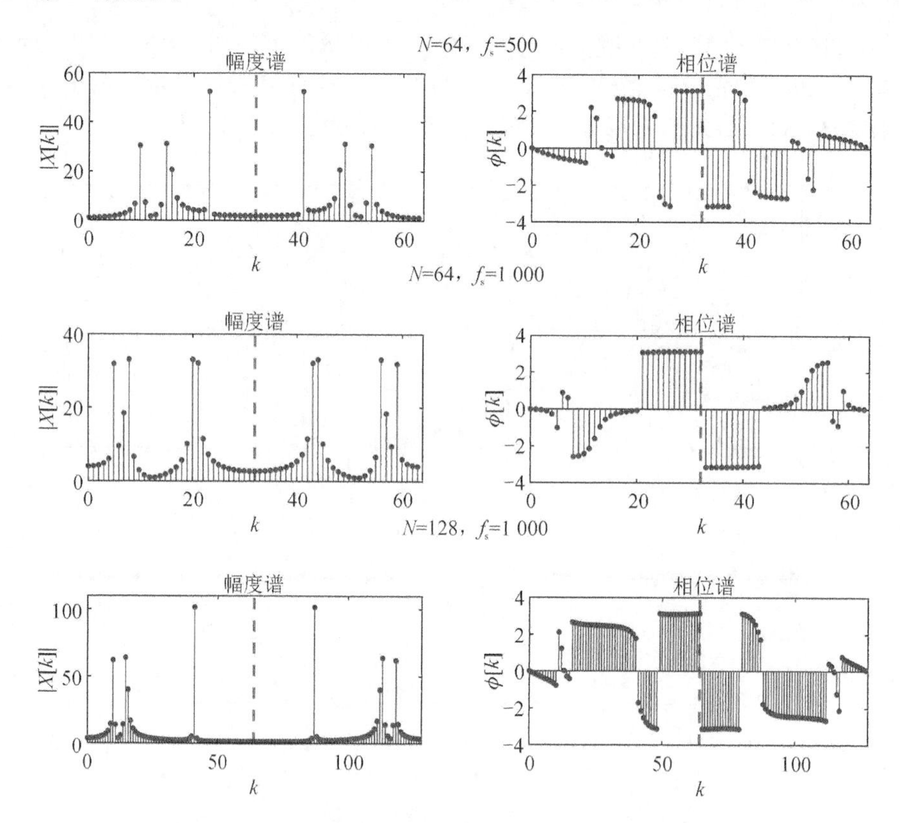

图 P6-37 不同采样频率、不同点数下的 DFT 结果比较

由于 $x[n]$ 为实序列，其幅度谱为偶对称，相位谱为奇对称，对称中心为 $k=N/2$。

(b) 当采样频率为 $f_{s1}=500$ Hz 时，频率间隔为 $\triangle f=f_{s1}/N=500/64=125/16$。可计算得到 $x[n]$ 中各个频率分量幅度峰值出现的位置分别是

$$k_1=[f_1/\Delta f]=[80\times 16/125]=[10.24]=10 \text{ 和 } N-k_1=64-10=54$$

$$k_2=[f_2/\Delta f]=[120\times 16/125]=[15.36]=15 \text{ 和 } N-k_2=64-15=49$$

$$k_3=[f_3/\Delta f]=[320\times 16/125]=[40.96]=41 \text{ 和 } N-k_3=64-41=23$$

但由于 $k_3=41>N/2$，对该信号的采样频率不足，导致信号出现混叠失真，即由于采样频率 $f_{s1}=500\ \text{Hz}<2f_3$ 不满足奈奎斯特采样定理，频率为 $f_3=320$ Hz 的信号会产生混叠失真，在对频谱分析时，会认为在 $N-k_3=23$ 处有峰值，从而误将该信号当作 180 Hz 的低频信号。

如果将采样频率提高到 $f_{s2}=1\ 000$ Hz，通过计算可以发现对应频率出现在正确的位置，无混叠失真。保持采样频率 $f_{s2}=1\ 000$ Hz 不变，将有效数据点数提高到 $N=128$ 时，可以观察到频谱分辨率或定位精度得到了进一步提高。

绘制不同采样频率与截断长度下的幅度谱和相位谱伪代码如下：

输入：$x(t)=\cos(160\pi t)+0.8\sin(240\pi t+\pi/4)+1.5\cos(640\pi t+\pi/5)$，$f_{s1}=500$ Hz，$f_{s2}=1\ 000$ Hz，$N=64$

输出：$x[n]$的时域波形与频谱

1. 设置参数 $N_1=64, N_2=128, n_1=0:63, n_1=0:127, f_{s1}=500, f_{s2}=1\ 000, f_1=80, f_2=120, f_3=320$；

2. $x_1[n]=\sin\left(2\pi\times\dfrac{N_1 f_1}{f_{s1}}\right)+1.3\sin\left(2\pi\times\dfrac{N_1 f_2}{f_{s1}}\right)+1.6\sin\left(2\pi\times\dfrac{N_1 f_3}{f_{s1}}\right)$；

3. 将 $x_1[n]$与 N_1 传入离散傅里叶变换函数，得到 $X_1[k]$；

4. 将参数 $N_1=64, f_{s1}=500$ 更改为 $N_1=64, f_{s2}=1\ 000$ 与 $N_2=128, f_{s2}=1\ 000$ 并按照步骤 2 和步骤 3 操作，可分别得到 $X_2[k]$与 $X_3[k]$；

5. 分别取三种 $X[k]$ 的模值与相位，可得到$|X[k]|$与$\angle X[k]$；

6. 绘制不同采样频率与截断长度下的幅度谱和相位谱。

第 7 章　快速傅里叶变换

7.1　内容提要与重要公式

DFT 为线性滤波、谱分析、系统分析与设计提供了重要的理论依据，但 DFT 运算量大，为了使其能够得到真正的应用，则离不开快速傅里叶变换（Fast Fourier Transform，FFT），许多实际系统都依赖于 FFT 的硬件或软件来实现。

某一算法的有效性可以从多个角度来衡量，如在 VLSI 上实现时，需要着重考虑芯片的面积和功率，而在通用计算机或小型处理器上则经常考虑运算的效率，通常较为简便的角度是采用乘法次数和加法次数来衡量。

1. DFT 运算量分析及改善途径

根据有限长因果序列 $x[n]$ 的 N 点 DFT 定义式 $X[k]=\sum_{n=0}^{N-1}x[n]W_N^{kn}(0\leqslant k\leqslant N-1)$，每计算一个 $X[k]$，需要 N 次复数乘法和 $N-1$ 次复数加法，计算全部 N 个 $X[k]$ 需要 N^2 次复数乘法和 $N(N-1)$ 次复数加法。将 DFT 定义式按照实部和虚部展开有

$$\begin{aligned}X[k]&=\sum_{n=0}^{N-1}\{\mathrm{Re}(x[n])+\mathrm{jIm}(x[n])\}\{\mathrm{Re}(W_N^{kn})+\mathrm{jIm}(W_N^{kn})\}\\&=\sum_{n=0}^{N-1}\mathrm{Re}(x[n])\mathrm{Re}(W_N^{kn})-\mathrm{Im}(x[n])\mathrm{Im}(W_N^{kn})+\\&\quad\mathrm{j}\{\mathrm{Re}(x[n])\mathrm{Im}(W_N^{kn})+\mathrm{Im}(x[n])\mathrm{Re}(W_N^{kn})\}\end{aligned}\tag{7.1}$$

可以看到，1 次复数乘法需要 4 次实数乘法和 2 次实数加法；1 次复数加法需要 2 次实数加法。因此，每计算一个 $X[k]$ 需要 $4N$ 次实数乘法和 $2N+2(N-1)=2(2N-1)$ 次实数加法。所以，计算全部 $X[k]$ 需要 $4N^2$ 次实数乘法和 $2N(2N-1)$ 次实数加法。运算次数近似正比于 N^2，当 N 很大时，直接计算 DFT 其运算量非常大，在实时性要求较高的场合显然并不适用。

降低运算量的基本思路：一是将 N 点 DFT 分解为点数更少的 DFT；二是利用旋转因子 W_N^{kn} 的周期性、对称性和可约性，由子序列的 DFT 来逐次合成实现整个序列的 DFT，从而提高 DFT 计算效率。旋转因子的周期性可表示为

$$W_N^{kn}=W_N^{k(n+N)}=W_N^{(k+N)n}\tag{7.2}$$

其对称性可表示为

$$(W_N^{kn})^*=W_N^{-kn}=W_N^{k(N-n)}=W_N^{(N-k)n}\tag{7.3}$$

可约性可表示为

$$W_N^{kn}=W_{mN}^{mkn}=W_{N/m}^{kn/m}\tag{7.4}$$

此外，还经常用到旋转因子的一些特殊值，如 $W_N^N=W_N^0=1,W_N^{N/4}=-\mathrm{j},W_N^{N/2}=-1,W_N^{3N/4}=\mathrm{j}$

以及 $W_N^{k+N/2}=-W_N^k$ 等进行 DFT 计算。

2. 按时间抽取的基 2-FFT

FFT 的基本原理是将一个多点 DFT 分解为点数较少的 DFT，若分解是在时域进行且 DFT 点数是 2 的幂，则这种基(Radix)2-FFT 称为按时间抽取(decimation in time，DIT)的基 2-FFT 算法，也称为库利-图基(Cooley-Tukey)算法。

将长度为 $N=2^v$ 的时域序列按照序号 n 的奇偶将其分解为两个长度为$\frac{N}{2}$的子序列，即

$$\begin{cases}x_1[n]=x[2n]\\x_2[n]=x[2n+1]\end{cases},n=0,1,\cdots,\frac{N}{2}-1 \tag{7.5}$$

则 $x[n]$ 的 N 点 DFT 可表示为

$$\begin{aligned}X(k)&=\sum_{\substack{n=0\\n\text{为偶数}}}^{N-1}x[n]W_N^{nk}+\sum_{\substack{n=0\\n\text{为奇数}}}^{N-1}x[n]W_N^{nk}\\&=\sum_{r=0}^{\frac{N}{2}-1}x[2r]W_N^{2rk}+\sum_{r=0}^{\frac{N}{2}-1}x[2r+1]W_N^{(2r+1)k}\\&=\sum_{r=0}^{\frac{N}{2}-1}x_1[r](W_N^2)^{rk}+W_N^k\sum_{r=0}^{\frac{N}{2}-1}x_2[r](W_N^2)^{rk}\\&=\sum_{r=0}^{\frac{N}{2}-1}x_1[r]W_{\frac{N}{2}}^{rk}+W_N^k\sum_{r=0}^{\frac{N}{2}-1}x_2[r]W_{\frac{N}{2}}^{rk}\end{aligned} \tag{7.6}$$

式中，$\sum_{r=0}^{\frac{N}{2}-1}x_1[r]W_{\frac{N}{2}}^{rk}$ 和 $\sum_{r=0}^{\frac{N}{2}-1}x_2[r](W_N^2)^{rk}$ 分别是 $x_1[n]$和 $x_2[n]$的$\frac{N}{2}$点 DFT $X_1[k]$和 DFT $X_2[k]$。需要注意的是 $X_1[k]$和 $X_2[k]$只取$\frac{N}{2}$个值，即 $0\leqslant k\leqslant\frac{N}{2}-1$；但 $X[k]$取 N 个值，即 $0\leqslant k\leqslant N-1$，故式(7.6)只能表示 $X(k)$前一半的结果。为了用 $X_1[k]$和 $X_2[k]$表示出 $X(k)$的后一半结果，且由于 $0\leqslant k\leqslant\frac{N}{2}-1$，$\frac{N}{2}\leqslant k+\frac{N}{2}\leqslant N-1$，故

$$X\left[k+\frac{N}{2}\right]=X_1[k]+W_N^{k+\frac{N}{2}}X_2[k]=X_1[k]-W_N^kX_2[k] \tag{7.7}$$

这里应用了旋转因子的性质以及 $X_1[k]$和 $X_2[k]$隐含着以$\frac{N}{2}$为周期的周期性。综合起来，$x[n]$的 N 点 DFT $X(k)$的前一半和后一半的值分别为

$$\begin{cases}X[k]=X_1[k]+W_N^kX_2[k], & k=0,1,\cdots,\frac{N}{2}-1\\X\left[k+\frac{N}{2}\right]=X_1[k]-W_N^kX_2[k], & k=0,1,\cdots,\frac{N}{2}-1\end{cases} \tag{7.8}$$

这种运算可以用图 7.1 所示的蝶形(butterfly)信号流图表示，图中示出了通过 $X_1(k)$和 $X_2(k)$组合得到 $X(k)$前一半值和后一半值的运算过程。

以上 $x[n]$按照序号 n 的奇偶分解可分为两个$\frac{N}{2}$点序列，并求这两个序列的$\frac{N}{2}$点 DFT，

每个$\frac{N}{2}$点 DFT 需要$\left(\frac{N}{2}\right)^2=\frac{N^2}{4}$次复数乘法和$\frac{N}{2}\left(\frac{N}{2}-1\right)$次复数加法，两个$\frac{N}{2}$点 DFT 共需$2\left(\frac{N}{2}\right)^2=\frac{N^2}{2}$次复数乘法和$N\left(\frac{N}{2}-1\right)$次复数加法，此外还需要考虑把两个$\frac{N}{2}$点 DFT 组合为 N 点 DFT 时，有$\frac{N}{2}$个蝶形运算，另外还需$\frac{N}{2}$次复数乘法和$2\cdot\frac{N}{2}=N$次复数加法。因此，通过如上分解之后，总共需要$\frac{N^2}{2}+\frac{N}{2}\approx\frac{N^2}{2}$次复数乘法和$N\left(\frac{N}{2}-1\right)+N=\frac{N^2}{2}$次复数加法。分组之后，运算量大约减少了一半。

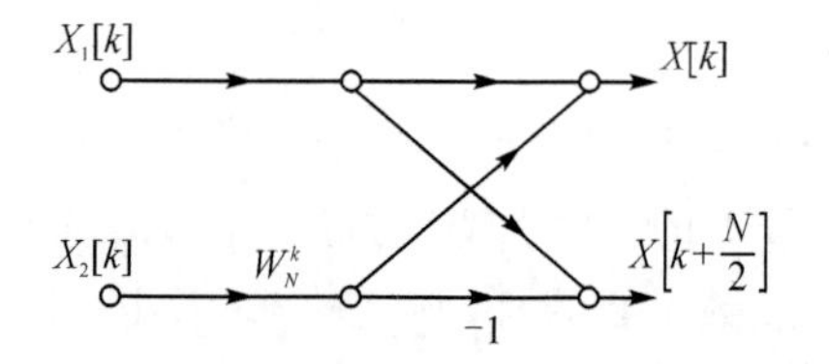

图 7.1　按时间抽取基 2 - FFT 算法的蝶形图

把这种分解持续下去，由于 $N=2^v$，经过 v 次分解后，得到$\frac{N}{2}$个两点时域序列，对这些两点序列进行蝶形运算，逐级蝶形运算最终实现 N 点 DFT。DIT - FFT 的主要规律包括：

① 蝶形运算共包含 $v=\log_2 N$ 级，每一级都由$\frac{N}{2}$个蝶形组成，总共需要$\frac{N}{2}\log_2 N$次复数乘法和 $N\log_2 N$ 次复数加法。

② 第 L 级（$L=1,2,\cdots,v$）蝶形运算中，每个蝶形的两个节点距离为 2^{L-1}。第 v 级（从左往右最后一级）旋转因子的系数为 $W_N^k\left(k=0,1,\cdots,\frac{N}{2}-1\right)$；第 $v-1$ 级旋转因子的系数为 $W_{N/2}^k\left(k=0,1,\cdots,\frac{N}{4}-1\right)$；以此类推，第 2 级旋转因子的系数为 $W_4^k(k=0,1)$；第 1 级旋转因子的系数为 $W_2^k(k=0)$。一般情况下，第 L 级旋转因子的系数为 $W_{2^L}^k(k=0,1,\cdots,2^{L-1}-1)$。

③ 原位计算是指当数据输入到存储器后，每一级的运算结果仍然可以存储在这同一组存储器中，直到最后输出，中间无需多余存储器。如此操作只需要 N 个复数存储单元，该单元既可以存放输入数据、又可以存放中间结果和最终结果。原位运算结构可以节省存储单元、降低设备成本。

④ 码位倒序，输出 $X[k]$按正常顺序排列，而输入 $x[n]$是依照二进制数将其按位反转的规律重排造成的码位倒序，是输入 $x[n]$按时域序号 n 的奇偶不断进行分组产生的。

3. 按频率抽取的基 2 - FFT

另一种 FFT 是把输出 $X[k]$按照序号 k 的奇偶将其分解为短序列而进行的，称为按频率抽取（decimation in frequency，DIF）的基 2 - FFT 算法，也称为桑德-图基（Saud-Tukey）算法。其基本思想是，不断将输入时间序列分成前后各一半，并按照频率下标是奇数或偶数来分别计算输出的两个部分。

将长度为 $N=2^v$ 的时域序列 $x[n]$按照前一半和后一半分解为两个长度为$\frac{N}{2}$的子序列，则 $x[n]$的 N 点 DFT 可表示为

$$X[k]=\sum_{n=0}^{N-1}x[n]W_N^{nk}=\sum_{n=0}^{\frac{N}{2}-1}x[n]W_N^{nk}+\sum_{n=\frac{N}{2}}^{N-1}x[n]W_N^{nk}\tag{7.9}$$

式中，第二个求和式的下标做变量代换，并考虑到旋转因子的性质，得到

$$\begin{aligned}X[k]&=\sum_{n=0}^{\frac{N}{2}-1}x[n]W_N^{nk}+\sum_{n=0}^{\frac{N}{2}-1}x\left[n+\frac{N}{2}\right]W_N^{\left(n+\frac{N}{2}\right)k}\\&=\sum_{n=0}^{\frac{N}{2}-1}\left[x[n]+x\left[n+\frac{N}{2}\right]W_N^{\frac{N}{2}k}\right]W_N^{nk}\\&=\sum_{n=0}^{\frac{N}{2}-1}\left[x[n]+x\left[n+\frac{N}{2}\right](-1)^k\right]W_N^{nk}\end{aligned}\tag{7.10}$$

式中，k 的取值范围是 $0\leqslant k\leqslant N-1$，$X[k]$的结果是 N 点 DFT。将 $X[k]$按照频率下标 k 是奇数和偶数将其分成两部分分别计算，对于偶数下标有

$$\begin{aligned}X[2k]&=\sum_{n=0}^{\frac{N}{2}-1}\left[x[n]+x\left[n+\frac{N}{2}\right]\right]W_N^{2nk}\\&=\sum_{n=0}^{\frac{N}{2}-1}\left[x[n]+x\left[n+\frac{N}{2}\right]\right]W_{\frac{N}{2}}^{nk},k=0,1,\cdots,\frac{N}{2}-1\end{aligned}\tag{7.11}$$

对于奇数下标有

$$\begin{aligned}X[2k+1]&=\sum_{n=0}^{\frac{N}{2}-1}\left[x[n]-x\left[n+\frac{N}{2}\right]\right]W_N^{n(2k+1)}\\&=\sum_{n=0}^{\frac{N}{2}-1}\left\{\left[x[n]-x\left[n+\frac{N}{2}\right]\right]W_N^{n}\right\}W_{\frac{N}{2}}^{nk},k=0,1,\cdots,\frac{N}{2}-1\end{aligned}\tag{7.12}$$

这样就把一个 N 点 DFT 分解成两个$\frac{N}{2}$点 DFT 来计算，这两个$\frac{N}{2}$点 DFT 分别得到 $X(k)$的偶数序号样本和奇数序号样本。频率抽取基 2-FFT 的蝶形计算单元如图 7.2 所示，与 DIT-FFT 蝶形计算单元的主要区别在于，其旋转因子在蝶形单元输出下的节点之后（先减法再复乘），而 DIT-FFT 的旋转因子在蝶形单元输入下的节点之前（先复乘再加减）。

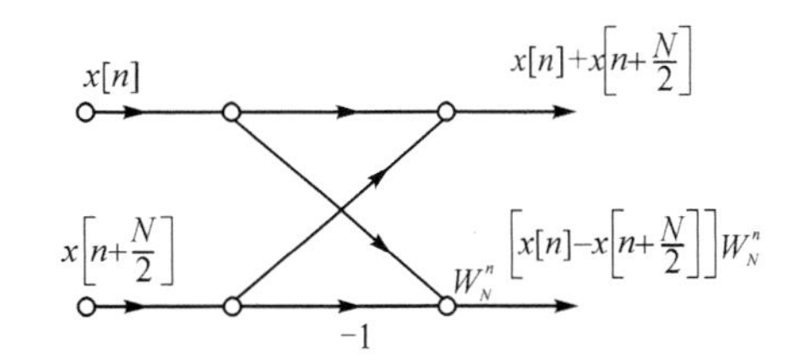

图 7.2　按频率抽取基 2-FFT 算法的蝶形图

上述分解过程持续下去，由于 $N=2^v$，经过 v 次分解后，得到$\frac{N}{2}$个两点 DFT，两点 DFT 就是一个基本的蝶形运算，逐级蝶形运算最终实现 N 点 DFT。DIF-FFT 的主要规律包括：

① 运算量与 DIT 相同，蝶形运算共包含 $v=\log_2 N$ 级，每一级都由$\frac{N}{2}$个蝶形组成，总共需要$\frac{N}{2}\log_2 N$ 次复数乘法和 $N\log_2 N$ 次复数加法。

② 第 L 级($L=1,2,\cdots,v$)蝶形运算中,每个蝶形的两个节点距离是 $2^{v-L}=\frac{N}{2^L}$。第 1 级(从左往右)旋转因子的系数为 $W_N^k, k=0,1,\cdots,\frac{N}{2}-1$;第 2 级旋转因子的系数为 $W_{N/2}^k, k=0,1,\cdots,\frac{N}{4}-1$;以此类推,第 $v-1$ 级旋转因子的系数为 $W_4^k, k=0,1$;第 v 级(最后一级)旋转因子的系数为 $W_2^k, k=0$。一般情况下,第 L 级旋转因子的系数为 $W_{2^{v-L+1}}^k, k=0,1,\cdots,2^{v-L}-1$。

③ 原位计算,用于节省内存。

④ 码位倒序,输入 $x[n]$ 按自然顺序排列,而输出 $X[k]$ 是依照二进制数将其按位反转的规律重排。

DIT－FFT 与 DIF－FFT 的本质区别在于基本蝶形运算的差别,DIT－FFT 先复乘再加减,而 DIF－FFT 先加减且仅在减法后再复乘,这两个基本蝶形互为转置,即流图中支路增益不变、支路方向反向,以交换输入、输出变量。因此,DIT－FFT 与 DIF－FFT 的运算量相同。另外,当序列点数不满足 $N=2^v$ 时,则在序列后补零,直到 $N=2^v$ 再使用 FFT。

4. FFT 的应用

除了完成 DFT 的快速运算之外,FFT 的思想还可以直接用以离散傅里叶反变换的快速计算 IFFT、实序列的 FFT 以及线性卷积的 FFT。

由于 IDFT 公式为 $x[n]=\frac{1}{N}\sum_{k=0}^{N-1}X[k]W_N^{-nk}$,对其取共轭可得

$$x^*[n]=[\frac{1}{N}\sum_{k=0}^{N-1}X[k]W_N^{-nk}]^*=\frac{1}{N}\sum_{k=0}^{N-1}X^*[k]W_N^{nk} \tag{7.13}$$

因此,一种用 FFT 计算 IFFT 的实现步骤是:① 将 $X[k]$ 取共轭;② 求 N 点 FFT;③ 对运算结果取共轭并乘以常数 $\frac{1}{N}$,即得到 $x[n]$。这种方法可以与 FFT 共用同一子程序,使用起来非常方便。

实际中遇到的数据大部分是实序列,实序列的 FFT 分为两种情况。

第一种情况是用一次 N 点 FFT 计算出两个 N 点实序列的 FFT。设 $x_1[n]$ 和 $x_2[n]$ 是两个 N 点实序列,将它们视作一个复序列 $y[n]$ 的实部和虚部,即构造

$$y[n]=x_1[n]+\mathrm{j}x_2[n] \tag{7.14}$$

计算 $y[n]$ 的 N 点 FFT,并表示为圆周共轭对称分量和圆周共轭反对称分量之和,即 $Y[k]=\mathrm{DFT}(y[n])=Y_{\mathrm{ep}}[k]+Y_{\mathrm{op}}[k]$,根据 DFT 的共轭对称性质,$y[n]$ 实部的 DFT 对应于 $Y[k]$ 的共轭偶对称分量,$y[n]$ 虚部乘以 j 的 DFT 对应于 $Y(k)$ 的共轭奇对称分量,因此有

$$\begin{aligned} X_1[k]&=\mathrm{DFT}(x_1[n])=Y_{\mathrm{ep}}[k]=\frac{1}{2}\left(Y[k]+Y^*[N-k]\right) \\ X_2[k]&=\mathrm{DFT}(x_2[n])=\frac{1}{\mathrm{j}}Y_{\mathrm{ep}}[k]=\frac{1}{2\mathrm{j}}\left(Y[k]-Y^*[N-k]\right) \end{aligned} \tag{7.15}$$

可见,一次 N 点 FFT 求出 $Y[k]$ 后,提取 $Y[k]$ 的圆周共轭对称分量即可得到 N 点实序列 $x_1[n]$ 的 FFT,提取 $Y(k)$ 的圆周共轭反对称分量再除以常数 j 即可得到 N 点实序列 $x_2[n]$ 的 FFT,这提高了运算效率。

第二种情况是用一次 N 点 FFT 计算出 $2N$ 点实序列的 FFT。设 $x[n]$ 是长度为 $2N$ 的

实序列，按照时域序号的奇偶将 $x[n]$ 分解为两个 N 点的实序列，其中 $x_1[n]$ 是 $x[n]$ 的偶数点序列，$x_2[n]$ 是 $x[n]$ 的奇数点序列，以它们分别作为实部和虚部构造序列 $y[n]$，即

$$\begin{cases} x_1[n]=x[2n] \\ x_2[n]=x[2n+1] \qquad n=0,1,\cdots,N-1 \\ y[n]=x_1[n]+\mathrm{j}x_2[n] \end{cases} \tag{7.16}$$

计算 $y[n]$ 的 N 点 FFT，$Y(k)=\mathrm{DFT}(y[n])=Y_{\mathrm{ep}}(k)+Y_{\mathrm{op}}(k)$，得到 $x_1[n]$ 和 $x_2[n]$ 的 N 点 FFT 如式(7.15)所示。根据按时间抽取基2-FFT的思想，$x[n]$ 偶数序号的 N 点 FFT 和奇数序号的 N 点 FFT 经过蝶形组合可得到 $2N$ 点 FFT，即

$$\begin{cases} X[k]=X_1[k]+W_{2N}^{k}X_2[k] \\ X[k+N]=X_1[k]-W_{2N}^{k}X_2[k] \end{cases} \quad k=0,1,\cdots,N-1 \tag{7.17}$$

只需用 FFT 替换 DFT，在点数满足一定条件下即可等效地用循环卷积计算线性卷积。首先要确定 FFT 的点数，点数选取必须足够大，并且是2的幂。具体步骤是：① 确定 FFT 点数 $N\geqslant L+P-1$，且是2的幂；② $x[n]$ 和 $h[n]$ 分别补零到长度为 N，并分别求 N 点 FFT 以得到 $X[k]$ 和 $H[k]$；③ 求 $Y[k]=X[k]H[k]$；④ 求 $Y[k]$ 的 IFFT 以得到 N 点循环卷积，其值等于线性卷积 $y[n]=x[n]*h[n]$。整个过程涉及到3次 FFT，总共需要 $3\times\frac{N}{2}\log_2 N+N$ 次复数乘法和 $3N\log_2 N$ 次复数加法。与直接计算卷积的乘法次数 $L\cdot P$ 相比，当点数 N 很大时，FFT 的方法效率很高，此时，用循环卷积计算线性卷积的方法，有时候也将其称为快速卷积。

7.2　重难点提示

本章重点

(1) 旋转因子的性质；

(2) DIT-FFT 的原理、推导、蝶形图和运算量等基本规律；

(3) DIF-FFT 的原理、推导、蝶形图和运算量等基本规律；

(4) 长序列分解为短序列以提高 DFT 运算效率的方法。

本章难点

理解分段卷积的重叠相加法和重叠保留法，了解戈泽尔(Goertzel)算法和线性调频 z 变换(Chirp z Transform)这些适应于频率区间较小或点数为素数等特殊应用场合的变换。

7.3　习题详解

选择、填空题(7-1题～7-11题)

7-1　一般来说按时间抽取基2-FFT的(A)序列是按位反转重新排列的。

(A) 输入　　(B) 输出

(C) 输入和输出　　(D) 输入和输出都不是

【解】　一般来说，按时间抽取基2-FFT指库利-图基算法，是将输入的时间序列按奇偶

进行逐级分解，以便后续的蝶形算法能够正确地组合这些元素。最终的特点是输入序号是按二进制“倒位序”重新排列，或称为码位倒序；而输出是自然顺序排列。

选(A)。

注：只要保持各节点所连的支路及其传输系数不变，则不论节点位置在同一列中如何排列，所得流图都是等效的，可得到一些特殊的按时间抽取基 2－FFT 结构图，其一般不做重点要求。

7－2 在采用基 2－DIT FFT 计算 256 点 DFT 的算法信号流图中，输入序列 $x[3]$位置处应该是(C)。

(A) $x[3]$　　(B) $x[128]$

(C) $x[192]$　　(D) $x[2]$

【解】 00000011 倒位序的结果是 11000000，换算为十进制数是 $2^7+2^6=192$。

故选(C)。

7－3 利用基 2－DIF FFT 算法计算 16 点 DFT，对于输入正常位序排列且同址计算的流图，其第二级的旋转因子从上到下依次是(B)。

(A) $W_{16}^0, W_{16}^1, W_{16}^2, W_{16}^3, W_{16}^4, W_{16}^5, W_{16}^6, W_{16}^7$

(B) $W_{16}^0, W_{16}^2, W_{16}^4, W_{16}^6, W_{16}^0, W_{16}^2, W_{16}^4, W_{16}^6$

(C) $W_{16}^0, W_{16}^4, W_{16}^0, W_{16}^4, W_{16}^0, W_{16}^4, W_{16}^0, W_{16}^4$

(D) $W_{16}^0, W_{16}^4, W_{16}^2, W_{16}^6, W_{16}^0, W_{16}^4, W_{16}^2, W_{16}^6$

【解】 按频率抽取的基 2－FFT 算法，旋转因子 W_N^r 的第一列有$\frac{N}{2}$种，依次为 $W_N^0, W_N^1, \cdots, W_N^{\frac{N}{2}-1}$，第二列有两组，每组$\frac{N}{4}$种，依次为 $W_N^0, W_N^2, \cdots, W_N^{\frac{N}{2}-2}$。

故选(B)。

7－4 采用基 2－FFT 算法计算 256 点 DFT 时，其信号流图包含的蝶形级数以及每级蝶形数分别为(B)。

(A) 7 和 128　　(B) 8 和 128　　(C) 8 和 256　　(D) 7 和 64

【解】 采用基 2－FFT 计算 N 点 DFT 时，共包含 $\log_2 N$ 级，每一级里面包含$\frac{N}{2}$个蝶形。

故选(B)。

7－5 从 $N=16$ 的基 2－DIF FFT 中抽取的某个蝶形如图 P7－5 所示。输入序列按正常顺序排列，共分成 1～4 级，则该蝶形在流图中的级数是(A)。

(A) 1　　(B) 3　　(C) 5　　(D) 无法确定

【解】 按频率抽取的基 2－FFT 算法，旋转因子 W_N^r 的第一列有$\frac{N}{2}$种，$0\leqslant r\leqslant\frac{N}{2}-1$ 时依次为 $W_N^0, W_N^1, \cdots, W_N^{\frac{N}{2}-1}$；第二列有两组，每组$\frac{N}{4}$种，$0\leqslant r\leqslant\frac{N}{4}-1$ 依次为 $W_{\frac{N}{2}}^0, W_{\frac{N}{2}}^1, \cdots, W_{\frac{N}{2}}^{\frac{N}{4}-1}$。只有第一级蝶形图才具有 W_N^3 这样的系数。

故选(A)。

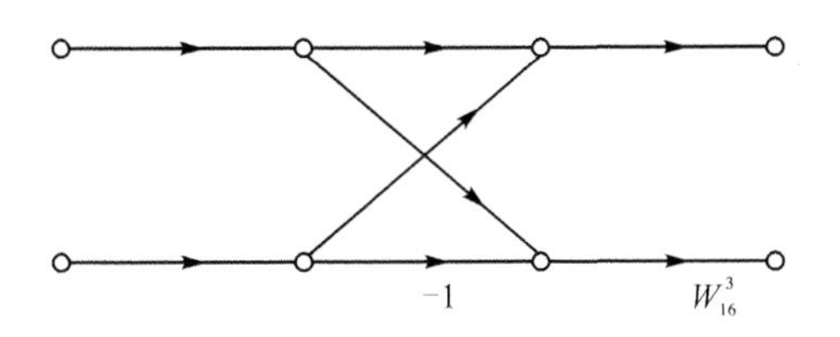

图 P7-5　DIF-FFT 中某一级的蝶形图

7-6　为了计算一个长度为 100 和另一个长度为 25 的两个复序列的线性卷积，现采用基 2-FFT 的快速卷积方法，则需要的 FFT 次数是(B)次(注：IFFT 运算也可以通过 FFT 计算)。

(A) 2　　(B) 3　　(C) 4　　(D) 5

【解】　首先将长度为 100 和 25 的两个复序列尾部补零，使其长度均为 128，然后对补零后的两个序列分别进行一次 128 点 FFT 运算，将两个频域结果对应点值相乘，再将对应点值相乘的结果进行一次 128 点 IFFT 变换，得到长度为 128 的圆周卷积，最后取圆周卷积的前 124 个点作为线性卷积的结果。因此，进行快速卷积需要进行 2 次 FFT 操作和 1 次 IFFT 操作。

故选(B)。

7-7　FFT 是基于对 DFT 的________和利用旋转因子 W_N^{nk} 的________来减小计算量，其特点是________、________、________。

【解】　有限次分解(或分解为短序列的 DFT)，对称性(周期性)，原位运算、蝶形运算、码位倒序。

7-8　考虑输入码位倒序排列的 32 点基 2-FFT 算法，按顺序写出前 8 个输入信号的序号____________。

【解】　基 2-DIT FFT 的输入序列 $x[n]$需要按照码位倒序重新排列，

$$0=00000\rightarrow00000=0;\quad 1=00001\rightarrow10\,000=16;$$
$$2=00010\rightarrow01\,000=8;\quad 3=00011\rightarrow11\,000=24;$$
$$4=00100\rightarrow00100=4;\quad 5=00101\rightarrow10100=20;$$
$$6=00110\rightarrow01100=12;\quad 7=00111\rightarrow11100=28。$$

因此，码位倒序后的结果为 0,16,8,24,4,20,12,28。

7-9　直接计算 16 点的 DFT 需要________次复数乘法，采用基 2-FFT 算法，则需要________次复乘法。

【解】　256,32。直接计算需要的复数乘法次数为 $N^2=256$，采用基 2-FFT 算法需要的复数乘法次数为$\frac{N}{2}\log_2 N=32$。

7-10　假设有一台通用计算机，其计算复数乘法的速度为 5 μs/次，计算复数加法的速度为 0.5 μs/次。当用它来计算 512 点的 DFT 时，直接计算需要时间________ s，用 FFT 计算需要时间________ s。

【解】　1.44,0.014。计算 N 点 DFT 时，直接计算需要的复乘次数为 N^2，复加次数为 $N(N-1)$；利用 FFT 计算时，需要的复乘次数为$\frac{N}{2}\log_2 N$，复加次数为 $N\log_2 N$。

所以直接计算时，复乘所需时间为

$$T_1=5\times10^{-6}\times N^2=5\times10^{-6}\times512^2=1.310\ 72\ \text{s}$$

复加所需时间为

$$T_2=0.5\times10^{-6}\times N\times(N-1)=0.5\times10^{-6}\times512\times511=0.130\ 816\ \text{s}$$

所以

$$T=T_1+T_2=1.441\ 536\ \text{s}$$

FFT 计算时，复乘所需时间为

$$T_1=5\times10^{-6}\times\frac{N}{2}\log_2 N=5\times10^{-6}\times\frac{512}{2}\log_2 512=0.011\ 52\ \text{s}$$

复加所需时间为

$$T_2=0.5\times10^{-6}\times N\log_2 N=0.5\times10^{-6}\times512\log_2 512=0.002\ 304\ \text{s}$$

所以

$$T=T_1+T_2=0.013\ 824\ \text{s}$$

7-11 设有两个长度都为 N 的实序列 $x_1[n]$和 $x_2[n]$，其对应的 DFT 分别记为 $X_1[k]$和 $X_2[k]$，长度为 N 的序列 $y[n]$的 N 点 DFT 为 $Y[k]=X_1[k]+\text{j}X_2[k]$，$k=0,1,\cdots,N-1$，则 $x_1[n]$和 $x_2[n]$可分别用 $y[n]$表示为__________、__________。

【解】 由于 $x_1[n]$和 $x_2[n]$都为实序列，所以其 DFT 满足圆周共轭对称性质，根据 DFT 的线性性质有 $y[n]=x_1[n]+\text{j}x_2[n]$。有限长序列 $y[n]$实部的 DFT 为 $Y[k]$的圆周共轭对称分量，虚部乘以 j 的 DFT 为 $Y[k]$的圆周共轭反对称分量。在本题中，$X_1[k]$是 $Y[k]$的圆周共轭对称分量，$\text{j}X_2[k]$是 $Y[k]$的圆周共轭反对称分量。$X_1[k]$和 $X_2[k]$的反变换 $x_1[n]$和 $x_2[n]$分别对应 $y[n]$的实部和虚部，即 $x_1[n]=\text{Re}\{y[n]\}$，$x_2[n]=\text{Im}\{y[n]\}$。

计算、证明与作图题(7-12 题～7-24 题)

7-12 给定两个有限长序列 $x[n]=\{1,2,-1,3\}$，$h[n]=1,0\leqslant n\leqslant17$，试绘制

(a) 利用 FFT 计算 $x[n]$与 $h[n]$线性卷积的流程图；

(b) 按时间抽取的基 2-FFT 流图，并利用该流图计算 $x[n]$的 DFT $X[k]$。

【解】 (a) 本题中 $L=4$，$P=8$，要求 $N\geqslant L+P-1$，且是 2 的幂，所以 N 取 32。FFT 计算线性卷积的流程图如图 P7-12(a)所示

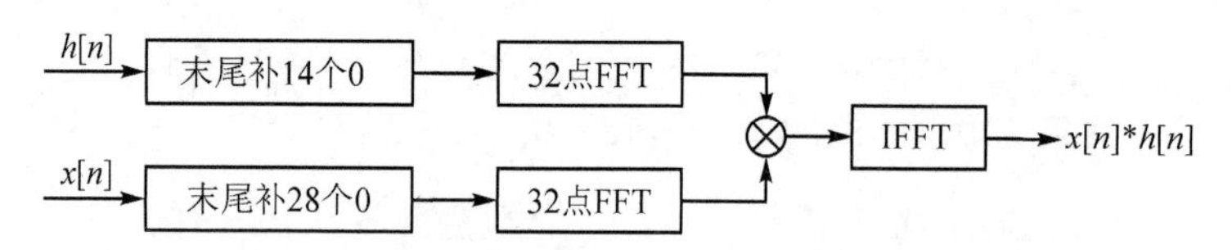

图 P7-12(a) FFT 计算线性卷积的流程图

(b) 4 点按时间抽取基 2-FFT 的运算流图如图 P7-12(b)所示。

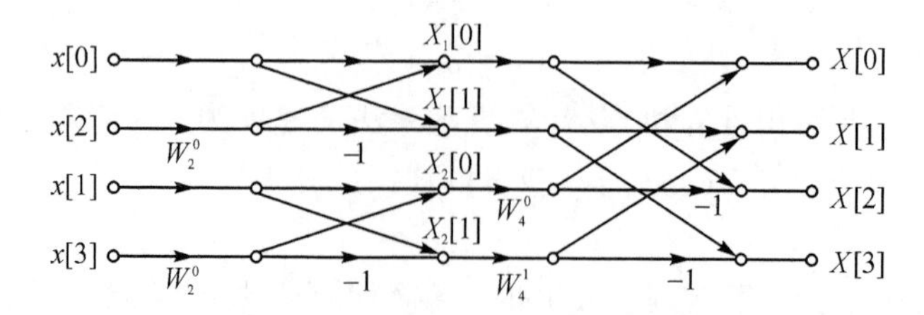

图 P7-12(b) 4 点 DIT-FFT 流程图

$$X_1[0]=x[0]+W_4^0x[2]=1-1=0$$
$$X_1[1]=x[0]-W_4^0x[2]=1+1=2$$
$$X_2[0]=x[1]+W_4^0x[3]=2+3=5$$
$$X_2[1]=x[1]-W_4^0x[3]=2-3=-1$$
$$X[0]=X_1[0]+W_4^0X_2[0]=0+5=5$$
$$X[1]=X_1[1]+W_4^1X_2[1]=2+\mathrm{j}$$
$$X[2]=X_1[0]-W_4^0X_2[0]=0-5=-5$$
$$X[3]=X_1[1]-W_4^1X_2[1]=2-\mathrm{j}$$

所以 $X[k]=\{5,2+\mathrm{j},-5,2-\mathrm{j}\},0\leqslant k\leqslant 3$。

也可以用 DFT 的定义式直接计算验证其正确性，即

$$X[k]=\sum_{n=0}^{N-1}x[n]W_N^{kn}=1+2(-\mathrm{j})^k-(-1)^k+3\mathrm{j}^k=\{5,2+\mathrm{j},-5,2-\mathrm{j}\},0\leqslant k\leqslant 3。$$

7-13　从实现某种 FFT 流图中截取的蝶形如图 P7-13 所示，试判断以下哪个陈述正确，并简述理由。

(a) 该蝶形是从一个 DIT-FFT 流图中截取的；

(b) 该蝶形是从一个 DIF-FFT 流图中截取的；

(c) 无法判断该蝶形取自何种 FFT 流图。

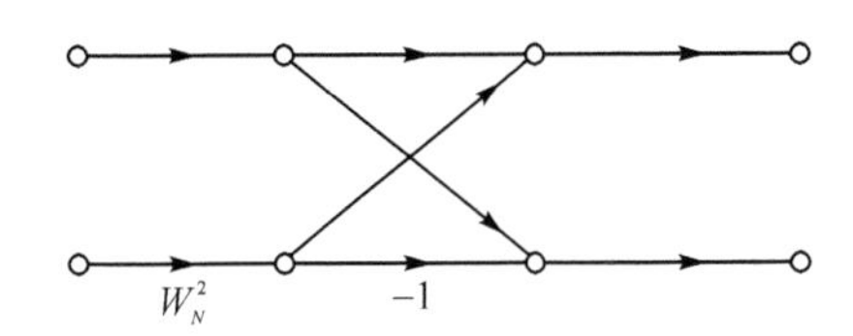

图 P7-13　FFT 中的蝶形图

【解】　DIT-FFT 的一次分解，表现在蝶形图最后一列的旋转因子系数是 $W_N^0,W_N^1,\cdots,W_N^{\frac{N}{2}-1}$；在 DIF-FFT 蝶形图的第一列结束、第二列开始其旋转因子系数是 $W_N^0,W_N^1,\cdots,W_N^{\frac{N}{2}-1}$，因此无法判断该蝶形取自何种 FFT 流图。

故(C)正确。

7-14　计算 DFT 离不开复数乘法，在计算两个复数乘法的式子 $(A+\mathrm{j}B)(C+\mathrm{j}D)=(AC-BD)+\mathrm{j}(BC+AD)=X+\mathrm{j}Y$ 中，1 次复数乘法需要 4 次实数乘法和 2 次实数加法。试说明利用以下运算可节省实数乘法次数，并指出此时 1 次复数乘法需要的实数乘法次数和实数加法次数。

$$\begin{cases}X=(A-B)D+(C-D)A\\Y=(A-B)D+(C+D)B\end{cases}$$

【解】　将 $X=(A-B)D+(C-D)A$ 和 $Y=(A-B)D+(C+D)B$ 展开并代入，有

$$\begin{aligned}X+\mathrm{j}Y&=(A-B)D+(C-D)A+\mathrm{j}[(A-B)D+(C+D)B]\\&=(AC-BD)+\mathrm{j}(BC+AD)=(A+\mathrm{j}B)(C+\mathrm{j}D)\end{aligned}$$

可以看出，为了得到 1 次复数乘法的结果此时需要 3 次实数乘法，以及 $A-B$，$C-D$，$C+D$ 和两次实数乘法中间结果求和，即共 5 次实数加法。

7-15　设 N 点实序列 $x[n]$ 的 N 点 DFT 为 $X[k]$，$X[k]$ 的实部和虚部记作 $X_R[k]$ 和 $X_I[k]$，即 $X[k]=X_R[k]+\mathrm{j}X_I[k]$。试证明 $X_R[k]=X_R[N-k]$，$X_I[k]=-X_I[N-k]$。

【解】　证明方法一：实序列有 $x[n]=x^*[n]$，其 DFT 满足共轭对称性质，有

$$X[k]=\sum_{n=0}^{N-1}x^*[n]\mathrm{e}^{-\mathrm{j}\frac{2\pi}{N}kn}=\left(\sum_{n=0}^{N-1}x[n]\mathrm{e}^{\mathrm{j}\frac{2\pi}{N}kn}\mathrm{e}^{-\mathrm{j}\frac{2\pi}{N}Nn}\right)^*$$
$$=\left(\sum_{n=0}^{N-1}x[n]\mathrm{e}^{-\mathrm{j}\frac{2\pi}{N}(N-k)kn}\right)^*=X^*[N-k]$$

因此，$X[k]$的实部满足 $X_R[k]=X_R[N-k]$，其虚部满足 $X_I[k]=-X_I[N-k]$。

证明方法二：由 DFT 的性质，实序列 $x[n]$偶对称分量 $x_{ep}[n]$的 DFT 是 $X[k]$的实部，奇对称分量 $x_{op}[n]$的 DFT 是 $X[k]$的虚部乘以 j，即

$$\mathrm{DFT}\{x_{ep}[n]\}=\mathrm{Re}\{X[k]\}=X_R[k]$$
$$\mathrm{DFT}\{x_{op}[n]\}=\mathrm{jIm}\{X[k]\}=\mathrm{j}X_I[k]$$

其中 $x_{ep}[n]=\frac{1}{2}\{x[n]+x[((-n))_N]\}$，$x_{op}[n]=\frac{1}{2}\{x[n]-x[((-n))_N]\}$，根据 DFT 的线性性质，对 $x_{ep}[n]$和 $x_{op}[n]$的定义式求 DFT，有

$$\mathrm{DFT}\{x_{ep}[n]\}=\frac{1}{2}\{X[k]+X[N-k]\}=X_R[k]$$

$$\mathrm{DFT}\{x_{op}[n]\}=\frac{1}{2}\{X[k]-X[N-k]\}=\mathrm{j}X_I[k]$$

以上两式用 $N-k$ 替换 k 即可发现，$X_R[k]=X_R[N-k]$，$X_I[k]=-X_I[N-k]$。

7-16 给定两个长度分别为 L 和 P 的实序列 $x[n](0\leqslant n\leqslant L-1)$和 $h[n](0\leqslant n\leqslant P-1)$，二者的线性卷积记为 $y[n]=x[n]*h[n]$，试问

(a) 序列 $y[n]$的长度是多少？

(b) 如果直接计算线性卷积 $y[n]$时，需要多少次实数乘法？

(c) 如果利用 DFT 计算 $y[n]$，所需的 DFT 和 IDFT 的最小点数是多少？

(d) 如果 $L=P=N/2$，其中 $N=2^v$（v 为整数）是 DFT 的点数，利用基 2-FFT 计算 $y[n]$时，需要多少次实数乘法？N 取何值时 FFT 方法比直接计算线性卷积需要更少的实数乘法次数。

【解】 (a) 由线性卷积的定义式 $y[n]=x[n]*h[n]=\sum_{m=0}^{L-1}x[m]h[n-m]$，其中 $0\leqslant m\leqslant L-1$，$0\leqslant n-m\leqslant P-1$，两个不等式求和可得 $0\leqslant n\leqslant L+P-2$，所以序列 $y[n]$的长度为$L+P-1$。

(b) 方便起见，假设 $L>P$，根据线性卷积的定义式，以及图 P7-16 所示的图解法表示卷积和的计算过程，计算 $y[n]$大致包括翻转、移位、相乘和求和 4 个步骤。

由图可知，在 $L>P$ 的假设条件下，当 $0\leqslant n<P$ 时，所需的实数乘法次数为$(1+2+\cdots+P-1)$；当 $P\leqslant n\leqslant L$ 时，所需的实数乘法次数为$(L-P+1)\times P$；当 $n>L$ 时，所需的实数乘法次数为$(1+2+\cdots+P-1)$。因此计算线性卷积所需的总的实数乘法次数为

$$P\times(L-P+1)+(1+2+\cdots+P-1)\times 2=P(L-P+1)+2\times\frac{(P-1)\times P}{2}=LP$$

(c) 利用 DFT 计算 $y[n]$时，总共需要 3 个步骤：①对 $x[n]$和 $h[n]$分别补零到N 点，分别计算 $x[n]$和 $h[n]$的 N 点 DFT $X[k]$和 DFT $H[k]$；② 二者相乘得到 $Y[k]=X[k]H[k]$；③ 计算$Y[k]$的 N 点 IDFT 得到 $y[n]$。由于循环卷积等于线性卷积的条件是

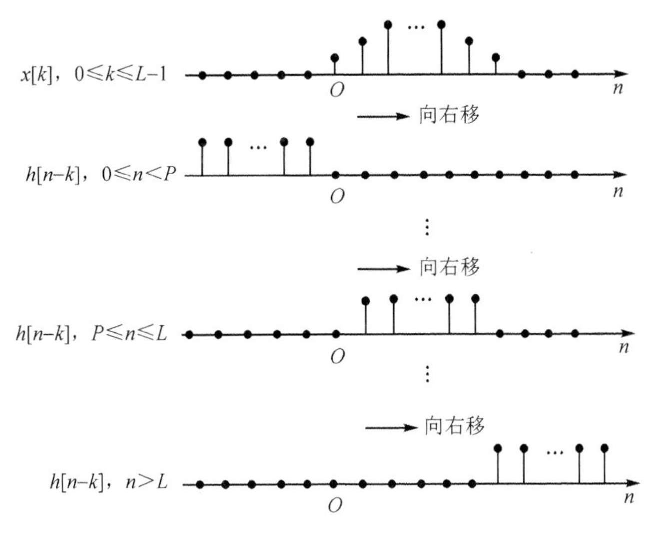

图 P7-16　线性卷积计算过程示意图

DFT 点数 $N\geqslant L+P-1$，所以 DFT 的最小点数为 $L+P-1$。

(d) 将(c)中 DFT 换为基 2-FFT 运算，则 3 次 FFT 共需 $3\ \dfrac{N}{2}\log_2 N$ 次复数乘法，步骤②中还需要 N 次复数乘法，总共需要 $\left(\dfrac{3}{2}N\log_2 N+N\right)$ 次复数乘法，该次数乘以 4 则为实数乘法的次数 $(6N\log_2 N+4N)$；根据(b)可知直接计算线性卷积需要 $LP=\left(\dfrac{N}{2}\right)^2$ 次实数乘法。

求解 $6N\log_2 N+4N\leqslant\dfrac{N^2}{4}$，可知当 $N>256$ 时，FFT 算法具有更高的运算效率。

7-17　某数字信号处理系统可以用来计算序列 $y[n]$($0\leqslant n\leqslant 7$)的 8 点 FFT $Y[k]$。然而由于某些未知原因，系统不能正常工作，只能依次正确输出偶数点的 DFT 值，即 $Y[0]$，$Y[2]$，$Y[4]$，$Y[6]$。试使用已知的这四个正确输出的偶数点 DFT 样本以及序列的前四个输入值 $y[0]$，$y[1]$，$y[2]$，$y[3]$ 回答以下问题。

(a) 已知 $Y[0]=Y[2]=Y[4]=Y[6]=2$ 且 $y[0]=1$，$y[1]=y[2]=y[3]=0$，计算缺失的 $Y[1]$，$Y[3]$，$Y[5]$，$Y[7]$；

(b) 给定 $Y[0]$，$Y[2]$，$Y[4]$，$Y[6]$ 和输入 $y[0]$，$y[1]$，$y[2]$，$y[3]$，设计一个成本最低的数字信号处理系统，使之能够正确输出奇数点的 DFT 样本值 $Y[1]$，$Y[3]$，$Y[5]$，$Y[7]$，要求：画出系统框图，尽可能少的使用加法器(减法器)和乘法器(其中有 4 点 DFT 和 4 点 IDFT 计算模块可供直接使用)。

【解】 (a) 根据题意分析，输出的是偶数点的 DFT 值，其输入序列是按自然顺序排列，可假设该模块采用按频率抽取基 2-FFT 计算 8 点 DFT，图 P7-17(a)所示为相应的蝶形图。根据蝶形图中信号的流动方向及系数可以计算出缺失的 *DFT* 奇数样本点。

当 $Y[0]=Y[2]=Y[4]=Y[6]=2$ 时，利用 4 点的 IDFT 可以计算出图中 $g[0]=2$，$g[1]=g[2]=g[3]=0$，然后可以蝶形图可以计算得到

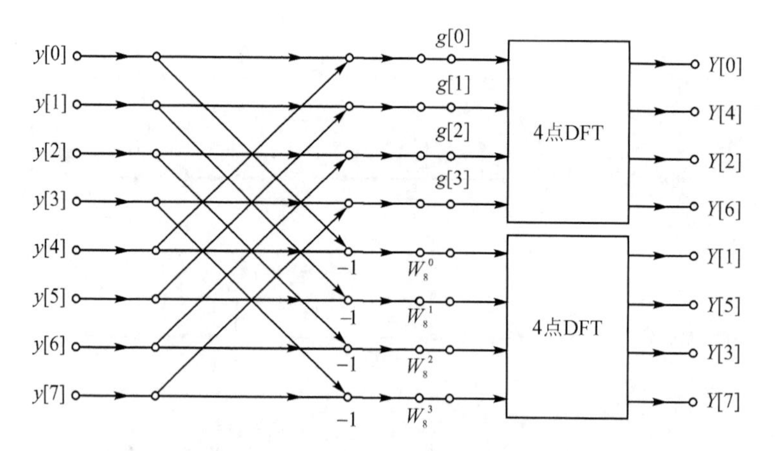

图 P7-17(a) 8 点 FFT 的一种实现结构

$$y[4]=g[0]-y[0]=2-1=1$$
$$y[5]=g[1]-y[1]=0$$
$$y[6]=g[2]-y[2]=0$$
$$y[7]=g[3]-y[3]=0$$

进一步计算输入前一半与相应后一半的差序列 $y[0]-y[4]=y[0]-(g[0]-y[0])=2y[0]-g[0]=0$，同理可得 $y[1]-y[5]=2y[1]-g[1]=0$，$y[2]-y[6]=2y[2]-g[2]=0$，$y[3]-y[7]=2y[3]-g[3]=0$，由此可以计算出 $Y[1]=Y[3]=Y[5]=Y[7]=0$。

(b) 根据(a)中的分析过程可以绘制出系统框图如图 P7-17(b)所示。图中首先计算 $Y[0]$，$Y[2]$，$Y[4]$，$Y[6]$的 4 点 IDFT，然后计算其与 2 倍的 $y[0]$，$y[1]$，$y[2]$，$y[3]$的代数和，最后考虑旋转因子系数再求 4 点 DFT 就可得到奇数点的 DFT 样本值。从图上可以看出，除直接可使用的 4 点 IDFT 和 DFT 模块之外，还需要 7 个乘法器(假设忽略 $W_8^0=1$ 的计算)和 4 个加法器(减法器)。

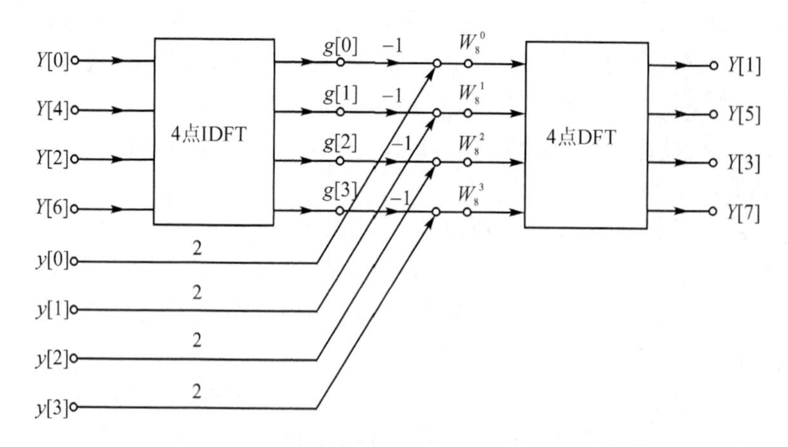

图 P7-17(b) 输出奇数点 DFT 样本值的系统框图

7-18 设有限长复数序列 $x[n]$的 N 点 DFT 为 $X[k]$，其中 N 为偶数，如果该序列满足对称条件 $x[n]=-x[((n+N/2))_N]$ $(0\leqslant n\leqslant N-1)$，试

(a) 证明：当 $k=0,2,\cdots,N-2$ 时，$X[k]=0$；

(b) 说明如何只用一个 $N/2$ 点 DFT,外加少量计算得到 $k=1,3,\cdots,N-1$ 的 DFT 值 $X[k]$。

【解】 (a) 证明方法一：

$$X[k]=\sum_{n=0}^{N-1}x[n]e^{-j\frac{2\pi}{N}kn}=\sum_{n=0}^{\frac{N}{2}-1}x[n]e^{-j\frac{2\pi}{N}kn}+\sum_{n=\frac{N}{2}}^{N-1}x[n]e^{-j\frac{2\pi}{N}kn}\Bigg|_{m=n-\frac{N}{2}}$$

$$=\sum_{n=0}^{\frac{N}{2}-1}x[n]e^{-j\frac{2\pi}{N}kn}+\sum_{m=0}^{\frac{N}{2}-1}x\left[m+\frac{N}{2}\right]e^{-j\frac{2\pi}{N}k(m+\frac{N}{2})}$$

$$=\sum_{n=0}^{\frac{N}{2}-1}\left\{x[n]+x\left[n+\frac{N}{2}\right](-1)^k\right\}e^{-j\frac{2\pi}{N}kn}$$

$$=\sum_{n=0}^{\frac{N}{2}-1}x[n]\{1-(-1)^k\}e^{-j\frac{2\pi}{N}kn}$$

当 $k=0,2,\cdots,N-2$ 时,$X[k]=0$;

证明方法二:利用 DFT 的循环移位性质,因为 $x[n]=-x[((n+N/2))_N]$

所以 $$X[k]=-X[k]e^{-j\frac{2\pi}{N}k\frac{N}{2}}=-(-1)^kX[k]=(-1)^{k+1}X[k]$$

所以当 k 为偶数时,$X[k]=-X[k]=0$;

方法三:k 为偶数时,令 $k=2r(r=0,1,\cdots,N/2-1)$,所以

$$X[k]=X[2r]=\sum_{n=0}^{N-1}x[n]W_N^{2rn}=\sum_{n=0}^{(N/2)-1}x[n]W_N^{2rn}+\sum_{n=N/2}^{N-1}x[n]W_N^{2rn}$$

$$=\sum_{n=0}^{(N/2)-1}x[n]W_N^{2rn}+\sum_{n=0}^{(N/2)-1}x[n+N/2]W_N^{2r(n+N/2)}$$

$$=\sum_{n=0}^{(N/2)-1}x[n]W_N^{2rn}+\sum_{n=0}^{(N/2)-1}x[n+N/2]W_N^{2rn}\cdot W_N^{Nr}$$

$$=\sum_{n=0}^{(N/2)-1}x[n]W_N^{2rn}+\sum_{n=0}^{(N/2)-1}x[n+N/2]W_N^{2rn}$$

$$=\sum_{n=0}^{(N/2)-1}(x[n]+x[n+N/2])W_N^{2rn}$$

因为 $$x[n]=-x[((n+N/2))_N],\quad 0\leqslant n\leqslant N-1$$

所以 $$x[n]=-x[n+N/2],\quad 0\leqslant n\leqslant N/2-1$$

$$X[k]=X[2r]=\sum_{n=0}^{(N/2)-1}(x[n]+x[n+N/2])W_N^{2rn}=\sum_{n=0}^{(N/2)-1}(x[n]-x[n])W_N^{2rn}=0$$

(b) 方法一:k 为奇数时,令 $k=2r+1,r=0,1,\cdots,N/2-1$,所以

$$X[k]=X[2r+1]=\sum_{n=0}^{N-1}x[n]W_N^{(2r+1)n}=\sum_{n=0}^{(N/2)-1}x[n]W_N^{(2r+1)n}+\sum_{n=N/2}^{N-1}x[n]W_N^{(2r+1)n}$$

$$=\sum_{n=0}^{(N/2)-1}x[n]W_N^{(2r+1)n}+\sum_{n=0}^{(N/2)-1}x[n+N/2]W_N^{(2r+1)(n+N/2)}$$

$$=\sum_{n=0}^{(N/2)-1}x[n]W_N^{(2r+1)n}+\sum_{n=0}^{(N/2)-1}x[n+N/2]W_N^{(2r+1)n}\cdot W_N^{Nr}\cdot W_N^{N/2}$$

$$= \sum_{n=0}^{(N/2)-1} x[n]W_N^{(2r+1)n} - \sum_{n=0}^{(N/2)-1} x[n+N/2]W_N^{(2r+1)n}$$

$$= \sum_{n=0}^{(N/2)-1} (x[n]-x[n+N/2])W_N^{2rn}W_N^n$$

$$= \sum_{n=0}^{(N/2)-1} 2x[n]W_N^n W_{\frac{N}{2}}^{rn}$$

所以通过少量运算构造出一个序列 $2x[n]W_N^n$，然后求其$\dfrac{N}{2}$点 DFT，即可得到 $X[k]$奇数下标的 DFT 值。

方法二：利用(a)问的结果 $X[k]=\sum\limits_{n=0}^{\frac{N}{2}-1}x[n]\{1-(-1)^k\}\mathrm{e}^{-\mathrm{j}\frac{2\pi}{N}kn}$。

令 $k=2r+1(r=0,1,\cdots,N/2-1)$并考虑旋转因子的可约性，上式化简得到

$$X[2r+1]=\sum_{n=0}^{\frac{N}{2}-1}2x[n]\mathrm{e}^{-\mathrm{j}\frac{2\pi}{N}(2r+1)n}=\sum_{n=0}^{\frac{N}{2}-1}2x[n]\mathrm{e}^{-\mathrm{j}\frac{2\pi}{N}n}\mathrm{e}^{-\mathrm{j}\frac{2\pi}{N}2rn}=\sum_{n=0}^{\frac{N}{2}-1}2x[n]\mathrm{e}^{-\mathrm{j}\frac{2\pi}{N}n}\mathrm{e}^{-\mathrm{j}\frac{2\pi}{N/2}rn}$$

即构造出一个序列 $2x[n]W_N^n$，然后求其$\dfrac{N}{2}$点 DFT，即可得到 $r=0,1,\cdots,N/2-1$ 或 $k=1,3,\cdots,N-1$ 时 $X[k]$的值。

7-19 设有限长复数序列 $x[n]$的 N 点 DFT 为 $X[k]$，$k=0,1,\cdots,N-1$。

(a) 试证明由 $x[n]$构成序列 $y[n]=\begin{cases}x[n]+x[n+N/2], & 0\leqslant n\leqslant N/2-1\\ 0, & \text{其他}\end{cases}$，计算 $y[n]$的 $N/2$ 点 DFT $Y[k]$，可得到 $X[k]$偶数点的值，即 $X[k]=Y[k/2]$，$k=0,2,\cdots,N-2$；

(b) 若由序列 $x[n]$构造一个有限长序列 $y[n]=\begin{cases}\sum\limits_{r=-\infty}^{+\infty}x[n+rM], & 0\leqslant n\leqslant M-1\\ 0, & \text{其他}\end{cases}$，试确定序列 $y[n]$的 M 点 DFT $Y[k]$与序列 $x[n]$DTFT $X(\mathrm{e}^{\mathrm{j}\omega})$之间的关系；

(c) 给出利用一个 $N/2$ 点 DFT(N 为偶数)，就可以计算出 $k=1,3,\cdots,N-1$ 时 DFT $X[k]$的方法。

【解】 (a) 证明方法一：由 DFT 的定义，得

$$X[k]=\sum_{n=0}^{N-1}x[n]W_N^{kn}=\sum_{n=0}^{\frac{N}{2}-1}x[n]W_N^{kn}+\sum_{n=\frac{N}{2}}^{N-1}x[n]W_N^{kn}$$

对第二项做变量代换，令 $n=\dfrac{N}{2}+m$，有

$$X[k]=\sum_{n=0}^{\frac{N}{2}-1}x[n]W_N^{kn}+\sum_{m=0}^{\frac{N}{2}-1}x\left[\frac{N}{2}+m\right]W_N^{k\left(\frac{N}{2}+m\right)}$$

$$=\sum_{n=0}^{\frac{N}{2}-1}x[n]W_N^{kn}+\sum_{m=0}^{\frac{N}{2}-1}x\left[\frac{N}{2}+m\right]W_N^{k\frac{N}{2}}\cdot W_N^{km}$$

当 $k=0,2,\cdots,N-2$ 为偶数时，$W_N^{k\frac{N}{2}}=e^{-j\frac{2\pi}{N}\cdot k\cdot\frac{N}{2}}=1$，化简得到

$$X[k]=\sum_{n=0}^{\frac{N}{2}-1}x[n]W_N^{kn}+\sum_{m=0}^{\frac{N}{2}-1}x\left[\frac{N}{2}+m\right]W_N^{km}=\sum_{n=0}^{\frac{N}{2}-1}\left\{x[n]+x\left[\frac{N}{2}+n\right]\right\}W_N^{kn}$$

$$=\sum_{n=0}^{\frac{N}{2}-1}y[n]W_{\frac{N}{2}}^{\frac{k}{2}n}=Y\left[\frac{k}{2}\right]$$

命题得证。

证明方法二：为了计算偶数点的 $X[k]$ 值，即 $k=0,1,\cdots,\frac{N}{2}-1$ 时的 $X[2k]$，由 DFT 的定义，有

$$X[2k]=\sum_{n=0}^{N-1}x[n]W_N^{2kn}=\sum_{n=0}^{\frac{N}{2}-1}x[n]e^{-j\frac{2\pi}{\frac{N}{2}}kn}+\sum_{n=\frac{N}{2}}^{N-1}x[n]e^{-j\frac{2\pi}{\frac{N}{2}}kn}$$

对第二项做变量代换并化简可得

$$X[2k]=\sum_{n=0}^{\frac{N}{2}-1}x[n]e^{-j\frac{2\pi}{\frac{N}{2}}kn}+\sum_{n=0}^{\frac{N}{2}-1}x\left[n+\frac{N}{2}\right]e^{-j\frac{2\pi}{\frac{N}{2}}k\left(n+\frac{N}{2}\right)}$$

$$=\sum_{n=0}^{\frac{N}{2}-1}\left(x[n]+x\left[n+\frac{N}{2}\right]\right)e^{-j\frac{2\pi}{\frac{N}{2}}kn}=Y[k],k=0,1,\cdots,\frac{N}{2}-1$$

实际上，$y[n]$ 是 $x[n]$ 以 $\frac{N}{2}$ 为周期进行周期延拓再取 $\frac{N}{2}$ 点的主值，所以 $Y[k]$ 是对 $X(e^{j\omega})$ 的 $\frac{N}{2}$ 点采样。

(b) 记 $x[n]$ 的傅里叶变换(DTFT)为 $X(e^{j\omega})$，根据频域采样定理，对 $x[n]$ 以 M 为周期进行周期化，对应频域进行离散化，即

$$\tilde{y}[n]=x_M[n]=\sum_{r=-\infty}^{+\infty}x[n+rM]\xleftrightarrow[\text{IDFS}]{\text{DFS}}\tilde{Y}[k]=X(e^{j\omega})\Big|_{\omega=\frac{2\pi}{M}k}$$

上式分别取区间 $[0,M-1]$ 上的主值序列 $y[n]$ 及 $Y[k]$，可得有限长序列 $y[n]$ 的 M 点 DFT 为

$$Y[k]=X(e^{j\omega})\Big|_{\omega=\frac{2\pi}{M}k}=X\left(e^{j\frac{2\pi}{M}k}\right),k=0,1,\cdots,M-1$$

可以看出，(a)的结果只是(b)中令序列长度 $M=\frac{N}{2}$ 的一种特殊情况，均为 $X(e^{j\omega})$ 的采样，$X[k]$ 等间隔采了 N 个点，而 $Y[k]$ 等间隔采了 $M=\frac{N}{2}$ 个点，即 $Y[k]=X[2k]$，$0\leqslant k\leqslant N/2-1$。

(c) 与(a)类似，为了计算奇数点的 $X[k]$ 值，即 $k=0,1,\cdots,\frac{N}{2}-1$ 时的 $X[2k+1]$，由 DFT 的定义，有

$$X[2k+1]=\sum_{n=0}^{N-1}x[n]W_N^{(2k+1)n}=\sum_{n=0}^{N-1}x[n]e^{-j\frac{2\pi}{N}n}e^{-j\frac{2\pi}{N}2kn}$$

拆为前后两项，且对第二项做变量代换，并化简可得

$$X[2k+1]=\sum_{n=0}^{\frac{N}{2}-1}x[n]\,e^{-j\frac{2\pi}{N}n}e^{-j\frac{2\pi}{\frac{N}{2}}kn}+\sum_{n=0}^{\frac{N}{2}-1}x\left[n+\frac{N}{2}\right]e^{-j\frac{2\pi}{N}\left(n+\frac{N}{2}\right)}e^{-j\frac{2\pi}{\frac{N}{2}}k\left(n+\frac{N}{2}\right)}$$

$$=\sum_{n=0}^{\frac{N}{2}-1}\left(x[n]-x\left[n+\frac{N}{2}\right]\right)e^{-j\frac{2\pi}{N}n}e^{-j\frac{2\pi}{\frac{N}{2}}kn},\quad k=0,1,\cdots,\frac{N}{2}-1$$

所以，只需要构造 $y_1[n]=\begin{cases}\left(x[n]-x\left[n+\frac{N}{2}\right]\right)e^{-j\frac{2\pi}{N}n}, & 0\leqslant n\leqslant\frac{N}{2}-1\\ 0, & 其他\end{cases}$，再求其$\frac{N}{2}$点 DFT 可得到 $Y_1[k]$，这$\frac{N}{2}$个取值即为 $X[k]$在奇数点$k=1,3,\cdots,N-1$处的值。

本质上该题是按频率抽取基 2 - FFT 的基本思路构造出的两个短序列，分别求$\frac{N}{2}$点 DFT 得到偶数项和奇数项的 DFT 结果。

7 - 20 如果某数字信号处理程序可计算 DFT，即程序的输入为序列 $x[n]$，输出为 $x[n]$的 DFT $X[k]$。试设计利用该程序计算 IDFT 的方法，即程序的输入为 $X[k]$，输出为序列 $x[n]$。

【解】 可以用 DFT(FFT)直接实现 IDFT(IFFT)，整体流程如图 P7 - 20 所示。

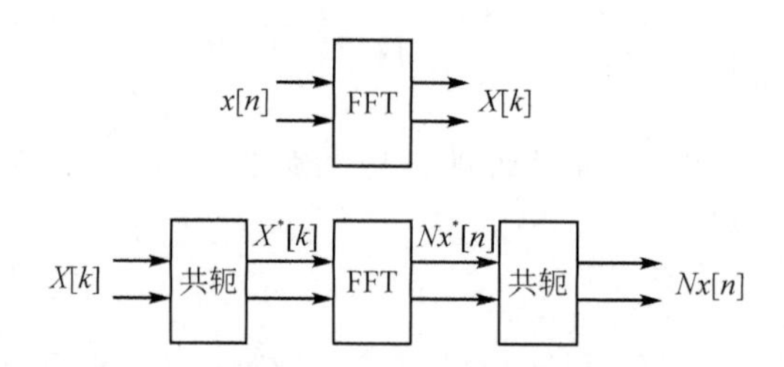

图 P7 - 20 使用 FFT 程序计算 IFFT 的流程图

参考的公式有

$$x[n]=\frac{1}{N}\sum_{k=0}^{N-1}X[k]\,e^{j\frac{2\pi nk}{N}},X[k]=\sum_{n=0}^{N-1}x[n]\cdot e^{-j\frac{2\pi k}{N}n},x^*[n]=\frac{1}{N}\sum_{k=0}^{N-1}X^*[k]\,e^{-j\frac{2\pi nk}{N}}$$

方法一：

$$g(n)=\sum_{k=0}^{N-1}X[k]e^{-j(2\pi/N)kn}$$

然后计算，得

$$x[n]=\frac{1}{N}g[N-n]=\frac{1}{N}\sum_{k=0}^{N-1}X[k]e^{-j(2\pi/N)k(N-n)}=\frac{1}{N}\sum_{k=0}^{N-1}X[k]e^{j(2\pi/N)kn}$$

即 $X[k]$送入 DFT(FFT)处理程序得到中间结果 $g(n)$，再对 $g(n)$做翻转、周期延拓、取主值序列，最后乘以$\frac{1}{N}$，即可得到要求的输出 $x[n]$。

方法二：直接调用 FFT 子程序，即

$$g(n)=\sum_{k=0}^{N-1}X^*[k]e^{-j(2\pi/N)kn}$$

然后计算，有

$$x[n]=\frac{1}{N}g^*(n)=\frac{1}{N}\left[\sum_{k=0}^{N-1}X^*[k]\mathrm{e}^{-\mathrm{j}(2\pi/N)kn}\right]^*=\frac{1}{N}\sum_{k=0}^{N-1}X[k]\mathrm{e}^{\mathrm{j}(2\pi/N)kn}$$

即将 $X[k]$的共轭序列$X^*[k]$送入 DFT(FFT)处理程序得到中间结果 $g(n)$，再对 $g(n)$求共轭，最后乘以$\frac{1}{N}$，即可得到要求的输出 $x[n]$。

7-21　两个实序列 $x_1[n]$和 $x_2[n]$的 N 点 DFT 分别记为 $X_1[k]$和 $X_2[k]$，由这两个实序列构造的复序列为 $g[n]=x_1[n]+\mathrm{j}x_2[n]$，若 $g[n]$的 N 点 DFT 记为 $G[k]=G_R[k]+\mathrm{j}G_I[k]$。令 $G_{OR}[k]$和 $G_{ER}[k]$分别表示 $G[k]$的实部的奇对称部分和偶对称部分，$G_{OI}[k]$和 $G_{EI}[k]$分别表示 $G[k]$的虚部的奇对称部分和偶对称部分。即对于 $1\leqslant k\leqslant N-1$，$G_{OR}[k]=\frac{1}{2}\{G_R[k]-G_R[N-k]\}$，$G_{ER}[k]=\frac{1}{2}\{G_R[k]+G_R[N-k]\}$，$G_{OI}[k]=\frac{1}{2}\{G_I[k]-G_I[N-k]\}$，$G_{EI}[k]=\frac{1}{2}\{G_I[k]+G_I[N-k]\}$。并且 $G_{OR}[0]=G_{OI}[0]=0$，$G_{ER}[0]=G_R[0]$，$G_{EI}[0]=G_I[0]$。试利用 $G_{OR}[k]$，$G_{ER}[k]$，$G_{OI}[k]$，$G_{EI}[k]$表示 $X_1[k]$和 $X_2[k]$。

【解】　假设 $X_1[k]=X_{1R}[k]+\mathrm{j}X_{1I}[k]$，$X_2[k]=X_{2R}[k]+\mathrm{j}X_{2I}[k]$，则根据 DFT 的线性性质，有

$$G[k]=X_1[k]+\mathrm{j}X_2[k]=\{X_{1R}[k]-X_{2I}[k]\}+\mathrm{j}\{X_{1I}[k]+X_{2R}[k]\} \tag{1}$$

根据 $G_{OR}[k]=\frac{1}{2}\{G_R[k]-G_R[N-k]\}$和 $G_{ER}[k]=\frac{1}{2}\{G_R[k]+G_R[N-k]\}$，可知

$$G_R[k]=G_{ER}[k]+G_{OR}[k]$$

根据 $G_{OI}[k]=\frac{1}{2}\{G_I[k]-G_I[N-k]\}$和 $G_{EI}[k]=\frac{1}{2}\{G_I[k]+G_I[N-k]\}$，可知

$$G_I[k]=G_{EI}[k]+G_{OI}[k]$$

所以有

$$G[k]=G_R[k]+\mathrm{j}G_I[k]=\{G_{ER}[k]+G_{OR}[k]\}+\mathrm{j}\{G_{EI}[k]+G_{OI}[k]\} \tag{2}$$

根据 $G_{OR}[k]=\frac{1}{2}\{G_R[k]-G_R[N-k]\}$和 $G_{ER}[k]=\frac{1}{2}\{G_R[k]+G_R[N-k]\}$，可知

$$G_R[N-k]=G_{ER}[k]-G_{OR}[k]$$

根据 $G_{OI}[k]=\frac{1}{2}\{G_I[k]-G_I[N-k]\}$和 $G_{EI}[k]=\frac{1}{2}\{G_I[k]+G_I[N-k]\}$，可知

$$G_I[N-k]=G_{EI}[k]-G_{OI}[k]$$

所以有

$$\begin{aligned}\mathrm{DFT}\{g^*[n]\}&=G^*[((-k))_N]=G_R[N-k]-\mathrm{j}G_I[N-k]\\&=\{G_{ER}[k]-G_{OR}[k]\}-\mathrm{j}\{G_{EI}[k]-G_{OI}[k]\}\end{aligned} \tag{3}$$

同时

$$\begin{aligned}\mathrm{DFT}\{g^*[n]\}&=\mathrm{DFT}\{x_1[n]-\mathrm{j}x_2[n]\}\\&=\{X_{1R}[k]+X_{2I}[k]\}+\mathrm{j}\{X_{1I}[k]-X_{2R}[k]\}\end{aligned} \tag{4}$$

式(1)～(4)中令其复数相等，可以得到以下方程组

$$\begin{cases}X_{1R}[k]-X_{2I}[k]=G_{ER}[k]+G_{OR}[k]\\X_{1R}[k]+X_{2I}[k]=G_{ER}[k]-G_{OR}[k]\\X_{1I}[k]+X_{2R}[k]=G_{OI}[k]+G_{EI}[k]\\X_{1I}[k]-X_{2R}[k]=G_{OI}[k]-G_{EI}[k]\end{cases}$$

从而可求出

$$\begin{cases}X_1[k]=X_{1R}[k]+jX_{1I}[k]=G_{ER}[k]+jG_{OI}[k]\\X_2[k]=X_{2R}[k]+jX_{2I}[k]=G_{EI}[k]-jG_{OR}[k]\end{cases}$$

7-22 现有一 N 点实序列 $x[n]$，其中 N 为 2 的整数次幂。令 $x_1[n]$和 $x_2[n]$为两个 $N/2$ 点实序列，且 $x_1[n]=x[2n]$，$x_2[n]=x[2n+1]$，其中 $n=0,1,2,\cdots,\frac{N}{2}-1$。试利用 $N/2$ 点 DFT $X_1[k]$和 DFT $X_2[k]$给出计算 $X[k]$的方法。

【解】 由 DFT 的定义式 $X[k]=\sum_{n=0}^{N-1}x[n]W_N^{kn}$ 可知，$x_1[n]$和 $x_2[n]$的 $N/2$ 点 DFT 分别为

$$X_1[k]=\sum_{n=0}^{\frac{N}{2}-1}x[2n]W_{\frac{N}{2}}^{kn}=\sum_{m=0,\text{只取偶数}}^{N-2}x[m]W_N^{km},k=0,1,2,\cdots,\frac{N}{2}-1$$

$$X_2[k]=\sum_{n=0}^{\frac{N}{2}-1}x[2n+1]W_{\frac{N}{2}}^{kn}=\sum_{m=1,\text{只取奇数}}^{N-1}x[m]W_N^{k(m-1)},k=0,1,2,\cdots,\frac{N}{2}-1$$

为了合并出 $X[k]$，只须

$$X_1[k]+W_N^kX_2[k]=\sum_{n=0}^{N-1}x[n]W_N^{kn}=X[k],k=0,1,2,\cdots,\frac{N}{2}-1$$

由于 $x[n]$为实序列，且满足共轭对称性质，考虑 $X_1[k]$和 $X_2[k]$具有隐周期性，$X[k]$的后一半可表示为

$$X\left[k+\frac{N}{2}\right]=X_1[k]+W_N^{k+\frac{N}{2}}X_2[k]=X_1[k]-W_N^kX_2[k],k=0,1,2,\cdots,\frac{N}{2}-1$$

或

$$X[k]=X_1[k]+W_N^{k-\frac{N}{2}}X_2[k]=X_1[k]-W_N^kX_2[k],k=\frac{N}{2},\frac{N}{2}+1,\cdots,N-1$$

7-23 已知一长度为 627 的有限长序列 $x[n]$(即当 $n<0$ 和 $n>626$ 时 $x[n]=0$)，且计算任何长度为 $N=2^v$ 的序列之 DFT 的 FFT 程序可供使用。对于这一给定序列，如果想在如下频率处计算离散时间傅里叶变换的样本：

$$\omega_k=\frac{2\pi}{627}+\frac{2\pi k}{256},\quad k=0,1,2,\cdots,255$$

说明如何由 $x[n]$得出一个新序列 $y[n]$，使所提供的 FFT 程序可用于计算 $y[n]$，使其在 N 尽可能小的情况下得出所要求频率的样本。

【解】 根据题意，特殊频率点处的样本为

$$Y'[k]=\sum_{n=0}^{626}x[n]e^{-j\left(\frac{2\pi}{627}+\frac{2\pi k}{256}\right)n}=\sum_{n=0}^{767}x[n]e^{-j\left(\frac{2\pi}{627}+\frac{2\pi k}{256}\right)n}$$

$$=\sum_{n=0}^{255}x[n]e^{-j\frac{2\pi}{627}n}e^{-j\frac{2\pi}{256}kn}+\sum_{n=256}^{511}x[n]e^{-j\frac{2\pi}{627}n}e^{-j\frac{2\pi}{256}kn}+\sum_{n=512}^{767}x[n]e^{-j\frac{2\pi}{627}n}e^{-j\frac{2\pi}{256}kn}$$

$$=\sum_{n=0}^{255}x[n]e^{-j\frac{2\pi}{627}n}e^{-j\frac{2\pi}{256}kn}+\sum_{m=0}^{255}x[m+256]e^{-j\frac{2\pi}{627}(m+256)}e^{-j\frac{2\pi}{256}k(m+256)}+$$

$$\sum_{m=0}^{255}x[m+512]e^{-j\frac{2\pi}{627}(m+512)}e^{-j\frac{2\pi}{256}k(m+512)}$$

$$=\sum_{n=0}^{255}\left[x[n]e^{-j\frac{2\pi}{627}n}+x[n+256]e^{-j\frac{2\pi}{627}(n+256)}+x[n+512]e^{-j\frac{2\pi}{627}(n+512)}\right]e^{-j\frac{2\pi}{256}kn}$$

只需要令 $y[n]=x[n]e^{-j\frac{2\pi}{627}n}$，则 $Y(e^{j\omega})=X\left(e^{j\left(\omega+\frac{2\pi}{627}\right)}\right)$，再令

$$y'[n]=\sum_{m=-\infty}^{+\infty}y[n+256m],\quad 0\leqslant n\leqslant 255$$

并求 $y'[n]$ 的 256 点 DFT $Y'[k]$，即 $Y'[k]=X\left(e^{j\left(\frac{2\pi}{256}k+\frac{2\pi}{627}\right)}\right)$。

7-24　某一线性时不变系统的输入和输出满足如下差分方程

$$y[n]=\sum_{k=1}^{N}a_k y[n-k]+\sum_{k=0}^{M}b_k x[n-k]$$

假设可用一 FFT 程序来计算长度为 $N=2^{\nu}$ 的任何有限长序列的 DFT。试提出一种方法，使该序列可以用提供的 FFT 程序来计算

$$H\left(e^{j\frac{2\pi}{512}k}\right),\quad k=0,1,\cdots,511$$

其中 $H(z)$ 是该系统的系统函数。

【解】　根据差分方程求得的系统函数为

$$H(z)=\frac{\sum_{m=0}^{M}b_m z^{-m}}{1-\sum_{m=1}^{N}a_m z^{-m}}$$

则

$$H\left(e^{j\frac{2\pi}{512}k}\right)=\frac{\sum_{l=0}^{M}b_l W_{512}^{kl}}{1-\sum_{l=1}^{N}a_l W_{512}^{kl}}$$

不妨设 $\max\{M,N\}<512$，定义两个序列的 512 点 DFT 分别为

$$X_1[k]=\sum_{l=0}^{511}-a_l W_{512}^{kl}\text{，这里 }a_0=-1\text{，且当 }N<m<512\text{ 时 }a_m=0$$

$$X_2[k]=\sum_{l=0}^{511}b_l W_{512}^{kl}\text{，当 }M<m<512\text{ 时 }b_m=0$$

即构造出的两个序列分别为 $x_1[n]=\{-a_0,-a_1,\cdots,-a_l,\cdots,-a_N,0,\cdots,0\}$，$x_2[n]=\{b_1,b_2,\cdots,b_l,\cdots,b_M,0,\cdots,0\}$，利用 FFT 程序分别求 $N=2^9=512$ 点 DFT，可得到 $X_1[k]$ 和 $X_2[k]$，最后 $H\left(e^{j\frac{2\pi}{512}k}\right)$ 就等于二者的比值。

仿真综合题(7-25题～7-26题)

7-25 设有两个无限长序列分别为

$$x[n]=0.9^n+0.6^n\sin\left(\frac{\pi}{2}n\right),n\geqslant 0$$

$$h[n]=0.9^n-0.6^n\cos\left(\frac{\pi}{3}n\right),n\geqslant 0$$

(a) 利用FFT计算 $x[n]$ 和 $h[n]$ 前五个点的有限长序列线性卷积，并与线性卷积直接计算的结果进行比较，并分析误差的来源；

(b) 在对无限长序列 $x[n]$ 进行谱分析时通常需要将其截断成 $N=2^r$ 点的有限长序列，试计算使得幅度谱峰值的相对计算误差小于5%时的 N 值，设 $T=1$ s。

【解】 (a) FFT计算线性卷积的伪代码为

输入：$x[n]=0.9^n+0.6^n\sin\left(\frac{\pi}{2}n\right)(n\geqslant 0)$，$h[n]=0.9^n-0.6^n\cos\left(\frac{\pi}{3}n\right)(n\geqslant 0)$；

输出：线性卷积 $h[n]$ 与不同长度的循环卷积 $y[n]$

1. 设置参数 $n=0:4$，$N=5$，$L=2N-1=9$；
2. 将 $x[n]$ 与 L 传入离散傅里叶变换函数，得到 $X[k]$；
3. 将 $h[n]$ 与 L 传入离散傅里叶变换函数，得到 $H[k]$；
4. 对 $X[k]H[k]$ 作离散傅里叶逆变换，得到利用FFT计算线性卷积的结果 $y_1[n]$；
5. 利用卷积函数计算 $x[n]$ 和 $h[n]$ 的线性卷积 $y_2[n]$；
6. 绘制线性卷积的结果及误差 $e[n]=y_1[n]-y_2[n]$。

计算结果如图P7-25(a)所示，图中分别给出了序列线性卷积的结果以及与直接计算相比的误差，可以看到，由FFT计算的线性卷积的误差非常小，误差的主要来源是计算机有效字长效应带来的计算误差和量化误差。

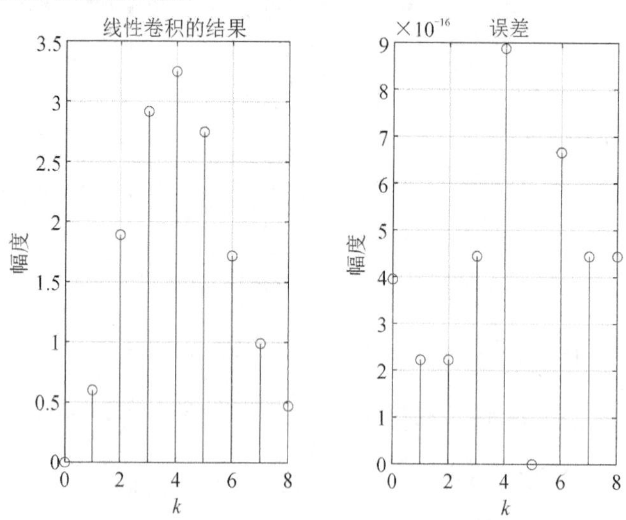

图 P7-25(a) FFT计算线性卷积及与直接计算相比的误差

(b) 当 $N_1=2^r$ 点时，计算得出的频谱表示为 $X_1(\mathrm{j}\Omega_1)$，其中各个频点位置为 $\Omega_1(k_1)=\frac{2\pi}{N_1T}k_1(k_1=0,1,\cdots,N_1-1)$。当 $N_2=2N_1=2^{r+1}$ 点时，计算得出的频谱表示为 $X_2(\mathrm{j}\Omega_2)$，

其中各个频点位置为 $\Omega_2(k_2)=\dfrac{2\pi}{N_2T}k_2=\dfrac{2\pi}{2N_1T}k_2(k_1=0,1,\cdots,N_1-1)$。

确定 FFT 的最小点数 N，使序列在相同频点位置（即 $\Omega_1(k_1)=\Omega_2(k_2)$ 或 $k_2=2k_1$）处比较 $X_1(\mathrm{j}\Omega_1)$ 和 $X_2(\mathrm{j}\Omega_2)$ 的最大幅度，使其相对计算误差小于 5%。考虑到幅度响应是偶对称函数，因此只需要在 $0\leqslant k\leqslant N_2/2-1$ 的范围内比较即可，谱分析的伪代码为

输入：$x[n]=0.9^n+0.6^n\sin\left(\dfrac{\pi}{2}n\right)(n\geqslant 0)$，$h[n]=0.9^n-0.6^n\cos\left(\dfrac{\pi}{3}n\right)(n\geqslant 0)$；

输出：N 值与 $x[n]$ 的幅度谱和相位谱

1. 设置参数 $T=1$，$r=1$，峰值相对误差最大值 $\beta=0.05$，当前误差 $b=0.1$；
2. 循环 while $b>\beta$；

    $N_1=2^r$，$n_1=0:N_1-1$；

    $x_1[n]=0.9^{n_1}+0.6^{n_1}\sin\left(\dfrac{\pi}{2}n_1\right)$、计算 $x_1[n]$ 的离散傅里叶变换 $X_1[k]$；

    $N_2=2N_1$，$n_2=0:N_2-1$；

    $x_2[n]=0.9^{n_2}+0.6^{n_2}\sin\left(\dfrac{\pi}{2}n_2\right)$、计算 $x_2[n]$ 的离散傅里叶变换 $X_2[k]$；

    $k_1=0:\dfrac{N_1}{2}-1$、$k_2=2k_1$；

    $d=\max\{|X_1(k_1+1)-X_2(k_2+1)|\}$；

    $X_{1m}=\max\{|X_1(k_1+1)|\}$、$b=\dfrac{d}{X_{1m}}$；

    $r=r+1$；
3. 绘制 $x[n]$ 的幅度谱和相位谱。

图 P7-25(b)所示为 $x[n]$ 的幅度谱和相位谱。程序运行的结果为 $r=6$，因此为了使得幅度谱峰值的相对计算误差小于 5%，r 至少为 6，即至少需要计算 $N=64$ 的 FFT。

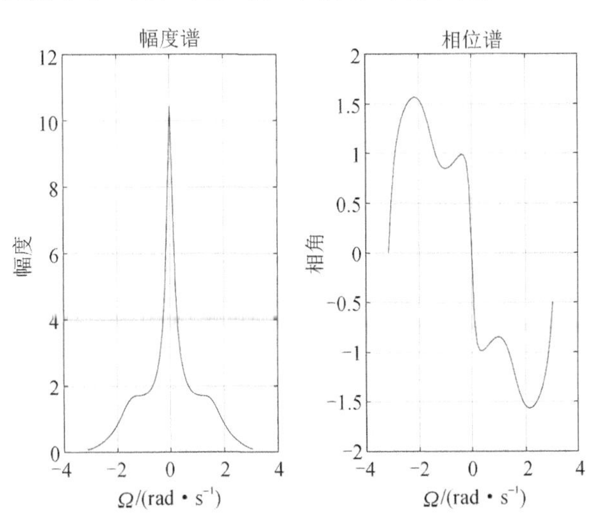

图 P7-25(b)　FFT 分析信号的幅度谱和相位谱

7-26 利用FFT来分析连续非周期信号的频谱

$$x(t)=e^{-0.02t}\sin(3t)-1.5e^{-0.03t}\cos(7t)-1.5e^{-0.04t}\cos(10t)$$

【解】 在利用FFT计算连续非周期信号的频谱时，需要考虑频谱混叠以及截断效应带来的影响。需要确定的参数为 $L=NT$，其中 L 表示连续信号的截断时间长度，T 表示采样间隔，N 表示采样点数。

(1) 首先固定 $L=NT$，通过逐步减小采样间隔 T，观察频谱混叠带来的影响，直至能分辨出三个信号分量。这里选定 $L=5$ s，T 的取值分别为 0.5 s，0.25 s，0.05 s，伪代码为

输入：$x(t)=e^{-0.02t}\sin(3t)-1.5e^{-0.03t}\cos(7t)-1.5e^{-0.04t}\cos(10t)$；

输出：不同 T 下的幅度谱

1. 设置参数 $L=5, T_1=0.5, T_2=0.25, T_3=0.05$；
2. 计算对应的采样点数 $N_1=\dfrac{L}{T_1}, N_2=\dfrac{L}{T_2}, N_3=\dfrac{L}{T_3}, D=\dfrac{2\pi}{L}$；
3. 设置 $n_1=0:N_1-1, n_2=0:N_2-1, n_3=0:N_3-1$；
4. 循环 for $i=1:3$；

   $x_i[n]=e^{-0.02n_iT_i}\sin(3n_iT_i)-1.5e^{-0.03n_iT_i}\cos(7n_iT_i)-1.5e^{-0.04n_iT_i}\cos(10n_iT_i)$；

   计算 $x_i[n]$ 的离散傅里叶变换 $X_i[k]$；

   绘制不同 $X_i[k]$ 的幅度谱；

   结束循环；
5. 返回不同 T 下的幅度谱。

程序运行结果如图 P7-26(a)所示。可以看到，固定 L 不变，当 $T_1=0.5$ s 时，$\Omega_{s1}=\dfrac{2\pi}{T_1}=12.56$ rad/s，7 rad/s 和 10 rad/s 的信号混叠为低频信号；当 $T_2=0.25$ s 时，$\Omega_{s2}=\dfrac{2\pi}{T_2}=25.13$ rad/s，3 rad/s，7 rad/s 和 10 rad/s 三个信号均未发生频谱混叠；随着 T 的减小，当 $T_3=$

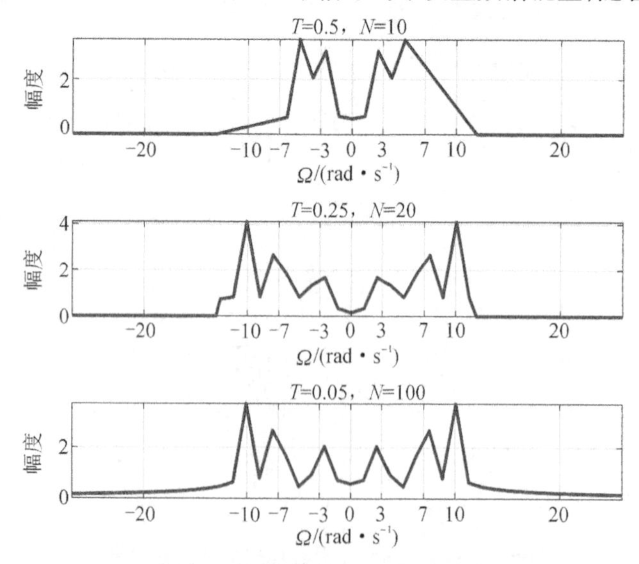

图 P7-26(a)　改变采样周期对频谱分析的影响

0.05 s,$\Omega_{s3}=\dfrac{2\pi}{T_3}=125.66$ rad/s 时,三个信号同样不混叠,但频谱曲线不光滑,故选择 $T=0.05$ s 进行后续的分析。

(2) 在保持 $T=0.05$ s 不变的基础上,增加 L 使截断效应减小,直到频谱的截断效应足够小。这里 L 的取值分别为 5,20,100,伪代码为

输入:$x(t)=\mathrm{e}^{-0.02t}\sin(3t)-1.5\mathrm{e}^{-0.03t}\cos(7t)-1.5\mathrm{e}^{-0.04t}\cos(10t)$;

输出:不同 L 下的幅度谱

1. 设置参数 $L_1=5, L_2=20, L_3=100, T=0.05$;
2. 计算对应的采样点数 $N_1=\dfrac{L_1}{T}, N_2=\dfrac{L_2}{T}, N_3=\dfrac{L_3}{T}$;
3. 计算对应的 $D_1=\dfrac{2\pi}{N_1T}, D_2=\dfrac{2\pi}{N_2T}, D_3=\dfrac{2\pi}{N_3T}$;
4. 设置 $n_1=0:N_1-1, n_2=0:N_2-1, n_3=0:N_3-1$;
5. 循环 for $i=1:3$;

   $x_i[n]=\mathrm{e}^{-0.02n_iT}\sin(3n_iT)-1.5\mathrm{e}^{-0.03n_iT}\cos(7n_iT)-1.5\mathrm{e}^{-0.04n_iT}\cos(10n_iT)$;

   计算 $x_i[n]$ 的离散傅里叶变换 $X_i[k]$;

   绘制不同 $X_i[k]$ 的幅度谱;

   结束循环;
6. 返回不同 L 下的幅度谱。

程序运行结果如图 P7-26(b)所示。从图中可以看出,随着截取有效时长 L 的增加,频谱的截断效应越来越小,频谱曲线变得光滑且单频信号频谱的主瓣变窄,越容易准确确定峰值位置。当 $L=100$ s 时,截断效应足够小,因此可以选择 $L=100$。

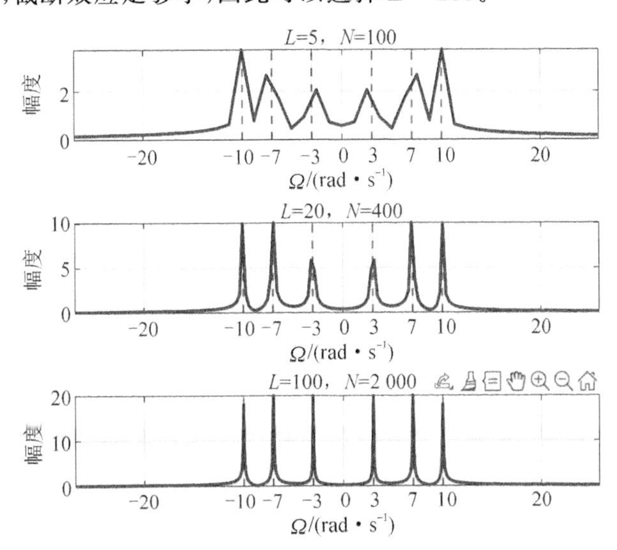

图 P7-26(b)　改变截取时间长度对频谱分析的影响

(3) 综上所述,取 $T=0.05, L=100, N=2\,000$ 可保证 $x(t)$ 中三个频率分量受到频谱混叠和时域截取(又称截断效应)的影响足够小,满足信号频谱分析的要求。

第 8 章　信号的频域分析方法

8.1　内容提要与重要公式

DFT 的重要用途之一是对信号进行频谱分析。理论上,为了计算连续时间信号或离散时间信号的频谱,需要在时域无穷大区间内的采集信号,而在工程实际中只能在时间长度有限的区间内采集信号,并且只能计算有限长序列的 DFT 来近似分析信号在有限个频率点上的频谱分量。

为了用 DFT 来逼近连续时间信号的傅里叶变换,首先用抗混叠滤波器来限制信号的最高频率以避免混叠,接着对信号采样,然后再对离散时间序列通过加窗(windowing)截取将其限定在有限长度,才可以进行 DFT 运算。因此,这些处理步骤均会产生频谱的分析误差。

1. DFT 对连续时间非周期信号的谱分析

连续时间非周期信号的频谱函数也是连续非周期的,利用 DFT 分析信号频谱的过程分为四步:首先,连续时间信号 $s_c(t)$经过抗混叠滤波器 $H_{aa}(j\Omega)$处理,以消除或降低混叠失真产生的影响,得到带限信号 $x_c(t)$;其次,对 $x_c(t)$信号进行周期采样,得到离散时间序列 $x[n]=x_c(t)|_{t=nT_s}$,由于实际抗混叠滤波器在阻带内不可能是无限衰减的,因此得到的采样序列 $x[n]$也可能是有混叠的;再次,由长度为 L 的窗函数 $w[n]$对序列进行截取,得到有限长离散序列 $v[n]=x[n]w[n]$;最后,求 $v[n]$的 N 点 DFT,得到 $V[k]$,这里的 $V[k]$为截断后序列 $v[n]$的 DTFT 结果 $V(e^{j\omega})$的等间隔采样。图 8.1 所示为利用 DFT 进行连续时间非周期信号频谱分析的流程图。

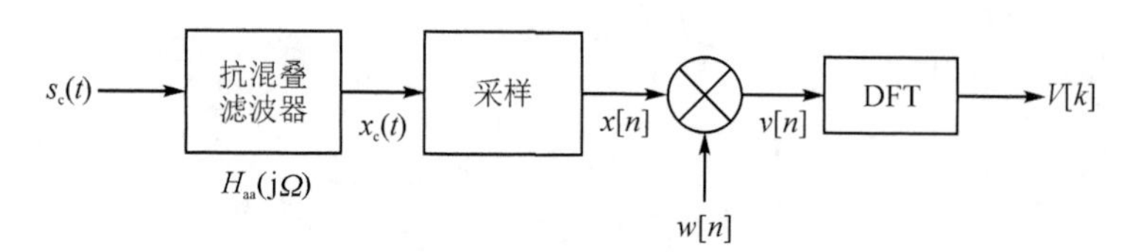

图 8.1　利用 *DFT* 进行连续时间非周期信号频谱分析的流程图

由图可知,理想抗混叠滤波器是截止频率为信号最高频率的低通滤波器,之后在满足奈奎斯特定理的条件下对连续时间信号 $x_c(t)$进行采样,$x_c(t)$的傅里叶变换记为 $X_c(j\Omega)$,采样得到离散时间序列 $x[n]$的 DTFT 记为 $X(e^{j\omega})$,则 $X(e^{j\omega})=\frac{1}{T_s}\sum_{k=-\infty}^{+\infty}X_c\left(j\frac{\omega}{T_s}-jk\frac{2\pi}{T_s}\right)$。窗函数 $w[n]$的 DTFT 记为 $W(e^{j\omega})$,时域乘积对应频域卷积,则根据 DTFT 的频域卷积定理 $V(e^{j\omega})=\frac{1}{2\pi}\int_{-\pi}^{\pi}X(e^{j\theta})W(e^{j(\omega-\theta)})d\theta$,而 $v[n]$的 N 点 DFT $V[k]$是其 DTFT 的采样,即满足 $V[k]=V(e^{j\omega})|_{\omega=\frac{2\pi k}{N}}$。

2. DFT 对正弦信号的谱分析

正余弦信号在语音、图像、通信、机械和电力等各个工程领域都得到了广泛的应用，单频正弦信号的傅里叶变换比较特殊，理论上其带宽为 0，可以作为其他信号谱分析的基准信号，需要单独讨论。无限长连续时间正弦信号 $x_c(t)=\cos(\Omega_0 t)$ 的傅里叶变换为 $X_c(\mathrm{j}\Omega)=\pi\delta[\Omega+\Omega_0]+\pi\delta[\Omega-\Omega_0]$，假设采样过程无混叠，采样后的正弦序列为 $x[n]=\cos(\omega_0 n)$，其 DTFT 为 $X(\mathrm{e}^{\mathrm{j}\omega})=\pi\delta[\omega+\omega_0]+\pi\delta[\omega-\omega_0]$，该频谱为冲激函数；时域截断 $x[n]$ 与窗函数 $w[n]$ 相乘得到 $v[n]=x[n]w[n]$，在频域对应频谱的卷积 $v[n]$ 的傅里叶变换为 $V(\mathrm{e}^{\mathrm{j}\omega})=\frac{1}{2}W(\mathrm{e}^{\mathrm{j}(\omega+\omega_0)})+\frac{1}{2}W(\mathrm{e}^{\mathrm{j}(\omega-\omega_0)})$，此时频谱不再是冲激函数，而是频率中心和幅度均发生变化的窗函数频谱；$v[n]$ 的 N 点 DFT $V[k]$ 是 $V(\mathrm{e}^{\mathrm{j}\omega})$ 在区间 $\omega\in[0,2\pi)$ 上的等间隔采样。

对连续时间正弦信号采样时，采样频率应取正弦频率的整数倍，应使采样后的序列仍为周期序列，对其加窗截取时截取长度（或序列点数）应包含整周期，并且不做补零操作，此时用 DFT 计算得到的频谱才是单个频率的结果，对应着连续正弦信号的线谱。

3. 时域加窗截断的影响

对正弦序列 $x[n]=\cos(\omega_0 n)$ 的加窗截断，使得频域的冲激函数变为窗函数的频谱形状，其主要影响体现如下两个方面：

① 宽度为零的线谱展宽成了有一定宽度的主瓣，简称“主瓣展宽”，它造成分辨率下降。以长度为 L 的矩形窗为例说明，矩形窗频谱的主瓣宽度为 $\frac{4\pi}{L}$，该主瓣宽度限制了区分两个相邻频率成分的能力，绝大部分教材把主瓣宽度的一半定义为频率分辨率，即两个频率为 ω_1 和 ω_2 的等幅度正弦序列。当满足 $\Delta\omega=|\omega_1-\omega_2|\geqslant\frac{2\pi}{L}$ 时认为两个频率成分是可分辨的。由于 $\omega=\frac{2\pi f}{f_s}=\Omega T$，换算成以 Hz 和 rad/s 为单位的频率分辨率分别为 $\frac{f_s}{L}$ 和 $\frac{\Omega_s}{L}$。

② 窗函数频谱的旁瓣会导致虚假频率成分的出现，并且强信号的旁瓣可能淹没幅度较小的弱信号的主瓣，称该现象为“频谱泄露(leakage)”，泄露程度主要取决于窗函数频谱的旁瓣衰减情况。

可以看出，主瓣宽度与窗函数的形状及窗长 L 有关。固定窗长时，可选择主瓣宽度较窄的窗函数，如矩形窗的主瓣最小，即频率分辨率最高；窗函数的形状固定时，增加窗长 L，即截取更多长度的时域序列，可以减小主瓣宽度，从而提高频率分辨率。为了改善频谱泄露，可以选择旁瓣幅度较小（旁瓣衰减较大）的窗函数，如将矩形窗替换为汉宁窗。但增加窗函数的长度不会影响窗函数频谱的旁瓣，因此这不影响旁瓣引起的频谱泄漏。

4. 频域采样的影响

由于 $V[k]$ 是对 $V(\mathrm{e}^{\mathrm{j}\omega})$ 一个周期内的等间隔采样，即针对连续频谱只计算了 $\omega=\frac{2\pi k}{N}$ $(k=0,1,2,\cdots,N-1)$ 这些离散频点处的值，就像是透过一个栅栏来观察信号频谱，那些被遮挡部分，例如某两个离散频点之间有较大的频率分量，就有可能无法被观测出来，从而造成对 $V(\mathrm{e}^{\mathrm{j}\omega})$ 的估计偏差，这种现象称为“栅栏效应(picket fence effect)”。具体而言，若求出

$|V[k]|$在k_0处有峰值，则该处对应的数字频率是$\omega_0=k_0\dfrac{2\pi}{N}$，可判断信号中的频率分量范围为

$$(k_0-1)\frac{2\pi}{N}<\omega_0<(k_0+1)\frac{2\pi}{N}$$

或者当$0\leqslant k_0<\dfrac{N}{2}$时，以 Hz 为单位的频率范围为

$$(k_0-1)\frac{f_s}{N}<\omega_0<(k_0+1)\frac{f_s}{N}$$

但这无法准确确定频率分量。

减小栅栏效应的方法是增加 DFT 的点数，在不改变时域数据的情况下，对时域有限长序列尾部进行补零(zero padding)，使得 DFT 的点数 N 足够大时，进而使相邻频点的间隔$\dfrac{2\pi}{N}$或栅栏的间隙足够小，谱线足够密，就可以反映出频谱更多的细节，得到对$V(e^{j\omega})$较为精确的估计。

需要注意的是，序列后面补零，仅仅使得频域计算的谱线更密，改善了栅栏效应，但没有增加信息量，故不能提高分辨率，这是因为$V(e^{j\omega})$已由加窗后的$v[n]$确定了。为了提高频率分辨率，只能增加序列的有效长度。

5. 频域分析的参数选择

利用 DFT 进行连续时间信号频域分析时，须考虑频谱的分析范围、频率分辨率、DFT 点数和记录时间等。

频谱分析范围由采样频率f_s决定，给定信号的最高频率$f_{\max}$后，为避免混叠失真，要求$f_s\geqslant 2f_{\max}$；根据频率分析间隔$\dfrac{2\pi}{N}\leqslant\Delta\omega$$\left(\text{以 Hz 为单位时记为}\dfrac{f_s}{N}\leqslant\Delta f\right)$的要求确定 DFT 的点数$N\left(N\geqslant\dfrac{2\pi}{\Delta\omega}\text{或}N\geqslant\dfrac{f_s}{\Delta f}\right)$；根据频率分辨率$\dfrac{2\pi}{L}\leqslant\Delta\omega'$(假设矩形窗截取，以 Hz 为单位时记为$\dfrac{f_s}{L}\leqslant\Delta f'$)的要求确定序列时域点数$L\left(L\geqslant\dfrac{2\pi}{\Delta\omega'}\text{或}L\geqslant\dfrac{f_s}{\Delta f'}\right)$以及数据记录时长$LT_s$$\left(LT_s\geqslant\dfrac{1}{\Delta f'}\right)$，由此也可以看到频率分辨率$\Delta f'$反比于数据时长$LT_s$。

考虑到大多数情况下直接截取数据就相当于加了矩形窗，通过长度为L矩形窗频谱定义的频率分辨率恰好为$\dfrac{2\pi}{L}$，不做特殊的补零操作时上述$L=N$。为减少频谱泄漏，采用旁瓣幅度更小的其他窗函数时，频率分辨率的表达式应作相应的修改。此外，为便于 FFT 运算，N一般取 2 的整数次幂。

8.2 重难点提示

✍ 本章重点

(1) 利用 DFT 对信号频谱分析的主要步骤；

(2) 频率的物理分辨率概念及提高分辨率的方法；

(3) 改善频谱泄露的措施；

(4) 栅栏效应及频谱观察分辨率的改进方法；

(5) 频谱分析的参数选择及结果解释。

本章难点

理解 DFT 分析信号频谱的数学过程和物理概念，掌握时域采样、窗函数和频域采样的综合知识，结合实际工程应用确定采样频率、频谱分析范围和记录长度等参数，区分频率分辨率与观察分辨率。

8.3 习题详解

选择、填空题(8－1 题～8－10 题)

8－1 为提高矩形窗所截取数字信号的频率分辨率，可以(A)。

(A) 增加窗的长度　　(B) 减小窗的长度

(C) 增加 DFT 的点数　　(D) 减小 DFT 的点数

【解】 频率分辨率是指能够区分的两个频率分量之间的最小频率差。当信号中含有两个频率分量 f_1 和 f_2，并且用矩形窗对其截取有限长度进行分析时，信号的频谱是由中心位于 f_1 和 f_2 的两个矩形窗函数的频谱组成，能否区分 f_1 和 f_2，取决于这两个矩形窗函数频谱的主瓣宽度。当主瓣宽度过宽时，两个主瓣合并在一起，因而无法区分 f_1 和 f_2。在这种情况下，增加 DFT 点数、减小 DFT 分析频率间隔仅仅使 DFT 的频率点数变密，从而更细致地描述信号频谱的包络，但由于未能改善两个主瓣合并在一起的现象故不能区分两个频率分量。为了提高频率分辨率，需要减小两个矩形窗频谱的主瓣宽度，使原本合并在一起的两个主瓣能够分别显现出来，因此，有效办法是增加矩形窗的长度或等效地描述为增加信号的有效数据点数。

故选(A)。

8－2 为减小栅栏效应，可以(C)。

(A) 增加窗的长度　　(B) 减小窗的长度

(C) 增加 DFT 的点数　　(D) 减小 DFT 的点数

【解】 栅栏效应是指利用 N 点 DFT 计算有限长序列 $v[n]$ 的频谱时，得到的 $V[k]$ 是对 $v[n]$ 频谱函数 $V(e^{j\omega})$ 在一个周期 $[0,2\pi)$ 上的 N 点等间隔采样，相邻样点的谱线间隔是 $\frac{2\pi}{N}$，由于只计算了 $\omega=\frac{2\pi k}{N}(k=0,1,2\cdots,N-1)$ 处的频谱值，故无法反映连续频谱函数 $V(e^{j\omega})$ 的全部信息。减小栅栏效应的方法是通过时域补零，增加频域采样点数 N。

故选(C)。

8－3 为了能在频域分辨出某序列中的两个等幅正弦信号，需对该序列采用窗函数截断，若已知窗函数的主瓣宽度为 $\Delta\omega_{\mathrm{m}}$(rad)，则这两个信号的频率差需大于临界值(D)。

(A) $\Delta\omega_{\mathrm{m}}$　　(B) $2\Delta\omega_{\mathrm{m}}$　　(C) $\frac{\Delta\omega_{\mathrm{m}}}{4}$　　(D) $\frac{\Delta\omega_{\mathrm{m}}}{2}$

【解】 两信号频率的频率差可分辨的临界值就是频率分辨率。通常把窗函数频谱主瓣宽度的一半定义为频率分辨率，如长度为 L 的矩形窗，其主瓣宽度为 $\Delta\omega_{m1}=\frac{4\pi}{L}$，当频率 ω_1 和 ω_2 满足 $|\omega_1-\omega_2|\geqslant\frac{2\pi}{L}=\frac{\Delta\omega_{m1}}{2}$ 时，可区分出这两个频率分量。若为了降低频谱泄露选择缓变的窗函数，如用汉宁窗截取，则由于其主瓣宽度为 $\Delta\omega_{m2}=\frac{8\pi}{L}$，则 ω_1 和 ω_2 满足 $|\omega_1-\omega_2|\geqslant\frac{4\pi}{L}=\frac{\Delta\omega_{m2}}{2}$ 时，认为这两个频率成分才是可分辨的。

故选(D)。

8-4 对最高频率为 1 kHz 的某连续时间信号作谱分析，采用矩形窗截取，要求频率分辨率 $f_0\leqslant 50$ Hz，则可确定以下各参数：最大采样间隔 $T=$__________ s；一个记录中的最少采样点数 $L=$__________；最小数据记录时长为__________ s；保持采样频率和频率分辨率不变，若采用汉宁窗截取，则应__________（增大/不变/减少）最少采样点数。

【解】 给定信号的最高频率 $f_{\max}$ 后，为避免混叠失真，要求 $f_s=\frac{1}{T}\geqslant 2f_{\max}$，可求得 $T\leqslant\frac{1}{2f_{\max}}=\frac{1}{2\,000}=0.5$ ms；采用矩形窗截取时，以 Hz 为单位的频率分辨率 $\frac{f_s}{L}\leqslant 50$，可求得 $L\geqslant\frac{f_s}{50}\geqslant\frac{2f_{\max}}{50}=40$；同样根据频率分辨率 $\frac{f_s}{L}=\frac{1}{LT}\leqslant 50$，可求得记录时长 $LT\geqslant\frac{1}{50}=0.02$ s。当采用汉宁窗截取时，相比矩形窗降低了频谱泄露，但主瓣展宽，为了获得相同的频率分辨率应当增大数据的采样点数。

8-5 长度为 50 的某离散时间序列 $x[n]$，其 N 点 DFT 记为 $X[k]$，DTFT 记为 $X(e^{j\omega})$，为了求出 $\omega=\frac{\pi}{2},\frac{\pi}{3},\frac{\pi}{5}$ 处 $X(e^{j\omega})$ 的值，点数 N 可取的最小值为__________。

【解】 DFT 点数为 N 时，$X[k]=\mathrm{DFT}(x[n])=\sum_{n=0}^{N-1}x[n]e^{-j\frac{2\pi}{N}kn}\ (k=0,1,2\cdots,N-1)$，$X(e^{j\omega})=\mathrm{DTFT}(x[n])=\sum_{n=-\infty}^{+\infty}x[n]e^{-j\omega n}$，$X[k]$ 是 $X(e^{j\omega})$ 在 $\omega\in[0,2\pi)$ 区间上的等间隔采样，即 $X[k]=X(e^{j\omega})\big|_{\omega=\frac{2\pi k}{N}}$，频率采样间隔是 $\frac{2\pi}{N}$，分别令 $\frac{2\pi}{N}k_1=\frac{\pi}{2}$，$\frac{2\pi}{N}k_2=\frac{\pi}{3}$，$\frac{2\pi}{N}k_3=\frac{\pi}{5}$，这里要求 k_1,k_2,k_3 为整数，化简得 $N=4k_1$，$N=6k_2$，$N=10k_3$，即 N 是 4,6,10 的最小公倍数，即 $N=60$。只需对 $x[n]$ 补零，使其长度为 60，再求 DFT。

8-6 以采样频率 $f_s=40$ kHz 对余弦信号 $x(t)=\cos(2\pi\cdot 6\,000t)$ 采样得到的离散时间序列为 $x[n]$，截取 N 点后再求 N 点 DFT 得到 $X[k]$，则 $N=N_1=32$ 时 $|X[k]|$ 的最大值位置在__________；$N=N_2=64$ 时 $|X[k]|$ 的最大值位置在__________；$N=N_3=128$ 时 $|X[k]|$ 的最大值位置在__________。

【解】 $f_0=6$ kHz 由题意 $x[n]=x(t)\big|_{t=nT}=\cos\left(2\pi\cdot 6\,000n\cdot\frac{1}{40\,000}\right)=\cos(0.3\pi)$，

根据 DFT 计算频率采样点 k_0 与数字频率 ω_0 之间的关系为 $\omega_0=k_0\dfrac{2\pi}{N}$，将 $\omega_0=0.3\pi$ 和相应的 N 值代入可知：当 $N_1=32$ 时 $k_1=\dfrac{\omega_0 N_1}{2\pi}=4.8$，$N_2=64$ 时 $k_2=\dfrac{\omega_0 N_2}{2\pi}=9.6$，$N_3=128$ 时 $k_3=\dfrac{\omega_0 N_3}{2\pi}=19.2$，这些 k 不是整数，由于栅栏效应 DFT 只能计算整数点处的值，故最大值位置分别在 5，10，19 处，另外考虑到实序列 DFT 具有圆周共轭对称性质，在 $N_1-5=27$，$N_2-10=54$，$N_3-19=109$ 处也有最大值。综合以上，答案应为 5，27；10，54；19，109。

提示：也可以根据若频点 k_0 附近频率范围的关系式 $(k_0-1)\dfrac{2\pi}{N}<\omega_0<(k_0+1)\dfrac{2\pi}{N}$ 来确定相应的 k_0 值。

8-7　以采样频率 $f_s=12$ kHz 对模拟信号采样得到的离散时间序列为 $x[n]=\cos\left(\dfrac{\pi}{4}n\right)+\cos\left(\dfrac{4\pi}{5}n\right)$，截取 $N=16$ 点后再求 N 点 DFT 得到 $X[k]$，则在第 $k=4$ 点对应的数字频率为________ rad，模拟频率为________ Hz；$|X[k]|$ 的最大值位置在 $k=$________。

【解】　根据频率采样点 k_0 与数字频率 ω_0 之间的关系 $\omega_0=k_0\cdot\dfrac{2\pi}{N}$，当 $k=4$ 时，对应的数字频率为 $\omega_0=4\cdot\dfrac{2\pi}{N}=\dfrac{\pi}{2}$ rad，频谱计算的数字频率范围为 $\omega\in[0,2\pi)$，对应的模拟频率范围为 $f\in[0,f_s)$，频率间隔为 $\dfrac{f_s}{N}$，因此 $k=4$ 对应的模拟频率为 $4\dfrac{f_s}{N}=3$ kHz。

同样在式 $\omega_0=k_0\cdot\dfrac{2\pi}{N}$ 中分别代入 $\omega_1=\dfrac{\pi}{4}$ 和 $\omega_2=\dfrac{4\pi}{5}$，求得 $k_1=\dfrac{\omega_1 N}{2\pi}=\dfrac{\pi}{4}\cdot\dfrac{16}{2\pi}=2$，$k_2=\dfrac{\omega_2 N}{2\pi}=\dfrac{4\pi}{5}\cdot\dfrac{16}{2\pi}=6.4$，$k_2$ 是非整数。对第 2 个余弦信号求 DFT 时未采到矩形窗频谱的主瓣峰值位置，换句话说对该信号谱分析的最大值在 $k=6$ 的位置，且存在着频谱泄露。但第 1 个余弦信号的频域取到了矩形窗频谱的主瓣峰值位置，观察不到频谱泄露。总的来说，$|X[k]|$ 的最大值在 $k=2$ 和 $N-2=14$ 的位置处。

8-8　以采样频率 $f_s=12$ kHz 对模拟信号采样得到离散时间序列 $x[n]=\cos\left(\dfrac{4\pi}{5}n\right)$，若采样过程无混叠，则 $x[n]$ 的数字频率为________ rad，信号的模拟频率为________ Hz。$x[n]$ 的 N 点 DFT 记为 $X[k]$，为了使 $|X[k]|$ 的峰值所对应的频率 f_k 相对于实际频率 f_0 的误差≤10 Hz，且可使用基 2FFT 运算，DFT 点数 N 的最小值是________。当 $N=2\,048$ 时，$|X[k]|$ 的峰值出现位置是 $k=$________。

【解】　序列 $x[n]=\cos\left(\dfrac{4\pi}{5}n\right)$，$x[n]$ 的数字频率为 $\omega_0=\dfrac{4\pi}{5}$，无混叠条件下，信号的模拟角频率为 $\Omega_0=\dfrac{\omega_0}{T}=\omega_0 f_s=\dfrac{4\pi}{5}\cdot 12\,000=2\pi\cdot 4\,800$ rad/s，转换为 Hz 为单位的模拟频率为 $f_0=\dfrac{\Omega_0}{2\pi}=4\,800$ Hz。

提示：若采样过程有混叠，则周期延拓使得 Ω_0 的取值不唯一，一种表达式为 $\Omega_0=\dfrac{\omega_0+2\pi}{T}=(\omega_0+2\pi)f_s=2\pi\cdot 4\ 800+2\pi\cdot 12\ 000$ rad/s。

要求频率估计误差最大是以 Hz 为单位的频率分析间隔 $\left(\dfrac{f_s}{N}\right)$，且 $|f_k-f_0|=\dfrac{f_s}{N}\leqslant 10$，即 $N\geqslant\dfrac{f_s}{10}=1\ 200$，再考虑到要求 N 是 2 的幂，即 N 的最小取值为 2 048。将式 $\omega_0=\dfrac{4\pi}{5}$ 代入式 $\omega_0=k_0\dfrac{2\pi}{N}$ 中，求得近似值 $k_0=\omega_0\dfrac{N}{2\pi}=\dfrac{4\pi}{5}\cdot\dfrac{2\ 048}{2\pi}=19.2$，故最近的整数即峰值位置 $k=19$。

8-9 以采样频率 $f_s=1\ 024$ Hz 对连续时间信号 $x(t)=\cos(2\pi\cdot 88t)$ 采样并得到离散时间序列 $x[n]$，$x[n]$ 的周期是__________。用长度 128 的矩形窗截取后得到序列 $v[n]$，$v[n]$ 的 $N=128$ 点 DFT 记为 $V[k]$，则 $V[k]$ 中幅度不为零的谱线序号是 $k=$__________。观察不到由于截断产生的频谱泄露，其原因是________________。

【解】 $x[n]=x(t)|_{t=nT}=\cos\left(2\pi\cdot 88n\cdot\dfrac{1}{1\ 024}\right)=\cos\left(\dfrac{11\pi}{64}\right)$ 或 $x[n]=\cos\left(\dfrac{2\pi}{128}\cdot 11\right)$，这里 $\omega_0=\dfrac{11\pi}{64}$，为了求序列的周期，只需计算 $\dfrac{2\pi}{\omega_0}=\dfrac{2\pi}{\frac{11\pi}{64}}=\dfrac{128}{11}$，故 $x[n]$ 的周期是 128。

在 DFT 点数给定的条件下，以 Hz 为单位的频率分析间隔为 $\Delta f=\dfrac{f_s}{N}=\dfrac{1\ 024}{128}=8$ Hz，因此幅度不为零的谱线序号为 $k=\dfrac{f_0}{\Delta f}=\dfrac{88}{8}=11$，根据圆周对称性可知，该信号在 $k=N-11=117$ 处也有谱线。

也可以从数字频率 ω 域看，频率分析间隔为 $\Delta\omega=\dfrac{2\pi}{N}$，而 $\omega_0=\dfrac{11\pi}{64}$，因此幅度不为零的谱线序号是 $k=\dfrac{\omega_0}{\Delta\omega}=\dfrac{\frac{11\pi}{64}}{\frac{2\pi}{128}}=11$，同样根据圆周对称性可知，该信号在 $k=N-11=117$ 处也有谱线。

观察不到频谱泄露是由于余弦序列的周期是 128，而截取点数是序列的整周期。

8-10 利用 DFT 进行连续时间信号频谱分析时，通常要经过抗混叠预滤波、时域采样、截取、频域采样等步骤，这个过程中引起的误差分别有__________、__________、__________和__________；减小这些误差的方法是__________、__________、__________和__________。

【解】 频谱混叠、加窗截断频率分辨率下降、加窗截断频谱泄露和栅栏效应；减小这些误差的方法是：提高采样频率（或提升抗混叠滤波器性能）、选取主瓣尽量窄的窗函数或增加截取长度、选取旁瓣尽量低的窗函数、时域补零增加 DFT 点数来减小频谱计算间隔。

计算、证明与作图题（8-11 题～8-16 题）

8-11 已知某连续时间实信号 $x_c(t)$ 的最高频率为 5 kHz，即 $|\Omega|>2\pi\cdot 5\ 000$ rad/s 时 $X_c(j\Omega)=0$。以每秒 10 000 个采样点（即 $T=10^{-4}$ s）对 $x_c(t)$ 进行采样，得到离散时间序列，

截取 $N=1\ 000$ 个顺序采样点得到的序列为 $x[n]$，$x[n]$ 的 N 点 DFT 记为 $X[k]$。求 $X[k]$ 中，$k=150$ 和 $k=800$ 分别对应的连续频率。

【解】 频谱计算的数字频率范围为 $\omega\in[0,2\pi)$，对应的模拟频率范围为 $f\in[0,f_s)$，频率间隔为 $\frac{f_s}{N}$，因此 $k=150$ 对应的模拟频率为 $f_{150}=\frac{f_s}{N}\cdot 150=\frac{1}{NT}\cdot 150=\frac{150}{1\ 000\times 10^{-4}}=1\ 500\ \text{Hz}$，对应的模拟角频率为 $\Omega_{150}=\frac{\Omega_s}{N}\cdot 150=\frac{2\pi f_s}{N}\cdot 150=\frac{2\pi}{NT}\cdot 150=\frac{2\pi\times 150}{1\ 000\times 10^{-4}}=2\pi\cdot 1\ 500\ \text{rad/s}$。

当 $\frac{N}{2}\leqslant k<N$ 时，对应的模拟频率范围为 $f\in\left[\frac{f_s}{2},f_s\right)$ 折算到负频率为 $f\in\left[-\frac{f_s}{2},0\right)$，因此，$k=800$ 时，对应的模拟频率为 $f_{800}=\frac{f_s}{N}\cdot(800-N)=\frac{1}{NT}\cdot(-200)=\frac{-200}{1\ 000\times 10^{-4}}=-2\ 000\ \text{Hz}$，

对应的模拟角频率为 $\Omega_{800}=\frac{\Omega_s}{N}\cdot(800-N)=\frac{2\pi f_s}{N}\cdot(-200)=\frac{2\pi}{NT}\cdot(-200)=\frac{2\pi\times(-200)}{1\ 000\times 10^{-4}}=-2\pi\cdot 2\ 000\ \text{rad/s}$。

8-12 已知某连续时间实信号 $x_c(t)$ 的最高频率为 5 kHz，即 $|\Omega|>2\pi\cdot 5\ 000\ \text{rad/s}$ 时 $X_c(\text{j}\Omega)=0$。忽略混叠影响，以采样频率 $f_s=10\ 240\ \text{Hz}$ 对 $x_c(t)$ 进行采样，得到离散时间序列，用长度为 $L=1\ 024$ 的矩形窗截取得到的序列为 $x[n]$，$x[n]$ 的 $N=1\ 024$ 点 DFT 记为 $X[k]$。已知 $X[k]$ 中 $X[900]=1+\text{j}$，$X[400]=5-3\text{j}$，试确定区间 $|\Omega|<2\pi\cdot 5\ 000\ \text{rad/s}$ 内尽可能多的 $X_c(\text{j}\Omega)$ 值。

【解】 首先计算 $k=900$ 和 $k=400$ 分别对应的模拟角频率。当 $\frac{N}{2}\leqslant k\leqslant N-1$ 时，$\Omega_{900}=\frac{\Omega_s}{N}\cdot(900-N)=\frac{2\pi f_s}{N}\cdot(-124)=\frac{2\pi}{NT}\cdot(-124)=\frac{2\pi\times(-124)}{1\ 000\times 10^{-4}}=-2\pi\cdot 1\ 240\ \text{rad/s}$；

当 $0\leqslant k<\frac{N}{2}$ 时，$\Omega_{400}=\frac{\Omega_s}{N}\cdot 400=\frac{2\pi f_s}{N}\cdot 400=\frac{2\pi}{NT}400=\frac{2\pi\times 400}{1\ 000\times 10^{-4}}=2\pi\cdot 4\ 000\ \text{rad/s}$。

由采样信号的频谱与原始信号频谱的关系式 $X_s(\text{j}\Omega)=\frac{1}{T}\sum_{k=-\infty}^{+\infty}X_c(\text{j}\Omega-\text{j}k\Omega_s)$ 可知，忽略混叠时有

$$X_c(\text{j}\Omega)\big|_{\Omega=2\pi\cdot 4\ 000}=T\cdot X[400]=(5-3\text{j})/10\ 240$$

$$X_c(\text{j}\Omega)\big|_{\Omega=-2\pi\cdot 1\ 240}=T\cdot X[900]=(1+\text{j})/10\ 240$$

最后根据实信号傅里叶变换的共轭对称性质，推断出

$$X_c(\text{j}\Omega)\big|_{\Omega=-2\pi\cdot 4\ 000}=X_c^*(\text{j}2\pi\cdot 4\ 000)=(5+3\text{j})/10\ 240$$

$$X_c(\text{j}\Omega)\big|_{\Omega=2\pi\cdot 1\ 240}=X_c^*(-\text{j}2\pi\cdot 1\ 240)=(1-\text{j})/10\ 240$$

8-13 为分析下述 3 个信号的频谱，分别采用长度为 64 的矩形窗对其进行截取，并计算 64 点 DFT。

$$x_1[n]=\cos\frac{\pi n}{4}+\cos\frac{17\pi n}{64}$$

$$x_2[n]=\cos\frac{\pi n}{4}+0.8\cos\frac{21\pi n}{64}$$

$$x_3[n]=\cos\frac{\pi n}{4}+0.001\cos\frac{21\pi n}{64}$$

试问，哪个（或哪些）信号的 DFT 可以观察到两个明显的谱峰？

【解】 从频率分辨率角度来看，矩形窗频谱的主瓣宽度为$\frac{4\pi}{L}$，主瓣宽度的一半$\frac{2\pi}{L}$定义为频率分辨率。对于两个频率分别为 ω_1 和 ω_2 的等幅度正弦序列，当满足 $\Delta\omega=|\omega_1-\omega_2|\geqslant\frac{2\pi}{L}$时，认为这两个频率成分是可分辨的。计算得出这 3 个信号中 2 个正弦序列的频率差分别满足 $\Delta\omega_1=\left|\frac{\pi}{4}-\frac{17\pi}{64}\right|=\frac{\pi}{64}<\frac{2\pi}{64}$，$\Delta\omega_2=\left|\frac{\pi}{4}-\frac{21\pi}{64}\right|=\frac{5\pi}{16}>\frac{2\pi}{64}$，$\Delta\omega_3=\left|\frac{\pi}{4}-\frac{21\pi}{64}\right|=\frac{5\pi}{16}>\frac{2\pi}{64}$，故 $x_1[n]$ 的 DFT 结果不能分辨出两个频率分量。

另一方面，从频谱泄露的角度来看，矩形窗频谱的第一旁瓣衰减为 -13 dB。判断 $x_2[n]$ 与 $x_3[n]$ 中弱信号的主瓣幅度是否小于强信号的第一旁瓣幅度。分别计算 $x_2[n]$ 中的 $0.8\cos\frac{21\pi n}{64}$ 与 $x_3[n]$ 中的 $0.001\cos\frac{21\pi n}{64}$ 的主瓣的幅值，可得 $20\lg 0.8=-1.94$ dB，$20\lg 0.001=-60$ dB，显然 $20\lg 0.001<-13\text{dB}<20\lg 0.8$，由于强信号的旁瓣淹没了弱信号的主瓣，导致 $x_3[n]$ 的 DFT 结果也不能分辨出两个频率分量。

综合以上，为了同时满足频率分辨率与不受频谱泄露的影响的条件，须满足 $x_2[n]$ 的 DFT 结果能够分辨出两个频率分量。

8-14 已知某连续时间实信号 $x_c(t)$ 的最高频率是 5 kHz，即 $|\Omega|>2\pi\cdot 5\,000$ rad/s 时 $X_c(j\Omega)=0$。以周期 T 对 $x_c(t)$ 进行采样，得到的离散时间序列为 $x[n]=x_c(nT)$。现截取 $x[n]$ 的 N 点有限长序列并求 N 点 DFT。为了避免混叠并使频谱分析有效间隔小于 5 Hz，同时要求点数 $N=2^v$（v 为整数）。试确定 N 的最小值及采样频率的范围 $F_{\min}<\frac{1}{T}<F_{\max}$。

【解】 根据频率分析间隔$\frac{f_s}{N}\leqslant\Delta f$（在数字频率域记为$\frac{2\pi}{N}\leqslant\Delta\omega$）的要求确定 DFT 的点数为 $N\geqslant\frac{f_s}{\Delta f}>\frac{2f_{\max}}{\Delta f}=\frac{2\times 5\,000}{5}=2\,000$，考虑到 $N=2^v$ 的要求，N 的最小值为 2 048。

为避免混叠失真，要求 $f_s=\frac{1}{T}>2f_{\max}$，即 $2f_{\max}=10\text{ kHz}<\frac{1}{T}$，所以 $F_{\min}=10\,000$ Hz。在确定好最小值 $N=2\,048$ 的基础上，再次将其代入频率分析间隔表达式$\frac{f_s}{N}\leqslant\Delta f$，$f_s=\frac{1}{T}\leqslant N\Delta f=2\,048\times 5=10\,240$，所以 $F_{\max}=10\,240$ Hz。

8-15 以周期 T 对连续时间信号 $x_c(t)=\cos(\Omega_0 t)$ 进行采样并得到离散时间序列，再对

该序列用 N 点矩形窗截取得到 $x[n]$，$x[n]$ 的 N 点 DFT 记为 $X[k]$，假设 Ω_0, N, k_0 均为常数，且 $0<k_0<N$。

(1) 如何选择采样周期 T，使得 $X[k]$ 在除 $k=k_0, k=N-k_0$ 之外的值均为 0。

(2) 试问 T 的选择是否唯一？如果不是，请给出其他 T 值。

【解】 对连续时间信号进行采样 $x_c(t)\big|_{t=nT}=\cos(\Omega_0 nT)$，可设采样得到离散时间序列为 $\cos(\omega_0 n)$，其中 $\omega_0=\Omega_0 T$，则

$$X[k]=\sum_{n=0}^{N-1}\cos(\omega_0 n)W_N^{kn}=\frac{1}{2}\sum_{n=0}^{N-1}(e^{j\omega_0 n}+e^{j\omega_0 n})e^{-j\frac{2\pi}{N}kn}$$

$$=\frac{1}{2}\sum_{n=0}^{N-1}e^{-j\left(\frac{2\pi}{N}k-\omega_0\right)n}+\frac{1}{2}\sum_{n=0}^{N-1}e^{-j\left(\frac{2\pi}{N}k+\omega_0\right)n}$$

(1) 当 $\omega_0=\dfrac{2\pi}{N}k_0$ 时，根据复指数序列的正交性，$X[k]$ 的第一项求和式仅在 $k=k_0$ 时等于 $\dfrac{N}{2}$；$X[k]$ 的第二项求和式仅在 $k+k_0=N$，即 $k=N-k_0$ 时等于 $\dfrac{N}{2}$，可得

$$X[k]=\begin{cases}\dfrac{N}{2}, & k=k_0, k=N-k_0\\ 0, & \text{其他}\end{cases}\text{或 } X[k]=\frac{N}{2}\delta[k-k_0]+\frac{N}{2}\delta[k-(N-k_0)]$$

因此由 $\omega_0=\dfrac{2\pi}{N}k_0=\Omega_0 T$，可求出 $T=\dfrac{2\pi}{N\Omega_0}k_0$。

当 $\omega_0\neq\dfrac{2\pi}{N}k_0$ 时

$$X[k]=\frac{1}{2}\sum_{n=0}^{N-1}e^{-j\left(\frac{2\pi}{N}k-\omega_0\right)n}+\frac{1}{2}\sum_{n=0}^{N-1}e^{-j\left(\frac{2\pi}{N}k+\omega_0\right)n}$$

$$=\frac{1}{2}\cdot\frac{1-e^{-j\left(\frac{2\pi}{N}k-\omega_0\right)N}}{1-e^{-j\left(\frac{2\pi}{N}k-\omega_0\right)}}+\frac{1}{2}\cdot\frac{1-e^{-j\left(\frac{2\pi}{N}k+\omega_0\right)N}}{1-e^{-j\left(\frac{2\pi}{N}k+\omega_0\right)}}$$

$$=\frac{1}{2}e^{-j\frac{N-1}{2}\left(\frac{2\pi}{N}k-\omega_0\right)}\frac{\sin\left(k\pi-\dfrac{\omega_0 N}{2}\right)}{\sin\left(\dfrac{k\pi}{N}-\dfrac{\omega_0}{2}\right)}+\frac{1}{2}e^{-j\frac{N-1}{2}\left(\frac{2\pi}{N}k+\omega_0\right)}\frac{\sin\left(k\pi+\dfrac{\omega_0 N}{2}\right)}{\sin\left(\dfrac{k\pi}{N}+\dfrac{\omega_0}{2}\right)}$$

对于每个 k，仅当 ω_0 是 $\dfrac{2\pi}{N}$ 的整数倍时 $X[k]$ 才等于零，否则 $X[k]$ 均非零。这是因为 $x[n]$ 的 DTFT 等于

$$X(e^{j\omega})=\sum_{n=0}^{N-1}\cos(\omega_0 n)e^{-j\omega n}$$

$$=\frac{1}{2}e^{-j\frac{N-1}{2}(\omega-\omega_0)}\frac{\sin\left[\dfrac{N}{2}(\omega-\omega_0)\right]}{\sin\left[\dfrac{1}{2}(\omega-\omega_0)\right]}+\frac{1}{2}e^{-j\frac{N-1}{2}(\omega+\omega_0)}\frac{\sin\left[\dfrac{N}{2}(\omega+\omega_0)\right]}{\sin\left[\dfrac{1}{2}(\omega+\omega_0)\right]}$$

而 $X[k]$ 是 $X(e^{j\omega})$ 在 $\omega\in[0,2\pi)$ 区间上的等间隔采样，即 $X[k]=X(e^{j\omega})\big|_{\omega=\frac{2\pi k}{N}}$，通常情况下这些采样值非零。当 $\omega_0=\dfrac{2\pi}{N}k_0$（$k_0$ 为整数）时，$X[k]$ 在 $k=k_0$ 和 $k=N-k_0$ 处非零，其余采

样点恰好都在正弦函数的过零点。综合以上，使 $X[k]$ 有两个非零值的采样周期可取 $T=\dfrac{2\pi}{N\Omega_0}k_0$。为考察此时 $\cos(\omega_0 n)=\cos(\Omega_0 Tn)$ 的周期性，计算 $\dfrac{2\pi}{\omega_0}=\dfrac{2\pi}{\Omega_0 T}=\dfrac{N}{k_0}$，若 N,k_0 是互质整数，则采样后的序列仍为周期序列且序列的周期为 N，对其加窗截取时截取长度包含了整周期。

(2) 考虑到 DFT 隐含的周期性，只须令 $\dfrac{2\pi}{N}(k_0+iN)=\Omega_0 T$，其中 $i=\pm1,\pm2\cdots$ 为整数，如可取 $T=\dfrac{2\pi}{N\Omega_0}(k_0+iN)$。此外，也可以令 $\dfrac{2\pi}{N}(N-k_0)=\Omega_0 T$，即 $T=\dfrac{2\pi}{N\Omega_0}(N-k_0)$ 或更一般地 $T=\dfrac{2\pi}{N\Omega_0}(-k_0+iN)$ 也可满足要求。

8-16 某带限连续时间实信号 $x_c(t)$ 的持续时间为 100 ms，当 $|\Omega|\geqslant 2\pi\cdot 10\,000$ rad/s 时 $x_c(t)$ 的频谱函数 $X_c(\mathrm{j}\Omega)=0$，假设混叠忽略不计。为了通过计算 4 000 点的 DFT 得到 $X_c(\mathrm{j}\Omega)$ 在区间 $0\leqslant\Omega<2\pi\cdot 10\,000$ 内以 5 Hz 为间隔的采样，即 $X_c(\mathrm{j}2\pi\cdot 5\cdot k)$，$k=0,1,\cdots,1\,999$。现考虑下述三种方法。

方法 1：以采样周期 $T=25\ \mu\mathrm{s}$ 对 $x_c(t)$ 进行采样，得到长度为 4 000 的序列，即 $x_1[n]=\begin{cases}x_c(nT), & n=0,1,2,\cdots,3\,999\\ 0, & \text{其他}\end{cases}$，$x_1[n]$ 的 4 000 点 DFT 记为 $X_1[k]$。

方法 2：以采样周期 $T=50\ \mu\mathrm{s}$ 对 $x_c(t)$ 采样，得到长度为 2 000 的序列，由于 $x_c(t)$ 的持续时间为 100 ms，对该序列补 2 000 个零后，得到 $x_2[n]=\begin{cases}x_c[nT], & n=0,1,2,\cdots,1\,999\\ 0, & \text{其他}\end{cases}$，$x_2[n]$ 的 4 000 点 DFT 记为 $X_2[k]$。

方法 3：以采样周期 $T=50\ \mu\mathrm{s}$ 对 $x_c[t]$ 进行采样，得到长度为 2 000 的序列，重复一个周期构造出 4 000 点序列 $x_3[n]=\begin{cases}x_c(nT), & 0\leqslant n\leqslant 1\,999\\ x_c[(n-2\,000)T], & 2\,000\leqslant n\leqslant 3\,999\\ 0, & \text{其他}\end{cases}$，$x_3[n]$ 的 4 000 点 DFT 记为 $X_3[k]$。

(1) 试用 $X_c(\mathrm{j}\Omega)$ 分别表示出 $X_1[k]$，$X_2[k]$，$X_3[k]$。

(2) 若频谱 $X_c(\mathrm{j}\Omega)$ 在 $0\leqslant\Omega<2\pi\cdot 10\,000$ 为矩形且幅度为 1，试分别绘制出 $X_1[k]$，$X_2[k]$，$X_3[k]$。

(3) 试问哪种方法可得到 $X_c(\mathrm{j}\Omega)$ 在区间 $0\leqslant\Omega<2\pi\cdot 10\,000$ 内以 5 Hz 为间隔的采样？

【解】 (1) 连续时间信号 $x_c(t)$ 的傅里叶变换记为 $X_c(\mathrm{j}\Omega)$，对 $x_c(t)$ 进行采样得到的离散时间序列为 $x[n]=x_c(nT)$，其 DTFT 记为 $X(\mathrm{e}^{\mathrm{j}\omega})$、$N$ 点 DFT 记为 $X[k]$。根据序列频谱与连续信号频谱间的关系式 $X(\mathrm{e}^{\mathrm{j}\omega})=\dfrac{1}{T}\sum\limits_{k=-\infty}^{+\infty}X_c\left(\mathrm{j}\dfrac{\omega}{T}-\mathrm{j}k\dfrac{2\pi}{T}\right)$，不混叠时 $X(\mathrm{e}^{\mathrm{j}\omega})=\dfrac{1}{T}X_c\left(\mathrm{j}\dfrac{\omega}{T}\right)$，$-\pi\leqslant\omega<\pi$。在正半轴一个周期 $0\leqslant\omega<2\pi$ 内，即

$$X(\mathrm{e}^{\mathrm{j}\omega})=\begin{cases}\dfrac{1}{T}X_c\left(\mathrm{j}\dfrac{\omega}{T}\right), & 0\leqslant\omega\leqslant\pi\\ \dfrac{1}{T}X_c\left(\mathrm{j}\dfrac{\omega-2\pi}{T}\right), & \pi\leqslant\omega<2\pi\end{cases}。$$

而 DFT 是对 $X(e^{j\omega})$ 在 $0\leqslant\omega<2\pi$ 区间上的采样，故 $X[k]=X(e^{j\omega})\big|_{\omega=\frac{2\pi k}{N}}$，$0\leqslant k\leqslant N-1$

因此
$$X(k)=\begin{cases}\dfrac{1}{T}X_c\left(j\dfrac{2\pi k}{NT}\right), & 0\leqslant k\leqslant\dfrac{N}{2}-1\\ \dfrac{1}{T}X_c\left[j\dfrac{2\pi(k-N)}{NT}\right], & \dfrac{N}{2}\leqslant k\leqslant N-1\end{cases}$$

方法 1 中，代入采样周期 $T=25\ \mu s$，化简可得 $x_1[n]$ 的 4 000 点 DFT 为
$$X_1[k]=\begin{cases}4\times10^4X_c(j2\pi\cdot10\cdot k), & 0\leqslant k\leqslant1\ 999\\ 4\times10^4X_c[j2\pi\cdot10\cdot(k-4\ 000)], & 2\ 000\leqslant k\leqslant3\ 999\end{cases}$$

方法 2 中，代入采样周期 $T=50\ \mu s$，化简可得 $x_2[n]$ 的 4 000 点 DFT 为
$$X_2[k]=\begin{cases}2\times10^4X_c(j2\pi\cdot5\cdot k), & 0\leqslant k\leqslant1\ 999\\ 2\times10^4X_c[j2\pi\cdot5\cdot(k-4\ 000)], & 2\ 000\leqslant k\leqslant3\ 999\end{cases}$$

方法 3 中，有
$$x_3[n]=\begin{cases}x_2[n], & 0\leqslant n\leqslant\dfrac{N-1}{2}\\ x_2\left[n-\dfrac{N}{2}\right], & \dfrac{N}{2}\leqslant n\leqslant N-1\end{cases}$$

则
$$\begin{aligned}X_3[k]&=\sum_{n=0}^{N-1}x_3[n]W_N^{kn}\\&=\sum_{n=0}^{\frac{N}{2}-1}x_2[n]W_N^{kn}+\sum_{n=\frac{N}{2}}^{N-1}x_2\left[n-\frac{N}{2}\right]W_N^{kn}\\&=\sum_{n=0}^{\frac{N}{2}-1}x_2[n]W_N^{kn}+\sum_{m=0}^{\frac{N}{2}-1}x_2[m]W_N^{k\left(m+\frac{N}{2}\right)}\\&=\sum_{n=0}^{\frac{N}{2}-1}[1+(-1)^k]x_2[n]W_N^{kn}\end{aligned}$$

由于 $x_2[n]$ 的后一半是补零得到的，因此
$$X_2[k]=\sum_{n=0}^{N}x_2[n]W_N^{kn}=\sum_{n=0}^{\frac{N}{2}-1}x_2[n]W_N^{kn}$$

所以 $X_3[k]=[1+(-1)^k]X_2[k]=\begin{cases}2X_2[k], k\ 为偶数\\ 0, k\ 为奇数\end{cases}$ $0\leqslant k\leqslant3\ 999$，考虑到以上 $X_2[k]$ 的结果，有
$$X_3[k]=\begin{cases}4\times10^4X_c(j2\pi\cdot5\cdot k), & k\ 为偶数且\ 0\leqslant k\leqslant1\ 999\\ 4\times10^4X_c(j2\pi\cdot5\cdot(k-4\ 000)), & k\ 为偶数且\ 2\ 000\leqslant k\leqslant3\ 999\\ 0, & k\ 为其他\end{cases}$$

(2) 绘制 $X_1[k]$，$X_2[k]$，$X_3[k]$ 分别如图 P8-16(a)、图 P8-16(b)、图 P8-16(c)所示。

(3) 方法 1 的频域采样间隔为 10 Hz 不满足要求，方法 3 所得的结果仅在 k 为偶数时有非零值，方法 2 可以得到希望间隔的 $X_c(j\Omega)$ 频域采样。

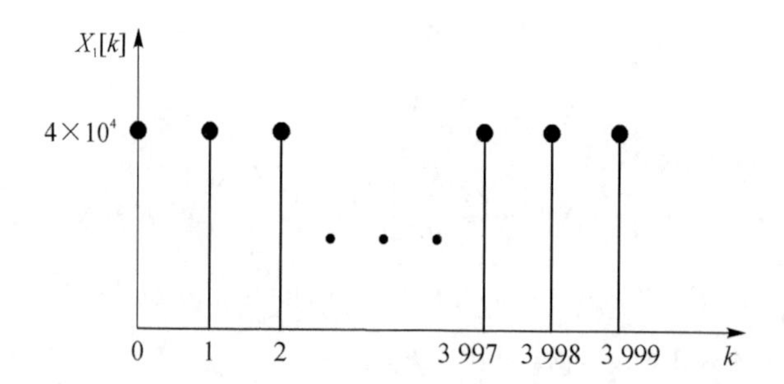

图 P8-16(a)　方法 1 的 DFT，相邻样点间隔为 10 Hz

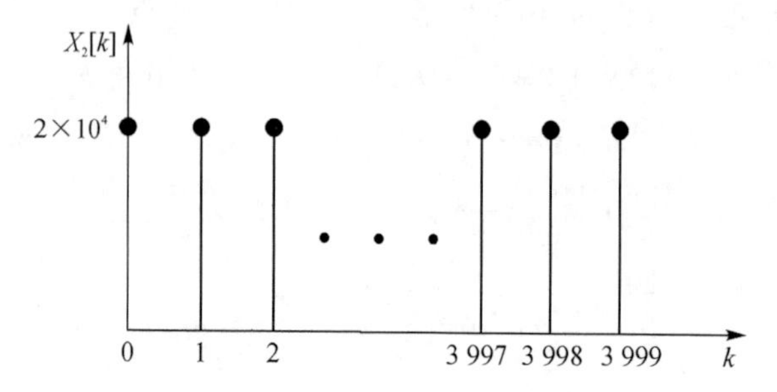

图 P8-16(b)　方法 2 的 DFT，相邻样点间隔为 5 Hz

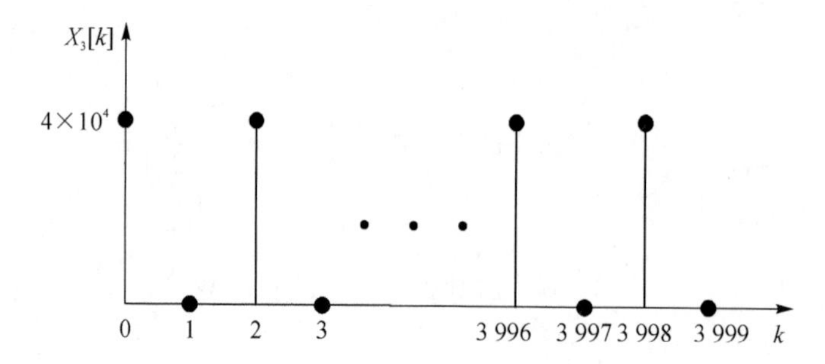

图 P8-16(c)　方法 3 的 DFT，相邻样点间隔为 5 Hz

仿真综合题(8-17 题～8-19 题)

8-17　考虑调幅信号

$$x(t)=[1+\cos(2\pi\times200t)]\cos(2\pi\times500t)$$

取采样频率为 $f_s=2$ kHz 并对其离散化。试绘制出序列长度分别为 100 与 101 时 $X[k]=\mathrm{DFT}(x[n])$ 的幅频特性 $|X[k]|$，观察这两种情况下的频谱泄露现象，并分析频率定位误差和幅度误差。

【解】　对调幅信号 $x(t)=[1+\cos(2\pi\times200t)]\cos(2\pi\times500t)$ 展开得到

$$x(t)=\cos(2\pi\times500t)+0.5\cos(2\pi\times300t)+0.5\cos(2\pi\times700t)$$

可知该信号包含 500 Hz，300 Hz，700 Hz 三个频率分量。由于采样频率为 $f_s=2$ kHz，采样时间间隔为 $T=\dfrac{1}{f_s}=\dfrac{1}{2\ 000}$ s，采样得到的离散时间序列为

$$x[n]=x(t)|_{t=nT}=\cos\left(\frac{\pi}{2}n\right)+0.5\cos\left(\frac{3\pi}{10}n\right)+0.5\cos\left(\frac{7\pi}{10}n\right)$$

为了计算该序列的周期，考虑 $\omega_1=\frac{\pi}{2}$，$\omega_2=\frac{3\pi}{10}$，$\omega_3=\frac{7\pi}{10}$ 这3个频率，得到 $\frac{2\pi}{\omega_1}=4$，$\frac{2\pi}{\omega_2}=\frac{20}{3}$，$\frac{2\pi}{\omega_3}=\frac{20}{7}$，3个子信号的周期分别是4，20，20，所以 $x[n]$ 的周期为20。截取 $x[n]$ 的100点和101点数据，再利用科学计算工具求其DFT并绘图，伪代码为

输入：调幅信号 $x(t)=[1+\cos(2\pi\times200t)]\cos(2\pi\times500t)$，采样频率 $f_s=2$ kHz，序列长度 $N=100$ 与 $N=101$；

输出：序列长度分别为100与101时，$X[k]=\mathrm{DFT}(x[n])$ 的幅频特性 $|X[k]|$

1. 计算采样频率 $f_s=2$ kHz时的离散时间序列：$x[n]=x(t)|_{t=nT}=\cos\left(\frac{\pi}{2}n\right)+0.5\cos\left(\frac{3\pi}{10}n\right)+0.5\cos\left(\frac{7\pi}{10}n\right)$；

2. 分别设置序列 N 为[0:1:99]与[0:1:100]，计算序列长度分别为100与101时的DFT：$X[k]=\sum_{n=0}^{N}x[n]W_N^{kn}$；

3. 取DFT结果的模值 $|X[k]|$；

4. 以 k 为横坐标，$|X[k]|$ 为纵坐标，绘制 $|X[k]|$；

5. 在 $|X[k]|$ 图上绘制 $x[n]$ 的DTFT $x(e^{j\omega})=\sum_{n=-\infty}^{+\infty}x[n]e^{-j\omega n}$ 结果；

6. 返回 $|X[k]|$ 与 $x(e^{j\omega})$。

绘制出点数为100点与101点DFT $X[k]$ 的幅频特性 $|X[k]|$ 分别如图P8-17(a)和(b)中的红色干线所示，为了清晰表明DFT的采样情况，蓝色曲线绘制出了 $x[n]$ 傅里叶变换的模值，是 $X[k]$ 幅频特性的包络。

从图中可以看出，当序列长度(数据点数) $L=100$ 是序列 $x[n]$ 周期为20的整数倍时，DFT结果上观察不到频谱泄露，而 $L=101$ 时频谱泄露比较明显。

当 $N=100$ 时，观察到3个峰值位置从小到大依次为 $k_1=15$，$k_2=25$，$k_3=35$，对应的频率分量分别为 $f_1=\frac{f_s}{N}k_1=\frac{2\,000}{100}\times15=300$ Hz，$f_2=\frac{f_s}{N}k_2=\frac{2\,000}{100}\times25=500$ Hz，$f_3=\frac{f_s}{N}k_3=$

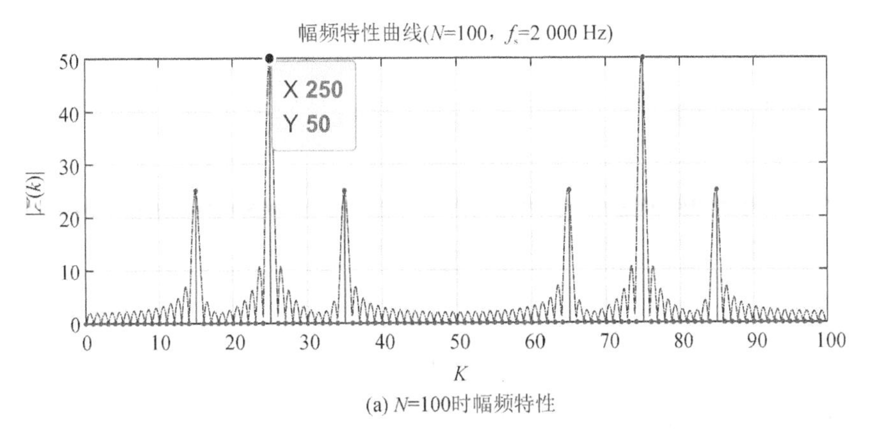

(a) N=100时幅频特性

图P8-17　采样点为100和101的 $X[k]$ 的幅频特性

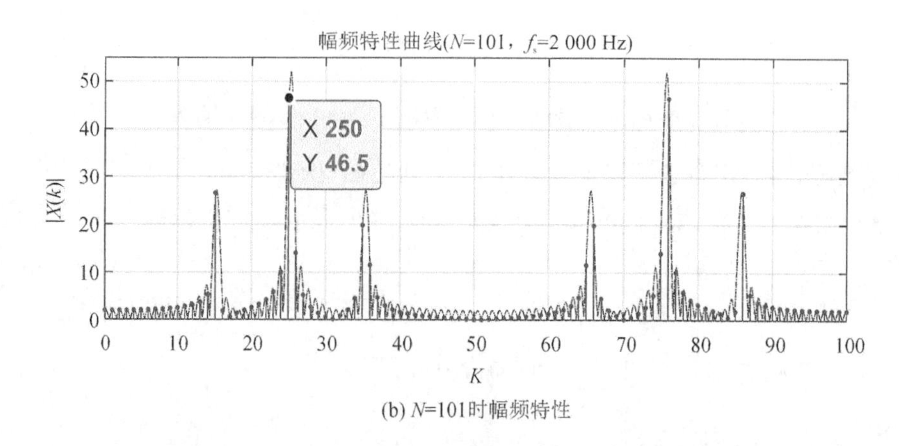

(b) N=101时幅频特性

图 P8-17　采样点为 100 和 101 的 $X[k]$ 的幅频特性(续)

$\frac{2\ 000}{100}\times 35=700$ Hz,这与理论值符合,无频率定位误差。

当 $0<m<N$ 时, $\mathrm{DFT}\left[\cos\left(\frac{2\pi}{N}mn\right)\right]=\frac{N}{2}\delta[k-m]+\frac{N}{2}\delta[k-(N-m)]$，因此 $\cos\left(\frac{\pi}{2}n\right)$的 $N=100$ 点 DFT 在 $k_2=25$ 和 $k_2'=N-25=75$ 处幅度均为$\frac{N}{2}=50$,理论值与估计值相同,幅度无误差。$\cos\left(\frac{3\pi}{10}n\right)$和 $\cos\left(\frac{7\pi}{10}n\right)$的结果与之类似。

当 $N=101$ 时,观察到 3 个峰值位置从小到大依次是 $k_1=15$, $k_2=25$, $k_3=35$,对应的频率分量分别为 $f_1=\frac{f_s}{N}k_1=\frac{2\ 000}{101}\times 15=297$ Hz, $f_2=\frac{f_s}{N}k_2=\frac{2\ 000}{101}\times 25=495$ Hz, $f_3=\frac{f_s}{N}k_3=\frac{2\ 000}{101}\times 35=693$ Hz,与真实频率的误差分别为 3 Hz,5 Hz,7 Hz。以 500 Hz 的单频信号为例,从幅度上来看,在 $k=25$ 处其幅度的绝对误差为 $\Delta A=\frac{N}{2}-46.5=4$,相对误差为$\frac{\Delta A}{\frac{N}{2}}=7.9\%$。

8-18　以采样频率 $f_s=8$ kHz 对频率分量为 $f_1=1.4$ kHz 和 $f_2=1.47$ kHz 的组合信号进行采样并得到序列 $x[n]=\cos(\omega_1 n)+\cos(\omega_2 n)$,试绘制截取序列长度分别为 64 与 128 时 $x[n]$的 DTFT 幅度谱图,观察两种情况下是否可以分辨出这两个频率分量,并分析截取序列长度(采样点数)对频率分辨率的影响。

【解】　求出 $\omega_1=\frac{2\pi f_1}{f_s}=\frac{2\pi\times 1\ 400}{8\ 000}=0.35\pi\approx 1.10$, $\omega_2=\frac{2\pi f_2}{f_s}=\frac{2\pi\times 1\ 470}{8\ 000}=0.367\ 5\pi\approx 1.16$。利用科学计算工具求 $x[n]$的傅里叶变换并绘图的伪代码为

输入:序列 $x[n]=\cos(\omega_1 n)+\cos(\omega_2 n)$;
输出:截取序列长度分别为 64 与 128 时, $x[n]$的 DTFT 幅度谱图

1. 设置参数值 $f_s=8$ kHz，$f_1=1.4$ kHz，$f_2=1.47$ kHz，$N_1=64$，$N_2=128$；
2. 分别计算截取点数为 64 点和 128 点时的 $x_1[n]$ 与 $x_2[n]$；
3. 计算 $x_1[n]$ 与 $x_2[n]$ 的 DTFT $x(\mathrm{e}^{\mathrm{j}\omega})=\sum\limits_{n=-\infty}^{+\infty}x[n]\mathrm{e}^{-\mathrm{j}\omega n}$ 结果并取模值；
4. 以 ω 为横坐标、$|x(\mathrm{e}^{\mathrm{j}\omega})|$ 为纵坐标绘图；
5. 返回 $|x(\mathrm{e}^{\mathrm{j}\omega})|$。

绘制出截取点数为 64 点和 128 点时 $x[n]$ 的 DTFT 幅度谱结果分别如图 P8-18(a)和图 P8-18(b)所示。

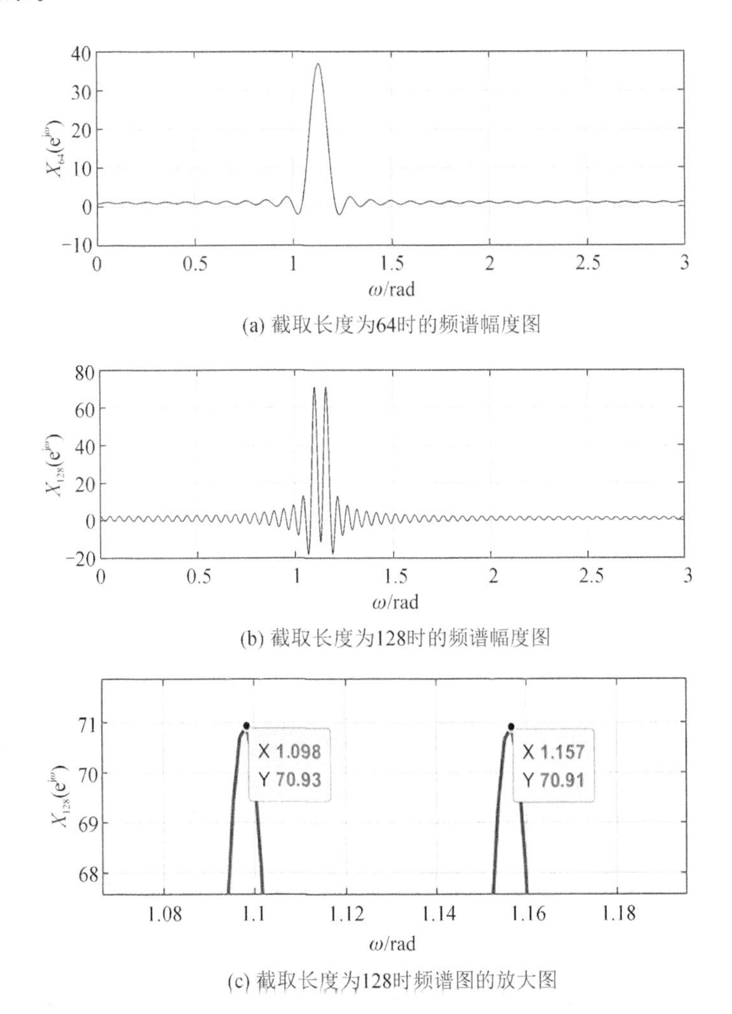

图 P8-18　截取长度为 64 和 128 时的频谱幅度图

可以看出，当截取长度为 64 时，$x[n]$ 的 DTFT 无法分辨出两个频率分量；当截取长度为 128 时，$x[n]$ 的 DTFT 可以分辨出两个频率分量。理论上讲，为了分辨出两个频率为 ω_1 和 ω_2 的等幅度正弦序列，需满足 $\Delta\omega=|\omega_1-\omega_2|\geqslant\dfrac{2\pi}{L}$，将 $\omega_1=0.35\pi$ 和 $\omega_2=0.3675\pi$ 代入，求得 $L\geqslant114$，理论分析与仿真验证是吻合的。

为了分析频率估计的准确性，将截取序列长度为 128 时 DTFT 幅度谱图放大，结果如图 P8 - 18(c)所示，峰值的坐标与计算得到的 $\omega_1 \approx 1.10$ 与 $\omega_2 \approx 1.16$ 数值吻合，说明 128 点长度序列可正确分辨出 $\omega_1 \approx 1.10$ 与 $\omega_2 \approx 1.16$ 的频率分量。

也可以从模拟频率角度来看，以 Hz 为单位的频率分辨率为$\frac{f_s}{L}$，将 $f_1 = 1.4$ kHz 和 $f_2 = 1.47$ kHz 代入，为了使得 $\Delta f = f_2 - f_2 \geqslant \frac{f_s}{L}$，求得 $L \geqslant \frac{f_s}{\Delta f} = \frac{f_s}{f_2 - f_1} = \frac{8\,000}{1\,470 - 1\,400} = 114$，截取的长度越长，分辨率越高。

8 - 19 信号 $x[n] = \cos(2\pi f_1 nT) + \cos(2\pi f_2 nT)(0 \leqslant n < N)$是以参数 $f_s = 1\,024$ Hz 为采样频率获得的，其中 $f_1 = 330$ Hz，截取点数 $N = 512$。对 $x[n]$进行 4 倍的补零，即可得到长度 $M = 4N = 2\,048$ 的序列。试分别绘制 $f_2 = 331$ Hz 和 $f_2 = 338$ Hz 两种情形下 $x[n]$补零前后的 DTFT 频谱图，分析补零对频率分辨率的影响，给出一种提高频率分辨率的方法并绘制仿真结果。

【解】 利用科学计算工具绘制频谱图，并将横坐标除以 N(或 M)再乘以 f_s，将其变换为与 f_1 和 f_2 具有相同的单位，方便观察频谱图的峰值频率。求 $x[n]$的傅里叶变换并绘图的伪代码为

输入：序列 $x[n] = \cos(2\pi f_1 nT) + \cos(2\pi f_2 nT)$；

输出：不同频率下补零前后的 DTFT 频谱图

1. 设置参数值 $f_s = 1\,024$ Hz，$f_1 = 330$ Hz，$N = 512$，$M = 4N = 2\,048$；
2. 在 $f_2 = 331$ Hz 和 $f_2 = 338$ Hz 两种频率情况下，分别计算截取点数为 512 点和 2 048 点时的 $x[n]$；
3. 对 $x[n]$进行 DTFT，计算 $x(\mathrm{e}^{\mathrm{j}\omega}) = \sum_{n=-\infty}^{+\infty} x[n]\mathrm{e}^{-\mathrm{j}\omega n}$ 的结果并取模值；
4. 以 ω 为横坐标、$|x(\mathrm{e}^{\mathrm{j}\omega})|$为纵坐标分别绘制四种情况下的频谱图；
5. 返回$|x(\mathrm{e}^{\mathrm{j}\omega})|$。

当 $f_2 = 331$ Hz 时，补零前 $N = 512$，$x[n]$的 DTFT 幅度谱如图 P8 - 19(a)所示，补零后 $x[n]$的 DTFT 幅度谱如图 P8 - 19(b)所示。

可以看到，补零前后均无法分辨出 $f_1 = 330$ Hz 与 $f_2 = 331$ Hz 两个频率分量，区别在于 4 倍补零后长度为 $M = 2\,048$ 时的频谱图更加光滑，有利于准确测量频率值，但补零不能提高频率分辨率。要想分辨这两个频率分量，截取有效长度 $L \geqslant \frac{f_s}{\Delta f} = \frac{f_s}{f_2 - f_1} = \frac{1024}{331 - 330} = 1\,024$。

当 $f_2 = 338$ Hz 时，补零前 $N = 512$，$x[n]$的 DTFT 幅度谱如图 P8 - 19(c)所示，补零后 $x[n]$的 DTFT 幅度谱如图 P8 - 19(d)所示。

可以看到，补零前后均可分辨出 $f_1 = 330$ Hz 与 $f_2 = 338$ Hz 两个频率分量，但补零不能提高频率分辨率。要想分辨这两个频率分量，截取的有效长度 $L \geqslant \frac{f_s}{\Delta f} = \frac{f_s}{f_2 - f_1} = \frac{1\,024}{338 - 330} = 128$，当前 $N = 512$ 满足要求。

直接将 $x[n]$ 截取的有效长度扩展 4 倍至 $N=2\ 048$，绘制的 $x[n]=\cos(2\pi\cdot330\cdot nT)+\cos(2\pi\cdot331\cdot nT)$ 的幅度谱如图 P8-19(e)所示。

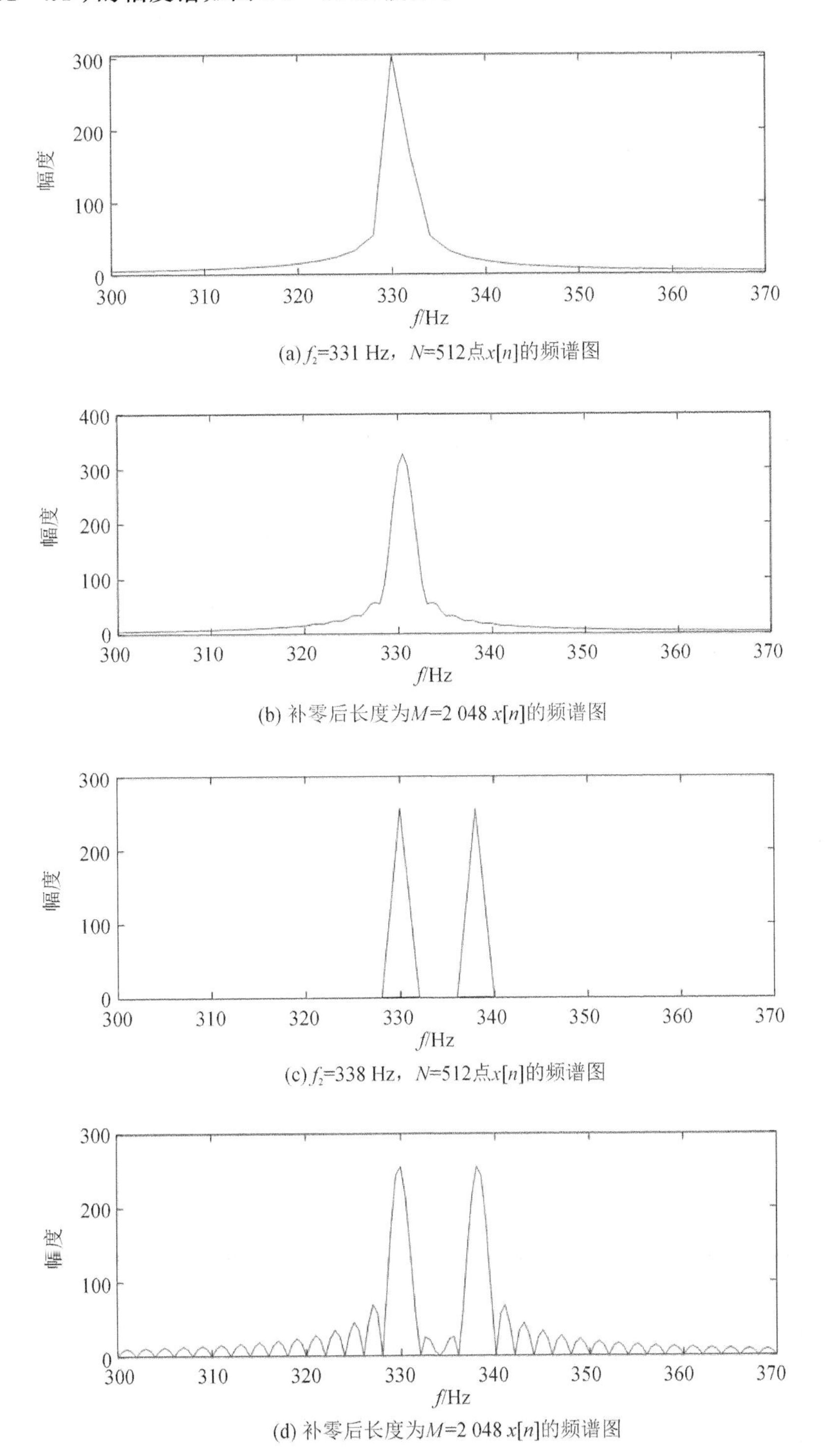

(a) f_2=331 Hz，N=512点$x[n]$的频谱图

(b) 补零后长度为M=2 048 $x[n]$的频谱图

(c) f_2=338 Hz，N=512点$x[n]$的频谱图

(d) 补零后长度为M=2 048 $x[n]$的频谱图

图 P8-19　不同频率与采样点数下 $x[n]$ 的幅度谱图

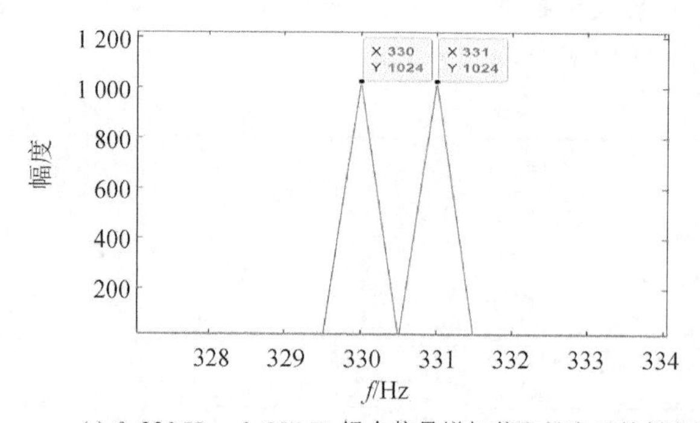

(e) f_1=330 Hz，f_2=331 Hz组合信号增加截取长度后的频谱图

图 P8-19　不同频率与采样点数下 $x[n]$ 的幅度谱图(续)

增加时域截取长度可提高频率分辨率，可将 $N=512$ 时补零前后都无法分辨的 $f_1=330$ Hz，$f_2=331$ Hz 两个频率分量分辨出来。

第9章　数字滤波器设计方法

9.1　内容提要与重要公式

给定(或根据具体任务需求确定)滤波器的性能指标,求解一个因果稳定的离散时间线性时不变系统使其逼近这些性能指标,称之为滤波器的设计。设计结果可以是系统函数 $H(z)$、单位脉冲响应 $h[n]$或频率响应 $H(e^{j\omega})$等多种形式。数字滤波器的设计分为IIR滤波器的设计和FIR滤波器的设计。

1. IIR滤波器设计

滤波器的指标通常在频域给出,以模拟低通滤波器为例,指标主要包括:通带截止频率 ω_p、阻带起始频率 ω_s、通带内最大误差 δ_p 以及阻带内最小误差 δ_s,IIR滤波器主要讨论幅频响应。通带内的幅频特性在通带截止频率 ω_p 处允许的最大误差记为 δ_1 或 δ_p,称其为通带波纹幅度,且满足 $1-\delta_1\leqslant|H(e^{j\omega})|\leqslant1$;以分贝表示的通带最大衰减 $A_p=20\lg\dfrac{|H(e^{j\omega})|_{\max}}{|H(e^{j\omega_p})|}=20\lg\dfrac{1}{1-\delta_1}=-20\lg(1-\delta_1)$,通带内满足 $-20\lg|H(e^{j\omega})|\leqslant A_p$。阻带内的幅频特性在阻带截止频率 ω_s 处允许的最大误差记为 δ_2 或 δ_s,称其为阻带波纹幅度,且满足 $|H(e^{j\omega})|\leqslant\delta_2$;以分贝表示的阻带最小衰减 $A_s=20\lg\dfrac{|H(e^{j\omega})|_{\max}}{|H(e^{j\omega_s})|}=20\lg\dfrac{1}{\delta_2}=-20\lg\delta_2$,阻带内满足 $A_s\leqslant-20\lg|H(e^{j\omega})|$。通带截止频率和阻带截止频率之间形成过渡带,过渡带宽度是 $|\omega_s-\omega_p|$。需要注意的是,有些教材把容限图中通带幅度范围定义为 $1-\delta_1\leqslant|H(e^{j\omega})|\leqslant1+\delta_1$。

IIR滤波器的设计思想主要是借助于模拟原型滤波器,其基本方法是首先将数字滤波器技术指标要求转换为模拟滤波器技术指标要求,然后设计满足指标要求的模拟滤波器 $H(s)$,再将 $H(s)$转换为对应的数字滤波器 $H(z)$。因此,需要了解作为基础的模拟滤波器的设计方法以及作为核心的模拟滤波器到数字滤波器的映射方法。

最常用的模拟滤波器包括巴特沃斯(Butterworth)滤波器、切比雪夫(Chebyshev)滤波器、椭圆(Ellipse)滤波器和贝塞尔(Bessel)滤波器等。这些滤波器有经验公式、现成的图表供参考使用。以巴特沃斯滤波器为例,其幅度平方函数为

$$|H_c(j\Omega)|^2=\frac{1}{1+(\Omega/\Omega_c)^{2N}}$$

式中,N 表示滤波器的阶数,Ω_c 为滤波器3 dB截止频率。巴特沃斯滤波器具有单调下降的幅频特性,通带具有最大平坦度,但从通带到阻带衰减较慢。在通带截止频率 Ω_p 处,对应通带最大衰减为 A_p;在阻带截止频率 Ω_s 处,对应阻带最小衰减为 A_s。将其代入 $|H_c(j\Omega)|^2$ 可确定滤波器的阶数,即

$$N \geqslant \frac{1}{2} \frac{\lg \dfrac{10^{0.1A_s}-1}{10^{0.1A_p}-1}}{\lg \dfrac{\Omega_s}{\Omega_p}}$$

再将其代入$|H_c(j\Omega)|^2$中，可求得 3 dB 截止频率Ω_c的范围，即

$$\frac{\Omega_p}{(10^{0.1A_p}-1)^{\frac{1}{2N}}} \leqslant \Omega_c \leqslant \frac{\Omega_s}{(10^{0.1A_s}-1)^{\frac{1}{2N}}}$$

可以根据实际应用确定Ω_c的具体取值。巴特沃斯滤波器的系统函数为

$$H_c(s) = \frac{\Omega_c^N}{\prod_{i=1}^{N}(s-s_i)}$$

式中，s_i是幅度平方函数的极点$s_k = \Omega_c e^{j\pi\left(\frac{1}{2}+\frac{2k+1}{2N}\right)}$$(k=0,1,2,\cdots,2N-1)$中位于左半平面的极点。假设$\Omega_c=1$，可得归一化的巴特沃斯低通滤波器系统函数，并将相应的多项式制成表格以便设计使用。例如 3 阶巴特沃斯多项式为s^3+2s^2+2s+1，在求得Ω_c之后，只需将$\dfrac{s}{\Omega_c}$代入$\dfrac{1}{s^3+2s^2+2s+1}$进行去归一化即可得到实际所需的 3 阶巴特沃斯系统函数$H_c(s)$。此外，切比雪夫Ⅰ型滤波器的幅频特性在通带内等波纹，阻带内单调下降；切比雪夫Ⅱ型滤波器在通带内单调下降，阻带内等波纹；椭圆滤波器在通带和阻带内均为等波纹，且过渡带的下降斜率更大。这几种滤波器中，在过渡带宽度、通带波纹和阻带波纹指标相同的条件下，椭圆滤波器所需的阶数最低，切比雪夫滤波器的次之，巴特沃斯滤波器的最高。但如果从设计复杂度和参数敏感度的角度来看，情况正好相反。

有了原型低通滤波器就可以经过频率变换得到高通滤波器、带通滤波器和带阻滤波器的系统函数。接着，为了从模拟滤波器映射出数字滤波器，需要遵守两个基本原则：其一，因果稳定的模拟滤波器映射为数字滤波器仍然是因果稳定的；其二，数字滤波器的频率响应能够逼近模拟滤波器的频率响应，即s平面的虚轴映射到z平面的单位圆。工程上常用的变换方法是冲激响应不变法和双线性变换法。

冲激响应不变法是时域逼近的方法，可使离散系统的单位脉冲响应$h[n]$等于连续系统冲激响应$h_c(t)$的采样值。为了补偿采样引起幅频响应的幅度变化，通常将单位脉冲响应表示为$h[n]=Th_c(nT)$，其中T为采样周期。若将$H_c(s)$表示为部分分式和的形式，即

$$H_c(s) = \sum_{k=1}^{N} \frac{A_k}{s-s_k}$$

式中，s_k是极点，A_k是留数定理计算出的系数。变换后数字滤波器的系统函数为

$$H(z) = \sum_{k=1}^{N} \frac{TA_k}{1-e^{s_k T} z^{-1}}$$

由于采样导致数字滤波器的频谱是模拟滤波器频谱的周期延拓，所以s平面与z平面的映射关系为$z=e^{sT}$，s平面到z平面的非单值映射关系存在频谱混叠效应，这就限制了其应用范围，冲激响应不变法适用于设计带限滤波器或高频衰减大的滤波器，如低通和带通滤波器的设计，而不能用来设计带阻滤波器或高通滤波器。冲激响应不变法的优点是时域逼近好且在

$\omega \in [-\pi,\pi]$的一个周期内模拟频率 Ω 和数字频率 ω 呈线性关系，即 $\omega=\Omega T$。

双线性变换法为实现 s 平面到 z 平面的单值映射，采用了非线性压缩，模拟频率与数字频率的关系为

$$\Omega=\frac{2}{T}\tan\frac{\omega}{2}$$

模拟滤波器 $H_c(s)$ 与数字滤波器的映射关系为

$$H(z)=H_c(s)\Big|_{s=\frac{2}{T}\cdot\frac{1-z^{-1}}{1+z^{-1}}}=H_c\left(\frac{2}{T}\cdot\frac{1-z^{-1}}{1+z^{-1}}\right)$$

双线性变换法的优点是不会产生频谱混叠，适用于具有分段常数频率特性的任意滤波器的设计。缺点是 ω 与 Ω 具有非线性关系，导致数字滤波器的幅频响应相对模拟滤波器幅频响应有畸变。补偿方法是“预畸变”，即在给定数字滤波器的一些边界频率 ω_k（或先由模拟滤波器的 Ω'_k 按线性关系求出 $\omega_k=\Omega'_k T$）处，通过 $\Omega_k=\frac{2}{T}\tan\frac{\omega_k}{2}$ 找到对应的一些模拟频率，再根据 Ω_k 及指标来设计模拟滤波器 $H_c(s)$，最后再映射为 $H(z)$。需要注意的是，预畸变不能消除整个频率区间的非线性失真，只是消除了模拟滤波器和数字滤波器在边界频率处的畸变。

冲激响应不变法和双线性变换法均属于数字滤波器的间接设计方法，借助了成熟的模拟滤波器设计技术以及方便查询的各种归一化模拟低通滤波器的系统函数，但数字滤波器的幅频特性也受到所选模拟滤波器特性的限制。对于要求任意幅度特性的滤波器，可采用直接设计方法，主要包括零点、极点累试法、频域最小均方误差法、最小平方逆滤波法和线性规划等波纹逼近法等，往往也要借助优化理论和计算机迭代运算来逼近所需的滤波器。

IIR 滤波器的设计只考虑幅频特性，其相位特性一般都是非线性的，可通过给滤波器级联全通特性的时延均衡器，这在一定程度上补偿了相位失真，但不能实现严格的线性相位。

2. FIR 滤波器设计

IIR 滤波器能够实现较低阶数下较好的幅频响应，但为了得到线性相位特性，必须采用 FIR 滤波器。常用的 FIR 滤波器设计方法有窗函数法、频率采样法和优化设计法。

窗函数法的设计思想是在时域上逼近理想滤波器的单位脉冲响应。首先根据期望理想滤波器的频率响应 $H_d(e^{j\omega})$ 的傅里叶反变换（IDTFT）推导出相应的非因果无限长单位脉冲响应 $h_d[n]$，然后用长度为 N、区间为 $0\leqslant n\leqslant N-1$ 的窗函数截断，从而得到有限长的 $h[n]$，只要截断得到的 $h[n]$ 满足对称性即可得到线性相位滤波器。对 $h[n]$ 求傅里叶变换（DTFT）得到实际设计出滤波器的频率响应 $H(e^{j\omega})$。

上述加窗截断导致：① 滤波器的幅频特性在通带和阻带之间产生过渡带，过渡带宽度正比于窗函数频谱的主瓣宽度，通过增加窗口长度 N 或选择主瓣较窄的窗函数来减小过渡带宽；② 滤波器的幅频特性在通带和阻带均产生波纹，波纹大小与窗函数频谱的旁瓣（尤其是第一旁瓣）有关，而与滤波器的长度无关，这种非一致收敛的情况称为“吉布斯（Gibbs）现象”，只能通过选择旁瓣较小的窗函数来减小通带内波动及加大阻带衰减。因此，窗函数法的关键是选择合适的窗函数，窗函数选取原则是窗谱主瓣宽度尽可能窄以获取较为陡峭的过渡带，窗谱最大旁瓣的相对幅度尽可能小以得到较小的带内波动和较大的阻带衰减。窗函数法的优点是常用的窗函数特性有现成的公式和表格供直接参考，因此最简便。缺点是设计出的滤波器在理想频率间断点的两边误差最大，而在离开间断点的频率处误差逐渐减小，即误差不均匀，不

能用最低阶次满足给定指标，此外窗函数法还要求通带和阻带的最大误差相等，很难精确控制滤波器的通带和阻带的边界频率。

频率采样法的设计思想是在频上域逼近理想滤波器的频率响应。首先对期望理想滤波器的频率响应 $H_d(e^{j\omega})$ 在 $\omega\in[0,2\pi)$ 上进行 N 点等间隔采样以得到离散采样点 $H[k]$，然后对 $H[k]$ 进行 N 点 IDFT 并得到有限长的 $h[n]$，对 $h[n]$ 求傅里叶变换(DTFT)得到实际设计出滤波器的频率响应 $H(e^{j\omega})$。$H(e^{j\omega})$ 在采样点上就等于 $H[k]$，而采样点之间的值则是由各采样值的内插函数延伸叠加形成的，因而有一定的逼近误差。为了降低边界频率附近的逼近误差，可以在理想频率特性不连续点处增加过渡采样点，但这也加宽了过渡带宽度。所以，频率采样法的关键是，先根据阻带衰减的指标确定过渡点，再根据过渡带宽度的要求确定采样点数 N。该方法的优点是：频域直接设计，直观简便；适用于 $H[k]$ 仅取少数几个非零值的窄带选频滤波器，其运算量小。

优化设计法的基本思想是在一定的误差准则下，如最大误差最小化准则(minmax criterion)或 Chebyshev 误差准则，通过雷米兹(Remez)交替迭代算法一次次改变极值频率点，以找到最佳的频率采样点及其采样值，使得插值以后的 $H(e^{j\omega})$ 达到等波纹逼近。当要求滤波特性相同时，等波纹逼近法设计出的滤波器相比窗函数法和频率采样法，其阶次较低，随着计算机性能的提高，等波纹逼近的最优化方法已得到普遍应用。

9.2 重难点提示

本章重点

(1) 巴特沃斯模拟低通滤波器设计及常用模拟滤波器的频域特点；

(2) 冲激响应不变法和双线性变换法设计 IIR 滤波器；

(3) 窗函数法设计线性相位 FIR 数字滤波器，理解吉布斯效应产生的原因及改善措施；

(4) 灵活应用四类线性相位 FIR 系统的特点；

(5) 频率采样法设计线性相位 FIR 数字滤波器。

本章难点

滤波器设计指标及参数换算，非低通滤波器的设计，IIR 滤波器的直接设计法，FIR 滤波器设计的等波纹逼近法，了解 FIR 滤波器优化设计的基本思想及基本方法。

9.3 习题详解

选择、填空题(9-1 题～9-14 题)

9-1 如果某连续时间系统是高通滤波器，借助该原型系统使用(B)方法能够得到 IIR 数字高通滤波器。

(A) 冲激响应不变法　　(B) 双线性变换法

(C) 窗函数设计法　　(D) 频率采样法

【解】 窗函数法和频率采样法可用于 FIR 数字滤波器的设计；由于冲激响应不变法会产生频率混叠现象，所以不能用来设计高通滤波器；双线性变换法避免了频谱混叠，模拟频率 Ω

与数字频率 ω 之间是非线性关系 $\Omega=\frac{2}{T}\tan\frac{\omega}{2}$，但模拟高通仍映射为数字高通。

故选(B)。

9-2　假设某模拟原型滤波器 $H_a(s)$ 具有低通特性，则通过 $s=\frac{z+1}{z-1}$ 可将 $H_a(s)$ 映射为具有(B)选频特性的数字滤波器 $H(z)$。

(A) 低通　　(B) 高通　　(C) 带通　　(D) 带阻

【解】　方法一：将 $s=\mathrm{j}\Omega$ 和 $z=\mathrm{e}^{\mathrm{j}\omega}$ 代入 $s=\frac{z+1}{z-1}$，其中 Ω 表示模拟滤波器的频率，ω 表示数字滤波器的频率，化简 $\mathrm{j}\Omega=\frac{\mathrm{e}^{\mathrm{j}\omega}+1}{\mathrm{e}^{\mathrm{j}\omega}-1}$ 可得 $\mathrm{j}\Omega=-\mathrm{j}\mathrm{ctan}\frac{\omega}{2}$，即 $\Omega=-\mathrm{ctan}\frac{\omega}{2}$，即数字滤波器的高频对应模拟滤波器的低频，数字滤波器的低频对应模拟滤波器的高频，所以映射得到的 $H(z)$ 为高通滤波器。

故选(B)。

方法二：考虑到双线性变换为 $s=\frac{1-z^{-1}}{1+z^{-1}}=\frac{z-1}{z+1}$，将 z 替换为 $-z$，则得到本题中的变换 $s=\frac{z+1}{z-1}$，由于 z 变换替换为 $-z$ 对应的傅里叶变换 ω 平移了 π，因此，低通的 $H_a(s)$ 映射出的 $H(z)$ 为高通滤波器。

故选(B)。

9-3　关于 IIR 滤波器设计正确的说法是(C)。

(A) 冲激响应不变法不能用于设计带通滤波器

(B) 冲激响应不变法中数字频率与模拟频率之间呈非线性关系

(C) 双线性变换法不能将连续时间的微分器转换为离散时间微分器

(D) 连续时间全通系统经过双线性变换法得到的不是离散时间全通系统

【解】　若采样周期为 T_d，连续时间滤波器的单位冲激响应为 $h_c(t)$，频率响应为 $H_c(\mathrm{j}\Omega)$；利用冲激响应不变法得到滤波器的单位脉冲响应为 $h[n]=T_d h_c(nT_d)$，频率响应为 $H(\mathrm{e}^{\mathrm{j}\omega})=\sum_{k=-\infty}^{+\infty}H_c\left(\mathrm{j}\frac{\omega}{T_d}+\mathrm{j}\frac{2\pi}{T_d}k\right)$，选择合适的原型带通滤波器及采样周期 T_d 能够得到对应的数字带通滤波器，其中数字角频率与模拟频率之间的关系为 $\omega=T_d\Omega$，该式表明两者之间为线性关系；双线性变换法的数字频率与模拟频率之间的关系为 $\Omega=\frac{2}{T_d}\tan\frac{\omega}{2}$，使用双线性变换法将连续时间微分器转化为离散时间微分器时，由于数字频率与模拟频率之间的非线性关系导致离散时间微分器的幅度出现畸变，即双线性变化法将连续时间微分器转化为离散时间微分器时误差较大；双线性变换法中 $s=\frac{2}{T_d}\frac{1-z^{-1}}{1+z^{-1}}$，模拟频率轴映射为数字频率轴时有畸变，但幅度值不受影响，s 平面中关于虚轴对称的极点和零点经双线性变换法映射到 z 平面时极点和零点关于单位圆呈镜像对称(共轭倒数)，以一阶连续全通系统 $\frac{s-6}{s+6}$ 为例来说明，映射之后系统函数为$\frac{2-6T+(-2-6T)z^{-1}}{2+6T+(-2+6T)z^{-1}}$,所以连续时间全通系统经过双线性变换法仍将得到离散时间全通系统。

故选(C)。

9-4 利用Kaiser窗设计FIR滤波器时,正确的步骤是(B)。

(A) 先根据过渡带宽确定形状参数β,再根据阻带衰减确定窗长

(B) 先根据阻带衰减确定形状参数β,再根据过渡带宽确定窗长

(C) 先根据过渡带宽确定窗长,再根据阻带衰减确定形状参数β

(D) 先根据阻带衰减确定窗长,再根据过渡带宽确定形状参数β

【解】 Kaiser窗函数法设计FIR滤波器时,形状参数β可由阻带衰减计算得到,经验计算公式为

$$\beta=\begin{cases}0.110\,2(A-8.7), & A>50\\ 0.584\,2(A-21)^{0.4}+0.078\,86(A-21), & 21\leqslant A\leqslant 50\\ 0.0, & A<21\end{cases}$$

其中$A=-20\lg\delta$,δ为峰值逼近误差。窗长$N=M+1$由过渡带宽度$\Delta\omega$和阻带衰减共同决定,计算公式为

$$M+1=\frac{A-8}{2.285\Delta\omega}+1$$

计算出的窗长为非整数时,依据所设计的滤波器类型向上取整。窗函数法设计FIR滤波器时,窗函数幅频特性的主瓣宽度越大,所设计出的滤波器过渡带越宽,旁瓣峰值越大,峰值逼近误差δ越大。形状参数β同时影响窗函数幅频特性中主瓣的宽度和旁瓣的峰值,窗长$M+1$仅影响窗函数幅频特性中主瓣的宽度。所以利用Kaiser窗设计FIR滤波器时应先根据阻带衰减确定形状参数β,再根据过渡带宽确定窗长。

故选(B)。

9-5 当FIR数字滤波器的单位脉冲响应$h[n]$的长度为N且满足$h[n]=h[N-1-n]$时,该FIR滤波器具有线性相位$\theta(\omega)$,$\theta(\omega)$的表达式是(A)。

(A) $-\frac{N-1}{2}\omega$　　(B) $\frac{N-1}{2}\omega$　　(C) $\frac{\pi}{2}-\frac{N-1}{2}\omega$　　(D) $\frac{\pi}{2}+\frac{N-1}{2}\omega$

【解】 $h[n]=h[N-1-n]$表明$h[n]$关于$\frac{N-1}{2}$偶对称,系统为第Ⅰ类或第Ⅱ类线性相位FIR系统,且群延迟为$\frac{N-1}{2}$,因此对应的线性相位表达式为$\theta(\omega)=-\frac{N-1}{2}\omega$。

故选(A)。

9-6 为设计一个带阻线性相位FIR滤波器,则系统单位脉冲响应$h[n]$($0\leqslant n\leqslant M$)应满足(A)。

(A) $h[n]$偶对称,M为偶数　　(B) $h[n]$偶对称,M为奇数

(C) $h[n]$奇对称,M为偶数　　(D) $h[n]$奇对称,M为奇数

【解】 选项A~D依次对应第Ⅰ~第Ⅳ类线性相位FIR滤波器,第Ⅱ类滤波器必存在零点$z=-1$处,即频率响应在高频处衰减;第Ⅲ类滤波器必存在零点$z=-1$和$z=1$处,即频

率响应在低频和高频处均衰减；第Ⅳ类滤波器必存在零点 $z=1$ 处，即频率响应在低频处衰减；而第Ⅰ类滤波器在 $z=-1$ 和 $z=1$ 无零点限制，即仅有第Ⅰ类线性相位 FIR 滤波器适合用来设计带阻滤波器。

故选(A)。

9-7　以系统函数为 $H_a(s)=\dfrac{1}{s^2+7s+10}$ 的连续时间滤波器为原型设计离散时间滤波器，若采用冲激响应不变法且采样周期为 T_d，则该 IIR 离散时间滤波器的系统函数为____________。

【解】　对 $H_a(s)$ 进行部分分式展开可得

$$H_a(s)=\frac{1}{3}\left(\frac{1}{s+2}-\frac{1}{s+5}\right)$$

模拟滤波器的单位冲激响应为

$$h_a(t)=\frac{1}{3}(e^{-2t}-e^{-5t})u(t)$$

利用冲激响应不变法得到的离散系统的单位脉冲响应为

$$h[n]=T_d h_a(nT_d)=\frac{T_d}{3}\left(e^{-2nT_d}-e^{-5nT_d}\right)u[n]$$

则 IIR 离散时间滤波器的系统函数为

$$H(z)=\frac{T_d}{3}\left(\frac{1}{1-e^{-2T_d}z^{-1}}-\frac{1}{1-e^{-5T_d}z^{-1}}\right)$$

9-8　要设计离散时间 IIR 低通滤波器的通带边界频率和阻带起始频率分别为 $\omega_p=0.4\pi$ 和 $\omega_s=0.6\pi$。若采用冲激响应不变法且采样周期为 $T_d=2$ s，则对应模拟滤波器的通带边界频率 $\Omega_p=$__________、阻带起始频率 $\Omega_s=$__________。若采用双线性变换法且采样周期仍取 $T_d=2$ s，则对应模拟滤波器的通带边界频率 $\Omega_p=$__________、阻带起始频率 $\Omega_s=$__________。

【解】　冲激响应不变法中模拟频率与数字频率之间的关系为

$$\Omega=\frac{\omega}{T_d}$$

即采用冲激响应不变法时

$$\Omega_p=\frac{\omega_p}{T_d}=\frac{0.4\pi}{2}=0.2\pi,\quad \Omega_s=\frac{\omega_s}{T_d}=\frac{0.6\pi}{2}=0.3\pi$$

双线性变换法中模拟频率与数字频率之间的关系为

$$\Omega=\frac{2}{T_d}\tan\frac{\omega}{2}$$

即采用双线性变换法时

$$\Omega_p=\frac{2}{T_d}\tan\frac{\omega_p}{2}=\tan(0.2\pi)=0.726\ 5,\quad \Omega_s=\tan(0.3\pi)=1.376$$

9-9　设参数 $T_d=3$ s，给定系统函数为 $H(s)=\dfrac{1}{s}$ 的连续时间积分器，若用冲激响应不

变法将其离散化，则离散时间系统 $H(z)=$__________；若采用双线性变换法，则 $H(z)=$__________；现期望将平方幅度函数为 $|H(j\Omega)|^2=\dfrac{1}{36+\Omega^2}$ 的模拟滤波器转化为离散时间滤波器，若采用冲激响应不变法，则离散时间滤波器的极点为__________；若采用双线性变换法，则离散时间滤波器的极点为__________。

【解】 连续时间系统对应的单位冲激响应为 $h(t)=\mathrm{u}(t)$，则采用冲激响应不变法对其进行离散化得到的单位脉冲响应为 $h[n]=T_d\mathrm{u}[n]$，对应的离散时间系统函数为 $H(z)=\dfrac{3}{1-z^{-1}}$；若采用双线性变换法，由变换公式 $s=\dfrac{2}{T_d}\cdot\dfrac{1-z^{-1}}{1+z^{-1}}$，得到离散化的系统函数为 $H(z)=\dfrac{3}{2}\cdot\dfrac{1+z^{-1}}{1-z^{-1}}$。

由平方幅度函数可知 $H(s)H^*(s)=H(s)H(-s)=\dfrac{1}{36-s^2}$，为保证系统的稳定性和因果性，模拟滤波器系统函数为 $H(s)=\dfrac{1}{s+6}$，其极点为 $s_k=-6$。若采用冲激响应不变法，该极点映射为离散时间系统的极点 $e^{s_kT_d}=e^{-18}$；若采用双线性变换法，则 $H(z)=\dfrac{1}{\dfrac{2(1-z^{-1})}{T_d(1+z^{-1})}+6}=\dfrac{3(1+z^{-1})}{20+16z^{-1}}$，得到的离散时间滤波器的极点为 $-\dfrac{4}{5}$。

9-10 窗函数法设计线性相位 FIR 滤波器时，在相同窗长的条件下，使用的矩形窗和汉明窗相比，滤波器的阻带衰减__________（前者，后者）较优，过渡带宽度__________（前者，后者）较优；在相同窗函数的条件下，随着窗长的增加，滤波器的阻带衰减__________（增大、减小、不变），过渡带宽度__________（增大、减小、不变）。

【解】 在相同窗长的条件下，矩形窗函数幅频响应的主瓣宽度最窄，但旁瓣幅度最大。因此，利用窗函数法设计线性相位 FIR 滤波器时，使用矩形窗往往使阻带衰减不够，故使用汉明窗较优；设计出滤波器的过渡带宽度正比于主瓣宽度，因此使用矩形窗过渡带宽度最窄，故优于汉明窗。

由于阻带衰减取决于窗函数的形状，因此随着窗长的增加，滤波器阻带衰减不变；窗长越长，设计出的滤波器过渡带越窄，即宽度越小。

9-11 窗函数法设计线性相位 FIR 滤波器时，滤波器的阻带衰减由__________（窗形状/窗长）决定，过渡带宽度由__________（窗形状/窗长）决定。

【解】 滤波器的阻带衰减由窗函数幅频响应的旁瓣峰值决定，而旁瓣峰值仅由窗形状决定；滤波器过渡带宽度由窗函数幅频响应的主瓣宽度决定，而窗长和窗形状均可影响主瓣宽度。

9-12 用窗函数法设计高通滤波器，要求阻带衰减 $A\geqslant 60$ dB，过渡带宽度 $\Delta\omega\leqslant\dfrac{\pi}{8}$，采用 Kaiser 窗，则形状参数 $\beta=$__________，窗长为__________。

【解】 利用 Kaiser 窗函数法设计 FIR 滤波器时，其形状参数 β 可由阻带衰减计算得到，经验计算公式为

$$\beta=\begin{cases}0.1102(A-8.7), & A>50\\ 0.5842(A-21)^{0.4}+0.07886(A-21), & 21\leqslant A\leqslant 50\\ 0.0, & A<21\end{cases}$$

将 $A\geqslant 60$ dB 代入可得 $\beta=0.1102(60-8.7)=5.65326$。窗长 $M+1$ 由过渡带宽度 $\Delta\omega$ 和阻带衰减共同决定，M 的经验公式为

$$M\geqslant\frac{A-8}{2.285\Delta\omega}$$

可得 $M\geqslant 57.95$，由于在 4 类线性相位 FIR 滤波器中，第Ⅱ类的频率响应在高频处衰减；第Ⅲ类的频率响应在低频和高频处均衰减；若取 $M=58$ 即为偶数，窗长为 $M+1=59$，则 $h[n]$偶对称，故第Ⅰ类线性相位 FIR 滤波器可以用来设计高通滤波器；若取 $M=59$ 即为奇数，窗长为 $M+1=60$，则 $h[n]$奇对称，故第Ⅳ类线性相位 FIR 滤波器也可以用来设计高通滤波器，但会附加了 90°相移。通常选取满足指标要求的最小窗长，因此，窗长为 $M+1=59$。

9－13　一个单位冲激响应为 $h_c(t)$的因果连续时间系统，其系统函数为 $H_c(s)=\dfrac{1}{s+6}$。假设采用阶跃响应不变法将该连续时间系统离散化，得到的离散时间系统的单位脉冲响应记为 $h_2[n]$，使得 $s_2[n]=s_c(nT)$，其中 $s_2[n]=\sum\limits_{k=-\infty}^{n}h_2[k]$，$s_c(t)=\int_{-\infty}^{t}h_c(\tau)\mathrm{d}\tau$，则设计出的离散时间系统的系统函数 $H_2(z)=$__________。

【解】　根据阶跃响应的定义，$s_c(t)$的拉氏变换为

$$S_c(s)=\frac{1}{s}H_c(s)=\frac{1}{6}\cdot\frac{1}{s}-\frac{1}{6}\cdot\frac{1}{s+6}$$

则阶跃响应为 $s_c(t)=\dfrac{1}{6}\mathrm{u}[t]-\dfrac{1}{6}\mathrm{e}^{-6t}\mathrm{u}[t]$，对 $s_c(t)$采样可得到 $s_2[n]=\dfrac{1}{6}\mathrm{u}[n]-\dfrac{1}{6}\mathrm{e}^{-6nT}\mathrm{u}[n]$，再求得 $s_2[n]$的 z 变换为

$$S_2(z)=\frac{1}{6}\cdot\frac{1}{1-z^{-1}}-\frac{1}{6}\cdot\frac{1}{1-\mathrm{e}^{-6T}z^{-1}}$$

$S_2(z)$也是离散时间系统单位阶跃响应的 z 变换，$S_2(z)$的 z 反变换 $s_2[n]$为离散时间系统的单位阶跃响应，由于 $s_2[n]=\sum\limits_{k=-\infty}^{n}h_2[k]=\sum\limits_{k=-\infty}^{+\infty}h_2[k]\mathrm{u}[n-k]=h_2[n]*\mathrm{u}[n]$，所以 $S_2(z)=H_2(z)\dfrac{1}{1-z^{-1}}$，从而求出离散时间系统的系统函数为

$$H_2(z)=S_2(z)(1-z^{-1})=\frac{1}{6}\cdot\frac{(1-\mathrm{e}^{-6T})z^{-1}}{1-\mathrm{e}^{-6T}z^{-1}},\ |z|>\mathrm{e}^{-6T}$$

系统的单位脉冲响应为

$$h_2[n]=\frac{1}{6}\delta[n]-\frac{1}{6}\left(\mathrm{e}^{-6Tn}\mathrm{u}[n]-\mathrm{e}^{-6T(n-1)}\mathrm{u}[n-1]\right)$$

或

$$h_2[n]=\frac{1-\mathrm{e}^{-6T}}{6}\cdot\mathrm{e}^{-6T(n-1)}\mathrm{u}[n-1]$$

需要注意的是，若采用冲激响应不变法，则离散化后的系统函数为 $H_1(z)=$

$\dfrac{T}{1-e^{-6T}z^{-1}}$。

9-14 离散时间 FIR 滤波器的指标要求通带最大衰减小于等于 0.2 dB,阻带最小衰减大于等于 25 dB,采用窗函数法设计,则在选择窗函数形状时应考虑最大误差小于等于 ________ dB。

【解】 若通带波纹或通带允许的最大误差记为 δ_p,换算为 dB 表示的通带最大衰减为

$$-20\lg(1-\delta_p)\leqslant 0.2$$

可求得 $\delta_p\leqslant 1-10^{-\frac{0.2}{20}}=0.022\ 76$。阻带波纹或阻带允许的最大误差记为 δ_s,换算为 dB 表示的阻带最小衰减

$$-20\lg\delta_s\geqslant 25$$

可求得 $\delta_s\leqslant 10^{-\frac{25}{20}}=0.056\ 2$。在选择窗函数形状时,为同时满足通带波纹和阻带波纹,应选择最大误差 $\delta\leqslant\min(\delta_p,\delta_s)=0.022\ 76$,用 dB 表示为 $-20\log_{10}\delta=32.857$ dB。

计算、证明与作图题(9-15 题～9-25 题)

9-15 采用冲激响应不变法设计满足如下技术指标的离散时间低通滤波器,其中原型滤波器选用巴特沃思滤波器,即平方幅度函数为 $|H_c(j\Omega)|^2=\dfrac{1}{1+(\Omega/\Omega_c)^{2N}}$。假定在使用冲激响应不变法时忽略本应存在的混叠问题,且

$$\begin{cases}0.8\leqslant|H(e^{j\omega})|\leqslant 1, & 0\leqslant|\omega|\leqslant 0.2\pi\\ |H(e^{j\omega})|\leqslant 0.15, & 0.3\pi\leqslant|\omega|\leqslant\pi\end{cases}$$

(a) 若冲激响应不变法的采样周期为 T_d,试用离散时间系统的技术指标表示出连续时间巴特沃思滤波器幅频响应 $|H_c(j\Omega)|$ 的相应指标(或容限界)。

(b) 确定滤波器的阶次 N 和 $T_d\Omega_c$ 的取值,使得连续时间巴特沃思滤波器可以完全满足(a)中所确定的通带和阻带边缘处的技术指标。

(c) 试说明在该例中,冲激响应不变法中选取不同的采样周期参数 T_d,这并不改变离散时间系统函数 $H(z)$。

【解】 (a) 冲激响应不变法中数字频率与模拟频率之间为关系为 $\omega=T_d\Omega$,则连续时间滤波器幅频响应的容限界取值为

$$\begin{cases}0.8\leqslant|H_c(j\Omega)|\leqslant 1, & 0\leqslant|\Omega|\leqslant\dfrac{0.2\pi}{T_d}\\ |H_c(j\Omega)|\leqslant 0.15, & \dfrac{0.3\pi}{T_d}\leqslant|\Omega|\leqslant\dfrac{\pi}{T_d}\end{cases}$$

其中 $\Omega_p=\dfrac{0.2\pi}{T_d}$,$\Omega_s=\dfrac{0.3\pi}{T_d}$。

(b) 方法一:通带波纹为 $\delta_1=1-0.8$,通带最大衰减为 $A_p=-20\lg(1-\delta_1)=-20\lg 0.8=1.938\ 2$ dB,阻带波纹为 $\delta_2=0.15$,阻带最小衰减为 $A_s=-20\lg(\delta_2)=-20\lg 0.15=16.478\ 2$ dB,将其代入 $|H_c(j\Omega)|^2$ 可确定滤波器的阶数,即

$$N \geqslant \frac{1}{2} \frac{\lg\left(\frac{10^{0.1A_s}-1}{10^{0.1A_p}-1}\right)}{\lg\left(\frac{\Omega_s}{\Omega_p}\right)}=5.36$$

取 $N=6$，再将通带最大衰减和阻带最小衰减代入 $|H_c(j\Omega)|^2$ 可求得 3 dB 截止频率 Ω_c，即

$$\Omega_c \geqslant \frac{\Omega_p}{(10^{0.1A_p}-1)^{\frac{1}{2N}}}=\frac{0.2\pi}{T_d}(10^{0.19382}-1)^{-\frac{1}{12}}=\frac{0.66}{T_d}$$

$$\Omega_c \leqslant \frac{\Omega_s}{(10^{0.1A_s}-1)^{\frac{1}{2N}}}=\frac{0.3\pi}{T_d}(10^{1.64782}-1)^{-\frac{1}{12}}=\frac{0.688}{T_d}$$

所以 $0.66 \leqslant T_d\Omega_c \leqslant 0.688$。

方法二：令巴特沃斯滤波器的幅度平方函数为

$$|H_c(j\Omega)|^2=\frac{1}{1+(\Omega/\Omega_c)^{2N}}$$

由于此幅度平方函数是单调函数，所以在通带边界 $\Omega_p=\frac{0.2\pi}{T_d}$ 和阻带边界 $\Omega_s=\frac{0.3\pi}{T_d}$ 处分别代入连续时间滤波器幅频响应的容限界，有

$$\frac{1}{1+(0.2\pi/\Omega_c/T_d)^{2N}}=0.8^2 \text{ 或 } 1+\left(\frac{0.2\pi}{\Omega_c T_d}\right)^{2N}=\left(\frac{1}{0.8}\right)^2$$

$$\frac{1}{1+(0.3\pi/\Omega_c/T_d)^{2N}}=0.15^2 \text{ 或 } 1+\left(\frac{0.3\pi}{\Omega_c T_d}\right)^{2N}=\left(\frac{1}{0.15}\right)^2$$

联立方程求得 $N \geqslant 5.36$，取 $N=6$，将其代入通带边界处的容限值可得 $T_d\Omega_c=0.605$，或将其代入阻带边界容限值可得 $T_d\Omega_c=0.687$。所以 $0.605 \leqslant T_d\Omega_c \leqslant 0.687$。

(c) 采用巴特沃斯滤波器时，平方幅度函数 $|H_c(s)|^2$ 的极点 $s_k=\Omega_c e^{j\pi\left(\frac{1}{2}+\frac{2k+1}{2N}\right)}$ $(k=0,1,2,\cdots,2N-1)$ 均匀分布在半径为 Ω_c 的圆上，$H_c(s)=\frac{\Omega_c^N}{\prod_{k=1}^{N}(s-s_k)}=\sum_{k=1}^{N}\frac{A_k}{s-s_k}$ 的极点是位于该圆左半平面的极点，冲激响应不变法将离散时间系统的极点映射为 $z_k=e^{s_k T_d}$，只要 $T_d\Omega_c=0.687$ 取固定值，则 T_d 不改变 $H(z)$ 的极点。同理可分析得出，T_d 对部分分式的加权系数 A_k 没有影响。因此，$H(z)$ 不依赖于 T_d，T_d 不改变离散时间系统函数 $H(z)$。

9-16　某离散时间系统的系统函数为

$$H(z)=\frac{3}{1-e^{-0.6}z^{-1}}-\frac{1}{1-e^{-0.9}z^{-1}}$$

若该离散时间系统是用采样周期 $T_d=0.3$ s 的冲激响应不变法设计得到的，即 $h[n]=0.3h_c(0.3n)$，其中 $h_c(t)$ 为连续时间系统的单位冲激响应。试求一个满足要求的连续时间滤波器的系统函数 $H_c(s)$。该系统函数是否唯一？如果不是，请写出满足要求的系统函数 $H_c(s)$ 的一般形式。

【解】　若 s_k 为连续时间系统的极点，冲激响应不变法将该极点映射为离散时间系统的极点 $e^{s_k T_d}$，其中 T_d 为采样周期。若连续时间系统的系统函数为 $\frac{A}{s-s_k}$，则利用冲激响应不变法

得到的离散时间系统的系统函数为$\dfrac{T_d A}{1-e^{s_k T_d} z^{-1}}$。则 $H(z)=\dfrac{3}{1-e^{-0.6} z^{-1}}-\dfrac{1}{1-e^{-0.9} z^{-1}}$中 $s_{k1} T_d=-0.6, T_d A_1=3, s_{k2} T_d=-0.9, T_d A_2=1$，所以连续系统的极点可取 $s_{k1}=\dfrac{-0.6}{T_d}=-2, s_{k2}=\dfrac{-0.9}{T_d}=-3$，系数 $A_1=\dfrac{3}{T_d}=10, A_2=\dfrac{1}{T_d}=\dfrac{10}{3}$，对应的一个连续时间系统函数为

$$H_c(s)=\frac{10}{s+2}-\frac{10}{3} \cdot \frac{1}{s+3}$$

考虑到复指数函数的周期性，即 $e^{-0.6}=e^{-0.6+j2\pi k}, e^{-0.9}=e^{-0.9+j2\pi l}$，其中 k、l 为整数。即连续系统的极点满足 $s_{k1} T_d=-0.6+j2\pi k, s_{k2} T_d=-0.9+j2\pi k$，求得 $s_{k1}=-2+j\dfrac{20\pi}{3}k, s_{k2}=-3+j\dfrac{20\pi}{3}k$，$H(z)$对应连续时间系统函数 $H_c(s)$的一般形式为

$$H_c(s)=\frac{10}{s+2-j\dfrac{20\pi}{3}k}-\frac{10}{3} \cdot \frac{1}{s+3-j\dfrac{20\pi}{3}l}$$

其中 k, l 为整数。需要注意的是，如果要求 $h_c(t)$为实函数，则 $H_c(s)$唯一。

9-17 截止频率为 $\omega_c=\dfrac{\pi}{4}$的理想离散时间低通滤波器是由截止频率为 $\Omega_c=2\pi \cdot 5\,000$ rad/s 的理想连续时间原型低通滤波器经变换得到的。

(a) 若采用冲激响应不变法对其进行离散化，则其采样周期 T_d 取值为多少？此值是否唯一？如果不唯一，求出符合要求的其他某个 T_d 值；

(b) 若采用双线性变换法对其进行离散化，则其采样周期 T_d 取值为多少？此值是否唯一？如果不唯一，求出符合要求的其他某个 T_d 值。

【解】 (a) 冲激响应不变法中数字频率与模拟频率之间的关系为 $\omega=T_d \Omega$，则其采样周期可取 $T_d=\dfrac{\omega_c}{\Omega_c}=\dfrac{\frac{\pi}{4}}{2\pi \cdot 5\,000}=25\ \mu s$。一方面，假如考虑 ω 的周期性，即当 $\omega_c'=\omega_c+2\pi k$（$k$ 为任意整数）时，ω 与 Ω 可保持线性关系，简单起见令 $k=1$，则 $T_d'=\dfrac{\omega_c+2\pi}{\Omega_c}=\dfrac{\frac{9\pi}{4}}{2\pi \cdot 5\,000}=225\ \mu s$。若从连续时间原型低通滤波器出发，采样会引起频谱函数的周期延拓，即 $\Omega_s'=\dfrac{2\pi}{T_d'}=\dfrac{2\pi}{225 \times 10^{-6}}=2\pi \cdot 4\,444.44$ 不满足 $\Omega_s' \geqslant 2\Omega_c=2\pi \cdot 10\,000$，因此频谱会产生混叠，使得低通变为全通。另一方面，直观上可以从模拟频率范围 $\left[-\dfrac{\pi}{T_d}, \dfrac{\pi}{T_d}\right]$ 内 $[-\Omega_c, \Omega_c]$ 映射为 $[-\omega_c, \omega_c]=\left[-\dfrac{\pi}{4}, \dfrac{\pi}{4}\right]$，且满足 $\omega=T_d \Omega$。假如从 $\left[\dfrac{\pi}{T_d}, \dfrac{2\pi}{T_d}\right]$ 范围内 $-\Omega_c+\dfrac{2\pi}{T_d}$ 或 Ω_c+

$\frac{2\pi}{T_d}$映射为$-\frac{\pi}{4}$或$\frac{\pi}{4}$，使得$-\frac{\pi}{4}=T_d\left(-\Omega_c+\frac{2\pi}{T_d}\right)$或$\frac{\pi}{4}=T_d\left(\Omega_c+\frac{2\pi}{T_d}\right)$成立，此时 $T_d=\frac{\frac{\pi}{4}+2\pi}{\Omega_c}=\frac{\frac{9\pi}{4}}{2\pi\cdot 5\ 000}$，同样不满足 $\Omega_s=\frac{2\pi}{T_d}\geqslant 2\Omega_c$ 的条件，故频谱产生混叠，所以 T_d 值唯一。

(b) 双线性变换法中数字频率与模拟频率之间的关系为$\Omega=\frac{2}{T_d}\tan\frac{\omega}{2}$，则 $T_d=\frac{2}{\Omega_c}\tan\frac{\omega_c}{2}=\frac{2}{2\pi\cdot 5\ 000}\cdot\tan\frac{\pi}{8}=26.37\ \mu s$，考虑 ω 具有周期性，可用 $\omega_c+2\pi k$ 代替 ω_c，但由于正切函数 $\tan x$ 抵消了数字频率的 2π 周期性，故不影响表达式的值，所以 T_d 值唯一。

9-18 考虑系统函数为 $H_c(s)=\frac{1}{s}$的连续时间积分器。

(a) 采用双线性变换法将该连续时间系统离散化，试求离散时间系统的单位脉冲响应 $h[n]$，其中采样周期为 T_d；

(b) 求离散时间"积分器"的频率响应 $H(e^{j\omega})$，将其与连续时间积分器的频率响应$H_c(j\Omega)$进行比较，指出在什么条件下可以认为该离散时间"积分器"是连续时间积分器的良好逼近？

(c) 采用双线性变换法将系统函数为 $G_c(s)=s$ 的连续时间微分器进行离散化，试求离散时间"微分器"的系统函数 $G(z)$及其单位脉冲响应 $g[n]$；

(d) 求离散时间"微分器"的频率响应 $G(e^{j\omega})$，将其与连续时间微分器的频率响应 $G_c(j\Omega)$进行比较，指出在什么情况下可以认为该离散时间"微分器"是连续时间微分器的良好逼近？

(e) 连续时间积分器与微分器完全互为可逆，对于它们的离散时间逼近也同样正确吗？

【解】 (a) 由双线性变换法的变换公式 $s=\frac{2}{T_d}\left(\frac{1-z^{-1}}{1+z^{-1}}\right)$可得离散时间"积分器"的系统函数，即

$$H(z)=\frac{T_d}{2}\left(\frac{1+z^{-1}}{1-z^{-1}}\right),\quad |z|>1$$

求 z 反变换可得系统的单位脉冲响应，即

$$h[n]=\frac{T_d}{2}(\mathrm{u}[n]+\mathrm{u}[n-1])$$

(b) 该系统在单位圆上有极点，故系统不稳定，严格意义上该系统不存在频率响应，这里忽略该细节，其离散时间"积分器"的频率响应为

$$H(e^{j\omega})=H(z)\big|_{z=e^{j\omega}}=\frac{T_d}{2}\left(\frac{e^{j\frac{\omega}{2}}+e^{-j\frac{\omega}{2}}}{e^{j\frac{\omega}{2}}-e^{-j\frac{\omega}{2}}}\right)=\frac{T_d}{2j}\cdot\mathrm{ctan}\,\frac{\omega}{2}$$

连续时间积分器的频率响应为

$$H_c(j\Omega)=\frac{1}{j\Omega}$$

可以看出，在低频处，当 ω 趋于零时，$\tan\frac{\omega}{2}\approx\frac{\omega}{2}$，此时 $\Omega=\frac{\omega}{T_d}$，离散时间"积分器"为连续时间积分器的良好逼近，而在高频处二者差别较大。

(c) 由双线性变换法的变换公式可得离散时间"微分器"的系统函数，即

$$G(z)=G_c(s)\Big|_{s=\frac{2}{T_d}\left(\frac{1-z^{-1}}{1+z^{-1}}\right)}=\frac{2}{T_d}\left(\frac{1-z^{-1}}{1+z^{-1}}\right),\quad |z|>1$$

求 z 反变换可得系统的单位脉冲响应，即

$$g[n]=\frac{2}{T_d}[(-1)^n u[n]-(-1)^{n-1}u[n-1]]=\frac{2}{T_d}(-1)^n[u[n]+u[n-1]]$$

或

$$\frac{2}{T_d}[2(-1)^n u[n]-\delta[n]]$$

(d) 由于系统极点在单位圆上，严格意义上该系统也不存在频率响应，这里忽略该细节，其离散时间"微分器"的频率响应为

$$G(e^{j\omega})=G(z)\big|_{z=e^{j\omega}}=j\frac{2}{T_d}\cdot\tan\frac{\omega}{2}$$

对照连续时间微分器的频率响应，即

$$G_c(j\Omega)=j\Omega$$

同样，在低频处，当 ω 趋于零时，$\tan\frac{\omega}{2}\approx\frac{\omega}{2}$，此时 $\Omega=\frac{\omega}{T_d}$，离散时间"微分器"为连续时间微分器的良好逼近，而在高频处二者相差较大。

9-19 已知归一化模拟低通原型滤波器的系统函数为 $H_a(s)=\frac{2}{s^2+3s+2}$，其模拟截止频率 $f_c=1$ kHz，采样频率 $f_s=4$ kHz，采用冲激响应不变法设计一个数字低通滤波器。

(a) 试求数字滤波器的截止频率 ω_c；

(b) 试求数字低通滤波器的系统函数 $H(z)$；

(c) 假设混叠忽略不计，一个以 $f'_s=\frac{1}{T'}=2$ kHz 为采样频率获取的包含丰富谐波分量的输入信号，通过理想 C/D 转换、该数字滤波器和理想 D/C 转换处理之后，输出信号的最高频率为多少 kHz?

【解】 (a) 冲激响应不变法中模拟频率 Ω 和数字频率 ω 呈线性关系($\omega=\Omega T$)，这里

$$\Omega_c=2\pi f_c=2\pi\times 1\ 000=2\ 000\ \pi\ \text{rad/s}$$

所以数字滤波器的截止频率为 $\omega_c=\Omega_c T=2\pi f_c\frac{1}{f_s}=\frac{\pi}{2}$。

(b) 题目给出了归一化模拟原型滤波器的系统函数，为了得到满足指标要求的模拟低通系统函数，需要"去归一化"，即用 $\frac{s}{\Omega_c}$ 代替 $H_a(s)$ 中的 s，这里 $\Omega_c=2\ 000\ \pi$ rad/s，即

$$H_a(s)\Big|_{s=\frac{s}{\Omega_c}}=\frac{2}{s^2+3s+2}\Bigg|_{s=\frac{s}{\Omega_c}}=\frac{2}{\left(\frac{s}{\Omega_c}\right)^2+3\left(\frac{s}{\Omega_c}\right)+2}$$

$$=\frac{2\Omega_c^2}{s^2+3\Omega_c s+2\Omega_c^2}=\frac{2\Omega_c}{s+\Omega_c}+\frac{-2\Omega_c}{s+2\Omega_c}$$

其极点为 $s_1=-\Omega_c$，$s_2=-2\Omega_c$，参数 $T=\frac{1}{f_s}=\frac{1}{4\ 000}$ s，由 $H(z)=\sum_{k=1}^{N}\frac{TA_k}{1-e^{s_k T}z^{-1}}$ 可得

$$H(z)=\frac{2\Omega_c T}{1-e^{-\Omega_c T}z^{-1}}+\frac{-2\Omega_c T}{1-e^{-2\Omega_c T}z^{-1}}=\frac{\pi}{1-e^{-\pi/2}z^{-1}}+\frac{-\pi}{1-e^{-\pi}z^{-1}}$$

(c) 输入信号可通过 $f'_s=\frac{1}{T'}=2$ kHz 为采样频率获得，因此输入信号的最高频率分量为

$$f_{\max}\leqslant\frac{1}{2}f'_s=1\ \text{kHz}$$

整个连续系统能够描述的频率范围是 $\left[-\frac{f'_s}{2},\frac{f'_s}{2}\right]=[-1\ 000,1\ 000]$，对应离散系统在一个周期内的频率范围是 $[-\pi,\pi]$，由于数字滤波器的截止频率是 $\omega_c=\frac{\pi}{2}$，因此输出信号的最高频率为 $\frac{1}{2}\frac{f'_s}{2}=0.5$ kHz。

9-20　考虑某带限实信号 $x_a(t)$，其傅里叶变换 $X_a(j\Omega)$ 具有以下特性

$$X_a(j\Omega)=0,\quad |\Omega|>2\pi\cdot 9\ 000$$

希望用一个高通模拟滤波器来处理 $x_a(t)$，其幅度指标为

$$\begin{cases}0\leqslant|H_a(j\Omega)|\leqslant 0.1, & |\Omega|\leqslant 2\pi\cdot 3\ 000=\Omega_s\\ 0.9\leqslant|H_a(j\Omega)|\leqslant 1, & |\Omega|\geqslant 2\pi\cdot 6\ 000=\Omega_p\end{cases}$$

其中 Ω_s 和 Ω_p 分别为阻带截止频率和通带截止频率。

(a) 假设模拟滤波器 $H_a(j\Omega)$ 是通过图 P9-20 所示的离散时间系统来实现的。图中理想 C/D 转换器和 D/C 转换器的采样频率 $f_s=\frac{1}{T}$ 均取为 18 kHz。试确定滤波器 $|H(e^{j\omega})|$ 的指标；

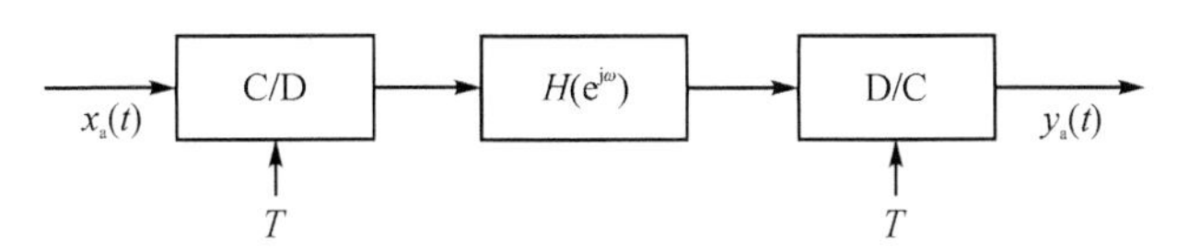

图 P9-20　实现模拟滤波的离散时间系统框图

(b) 为了设计满足(a)中幅度指标要求的数字滤波器，现采用双线性变换法 $s=\frac{1-z^{-1}}{1+z^{-1}}$，求模拟滤波器 $|G_{HP}(j\Omega)|$ 的指标，即求通过双线性变换法与数字滤波器关联的高通滤波器的幅频响应；

(c) 采用频率变换 $s_1=\frac{1}{s_2}$（即由 s 的倒数代替拉普拉斯变换中的变量 s）可实现模拟低通滤波器到高通滤波器的变换，现以巴特沃斯滤波器$\left(\text{其幅度平方频率响应为}|G(j\Omega_2)|^2=\frac{1}{1+(\Omega_2/\Omega_c)^{2N}}\right)$为原型设计满足(b)的模拟高通滤波器 $G_{HP}(j\Omega_1)$，试求巴特沃斯滤波器的阶数 N 和相应的截止频率 Ω_c，并写出该巴特沃斯滤波器的系统函数。

【解】 (a) 由于处理的信号为带限信号，其采样频率满足采样定理，即可以利用离散时间

系统去逼近连续时间高通滤波器对连续时间信号的处理效果。由数字频率与模拟频率之间的关系可得阻带截止频率 $\omega_s=\Omega_s T=2\pi\cdot 3\ 000\cdot\dfrac{1}{18\ 000}=\dfrac{\pi}{3}$，通带截止频率 $\omega_p=\Omega_p T=\dfrac{2\pi}{3}$，因此滤波器的 $|H(e^{j\omega})|$ 指标为

$$\begin{cases}0\leqslant|H(e^{j\omega})|\leqslant 0.1, & |\omega|\leqslant\dfrac{\pi}{3}\\[2mm] 0.9\leqslant|H(e^{j\omega})|\leqslant 1, & \dfrac{2\pi}{3}\leqslant|\omega|\leqslant\pi\end{cases}$$

(b) 在边界频率处，由双线性变换法中模拟频率与数字频率之间的转换关系 $\Omega=\tan\dfrac{\omega}{2}$ 进行预畸变，$|G_{HP}(j\Omega)|$ 的指标为

$$\begin{cases}0\leqslant|G_{HP}(j\Omega)|\leqslant 0.1, & |\Omega|\leqslant\tan\dfrac{\pi}{6}=0.577\ 3\\[2mm] 0.9\leqslant|G_{HP}(j\Omega)|\leqslant 1, & \tan\dfrac{\pi}{3}=1.732\leqslant|\Omega|\end{cases}$$

(c) 由频率变换 $s_1=\dfrac{1}{s_2}$ 得，巴特沃思滤波器的指标为

$$\begin{cases}0\leqslant|G(j\Omega)|\leqslant 0.1, & |\Omega|\geqslant\dfrac{1}{\dfrac{\pi}{6}}=1.732\ 2=\hat{\Omega}_s\\[4mm] 0.9\leqslant|G(j\Omega)|\leqslant 1, & \hat{\Omega}_p=\dfrac{1}{\dfrac{\pi}{3}}=0.577\ 3\geqslant|\Omega|\end{cases}$$

在通带边界 $\hat{\Omega}_p=0.577\ 3$ 和阻带边界 $\hat{\Omega}_s=1.732\ 2$ 处分别代入连续时间滤波器幅频响应的容限界，有

$$\frac{1}{1+(0.577\ 3/\Omega_c)^{2N}}=0.9^2 \text{ 或 } 1+\left(\frac{0.577\ 3}{\Omega_c}\right)^{2N}=\left(\frac{1}{0.9}\right)^2$$

$$\frac{1}{1+(1.732\ 2/\Omega_c)^{2N}}=0.1^2 \text{ 或 } 1+\left(\frac{1.732\ 2}{\Omega_c}\right)^{2N}=\left(\frac{1}{0.1}\right)^2$$

联立方程求得 $N\geqslant 2.75$，取 $N=3$，将其代入通带边界处的容限值可得 $\Omega_c=0.735\ 1$(或代入阻带边界容限值可得 $\Omega_c=0.805\ 4$)。查表知 3 阶归一化巴特沃斯系统函数为 $\dfrac{1}{(s+1)(s^2+s+1)}$，所以反归一化后得到低通巴特沃斯滤波器的系统函数为 $\dfrac{1}{\left(\dfrac{s}{\Omega_c}+1\right)\left[\left(\dfrac{s}{\Omega_c}\right)^2+\dfrac{s}{\Omega_c}+1\right]}$。

9-21 冲激响应不变法和双线性不变法是设计离散时间 IIR 滤波器的两种方法，这两种方法都可将连续时间系统函数 $H_c(s)$ 变换成离散时间系统函数 $H(z)$。试分别回答哪种方法可得到下述期望的变换。

(a) 最小相位连续系统变换为最小相位离散系统；

(b) 模拟全通系统变换为离散全通系统；

(c) 保证 $H(e^{j\omega})|_{\omega=0}=H_c(j\Omega)|_{\Omega=0}$；

(d) 连续时间带阻滤波器变换为离散时间带阻滤波器；

(e) 假设 $H_1(z)$，$H_2(z)$，$H(z)$分别是由 $H_{c1}(s)$，$H_{c2}(s)$，$H_c(s)$变换得到的，当 $H_c(s)=H_{c1}(s)H_{c2}(s)$时，保证 $H(z)=H_1(z)H_2(z)$；

(f) 假设 $H_1(z)$，$H_2(z)$，$H(z)$分别是由 $H_{c1}(s)$，$H_{c2}(s)$，$H_c(s)$变换得到的，当 $H_c(s)=H_{c1}(s)+H_{c2}(s)$时，保证 $H(z)=H_1(z)+H_2(z)$。

【解】 (a) 在冲激响应不变法中，$s=s_k$ 处的极点变换成 z 平面中 $z_k=e^{s_kT_d}$ 处的极点，所以 $H_c(s)$左半 s 平面的极点可以映射到 z 平面的单位圆内；但 $H(z)$中的零点是部分分式展开式中的极点和系数 T_dA_k 的函数，故其并不按照与极点相同的方式进行映射。例如 $H_c(s)=\frac{s+1}{s+2}$映射为 $H(z)=\frac{1-T-e^{-2T}z^{-1}}{1-e^{-2T}z^{-1}}$，$H(z)$的零点为 $z=\frac{e^{-2T}}{1-T}$，其不一定在单位圆内，故不能保证 $H(z)$是最小相位系统。

双线性变换法可将极点 $s_k=\frac{2}{T}\cdot\frac{1-z^{-1}}{1+z^{-1}}$映射为 $z_k=\frac{1+(T/2)s_k}{1-(T/2)s_k}=\frac{1+\sigma T/2+j\Omega T/2}{1-\sigma T/2-j\Omega T/2}$，且极点和零点按照同种方式映射。左半 s 平面的极点(或零点)$\sigma<0$，则对任意 Ω 值，总有 $|z|<1$，即极点(或零点)在 z 平面的单位圆内。例如 $H_c(s)=\frac{s+1}{s+2}$映射为 $H(z)=\frac{T+2}{2T+2}\cdot\frac{1+\frac{T-2}{T+2}z^{-1}}{1+\frac{2T-2}{2T+2}z^{-1}}$，故 $H(z)$是最小相位系统。

(b) 冲激响应不变法中 $H_c(s)$和 $H(z)$的极点有明确的映射关系，而零点并不遵循相同的规律。例如模拟全通系统 $H_c(s)=\frac{s-1}{s+1}$变换为离散系统 $H(z)=\frac{1-2T-e^{-T}z^{-1}}{1-e^{-T}z^{-1}}$，故 $H(z)$不是全通系统。也可以根据冲激响应不变法的原理，则方法只适用于带限滤波器，其频谱混叠会导致全通的选频特性发生变化。

双线性变换法只是弯曲了频率轴，其对幅度响应不受影响。例如 $H_c(s)=\frac{s-1}{s+1}$变换为 $H(z)=\frac{2-T-(2+T)z^{-1}}{2+T+(T-2)z^{-1}}$，极点$\frac{2-T}{2+T}$与零点$\frac{2+T}{2-T}$关于单位圆镜像对称，故 $H(z)$仍为全通系统。

(c) 由于冲激响应不变法中离散系统频率响应和模拟系统频率响应之间的关系为 $H(e^{j\omega})=\sum_{k=-\infty}^{+\infty}H_c\left(j\frac{\omega}{T}+j\frac{2\pi k}{T}\right)$，仅当周期延拓在 $\Omega=0$ 处不混叠时才有 $H(e^{j0})=H_c(j0)$。双线性变换法中，$\Omega=0$ 映射为 $\omega=0$，可以保证 $H(e^{j\omega})|_{\omega=0}=H_c(j\Omega)|_{\Omega=0}$。

(d) 由于冲激响应不变法中可能存在混叠，在 $H_c(j\Omega)$周期延拓时可能会破坏原始的频谱形状，因此变换后不一定是带阻滤波器。双线性变换法只是弯曲了频率轴，可将分段常数的幅度响应特性进行有效映射，其幅度特性本身不受影响，映射后的离散时间系统仍为带阻滤波器。

(e) 冲激响应不变法适合于部分分式和形式的 $H_c(s)$，映射为 $H(z)$时其极点有明确的关系，而其零点并不遵循相同的规律，即因式分解过程会导致零点项发生变化。例如将 $H_c(s)=H_{c1}(s)H_{c2}(s)=\frac{1}{s+1}\cdot\frac{1}{s+2}=\frac{1}{s+1}-\frac{1}{s+2}$ 映射为 $H(z)=\frac{T(e^{-T}-e^{-2T})z^{-1}}{(1-e^{-T}z^{-1})(1-e^{-2T}z^{-1})}$，而 $H_1(z)=\frac{T}{1-e^{-T}z^{-1}}$，$H_2(z)=\frac{T}{1-e^{-2T}z^{-1}}$，显然 $H(z)\neq H_1(z)H_2(z)$。双线性变换法中 $H(z)=H_c\left(\frac{2}{T}\cdot\frac{1-z^{-1}}{1+z^{-1}}\right)=H_{c1}\left(\frac{2}{T}\cdot\frac{1-z^{-1}}{1+z^{-1}}\right)H_{c2}\left(\frac{2}{T}\cdot\frac{1-z^{-1}}{1+z^{-1}}\right)=H_1(z)H_2(z)$。例如 $H_c(s)=H_{c1}(s)H_{c2}(s)=\frac{1}{s+1}\cdot\frac{1}{s+2}$，只需要直接代入 $s=\frac{2}{T}\cdot\frac{1-z^{-1}}{1+z^{-1}}$ 即可 $H(z)=H_1(z)H_2(z)$。

(f) 容易验证，冲激响应不变法满足

$$
\begin{aligned}
H(e^{j\omega}) &= \sum_{k=-\infty}^{+\infty} H_c\left(j\frac{\omega}{T}+j\frac{2\pi k}{T}\right) \\
&= \sum_{k=-\infty}^{+\infty} H_{c1}\left(j\frac{\omega}{T}+j\frac{2\pi k}{T}\right)+\sum_{k=-\infty}^{+\infty} H_{c2}\left(j\frac{\omega}{T}+j\frac{2\pi k}{T}\right) \\
&= H_1(e^{j\omega})+H_2(e^{j\omega})
\end{aligned}
$$

双线性变换法满足

$$
\begin{aligned}
H(z) &= H_c\left(\frac{2}{T}\cdot\frac{1-z^{-1}}{1+z^{-1}}\right) \\
&= H_{c1}\left(\frac{2}{T}\cdot\frac{1-z^{-1}}{1+z^{-1}}\right)+H_{c2}\left(\frac{2}{T}\cdot\frac{1-z^{-1}}{1+z^{-1}}\right) \\
&= H_1(z)+H_2(z)
\end{aligned}
$$

因此，两种方法都符合要求。

9-22 试用 Kaiser 窗函数法设计一个 FIR 滤波器，要求的技术指标为

$$
\begin{cases}
0.98 < H(e^{j\omega}) < 1.02, & 0\leqslant|\omega|\leqslant 0.63\pi \\
-0.15 < H(e^{j\omega}) < 0.15, & 0.65\pi\leqslant|\omega|\leqslant\pi
\end{cases}
$$

写出系统的单位脉冲响应 $h[n]$。

【解】 由 $\delta_1=0.02$，$\delta_2=0.15$ 可知最大峰值逼近误差为 $\delta=\delta_1=0.02$，所以 $A=-20\lg\delta=33.98$ dB，根据 Kaiser 窗的经验公式

$$
\beta=\begin{cases}
0.1102(A-8.7), & A>50 \\
0.5842(A-21)^{0.4}+0.07886(A-21), & 21\leqslant A\leqslant 50 \\
0, & A<21
\end{cases}
$$

滤波器的形状参数 $\beta=0.5842(A-21)^{0.4}+0.07886(A-21)=2.65$，由于 $\Delta\omega=\omega_s-\omega_p=0.65\pi-0.63\pi=0.02\pi$，再根据 Kaiser 窗的另一经验公式 $M=\frac{A-8}{2.285\Delta\omega}$ 可求得 $M=\frac{33.98-8}{2.285\times 0.02\pi}=180.95$，取 $M=181$。由于 M 为奇数，当 $h[n]$ 偶对称时第Ⅱ类线性相位 FIR 系统在高频处衰减；当 $h[n]$ 奇对称时第Ⅳ类线性相位 FIR 系统在低频处衰减，因此采用第Ⅱ类即可。此时，该滤波器的延迟为 $\alpha=\frac{M}{2}=90.5$，其长度为 $M+1=182$。又由于 $\omega_c=$

$\dfrac{\omega_s+\omega_p}{2}=0.64\pi$，因此该低通滤波器的单位脉冲响应为

$$h_d[n]=\frac{\sin[\omega_c(n-M/2)]}{\pi(n-M/2)}W[n]=\frac{\sin[0.64\pi(n-90.5)]}{\pi(n-90.5)}W[n]$$

其中 $W[n]$ 是指定长度 $M+1$ 和形状参数 β 的 Kaiser 窗，且

$$W[n]=\begin{cases}\dfrac{I_0\left\{2.65\left[1-\left(\dfrac{(n-90.5)}{90.5}\right)^2\right]^{1/2}\right\}}{I_0(2.65)}, & 0\leqslant n\leqslant M\\ 0, & \text{其他}\end{cases}$$

9-23　某理想多通带滤波器的频率响应为

$$H_d(e^{j\omega})=\begin{cases}e^{-j\omega M/2}, & |\omega|\leqslant 0.2\pi\\ 0, & 0.2\pi<|\omega|<0.3\pi\\ 0.2e^{-j\omega M/2}, & 0.3\pi\leqslant|\omega|\leqslant\pi\end{cases}$$

其单位脉冲响应记为 $h_d[n]$，参数 $M=50$，用长度为 $M+1$ 和形状参数 $\beta=0.6$ 的 Kaiser 窗乘以 $h_d[n]$ 得到一个单位脉冲响应为 $h[n]$ 的线性相位 FIR 滤波器，试

(a) 求该滤波器的延迟；

(b) 求系统的理想单位脉冲响应 $h_d[n]$；

(c) 确定 FIR 滤波器所满足的一组逼近误差技术指标，即确定下式中的参数 $\delta_1,\delta_2,\delta_3$，$B,C,\omega_{p1},\omega_{s1},\omega_{s2}$ 和 ω_{p2}，即

$$\begin{cases}B-\delta_1\leqslant|H(e^{j\omega})|\leqslant B+\delta_1, & 0\leqslant\omega\leqslant\omega_{p1}\\ |H(e^{j\omega})|\leqslant\delta_2, & \omega_{s1}\leqslant\omega\leqslant\omega_{s2}\\ C-\delta_3\leqslant|H(e^{j\omega})|\leqslant C+\delta_3, & \omega_{p2}\leqslant\omega\leqslant\pi\end{cases}$$

【解】　(a) 由于理想脉冲响应 $h_d[n]=h_d[M-n]$，对于 Kaiser 窗 $w[n]$ 也满足 $w[n]=w[M-n]$。即所设计的 FIR 滤波器 $h[n]=w[n]h_d[n]$ 满足 $h[n]=h[M-n]$，由于 $M=50$ 为偶数，即设计的 FIR 滤波器 $h[n]$ 为第一类 FIR 线性相位系统，设计的 FIR 滤波器的延迟为 $\dfrac{M}{2}=25$。

(b) 延迟为 $\dfrac{M}{2}$、截止频率为 ω_{c1} 的线性相位 FIR 低通滤波器的单位脉冲响应为 $\dfrac{\sin\left[\omega_c\left(n-\dfrac{M}{2}\right)\right]}{\pi\left(n-\dfrac{M}{2}\right)}$，截止频率为 ω_{c2} 的线性相位 FIR 高通滤波器的单位脉冲响应为 $\dfrac{\sin\left[\pi\left(n-\dfrac{M}{2}\right)\right]-\sin\left[\omega_{c2}\left(n-\dfrac{M}{2}\right)\right]}{\pi\left(n-\dfrac{M}{2}\right)}$，由此可知，理想滤波器的单位脉冲响应 $h_d[n]$ 为

$$\begin{aligned}h_d[n]&=\frac{1}{2\pi}\int_{-\pi}^{\pi}H_d(e^{j\omega})e^{j\omega n}d\omega\\&=\frac{\sin[0.2\pi(n-25)]+0.2\sin[\pi(n-25)]-0.2\sin[0.3\pi(n-25)]}{\pi(n-25)}\end{aligned}$$

$$=\begin{cases}\dfrac{\sin(0.2\pi(n-25))-0.2\sin(0.3\pi(n-25))}{\pi(n-25)}+0.2\delta(n-25), & n\neq 25\\ 0.34, & n=25\end{cases}$$

也可以将截止频率 $\omega_{c2}=0.3\pi$ 的高通滤波器认为是截止频率为 $\pi-\omega_{c2}=0.7\pi$ 的低通滤波器调制而来的，即高通滤波器的单位脉冲响应可写为 $(-1)^{n-\frac{M}{2}}\dfrac{\sin\left[0.7\pi\left(n-\dfrac{M}{2}\right)\right]}{\pi\left(n-\dfrac{M}{2}\right)}$，因此理想滤波器的单位脉冲响应 $h_d[n]$ 还可写为

$$h_d[n]=\frac{\sin[0.2\pi(n-25)]}{\pi(n-25)}+0.2(-1)^{(n-25)}\frac{\sin[0.7\pi(n-25)]}{\pi(n-25)}$$

(c) 描述滤波器的形状参数 β 与阻带衰减之间关系的经验计算公式为

$$\beta=\begin{cases}0.1102(A-8.7), & A>50\\ 0.5842(A-21)^{0.4}+0.07886(A-21), & 21\leqslant A\leqslant 50\\ 0, & A<21\end{cases}$$

则当 $\beta=0.6$ 时，借助计算机用二分法求解得到 $A\approx 21.80758$；或采用试探法，当 $A=22$ 时 $\beta=0.6631$，当 $A=21.5$ 时 $\beta=0.4822$，当 $A=21.8$ 时 $\beta=0.5974$，故可取 $A\approx 21.8$ dB。由于 $-20\lg\delta=A$，所以滤波器的峰值误差或波纹 $\delta=10^{-\frac{A}{20}}=0.0813$。$M$ 由过渡带宽度 $\Delta\omega$ 和阻带衰减共同决定，其经验公式为

$$M=\frac{A-8}{2.285\Delta\omega}$$

则当 $M=50$ 时，$\Delta\omega=\dfrac{A-8}{2.285\times 50}=0.12078\approx 0.038\pi$。滤波器的第一通带产生的波纹为 δ，第二通带产生的波纹为 0.2δ，总波纹为 $(1+0.2)\delta=0.09745$，因此 $\delta_1=\delta_2=\delta_3=(1+0.2)\delta$，即 $\delta_1=\delta_2=\delta_3=0.09745$，由理想滤波器的幅度响应可得 $B=1,C=0.2$。由理想滤波器的频率边界和 $\Delta\omega$ 可得 $\omega_{p1}=0.2\pi-\dfrac{\Delta\omega}{2}=0.181\pi$，$\omega_{s1}=0.2\pi+\dfrac{\Delta\omega}{2}=0.219\pi$，$\omega_{s2}=0.3\pi-\dfrac{\Delta\omega}{2}=0.281\pi$，$\omega_{p2}=0.3\pi+\dfrac{\Delta\omega}{2}=0.319\pi$。

9-24 理想 LTI 系统的单位脉冲响应用 $h_d[n]$ 表示，其频率响应记为 $H_d(e^{j\omega})$，且 $h[n]$ 和 $H(e^{j\omega})$ 分别用于表示对该理想系统的 FIR 逼近的单位脉冲响应和频率响应。假设当 $n<0$ 和 $n>M$ 时 $h[n]=0$。现希望设计出长度为 $M+1$ 的 $h[n]$，使得频率响应的均方误差为 $\varepsilon^2=\dfrac{1}{2\pi}\displaystyle\int_{-\pi}^{\pi}|H_d(e^{j\omega})-H(e^{j\omega})|^2 d\omega$ 最小，试

(a) 借助 Parseval 定理求出该均方误差(用 $h_d[n]$ 和 $h[n]$ 表示)；

(b) 确定 ε^2 最小时 $h[n]$ 的取值($0\leqslant n\leqslant M$)；

(c) 求某个有限长的窗函数 $w[n]$，使得用该窗 $w[n]$ 乘以无限长序列 $h_d[n]$ 得到的 $h[n]=w[n]h_d[n]$ 是均方误差意义上最优的单位脉冲响应。

【解】 (a) 由 Parseval 定理可知，频率响应的均方误差等于时域单位脉冲响应的均方误差，即

$$\varepsilon^2 = \frac{1}{2\pi}\int_{-\pi}^{\pi} |E(e^{j\omega})|^2 d\omega = \sum_{n=-\infty}^{+\infty} |e[n]|^2 = \sum_{n=-\infty}^{+\infty} |h_d[n] - h[n]|^2$$

(b) 令 $e[n]=h_d[n]-h[n]$，$n<0$ 和 $n>M$ 时，$h[n]=0$，则

$$e[n] = \begin{cases} h_d[n], & n < 0 \\ h_d[n] - h[n], & 0 \leqslant n \leqslant M \\ h_d[n], & n > M \end{cases}$$

为了使 $\varepsilon^2 = \sum_{n=-\infty}^{-1} |h_d[n]|^2 + \sum_{n=0}^{M} |h_d[n] - h[n]|^2 + \sum_{n=N}^{+\infty} |h_d[n]|^2$ 最小，只须令 $0\leqslant n\leqslant M$ 时，$h[n]=h_d[n]$。

(c) 根据(b)的分析，为了保证 $0\leqslant n\leqslant M$ 时满足 $h[n]=h_d[n]$，即可获得均方误差意义上最优的单位脉冲响应，窗函数应为矩形窗，有

$$w[n] = \begin{cases} 1, & 0 \leqslant n \leqslant M \\ 0, & \text{其他} \end{cases}$$

9-25　假设模拟滤波器是通过图 P9-25 所示的离散时间系统来实现。图中理想 C/D 转换器和 D/C 转换器的参数 $T=\frac{1}{f_s}$，$f_s=20$ kHz，该等效连续时间系统的指标为

$$\begin{cases} 0.98 \leqslant |H_{\text{eff}}(j\Omega)| \leqslant 1.02, & |\Omega| \leqslant 2\pi(2\,000) \\ |H_{\text{eff}}(j\Omega)| \leqslant 0.01 & 2\pi(6\,500) \leqslant |\Omega| \leqslant 2\pi(10\,000) \end{cases}$$

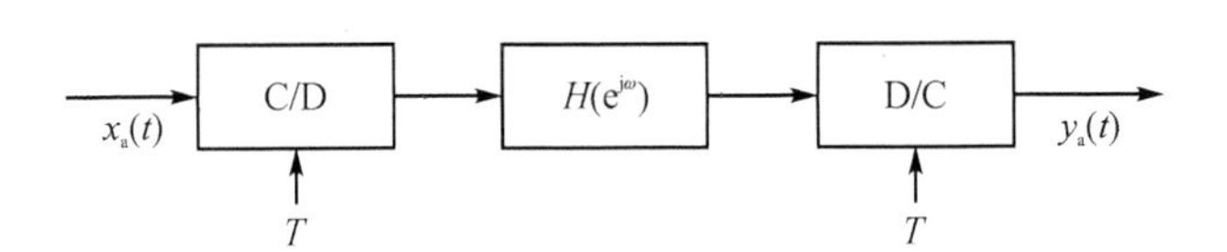

图 P9-25　实现模拟滤波的离散时间系统框图

(a) 利用 Kaiser 窗函数法设计该系统中的离散时间系统 $H(e^{j\omega})$，依据连续时间系统的指标确定窗函数的形状参数 β 和窗长 $M+1$，并求出连续时间信号通过该系统的时延；

(b) 试判断(a)中得到的 Kaiser 窗是否可以用于高通滤波器的设计？若可以，则对理想单位脉冲响应 $h_d[n]$施加同样的 Kaiser 窗可得到高通滤波器，$h_d[n]$的傅里叶变换为

$$H_d(e^{j\omega}) = \begin{cases} 0, & |\omega| < 0.3\pi \\ 3e^{-j\omega n_d}, & 0.3\pi < |\omega| \leqslant \pi \end{cases}$$

若离散时间高通滤波器须满足的技术指标记为

$$\begin{cases} |H_{\text{hp}}(e^{j\omega})| \leqslant \delta_1, & 0 \leqslant |\omega| \leqslant \omega_1 \\ G - \delta_2 \leqslant |H_{\text{hp}}(e^{j\omega})| \leqslant G + \delta_2, & \omega_2 \leqslant |\omega| \leqslant \pi \end{cases}$$

试根据(a)中所得低通滤波器的信息求出 $\omega_1,\omega_2,\delta_1,\delta_2,G$ 的值。

【解】　(a) 由 $\omega=\Omega T$ 可得离散时间系统的边界频率分别为 $2\pi(2\,000)T=0.2\pi$，$2\pi\cdot 6\,500T=0.65\pi$，$2\pi\cdot 10\,000T=\pi$，其技术指标为

$$\begin{cases} 0.98 \leqslant |H(e^{j\omega})| \leqslant 1.02, & |\omega| \leqslant 0.2\pi \\ |H(e^{j\omega})| \leqslant 0.01, & 0.65\pi \leqslant |\Omega| \leqslant \pi \end{cases}$$

则 $\Delta\omega=0.65\pi-0.2\pi=0.45\pi$，峰值逼近误差 $\delta=\min\{\delta_1,\delta_2\}=0.01$，$A=-20\lg 0.01=40\ \text{dB}$。

由 Kaiser 窗形状参数和窗长的经验公式可得

$$\beta=0.5842(A-21)^{0.4}+0.07886(A-21)=3.395$$

$$M=\frac{A-8}{2.285\Delta\omega}=9.90607$$

由于 M 应为整数，即取 $M=10$，窗长为 $M+1=11$，设计的 FIR 滤波器为第Ⅰ类线性相位系统，离散时间系统的延迟为 $\frac{M}{2}=5$，所以连续时间信号通过系统后的延迟为

$$\tau=\frac{M}{2}T=250\ \mu\text{s}$$

(b) 由于(a)中 M 为偶数，第一类线性相位 FIR 系统对零点没有约束，所以(a)中的 Kaiser 窗可以用于高通滤波器的设计。由于(a)中离散时间滤波器的特性 $\delta=0.01$、线性相位 FIR 滤波器具有对称特性，对照高通滤波器的幅度指标，可得

$$G=3$$

$$\omega_1=\omega_c-\frac{\Delta\omega}{2}=0.3\pi-\frac{0.45\pi}{2}=0.075\pi$$

$$\omega_2=\omega_c+\frac{\Delta\omega}{2}=0.3\pi+\frac{0.45\pi}{2}=0.525\pi$$

$$\delta_1=\delta_2=3\times 0.01=0.03$$

仿真综合题(9-26 题～9-28 题)

9-26 用 Kaiser 窗设计一个线性相位 FIR 带通滤波器，要求其采样频率 $f_s=16\,000$ Hz、下阻带边缘 $f_{s1}=100$ Hz、下通带边缘 $f_{p1}=200$ Hz、上通带边缘 $f_{p2}=3\,200$ Hz、上阻带边缘 $f_{s2}=3\,300$ Hz、通带波纹 $\delta_p\leqslant 0.05$ 以及阻带衰减 $A_s\geqslant 50$ dB，若附加约束条件要求 FIR 滤波器长度 $L\leqslant 100$，能否设计出满足要求的滤波器？

【解】 窗函数法设计 FIR 带通滤波器的伪代码为

输入：采样频率 f_s，下阻带边缘 f_{s1}，下通带边缘 f_{p1}，上通带边缘 f_{p2}，上阻带边缘 f_{s2}，通带波纹 δ_p，阻带衰减 A_s；

输出：FIR 滤波器时域表示

1. $\omega_{cl}=\frac{(f_{s1}+f_{p1})2\pi}{2f_s}$，$\omega_{cr}=\frac{(f_{s2}+f_{p2})2\pi}{2f_s}$，$\Delta\omega=\min\left[\frac{(f_{p1}-f_{s1})2\pi}{f_s},\frac{(f_{s2}-f_{p2})2\pi}{f_s}\right]$，$A=\max(\delta_p,A_s)$ ；

2. $\beta=\begin{cases}0.1102(A-8.7), & A>50\\ 0.5842(A-21)^{0.4}+0.07886(A-21), & 21\leqslant A\leqslant 50\\ 0, & A<21\end{cases}$，$M=\frac{A-8}{2.285\Delta\omega}$；

3. $\omega_{\text{kaiser}}[n]=\begin{cases}\dfrac{I_0\beta\left[1-\left(\dfrac{n-\frac{M}{2}}{\frac{M}{2}}\right)^2\right]}{2I_0(\beta)} & 0\leqslant n\leqslant M\\ 0 & \text{其他}\end{cases}$；

4. $h_{\text{FIR}}[n]=\dfrac{\sin\left[\omega_{\text{cr}}\left(n-\dfrac{M}{2}\right)\right]-\sin\left[\omega_{\text{cl}}\left(n-\dfrac{M}{2}\right)\right]}{\pi\left(n-\dfrac{M}{2}\right)}\times\omega_{\text{kaiser}}[n]$；

5. $H(e^{j\omega})=\text{FFT}(h_{\text{FIR}}[n])$；

6. 如果 $H(e^{j\omega})$ 满足设计要求，则跳出循环；否则 $\beta=\beta+\Delta\beta_1$，$M=M+1$；

7. 返回 $h_{\text{FIR}}[n]$。

带通滤波器的截止频率分别是 $\omega_{\text{cl}}=\dfrac{\omega_{\text{s1}}+\omega_{\text{p1}}}{2}$ 和 $\omega_{\text{cr}}=\dfrac{\omega_{\text{s2}}+\omega_{\text{p2}}}{2}$，其中 ω_{s1}，ω_{p1}，ω_{s2}，ω_{p2} 分别是 f_{s1}，f_{p1}，f_{s2}，f_{p2} 对应的数字角频率，将 $\omega_{\text{s1}}=2\pi\dfrac{f_{\text{s1}}}{f_{\text{s}}}=\dfrac{\pi}{80}$，$\omega_{\text{p1}}=2\pi\dfrac{f_{\text{p1}}}{f_{\text{s}}}=\dfrac{\pi}{40}$，$\omega_{\text{p2}}=2\pi\dfrac{f_{\text{p2}}}{f_{\text{s}}}=\dfrac{2\pi}{5}$，$\omega_{\text{s2}}=2\pi\dfrac{f_{\text{s2}}}{f_{\text{s}}}=\dfrac{33\pi}{80}$ 代入上述两式中可得 $\omega_{\text{cl}}=\dfrac{3\pi}{160}$，$\omega_{\text{cr}}=\dfrac{13\pi}{32}$。

依据阻带衰减 $A_{\text{s}}=-20\lg\delta_{\text{s}}\geqslant 50$ dB，求得 $\delta_{\text{s}}\leqslant 10^{-2.5}=0.003\,1$，其最大误差 $\delta\leqslant\min(\delta_{\text{p}},\delta_{\text{s}})=0.003\,1$，即用分贝表示的阻带衰减取值 $A=50$ dB（或通带波纹 0.05 换算为等效阻带衰减 $-20\lg 0.05=26$ dB，对比之后阻带衰减仍取值 50 dB）。Kaiser 窗的形状参数 β 与阻带衰减 A 之间关系的经验计算公式为

$$\beta=\begin{cases}0.110\,2(A-8.7), & A>50\\ 0.584\,2(A-21)^{0.4}+0.078\,86(A-21), & 21\leqslant A\leqslant 50\\ 0, & A<21\end{cases}$$

将其代入 $A=50$ dB 中求得的形状参数为 $\beta=4.533\,5$。

Kaiser 窗阶数 M 的经验公式为

$$M=\frac{A-8}{2.285\Delta\omega}$$

滤波器左侧过渡带宽度为 $\omega_{\text{p1}}-\omega_{\text{s1}}=2\pi\dfrac{f_{\text{p1}}}{f_{\text{s}}}-2\pi\dfrac{f_{\text{s1}}}{f_{\text{s}}}=\dfrac{\pi}{80}$，其右侧过渡带宽度为 $\omega_{\text{s2}}-\omega_{\text{p2}}=2\pi\dfrac{f_{\text{s2}}}{f_{\text{s}}}-2\pi\dfrac{f_{\text{p2}}}{f_{\text{s}}}=\dfrac{33\pi}{80}-\dfrac{2\pi}{5}=\dfrac{\pi}{80}$，因此其过渡带宽度取 $\Delta\omega=\dfrac{\pi}{80}$，则 Kaiser 窗阶数 $M\approx 468.06$，为满足指标 M，应向上取整即 $M=469$。

理想带通滤波器的单位脉冲响应为 $h_{\text{d}}[n]=\dfrac{\sin\left[\omega_{\text{cr}}\left(n-\dfrac{M}{2}\right)\right]-\sin\left[\omega_{\text{cl}}\left(n-\dfrac{M}{2}\right)\right]}{\pi\left(n-\dfrac{M}{2}\right)}$，设计出的滤波器的单位脉冲响应为 $h[n]=h_{\text{d}}[n]w[n]$，其中 $w[n]$ 是满足上述条件并根据公式生成的 Kaiser 窗，之后可通过滤波器的频谱图分析来检验所设计的滤波器是否满足指标要求。按上述参数将得到 FIR 滤波器并进一步转换为模拟滤波器（将 ω 转换到模拟频率 f），当前滤波器的幅频特性如图 P9-26(a)所示。

从图 P9-26(a)中可以看出，设计出的滤波器在边界频率处不满足阻带衰减最小为 50 dB 的要求，该衰减值受 Kaiser 窗形状参数 β 的影响，β 越大窗函数的旁瓣峰值越低，设计所得滤波器阻带峰值越低，但 β 越大窗函数的主瓣越宽，导致过渡带变宽，这只能通过增加窗函数的阶

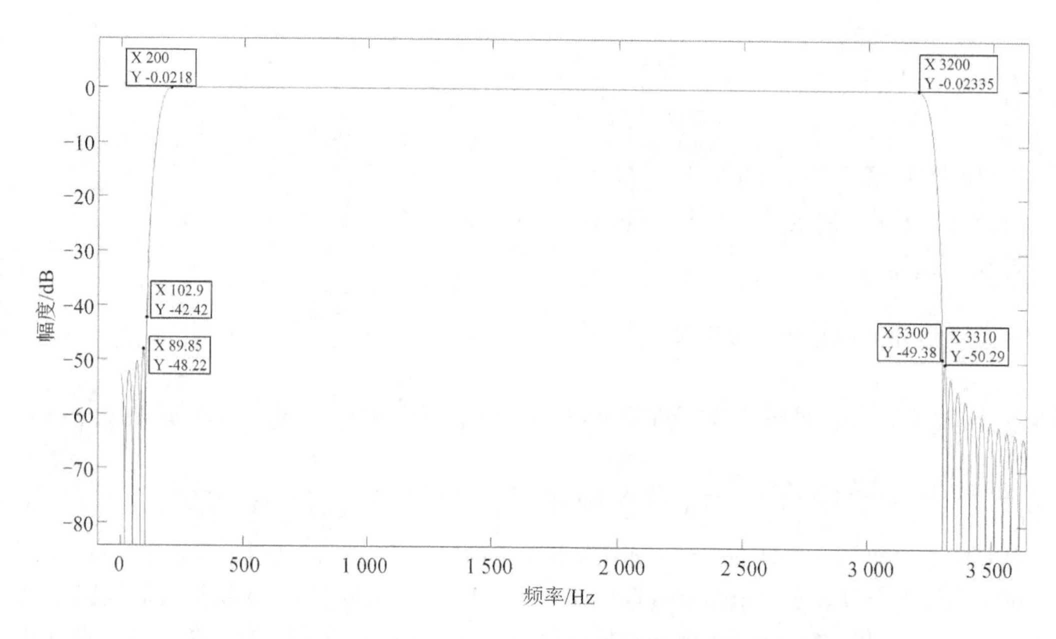

图 P9-26(a)　$\beta=4.533\,5$ 和 $M=469$ 条件下 FIR 滤波器的幅频特性

数 M 来弥补。基于以上分析,可考虑同时增大 Kaiser 窗的形状参数 β 和阶数 M。图 P9-26(b)所示为 $\beta=4.8$,$M=490$ 条件下得到的滤波器幅频特性,结果表明此时滤波器满足指标要求。

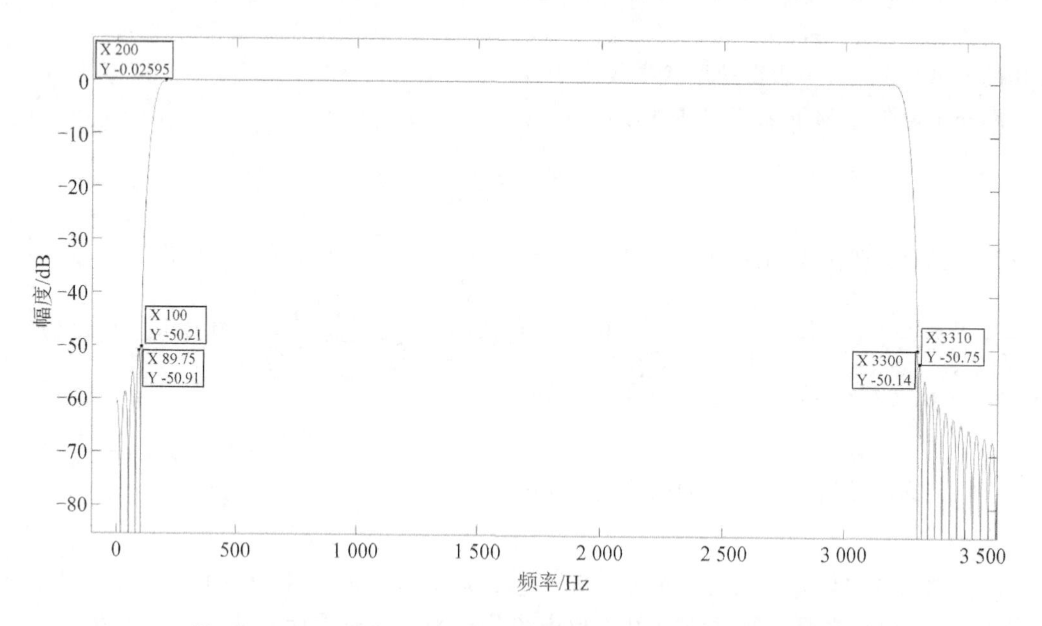

图 P9-26(b)　$\beta=4.8$ 和 $M=490$ 条件下 FIR 滤波器的幅频特性

当限制 FIR 滤波器的长度为 $L\leqslant 100$ 时,依据 Kaiser 窗阶数 M 的经验公式和阻带衰减指标可得过渡带 $\Delta\omega\geqslant 0.185\,7$,即无法同时满足过渡带宽度与阻带衰减的指标要求。图 P9-26(c)和 P9-26(d)分别给出了固定 $M=99$,$\beta=4.53$,$\beta=0$ 时 FIR 滤波器的幅度响应,可以看出任意的形状参数都不能满足指标要求。

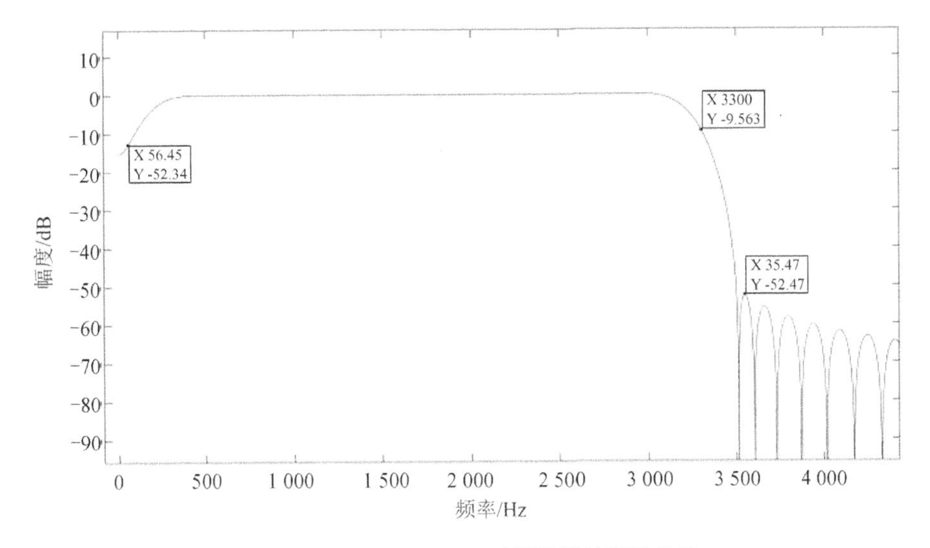

图 P9-26(c) $\beta=4.53$ 时滤波器的幅频特性

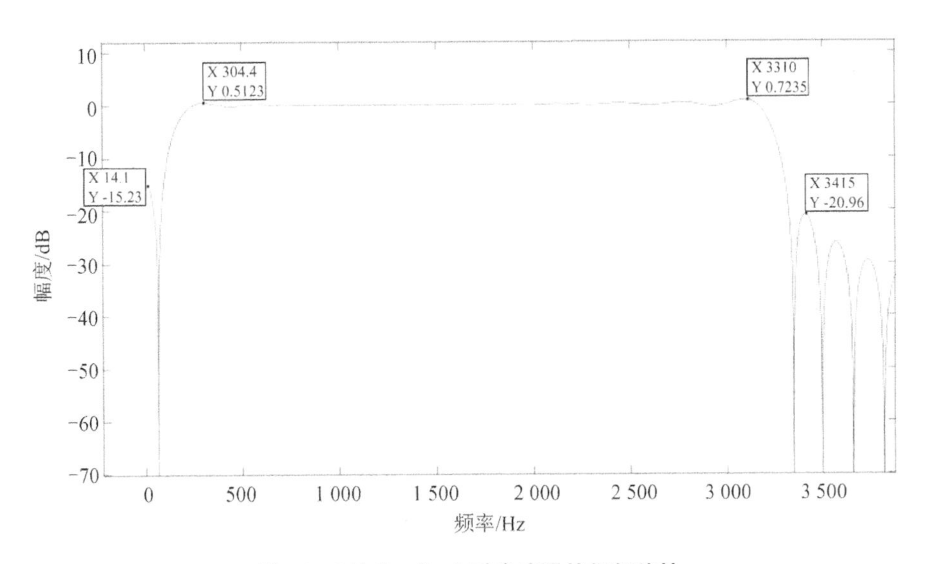

图 P9-26(d) $\beta=0$ 时滤波器的幅频特性

9-27 用 Kaiser 窗设计一个线性相位 FIR 高通滤波器，要求其通带截止频率为 $\omega_p=0.8\pi$、阻带截止频率为 $\omega_s=0.6\pi$、通带峰值逼近误差为 $\delta_p\leqslant0.002$ 以及阻带最小衰减 $\alpha_s=45$ dB。

【解】 窗函数法设计 FIR 高通滤波器的伪代码为

输入：通带截止频率 ω_p，阻带截止频率 ω_s，通带峰值逼近误差 δ_p，阻带最小衰减 α_s；

输出：FIR 滤波器时域表示

1. $\omega_c=\dfrac{\omega_p+\omega_s}{2}$，$\Delta\omega=\omega_p-\omega_s$，$A=\max(\delta_p,\alpha_s)$；

2. $\beta=\begin{cases}0.1102(A-8.7), & A>50\\ 0.5842(A-21)^{0.4}+0.07886(A-21), & 21\leqslant A\leqslant50\\ 0, & A<21\end{cases}$，$M=\dfrac{A-8}{2.285\Delta\omega}$；

3. $\omega_{\text{kaiser}}[n]=\begin{cases}\dfrac{I_0[\beta(1-[(n-M/2)/(M/2)]^2)]}{2I_0(\beta)}, & 0\leqslant n\leqslant M\\ 0, & \text{其他}\end{cases}$;

4. $h_{\text{FIR}}[n]=\dfrac{\sin\left[\pi\left(n-\dfrac{M}{2}\right)\right]-\sin\left[\omega_c\left(n-\dfrac{M}{2}\right)\right]}{\pi\left(n-\dfrac{M}{2}\right)}\times\omega_{\text{kaiser}}[n]$;

5. $H(e^{j\omega})=\text{FFT}(h_{\text{FIR}}[n])$;

6. 如果 $H(e^{j\omega})$满足设计要求,则跳出循环;否则 $\beta=\beta+\Delta\beta_1, M=M+1$;

7. 返回 $h_{\text{FIR}}[n]$。

利用窗函数法设计高通滤波器的流程与设计带通滤波器的类似,理想高通滤波器的截止频率为

$$\omega_c=\frac{\omega_p+\omega_s}{2}=0.7\pi$$

过渡带宽度为

$$\Delta\omega=\omega_p-\omega_s=0.2\pi$$

综合通带波纹和阻带衰减后的参数 A 为

$$A=\max(-20\log_{10}\delta_p,\alpha_s)=\max(53.979\ 4,45)=53.98\ \text{dB}$$

形状参数为 $\beta=0.110\ 2(A-8.7)=4.99$,则 Kaiser 窗的阶数为

$$M=\frac{A-8}{2.285\Delta\omega}\approx 32.026$$

首先考虑 M 向上取整,当 $M=33$ 时,由于 $h_{\text{hp}}[n]$偶对称,设计出的滤波器属于第Ⅱ类线性相位系统,它在高频处存在零点,故并不适合;将窗函数的阶数调整为 $M=34$,则滤波器属于第Ⅰ类线性相位系统,可实现因果高通滤波。高通滤波器的单位脉冲响应为

$$h_{\text{hp}}[n]=\frac{\sin[\pi(n-17)]-\sin[0.7\pi(n-17)]}{\pi(n-17)}w[n]$$

$$=\delta[n-17]-\frac{\sin[0.7\pi(n-17)]}{\pi(n-17)}w[n]$$

其中 $w[n]$是满足上述条件并根据公式生成的 Kaiser 窗。图 P9-27 示出了设计出 FIR 高通滤波器的幅频特性,结果表明滤波器满足各项指标要求。

9-28 采用冲激响应不变法设计一个巴特沃斯型离散时间低通 IIR 滤波器,要求其通带截止频率为 $\omega_p=0.3\pi$、阻带起始频率 $\omega_s=0.6\pi$、通带最大衰减为 $\alpha_p=4$ dB 以及阻带最小衰减为 $\alpha_s=50$ dB。取采样周期为 $T_d=0.2$ s,试绘制连续时间系统和离散时间系统的对数幅度响应和单位脉冲响应。采用 Kaiser 窗函数法设计一个满足上述指标的线性相位 FIR 低通滤波器,并绘制系统的幅频特性曲线。

【解】 冲激响应不变法设计 IIR 滤波器的伪代码为

输入:通带截止频率 ω_p,阻带起始频率 ω_s,通带最大衰减为 α_p,阻带最小衰减为 α_s。采样周期 T_d;

输出:IIR 滤波器频域表示 $H(z)$

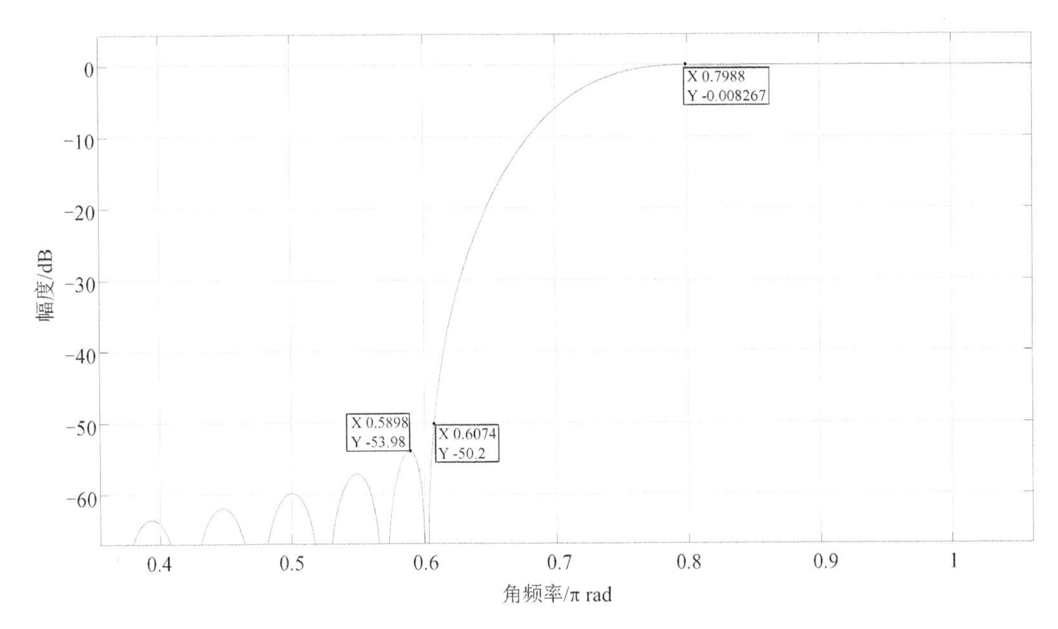

图 P9－27　FIR 高通滤波器的幅频特性

1. $\Omega_s=\dfrac{\omega_s}{T_d}, \Omega_p=\dfrac{\omega_p}{T_d}$；

2. $\begin{cases}\dfrac{1}{1+(\Omega_p/\Omega_c)^{2N}}=(1-\alpha_p)^2\\ \dfrac{1}{1+(\Omega_s/\Omega_c)^{2N}}=\alpha_s^2\end{cases}, M=\dfrac{A-8}{2.285\Delta\omega}$；

3. $H_c(s)=\dfrac{1}{1+(\Omega/\Omega_c)^N}=\sum_{k=1}^{N}\dfrac{A_k}{s-s_k}, H(z)=\sum_{k=1}^{N}\dfrac{T_dA_k}{1-e^{s_kT_d}z^{-1}}$；

4. 如果 $H(z)$ 满足设计要求，则跳出循环；否则 $N=N+1$，调整参数 N，计算$\begin{cases}\dfrac{1}{1+(\Omega_p/\Omega_c)^{2N}}=(1-\alpha_p)^2\\ \dfrac{1}{1+(\Omega_s/\Omega_c)^{2N}}=\alpha_s^2\end{cases}$；

7. 返回 $H(z)$。

在设计过程中，首先依据设计指标计算连续时间系统的系统函数 $H_c(j\Omega)$；之后由离散时间系统的系统函数 $H(e^{j\omega})$与连续时间系统的系统函数 $H_c(j\Omega)$之间的关系

$$H(e^{j\omega})=\sum_{k=-\infty}^{+\infty}H_c\left[j\left(\frac{\omega}{T_d}-\frac{2\pi k}{T_d}\right)\right]$$

得到离散时间系统的系统函数 $H(e^{j\omega})$，然后通过频谱分析、判断设计的 IIR 滤波器是否满足指标要求。若不满足则改变连续时间系统的系统函数，再次计算相应的离散时间系统的系统函数，并检验是否满足要求，直到 IIR 滤波器满足设计要求为止。设计所得的连续时间巴特沃斯滤波器的阶数 $N=9$，截止频率 $\Omega_c=4.971\ 6$。

图 P9－28(a)和(b)所示分别为连续时间系统和离散时间系统的对数幅度响应，结果表明

冲激响应不变法设计的 IIR 滤波器满足设计指标。此外，对比图 P9－28(a)和(b)可知，设计过程中连续时间滤波器高频部分的混叠对离散时间滤波器阻带起始频率之前的幅频响应几乎无影响，但在一定程度上降低了离散时间系统的高频衰减能力。

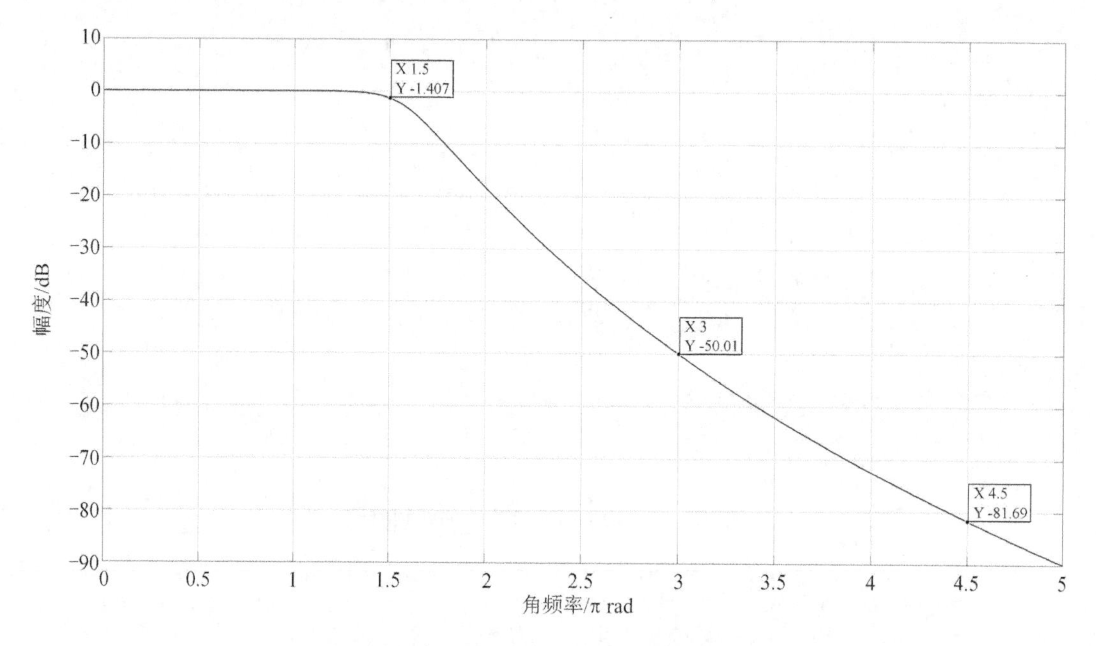

图 P9－28(a)　连续时间系统的对数幅频响应

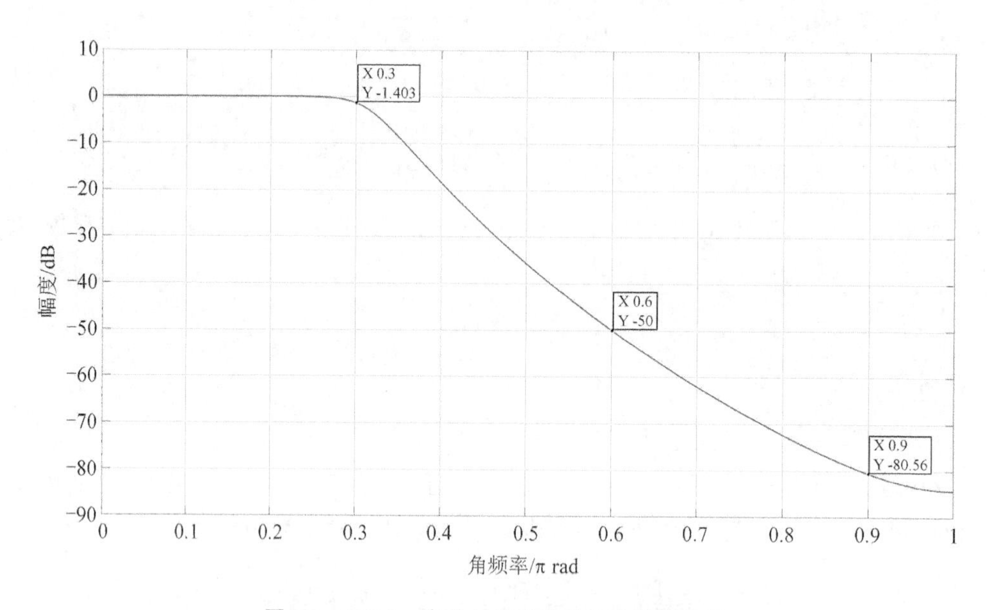

图 P9－28(b)　离散时间系统的对数幅频响应

图 P9－28(c)示出了连续时间系统和离散时间系统的单位脉冲响应，图中连续时间系统与离散时间系统在对应的时间点上相差 5 倍，这符合离散时间系统 $h[n]$与连续时间系统$h(t)$之间的关系

$$h[n]=T_{\mathrm{d}}\cdot h(t)\big|_{t=nT_{\mathrm{d}}}$$

式中，T_d 为采样周期，该题中 $T_d = 0.2$ s。

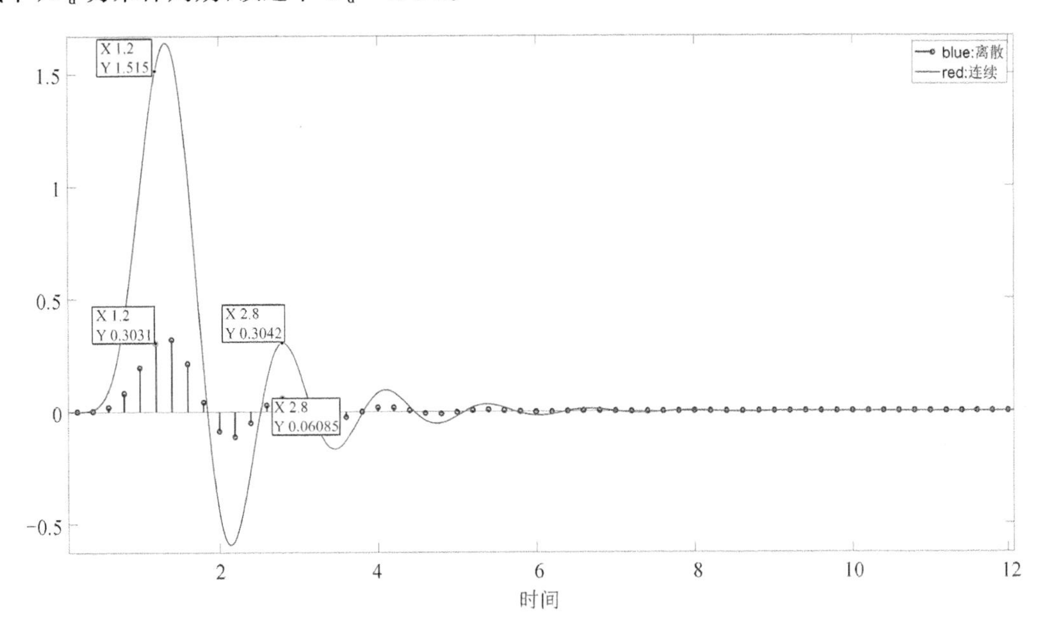

图 P9－28(c)　连续时间系统和离散时间系统的单位脉冲响应

采用 Kaiser 窗函数法设计线性相位 FIR 低通滤波器的伪代码为

输入：通带截止频率 ω_p，阻带截止频率 ω_s，通带峰值逼近误差 δ_p，阻带最小衰减 α_s；

输出：FIR 滤波器时域表示

1. $\omega_c = \dfrac{\omega_p + \omega_s}{2}$，$\Delta\omega = \omega_p - \omega_s$，$A = \max(\delta_p, \alpha_s)$；

2. $\beta = \begin{cases} 0.110\,2(A-8.7), & A>50 \\ 0.584\,2(A-21)^{0.4} + 0.078\,86(A-21), & 21 \leqslant A \leqslant 50 \\ 0, & A<21 \end{cases}$，$M = \dfrac{A-8}{2.285\Delta\omega}$；

3. $\omega_{\text{kaiser}}[n] = \begin{cases} \dfrac{I_0[\beta(1-[(n-M/2)/(M/2)]^2)]}{2I_0(\beta)}, & 0 \leqslant n \leqslant M \\ 0, & \text{其他} \end{cases}$；

4. $h_{\text{FIR}}[n] = \dfrac{\sin\left[\omega_c\left(n - \dfrac{M}{2}\right)\right]}{\pi\left(n - \dfrac{M}{2}\right)} \times \omega_{\text{kaiser}}[n]$；

5. $H(e^{j\omega}) = \text{FFT}(h_{\text{FIR}}[n])$；

6. 如果 $H(e^{j\omega})$ 满足设计要求，则跳出循环；否则 $\beta = \beta + \Delta\beta_1$，$M = M+1$；

7. 返回 $h_{\text{FIR}}[n]$。

FIR 低通滤波器的设计公式和 FIR 高通滤波器的类似，此处不在赘述。设计所得 FIR 滤波器的阶数 $M = 20$。

图 P9－28(d)所示为 FIR 滤波器的幅频特性，为便于比较同时还示出了以巴特沃斯为原型采用冲激响应不变法所得 IIR 滤波器的幅频特性。结果表明：二者均满足通带最大衰减与阻带最小衰减的设计要求;IIR 滤波器的通带更平坦(衰减更小);IIR 幅度单调衰减,窗函数旁瓣的影响使得 FIR 幅频特性在阻带有起伏;FIR 滤波器的系统阶数较高。

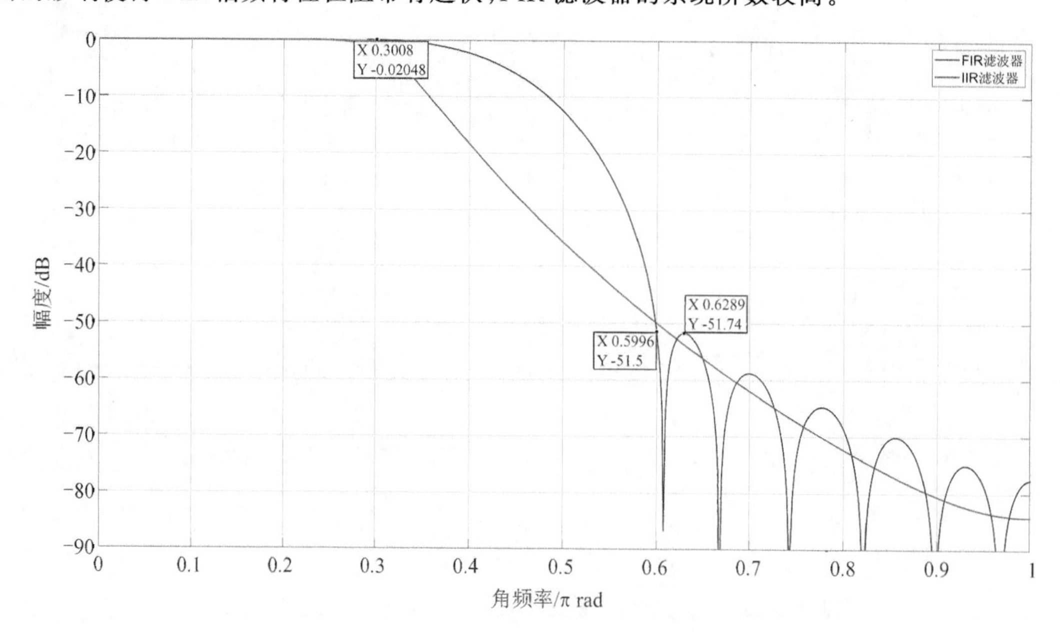

图 P9-28(d)　FIR 滤波器与 IIR 滤波器幅频特性

第 10 章　数字滤波器实现方法

10.1　内容提要与重要公式

数字滤波器利用离散时间 LTI 系统的特性对输入序列的波形或频谱进行处理，它可以通过时域输入输出差分方程、单位脉冲响应、卷积和、频率响应或系统函数来表示，设计好的系统可以用不同的运算结构来实现，这些结构中包含乘法器、加法器和单位延迟器三种基本运算单元。

基本单元的联结关系可由方框图或信号流图表示，统称为系统的结构。理想情况下，如不考虑模数转换误差、系数量化误差、乘法运算舍入误差、加法运算溢出和零输入极限环(limit cycle)振荡等的影响时，无论选择何种结构，同一系统函数理应得到等效的输入输出特性。但在实际使用中，数字滤波器的实现需要综合考虑计算复杂度(运算量)、内存需求、稳定性、有限字长效应以及频率响应调节的方便程度等诸多因素对其的影响。

1. IIR 滤波器结构

IIR 数字滤波器的结构分为直接型、级联型、并联型和转置型。IIR 系统的结构中总存在着反馈支路。

(1) 直接型结构

将系统 $H(z)$看成两个子系统的级联，即

$$H(z)=\frac{\sum_{k=0}^{M}b_k z^{-k}}{1-\sum_{k=1}^{N}a_k z^{-k}}=\sum_{k=0}^{M}b_k z^{-k}\cdot\frac{1}{1-\sum_{k=1}^{N}a_k z^{-k}}=H_1(z)H_2(z)\tag{10.1}$$

分别绘制出两个子系统 $H_1(z)$和 $H_2(z)$的结构图并进行级联，即可得到 $H(z)$的直接Ⅰ型结构，如图 10.1 所示。该结构共有 $M+N$ 个单位延迟器(延迟存储器)、$M+N+1$ 个乘法器、$M+N$ 个加法器。其中，$H_1(z)$反应了 $H(z)$的前向通路，是对输入 $x[n]$的 M 阶延迟链结构，每阶延迟抽头后加权相加，称为滤波器的滑动平均(moving average，MA)部分。$H_2(z)$反应了 $H(z)$的反馈回路，是对输出 $y[n]$的 N 阶延迟链结构，每阶延迟抽头后加权相加，称为滤波器的自回归(auto regression，AR)部分。

交换 $H(z)$两个子系统 $H_1(z)$与 $H_2(z)$的级联顺序，并共用延迟单元，得到直接Ⅱ型结构，如图 10.2 所示，该结构共需 N(通常 $N>M$)个单位延迟器、$M+N+1$ 个乘法器、$M+N$ 个加法器。

直接型结构的特点是：① 可简单、直观地根据差分方程或系统函数绘制出滤波器的直接型结构图；② 直接Ⅰ型需要的延迟存储器较多，而直接Ⅱ型具有最少的延迟器个数，即存储空间最小化，因此将其称作规范型或标准型；③ 调节零点、极点相对困难，改变 a_k 与 b_k 中任何一个系数的值都会影响系统所有的零点、极点，不易控制零点、极点位置，调节滤波器频率响应

不直观；④ 有限字长效应影响最大，系数的量化效应非常敏感，当 N 和 M 很大时，系数量化可能导致系统极点、零点位置有很大改变，因此频率响应会产生比其他结构更大的偏差。

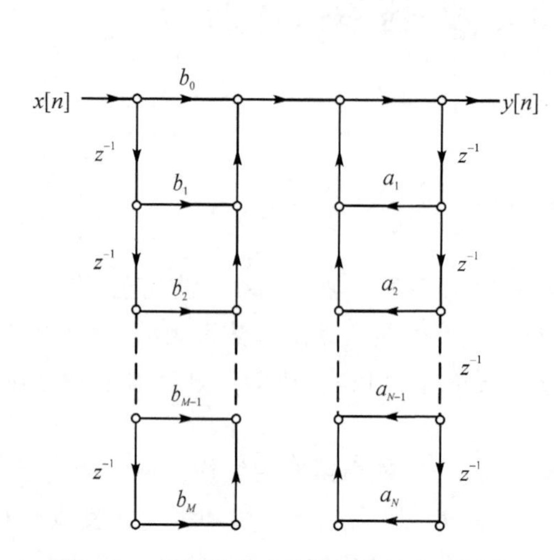

图 10.1　IIR 数字滤波器的直接Ⅰ型结构

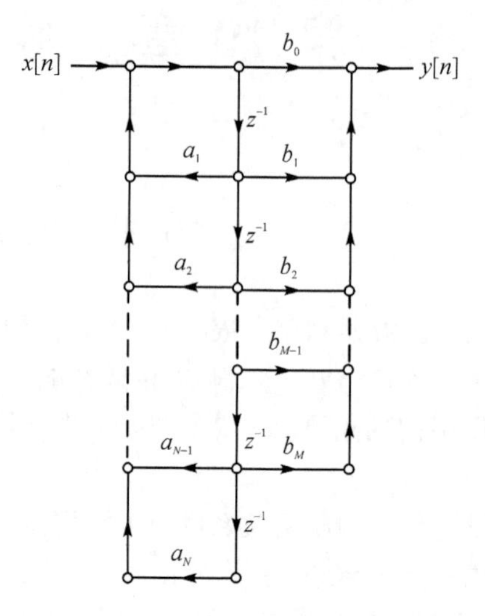

图 10.2　IIR 数字滤波器的直接Ⅱ型结构

（2）级联型结构

对有理系统函数 $H(z)$ 按零点和极点进行因式分解，将其表示为子系统 $H_1(z),H_2(z),\cdots,H_l(z)$ 的乘积，每个子系统均为实系数，且阶数小于等于 2，即

$$H(z)=A\prod_{i=1}^{l}\frac{1+\beta_{1i}z^{-1}+\beta_{2i}z^{-2}}{1-\alpha_{1i}z^{-1}-\alpha_{2i}z^{-2}}=A\prod_{i=1}^{l}H_i(z) \tag{10.2}$$

式中，A 为增益调节系数；$H_i(z)$ 为实系数二阶子系统，单个基本结构称为二阶节（second order section，SOS）。分别绘制出各子系统的直接Ⅱ型结构，并将其级联，即可得到 IIR 滤波器的级联型结构，IIR 滤波器的实系数二阶子系统直接Ⅱ型级联型结构如图 10.3 所示。

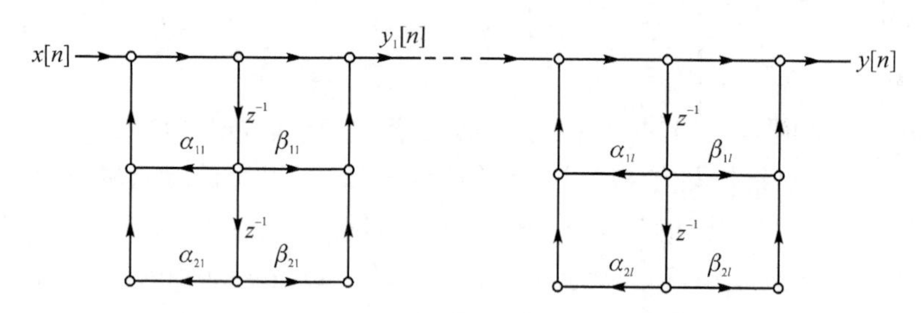

图 10.3　IIR 数字滤波器的直接Ⅱ型子系统级联型结构

级联型结构的特点是：① 每个二阶节的系数单独控制一对零点和极点，方便调节频率响应；② 可调整不同子系统的级联顺序或零点和极点的不同搭配，降低运算误差，优化滤波器特性，因此存在最优方案；③ 后面网络的输出不会再流入前面的网络，运算误差的累积比直接型的小；④ 相比于直接型结构，其对系数量化（有限字长）效应的敏感度较低；⑤ 硬件实现时，可用一个二阶节“时分复用”，节约存储单元，便于采用流水线结构，方便编程实现，提高系统执行效率。

(3) 并联型结构

通常假定分子次数 $M<$ 分母次数 N，对 $H(z)$ 进行部分分式展开，将其表示为子系统 $H_0(z), H_1(z), \cdots, H_N(z)$ 的和，并将展开式中的各个一阶系统视为二阶系统的特例，则有

$$H(z)=G+\sum_{k=1}^{N}\frac{(\gamma_{0k}+\gamma_{1k}z^{-1})}{(1-\alpha_{1k}z^{-1}-\alpha_{2k}z^{-2})}=G+\sum_{k=1}^{N}H_k(z) \tag{10.3}$$

其中 $G=H(z)|_{z=0}$，并可以证明所有系数 $\gamma_{0k}, \gamma_{1k}, \alpha_{1k}, \alpha_{2k}$ 均为实数。分别绘制出各子系统的直接型结构，再将其并联，即得到 IIR 滤波器并联型结构，IIR 滤波器的实系数二阶子系统直接Ⅱ型并联型结构如图 10.4 所示。

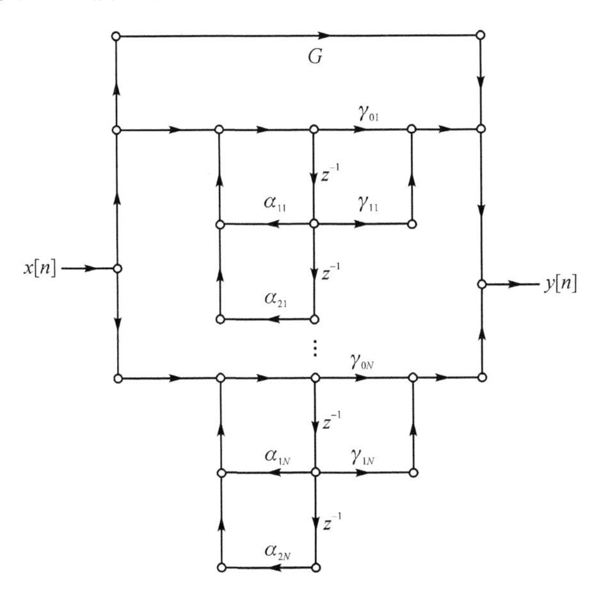

图 10.4　IIR 数字滤波器的直接Ⅱ型子系统的并联型结构

并联型结构的特点是：① 各个子系统对输入同时计算，并行处理、运算速度快，相对于直接型和级联型结构运算其速度最快；② 各子系统产生的误差互不影响，其累计运算误差最小；③ 调节极点方便，可以通过调整 α_{0k}, α_{1k} 来单独调整一对极点的位置，但不能像级联型那样直接调整零点的位置，其调节频率响应的能力有限；④ 需要进行因式分解，计算繁琐。

(4) 转置型结构

获得转置型结构的方法分为三步：① 将所有支路方向颠倒，即箭头反向，相应的支路增益不变；② 输入与输出互换，源节点和汇节点互换；③ 调整为输入在左，输出在右。对于单输入单输出系统，所得转置型结构与原结构具有相同的系统函数。图 10.5(a)和 10.5(b)所示分别为图 10.1 和 10.2 中 IIR 数字滤波器直接Ⅰ型和直接Ⅱ型的转置型结构。

根据上述 IIR 系统的结构图也可以看出，无论哪种 IIR 结构均存在反馈回路，即在信号结构图的某一结点出发，以箭头方向穿过某些支路又回到该节点，形成闭合路径。正是由于 IIR 系统存在非零的极点，构成递归，IIR 系统结构必存在反馈回路，反之则未必正确。

2. FIR 滤波器结构

FIR 数字滤波器的常用结构分为直接型(横截型)、级联型、线性相位型和频率采样型。通常情况下 FIR 系统是非递归结构、无反馈，但在零点、极点对消或在频率采样型结构等特殊场

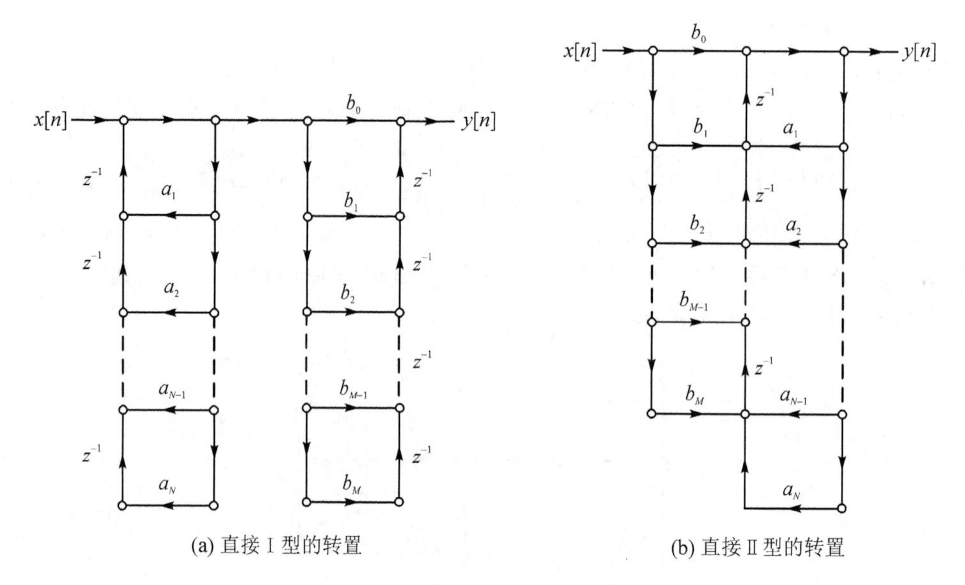

(a) 直接Ⅰ型的转置　　(b) 直接Ⅱ型的转置

图 10.5　IIR 数字滤波器的转置型结构

合中，也可以包含反馈支路。

（1）直接型结构

根据 FIR 滤波器的单位脉冲响应 $h[n]$，可写出其系统函数为 $H(z)=\sum_{n=0}^{M}h[n]z^{-n}$，或用卷积和形式表示的输入输出关系为 $y[n]=\sum_{k=0}^{M}h[k]x[n-k]$，该式也为系统的差分方程，由此直接绘制出图 10.6 所示的直接型结构，也称其为卷积型、横向滤波器（横截型）结构或抽头延迟线结构。该结构的物理概念明确，实现简单，其中共包含 $M+1$ 个乘法器、M 个加法器和 M 个单位延迟器。但随着滤波器阶次 M 的增加，多项式的根对多项式系数的微小变化很敏感，这导致有限字长效应对滤波器特性的影响也越大。

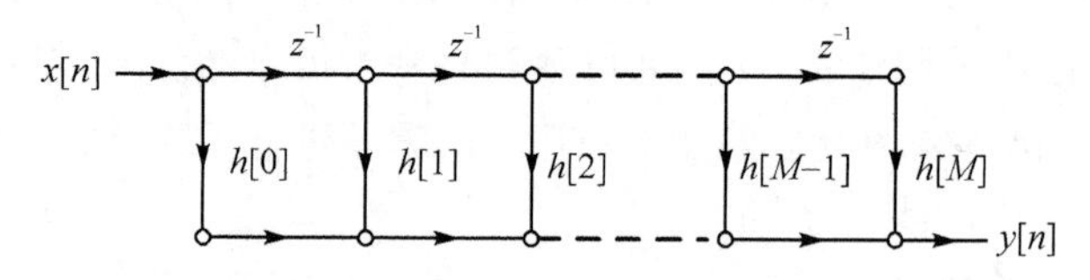

图 10.6　FIR 数字滤波器的直接型结构

（2）级联型结构

将系统函数分解为实系数二阶因子的乘积形式，即

$$H(z)=\sum_{n=0}^{M}h[n]z^{-n}=\prod_{k=1}^{M_s}(b_{0k}+b_{1k}z^{-1}+b_{2k}z^{-2}) \tag{10.4}$$

式中，$M_s=\left[\frac{M+1}{2}\right]$是不大于$(M+1)/2$的最大整数。绘制出各子系统的直接型结构，并将之级联，即得到图 10.7 所示的 FIR 滤波器级联型结构。该结构包含 $\left[\frac{M+1}{2}\right]\times 3$ 个乘法器、

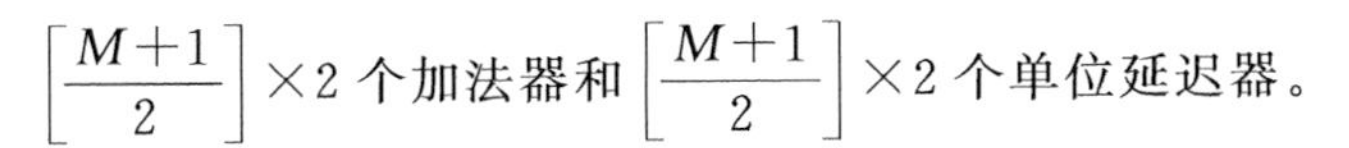

$\left[\dfrac{M+1}{2}\right]\times 2$ 个加法器和 $\left[\dfrac{M+1}{2}\right]\times 2$ 个单位延迟器。

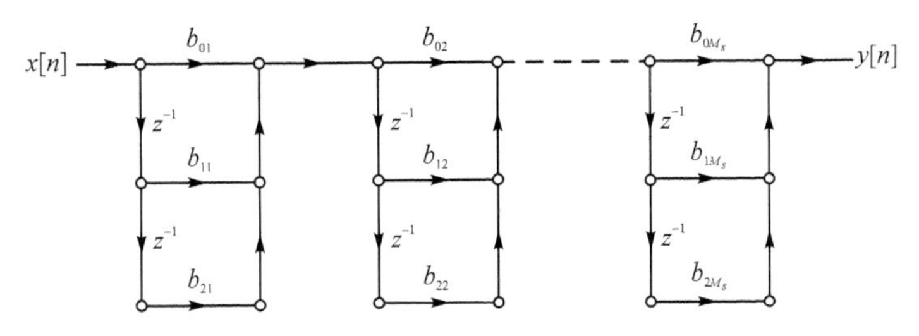

图 10.7　FIR 数字滤波器的级联型结构

级联型结构的特点是：① 调整零点位置方便，其中每一个二阶因子控制一对零点；② 所需乘法次数比横截型结构多，运算量较大。

(3) 线性相位型结构

线性相位 FIR 系统的单位脉冲响应满足对称性，即 $h[n]=\pm h[M-n]$，从而可简化结构，图 10.8(a)～(d)所示分别为四类线性相位 FIR 系统的结构图，本质上属于直接型，但其中乘法器的个数比横截型的减少了约一半。

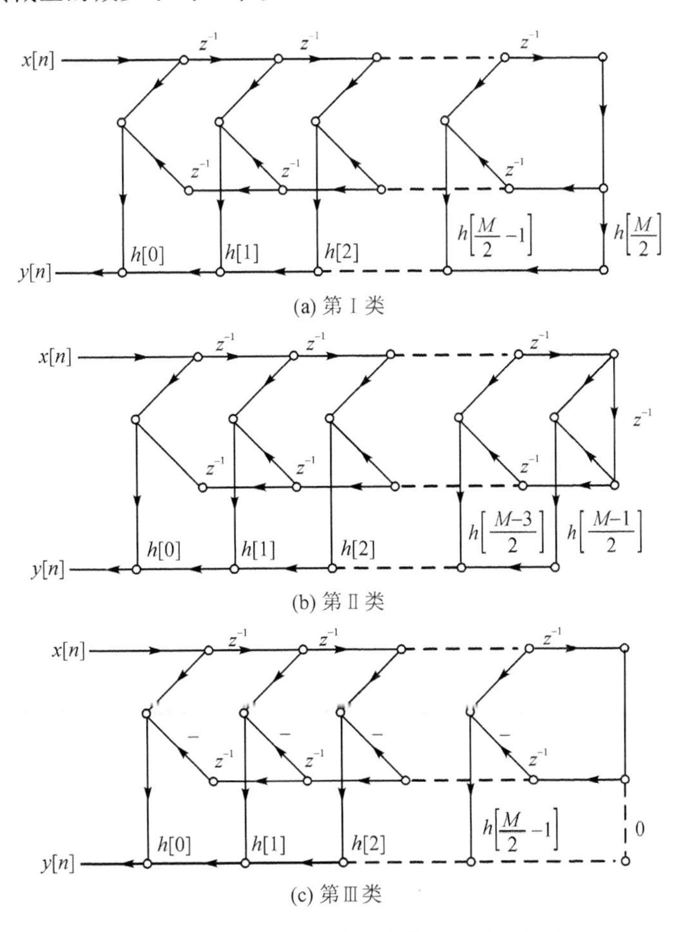

图 10.8　FIR 数字滤波器的线性相位型结构

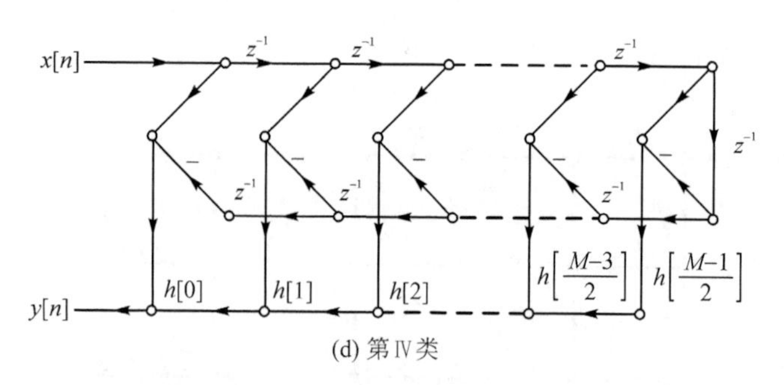

(d) 第Ⅳ类

图 10.8 FIR 数字滤波器的线性相位型结构(续)

(4) 频率采样型结构

频率采样型是实现线性相位 FIR 滤波器的一种有效结构，由于频率响应在 N 个等间隔频率点上的采样值就是 N 点 DFT，所以频率采样结构是以 DFT 值作为参数的结构，其基本原理是频率采样的重构公式。

频率采样型结构可直接有效调节滤波器的频率响应特性，便于标准化、模块化。但系统的稳定性需要靠单位圆上 N 个零点、极点的准确对消来保证，有限字长效应易造成系统的不稳定，此外还需要完成复数乘法运算，不便于硬件实现。修正的方法是：把并联 IIR 谐振器的极点设置在 z 平面上的半径接近但小于 1 的圆周上，相应梳状滤波器的零点也搬移到同样的位置，而共轭复极点在该圆周上以实轴为轴对称分布，将第 k 个与第 $N-k$ 个 IIR 谐振器合并为一个实系数的二阶子系统，从而将复数乘法转化为实数乘法。

3. 有限字长效应

数字系统中存储数值的寄存器总是有限字长的，有限字长能够表示的数值精度有限，使得实际处理过程存在着有限字长效应，其影响主要体现在输入信号的量化误差、滤波器系数的量化误差和运算误差等。

对模拟信号进行 A/D 转换的过程中，第一步是时间上的离散化（即采样），第二步是数值上的离散化（即量化）。数值表示方法有定点数和浮点数，浮点数的动态范围很大，精度较高，所以通常讨论误差主要针对定点数。定点数可以用原码、反码或补码表示。假设采用定点补码制，量化时也分为截尾（truncation）处理和舍入（rounding）处理，二者的量化误差平均值不同，方差均为 $q^2/12$，这里 $q=2^{-b}$ 是量化宽度或量化阶，b 是字长。往往把量化误差当作加性噪声，简单起见，假设采用舍入量化，噪声均值等于零，所以其平均功率即方差。信号平均功率与量化噪声平均功率之比称为信号量化噪声比（signal quantization noise ratio，SQNR），量化器的信噪比与字长 b 直接的关系用分贝表示为

$$\text{SQNR}=10\lg\frac{\sigma_x^2}{\sigma_e^2}\approx 6.02b+10.79+10\lg(\sigma_x^2)\ \text{(dB)} \tag{10.5}$$

可见，量化器字长每增加 1 位，输入信噪比约提高 6 dB。

同样，滤波器的系数 a_k 和 b_k 也存在着量化误差，故滤波器频率响应的理论值与实际值会有偏差，系统函数零点、极点的理论位置与实际位置发生偏移，严重情况下甚至会造成系统不稳定。系数量化对滤波器性能的影响不仅与字长有关，还与极点的位置分布和滤波器的实现结构密切相关。高阶直接型结构的极点数目多且分布密集，低阶直接型的极点数目少且分布稀疏，因此，高阶直接型结构的极点位置比低阶的对系数误差要敏感得多。在级联型和并联型

结构中，每一对极点单独用一个二阶子系统实现，其他二阶子系统的系数误差对该子系统的极点位置不产生影响，每个子系统的极点密度比直接型高阶结构的稀疏得多，因而，极点位置受系数量化的影响比直接型结构小得多。

在定点制运算中，乘法运算之后位数变长，需要对尾数进行截尾或舍入处理，大多情况下采用舍入量化方法，在运算节点上产生的量化误差最终反映在系统的输出端。IIR 系统的不同结构中，直接型的输出误差最大，级联型的次之，并联型结构的误差最小。这是由于直接型结构中所有量化误差都要经过全部网络的反馈环节，使得这些误差在反馈过程中不断积累；在级联型结构中，舍入量化误差只通过其后面的反馈子系统，而不再通过其前面的反馈子系统，调整子系统的排列顺序还可进一步降低运算误差；在并联型结构中，每个并联子系统的舍入量化误差仅通过本通路的反馈子系统，与其他并联子系统无关，积累作用最小，误差最小。显然，FIR 系统的横截型结构中，滤波器的阶数越高，字长越短，输出量化噪声越大。

在 IIR 滤波器的定点制运算中，一定条件下，当输入信号为 0，输出信号并未逐渐衰减为 0，而是趋于某个固定幅度或维持该幅度的振荡，进入所谓零输入极限环状态(zero-input limit cycle behavior)，极限环振荡的幅度范围称为系统输出的死带(dead-band)。其中，由于乘法运算引入反馈回路中的舍入量化误差导致的零输入极限环现象称为颗粒噪声(granular)极限环，由于加法溢出引起的则称为溢出(overflow)极限环或大信号极限环振荡。前者极限环振荡的幅度与量化阶成正比，因此，增加字长可以减弱极限环振荡。溢出极限环的幅度可能很大，可以通过对求和节点的输出信号采取限幅(饱和溢出处理)或对输入信号采取定标(标度因子限幅)的措施来避免。

10.2　重难点提示

本章重点

(1) 根据 IIR 滤波器的系统函数或差分方程绘制其直接型、级联型和并联型结构图；

(2) 根据 FIR 滤波器的系统函数或差分方程绘制其横截型、级联型、线性相位型结构，了解频率采样型结构；

(3) 由结构图写出滤波器的系统函数或差分方程；

(4) 对比不同结构的存储成本、运算复杂度及运算误差等优劣。

本章难点

根据有限字长效应及给定特殊结构推导出相应的系统函数(或差分方程)。了解 A/D 转换器输出端的信噪比公式、量化效应的分析方法、极限环振荡的概念及相应的改善措施。

10.3　习题详解

注：结构图中的乘以系数 1 在不同教材中不统一，省略或标上均视为正确。

选择、填空题(10－1 题～10－10 题)

10－1　描述某 LTI 系统的差分方程为 $y[n]=x[n]-3x[n-1]-6x[n-2]-6x[n-3]-3x[n-4]+x[n-5]$，则其线性相位型结构中包含的乘法器个数为(A)。

(A) 2　　(B) 3　　(C) 4　　(D) 5

【解】 该 FIR 滤波器的阶数 $M=5$,其线性相位结构中乘法次数为$(M+1)/2$,若不将乘以 1 的运算统计在内,则所需乘法次数为 2。

故选(A)。

10-2 以下关于 IIR 滤波器结构的叙述中,正确的是(A)。

(A) 并联型比级联型误差小

(B) 直接Ⅱ型比直接Ⅰ型延迟单元多

(C) 并联型对零点、极点调整最方便

(D) 直接型比级联型误差小

【解】 IIR 滤波器的直接型结构输出端的量化噪声最大,级联型的次之,并联型的最小,故选项 A 正确,选项 D 错误;直接Ⅰ型与直接Ⅱ型实现结构的不同之处在于滑动平均和自回归两个子系统的先后顺序不同,并且直接Ⅱ型结构共用了延迟单元,且需 $\max(M,N)$个单位延迟,而直接Ⅰ型实现结构需 $M+N$ 个单位延迟。因此直接Ⅱ型结构比直接Ⅰ型的优势是单位延迟器较少,故选项 B 错误;级联型结构调整零点、极点比直接型的更为方便,级联型结构中每一级一阶子系统可独立确定一个实极点及一个实零点,每一级二阶子系统可独立确定一对共轭极点及一对共轭零点。各子系统的系数 β_{1k},β_{2k} 仅影响各子系统的零点,α_{1k},α_{2k} 仅影响各子系统的极点,因此改变系数可单独调节各子系统的零点和极点。并联型结构调节极点方便,可以通过调整 α_{1k},α_{2k} 来单独调整一对极点的位置,但不能像级联型那样单独调整零点的位置,C 错误。

故选(A)。

10-3 关于 IIR 数字滤波器中系数量化误差的描述,正确的是(D)。

(A) 系数量化误差不会影响 IIR 数字滤波器的频率响应

(B) 系数量化误差不会影响 IIR 数字滤波器的稳定性

(C) 系数量化误差不会影响 IIR 数字滤波器的零点、极点位置

(D) 实现 IIR 数字滤波器的结构不同,系数量化误差造成的影响一般也不同

【解】 IIR 滤波器系统函数分子、分母多项式系数的量化会引起系统零点、极点的位置偏离期望位置,对频率响应会有一定的影响,极点位置的变化可能会影响系统的稳定性。滤波器系数的量化误差与滤波器的结构有关,一般采用高阶直接型结构时滤波器的极点数目多而密,采用低阶直接型结构时滤波器的极点数目少而稀,因此高阶直接型结构的滤波器极点位置灵敏度高;在并联型结构和级联型结构中,每个子系统最多只有两个极点,可认为这二者相比于直接型结构,其系数量化误差小。

故选(D)。

10-4 关于滤波器的实现,说法错误的是(C)。

(A) IIR 的并联型比级联型的硬件实现速度更快

(B) FIR 的线性相位型比直接型需要的乘法次数少

(C) FIR 和 IIR 都可以采用重叠保留法在频域实现

(D) FIR 可以采用递归或非递归的实现结构

【解】 IIR 滤波器的并联型结构中各个子系统可同时处理输入信号,与直接型和级联型

比较，并联型结构运算速度最快，故 A 正确；与直接型结构相比，广义线性相位 FIR 系统利用对称性可减少乘法运算的个数，节省约一半数量的乘法器，选项 B 正确；重叠相加法或重叠保留法是针对大多数线性滤波的应用中滤波器单位脉冲响应长度有限、输入序列非常长且为满足实时处理要求而进行的将输入序列按分段、衔接方式不同给出的两种处理方法，滤波过程可以在频域用两个有限长序列 DFT 的乘积后求 IDFT 得到的循环卷积来代替线性卷积，因此，从原理上讲，重叠保留法和重叠相加法都是面向 FIR 滤波应用的，选项 C 错误；FIR 滤波器通常采用非递归结构，但也可以通过零点、极点对消并采用递归结构来实现，选项 D 正确。

故选(C)。

10-5　广义线性相位 FIR 滤波器，根据 $h[n]$的对称性__________(能/不能)减少延迟单元的个数。

【解】　广义线性相位 FIR 滤波器由于 $h[n]$的对称性，即 $h[n]=\pm h[M-n]$，能减少乘法器的个数，但并不能减少单位延迟器的个数。故答案为不能。

10-6　某 LTI 系统的实现结构如图 P10-6 所示，该系统的单位脉冲响应为__________，系统函数为__________，该系统__________(是/不是)线性相位系统。

【解】　由该结构图可以得到系统差分方程为 $y[n]=-x[n]-2x[n-1]+3x[n-2]$，由此可得到系统的单位脉冲响应 $h[n]=-\delta[n]-2\delta[n-1]+3\delta[n-2]$，系统函数为 $H(z)=-1-2z^{-1}+3z^{-2}$，由于 $h[n]$并不满足 $h[n]=\pm h[M-n]$，故该系统不是线性相位系统。

10-7　某系统实现结构如图 P10-7 所示，则系统函数 $H(z)=$__________，该系统是(IIR/FIR)系统，__________(具有/不具有)线性相位特性。

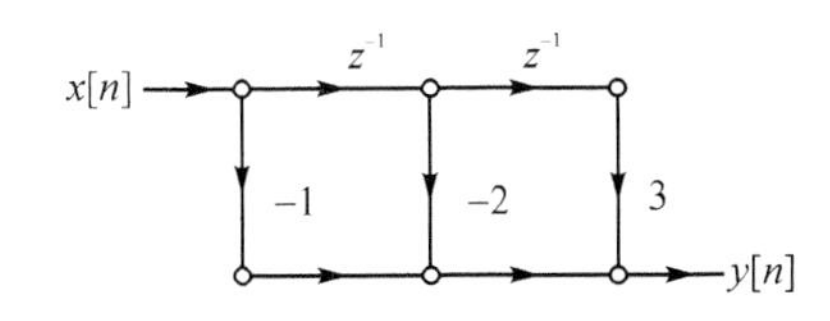

图 P10-6　某 LTI 系统的实现结构

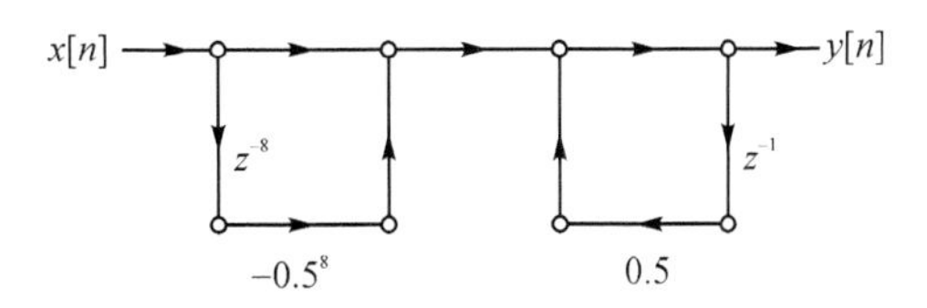

图 P10-7　某系统的实现结构

【解】　由该结构图可知其系统函数为

$$H(z)=\frac{1-0.5^8z^{-8}}{1-0.5z^{-1}}=\frac{(1+0.5^4z^{-4})(1+0.5^2z^{-2})(1+0.5z^{-1})(1-0.5z^{-1})}{1-0.5z^{-1}}$$

$$=1+0.5^1z^{-1}+0.5^2z^{-2}+0.5^3z^{-3}+0.5^4z^{-4}+0.5^5z^{-5}+0.5^6z^{-6}+0.5^7z^{-7}$$

故可知其脉冲响应为有限长，且为 FIR 系统，其脉冲响应为

$$h[n]=\{1,0.5,0.5^2,0.5^3,0.5^4,0.5^5,0.5^6,0.5^7\}$$

该响应并不满足 $h[n]=\pm h[M-n]$，故不具有线性相位特性。故答案为 $1+0.5^1z^{-1}+0.5^2z^{-2}+0.5^3z^{-3}+0.5^4z^{-4}+0.5^5z^{-5}+0.5^6z^{-6}+0.5^7z^{-7}$，FIR，不具有。

10-8　硬件实现离散 IIR 系统时，为了降低有限字长效应引起的误差，一般采用__________(直接型/级联型/并联型)结构。

【解】　并联型结构中各子系统的量化误差不会相互影响，没有误差积累，与级联型误差相比其误差要小；相比其误差级联型结构中，后面网络的输出不会流到前面的网络，因此其运算误差的积累比直接型小。即一般情况下，并联型结构的误差最小，级联型的次之，直接型结构的误差最大。故答案为并联型结构。

10-9 IIR数字滤波器系数量化误差对数字系统的影响主要有________________等。降低系数量化误差影响的措施主要有：__________等。

【解】 系数量化误差使得：系统频率响应出现偏差、系统零点与极点位置改变以及系统函数极点位置偏移较大而可能导致系统丢失稳定性等。主要措施：提高量化位数，选择IIR数字滤波器的合适结构等。

10-10 IIR系统的输入为0，输出却维持某个固定幅度的振荡，称其为极限环现象。常见的极限环包括__________和__________。其中，用差分方程实现IIR系统时，其乘积运算和舍入操作往往会引起零输入情况下的极限环，称为__________；有限精度数字系统实现IIR系统时，由于计算溢出产生的极限环称作__________。

【解】 本题考查基本概念。乘法运算引入舍入量化误差导致零输入极限环称为颗粒噪声极限环(或小信号极限环)，加法运算溢出引起的极限环称为溢出极限环或大信号极限环。

计算、证明与作图题(10-11题～10-26题)

10-11 某因果离散时间LTI系统的系统函数为

$$H(z)=\frac{1+7z^{-1}+12z^{-2}}{1+3z^{-1}+2z^{-2}}$$

试绘制该系统的结构图：(a) 直接Ⅱ型；(b) 并联型；(c) 级联型。

【解】 将系统函数分解为不同的形式，以便将其按照不同结构去实现。

(a) 根据 $H(z)=\dfrac{1+7z^{-1}+12z^{-2}}{1+3z^{-1}+2z^{-2}}$，可以绘制出其直接Ⅱ型结构，如图P10-11(a)所示。

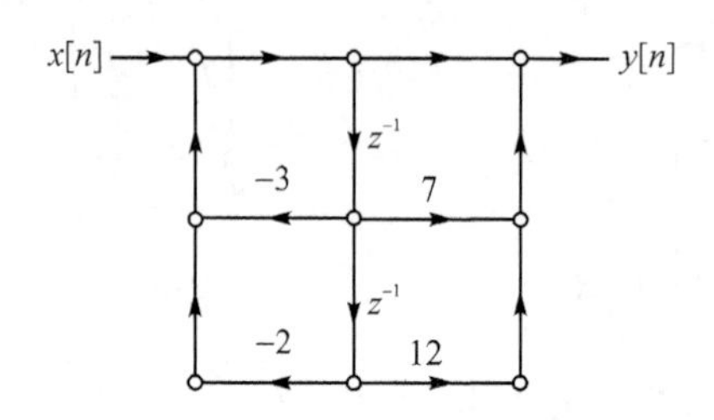

图P10-11(a) 直接Ⅱ型结构

(b) 根据 $H(z)=\dfrac{1+7z^{-1}+12z^{-2}}{1+3z^{-1}+2z^{-2}}=\dfrac{1+3z^{-1}}{1+z^{-1}}\cdot\dfrac{1+4z^{-1}}{1+2z^{-1}}$，可以绘制出其级联型结构，如图P10-11(b)所示(可以有多种组合，答案不唯一)。

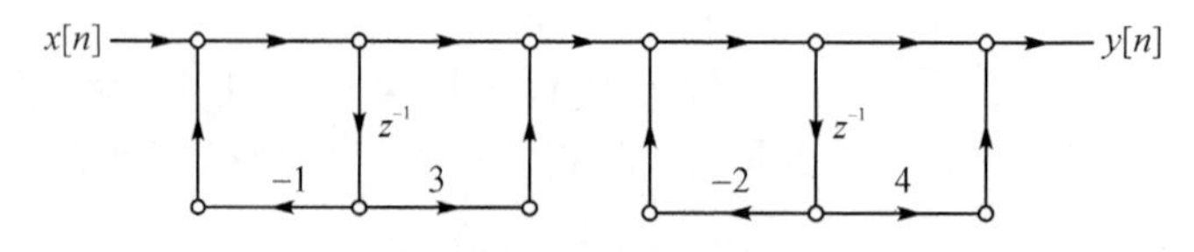

图P10-11(b) 级联型结构

(c) 根据 $H(z)=\dfrac{1+7z^{-1}+12z^{-2}}{1+3z^{-1}+2z^{-2}}=1+\dfrac{6}{1+z^{-1}}-\dfrac{2}{1+2z^{-1}}$，可以绘制出其并联型结构，如图P10-11(c)所示。

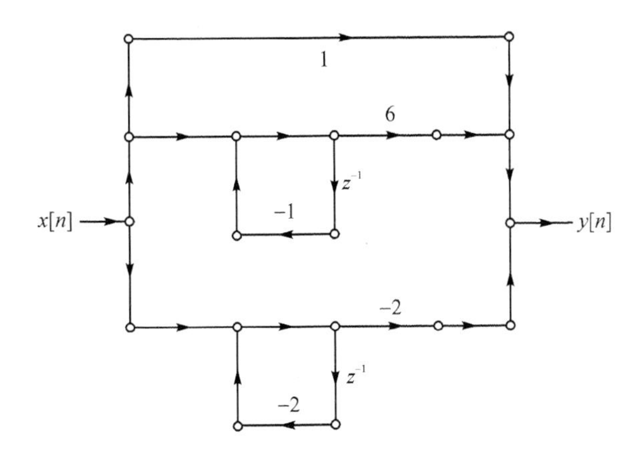

图 P10－11(c)　并联型结构

10－12　某因果离散时间 LTI 系统的系统函数为

$$H(z)=\frac{1+\frac{1}{5}z^{-1}}{\left(1-\frac{1}{2}z^{-1}+\frac{1}{3}z^{-2}\right)\left(1+\frac{1}{4}z^{-1}\right)}$$

试分别绘制出该系统的以下结构图：

(a) 直接Ⅰ型结构图；

(b) 直接Ⅱ型结构图；

(c) 用一阶和二阶直接Ⅱ型的级联型结构图；

(d) 用一阶和二阶直接Ⅱ型的并联型结构图；

(e) 直接Ⅱ型的转置型结构图；

(f) 写出描述直接Ⅱ型的转置型结构的差分方程，并证明该转置系统与原系统具有相同的系统函数。

【解】　将系统函数分解为不同的形式，以便将其按照不同的结构去实现。

(a) $$H(z)=\frac{1+\frac{1}{5}z^{-1}}{\left(1-\frac{1}{2}z^{-1}+\frac{1}{3}z^{-2}\right)\left(1+\frac{1}{4}z^{-1}\right)}=\frac{1+\frac{1}{5}z^{-1}}{1-\frac{1}{4}z^{-1}+\frac{5}{24}z^{-2}+\frac{1}{12}z^{-3}}$$

可由该系统函数绘制出其直接Ⅰ型结构，如图 P10－12(a)所示。

(b) 交换直接Ⅰ型结构的两个子系统，并共用延迟单元，可得到直接Ⅱ型结构如图 P10－12(b)所示。

(c) 对系统函数进行分解，得

$$H(z)=\frac{1+\frac{1}{5}z^{-1}}{\left(1-\frac{1}{2}z^{-1}+\frac{1}{3}z^{-2}\right)\left(1+\frac{1}{4}z^{-1}\right)}=\frac{1+\frac{1}{5}z^{-1}}{1+\frac{1}{4}z^{-1}}\times\frac{1}{1-\frac{1}{2}z^{-1}+\frac{1}{3}z^{-2}}$$

由此可绘制出系统的级联型结构，如图 P10－12(c)所示(可以有多种组合，答案不唯一)。

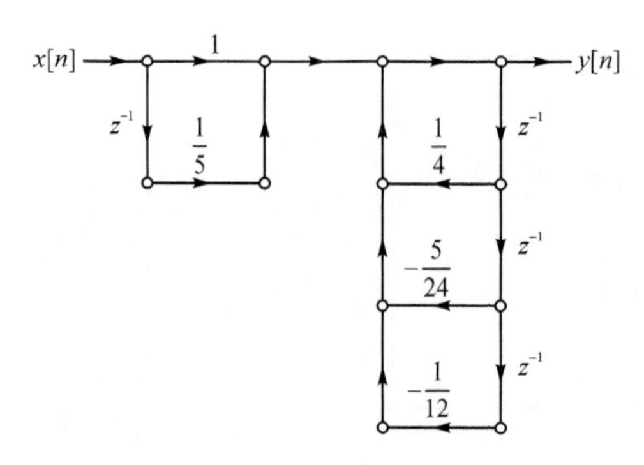

图 P10－12(a)　直接Ⅰ型结构

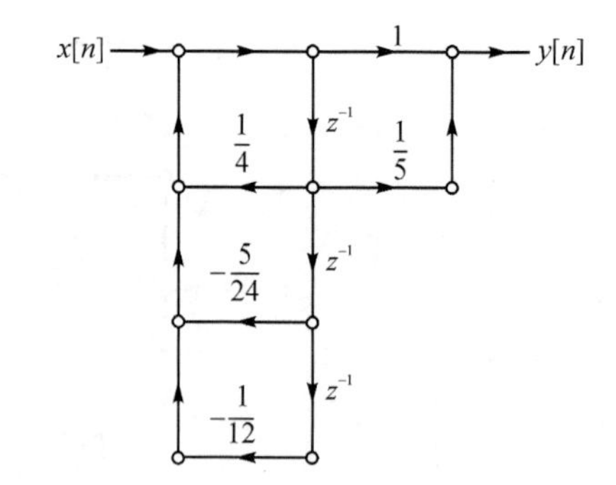

图 P10－12(b)　直接Ⅱ型结构

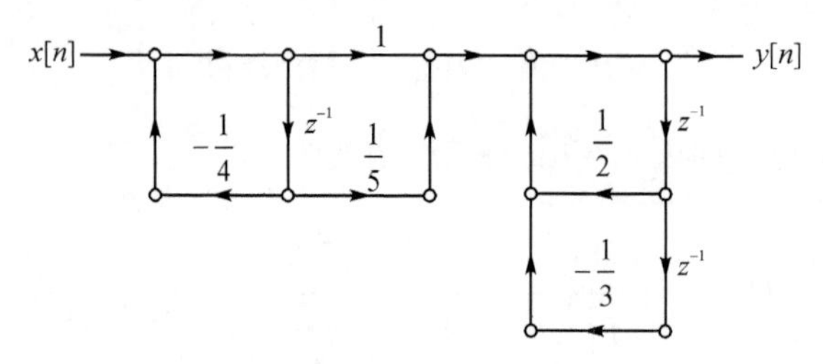

图 P10－12(c)　级联型结构

(d) 对系统函数进行部分分式展开,可得

$$H(z)=\frac{1+\frac{1}{5}z^{-1}}{\left(1-\frac{1}{2}z^{-1}+\frac{1}{3}z^{-2}\right)\left(1+\frac{1}{4}z^{-1}\right)}=\frac{\frac{122}{125}-\frac{4}{125}z^{-1}}{1-\frac{1}{2}z^{-1}+\frac{1}{3}z^{-2}}+\frac{\frac{3}{125}}{1+\frac{1}{4}z^{-1}}$$

由此可绘制出系统的并联型结构,如图 P10－12(d)所示。

(e) 直接Ⅱ型的结构经过以下三个步骤的处理,得到的转置型结构如图 P10－12(e)所示。

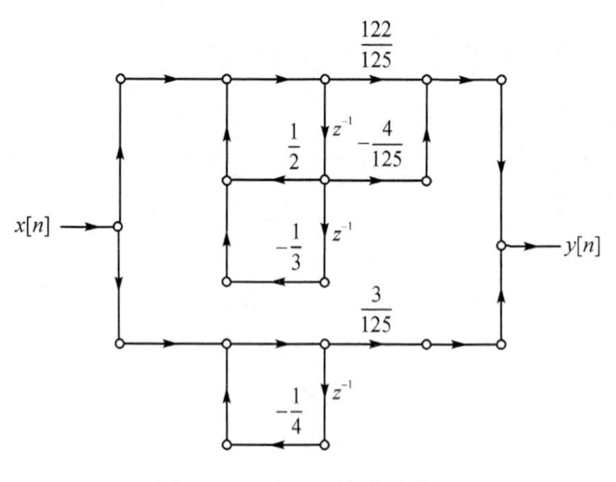

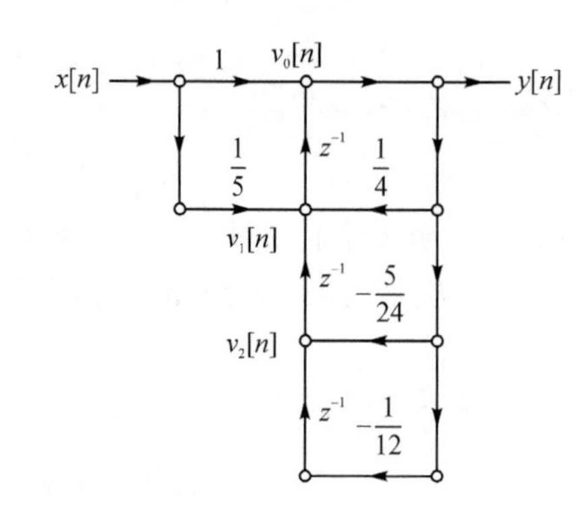

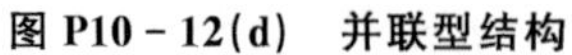

图 P10－12(d)　并联型结构

图 P10－12(e)　直接Ⅱ型转置型结构

① 将所有支路方向颠倒,支路增益不变;

② 输入和输出互换,源节点和汇节点互换;

③ 调整为输入在左,输出在右。

(f) 定义图 P10－12(e)中所示的中间变量 $v_0[n]$,$v_1[n]$,$v_2[n]$,得出差分方程组,即

$$\begin{cases} v_0[n]=x[n]+v_1[n-1] \\ v_1[n]=\dfrac{1}{4}y[n]+\dfrac{1}{5}x[n]+v_2[n-1] \\ v_2[n]=-\dfrac{5}{24}y[n]-\dfrac{1}{12}y[n-1] \\ v_0[n]=y[n] \end{cases}$$

整理可得差分方程为

$$y[n]-\frac{1}{4}y[n-1]+\frac{5}{24}y[n-2]+\frac{1}{12}y[n-3]=x[n]+\frac{1}{5}x[n-1]$$

由此可得其系统函数为 $H(z)=\dfrac{1+\frac{1}{5}z^{-1}}{1-\frac{1}{4}z^{-1}+\frac{5}{24}z^{-2}+\frac{1}{12}z^{-3}}$,与原系统具有相同的系统函数。

10－13　试绘制出系统函数为 $H(z)=\dfrac{1+2z^{-1}+z^{-2}}{1-\frac{3}{4}z^{-1}+\frac{1}{8}z^{-2}}$ 的滤波器所有可能的一阶级联型结构图。

【解】　对系统函数进行因式分解,可得

$$H(z)=\frac{1+2z^{-1}+z^{-2}}{1-\frac{3}{4}z^{-1}+\frac{1}{8}z^{-2}}=\frac{(1+z^{-1})^2}{\left(1-\frac{1}{2}z^{-1}\right)\left(1-\frac{1}{4}z^{-1}\right)}$$

$$=\frac{1+z^{-1}}{1-\frac{1}{2}z^{-1}}\cdot\frac{1+z^{-1}}{1-\frac{1}{4}z^{-1}}=\frac{1+z^{-1}}{1-\frac{1}{4}z^{-1}}\cdot\frac{1+z^{-1}}{1-\frac{1}{2}z^{-1}}$$

其所有可能的级联型结构如图 P10－13(a)～(d)所示,也可以将每个子系统变为转置型后再进行级联。

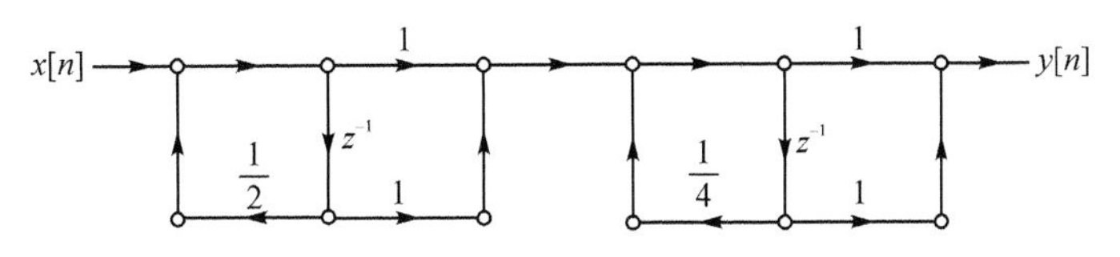

图 P10－13(a)　直接Ⅱ型级联型结构 1

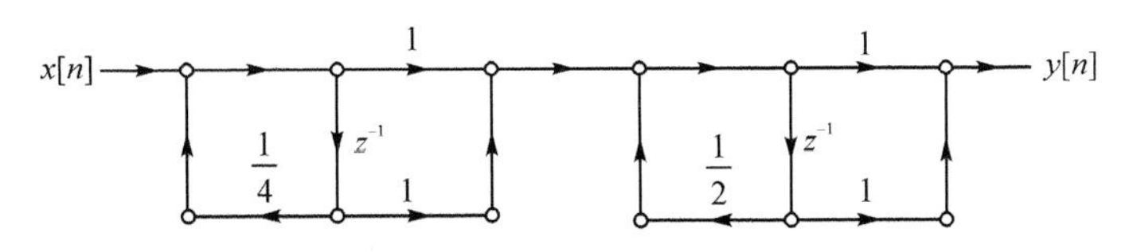

图 P10－13(b)　直接Ⅱ型级联型结构 2

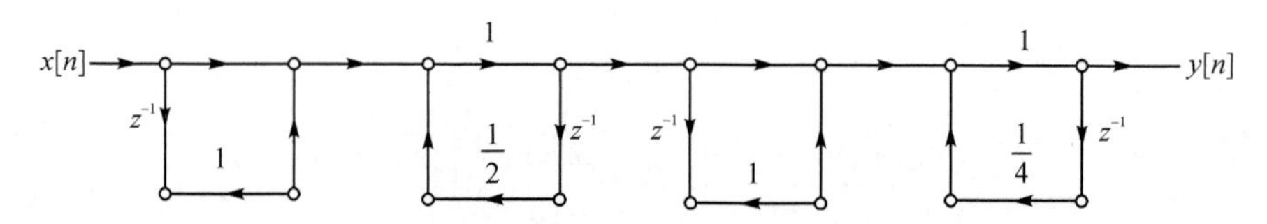

图 P10-13(c) 直接Ⅰ型子系统级联型结构 1

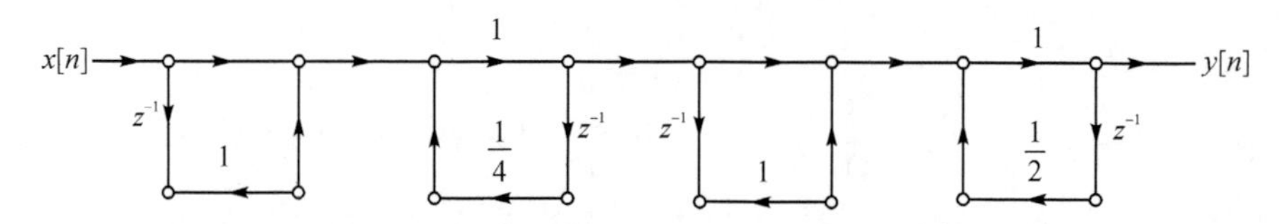

图 P10-13(d) 直接Ⅰ型子系统级联型结构 2

10-14 已知某 FIR 数字滤波器的系统函数为 $H(z)=(1+z^{-1})(1-2z^{-1}+3z^{-2})$，试分别绘制其级联型和直接型结构图。

【解】 根据 $H(z)=(1+z^{-1})(1-2z^{-1}+3z^{-2})$ 及其展开式 $H(z)=1-z^{-1}+z^{-2}+3z^{-3}$，可绘制出其级联型和直接型结构，分别如图 P10-14(a)和图 P10-14(b)所示。

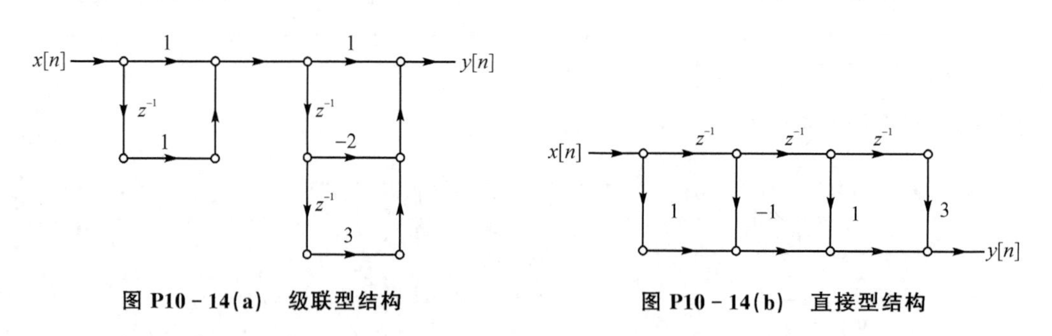

图 P10-14(a) 级联型结构　　　图 P10-14(b) 直接型结构

10-15 已知某六阶因果线性相位数字滤波器的单位脉冲响应为 $h[n]=\{2,3,6,0,-6,-3,-2\}$，试绘制该 FIR 数字滤波器的线性相位直接型结构。

【解】 根据系统的单位脉冲响应 $h[n]$，可得其系统函数为

$$H(z)=2+3z^{-1}-5z^{-2}+5z^{-4}-3z^{-5}-2z^{-6}$$

该 FIR 滤波器的线性相位直接型结构如图 P10-15 所示。

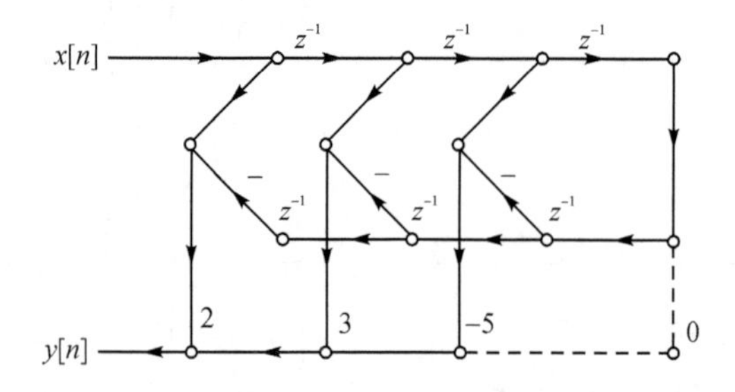

图 P10-15 FIR 数字滤波器的线性相位直接型结构

10 - 16　已知描述某因果离散系统的差分方程为 $y[n]-\frac{3}{4}y[n-1]+\frac{1}{8}y[n-2]=x[n]+\frac{1}{3}x[n-1]$，试求该系统的系统函数 $H(z)$、单位脉冲响应 $h[n]$，并绘制系统的直接Ⅱ型结构图。

【解】　根据差分方程，求得系统函数为

$$H(z)=\frac{1+\frac{1}{3}z^{-1}}{1-\frac{3}{4}z^{-1}+\frac{1}{8}z^{-2}}=\frac{10}{3}\frac{1}{1-\frac{1}{2}z^{-1}}-\frac{7}{3}\frac{1}{1-\frac{1}{4}z^{-1}}$$

由于系统因果，故其单位脉冲响应为 $h[n]=\frac{10}{3}\left(\frac{1}{2}\right)^n\mathrm{u}[n]-\frac{7}{3}\left(\frac{1}{4}\right)^n\mathrm{u}[n]$。由差分方程或系统函数可以直接绘制出其直接Ⅱ型结构，如图 P10 - 16 所示。

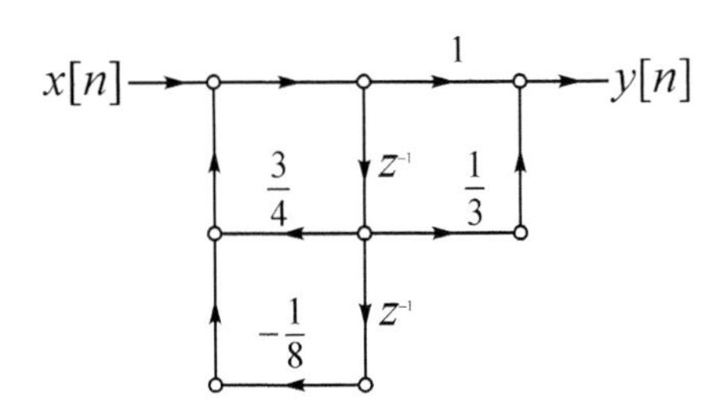

图 P10 - 16　直接型Ⅱ型结构

10 - 17　系统函数为 $H(z)=\frac{0.2(1+z^{-1})^6}{\left(1-2z^{-1}+\frac{7}{8}z^{-2}\right)\left(1+z^{-1}+\frac{1}{2}z^{-2}\right)\left(1-\frac{1}{2}z^{-1}+z^{-2}\right)}$ 的 LTI 系统，如用图 P10 - 17(a)所示的结构图实现，则

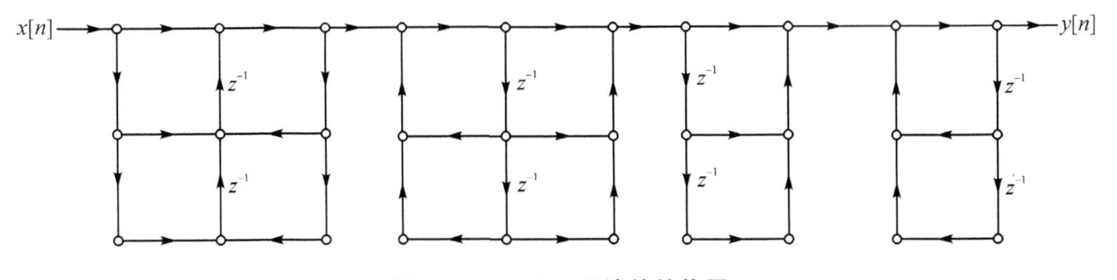

图 P10 - 17(a)　系统的结构图

(a) 试填入全部系数，且答案是否唯一？并请解释原因；

(b) 选择适当的节点变量，并写出由该结构图所表示的一组差分方程。

【解】　(a) 观察系统结构图可知，该图所示的结构为多个子系统的级联，其中第一个子系统为二阶子系统的直接Ⅱ型的转置型结构，第二个子系统为直接Ⅱ型结构，第三个子系统为全零点系统，第四个子系统为全极点系统，故可将 $H(z)$ 化为如下形式：

$$H(z)=\frac{0.2(1+z^{-1})^2}{1-2z^{-1}+\frac{7}{8}z^{-2}}\cdot\frac{(1+z^{-1})^2}{1+z^{-1}+\frac{1}{2}z^{-2}}\cdot\frac{(1+z^{-1})^2}{1-\frac{1}{2}z^{-1}+z^{-2}}$$

$$=\frac{0.2+0.4z^{-1}+0.2z^{-2}}{1-2z^{-1}+\frac{7}{8}z^{-2}}\cdot\frac{1+2z^{-1}+z^{-2}}{1+z^{-1}+\frac{1}{2}z^{-2}}\cdot(1+2z^{-1}+z^{-2})\cdot\frac{1}{1-\frac{1}{2}z^{-1}+z^{-2}}$$

按照上式的分解形式可得如图 P10－17(b)所示的实现方式。由于系统函数的分解方法并不唯一，因此系数填入的方式也并不唯一。

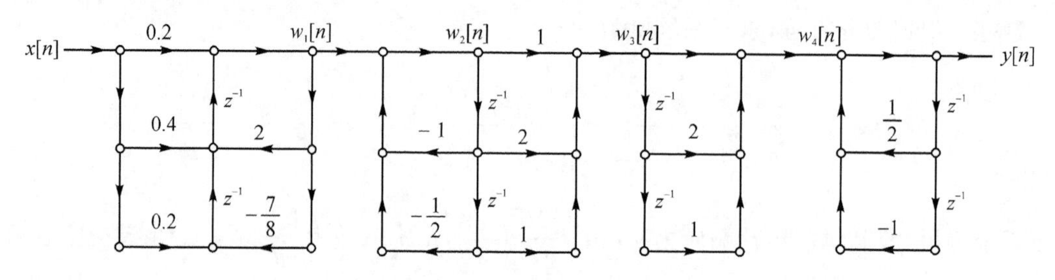

图 P10－17(b)　结构图的一种系数填充

(b) 选取图 P10－17(b)所示的节点变量，有

$$W_1(z)=0.2X(z)+0.4\cdot z^{-1}\cdot X(z)+0.2\cdot z^{-2}\cdot X(z)+$$
$$2\cdot z^{-1}\cdot W_1(z)-\frac{7}{8}\cdot z^{-2}\cdot W_1(z)$$

对应的差分方程为

$$w_1[n]=0.2x[n]+0.4x[n-1]+0.2x[n-2]+2w_1[n-1]-\frac{7}{8}w_1[n-2] \quad (1)$$

同理，有

$$W_2(z)=W_1(z)-z^{-1}W_2(z)-\frac{1}{2}z^{-2}W_2(z)$$
$$W_3(z)=W_2(z)+2z^{-1}W_2(z)+z^{-2}W_2(z)$$

化简可得

$$\frac{W_3(z)}{W_1(z)}=\frac{1+2z^{-1}+z^{-2}}{1+z^{-1}+\frac{1}{2}z^{-2}}$$

对应的差分方程为

$$w_3[n]=w_1[n]+2w_1[n-1]+w_1[n-2]-w_3[n-1]-\frac{1}{2}w_3[n-2] \quad (2)$$

同理

$$W_4(z)=W_3(z)+2z^{-1}W_3(z)+z^{-2}W_3(z)$$
$$Y(z)=W_4(z)+\frac{1}{2}z^{-1}Y(z)-z^{-2}Y(z)$$

化简可得

$$\frac{Y(z)}{W_3(z)}=\frac{1+2z^{-1}+z^{-2}}{1-\frac{1}{2}z^{-1}+z^{-2}}$$

对应的差分方程为

$$y[n]=w_3[n]+2w_3[n-1]+w_3[n-2]+\frac{1}{2}y[n-1]-y[n-2] \tag{3}$$

式(1)～(3)即为由该结构图所表示的一组差分方程。由于选取的节点变量不唯一，这组差分方程式也不唯一，但均可以用来表示同一系统的输入、输出关系。

10－18　某数字滤波器的单位脉冲响应为 $h[n]=0.6^n(\mathrm{u}[n]-\mathrm{u}[n-7])$，试绘制其直接型结构图，并求实现该结构所需的加法器、乘法器和延时存储器的数目。

【解】　该 FIR 滤波器的直接型(横截型)实现结构如图 P10－18 所示。

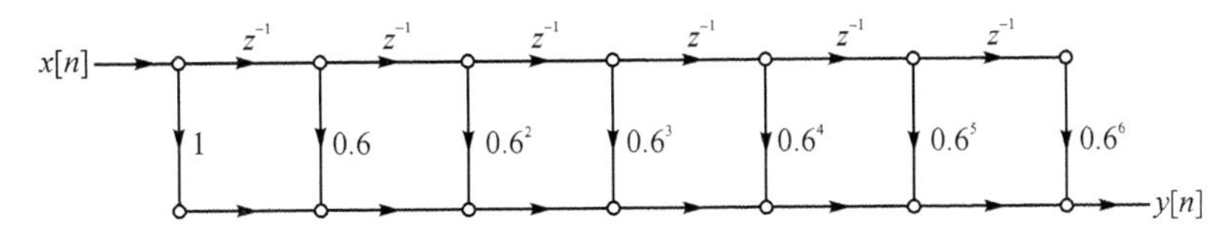

图 P10－18　FIR 滤波器的直接型结构

该结构包含 6 个加法器、6 个乘法器(若乘以 1 忽略不计)和 6 个延时存储器。

10－19　某 FIR 滤波器的单位脉冲响应为

$$h[n]=-0.1(\delta[n]+\delta[n-6])+0.2(\delta[n-1]+\delta[n-5])+0.5(\delta[n-2]+\delta[n-4])+0.8\delta[n-3]$$

试判断其是否为线性相位系统，并绘制其乘法器个数最少的实现结构图。

【解】　该系统的单位脉冲响应关于中点对称 $h[n]=h[M-n]$，即 $h[n]=h[6-n]$，故其为线性相位滤波器。为了使结构图中乘法器的个数最少，将相同系数的支路合并，即线性相位直接型结构(简称线性相位结构)如图 P10－19 所示。

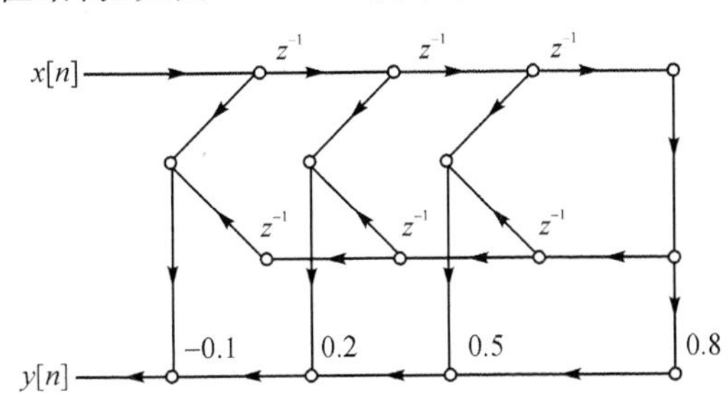

图 P10－19　FIR 系统的线性相位直接型结构

10－20　试分别求图 P10－20 所示几个结构图对应系统的单位脉冲响应。

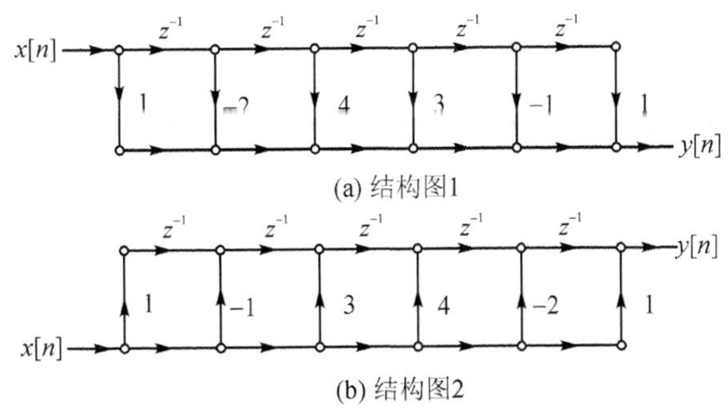

图 P10－20　四个系统的结构图

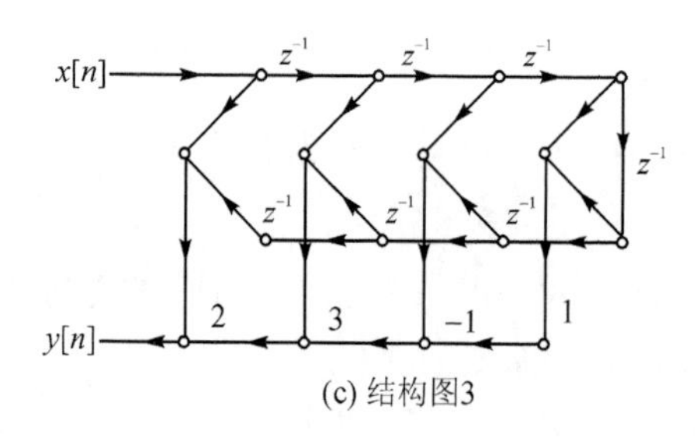

(c) 结构图3

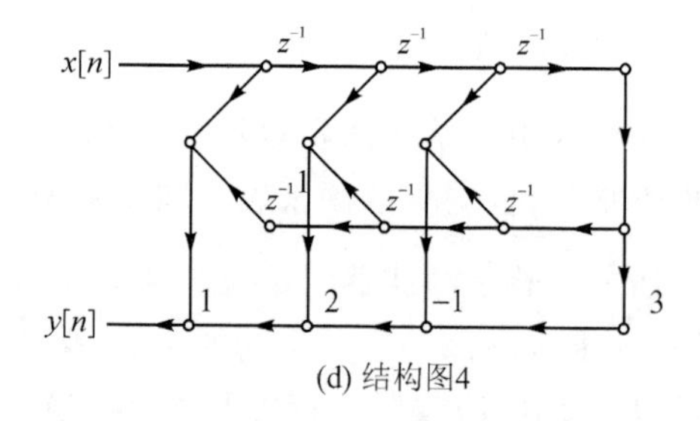

(d) 结构图4

图 P10-20 四个系统的结构图(续)

【解】 (a) 系统函数为 $H(z)=1-2z^{-1}+4z^{-2}+3z^{-3}-z^{-4}+z^{-5}$,其单位脉冲响应为 $h[n]=\{1,-2,4,3,-1,1\}$。

(b) 该结构图为直接型的转置型结构,其系统函数为 $H(z)=1-2z^{-1}+4z^{-2}+3z^{-3}-z^{-4}+z^{-5}$,其单位脉冲响应为 $h[n]=\{1,-2,4,3,-1,1\}$。

(c) 该结构图是 M 为奇数时的 FIR 系统线性相位型结构,其中 $M=7$。易知 $h[n]=\{2,3,-1,1,1,-1,3,2\}$。

(d) 该结构图是 M 为偶整数时的 FIR 系统线性相位型结构,其中 $M=6$。易知 $h[n]=\{1,2,-1,3,-1,2,1\}$。

10-21 图 P10-21 给出了某 LTI 系统的结构图。

(a) 试写出描述该系统的差分方程,并求其系统函数。

(b) 如果 $x[n]$是实数,且乘以 1 不计在乘法的总次数中。试计算该实现结构图中,每个输出样本所需的实数乘法和实数加法的次数。

(c) 该结构图包含多少个存储寄存器(延迟单元)? 能否绘制出具有最少存储寄存器个数的结构图。

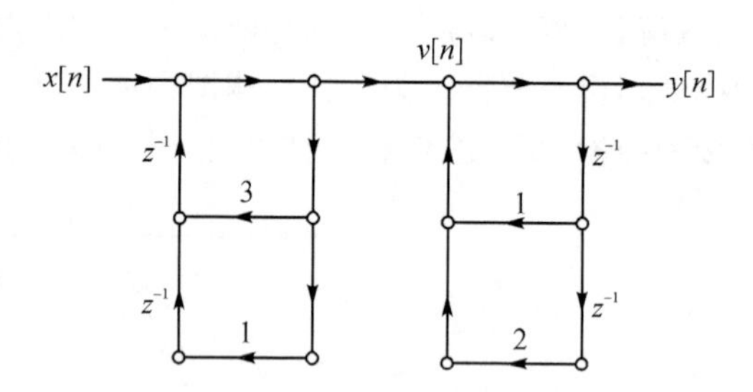

图 P10-21 LTI 系统的结构图

【解】 (a) 选取中间变量 $v[n]$,容易求得描述两个级联子系统的差分方程分别是

$$\begin{cases}v[n]=x[n]+3v[n-1]+v[n-2]\\ v[n]+y[n-1]+2y[n-2]=y[n]\end{cases}$$

分别求零初始条件下的 z 变换,并化简可得

$$\begin{cases}V(z)\left[1-3z^{-1}-z^{-2}\right]=X(z)\\ V(z)+z^{-1}Y(z)+2z^{-2}Y(z)=Y(z)\end{cases}$$

消去 $V(z)$,求出的系统函数为

$$H(z)=\frac{Y(z)}{X(z)}=\frac{1}{(1-3z^{-1}-z^{-2})(1-z^{-1}-2z^{-2})}$$
$$=\frac{1}{1-4z^{-1}+0z^{-2}+7z^{-3}+2z^{-4}}$$

(b) 忽略结构图中乘以 1 的运算,计算每个输出样本需要 2 次实数乘法和 4 次实数加法。

(c) 该结构图包含 4 个存储寄存器,存储寄存器个数已经最少,即便是直接Ⅱ型结构也不能减少存储器个数。

10－22　图 P10－22(a)给出了某 LTI 系统的结构图。

(a) 试求该系统的系统函数 $H(z)=Y(z)/X(z)$；

(b) 写出该系统的差分方程；

(c) 试绘制一种具有最少延迟单元个数的结构图。

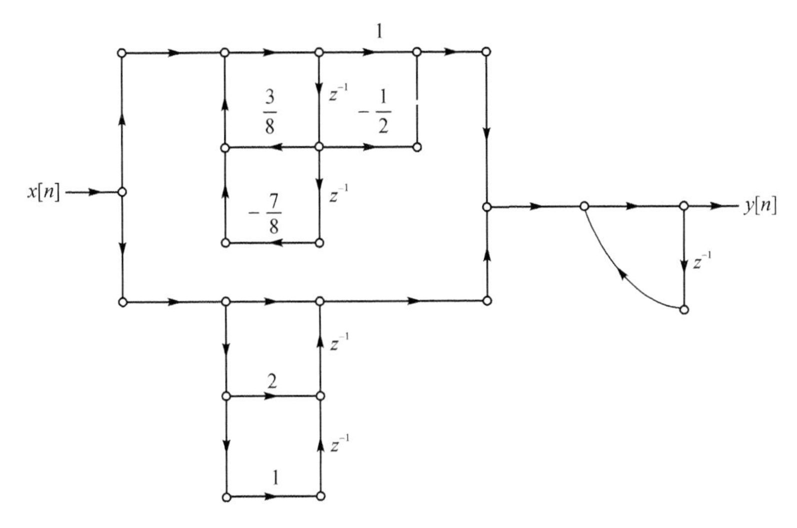

图 P10－22(a)　LTI 系统的结构图

【解】　(a) 该系统可看成先由两个子系统并联，再与另一子系统级联而得。并联的两个子系统的系统函数分别为 $H_1(z)=\dfrac{1-\frac{1}{2}z^{-1}}{1-\frac{3}{8}z^{-1}+\frac{7}{8}z^{-2}}$ 和 $H_2(z)=1+2z^{-1}+z^{-2}$，故并联后的系统函数为

$$H'(z)=H_1(z)+H_2(z)=1+2z^{-1}+z^{-2}+\frac{1-\frac{1}{2}z^{-1}}{1-\frac{3}{8}z^{-1}+\frac{7}{8}z^{-2}}$$

然后再与 $H_3(z)=\dfrac{1}{1-z^{-1}}$ 级联，所以总的系统函数为

$$H(z)=H'(z)H_3(z)=\left(1+2z^{-1}+z^{-2}+\frac{1-\frac{1}{2}z^{-1}}{1-\frac{3}{8}z^{-1}+\frac{7}{8}z^{-2}}\right)\frac{1}{1-z^{-1}}$$

$$=\frac{2+\frac{9}{8}z^{-1}+\frac{9}{8}z^{-2}+\frac{11}{8}z^{-3}+\frac{7}{8}z^{-4}}{1-\frac{11}{8}z^{-1}+\frac{5}{4}z^{-2}-\frac{7}{8}z^{-3}}$$

(b) 由 $H(z)$ 可得输入、输出满足的差分方程为

$$y[n]-\frac{11}{8}y[n-1]+\frac{5}{4}y[n-2]-\frac{7}{8}y[n-3]$$
$$=2x[n]+\frac{9}{8}x[n-1]+\frac{9}{8}x[n-2]+\frac{11}{8}x[n-3]+\frac{7}{8}x[n-4]$$

(c) 由系统函数可知，该系统为 IIR 滤波器，欲使得该系统实现所使用的延迟单元个数最少，可使用直接Ⅱ型结构，如图 P10-22(b)所示，该系统最少应含有 4 个延迟单元。

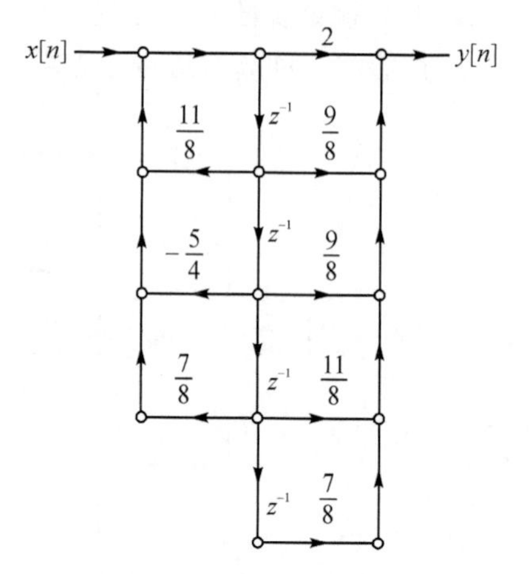

图 P10-22(b) IIR 系统的直接Ⅱ型结构图

10-23 某离散时间 LTI 系统的单位脉冲响应为 $h[n]=\begin{cases}a^n, & 0\leqslant n\leqslant 7\\ 0, & \text{其他}\end{cases}$。试

(a) 绘制该系统的直接型结构图；

(b) 证明对应的系统函数为 $H(z)=\dfrac{1-a^8z^{-8}}{1-az^{-1}}$，$(|z|>|a|)$；

(c) 绘制出该系统由 IIR 和 FIR 系统级联的结构图(设 $|a|<1$)；

(d) 判断上述两种结构中哪种实现结构的延迟存储器个数少？哪种结构的运算次数(计算每个输出样本的乘法和加法次数)少？

【解】 (a) 由该系统的单位脉冲响应可知，其系统函数可表示为

$$H(z)=1+az^{-1}+a^2z^{-2}+\cdots+a^7z^{-7}$$

故该 FIR 系统的直接型实现结构如图 P10-23(a)所示。

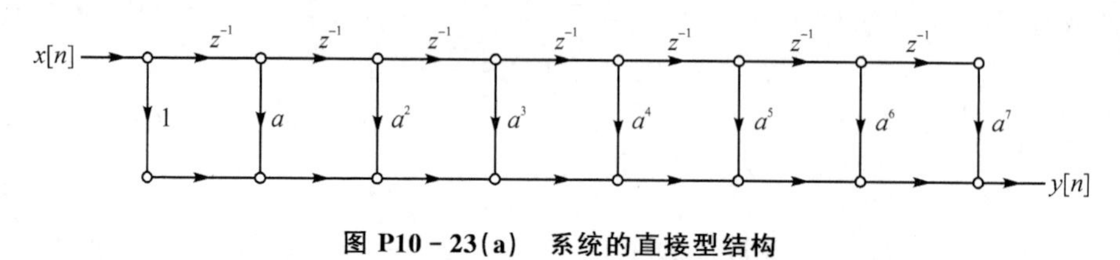

图 P10-23(a) 系统的直接型结构

(b) 证明：

$$H(z)=1+az^{-1}+a^2z^{-2}+\cdots+a^7z^{-7}=\sum_{n=0}^{7}(az^{-1})^n=\frac{1-a^8z^{-8}}{1-az^{-1}},(|z|>|a|)，得证。$$

(c) 由(b)的结论，为了将系统实现为 IIR 系统和 FIR 系统的级联，可将该系统的系统函数写成如下形式：

$$H(z)=\frac{1}{1-az^{-1}}(1-a^8z^{-8})$$

从而得到如图 P10-23(b)所示的结构图。

(d) 由实现结构图易知，计算每个输出样本时直接型结构需要 7 次加法、7 次乘法(忽略乘以 1 的运算)和 7 个单位延迟单元，而级联型结构需要 2 次加法、2 次乘法和 9

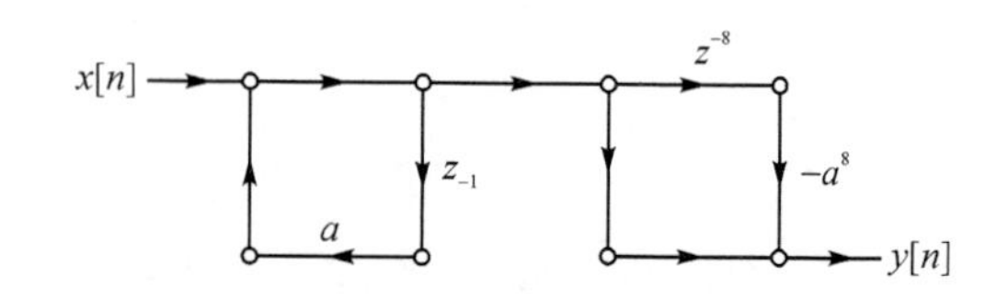

图 P10-23(b) 系统的级联型结构

个延迟单元。故采用(a)题中的直接型结构实现时需要的延迟存储器少，采用(c)题中的级联型结构实现时需要的加法、乘法次数少。

10 - 24　图 P10 - 24(a)所示为某 LTI 数字滤波器的实现结构图，试求该滤波器的系统函数，并绘制其直接型结构。

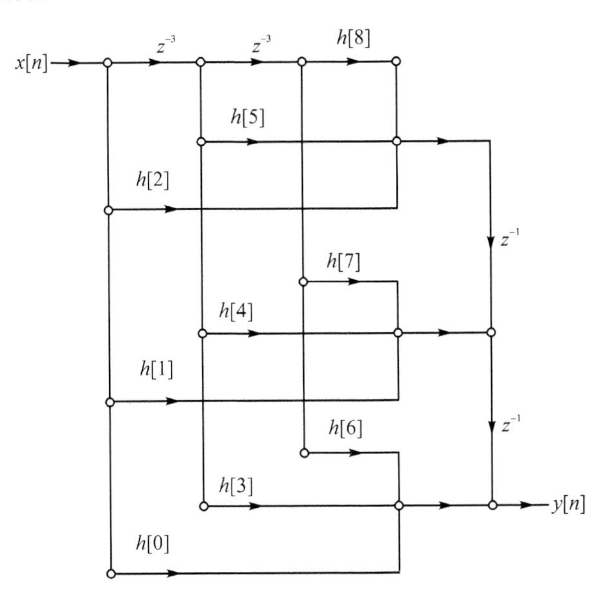

图 P10 - 24(a)　某 LTI 数字滤波器的实现结构图

【解】　由图可知，描述系统输入、输出之间关系的差分方程为

$$\begin{aligned}y[n]=&h[2]x[n-2]+h[5]x[n-5]+h[8]x[n-8]+\\&h[1]x[n-1]+h[4]x[n-4]+h[7]x[n-7]+\\&h[0]x[n]+h[3]x[n-3]+h[6]x[n-6]\end{aligned}$$

因此系统函数为

$$\begin{aligned}H(z)=&\frac{Y(z)}{X(z)}\\=&h[0]+h[1]z^{-1}+h[2]z^{-2}+h[3]z^{-3}+h[4]z^{-4}+h[5]z^{-5}+\\&h[6]z^{-6}+h[7]z^{-7}+h[8]z^{-8}\\=&\sum_{n=0}^{8}h[n]z^{-n}\end{aligned}$$

亦可根据结构图直接求出

$$\begin{aligned}Y(z)=&[h[2]X(z)+h[5]z^{-3}X(z)+h[8]z^{-6}X(z)]z^{-2}+\\&[h[1]X(z)+h[4]z^{-3}X(z)+h[7]z^{-6}X(z)]z^{-1}+\\&h[0]X(z)+h[3]z^{-3}X(z)+h[6]z^{-6}X(z)\end{aligned}$$

故系统函数 $H(z)=\dfrac{Y(z)}{X(z)}=\sum\limits_{n=0}^{8}h[n]z^{-n}$。

根据系统函数，绘制其直接型结构如图 P10 - 24(b)所示。

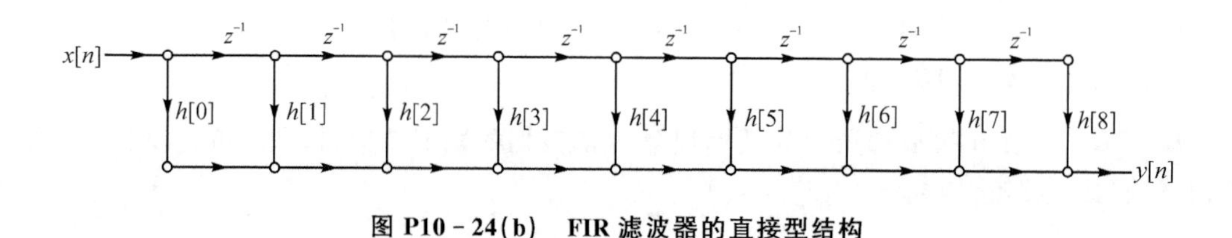

图 P10-24(b) FIR 滤波器的直接型结构

10-25 全通系统 $H(z)=\dfrac{z^{-1}-0.54}{1-0.54z^{-1}}$ 的结构图如图 P10-25(a)所示。

(a) 试确定系数 b,c,d 的值。

(b) 如果系数 b,c,d 量化后，保留小数点后一位(例如，0.54 舍入到 0.5 和 1.851 8 舍入到 1.9)，试问该结构图所示的系统还是全通系统吗？

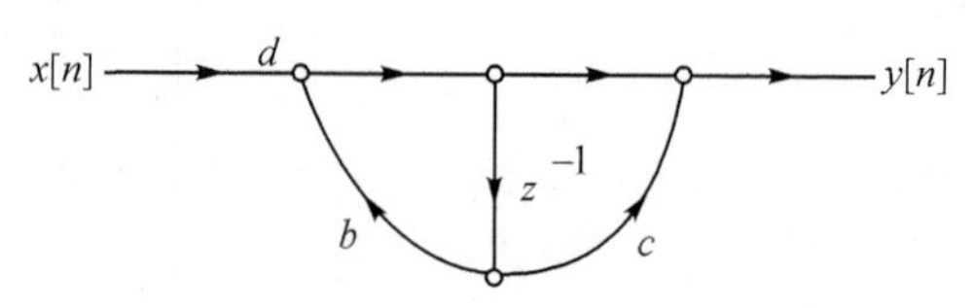

图 P10-25(a) 全通系统的结构图

(c) 该系统的差分方程记作 $y[n]-0.54y[n-1]=-0.54x[n]+x[n-1]$，能否绘制出仅包含 1 个乘法器、2 个延迟存储器的系统结构图？现仍采用(b)中的量化方法，试问该结构图表示的系统仍为全通系统吗？并比较这该结构图与原始结构图中延迟存储器的个数。

(d) 绘制全通系统 $H(z)=\dfrac{z^{-1}-a}{1-az^{-1}}\cdot\dfrac{z^{-1}-b}{1-bz^{-1}}$ 的级联型结构，其中的一阶全通系统采用(c)中所述的结构图实现。注：两个一阶子系统可共用一个延迟单元，即系统级联节省了延迟单元。

(e) 如果系数 a 和 b 采用(b)中的量化方法，试问(d)中结构图表示的系统还是全通系统吗？

【解】 (a) 根据结构图容易求得系统函数为

$$H'(z)=\frac{Y(Z)}{X(Z)}=\frac{d(1+cz^{-1})}{1-bz^{-1}}$$

与已知的系统函数 $H(z)=\dfrac{z^{-1}-0.54}{1-0.54z^{-1}}$ 对比，使 $H'(z)=H(z)$，可得 $\begin{cases}dc=1\\d=-0.54\\b=0.54\end{cases}$，解得

$$\begin{cases}b=0.54\\c=-1.851\ 8\\d=-0.54\end{cases}$$

(b) 当系数舍入量化并保留小数点后 1 位，即 $b=0.5,c=-1.9,d=-0.5$ 时，有

$$H'(z)=\frac{-0.5(1-1.9z^{-1})}{1-0.5z^{-1}}=\frac{0.95z^{-1}-0.5}{1-0.5z^{-1}}$$

此时 $H'(e^{j\omega})=\dfrac{0.95e^{-j\omega}-0.5}{1-0.5e^{-j\omega}}$，由于 $|H'(e^{j\omega})|=|e^{-j\omega}|\left|\dfrac{0.95-0.5e^{j\omega}}{1-0.5e^{-j\omega}}\right|\neq1$，故此时系统不再是全通系统。

(c) 为了使结构中包含 1 个乘法器，将系统差分方程中相同的系数合并，则有 $y[n]=0.54(y[n-1]-x[n])+x[n-1]$，据此可绘制出如图 P10-25(b)所示的结构图。

量化后差分方程为 $y[n]=0.5(y[n-1]-x[n])+x[n-1]$，系统函数为 $H(z)=$

$\dfrac{z^{-1}-0.5}{1-0.5z^{-1}}$，因为$|H'(e^{j\omega})|=|e^{-j\omega}|\left|\dfrac{1-0.5e^{j\omega}}{1-0.5e^{-j\omega}}\right|=1$，故此时系统仍为全通系统。可见，同一系统使用不同的结构，滤波器量化误差对系统的影响有差异。该结构使用了 1 个乘法器（忽略了乘以 1 的运算）和 2 个延迟存储器，而原始结构仅使用了 1 个延迟存储器。

(d) 全通系统的级联实现图 P10－25(c)所示。为了节约延迟单元，两个一阶子系统可共用中间的一个延迟单元，可得到图 P10－25(d)所示的结构图。

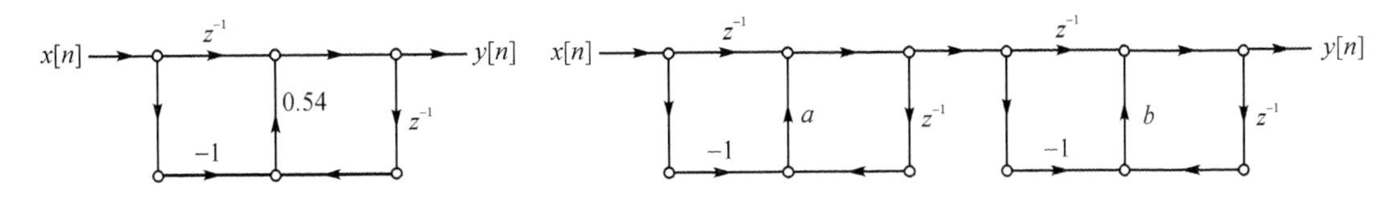

图 P10－25(b)　乘法器合并后的结构图　　图 P10－25(c)　全通系统的级联结构

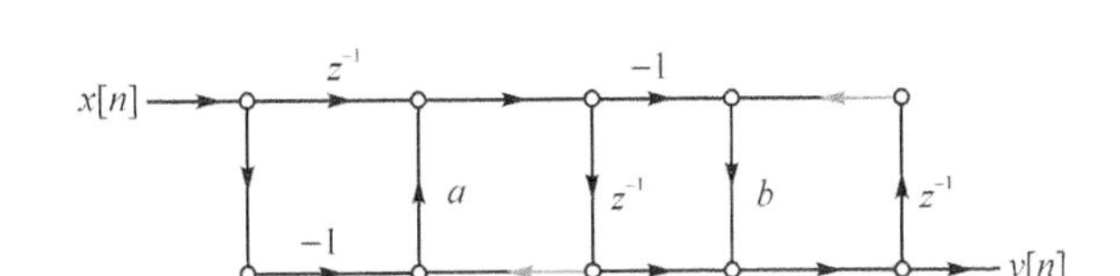

图 P10－25(d)　共用延迟单元的级联结构

(e) 按照(b)中的量化方法，设将 a 和 b 量化为 $\hat{a}$，$\hat{b}$，也就是子系统中分别只有相同的一个系数 a 和 b，则量化后的系统函数为

$$H'(z)=\frac{z^{-1}-\hat{a}}{1-\hat{a}z^{-1}}\cdot\frac{z^{-1}-\hat{b}}{1-\hat{b}z^{-1}}$$

计算其幅频响应，可知其仍为全通系统。

10－26　在图 P10－26(a)所示的一阶系统中，存储位长为 B bit（包括 1 bit 符号位），即 B bit 的系数 a 和 B bit 的输出序列 $y[n-1]$ 作相乘运算，再进行舍入操作，$Q[\ ]$表示非线性量化运算。

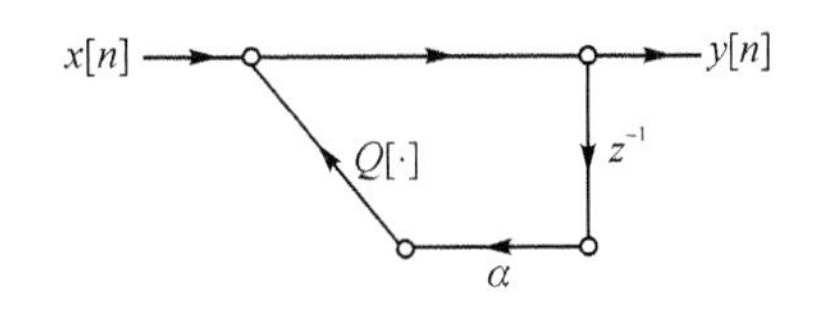

图 P10－26(a)　存储位长有限的一阶系统

(a) 试用 a 和 B 表示死带的 A 值范围。

(b) 如果 $B=6$，$A=1/16$，试分别绘制 $a=\dfrac{15}{16}$ 和 $a=-\dfrac{15}{16}$ 两种情况下，系统的输出 $y[n]$。

(c) 如果 $B=6$，$A=1/2$，试绘制 $a=-\dfrac{15}{16}$ 时，系统的输出 $y[n]$。

【解】 (a) 该一阶滤波器的差分方程可表示为 $y[n]=Q[ay[n-1]]+x[n]$。现设输入 $x[n]=0$，当 $y[n]=A$ 时进入极限环 $Q[aA]=\pm A$，式中的正负号由 a 的正负来决定。在舍入时误差 E_R 的关系式：$-\dfrac{1}{2}2^{-B}<E_R<\dfrac{1}{2}2^{-B}$，在稳定系统中($|a|<1$)，有 $a>0$ 时，$Q[aA]=A$，代入上式可得 $-\dfrac{1}{2}2^{-B}<A(1-a)\leqslant\dfrac{1}{2}2^{-B}$，解得 $|A|\leqslant\dfrac{2^{-B-1}}{1-a}$。$a<0$ 时，

$Q[aA]=-A$，代入上式可得 $-\frac{1}{2}2^{-B}<-A(1+a)\leqslant\frac{1}{2}2^{-B}$，解得 $|A|\leqslant\frac{2^{-B-1}}{1-|a|}$。两式在稳定系统中可统一为 $|A|\leqslant\frac{2^{-B-1}}{1-|a|}$。

(b) 当 $A=\frac{1}{16}=0.000\ 100$，$a=\frac{15}{16}=0.111\ 100$ 时，则

$$Aa=0.000\ 011\ 11,\quad Q[aA]=0.000\ 100=A$$

因此存在极限环。或将 $B=6$，$a=\frac{15}{16}$，代入不等式可得 $\frac{2^{-B-1}}{1-|a|}=\frac{1}{8}>\frac{1}{16}=A$，也说明序列已进入死区。由于 $y[-1]=A$，因此从 $y[0]$ 开始 $y[n]$ 都等于 A，其输出序列如图 P10-26(b)所示。当 $A=\frac{1}{16}=0.000\ 100$，$a=-\frac{15}{16}=-0.111\ 100$ 时，则 $Aa=-0.000\ 011\ 11$，取补码有 $Aa=1.111\ 100\ 01$，$Q[Aa]=1.111\ 100$，即 $Q[Aa]=-0.000\ 100=-A$，因此存在极限环。或将 $B=6$，$a=-\frac{15}{16}$，代入不等式可得 $\frac{2^{-B-1}}{1-|a|}=\frac{1}{8}>\frac{1}{16}=A$，也说明序列已进入死区。由于 $y[-1]=A$，因此从 $y[0]$ 开始 $y[n]$ 就在 $\pm A$ 之间摆动，其输出序列如图 P10-26(c)所示。

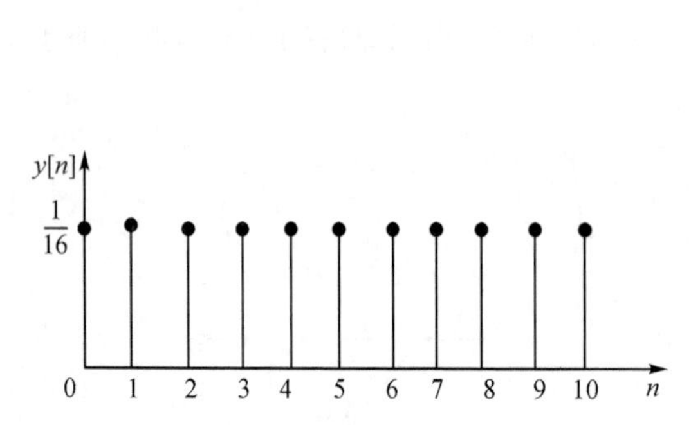

图 P10-26(b) 1 阶 IIR 滤波器的零输入极限环现象

图 P10-26(c) 输出序列

(c) 已知 $y[-1]=A=\frac{1}{2}=0.100\ 000$，$a=-\frac{15}{16}=-1.111\ 100$，按照递推式 $y[n]=Q\left[-\frac{15}{16}y[n-1]\right]=Q\left[-\left(1-\frac{1}{16}\right)y[n-1]\right]$

能够求出以下各项：

$y[0]=-0.011\ 110=-\frac{15}{32}$，$y[1]=0.011\ 100=\frac{7}{16}$，$y[2]=-0.011\ 010=-\frac{13}{32}$，

$y[3]=0.011\ 000=\frac{3}{8}$，$y[4]=-0.010\ 111=-\frac{23}{64}$，$y[5]=0.010\ 110=\frac{11}{32}$，

$y[6]=-0.010\ 101=-\frac{21}{64}$，…，$y[11]=0.010\ 000=\frac{1}{4}$，$y[12]=-0.001\ 111=-\frac{15}{64}$，

$y[13]=0.001\ 110=\frac{7}{32}$，…，$y[18]=-0.001\ 001=-\frac{9}{64}$，$y[19]=0.001\ 000=\frac{1}{8}$，

$y[20]=-0.001\,000=-\frac{1}{8}, y[21]=0.001\,000=\frac{1}{8},\cdots$

可以看到，当 $n\geqslant19$ 时 $|y[n]|=\frac{1}{8}$，即 $y[n]$ 交替取 $\pm\frac{1}{8}$。因为 $\frac{2^{-B-1}}{(1-|a|)}=\frac{1}{8}$，这在死区的范围，其输出序列如图 P10-26(d)所示。

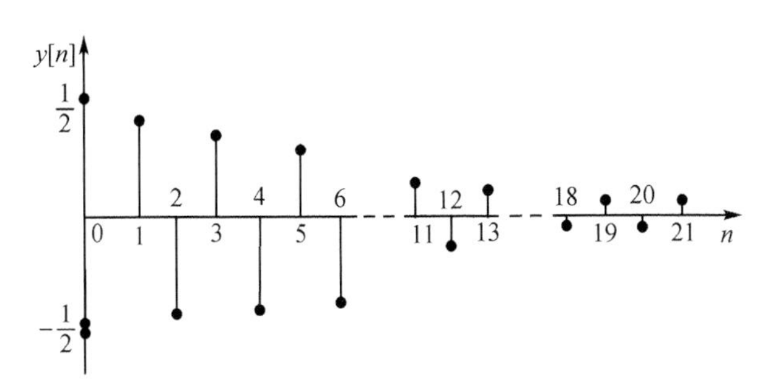

图 P10-26(d)　输出序列

10-27　选取 Butterworth 模拟滤波器为原型，采用双线性变换法，设计一个 3 dB 截止频率为 $\omega_c=0.4\pi$ rad、阶数为 3 的数字低通滤波器，并绘制 $H(z)$ 的直接Ⅱ型结构图。

【解】　根据双线性变换中数字角频率 ω 与模拟角频率 Ω 间的关系，可求得 Butterworth 模拟低通滤波器的 3 dB 截止频率 Ω_c，为方便计算，取参数 $T_s=2$，则

$$\Omega_c=\frac{2}{T_s}\tan\frac{\omega_c}{2}=\tan(0.2\pi)=0.726\,5\ (\mathrm{rad/s})$$

根据 $N=3$ 和 Ω_c 的值，对归一化系统函数 $\frac{1}{(s+1)(s^2+s+1)}$ 进行反归一化，可得满足条件的 3 阶 Butterworth 模拟低通滤波器的 $H(s)$ 为

$$H(s)=\frac{1}{\left(\frac{s}{\Omega_c}+1\right)\left[\left(\frac{s}{\Omega_c}\right)^2+\frac{s}{\Omega_c}+1\right]}=\frac{0.383\,5}{s^3+1.453\,1s^2+1.055\,7s+0.383\,5}$$

由双线性变化法可得

$$H(z)=H(s)\Big|_{s=\frac{2}{T_s}\frac{1-z^{-1}}{1+z^{-1}}}$$

$$=\frac{0.098\,5+0.295\,6z^{-1}+0.295\,6z^{-2}+0.098\,5z^{-3}}{1-0.577\,2z^{-1}+0.421\,8z^{-2}-0.056\,3z^{-3}}$$

由 $H(z)$ 可绘制出其直接Ⅱ型结构如图 P10-27 所示。

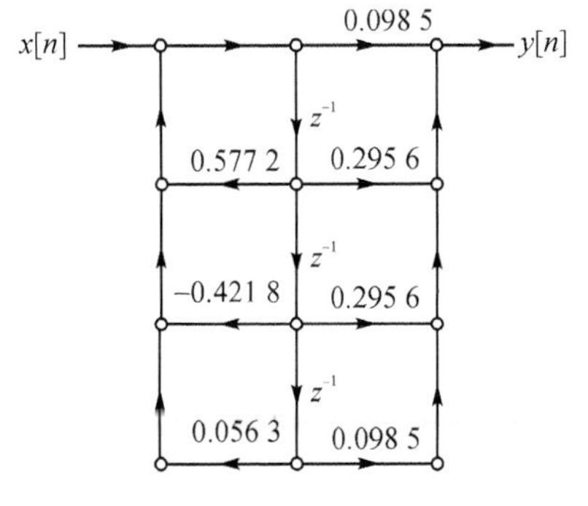

图 P10-27　直接Ⅱ型结构

10-28　用矩形窗函数法设计一个线性相位 FIR 高通数字滤波器，其逼近的理想频率响应为

$$H_d(e^{j\omega})=\begin{cases}e^{-j3\omega}, & \frac{\pi}{2}\leqslant|\omega|\leqslant\pi\\ 0, & \text{其他}\end{cases}$$

(a) 试求设计出的单位脉冲响应 $h[n]$ 和系统函数 $H(z)$。

(b) 试绘制 $H(z)$ 的线性相位型结构图。

(c) 如果所设计的滤波器通带衰减不能满足要求,可采取何种办法改善?

【解】 (a) 在四类线性相位 FIR 系统中,第Ⅱ类和第Ⅲ类不适合用来设计高通滤波器,题目中未明确要求选取第Ⅰ类或第Ⅳ类,这里选取第Ⅰ类。由理想 $H_d(e^{j\omega})$ 的相频特性可知,系统阶数 $M=6$,因此系统的单位脉冲响应为

$$h[n]=\frac{\sin[\pi(n-3)]}{\pi(n-3)}-\frac{\sin\left[\frac{\pi}{2}(n-3)\right]}{\pi(n-3)}$$

或

$$\begin{aligned}h[n]&=\frac{1}{2\pi}\int_{-\pi}^{\pi}H_d(e^{j\omega})e^{jn\omega}d\omega=\delta[n-3]-0.5Sa(0.5\pi(n-3));n=0,1,\cdots,6\\&=\{0.106\,1,0,-0.318\,3,0.5,-0.318\,3,0,0.106\,1\}\end{aligned}$$

系统函数为

$$H(z)=0.106\,1(1+z^{-6})-0.318\,3(z^{-2}+z^{-4})+0.5z^{-3}$$

(b) 该 FIR 系统的线性相位型结构如图 P10-28 所示。

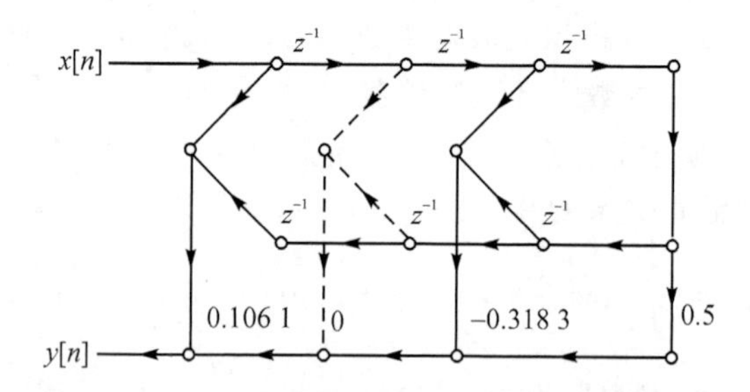

图 P10-28 FIR 数字滤波器的线性相位型结构

(c) 可以选择使用其他缓变的窗函数,如 Hamming 窗、Blackman 窗或形状参数 $\beta>0$ 的 Kaiser 窗等。

10-29 某滤波器结构如图 P10-29 所示,其中输入 $x_1[n]=u[n]$,$x_2[n]=u[n]$

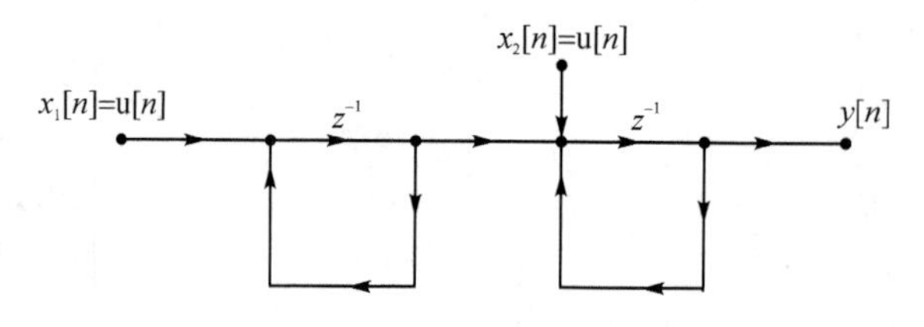

图 P10-29 某数字滤波器的结构

试求系统的输出 $y[n]$及其 z 变换 $Y(z)$。

【解】 图中的基本传输单元结构为: ,由基本单元信号流图得$[X(z)+Y(z)]z^{-1}=Y(z)$,化简后基本单元的传输函数为 $H_0(z)=Y(z)/X(z)=\dfrac{z^{-1}}{1-z^{-1}}$。该传输单元的单位冲激响应为 $h_0(n)=u[n-1]$。

仅有 $x_1[n]=\mathrm{u}[n]$时，输入的 z 变换为$\dfrac{1}{1-z^{-1}}$，其作用的系统函数为

$$H_1(z)=\frac{z^{-1}}{1-z^{-1}}\cdot\frac{z^{-1}}{1-z^{-1}}$$

仅有 $x_2[n]=\mathrm{u}[n]$时，输入的 z 变换为$\dfrac{1}{1-z^{-1}}$，其作用的系统函数为 $H_2(z)=\dfrac{z^{-1}}{1-z^{-1}}$。

根据线性系统的叠加原理有 $Y(z)=\dfrac{1}{1-z^{-1}}\dfrac{z^{-1}}{1-z^{-1}}\cdot\dfrac{z^{-1}}{1-z^{-1}}+\dfrac{1}{1-z^{-1}}\dfrac{z^{-1}}{1-z^{-1}}$或

$Y(z)=\dfrac{z^{-1}}{(1-z^{-1})^3}$，由时域卷积定理可知：$y[n]=y_1[n]+y_2[n]=\mathrm{u}[n]*\mathrm{u}[n-1]*\mathrm{u}[n-1]+\mathrm{u}[n]*\mathrm{u}[n-1]$，其中

$$y_2[n]=\mathrm{u}[n]*\mathrm{u}[n-1]=\sum_{m=0}^{n-1}\mathrm{u}[m]\mathrm{u}[n-1-m]=n\mathrm{u}[n]$$

$$\begin{aligned}y_1[n]&=\mathrm{u}[n]*\mathrm{u}[n-1]*\mathrm{u}[n-1]=y_2[n]*\mathrm{u}[n-1]\\&=\sum_{m=0}^{n-1}m\mathrm{u}[n-1-m]=\frac{n(n-1)}{2}\mathrm{u}[n]\end{aligned}$$

或

$$y_1[n]=\frac{n^2-n}{2}\mathrm{u}[n]$$

注：也可以用 z 微分性质计算，核心公式包括：

$$\frac{1}{1-z^{-1}}\frac{z^{-1}}{1-z^{-1}}=-z\frac{\mathrm{d}\left(\frac{1}{1-z^{-1}}\right)}{\mathrm{d}z},$$

$$Z^{-1}\left[\frac{1}{1-z^{-1}}\right]=\mathrm{u}[n]Z^{-1}\left[\frac{z^{-1}}{1-z^{-1}}\right]=\mathrm{u}[n-1]$$

10-30　某频率采样滤波器的系统函数为 $H(z)=(1-z^{-N})\sum\limits_{k=0}^{N-1}\dfrac{\widetilde{H}[k]/N}{1-z_kz^{-1}}$，其中 $z_k=\mathrm{e}^{\mathrm{j}(2\pi/N)k}$，$k=0,1,\cdots,N-1$。

(a) N 个一阶 IIR 系统并联后再与系统函数为$(1-z^{-N})$的 FIR 系统级联，即为 $H(z)$。试绘制该系统的实现结构。

(b) 试证明 $H(z)$为一个$(N-1)$阶的 z^{-1} 多项式。为此需证明 $H(z)$除在 $z=0$ 处外没有其他极点，也没有高于$(N-1)$次的 z^{-1} 项。这意味着该系统的单位脉冲响应长度是多少？

(c) 试证明系统的单位脉冲响应为 $h[n]=\left(\dfrac{1}{N}\sum\limits_{k=0}^{N-1}\widetilde{H}[k]\mathrm{e}^{\mathrm{j}(2\pi/N)kn}\right)(\mathrm{u}[n]-\mathrm{u}[n-N])$（提示：分别求 IIR 子系统和 FIR 子系统的单位冲激响应，再求二者的卷积）。

【解】　(a) 系统函数 $H(z)$包括两个部分，其中 FIR 系统$(1-z^{-N})$一部分是由 N 阶延迟单元构成的梳状滤波器组成，另一部分是由 N 个一阶网络并联组成，每个一阶网络都是一个谐振器。第 k 个一阶网络在单位圆上有一个极点 $z_k=W_N^{-k}=\mathrm{e}^{\mathrm{j}(2\pi/N)k}$，该谐振器的极点恰好与梳状滤波器的一个零点 $i=k$ 相抵消，从而使得频率 $\omega=\dfrac{2\pi}{N}k$ 上的频率响应等于系数值

$\widetilde{H}[k]$，最终在 N 个频率采样点上的频率响应分别等于 N 个系数值 $\widetilde{H}[k]$。梳状滤波器与 N 个并联谐振器级联后得到的频率采样型结构如图 P10－30 所示。这种结构中并联支路上的系数 $\widetilde{H}[k]$就是频率采样值，该值可以直接控制滤波器的频率响应。

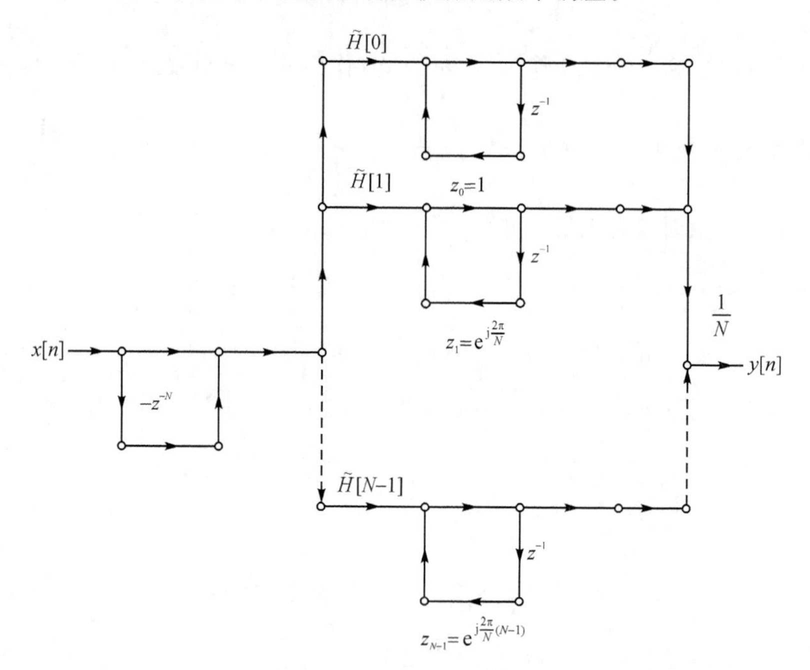

图 P10－30　频率采样型结构

(b) 证明：$1-z^{-N}$ 共有 N 个零点 $z_k=\mathrm{e}^{\mathrm{j}(2\pi/N)k}(k=0,1,\cdots,N-1)$，将 $1-z^{-N}$ 展开为零点项的因式乘积形式，即

$$1-z^{-N}=(1-z_0z^{-1})(1-z_1z^{-1})\cdots(1-z_{N-1}z^{-1})=\prod_{i=0}^{N-1}(1-z_iz^{-1})$$

并将其代入 $H(z)$有

$$\begin{aligned}H(z)&=\sum_{k=0}^{N-1}\frac{\widetilde{H}[k]/N}{1-z_kz^{-1}}\prod_{i=0}^{N-1}(1-z_iz^{-1})\\&=\sum_{k=0}^{N-1}\frac{\widetilde{H}[k]}{N}\frac{1}{1-z_kz^{-1}}(1-z_0z^{-1})\cdots(1-z_kz^{-1})\cdots(1-z_{N-1}z^{-1})\\&=\sum_{k=0}^{N-1}\frac{\widetilde{H}[k]}{N}\prod_{\substack{i=0\\i\neq k}}^{N-1}(1-z_iz^{-1})\end{aligned}$$

因此，$H(z)$为一个关于 z^{-1} 阶次最多为 $(N-1)$的多项式，该系统的单位脉冲响应长度最多为 N，即长度$\leqslant N$。

(c) 证明：为了求 $H(z)$的 z 反变换，首先对求和项的每一项求 z 反变换，利用变换域的乘积对应时域的卷积，可得

$$\mathscr{Z}^{-1}\left[(1-z^{-N})\frac{\widetilde{H}[k]/N}{1-z_kz^{-1}}\right]=\frac{\widetilde{H}[k]}{N}\mathscr{Z}^{-1}\left[1-z^{-N}\right]*\mathscr{Z}^{-1}\left[\frac{1}{1-z_kz^{-1}}\right]$$

$$=\frac{\widetilde{H}[k]}{N}(\delta[n]-\delta[n-N])*(z_k^n\mathrm{u}[n])$$

$$=\frac{\widetilde{H}[k]}{N}(z_k^n\mathrm{u}[n]-z_k^{n-N}\mathrm{u}[n-N])$$

$$=\frac{\widetilde{H}[k]}{N}z_k^n(\mathrm{u}[n]-\mathrm{u}[n-N])$$

其中 $z_k=\mathrm{e}^{\mathrm{j}(2\pi/N)k}$，$z_k^{-N}=\mathrm{e}^{-\mathrm{j}\frac{2\pi}{N}kN}=1$，因此系统的单位脉冲响应为

$$h[n]=\mathscr{Z}^{-1}[H(z)]$$

$$=\mathscr{Z}^{-1}\left[(1-z^{-N})\sum_{k=0}^{N-1}\frac{\widetilde{H}[k]/N}{1-z_kz^{-1}}\right]$$

$$=\sum_{k=0}^{N-1}\mathscr{Z}^{-1}\left[(1-z^{-N})\frac{\widetilde{H}[k]/N}{1-z_kz^{-1}}\right]$$

$$=\sum_{k=0}^{N-1}\frac{\widetilde{H}[k]}{N}z_k^n(\mathrm{u}[n]-\mathrm{u}[n-N])$$

$$=\left(\frac{1}{N}\sum_{k=0}^{N-1}\widetilde{H}[k]\mathrm{e}^{\mathrm{j}(2\pi/N)kn}\right)(\mathrm{u}[n]-\mathrm{u}[n-N])$$

第11章　多速率信号处理方法

11.1　内容提要与重要公式

实际数字系统中可能包含不同处理部件,各个部件的数据率信号可能不尽相同,在同一个系统或相互关联的系统之间处理不同数据率信号的技术称为“多速率信号处理”,它在语音信号处理、通信系统等领域有着广泛的应用。为了能够处理不同采样频率的信号,采样频率应当可以任意选择或转换。

直接在数字域进行采样频率转换是优先采用的方法,减小采样频率的过程称为信号的抽取(decimation),增加采样频率的过程称为信号的插值(interpolation),按整数倍的抽取和插值构成了多速率信号处理的基本环节,在此基础上进一步还可以推广至采样频率的有理倍数转换。

1. 序列的整数倍抽取

若希望把序列 $x[n]$ 的采样频率减小为原来的 $\frac{1}{M}$(M 为大于1的整数),即转换后的采样频率 $f_{ds}=\frac{1}{M}f_s$(f_s 为序列的原始采样频率),转换后的采样周期为 $T_d=MT$(T 为序列的原始采样周期),最直接的方式是从原始序列 $x[n]$ 中每 M 个点抽取一个,依次组成一个新序列 $x_d[n]$。以 M 为因子进行整数倍抽取处理得到的序列表示为

$$x_d[n]=x[nM] \tag{11.1}$$

抽取器(decimator)的框图表示如图11.1所示。

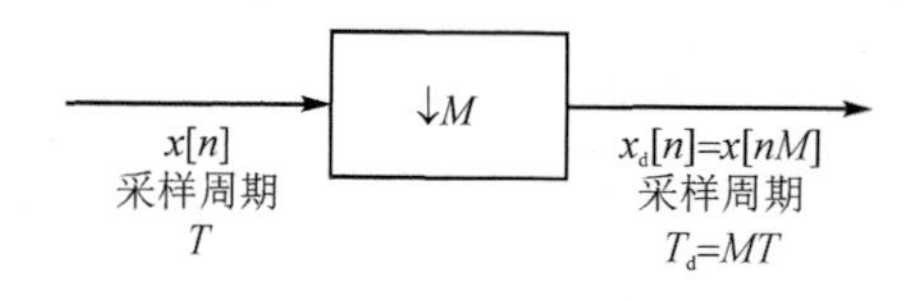

图11.1　抽取器的框图

序列 $x[n]$ 的傅里叶变换记为 $X(e^{j\omega})$,则抽取后序列 $x_d[n]$ 的傅里叶变换 $X_d(e^{j\omega})$ 为

$$X_d(e^{j\omega})=\frac{1}{M}\sum_{i=0}^{M-1}X(e^{j(\omega/M-2\pi i/M)}) \tag{11.2}$$

式(11.2)表明,抽样后序列的傅里叶变换 $X_d(e^{j\omega})$ 由原序列傅里叶变换 $X(e^{j\omega})$ 先沿 ω 轴作 M 倍的扩展,再沿 ω 轴每隔 $2\pi/M$ 移位 $M-1$ 次,最后叠加求平均得到。抽取的 z 域描述为

$$X_d(z)=\frac{1}{M}\sum_{i=0}^{M-1}X(z^{\frac{1}{M}}e^{-j\frac{2\pi i}{M}}) \tag{11.3}$$

由于整数倍抽取降低了序列相对于原始连续信号的采样频率,抽取后的序列在频域上可

能产生混叠失真。只有当原序列 $x[n]$ 在一个周期 $(-\pi,\pi)$ 内的频谱限制在 $|\omega|\leqslant\frac{\pi}{M}$ 范围内，则抽取后 $x_d[n]$ 的频谱才不会发生混叠失真。为避免混叠，通常在抽取之前添加一个截止频率为 $\omega_c=\frac{\pi}{M}$ 的抗混叠低通滤波器 $h[n]$，该滤波器在一个周期内的频域表示 $H(e^{j\omega})$ 为

$$H(e^{j\omega})=\begin{cases}1, & |\omega|\leqslant\frac{\pi}{M}\\0, & 其他\end{cases}\tag{11.4}$$

因此，以 M 为因子对原序列降采样(downsampling，下采样)正确的实现框图如图 11.2 所示。整个 M 倍降采样系统输出信号可表示为

$$\tilde{x}_d[n]=\sum_{k=-\infty}^{+\infty}x[k]h[Mn-k]\tag{11.5}$$

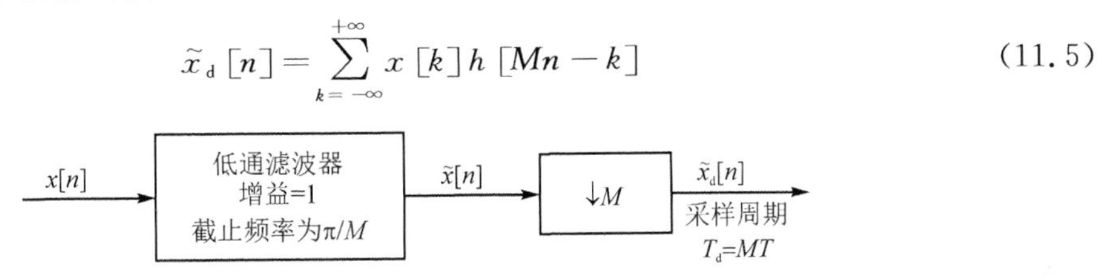

图 11.2　降采样的实现框图

2. 序列的整数倍插值

若希望把序列 $x[n]$ 的采样频率增大为原来的 L 倍(L 为大于 1 的整数)，即转换后的采样频率 $f_{is}=Lf_s$，转换后的采样周期 $T_i=\frac{T}{L}$。能想到的直接方法是在 $x[n]$ 的相邻两个采样点间补 $L-1$ 个零，称其为零值内插或扩展器(expander)，得到序列 $x_e[n]$，即以 L 为因子进行整数倍插零(zero stuffing)处理得到的序列表示为

$$x_e[n]=\begin{cases}x[n/L], & n=0,\pm L,\pm 2L,\cdots\\0, & 其他\end{cases}\tag{11.6}$$

插零后序列 $x_e[n]$ 的傅里叶变换 $X_e(e^{j\omega})$ 为

$$X_e(e^{j\omega})=X(e^{jL\omega})\tag{11.7}$$

零值内插的 z 域描述为

$$X_e(z)=X(z^L)\tag{11.8}$$

由于 $X(e^{j\omega})$ 的周期为 2π，所以 $X_e(e^{j\omega})$ 的周期为 $\frac{2\pi}{L}$，相当于对 $X(e^{j\omega})$ 进行了压缩，时域插零后，一个周期 $(-\pi,\pi)$ 内 $X_e(e^{j\omega})$ 出现 $L-1$ 个多余频谱，称为多余的镜像。为了去除这 $L-1$ 个镜像分量，只保留 $|\omega|\leqslant\frac{\pi}{L}$ 范围内的单个频谱，需要采用低通滤波器以截取一个周期内的频谱。此时，抗镜像低通滤波器在一个周期 $(-\pi,\pi)$ 内的频域表示 $H(e^{j\omega})$ 为

$$H(e^{j\omega})=\begin{cases}L, & |\omega|\leqslant\frac{\pi}{L}\\0, & 其他\end{cases}\tag{11.9}$$

因此，以 L 为因子对原序列插值(upsampling，上采样)正确的实现框图如图 11.3 所示。图中 $\uparrow L$ 表示以 L 为因子进行插零，为便于理解，图中还给出了经每个模块处理后的采样周期

取值。

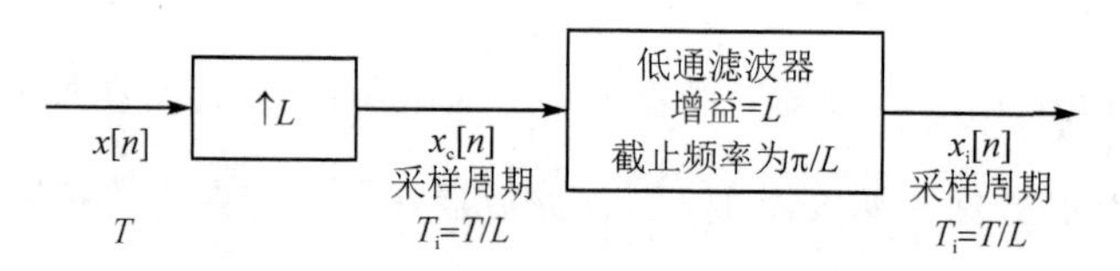

图 11.3 上采样的实现框图

从时间域来看,图中低通滤波器的作用是实现插零点处真实值的估计。整个 L 倍上采样系统的输出信号可表示为

$$x_{\mathrm{i}}[n]=\sum_{k=-\infty}^{+\infty} x[k] h[n-kL] \tag{11.10}$$

输出 $x_i[n]$ 的傅里叶变换 $X_i(\mathrm{e}^{\mathrm{j}\omega})$ 可用输入 $x[n]$ 的傅里叶变换 $X(\mathrm{e}^{\mathrm{j}\omega})$ 表示,即

$$X_i(\mathrm{e}^{\mathrm{j}\omega})=L\cdot X(\mathrm{e}^{\mathrm{j}\omega L}), \quad |\omega|\leqslant\frac{\pi}{L} \tag{11.11}$$

3. 有理倍数的采样频率转换

若希望把序列 $x[n]$ 的采样频率变为原来的 $\frac{L}{M}$ 倍($\frac{L}{M}$ 为有理数),即转换后的采样频率为 $f'_{\mathrm{s}}=\frac{L}{M}f_{\mathrm{s}}$,转换后的采样周期为 $T'=\frac{M}{L}T$。由于先抽取会使 $x[n]$ 的有效数据丢失,因此,合理的做法是:先对 $x[n]$ 作因子为 L 的上采样,然后再作因子为 M 的下采样,实现框图如图 11.4 所示。

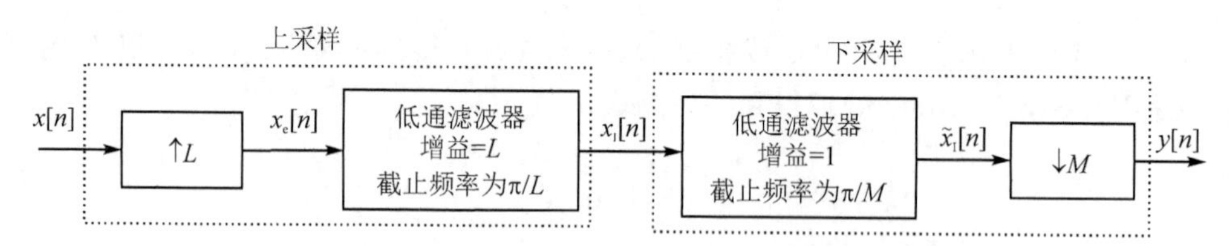

图 11.4 有理倍数 L/M 采样频率转换的实现框图

图 11.4 中的两个低通滤波器串联连接,且工作在同样的采样频率下,因此可合并为一个低通滤波器 $h[n]$,$h[n]$ 的频域响应 $H(\mathrm{e}^{\mathrm{j}\omega})$ 在一个周期 $(-\pi,\pi)$ 内可表示为

$$H(\mathrm{e}^{\mathrm{j}\omega})=\begin{cases}L, & |\omega|\leqslant\min\left(\frac{\pi}{M},\frac{\pi}{L}\right)\\ 0, & \text{其他}\end{cases} \tag{11.12}$$

整个采样频率转换系统的输出信号可表示为

$$y[n]=\tilde{x}_{\mathrm{I}}[nM]=\sum_{k=-\infty}^{+\infty} x[k] h[Mn-Lk] \tag{11.13}$$

输出 $y[n]$ 的傅里叶变换 $Y(\mathrm{e}^{\mathrm{j}\omega})$ 可用输入傅里叶变换 $X(\mathrm{e}^{\mathrm{j}\omega})$ 和滤波器频域响应 $H(\mathrm{e}^{\mathrm{j}\omega})$ 表示,即

$$Y(\mathrm{e}^{\mathrm{j}\omega})=\frac{1}{M}\sum_{k=0}^{M-1} X\left(\mathrm{e}^{\mathrm{j}\frac{\omega L-2\pi k}{M}}\right) H\left(\mathrm{e}^{\mathrm{j}\frac{\omega-2\pi k}{M}}\right) \tag{11.14}$$

将低通滤波器的频率响应代入可得

$$Y(e^{j\omega})=\begin{cases}\dfrac{L}{M}X(e^{j\frac{L}{M}\omega}), & |\omega|\leqslant \min(\dfrac{M\pi}{L},\pi)\\ 0, & 其他\end{cases} \tag{11.15}$$

11.2　重难点提示

本章重点

(1) 掌握采样频率按整数因子抽取、插值和有理倍数转换的基本原理、处理流程(结构框图);

(2) 处理过程中信号的时域采样与频域结构对应关系。

本章难点

采样频率转换系统的直接型 FIR 滤波器结构和多相滤波器这两种实现方法。

11.3　习题详解

选择、填空题(11-1 题～11-7 题)

11-1　某数字系统中的信号 $x[n]$是以 $f_s=240$ Hz 为采样频率获得的,为降低数据率,现希望以 $M=4$ 为因子对 $x[n]$进行抽取,为保证抽取处理过程信号频谱不产生混叠,A/D 转换前抗混叠滤波器的最大截止频率应为(D)。

(A) 60 Hz　　(B) 120 Hz　　(C) 20 Hz　　(D) 30 Hz

【解】　方法 1:抽取的目的是降低采样频率,即由 $f_s=240$ Hz 变为 $f'_s=\dfrac{f_s}{M}=60$ Hz,此时理想抗混叠滤波器的截止频率为$\dfrac{f'_s}{2}=30$ Hz。

方法 2:序列 $x[n]$的傅里叶变换记为 $X(e^{j\omega})$,以 $M=4$ 为因子对 $x[n]$进行抽取并得到 $x_M[n]=x[Mn]$,则 $x_M[n]$的傅里叶变换可表示为

$$X_M(e^{j\omega})=\frac{1}{M}\sum_{i=0}^{M-1}X(e^{j\frac{\omega-2\pi i}{M}})$$

使用数字系统处理连续时间信号 $x_c(t)$的框图如图 P11-1 所示。图中理想抗混叠滤波器的频率响应为

$$H(j\Omega)=\begin{cases}1, & |\Omega|\leqslant\Omega_c\\ 0, & 其他\end{cases}$$

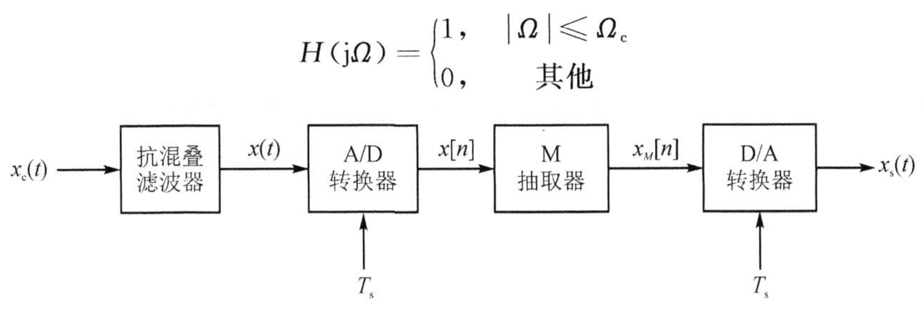

图 P11-1　连续时间信号的数字系统处理框图

连续时间信号 $x(t)$ 的傅里叶变换记为 $X(\mathrm{j}\Omega)$，对 $x(t)$ 以周期 T_s 进行采样并得到序列 $x[n]$，$x[n]$ 的傅里叶变换 $X(\mathrm{e}^{\mathrm{j}\omega})$ 与 $X(\mathrm{j}\Omega)$ 之间的关系为

$$X(\mathrm{e}^{\mathrm{j}\omega})=\frac{1}{T_s}\sum_{k=-\infty}^{+\infty}X\left[\mathrm{j}\left(\Omega-k\frac{2\pi}{T_s}\right)\right]$$

其中模拟频率角变量 Ω 与数字频率 ω 之间的关系为

$$\omega=\Omega T_s$$

为保证抽取之后 $x_M[n]$ 的频谱不发生混叠，序列 $x[n]$ 的频谱应限制在 $|\omega|\leqslant\frac{\pi}{M}$ 范围内，即信号的最高频率 ω_c 须满足

$$\omega_c\leqslant\frac{\pi}{M}$$

再根据 Ω 与 ω 之间的关系，可得连续时间信号 $x(t)$ 的模拟最高频率 Ω_c 须满足

$$\Omega_c\leqslant\frac{\pi}{M}\cdot\frac{1}{T_s}$$

最后将模拟角频率 Ω_c 转换为模拟频率 f_c，可得抗混叠滤波器的最大截止频率为

$$f_c=\frac{\Omega_c}{2\pi}\leqslant\frac{1}{2M}\cdot\frac{1}{T_s}=30\ \mathrm{Hz}$$

故选(D)。

11-2 为了将序列 $x[n]$ 的采样频率提高 $L=5$ 倍，需将该序列先通过 $L=5$ 为因子的内插器，然后再使用数字低通滤波器滤除镜像频谱分量，则该低通滤波器的截止频率为(C)。

(A) $\frac{\pi}{15}$　　(B) $\frac{2\pi}{5}$　　(C) $\frac{\pi}{5}$　　(D) $\frac{\pi}{10}$

【解】 内插器级联抗镜像低通滤波器的结构框图如图 P11-2 所示。

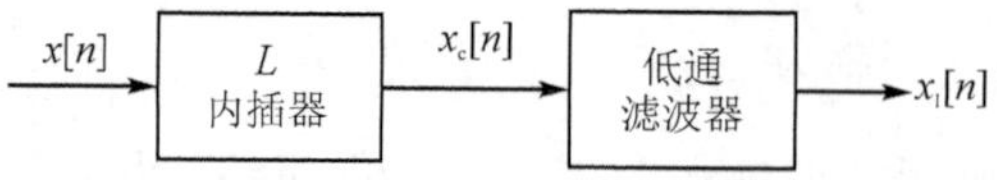

$x[n]$ → [L 内插器] → $x_e[n]$ → [低通滤波器] → $x_i[n]$

图 P11-2 采样频率提高 L 倍的实现框图

图中序列 $x_e[n]$ 的傅里叶变换为 $X_e(\mathrm{e}^{\mathrm{j}\omega})=X(\mathrm{e}^{\mathrm{j}L\omega})$，$X_e(\mathrm{e}^{\mathrm{j}\omega})$ 的周期为 $\frac{2\pi}{L}$，在一个周期 $(-\pi,\pi)$ 内 $X_e(\mathrm{e}^{\mathrm{j}\omega})$ 出现 $L-1$ 个多余的频谱的镜像，为了保留单个频谱，理想低通滤波器的频率响应为

$$H_L(\mathrm{e}^{\mathrm{j}\omega})=\begin{cases}L, & |\omega|\leqslant\frac{\pi}{L}\\ 0, & \text{其他}\end{cases}$$

当 $L=5$ 时，抗镜像低通滤波器的截止频率为 $\frac{\pi}{5}$。

故选(C)。

11-3 图 P11-3 所示为抽取内插实现重构系统，为使重构信号 $x_r[n]=x[n]$，则输入信号 $x[n]$ 可以是(A)。

(A) $\cos(\pi n/5)$　　(B) $\sin(\pi n/3)$　　(C) $\left[\dfrac{\sin(\pi n/7)}{\pi n}\right]^2$　　(D) $n\cdot\sin(\pi n/2)$

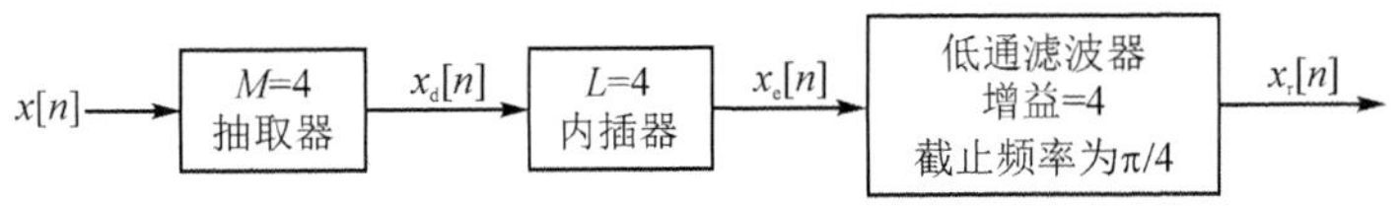

图 P11-3　抽取内插实现重构的系统框图

【解】 抽样与插值因子相同均为 4，且零值内插和抗镜像低通滤波实现了正确的上采样，为使输出 $x_r[n]=x[n]$，要求抽取器的输出 $x_d[n]$ 不发生混叠。抽取器输出 $x_d[n]$ 与输入 $x[n]$ 的频域关系为

$$X_d(e^{j\omega})=\frac{1}{M}\sum_{i=0}^{M-1}X\left[e^{j(\omega/M-2\pi i/M)}\right]$$

由于 $\cos(\omega_0 n+\phi)$ 的傅里叶变换为 $\sum_{k=-\infty}^{+\infty}\left[\pi e^{j\phi}\delta(\omega-\omega_0+2\pi k)+\pi e^{-j\varphi}\delta(\omega+\omega_0+2\pi k)\right]$，其中 $\delta(\omega)$ 为冲激函数。

选项 A 中由于 $\frac{\pi}{5}$ 扩大 4 倍后为 $\frac{4}{5}\pi<\pi$，即 $\cos(\pi n/5)$ 在抽取之后不发生混叠；

选项 B 中由于 $\frac{\pi}{3}$ 扩大 4 倍后为 $\frac{4}{3}\pi>\pi$，即 $\sin(\pi n/3)$ 在抽取之后会发生混叠，不满足 $x_r[n]=x[n]$；

选项 C 中 $\frac{\sin(\pi n/7)}{\pi n}$ 对应频域截止频率为 $\frac{\pi}{7}$ 的低通滤波器，由傅里叶变换的性质可知，$\left[\frac{\sin(\pi n/7)}{\pi n}\right]^2$ 的频域为 $\frac{\sin(\pi n/7)}{\pi n}$ 的频域与其频域的卷积，即 $\left[\frac{\sin(\pi n/7)}{\pi n}\right]^2$ 的截止频率为 $\frac{2\pi}{7}$。扩大 4 倍后为 $\frac{8}{7}\pi>\pi$，即 $\left[\frac{\sin(\pi n/7)}{\pi n}\right]^2$ 在抽取之后会发生混叠；

选项 D 中由傅里叶变换的微分性质可知，$nx[n]$ 的频域表示为 $j\frac{dX(e^{j\omega})}{d\omega}$，其中 $X(e^{j\omega})$ 为 $x[n]$ 的傅里叶变换。冲激函数的微分将呈现正、负极性的一对冲激，故 $n\cdot\sin(\pi n/2)$ 的截止频率与 $\sin(\pi n/2)$ 的截止频率相同，均为 $\frac{\pi}{2}$。扩大 4 倍后为 $\frac{4}{2}\pi>\pi$，即 $n\cdot\sin(\pi n/2)$ 在抽取之后会发生混叠。

故选(A)。

11-4　图 P11-4 所示的两个多采样频率系统 A 和系统 B 中，对任意输入序列 $x[n]$，(　)中 M,L 的数值组合可保证 $y_A[n]=y_B[n]$。

(A) $M=2,L=4$　　(B) $M=3,L=2$　　(C) $M=5,L=15$　　(D) $M=6,L=3$

【解】 根据抽取与内插的定义，系统 A 中 $w_A[n]=x[nM]$，系统 A 的输出为

$$y_A[n]=\begin{cases}w_A\left[\dfrac{n}{L}\right]\\0\end{cases}=\begin{cases}x\left[\dfrac{Mn}{L}\right], & \dfrac{n}{L}\text{ 为整数}\\0, & \text{其他}\end{cases}$$

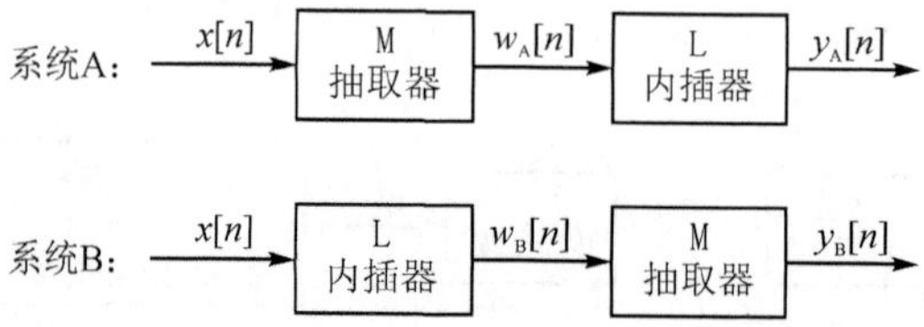

系统A: $x[n]$ → M 抽取器 → $w_A[n]$ → L 内插器 → $y_A[n]$

系统B: $x[n]$ → L 内插器 → $w_B[n]$ → M 抽取器 → $y_B[n]$

图 P11-4　抽取和内插交换的两个多采样频率系统框图

系统 B 中 $w_B[n]=\begin{cases}x\left[\dfrac{n}{L}\right], & \dfrac{n}{L}\text{为整数}\\ 0, & \text{其他}\end{cases}$，系统 B 的输出为

$$y_B[n]=w_B[nM]=\begin{cases}x\left[\dfrac{Mn}{L}\right], & \dfrac{Mn}{L}\text{为整数}\\ 0, & \text{其他}\end{cases}$$

若要求 $y_A[n]=y_B[n]$，则对于任意的 n 须满足：当 $\dfrac{n}{L}$ 为整数时，$\dfrac{Mn}{L}$ 为整数；且当 $\dfrac{Mn}{L}$ 为整数时，$\dfrac{n}{L}$ 为整数。由于 M 为整数，则当 $\dfrac{n}{L}$ 为整数时，$\dfrac{Mn}{L}$ 必为整数。为满足当 $\dfrac{Mn}{L}$ 为整数时，$\dfrac{n}{L}$ 为整数的要求，应使得对于任意的 n，当 $\dfrac{Mn}{L}$ 为整数时，n 必须为 L 的整数倍，即要求 M 与 L 的最大公因数为 1，即互质。上述 4 个选项中只有 B 满足 M 与 L 的最大公因数为 1 的要求。

故选(B)。

若序列 $x[n]=\{x(0),x(1),x(2),\cdots\}$，则

$$w_A[n]=\{x(0),\quad x(M),\quad x(2M)\quad \cdots\},$$

$$y_A[n]=\Big\{x(0),\quad \underbrace{0,\quad \cdots,\quad 0,}_{L-1}\quad x(M),\quad \underbrace{0,\quad \cdots,\quad 0,}_{L-1}\quad x(2M)\quad \cdots\Big\}$$

而
$$w_B[n]=\Big\{x(0),\quad \underbrace{0,\quad \cdots,\quad 0,}_{L-1}\quad x(1),\quad \underbrace{0,\quad \cdots,\quad 0,}_{L-1}\quad x(2)\quad \cdots\Big\}$$

$y_B[n]$表达式中，当 $n=kL$ 时

$$y_B[kL]=w_B[kLM]=x\left[\frac{MkL}{L}\right]=x[kM]$$

当 $n\neq kL$ 时 $y_B[n]=w_B[nM]=0$。即要求 M 与 L 互质。

具体地，当 $M=3,L=2$ 时

$$w_A[n]=\{x(0),\quad x(3),\quad x(6)\quad \cdots\},$$
$$y_A[n]=\{x(0),\quad 0,\quad x(3),\quad 0,\quad \cdots\},$$
$$w_B[n]=\{x(0),\quad 0,\quad x(1),\quad 0,\quad x(2),\quad 0,\quad x(3),\quad \cdots\},$$
$$y_B[n]=\{x(0),\quad 0,\quad x(3),\quad 0,\quad \cdots\},$$

验证了结果的正确性。

11-5　某理想低通滤波器的单位脉冲响应记为 $h_{lp}[n]$，频率响应记为 $H_{lp}(e^{j\omega})$，$H_{lp}(e^{j\omega})$

的通带增益为 1，截止频率 $\omega_c=\dfrac{\pi}{5}$。图 P11－5(a)所示为某滤波器的单位脉冲响应 $h[n]$，则该滤波器的频率响应 $H(\mathrm{e}^{\mathrm{j}\omega})$可用 $H_{\mathrm{lp}}(\mathrm{e}^{\mathrm{j}\omega})$表示为 $H(\mathrm{e}^{\mathrm{j}\omega})=$__________，该系统的选频特性为__________(低通、高通、带通、带阻)。

$$x[n]\longrightarrow\boxed{h[n]=\begin{cases}h_{\mathrm{lp}}[n/2] & n\text{为偶数}\\ 0 & n\text{为奇数}\end{cases}}\longrightarrow y[n]$$

图 P11－5(a)　某选频滤波器的单位脉冲响应

【解】　图 P11－5(a)中所示滤波器的 $h[n]$与理想低通滤波器 $h_{\mathrm{lp}}[n]$的关系为以 $L=2$ 为因子的零值内插，两者的频域关系为

$$H(\mathrm{e}^{\mathrm{j}\omega})=H_{\mathrm{lp}}(\mathrm{e}^{\mathrm{j}\omega L})\big|_{L=2}=H_{\mathrm{lp}}(\mathrm{e}^{\mathrm{j}2\omega})$$

理想低通滤波器 $h_{\mathrm{lp}}[n]$的幅频特性如图 P11－5(b)所示。

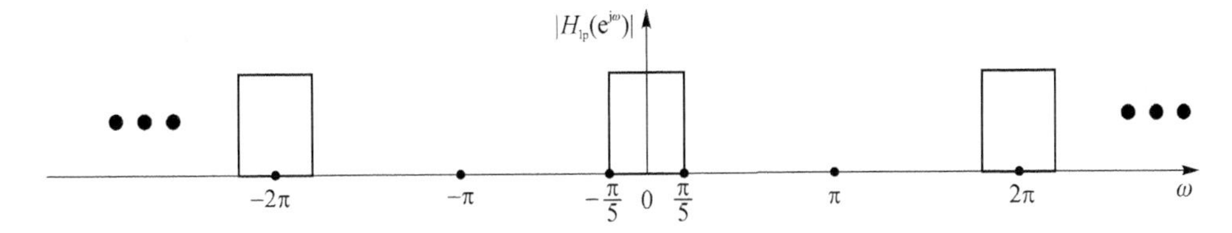

图 P11－5(b)　理想低通滤波器的幅频特性$\left(\text{截止频率 }\omega_c=\dfrac{\pi}{5}\right)$

变换后滤波器 $h[n]$的幅频特性如图 P11－5(c)所示，显然该系统为带阻滤波器。

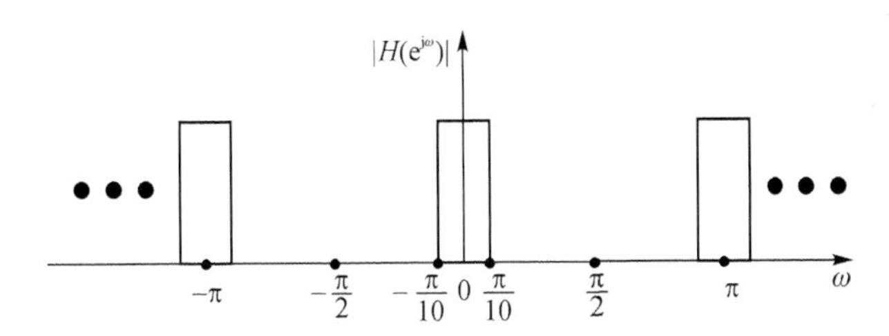

图 P11－5(c)　理想带阻滤波器的幅频特性

11－6　考虑图 P11－6 所示的采样频率转换系统，其中内插因子 $L=4$，抽取因子 $M=3$，若输入为 $x[n]=\dfrac{\sin\left(\dfrac{\pi}{3}n\right)}{\pi n}$，则系统的输出 $y[n]=$__________。

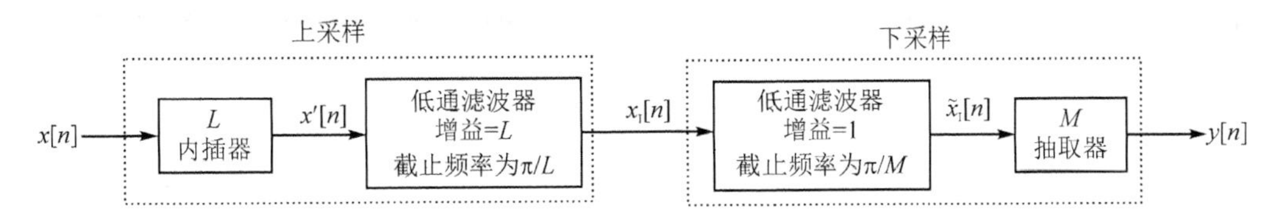

图 P11－6　采样频率转换系统

【解】　为实现采样频率转换，图 P11－6 中前半部分示出了以 L 为因子对输入序列上采

样的正确实现过程，图中 $x_{\mathrm{I}}[n]$ 的傅里叶变换 $X_{\mathrm{I}}(e^{j\omega})$ 相比 $x[n]$ 的傅里叶变换 $X(e^{j\omega})$ 幅度增大了 L 倍，截止频率减小为 $\omega_{\mathrm{Ic}}=\frac{\pi}{3L}=\frac{\pi}{12}$，再经过下采样的正确实现过程，$y[n]$ 的傅里叶变换 $Y(e^{j\omega})$ 的幅度变为 $X_{\mathrm{I}}(e^{j\omega})$ 的 $\frac{1}{M}$，频谱展宽了 M 倍，截止频率增大为 $\omega_{yc}=\frac{\pi}{12}\cdot 3=\frac{\pi}{4}$，故输出 $y[n]=\frac{L}{M}\frac{\sin\left(\frac{\pi}{4}n\right)}{\pi n}=\frac{4}{3}\frac{\sin\left(\frac{\pi}{4}n\right)}{\pi n}$。

输入序列 $x[n]$ 在一个周期 $(-\pi,\pi)$ 内的傅里叶变换为

$$X(e^{j\omega})=\begin{cases}1, & |\omega|\leqslant\frac{\pi}{3}\\ 0, & \frac{\pi}{3}<|\omega|\leqslant\pi\end{cases}$$

零值内插后输出序列 $x'[n]$ 的傅里叶变换可表示为

$$X'(e^{j\omega})=X(e^{j\omega L})$$

然后经内插滤波器处理后，其输出序列 $x_{\mathrm{I}}[n]$ 在一个周期 $(-\pi,\pi)$ 内的傅里叶变换可表示为

$$X_{\mathrm{I}}(e^{j\omega})=\begin{cases}L, & |\omega|\leqslant\frac{\pi}{3L}\\ 0, & \frac{\pi}{3L}<|\omega|\leqslant\pi\end{cases}$$

经截止频率为 $\frac{\pi}{M}$ 的抽取滤波器处理后，其输出序列 $\tilde{x}_{\mathrm{I}}[n]$ 的傅里叶变换 $\tilde{X}_{\mathrm{I}}(e^{j\omega})$ 与 $X_{\mathrm{I}}(e^{j\omega})$ 相同。最后以 $M=3$ 为因子对 $\tilde{x}_I[n]$ 抽取后的输出序列 $y[n]$ 在一个周期 $(-\pi,\pi)$ 内作傅里叶变换，可表示为

$$Y(e^{j\omega})=\frac{1}{M}\sum_{i=0}^{M-1}\tilde{X}_I(e^{j(\omega/M-2\pi i/M)})=\begin{cases}\frac{L}{M}, & |\omega|\leqslant\frac{\pi M}{3L}\\ 0, & \frac{\pi M}{3L}<|\omega|\leqslant\pi\end{cases}$$

则对 $Y(e^{j\omega})$ 求傅里叶逆变换，可得

$$y[n]=\frac{L}{M}\cdot\frac{\sin\left(\frac{\pi M}{3L}n\right)}{\pi n}=\frac{4}{3}\cdot\frac{\sin\left(\frac{\pi}{4}n\right)}{\pi n}$$

11-7 图 P11-7(a)所示的系统，为保证输出序列 $y[n]$ 的傅里叶变换 $Y(e^{j\omega})$ 与输入序列 $x[n]$ 的傅里叶变换 $X(e^{j\omega})$ 的关系为 $Y(e^{j\omega})=aX(e^{jL\omega/M})$，其中 a 为某一常数，图 P11-7(b)给出了 $X(e^{j\omega})$ 的曲线，则：当 $M=6,L=3$ 时，ω_0 允许的最大值是________，对应的 a 取值为________；当 $M=2,L=5$ 时，ω_0 允许的最大值是________，对应的 a 取值为________。

【解】 输入序列 $x[n]$ 的傅里叶变换为 $X(e^{j\omega})$，以 L 为因子零值内插后的输出序列 $x'[n]$ 的傅里叶变换可表示为

$$X'(e^{j\omega})=X(e^{j\omega L})$$

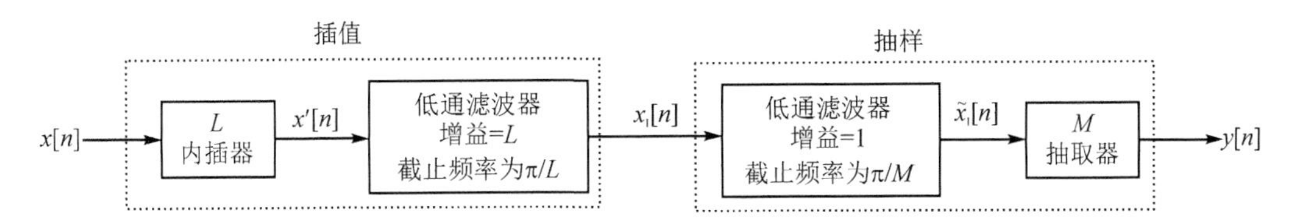

图 P11-7(a)　采样频率转换系统

此时信号的频谱压缩为 $X(\mathrm{e}^{\mathrm{j}\omega})$ 的 $\dfrac{1}{L}$，在一个周期 $(-\pi,\pi)$ 内出现 $L-1$ 个多余的镜像，基本的频谱形状在 $\left[-\dfrac{\omega_0}{L},\dfrac{\omega_0}{L}\right]$ 内。由于内插滤波器的截止频率为 $\dfrac{\pi}{L}$，为保证信号的有效

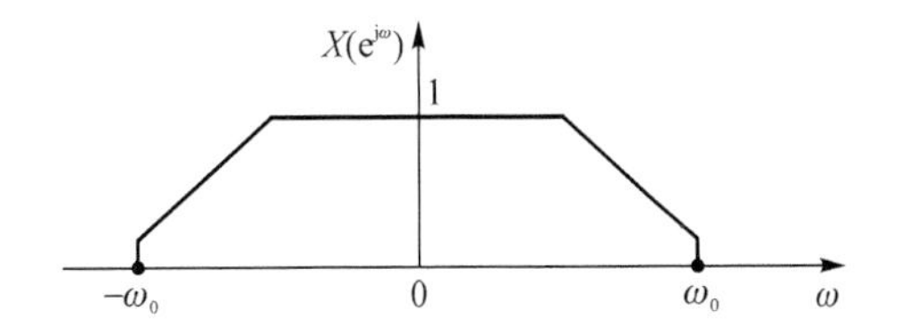

图 P11-7(b)　输入序列的傅里叶变换

频率成分不丢失，要求 $\dfrac{\omega_0}{L}\leqslant\dfrac{\pi}{L}$，即 $\omega_0\leqslant\pi$（通常情况下，给出序列的频谱形状就在一个周期内，该条件自然满足）。经内插滤波器处理后输出序列 $x_1[n]$ 的傅里叶变换记为 $X_1(\mathrm{e}^{\mathrm{j}\omega})$，则 $X_1(\mathrm{e}^{\mathrm{j}\omega})$ 的最高频率为 $\min\left(\dfrac{\omega_0}{L},\dfrac{\pi}{L}\right)=\dfrac{\omega_0}{L}$，幅度变为 $X(\mathrm{e}^{\mathrm{j}\omega})$ 的 L 倍。

考虑到抽取滤波器的截止频率为 $\dfrac{\pi}{M}$，为使信号的有效频率成分不丢失，$X_1(\mathrm{e}^{\mathrm{j}\omega})$ 的最高频率应满足 $\dfrac{\omega_0}{L}\leqslant\dfrac{\pi}{M}$，即 $\omega_0\leqslant\dfrac{L\pi}{M}$。整个系统的输出序列 $y[n]$ 的傅里叶变换与抽取滤波器输出序列 $\tilde{x}_1[n]$ 的傅里叶变换之间的关系为

$$Y(\mathrm{e}^{\mathrm{j}\omega})=\frac{1}{M}\sum_{i=0}^{M-1}\widetilde{X}_1(\mathrm{e}^{\mathrm{j}(\omega/M-2\pi i/M)})$$

频谱展宽了 M 倍，幅度变为 $\dfrac{1}{M}$。综合以上，为了使得 $Y(\mathrm{e}^{\mathrm{j}\omega})=aX(\mathrm{e}^{\mathrm{j}L\omega/M})$，这里 $a=\dfrac{L}{M}$，ω_0 应同时满足 $\omega_0\leqslant\pi$ 和 $\omega_0\leqslant\dfrac{L\pi}{M}$。因此，当 $M=6$，$L=3$ 时，最大允许的 $\omega_0=\dfrac{L\pi}{M}=\dfrac{\pi}{2}$，$a=\dfrac{L}{M}=\dfrac{1}{2}$；当 $M=2$，$L=5$ 时，最大允许的 $\omega_0=\pi$，$a=\dfrac{L}{M}=\dfrac{5}{2}$。系统的采样频率变为原来的 $\dfrac{L}{M}$ 倍，输出信号的幅度变为原来的 $\dfrac{L}{M}$ 倍。

计算、证明与作图题（11-8 题～11-11 题）

11-8　数字录音带（digital audio tape，DAT）驱动器的常用采样频率为 48 kHz，而激光唱盘（compact disc，CD）播放机则以 44.1 kHz 的采样频率工作。为了直接把声音从 CD 录制到 DAT，试设计一个采样频率转换系统，将采样频率从 44.1 kHz 转换到 48 kHz。求其中抽取因子 M 和插值因子 L 的最小可能取值，以及所需滤波器的频率响应表达式。

【解】　若希望把序列 $x[n]$ 的采样频率变为 $\dfrac{L}{M}$ 倍 $\left(\dfrac{L}{M}\text{为有理数}\right)$，即转换后的采样频率

$f'_s=\dfrac{L}{M}f_s$，合理的做法是，先对 $x[n]$作插值因子为 L 的上采样，然后再作抽取因子为 M 的下采样。只需计算$\dfrac{L}{M}=\dfrac{48\ 000}{44\ 100}=\dfrac{160\times300}{147\times300}=\dfrac{160}{147}$，选择插值因子 $L=160$、抽取因子 $M=147$。采样频率转换系统先以 $L=160$ 为因子对输入序列插零，再经低通滤波处理，最后再以 $M=147$ 为因子抽取。这里低通滤波器在一个周期$(-\pi,\pi)$内的频率响应可表示为

$$H_{\mathrm{lp}}(\mathrm{e}^{\mathrm{j}\omega})=\begin{cases}L=160, & |\omega|\leqslant\omega_c\\ 0, & \omega_c<|\omega|\leqslant\pi\end{cases}$$

其中 $\omega_c=\min\left(\dfrac{\pi}{M},\dfrac{\pi}{L}\right)=\dfrac{\pi}{160}$。

11-9 在某通信系统中传输一个实值序列 $x[n]$，其傅里叶变换记为 $X(\mathrm{e}^{\mathrm{j}\omega})$，在一个周期$(-\pi,\pi)$内的 $X(\mathrm{e}^{\mathrm{j}\omega})$满足

$$X(\mathrm{e}^{\mathrm{j}\omega})=0,\quad \frac{\pi}{5}\leqslant|\omega|\leqslant\pi$$

由于传输过程中噪声的干扰，接收到的序列 $\hat{x}[n]$在下标为 n_0 处的取值可能有误，假设 n_0 为奇数，即 $\hat{x}[n]$与 $x[n]$的关系为

$$\hat{x}[n]=\begin{cases}\hat{x}[n_0], & n=n_0\\ x[n], & n\neq n_0\end{cases}$$

试设计一个算法，从 $\hat{x}[n]$中近似恢复出 $x[n]$。

【解】 $x[n]$可视为一过采样信号，只要确定 n_0 的奇偶性，即可通过抽取（跳过错误值）和上采样（插零后再经理想低通滤波器）恢复出序列的正确值。所设计的算法流程图如图 P11-9 所示。由于 n_0 为奇数，在图 P11-9 的系统中须舍掉错误的样点值，故首先以 $M=2$ 为抽取因子对 $\hat{x}[n]$进行抽取处理，即抽取后的序列为

$$x_d[n]=\hat{x}[2n]=x[2n]$$

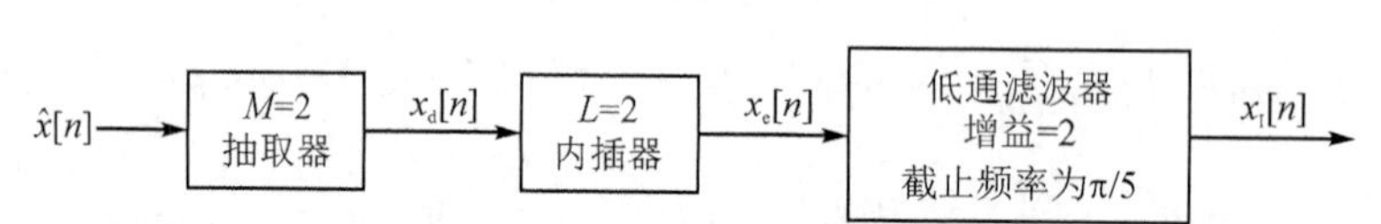

图 P11-9　抽取级联内插系统

抽取器输出 $x_d[n]$的傅里叶变换用输入 $\hat{x}[n]$的傅里叶变换 $\hat{X}(\mathrm{e}^{\mathrm{j}\omega})$表示，即

$$X_d(\mathrm{e}^{\mathrm{j}\omega})=\frac{1}{2}\sum_{i=0}^{2-1}\hat{X}\left(\mathrm{e}^{\mathrm{j}(\omega/2-2\pi i/2)}\right)=\frac{1}{2}\sum_{i=0}^{2-1}X\left(\mathrm{e}^{\mathrm{j}(\omega/2-2\pi i/2)}\right)$$

级联的零值内插器输出 $x_e[n]$的傅里叶变换为

$$X_e(\mathrm{e}^{\mathrm{j}\omega})=X_d(\mathrm{e}^{\mathrm{j}2\omega})=\frac{1}{2}\sum_{i=0}^{2-1}X\left(\mathrm{e}^{\mathrm{j}(\omega-2\pi i/2)}\right)=\frac{1}{2}\left[X(\mathrm{e}^{\mathrm{j}\omega})+X(\mathrm{e}^{\mathrm{j}(\omega-\pi)})\right]$$

由于 $X(\mathrm{e}^{\mathrm{j}\omega})$带限于$\dfrac{\pi}{5}$，则 $x_e[n]$经过截止频率为$\dfrac{\pi}{5}$的内插低通滤波器得到 $x_I[n]$的傅里叶变换为

$$X_I(\mathrm{e}^{\mathrm{j}\omega})=X(\mathrm{e}^{\mathrm{j}\omega})$$

即通过抽取再上采样可从 $\hat{x}[n]$中近似恢复出 $x[n]$,若使用的内插低通滤波器为理想滤波器,则可从 $\hat{x}[n]$中精确恢复出 $x[n]$。

11-10 图 P11-10 所示的系统,图中 $h_0[n]$和 $h_1[n]$分别为理想低通滤波器和理想高通滤波器,且 $h_0[n]$与 $h_1[n]$的傅里叶变换满足关系

$$H_1(e^{j\omega})=H_0(e^{j(\omega+\pi)})$$

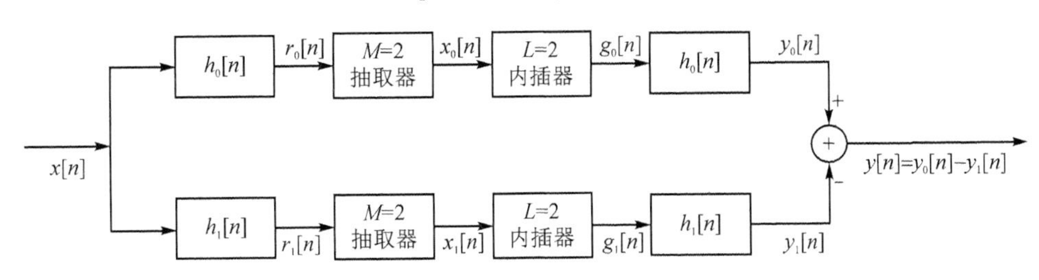

图 P11-10　分析综合系统

(a) 利用 $X(e^{j\omega})$与 $H_0(e^{j\omega})$表示出 $G_0(e^{j\omega})$。其中 $X(e^{j\omega})$为输入 $x[n]$的傅里叶变换,$G_0(e^{j\omega})$为 $g_0[n]$的傅里叶变换;

(b) 为保证对于任意稳定输入 $x[n]$满足$|Y(e^{j\omega})|$正比于$|X(e^{j\omega})|$,试写出 $H_0(e^{j\omega})$需满足的条件。其中 $Y(e^{j\omega})$为输出 $y[n]$的傅里叶变换。

【解】 (a) 输入 $x[n]$经理想低通滤波器 $h_0[n]$处理后输出 $r_0[n]$的傅里叶变换为

$$R_0(e^{j\omega})=X(e^{j\omega})H_0(e^{j\omega})$$

以 M 为因子对 $r_0[n]$进行抽取处理,抽取后序列 $x_0[n]$的傅里叶变换为

$$X_0(e^{j\omega})=\frac{1}{M}\sum_{i=0}^{M-1}R_0\left(e^{j(\omega/M-2\pi i/M)}\right)=\frac{1}{M}\sum_{i=0}^{M-1}H_0\left(e^{j(\omega/M-2\pi i/M)}\right)X\left(e^{j(\omega/M-2\pi i/M)}\right)$$

以 L 为因子对 $x_0[n]$进行零值内插处理,内插后序列 $g_0[n]$的傅里叶变换为

$$G_0(e^{j\omega})=X_0(e^{jL\omega})=\frac{1}{M}\sum_{i=0}^{M-1}H_0\left(e^{j(L\omega/M-2\pi i/M)}\right)X\left(e^{j(L\omega/M-2\pi i/M)}\right)$$

特别地,当 $M=L=2$ 时,有

$$\begin{aligned}G_0(e^{j\omega})&=\frac{1}{2}\sum_{i=0}^{M-1}H_0\left(e^{j(\omega-\pi i)}\right)X\left(e^{j(\omega-\pi i)}\right)\\&=\frac{1}{2}\left[H_0(e^{j\omega})X(e^{j\omega})+H_0\left(e^{j(\omega-\pi)}\right)X\left(e^{j(\omega-\pi)}\right)\right]\end{aligned}$$

同理,也可利用 $X(e^{j\omega})$与 $H_1(e^{j\omega})$将其表示出

$$G_1(e^{j\omega})=X_1(e^{jL\omega})=\frac{1}{M}\sum_{i=0}^{M-1}H_1\left(e^{j(L\omega/M-2\pi i/M)}\right)X\left(e^{j(L\omega/M-2\pi i/M)}\right)$$

(b) 由系统的结构图易知,$y_0[n]$的傅里叶变换为

$$Y_0(e^{j\omega})=G_0(e^{j\omega})H_0(e^{j\omega})=H_0(e^{j\omega})\cdot\frac{1}{2}\sum_{i=0}^{2-1}H_0\left(e^{j(\omega-\pi i)}\right)X\left(e^{j(\omega-\pi i)}\right)$$

同理,$y_1[n]$的傅里叶变换为

$$Y_1(e^{j\omega})=G_1(e^{j\omega})H_1(e^{j\omega})=H_1(e^{j\omega})\cdot\frac{1}{2}\sum_{i=0}^{2-1}H_1\left(e^{j(\omega-\pi i)}\right)X\left(e^{j(\omega-\pi i)}\right)$$

则 $y[n]$的傅里叶变换为

$$\begin{aligned}Y(e^{j\omega}) &= Y_0(e^{j\omega}) - Y_1(e^{j\omega}) \\ &= H_0(e^{j\omega})\cdot\frac{1}{2}\sum_{i=0}^{2-1}H_0\left(e^{j(\omega-\pi i)}\right)X\left(e^{j(\omega-\pi i)}\right) - H_1(e^{j\omega})\cdot\frac{1}{2}\sum_{i=0}^{2-1}H_1\left(e^{j(\omega-\pi i)}\right)X\left(e^{j(\omega-\pi i)}\right) \\ &= \frac{1}{2}X(e^{j\omega})\left[H_0^2(e^{j\omega}) - H_1^2(e^{j\omega})\right] + \\ &\quad \frac{1}{2}X(e^{j(\omega-\pi)})\left(H_0(e^{j\omega})H_0(e^{j(\omega-\pi)}) - H_1(e^{j\omega})H_1(e^{j(\omega-\pi)})\right)\end{aligned}$$

考虑到 $h_0[n]$与 $h_1[n]$的傅里叶变换关系为 $H_1(e^{j\omega}) = H_0\left(e^{j(\omega+\pi)}\right) = H_0\left(e^{j(\omega-\pi)}\right)$，故

$$Y(e^{j\omega}) = Y_0(e^{j\omega}) - Y_1(e^{j\omega}) = \frac{1}{2}X(e^{j\omega})\left(H_0^2(e^{j\omega}) - H_1^2(e^{j\omega})\right)$$

为保证对于任何稳定输入 $x[n]$满足 $|Y(e^{j\omega})|$正比于 $|X(e^{j\omega})|$，需要求 $H_0^2(e^{j\omega}) - H_1^2(e^{j\omega})$为常数。

11-11 希望采用图 P11-11(a)所示的采样频率转换实现截止频率为 π/5 的理想低通滤波器，试分析图中系统是否满足要求。

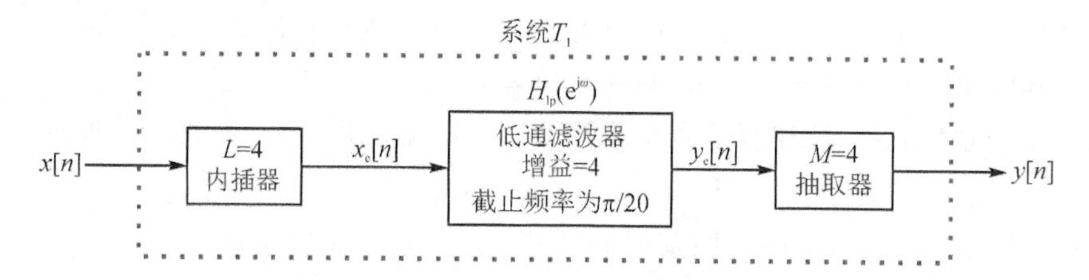

图 P11-11(a) 采样频率转换系统

【解】 方法 1：以 $L=4$ 为插值因子对 $x[n]$进行零值内插处理，内插后序列 $x_e[n]$和输入 $x[n]$的傅里叶变换之间的关系为

$$X_e(e^{j\omega}) = X(e^{jL\omega}) = X(e^{j4\omega})$$

图中低通滤波器输出 $y_e[n]$的傅里叶变换可表示为

$$Y_e(e^{j\omega}) = X_e(e^{j\omega})H_{lp}(e^{j\omega}) = X(e^{j4\omega})H_{lp}(e^{j\omega})$$

以 $M=4$ 为因子对 $y_e[n]$进行抽取处理，抽取后序列 $y[n]$的傅里叶变换为

$$\begin{aligned}Y(e^{j\omega}) &= \frac{1}{M}\sum_{i=0}^{M-1}Y_e\left(e^{j(\omega/M-2\pi i/M)}\right) \\ &= \frac{1}{M}\sum_{i=0}^{M-1}H_{lp}\left(e^{j(\omega/M-2\pi i/M)}\right)X\left(e^{j4(\omega/M-2\pi i/M)}\right) \\ &= \frac{1}{4}\sum_{i=0}^{4-1}H_{lp}\left(e^{j\frac{\omega-2\pi i}{4}}\right)X\left(e^{j(\omega-2\pi i)}\right) \\ &= X(e^{j\omega})\cdot\frac{1}{4}\sum_{i=0}^{4-1}H_{lp}\left(e^{j\frac{\omega-2\pi i}{4}}\right)\end{aligned}$$

则整个系统的频率响应 $H(e^{j\omega})$为

$$H(e^{j\omega}) = \frac{1}{4}\sum_{i=0}^{4-1}H_{lp}\left(e^{j\frac{\omega-2\pi i}{4}}\right)$$

假设理想低通滤波器 $H_{\mathrm{lp}}(\mathrm{e}^{\mathrm{j}\omega})$ 的单位脉冲响应记为 $h_{\mathrm{lp}}[n]$，则 $H(\mathrm{e}^{\mathrm{j}\omega})$ 相当于对 $h_{\mathrm{lp}}[n]$ 以 $M=4$ 为因子进行抽取处理后所得序列 $h_{\mathrm{lp\,d}}[n]$ 的傅里叶变换，即抽取后序列的傅里叶变换 $H(\mathrm{e}^{\mathrm{j}\omega})$ 由原序列傅里叶变换 $H_{\mathrm{lp}}(\mathrm{e}^{\mathrm{j}\omega})$ 先沿 ω 轴作 M 倍的扩展，再沿 ω 轴每隔 $2\pi/M$ 进行 $M-1$ 次移位，最后叠加求平均得到，在一个周期 $(-\pi,\pi)$ 内频谱展宽为原来的 M 倍，幅度变为原来的 $1/M$。由于 $H_{\mathrm{lp}}(\mathrm{e}^{\mathrm{j}\omega})$ 满足 $H_{\mathrm{lp}}(\mathrm{e}^{\mathrm{j}\omega})=\begin{cases}4, & |\omega|\leqslant\dfrac{\pi}{20}\\[2mm] 0, & \dfrac{\pi}{20}<|\omega|\leqslant\pi\end{cases}$，则 $H(\mathrm{e}^{\mathrm{j}\omega})=\begin{cases}1, & |\omega|\leqslant\dfrac{\pi}{5}\\[2mm] 0, & \dfrac{\pi}{5}<|\omega|\leqslant\pi\end{cases}$，即其可表示截止频率为 $\pi/5$ 的理想低通滤波器。

方法 2：图解法。不妨设 $x[n]$ 的傅里叶变换 $X(\mathrm{e}^{\mathrm{j}\omega})$ 如图 P11-11(b)所示。则以 $L=4$ 为因子对 $x[n]$ 进行零值内插处理后 $x_{\mathrm{e}}[n]$ 的傅里叶变换 $X_{\mathrm{e}}(\mathrm{e}^{\mathrm{j}\omega})$ 如图 P11-11(c)所示。经过低通滤波器 $H_{\mathrm{lp}}(\mathrm{e}^{\mathrm{j}\omega})$ 处理后输出 $y_{\mathrm{e}}[n]$ 的傅里叶变换 $Y_{\mathrm{e}}(\mathrm{e}^{\mathrm{j}\omega})$ 如图 P11-11(d)所示。最后以 $M=4$ 为因子对 $y_{\mathrm{e}}[n]$ 进行抽取处理，抽取后序列 $y[n]$ 的傅里叶变换 $Y(\mathrm{e}^{\mathrm{j}\omega})$ 如图 P11-11(e)所示。

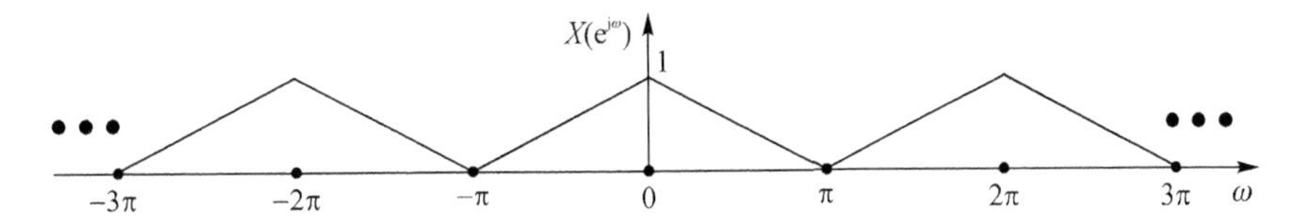

图 P11-11(b)　输入序列的频谱图

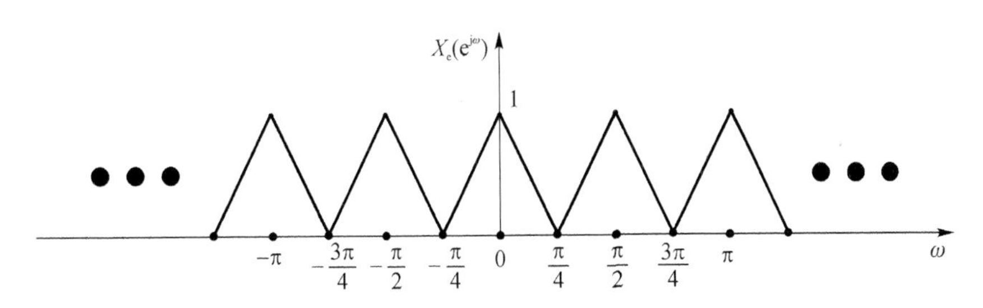

图 P11-11(c)　零值内插处理后序列的频谱图

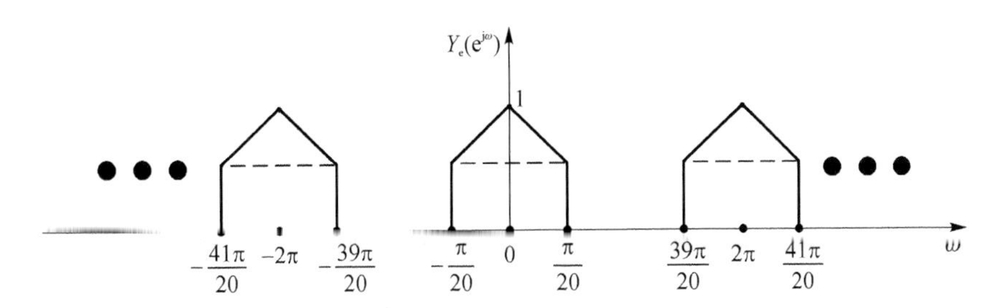

图 P11-11(d)　低通滤波后输出序列的频谱图

对比 $Y(\mathrm{e}^{\mathrm{j}\omega})$ 与 $X(\mathrm{e}^{\mathrm{j}\omega})$ 可知，经过截止频率为 $\pi/5$ 的理想低通滤波器处理后结果的频域响应与原系统的相同，所以系统 T_1 满足要求。整个系统可等效为截止频率为 $\pi/5$ 的理想低通滤波器。

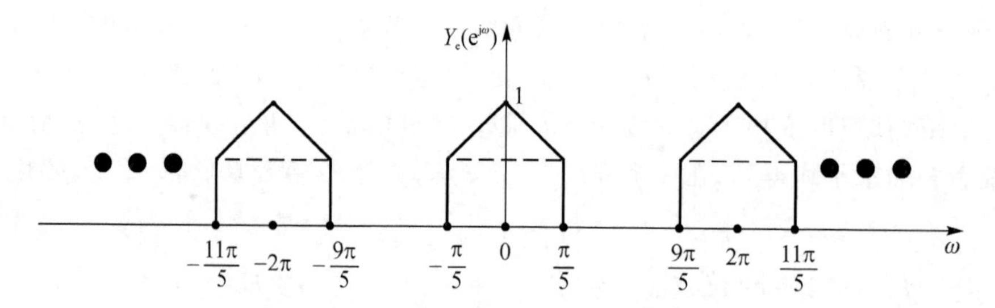

图 P11-11(e)　最终输出序列的频谱图

期末模拟考题及参考答案

期末模拟考题1及参考答案

一、填空题(28分)

1. 某离散时间系统为 $y[n]=x[n-1]\cos(n/8-\pi/5)$，则该系统________(稳定、不稳定)、________(因果、非因果)、________(线性、非线性)、________(时变、时不变)、________(有记忆、无记忆)。

2. 三个序列 $\sin(0.2\pi n)$，$\cos(2n)$，$e^{j\left(\frac{\pi n}{6}\right)}$ 中属于周期序列的是________，其周期分别为________。

3. 序列 $x[n]=0.5^n u[n]$ 的 z 变换为________、离散时间傅里叶变换(DTFT)为________；截取其 $0\leqslant k<N$ 后的 N 点 DFT 为________。

4. 序列 $\sin(5n)$，$5^n u[n]$，e^{j2n} 中可作为稳定离散时间 LTI 系统特征函数的有________。

5. 系统函数为 $H(z)=z-1+z^{-1}$ 的系统，其单位脉冲响应 $h[n]=$________；该系统(是、否)为线性相位系统，其群延迟为________。

6. LTI 系统 $H(z)$ 可分解为全通系统 $H_{ap}(z)$ 和最小相位系统 $H_{\min}(z)$，即 $H(z)=H_{ap}(z)H_{\min}(z)$。其中：________和________的幅频响应是相同的；$H_{\min}(z)$ 的逆系统________(一定、不一定)是因果稳定的。

7. 序列 $x[n]=\{3,2,1,2\}$ 的 4 点 DFT 记为 $X[k]$，则 $X[k]$ 为________(实、复)数值；$x[n]④\delta[n-1]=$________。

8. 某线性时不变 FIR 滤波器，其单位脉冲响应 $h[n]$ 的长度为 20，若某输入序列 $x[n]$ 的长度为 10，则该滤波器输出序列 $y[n]$ 的长度为________；若利用 $x[n]$ 和 $h[n]$ 的循环卷积来计算所有 $y[n]$，则循环卷积的最少点数为________；若利用 20 点循环卷积 $y_1[n]=x[n]⑳h[n]$，则仅在________时刻点上，$y_1[n]=y[n]$。

9. $N=1\ 024$ 点按时间抽取的基 2 - FFT 共有________个蝶形运算单元，其倒数(从右往左)第三级旋转因子系数为________________。

10. 某 LTI 系统的横截型结构如图(输入 $x[n]$，两级 z^{-1} 延迟，支路系数 -1、-2、3，输出 $y[n]$)所示，该系统的单位脉冲响应为________，该系统________(是、否)线性相位系统。

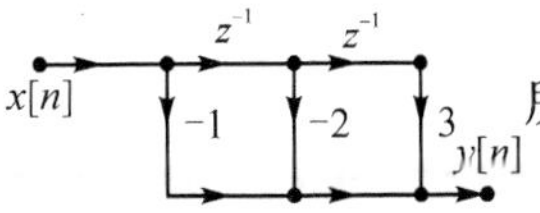

11. 若对信号进行分析时，采用同样长度的矩形窗和汉明窗，则________(前者、后者)对应 Kaiser 窗的 β 值小，________(前者、后者)的频率分辨率更高。

【答案】

1. 稳定；因果；线性；时变；有记忆；

2. $\sin(0.2\pi n)$ 和 $e^{j\left(\frac{\pi n}{6}\right)}$；10 和 12；

3. $\dfrac{1}{1-0.5z^{-1}}$；$\dfrac{1}{1-0.5\mathrm{e}^{-\mathrm{j}\omega}}$；$\dfrac{1}{1-0.5\mathrm{e}^{-\mathrm{j}\frac{2\pi}{N}k}}$；

4. $\mathrm{e}^{\mathrm{j}2n}$；

5. $\delta[n+1]+\delta[n]+\delta[n-1]$（或写为$\{1,-1,1\}$）；是；0；

6. $H(z)$；$H_{\min}(z)$；一定；

7. 实；$\{2,3,2,1\}$；

8. 29；29；$9\leqslant n\leqslant 19$；

9. 5 120；$W_{N/4}^{k}=\mathrm{e}^{-\mathrm{j}\frac{2\pi}{N}4k}=\mathrm{e}^{-\mathrm{j}\frac{2\pi}{N}k}$（或 W_{256}^{k}）；

10. $h[n]=-\delta[n]-2\delta[n-1]+3\delta[n-2]$（或$\{-1,-2,3\}$）；否；

11. 前者；前者。

二、(15 分)某稳定 LTI 系统，其系统函数为

$$H(z)=\frac{3-7z^{-1}+5z^{-2}}{1-\dfrac{5}{2}z^{-1}+z^{-2}}$$

(1) 画出系统的零点、极点图，并指明收敛区域。

(2) 假设输入 $x[n]$ 是单位阶跃序列，试求系统的输出 $y[n]$。

【解】 (1) $H(z)=\dfrac{3-7z^{-1}+5z^{-2}}{1-\dfrac{5}{2}z^{-1}+z^{-2}}=\dfrac{3\left(z-\dfrac{7+\sqrt{11}\mathrm{j}}{6}\right)\left(z-\dfrac{7-\sqrt{11}\mathrm{j}}{6}\right)}{(z-2)\left(z-\dfrac{1}{2}\right)}$

零点为$\dfrac{7+\mathrm{j}\sqrt{11}}{6}$；$\dfrac{7-\mathrm{j}\sqrt{11}}{6}$；极点为 2，1/2，如图 1 所示。因为是稳定系统，收敛域包含单位圆，$\dfrac{1}{2}<|z|<2$。

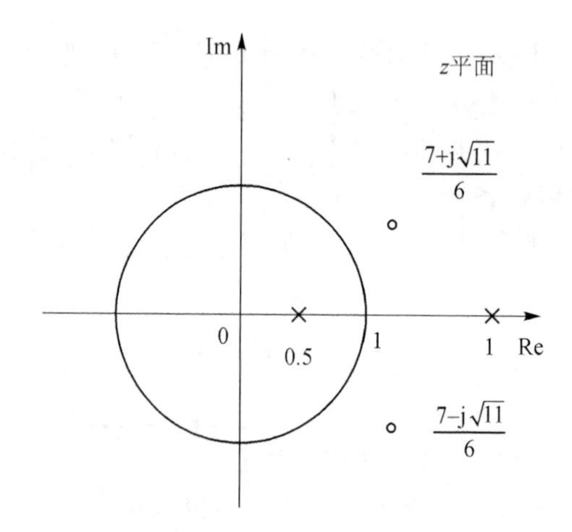

图 1　系统的零点、极点

(2) 输入 $x[n]=\mathrm{u}[n]$ 的 z 变换为 $X(z)=\dfrac{1}{1-z^{-1}}$，$|z|>1$

所以 $Y(z)=X(z)H(z)=\frac{2}{1-2z^{-1}}-\frac{2}{1-z^{-1}}+\frac{3}{1-\frac{1}{2}z^{-1}}, 1<|z|<2,$

所以 $$y[n]=-2^{n+1}\mathrm{u}[-n-1]+3\left(\frac{1}{2}\right)^n\mathrm{u}[n]-2\mathrm{u}[n]。$$

三、(12 分)某 LTI 系统的频率响应为 $H(\mathrm{e}^{\mathrm{j}\omega})=\begin{cases}\mathrm{e}^{-\mathrm{j}2\omega}, & 0.5\pi\leqslant|\omega|\leqslant 0.6\pi\\ 0, & 0\leqslant|\omega|<0.5\pi\\ 0, & 0.6\pi<|\omega|\leqslant\pi\end{cases}$,

(1) 求系统的单位脉冲响应 $h[n]$及群延迟。

(2) 当该系统的输入为 $x[n]=\sum_{k=-\infty}^{+\infty}\delta[n-4k]$ 时,求系统的输出 $y[n]$。

【解】 (1) $h[n]=\frac{1}{2\pi}\int_{-\pi}^{\pi}H(\mathrm{e}^{\mathrm{j}\omega})\mathrm{e}^{\mathrm{j}\omega n}\mathrm{d}\omega=\frac{\sin[0.6\pi(n-2)]}{\pi(n-2)}-\frac{\sin[0.5\pi(n-2)]}{\pi(n-2)}$

群延迟为 2。

(2) $x[n]$是 $\delta[n]$以 4 为周期的延拓函数,根据 DFS 的定义,知

$$\widetilde{X}[k]=\sum_{k=0}^{N-1}x[n]\mathrm{e}^{-\mathrm{j}\frac{2\pi}{N}kn}=1$$

$$x[n]=\frac{1}{N}\sum_{k=0}^{N-1}\widetilde{X}[k]\mathrm{e}^{\mathrm{j}\frac{2\pi}{N}kn}=\frac{1}{4}\left(1+\mathrm{e}^{\mathrm{j}\frac{2\pi}{4}n}+\mathrm{e}^{\mathrm{j}\frac{2\pi}{4}2n}+\mathrm{e}^{\mathrm{j}\frac{2\pi}{4}3n}\right)$$

$$=\frac{1}{4}+\frac{1}{4}\mathrm{e}^{\mathrm{j}\pi n}+\frac{1}{4}\left(\mathrm{e}^{\mathrm{j}\frac{\pi}{2}n}+\mathrm{e}^{\mathrm{j}\frac{3\pi}{2}n}\right)=\frac{1}{4}+\frac{1}{4}\mathrm{e}^{\mathrm{j}\pi n}+\frac{1}{2}\cos\left(\frac{\pi}{2}n\right)$$

由于系统为通带截止频率为 $0.5\pi, 0.6\pi$ 的带通滤波器,滤除掉低频和高频信号 $\frac{1}{4}+\frac{1}{4}\mathrm{e}^{\mathrm{j}\pi n}$,所以,根据频率响应的物理意义或特征函数的概念,可求出

$$H(\mathrm{e}^{\mathrm{j}\omega})_{\omega=0.5\pi}=\mathrm{e}^{-\mathrm{j}2\omega}\big|_{\omega=0.5\pi}=\mathrm{e}^{-\mathrm{j}\pi}$$

输出为 $$y[n]==\frac{1}{2}\cos\left(\frac{\pi}{2}n-\pi\right)$$

四、(15 分)图 2 所示的系统中,输入信号 $x_c(t)$为带限信号,即当 $|\Omega|\geqslant 2\pi\times10^4$ 时 $X_c(\mathrm{j}\Omega)=0$。离散时间系统 $h[n]$ 输入、输出的关系为 $y[n]=T\sum_{k=-\infty}^{n}x[k]$。

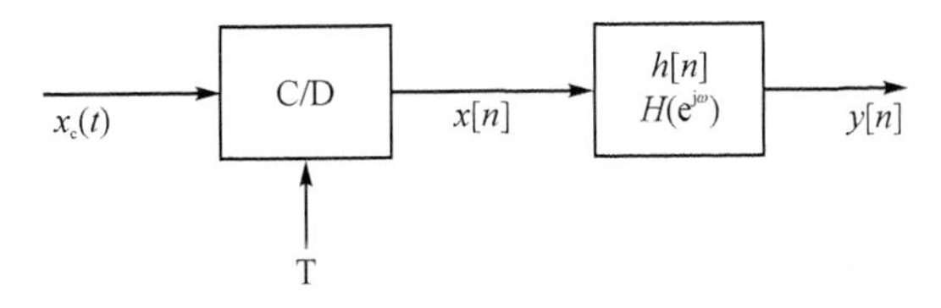

图 2 连续信号的离散时间系统处理

(1) 如果要避免混叠,即 $x_c(t)$能从 $x[n]$中恢复出来,求最大允许的 T 值。

(2) 求离散时间系统的单位脉冲响应 $h[n]$。

(3) 利用 $x[n]$的 DTFT $X(\mathrm{e}^{\mathrm{j}\omega})$表示 $n=+\infty$时 $y[n]$的值。

(4) 若 $T=0.000\ 01$ s 的情况下,对 $y[n]$截取 1 024 点并进行 FFT 频谱分析 $X[k]$,发现

其中 $k=30$ 存在明显的频谱分量，请指出该分量所对应的模拟频率为多少赫兹。

【解】 (1) 根据采样定理可知

$$\Omega_s \geqslant 2\Omega_N, \quad 即 \quad \frac{2\pi}{T} \geqslant 2 \times 2\pi \times 10^4$$

求得 $T \leqslant 5 \times 10^{-5}$ s，即最大允许的 T 取值为 $T_{max}=50\ \mu s$。

(2) 令 $y[n]=T\sum_{k=-\infty}^{n} x[k]=T \cdot u[n] * x[n]$，可得 $h[n]=T \cdot u[n]$；或者令输入为 $\delta[n]$ 时，输出 $h[n]=T\sum_{k=-\infty}^{n}\delta[k]=T \cdot u[n]$。

(3) $y[n]|_{n=+\infty}=\lim_{n\to+\infty}\left\{T\sum_{k=-\infty}^{n}x[k]\right\}=T\sum_{k=-\infty}^{+\infty}x[k]e^{-j\omega k}|_{\omega=0}=T \cdot X(e^{j\omega})|_{\omega=0}=T \cdot X(e^{j0})$

(4) $\frac{f_s}{N}k=\frac{1}{1\ 024 \times 0.000\ 01} \times 30=2\ 929.7$ Hz

五、用 Kaiser 窗函数法设计一个广义线性相位的低通滤波器，需要满足如下技术指标：通带截止频率 $\omega_p=0.1\pi$，阻带起始频率 $\omega_s=0.3\pi$，通带纹波 $\delta_1=0.07$，阻带纹波 $\delta_2=0.05$。

(1) 请给出滤波器所对应理想滤波器的频率响应 $H_{lp}(e^{j\omega})$ 及单位冲激响应 $h_{lp}[n]$；

(2) 确定 Kaiser 窗函数的参数 β 和长度。

(3) 请问窗函数法设计的 FIR 滤波器的通带内纹波和阻带内纹波有什么关系？为什么会有这种关系？请给出破除这种关系的方法。

【解】 (1)和(2)一起求解

$$\beta=\begin{cases}0.110\ 2(A-8.7), & A>50\\ 0.584\ 2(A-21)^{0.4}+0.078\ 86(A-21), & 21 \leqslant A \leqslant 50\\ 0.0, & A<21\end{cases}$$

根据纹波 $A=-20\lg\delta=-20\lg 0.05=26$ dB，可确定参数

$$\begin{aligned}\beta&=0.584\ 2(A-21)^{0.4}+0.078\ 86(A-21)\\&=0.584\ 2(26-21)^{0.4}+0.078\ 86(26-21)=1.506\ 41\end{aligned}$$

根据过渡带 $\Delta\omega=\omega_s-\omega_p=0.2\pi$，可确定参数 $M=\frac{26-8}{2.285 \times 0.2\pi}=12.54=13$；群延迟 $a=\frac{M}{2}=6.5$；截止频率 $\omega_c=\frac{\omega_p+\omega_s}{2}=0.2\pi$。

最终设计的滤波器的脉冲响应为

$$h_{lp}[n]=\frac{\sin[\omega_c(n-M/2)]}{\pi(n-M/2)}w[n]=\frac{\sin[0.2\pi(n-6.5)]}{\pi(n-6.5)}w[n]$$

其中 $w[n]=\begin{cases}\frac{I_0[1.506\ 42 \times (1-[(n-6.5)/6.5]^2)^{\frac{1}{2}}]}{I_0(1.506\ 42)}, & 0 \leqslant n \leqslant 13\\ 0, & 其他\end{cases}$

(3) 窗函数法设计的 FIR 滤波器的通带内纹波和阻带内纹波相同，解决方法可采用双线性或者冲激响应不变法未破除。

六、(15 分)理想低通离散时间滤波器的频率响应为 $H(e^{j\omega})=\begin{cases}1, & |\omega|<\pi/4\\ 0, & \pi/4<|\omega|<\pi\end{cases}$，其单

位脉冲响应记作 $h[n]$。

(1) 如系统 1 的单位脉冲响应为 $h_1[n]=h[2n]$，请绘制出系统 1 的频率响应 $H_1(e^{j\omega})$。

(2) 如系统 2 的单位脉冲响应为 $h_2[n]=\begin{cases}h[n/2], & n=0,\pm2,\pm4,\cdots\\0, & \text{其他}\end{cases}$，请绘制出系统 2 的频率响应 $H_2(e^{j\omega})$。

(3) 如系统 3 的单位脉冲响应为 $h_3[n]=(e^{j\pi})^n h[n]=(-1)^n h[n]$，请绘制出系统 3 的频率响应 $H_3(e^{j\omega})$。

【解】 理想低通离散时间滤波器的频率响应为 $H(e^{j\omega})=\begin{cases}1, & |\omega|<\pi/4\\0, & \pi/4<|\omega|<\pi\end{cases}$，如图 3 所示。

(1) 系统 1 的单位脉冲响应为 $h_1[n]=h[2n]$ 的频率响应 $H_1(e^{j\omega})=\dfrac{1}{2}\sum\limits_{i=0}^{1}H\left(e^{j\frac{\omega-2\pi i}{2}}\right)$，如图 4 所示。

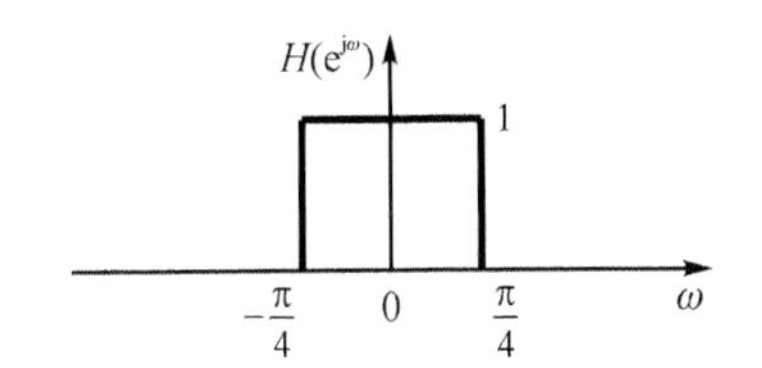

图 3　理想低通离散时间滤波器的频率响应

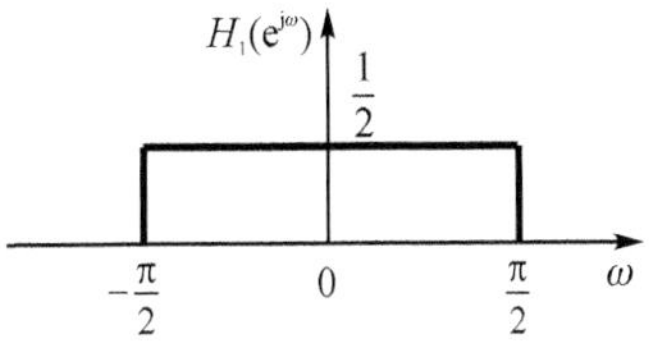

图 4　系统 1 的单位脉冲响应

证明：

引入一个中间序列 $h_p[n]$，即

$$h_p[n]=\begin{cases}h[n], & n=0,\pm2,\pm4,\cdots\\0, & \text{其他}\end{cases}$$

$h_p[n]$可表示为离散序列 $h[n]$与周期为 D 的单位脉冲串 $\tilde{p}[n]$的乘积，即

$$h_p[n]=h[n]\tilde{p}[n]=h[n]\sum_{i=-\infty}^{+\infty}\delta[n-2i]$$

$$h_1[n]=h_p[2n]=h[2n]$$

周期为 D 的单位脉冲串 $\tilde{p}[n]$的 DTFT 为

$$\tilde{P}(e^{j\omega})=\frac{2\pi}{D}\sum_{i=-\infty}^{+\infty}\delta\left(\omega-\frac{2\pi i}{D}\right)$$

据 DTFT 的频域卷积定理，得

$$H_p(e^{j\omega})=\frac{1}{2\pi}\int_0^{2\pi}H(e^{j\theta})\tilde{P}(e^{j(\omega-\theta)})\,d\theta=\frac{1}{2\pi}\int_0^{2\pi}H(e^{j\theta})\ \frac{2\pi}{2}\sum_{i=-\infty}^{+\infty}\delta\left((\omega-\theta)-\frac{2\pi i}{2}\right)d\theta$$

频域卷积的积分限为 $[-\pi,\pi)$，对应 $\tilde{P}(e^{j\omega})$ 中 i 的取值范围为 $[0,D)$，即

$$H_p(e^{j\omega})=\frac{1}{2}\sum_{i=0}^{1}\int_{-\pi}^{\pi}H(e^{j\theta})\delta\left((\omega-\theta)-\frac{2\pi i}{2}\right)d\theta=\frac{1}{2}\sum_{i=0}^{1}H\left[e^{j\left(\omega-\frac{2\pi i}{D}\right)}\right]$$

$$H_p(e^{j\omega})=\frac{1}{2}\sum_{i=0}^{1}X\left[e^{j\left(\omega-\frac{2\pi i}{2}\right)}\right]$$

$h_d[n]$的 DTFT 为 $H_d(e^{j\omega})$，即

$$H_d(e^{j\omega})=\sum_{n=-\infty}^{+\infty}h_d[n]e^{-j\omega n}=\sum_{n=-\infty}^{+\infty}h_p[2n]e^{-j\omega n}$$

令 $2n=m$，则上式为

$$H_d(e^{j\omega})=\sum_{m=-\infty}^{+\infty}h_p[m]e^{-j\frac{\omega m}{2}}$$

即

$$H_d(e^{j\omega})=H_p(e^{j\frac{\omega}{D}})$$

综合以上可得

$$H_d(e^{j\omega})=\frac{1}{2}\sum_{i=0}^{1}H\left(e^{j\frac{\omega-2\pi i}{D}}\right)$$

（2）系统 2 的单位脉冲响应为 $h_2[n]=\begin{cases}h[n/2], & n=0,\pm2,\pm4,\cdots\\ 0, & \text{其他}\end{cases}$ 的频率响应 $H_2(e^{j\omega})=H(e^{2j\omega})$，如图 5 所示。

证明：

$$H_2(e^{j\omega})=\sum_{n=-\infty}^{+\infty}h_2[n]e^{-j\omega n}=\sum_{n=-\infty}^{+\infty}h\left[\frac{n}{2}\right]e^{-j\omega n}$$

令 $\frac{n}{2}=m$，则

$$H_2(e^{j\omega})=\sum_{n=-\infty}^{+\infty}x[m]e^{-j2\omega m}$$

即

$$H_2(e^{j\omega})=H(e^{2j\omega})$$

（3）系统 3 的单位脉冲响应为 $h_3[n]=(e^{j\pi})^n h[n]=(-1)^n h[n]$ 的频率响应，即

$$H_2(e^{j\omega})=H\left(e^{j(\omega\pm\pi)}\right) \text{ 或 } H_2(e^{j\omega})=H\left(e^{j(\omega+\pi)}\right) \text{ 或 } H_2(e^{j\omega})=H\left(e^{j(\omega-\pi)}\right)$$

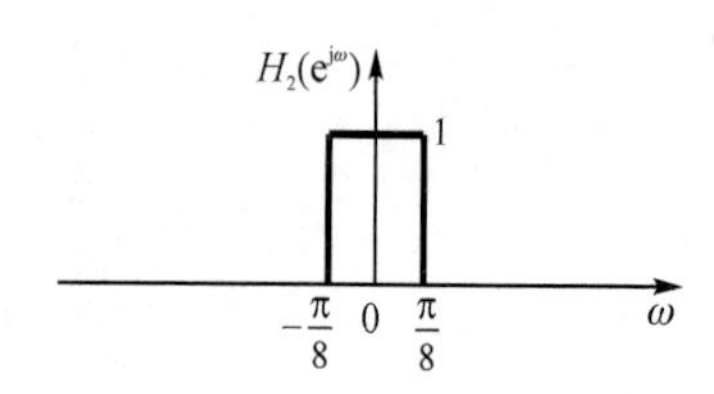

图 5　系统 2 的单位脉冲响应

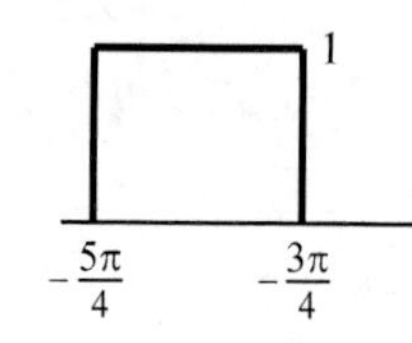

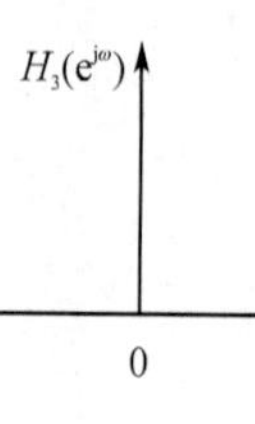

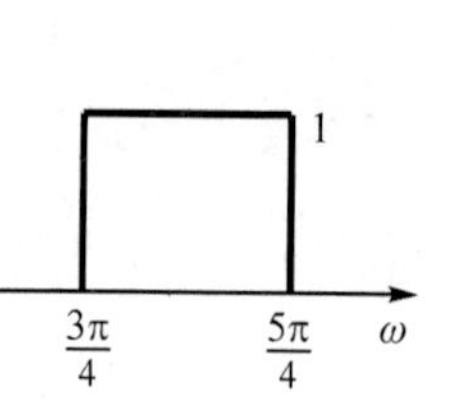

图 6　系统 3 的单位脉冲响应

证明：

$$H_3(e^{j\omega})=\sum_{n=-\infty}^{+\infty}h_3[n]e^{-j\omega n}=\sum_{n=-\infty}^{+\infty}(e^{j\pi})^n h[n]e^{-j\omega n}$$

$$H_3(e^{j\omega})=\sum_{n=-\infty}^{+\infty}h[n]e^{-j(\omega-\pi)n}$$

即

$$H_2(e^{j\omega})=H\left(e^{j(\omega-\pi)}\right)$$

期末模拟考题2及参考答案

一、(16分)某LTI系统的输入信号为 $x[n]=\left(\frac{1}{2}\right)^{n}u[n]+u[-n-1]$ 时，测试得到该系统的输出为 $y[n]=\left(\frac{3}{4}\right)^{n}u[n]$，试

(1) 求该系统的系统函数 $H(z)$ 以及 $H(z)$ 的零点和极点，并指出其收敛域；

(2) 写出描述该系统的差分方程；

(3) 求该系统的单位脉冲响应 $h[n]$；

(4) 判断系统的稳定性及因果性。

【解】 (1) $X(z)=\dfrac{1}{1-\frac{1}{2}z^{-1}}+\dfrac{-1}{1-z^{-1}}=\dfrac{-\frac{1}{2}z^{-1}}{\left(1-\frac{1}{2}z^{-1}\right)(1-z^{-1})}, \frac{1}{2}<|z|<1$

$$Y(z)=\frac{1}{1-\frac{3}{4}z^{-1}}, \frac{3}{4}<|z|$$

所以 $H(z)=\dfrac{Y(z)}{X(z)}=\dfrac{-2z+3-z^{-1}}{1-\frac{3}{4}z^{-1}}$，其极点为 $\frac{3}{4}$，零点为 $1,\frac{1}{2}\left(\frac{3}{4}<|z|<\infty\right)$。

(2) $y[n]-\frac{3}{4}y[n-1]=-2x[n+1]+3x[n]-x[n-1]$；

(3) $h[n]=-2\left(\frac{3}{4}\right)^{n+1}u[n+1]+3\left(\frac{3}{4}\right)^{n}u[n]-\left(\frac{3}{4}\right)^{n-1}u[n-1]$。

$$\begin{aligned}h[n]&=-2\left(\frac{3}{4}\right)^{n+1}\{u[n]+\delta[n+1]\}+3\left(\frac{3}{4}\right)^{n}u[n]-\left(\frac{3}{4}\right)^{n-1}\{u[n]-\delta[n]\}\\&=\frac{1}{6}\left(\frac{3}{4}\right)^{n}u[n]+\frac{4}{3}\delta[n]-2\delta[n+1]\end{aligned}$$

(4) ROC包括单位圆，所以稳定；ROC不包括 $+\infty$，所以非因果。

二、(16分)某工程师设计的滤波器结构如图7所示，试

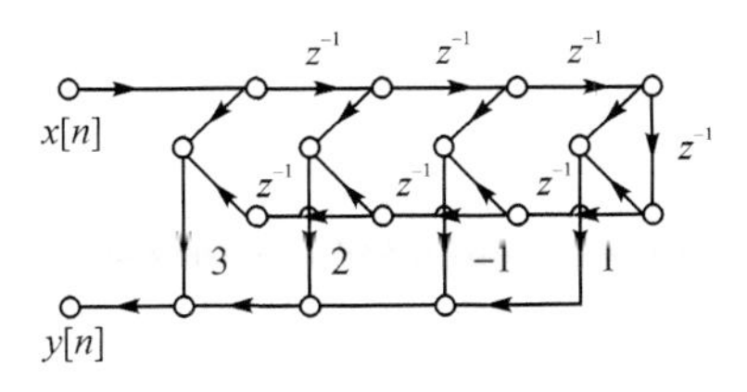

图7 滤波器结构

(1) 求该系统的单位脉冲响应 $h[n]$，判断系统是否为线性相位？群延迟 α 为？

(2) 推导该滤波器系统函数在 $z=1$ 以及 $z=-1$ 处的零点分布规律；

(3) 求输入为 $x_1[n]=e^{j\pi n}(-\infty<n<+\infty)$ 时系统的输出 $y_1[n]$ 以及输入为 $x_2[n]=$

$1(-\infty<n<+\infty)$时系统的输出 $y_2[n]$。

【解】 (1) $h[n]=3\delta[n]+2\delta[n-1]-\delta[n-2]+\delta[n-3]+3\delta[n-7]+2\delta[n-6]-\delta[n-5]+\delta[n-4]$或 $h[n]=3\delta[n]+2\delta[n-1]-\delta[n-2]+\delta[n-3]+\delta[n-4]-\delta[n-5]+2\delta[n-6]+3\delta[n-7]$

系统是线性相位,其群延迟 $\alpha=3.5$。

(2) 由于 $h[n]$关于 $M/2=3.5$ 偶对称,且 $M=7$ 为奇数,即满足 $h[n]=h[M-n]$,所以

$$H(z)=\sum_{n=0}^{M}h[n]z^{-n}$$

$$h[n]=h[M-n],0\leqslant n\leqslant M$$

$$H(z)=\sum_{n=0}^{M}h[M-n]z^{-n}\overset{k=M-n}{=}\sum_{k=M}^{0}h[k]z^{k}z^{-M}=z^{-M}H(z^{-1})$$

当 $z=1$ 时,$H(1)=(1)^{-M}H[(1)^{-1}]$为恒等式,没有约束,$z=1$ 可以不是零点;当 $z=-1$ 时,$H(-1)=(-1)^{-M}H[(-1)^{-1}]$,当前 M 为奇数(第Ⅱ类),$H(-1)=-H((-1)^{-1})$函数必有一个零点且在 $z=-1$ 处。

(3) 当输入 $x_1[n]=e^{j\pi n}=(-1)^n$,$y_1[n]=e^{j\pi n}H(-1)=0$,输入为 $x_2[n]=1$ 时,$y_2[n]=e^{j0}H(e^{j0})=H(1)=3+2-1+1+1-1+2+3=10$。

三、(16 分)通过 $\tilde{x}[n]=\sum\limits_{r=-\infty}^{+\infty}x[n+rN]$ 可将离散时间序列 $x[n]=0.3^n u[n]$进行周期化,试

(1) 求 $x[n]$的傅里叶变换 DTFT $X(e^{j\omega})$;

(2) 求 $\tilde{x}[n]$的离散傅里叶级数 DFS $\tilde{X}[k]$;

(3) 若某有限长序列 $x_1[n]$的 N 点离散傅里叶变换 DFT 为 $X[k]=\dfrac{1}{1-0.3e^{-j\frac{2\pi}{N}k}}$ $(0\leqslant k\leqslant N-1)$,尽可能简单地写出序列 $x_1[n]$的表达式。

【解】 (1) $X(e^{j\omega})=\sum\limits_{n=0}^{+\infty}0.3^n e^{-j\omega}=\dfrac{1}{1-0.3e^{-j\omega}}$。

(2) 因为 DFS 与 DTFT 的关系为 $\tilde{X}[k]=X(e^{j\omega})\big|_{\omega=\frac{2\pi}{N}k}$, $k\in(-\infty,+\infty)$ 所以 $\tilde{X}[k]=\dfrac{1}{1-0.3e^{-j\frac{2\pi}{N}k}}$。

(3) 根据频域采样对应时域周期延拓再取主值序列,有

$$\begin{aligned}x_1[n]&=\text{IDFT}[X[k]]=\tilde{x}[n]R_N[n]=\left[\sum_{r=-\infty}^{+\infty}x[n+rN]\right]R_N[n]\\&=\left[\sum_{r=-\infty}^{+\infty}0.3^{n+rN}u[n+rN]\right]R_N[n]=\left[\sum_{r=0}^{+\infty}0.3^{n+rN}\right]R_N[n]\\&=0.3^n\left[\sum_{r=0}^{+\infty}0.3^{rN}\right]R_N[n]=\frac{0.3^n}{1-0.3^N}R_N[n]\end{aligned}$$

四、(16 分)某 LTI 系统的单位脉冲响应 $h[n]=\begin{cases}1, & 0\leqslant n\leqslant 3\\0, & 其他\end{cases}$,若一有限长信号 $x[n]=$

$\begin{cases}1, & 0\leqslant n\leqslant 4 \\ 0, & 其他\end{cases}$ 作为输入。试

(1) 计算该系统的输出 $y[n]$；

(2) 设计一种利用 FFT 计算该系统输出的方法(画出框图)，给出 FFT 的最短点数，并说明理由；

(3) 求 $x[n]⑤h[n]$。

【解】 (1) 线性卷积 $y[n]=\{1,2,3,4,4,3,2,1\}$。

(2) 设计出的利用 FFT 计算该系统输出的方法如图 8 所示。FFT 的最短点数为 $N\geqslant L+P-1=5+4-1=8$。

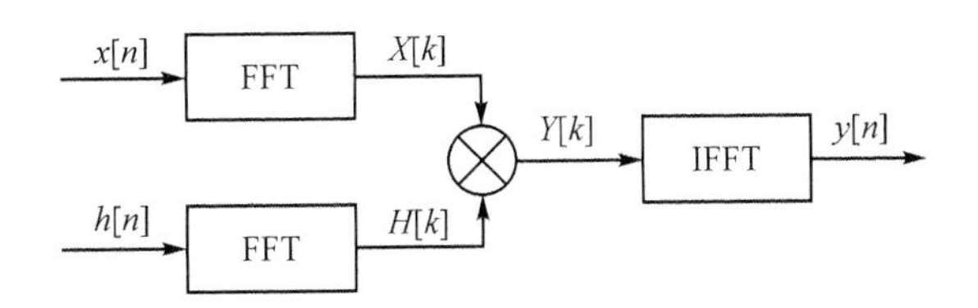

图 8　利用 FFT 计算该系统输出的方法框图

(3) $x[n]⑤h[n]=\sum\limits_{r=-\infty}^{+\infty} y[n+r5]R_5[n]=\{4,4,4,4,4\}$。

五、(16 分)已知一连续时间实信号 $x_c(t)$，其带宽限制在 4 kHz 以下，即对于 $|\Omega|\geqslant 2\pi\cdot 4\ 000$，$X_c(\mathrm{j}\Omega)=0$。若以每秒 10 000 个样本对信号 $x_c(t)$ 进行采样，得到一个长度 N=1 000 的序列 $x[n]=x_c(nT_s)$，对其补零后计算 $x[n]$ 的 1 024 点 DFT 得到 $X[k]$。试问

(1) 采样后的序列 $x[n]$ 的频谱是否混叠？

(2) $X[k]$ 中 $k=100$ 谱线对应 $X_c(\mathrm{j}\Omega)$ 的连续频率 Ω_k 是多少？并说明 $x_c(t)$ 中含有多少 Hz 的信号？

(3) 若已知 $X[100]=1-2\mathrm{j}$，还可以确定哪些 k 的谱线？并给出对应的 $X[k]$ 值。

【解】 (1) 因为 $f_s=10\ 000\geqslant 2f_{\max}$，所以不混叠；

(2) 因为 $k=100$，满足

$$0<k<1\ 024/2-1,\Omega_k=\frac{\Omega_s}{N}k=\frac{2\pi\times 10^4}{1\ 024}\times 100=977\times 2\pi$$

或 $\Omega_k=1\ 954\pi$ 所以 $x_c(t)$ 中含有 977 Hz 的信号；

(3) 根据实信号的对称性质，还可以确定 $k=N-100=924$ 的谱线，且 $X[924]=1+2\mathrm{j}$。

六、(15 分)某连续时间信号 $x_c(t)$ 的频谱函数 $X_c(\mathrm{j}\Omega)$ 如图 9 所示。其中 $\Omega_0=2\pi\times 10^5$ rad/s，$\Omega_1=\Omega_0-2\pi\times 10^2$ rad/s，$\Omega_2=\Omega_0+2\pi\times 10^2$ rad/s。以采样周期 $T=10^{-6}$ s 对其采样、滤波并重构的处理，其流程如图 10 所示，其中 $\omega\in[-\pi,\pi]$ 时

$$H_1(\mathrm{e}^{\mathrm{j}\omega})=\begin{cases}1, & -\dfrac{\pi}{10}\leqslant\omega\leqslant\dfrac{\pi}{10} \\ 0, & 其他\end{cases}。$$

(1) 试绘制输出 $y_r(t)$ 的频谱函数 $Y_r(\mathrm{j}\Omega)$，其中 D/C 变换中重构滤波器为理想低通滤波器；

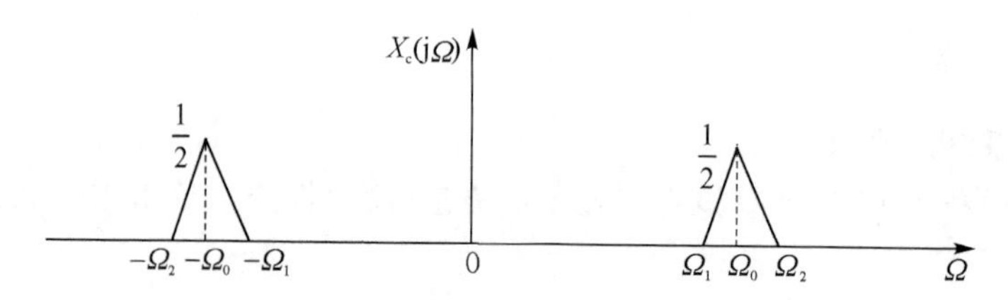

图 9　连续时间信号 $x_c(t)$ 的频谱函数 $X_c(j\Omega)$

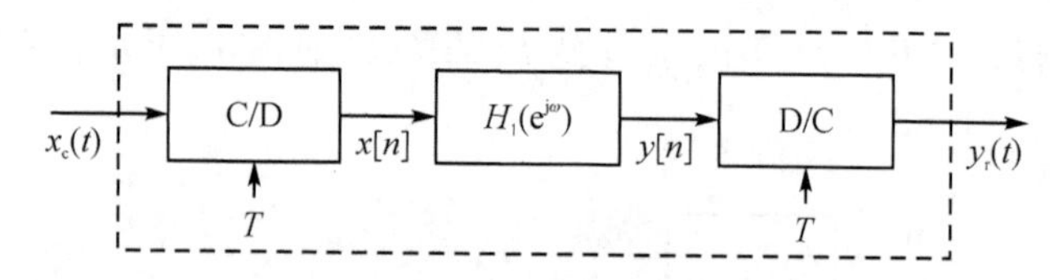

图 10　采样、滤波并重构处理流程图

(2) 信号 $x_c(t)$ 通过如图 11 所示的另一系统处理，采样周期仍取 $T=10^{-3}$ s，L 为整数，试绘制频谱函数 $H_2(e^{j\omega})$，并确定 L 和 T_1 的取值，使得输出 $z_r(t)$ 的频谱函数 $Z_r(j\Omega)=X_c(j\Omega)$ 或设计一种由 $x[n]$ 恢复频谱函数为 $X_c(j\Omega)$ 的连续时间信号 $x_c(t)$ 的方法(可采用理想带通滤波器)。

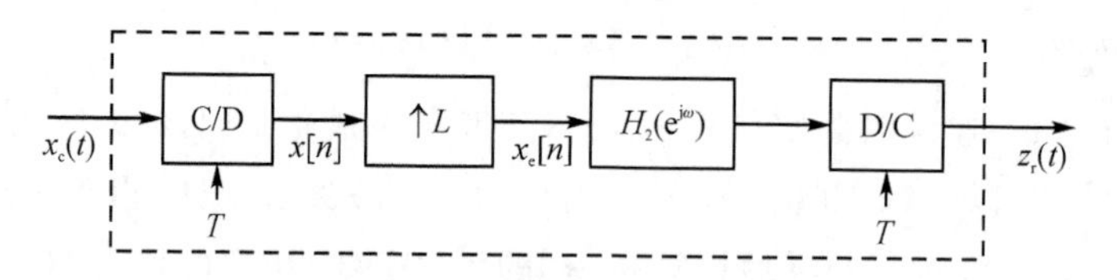

图 11　信号 $x_c(t)$ 通过另一系统处理的流程图

【解】参见正文 5 - 21 的例题讲解。

七、(5 分)一实系数 FIR 数字滤波器的频率响应满足 $H(e^{j\omega})=-H^*\left(e^{j(\pi-\omega)}\right)$，试证明该滤波器单位脉冲响应有如下关系：

$$h[n]=0 \quad n=0,\pm 2,\pm 4,\cdots$$

【证明】　方法一：

根据 DTFT 逆变换公式，并代入已知条件，有

$$h[n]=\frac{1}{2\pi}\int_{-\pi}^{\pi}H(e^{j\omega})e^{j\omega n}d\omega=\frac{1}{2\pi}\int_{-\pi}^{\pi}-H^*\left(e^{j(\pi-\omega)}\right)e^{j\omega n}d\omega$$

根据实序列的共轭对称性质，有

$$h[n]=\frac{1}{2\pi}\int_{-\pi}^{\pi}-H\left(e^{j(\omega-\pi)}\right)e^{j\omega n}d\omega$$

变量代换 $\omega_1=\omega-\pi$，得

$$h[n]=\frac{1}{2\pi}\int_{-2\pi}^{0}-H(e^{j\omega_1})e^{j(\pi+\omega_1)n}d\omega_1$$

$$=(-1)^{n+1}\frac{1}{2\pi}\int_{-2\pi}^{0}H(e^{j\omega_1})e^{j\omega_1 n}d\omega_1=(-1)^{n+1}h[n]$$

当 n 为偶数时，$h[n]=-h[n]$，所以 $h[n]=0 \quad n=0,\pm 2,\pm 4,\cdots$

方法二：

如果 $h[n] \xrightleftharpoons[\text{IDTFT}]{\text{DTFT}} H(e^{j\omega})$ ，则

$$h^*[n] \xrightleftharpoons[\text{IDTFT}]{\text{DTFT}} H^*(e^{-j\omega})$$

由 DTFT 的频域移位性质，可得

$$e^{j\pi n}h^*[n] \xrightleftharpoons[\text{IDTFT}]{\text{DTFT}} H^*\left(e^{j(\pi-\omega)}\right)$$

由题可知 $H(e^{j\omega})+H^*\left(e^{j(\pi-\omega)}\right)=0$ 且 $h[n]$为实数即 $h[n]=h^*[n]$，对应可得

$$h[n]+e^{j\pi n}h^*[n]=h[n]+(-1)^n h^*[n]=h[n]+(-1)^n h[n]=0$$

当 $n=0,\pm2,\pm4,\cdots$ 时，$h[n]+(-1)^n h[n]=2h[n]=0$ 即 $h[n]=0$

得证。

方法三：

由 DTFT 定义的分析式可知 $H(e^{j\omega})=\sum_{n=-\infty}^{+\infty}h[n]e^{-j\omega n}$ 则

$$H\left(e^{j(\pi-\omega)}\right)=\sum_{n=-\infty}^{+\infty}h[n]e^{-j(\pi-\omega)n}$$

$$H^*\left(e^{j(\pi-\omega)}\right)=\sum_{n=-\infty}^{+\infty}h^*[n]e^{j(\pi-\omega)n}=\sum_{n=-\infty}^{+\infty}e^{j\pi n}h^*[n]e^{-j\omega n}$$

由题可知 $H(e^{j\omega})=-H^*(e^{j(\pi-\omega)})$且 $h[n]$为实数即 $h[n]=h^*[n]$ ，对应可得

$$h[n]=-e^{j\pi n}h^*[n]=-(-1)^n h[n]$$

当 $n=0,\pm2,\pm4,\cdots$ 时，$h[n]+(-1)^n h[n]=2h[n]=0$ 即 $h[n]=0$

得证。

期末模拟考题 3 及参考答案

一、(15 分) 已知某离散时间 LTI 系统的单位脉冲响应为 $h[n]=\left(\frac{1}{2}\right)^n(u[n]-u[n-4])$，请

(1) 求出系统函数 $H(z)$及其零点和极点；

(2) 求 $H(e^{j0})$和 $H(e^{j\pi})$的值，并绘制幅频响应的草图(无需求精确值)。

【解】 答：(1) $H(z)=\sum_{n=0}^{3}\left(\frac{1}{2}\right)^n\cdot z^{-n}=\frac{1-(2z)^{-4}}{1-(2z)^{-1}}$ 或 $H(z)=\frac{1-\left(\frac{1}{2}\right)^4(z)^{-4}}{1-\frac{1}{2}z^{-1}}$，收敛域为 $|z|>0$，零点为 $-0.5,\pm05j$；极点为 0,0,0(三重 0)；

(2) $H(e^{j0})=\frac{1-\left(\frac{1}{2}\right)^4}{1-\frac{1}{2}}=1.875$ 或 $H(e^{j0})=15/8$，$H(e^{j\pi})=\frac{1-\left(\frac{1}{2}\right)^4(-1)^{-4}}{1-\frac{1}{2}(-1)^{-1}}=0.625$ 或 $H(e^{j\pi})=5/8$。根据零点、极点分布其幅频响应如图 12 所示。

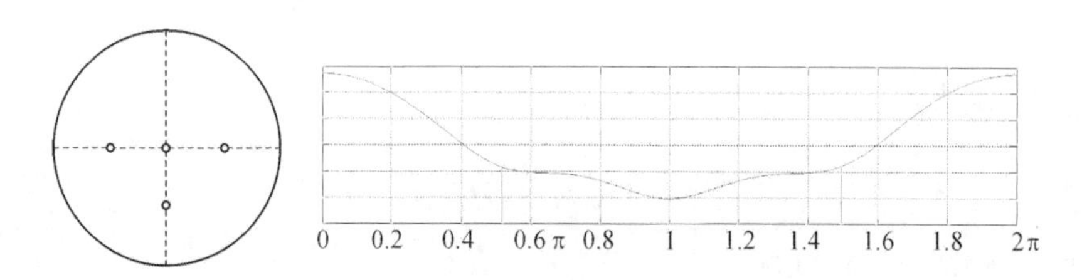

图 12　系统的幅频响应

二、(15 分)某离散时间 LTI 系统的系统函数 $H(z)=\dfrac{1-z^{-2}}{1+\dfrac{1}{2}z^{-1}}$，$|z|>\dfrac{1}{2}$，试

(1) 判断系统的稳定性和因果性；

(2) 求输入 $x_1[n]=\mathrm{e}^{\mathrm{j}\frac{\pi}{2}n}$ 时系统的输出 $y_1[n]$；

(3) 求输入 $x[n]=-\left(\dfrac{1}{2}\right)^n\mathrm{u}[-n-1]$ 时，系统响应的 z 变换 $Y(z)$，并指出其收敛域。

【解】 (1) ROC 包含单位圆，所以系统稳定；包含 $+\infty$，所以因果；

(2) 特征函数法 $H(\mathrm{e}^{\mathrm{j}\omega})=H(z)|_{z=\mathrm{e}^{\mathrm{j}\omega}}=\dfrac{1-\mathrm{e}^{-\mathrm{j}2\omega}}{1+\dfrac{1}{2}\mathrm{e}^{-\mathrm{j}\omega}}$，再令 $\omega=\dfrac{\pi}{2}$ 并将其代入，可得

$$H\left(\mathrm{e}^{\mathrm{j}\frac{\pi}{2}}\right)=\frac{8}{5}\left(1+\frac{1}{2}\mathrm{j}\right)\text{或 }H\left(\mathrm{e}^{\mathrm{j}\frac{\pi}{2}}\right)=1.6+0.8\mathrm{j}$$

所以

$$y_1[n]=x_1[n]H\left(\mathrm{e}^{\mathrm{j}\frac{\pi}{2}}\right)=(1.6+0.8\mathrm{j})\mathrm{e}^{\mathrm{j}\frac{\pi}{2}n}$$

(3) $X(z)=\dfrac{1}{1-\dfrac{1}{2}z^{-1}}$，$Y(z)=X(z)H(z)=\dfrac{1}{1-\dfrac{1}{2}z^{-1}}\dfrac{1-z^{-2}}{1+\dfrac{1}{2}z^{-1}}=\dfrac{1-z^{-2}}{1-\dfrac{1}{4}z^{-2}}$

所以 ROC 不存在(X 与 H 没有公共收敛域)。

三、(15 分)某离散时间 LTI 系统的结构如图 13 所示，试

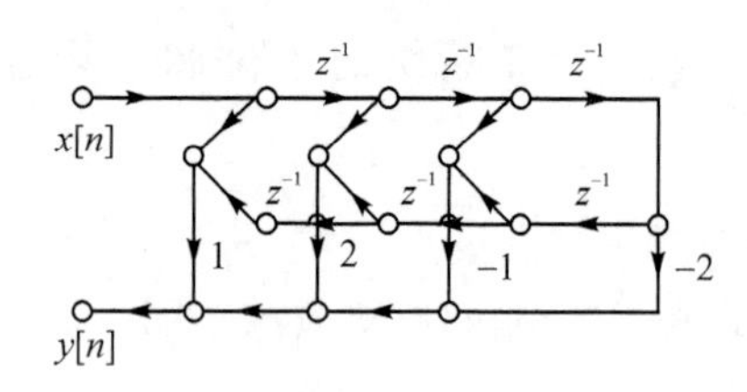

图 13　某离散时间 LTI 系统的结构

(1) 求该系统的单位脉冲响应 $h[n]$，系统是否为线性相位？确定并群延迟。

(2) 求初始松弛条件下，输入 $x[n]=\mathrm{u}[n]-\mathrm{u}[n-3]$时的输出 $y[n]$；

(3) 求 $x[n]$⑦$h[n]$，其中 $x[n]=\mathrm{u}[n]-\mathrm{u}[n-3]$，在哪些点上满足 $x[n]$⑦$h[n]=x[n]*h[n]$？

【解】 (1) $h[n]=\{1,2,-1,-2,-1,2,1\}$或

$h[n]=\delta[n]+2\delta[n-1]-\delta[n-2]-2\delta[n-3]-\delta[n-4]+2\delta[n-5]+\delta[n-6]$

$h[n]$关于 $n=M/2=3$ 对称，故系统是线性相位，其群延迟为 $M/2=3$；

(2) $x[n]*h[n]=\{1,3,2,-1,-4,-1,2,3,1\}$，长度为 $L+P-1=7+3-1=9$；

(3) $x[n]$⑦$h[n]=\{4,4,2,-1,-4,-1,2\}$，在 $[P-1,L-1]=[2,6]$ 即 2,3,4,5,6 这几个点上满足 $x[n]$⑦$h[n]=x[n]*h[n]$。

注意：如果(2)的结果为 $x[n]*h[n]=\{1,3,2,0,-2,-2,0,2,3,1\}$，其长度为 $L+P-1=7+4-1=10$。原因是把 $x[n]=\mathrm{u}[n]-\mathrm{u}[n-3]$ 当做$\{1,1,1,1\}$来计算，$x[n]$不对，导致结果错误。

四、(13 分)某连续时间信号 $x_c(t)$ 的频谱函数 $X_c(\mathrm{j}\Omega)$ 如图 14 所示。

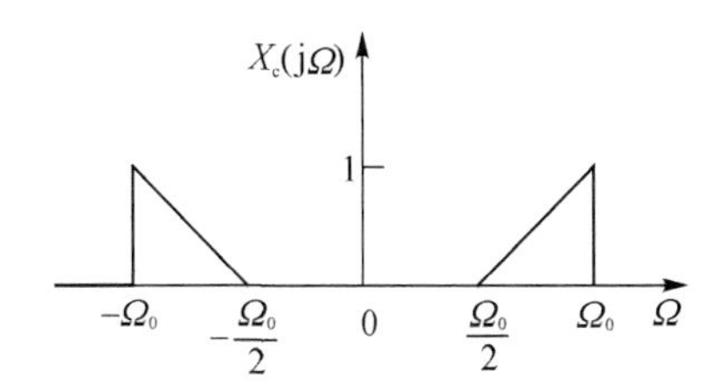

图 14　某连续时间信号 $x_c(t)$ 的频谱函数 $X_c(\mathrm{j}\Omega)$

(1) 若以采样周期 $T=2\pi/\Omega_0$ 对 $x_c(t)$ 进行采样，得到离散时间序列 $x[n]$，$x[n]$ 的频谱函数记为 $X(\mathrm{e}^{\mathrm{j}\omega})$，试绘制 $|\omega|<\pi$ 范围内的 $X(\mathrm{e}^{\mathrm{j}\omega})$；

(2) 若希望由 $x[n]$ 恢复出连续时间信号 $x_c(t)$，试给出恢复系统中，理想滤波器的频率响应表达式(假设有理想低通、高通、带通、带阻滤波器可供使用)；

(3) 绘制当采样周期 $T=\pi/\Omega_0$ 时，$|\omega|<\pi$ 范围内的 $X(\mathrm{e}^{\mathrm{j}\omega})$，此时能否恢复出连续时间信号 $x_c(t)$？

【解】 (1) 当 $|\omega|<\pi$ 时 $X(\mathrm{e}^{\mathrm{j}\omega})$ 如图 15 所示，其幅度为 $\frac{1}{T}=\frac{\Omega_0}{2\pi}$。

(2) 理想带通滤波器的频率特性为

$$H_r(\mathrm{j}\Omega)=\begin{cases}T=2\pi/\Omega_0, & \frac{\Omega_0}{2}<|\Omega|<\Omega_0\\ 0, & \text{其他}\end{cases}$$

(3) 当采样周期 $T=\pi/\Omega_0$ 时，在 $|\omega|<\pi$ 范围内的 $X(\mathrm{e}^{\mathrm{j}\omega})$ 如图 16 所示，其幅度 $1/T=\Omega_0/\pi$，不混叠，可以恢复。

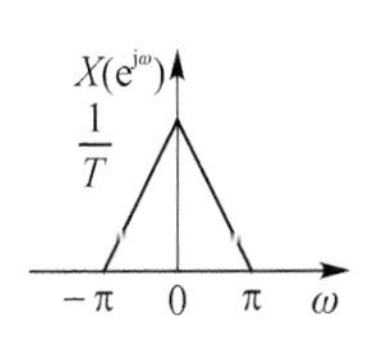

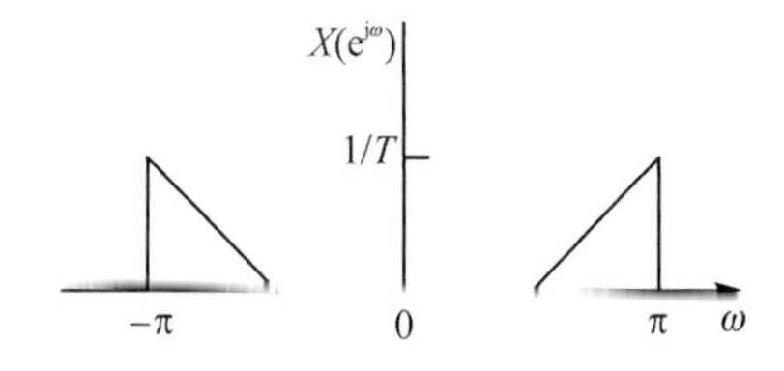

图 15　$|\omega|<\pi$ 时 $X(\mathrm{e}^{\mathrm{j}\omega})$　　**图 16　采样周期 $T=\pi/\Omega_0$ 时，在 $|\omega|<\pi$ 范围内的 $X(\mathrm{e}^{\mathrm{j}\omega})$**

五、(13 分) 用 Kaiser 窗函数法设计一个广义线性相位的低通滤波器，其满足如下技术指标：$\omega_p=0.1\pi$，$\omega_s=0.5\pi$，通带纹波 $\delta_p=0.015$，阻带纹波 $\delta_s=0.001$。Kaiser 窗函数记为 $w[n]$。试

(1) 确定 Kaiser 窗函数的参数 β，M，群延迟 α；

(2) 计算截止频率 ω_c，并给出最终设计出滤波器的单位脉冲响应 $h[n]$ 的表达式；

(3) 若另一滤波器的单位脉冲响应 $h_1[n]=(-1)^n h[n]$，该滤波器具有何种选频特性？

Kaiser 窗的经验公式为

$$\beta=\begin{cases}0.110\,2(A-8.7), & A>50\\ 0.584\,2(A-21)^{0.4}+0.078\,86(A-21), & 21\leqslant A\leqslant 50,\\ 0.0, & A<21\end{cases}\quad M=\frac{A-8}{2.285\Delta\omega}$$

【解】 (1) 根据波纹 $A=-20\lg 0.001=60$ dB，$\beta=0.110\,2\times(60-8.7)=5.653$，由于过渡带 $\Delta\omega=\omega_s-\omega_p=0.4\pi$，可确定参数 $M=\dfrac{60-8}{2.285\Delta\omega}=18.11$，取为 19，群延迟 $\alpha=9.5$。

(2) $\omega_c=\dfrac{\omega_s+\omega_p}{2}=0.3\pi$，$h[n]=\dfrac{\sin[0.3\pi(n-9.5)]}{\pi(n-9.5)}w[n]$；

(3) 由于 $H_1(e^{j\omega})=H\left(e^{j(\omega-\pi)}\right)$，根据频移性质，所以 $H1$ 为高通滤波器。

六、(13 分)以采样频率 f_s 对连续时间信号 $x(t)=\cos(18\pi t)+\cos(20\pi t)$ 采样得到的序列为 $x[n]$，对其加 N 点矩形窗，计算序列的 N 点 DFT 为 $X[k]$。

(1) f_s 应满足什么条件才使得频谱不混叠，且使 $X[k_1]$，$X[k_2]$ 和 $X[N-k_1]$，$X[N-k_2]$ 非零，而其他 $X[k]=0$？

(2) 为了使用 FFT 对 $x(t)$ 进行频谱分析且计算点数最少，采样频率 f_s 和点数 N 应如何选择才能分辨出上述两个频率分量？

【解】 (1) $\Omega_1=2\pi 9=\dfrac{2\pi f_s}{N}k_1$，$\Omega_2=2\pi 10=\dfrac{2\pi f_s}{N}k_2$，$f_s\geqslant 2f_{\max}=20$ Hz，f_s 应满足以上 3 个关系式，其中 k_1、k_2 为整数。

(2) 为了区分这两个频率分量，该频率分量的差值与矩形窗函数主瓣宽度的一半 $\dfrac{2\pi}{N}$ 相比，须满足

$$\Delta\omega=\omega_2-\omega_1=20\pi T-18\pi T=\frac{2\pi}{f_s}\geqslant\frac{2\pi}{N}$$

即

$$N\geqslant f_s\quad(\text{结合 } f_s\geqslant 2f_{\max}=20\text{ Hz})$$

因为 N 是 2 的幂，所以 $N=32$ 点，为了计算点数最少，则 $f_s=20$ Hz。

七、(8 分)某滤波器结构如图 17 所示，其中输入 $x_1[n]=u[n]$，$x_2[n]=u[n]$

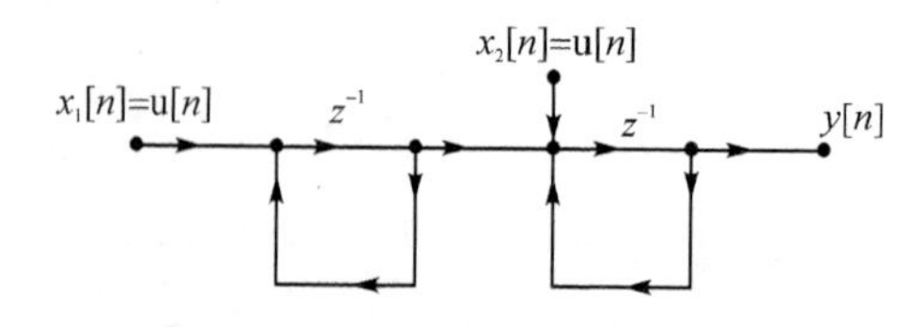

图 17　某滤波器结构信号流图

试求系统的输出 $y[n]$ 及其 z 变换 $Y(z)$。

【解】 图中的基本传输单元结构为 z^{-1}（图），由基本单元信号流图得 $[X(z)+Y(z)]z^{-1}=$

$Y(z)$，化简后基本单元的传输函数为 $H_0(z)=Y(z)/X(z)=\dfrac{z^{-1}}{1-z^{-1}}$，该传输单元的单位冲激响应为 $h_0[n]=\mathrm{u}[n-1]$。仅有 $x_1[n]=\mathrm{u}[n]$时，输入的 z 变换为$\dfrac{1}{1-z^{-1}}$，其作用的系统函数为 $H_1(z)=\dfrac{z^{-1}}{1-z^{-1}}\cdot\dfrac{z^{-1}}{1-z^{-1}}$；仅有 $x_2[n]=\mathrm{u}[n]$时，输入的 z 变换为$\dfrac{1}{1-z^{-1}}$，其作用的系统函数为 $H_2(z)=\dfrac{z^{-1}}{1-z^{-1}}$。根据线性系统的叠加原理 $Y(z)=\dfrac{1}{1-z^{-1}}\dfrac{z^{-1}}{1-z^{-1}}\cdot\dfrac{z^{-1}}{1-z^{-1}}+\dfrac{1}{1-z^{-1}}\dfrac{z^{-1}}{1-z^{-1}}$或 $Y(z)=\dfrac{z^{-1}}{(1-z^{-1})^3}$，以及时域卷积定理可知

$$y[n]=y_1[n]+y_2[n]=\mathrm{u}[n]*\mathrm{u}[n-1]*\mathrm{u}[n-1]+\mathrm{u}[n]*\mathrm{u}[n-1]$$

其中

$$y_2[n]=\mathrm{u}[n]*\mathrm{u}[n-1]=\sum_{m=0}^{n-1}\mathrm{u}[m]\mathrm{u}[n-1-m]=n\mathrm{u}[n]$$

$$y_1[n]=\mathrm{u}[n]*\mathrm{u}[n-1]*\mathrm{u}[n-1]=y_2[n]*\mathrm{u}[n-1]$$

$$=\sum_{m=0}^{n-1}m\mathrm{u}[n-1-m]=\frac{n(n-1)}{2}\mathrm{u}[n]$$

或

$$\frac{n^2-n}{2}\mathrm{u}[n]$$

也可以用 z 微分性质，即

$$\frac{1}{1-z^{-1}}\frac{z^{-1}}{1-z^{-1}}=-z\frac{\mathrm{d}\left(\dfrac{1}{1-z^{-1}}\right)}{\mathrm{d}z},Z^{-1}\left[\frac{1}{1-z^{-1}}\right]=\mathrm{u}[n]Z^{-1}\left[\frac{z^{-1}}{1-z^{-1}}\right]=\mathrm{u}[n-1]$$

八、(8 分)对于 N 点长离散时间序列 $x[n]$(即当 $n<0$ 或 $n>N-1$ 时 $x[n]=0$)，其 N 点 DFT 为 $X[k](k=0,1,\cdots,N-1)$，$x[n]$的 DTFT 为 $X(\mathrm{e}^{\mathrm{j}\omega})$，试说明根据 $X[k]$恢复 $X(\mathrm{e}^{\mathrm{j}\omega})$的可能性并推导相应的表达式。

【解】 方法一：

在单位圆上 $\omega=0$ 开始对 $X(z)$进行间隔为$\dfrac{2\pi}{N}$的等间隔采样，得到 N 个频率采样点，且 $N\geqslant M$，满足频域采样定理的条件下，有

$$X(z)=\sum_{n=-\infty}^{+\infty}x[n]z^{-n} \qquad ①$$

$$x[n]=\frac{1}{N}\sum_{k=0}^{N-1}X[k]\mathrm{e}^{\mathrm{j}\frac{2\pi kn}{N}} \qquad ②$$

将式②代入式①，可得

$$X(z)=\sum_{n=0}^{N-1}\frac{1}{N}\sum_{k=0}^{N-1}X[k]\mathrm{e}^{\mathrm{j}\frac{2\pi kn}{N}}z^{-n}=\frac{1}{N}\sum_{k=0}^{N-1}X[k]\sum_{n=0}^{N-1}\mathrm{e}^{\mathrm{j}\frac{2\pi kn}{N}}z^{-n}$$

$$=\frac{1}{N}\sum_{k=0}^{N-1}X[k]\sum_{n=0}^{N-1}\left(\mathrm{e}^{\mathrm{j}\frac{2\pi k}{N}}z^{-1}\right)^n=\frac{1}{N}\sum_{k=0}^{N-1}X[k]\frac{1-\mathrm{e}^{\mathrm{j}\frac{2\pi Nk}{N}}z^{-N}}{1-\mathrm{e}^{\mathrm{j}\frac{2\pi k}{N}}z^{-1}}$$

$$=\frac{1-z^{-N}}{N}\sum_{k=0}^{N-1}\frac{X[k]}{1-\mathrm{e}^{\mathrm{j}\frac{2\pi k}{N}}z^{-1}}$$

其中
$$\Phi_k(z)=\frac{1}{N}\frac{1-z^{-N}}{1-W_N^{-k}z^{-1}}$$

令 $z=\mathrm{e}^{\mathrm{j}\omega}$，得

$$X(\mathrm{e}^{\mathrm{j}\omega})=\frac{1-\mathrm{e}^{-\mathrm{j}N\omega}}{N}\sum_{k=0}^{N-1}\frac{X[k]}{1-\mathrm{e}^{\mathrm{j}\frac{2\pi k}{N}}\mathrm{e}^{-\mathrm{j}\omega}}=\frac{1}{N}\sum_{k=0}^{N-1}\frac{1-\mathrm{e}^{-\mathrm{j}N\omega}}{1-\mathrm{e}^{\mathrm{j}\frac{2\pi k}{N}}\mathrm{e}^{-\mathrm{j}\omega}}X[k]$$

$$X(\mathrm{e}^{\mathrm{j}\omega})=\frac{1}{N}\sum_{k=0}^{N-1}X[k]\frac{\sin\frac{N\omega 2\pi k}{2}}{\sin\frac{N\omega-2\pi k}{2N}}\mathrm{e}^{-\mathrm{j}\left(\omega-\frac{2\pi k}{N}\right)\frac{N-1}{2}}$$

方法 2：

满足频域采样定理，故可以根据 N 个点 $X[k]$ 恢复 $X(\mathrm{e}^{\mathrm{j}\omega})$，即

$$\begin{aligned}X(z)&=\sum_{n=-\infty}^{+\infty}x(n)z^{-n}=\sum_{n=0}^{N-1}\left(\frac{1}{N}\sum_{k=0}^{N-1}X(k)\mathrm{e}^{\mathrm{j}\frac{2\pi}{N}kn}\right)z^{-n}\\&=\sum_{k=0}^{N-1}X(k)\frac{1}{N}\sum_{n=0}^{N-1}(\mathrm{e}^{\mathrm{j}\frac{2\pi}{N}k}z^{-1})^{n}=\sum_{k=0}^{N-1}X(k)\frac{1}{N}\frac{1-z^{-N}}{1-\mathrm{e}^{\mathrm{j}\frac{2\pi}{N}k}z^{-1}}=\sum_{k=0}^{N-1}X(k)\Phi_k(z)\end{aligned}$$

上式中，令 $z=\mathrm{e}^{\mathrm{j}\omega}$ 则，$X(\mathrm{e}^{\mathrm{j}\omega})=\sum_{k=0}^{N-1}X(k)\Phi_k(\mathrm{e}^{\mathrm{j}\omega})$，其中

$$\Phi_k(\mathrm{e}^{\mathrm{j}\omega})=\frac{1}{N}\frac{1-\mathrm{e}^{-\mathrm{j}\omega N}}{1-\mathrm{e}^{-\mathrm{j}\left(\omega-k\frac{2\pi}{N}\right)}}=\frac{1}{N}\frac{\sin\frac{\omega N}{2}}{\sin\frac{1}{2}\left(\omega-\frac{2\pi}{N}k\right)}\mathrm{e}^{-\mathrm{j}\frac{1}{2}\left[(N-1)\omega-\frac{2\pi}{N}k\right]}=\Phi\left(\omega-\frac{2\pi}{N}k\right)$$

参考文献

[1] 王俊，等. 数字信号处理[M]. 2 版. 北京：高等教育出版社，2023.

[2] 吴镇扬，胡学龙，毛卫宁. 数字信号处理第二版学习指导[M]. 北京：高等教育出版社，2012.

[3] 姚天任. 数字信号处理[M]. 2 版. 北京：清华大学出版社，2018.

[4] 姚天任. 数字信号处理习题解答[M]. 北京：清华大学出版社，2013.

[5] 王艳芬，张晓光，王刚，等. 数字信号处理原理及实现学习指导[M]. 4 版. 北京：清华大学出版社，2024.

[6] 原萍，彭乐乐. 数字信号处理学习教程[M]. 成都：西南交通大学出版社，2019.

[7] 陈后金，等. 数字信号处理学习辅导与习题全解[M]. 3 版. 北京：高等教育出版社，2022.

[8] 吴镇扬，等. 数字信号处理[M]. 4 版. 北京：高等教育出版社，2024.

[9] Alan V Oppenheim，Ronald W Schafer. 离散时间信号处理[M]. 3 版. 黄建国，刘树棠，张国梅，译. 北京：电子工业出版社，2015.

[10] 李力利，刘兴钊. 数字信号处理[M]. 3 版. 北京：电子工业出版社，2022.